鼓浪屿计划

作为世界文化遗产的“历史国际社区”更新计划

2019 年 8+ 联合毕业设计作品

贺　勇　张燕来　韩孟臻　夏　兵　王　一
辛善超　左　力　晁　军　周宇舫　黄　耘　编

—2019—
8+
联合毕业设计

中国建筑工业出版社

图书在版编目（CIP）数据

鼓浪屿计划：作为世界文化遗产的“历史国际社区”更新计划 2019 年 8+ 联合毕业设计作品 / 贺勇等编
. — 北京：中国建筑工业出版社，2020.6
ISBN 978-7-112-25077-6

Ⅰ. ①鼓… Ⅱ. ①贺… Ⅲ. ①社区—建筑设计—作品集—鼓浪屿 Ⅳ. ① TU984.12

中国版本图书馆 CIP 数据核字（2020）第 076369 号

本次联合毕业设计以“鼓浪屿计划——作为世界文化遗产的‘历史国际社区’更新计划”为题，由浙江大学和厦门大学联合命题并承担教学组织，参加院校包括清华大学、东南大学、同济大学、天津大学、重庆大学、北京建筑大学、中央美术学院和四川美术学院，共有超过 100 名学生和 40 余位教师参与了教学活动。

课题聚焦于鼓浪屿，探讨其作为世界文化遗产的“历史国际社区”更新问题。鼓浪屿申遗的关键意义在于“保护”。申遗后的关键问题在于协调遗产保护与社区发展需求。那么，在“后申遗时代”，如何从城市设计和建筑设计出发，来回应世界文化遗产在“保护”与“更新”之间所面临的复杂矛盾，是本课题的核心问题，同时也是具有挑战性的时代议题。

责任编辑：杨 琪 陈 桦
责任校对：李美娜

鼓浪屿计划
作为世界文化遗产的“历史国际社区”更新计划
2019年8+联合毕业设计作品
贺 勇 张燕来 韩孟臻 夏 兵 王 一
辛善超 左 力 晁 军 周宇舫 黄 耘 编
*
中国建筑工业出版社出版、发行（北京海淀三里河路9号）
各地新华书店、建筑书店经销
北京雅盈中佳图文设计公司制版
天津图文方嘉印刷有限公司印刷
*
开本：880毫米×1230毫米 1/16 印张：$18^1/_2$ 字数：952千字
2021年5月第一版 2021年5月第一次印刷
定价：**128.00**元
ISBN 978-7-112-25077-6
（35776）

序 一

始于2007年的“8+”联合毕业设计（后文简称“8+”），如今已经走到第十三个年头。作为一个非常成熟的联合教学，无论题目的设置、还是教学的环节，每年大家还是期待能有些不同。今年最大的不同我想应该是设计题目，那就是聚焦于作为世界文化遗产的海岛——厦门鼓浪屿的保护与更新。其实，“8+”的题目曾经好几次临近海边，比如2009年的天津滨海新区夏季达沃斯永久会址设计以及2016年的深圳二线关的探讨，但是以海岛作为研究与设计对象，还是第一次。海岛鼓浪屿因其独特而丰富的历史文化与场所环境，给同学们的设计提供了许多迥异于一般城市或乡村地段的设计视角与可能。在同学们的设计成果中，可以看出大家关注和切入问题的角度各有不同，有针对于海岛这一“封闭”聚落环境基础设施的完善或高密度紧凑社区的更新，也有关于海岛与闽南文化的传承，甚至有在邻近海面上展开的各种大胆装置与影像实验……设计作品的丰富性令人惊叹，我想这一方面源于年轻人对于这个题目的多样解读与回应，另一方面也源于题目自身的独特魅力，因为它包含了可以探讨东方与西方、传统与现代、大陆与海岛等空前多样而丰富的内容。

在历届“8+”的教学题目中，今年也是第一次真正触碰世界文化遗产。选题讨论之时，部分老师表达出了对于同学们是否能应对如此复杂课题的担心。确实，鼓浪屿的保护与更新是一个极具挑战性的题目，因为它不是建筑学单一学科的问题，也超越了一般传统建筑学的范畴，但是对于文化遗产的保护与发展，年轻一代的介入又是一件非常必要的事情，因为他们如何认知、理解、认同这些文化遗产，其实才会真正影响着文化遗产的未来发展。同学们的设计成果，对于当下鼓浪屿的保护或许提供的指导与借鉴价值有限，但是对于同学们而言，本次课程中基本都是第一次深入思考何为文化遗产的突出普遍价值（OUV），第一次仔细琢磨“历史国际社区”与“国际历史社区”的区别，第一次理解厦门“装饰风”建筑的形成过程及其对于我国近现代建筑的影响……我们一直倡导高年级的课程设计应该是研究性的设计，我想，这些思考就是设计过程中最好的研究，或许它们还不那么透彻，同学们也不能完全把这些思考转换成具体的设计成果，但是这些思考注定会在他们未来的职业生涯中留下痕迹，并以其他的方式重新呈现出来，我想这也是教育的目的与意义所在。

“8+”联合教学的过程，也是一场学术之旅。每次的集中调研与汇报，都有来自各校的数十位老师，大家聚集在一起，因为有着共同的课程设计对象，所以总是能展开具有相当深度的交流与讨论，让大家收获颇丰，我想这也是吸引很多老师每年不辞辛苦参加的一个重要原因。在学术研讨上，今年的“8+”也有些不同，一方面在开题的一周里，邀请了多位老师进行了讲座，活跃了学术氛围；另外，结合最后的答辩举办了一场关于鼓浪屿保护与更新的研讨会，不仅各校老师代表作了简短的观点发言，更是邀请到在文化遗产保护方面的一些重要知名学者参加，这里要向清华大学建筑学院吕舟教授、泰国ICOMOS秘书长VASU博士、北京工业大学建筑与艺术学院的钱毅副教授表示衷心的感谢，正是各位老师专业且有深度的报告，让本次教学活动也成为一场学术的盛宴，使得师生们对于鼓浪屿这一世界文化遗产的价值与意义、保护与发展等诸多问题有了许多更加深入的理解。

很荣幸与厦门大学联合主办了本次联合教学，两校的合作非常愉快。感谢参与教学活动的所有学校的老师和同学，正是大家的精诚合作与全心投入，才使得本次活动圆满完成。感谢上海天华建筑设计公司和中国建筑工业出版社一如既往的鼎力支持。

于我自己而言，从2009年开始，几乎就每年参加该活动，不仅在专业上收获良多，也与老师们结下了深厚友谊，这些都已经成为我人生成长之路上的宝贵财富。

祝愿“8+”的未来更加美好！

贺勇
浙江大学建筑工程学院建筑系
2019年8月5日

序　二

鼓浪屿为厦门著名国家5A级旅游景区，是一个地理特征鲜明、地域文化繁盛、传统与现代并存的代表性岛屿，也是近代东亚和东南亚地区具有高品质和早期现代性特征国际社区的独特范例。2017年7月8日，在第41届世界遗产大会上，以“鼓浪屿：历史国际社区”为名成功列入《世界遗产名录》，成为中国第52项世界遗产项目。

2018年12月8日，经过十校老师的实地调研与热烈研讨，共同商定以“鼓浪屿计划——作为世界文化遗产的‘历史国际社区’更新”作为2019年全国高校建筑学专业“8+”联合毕业设计课题。该课题以鼓浪屿为核心，将鹭江对岸沿江地段纳入进来，构成“一岛一带”。课题不仅第一次将世界文化遗产地作为“8+”这一传统联合毕业设计的选址地，同时也涵盖了大型联合毕业设计课题的多元要素：海岛环境、世界文化遗产地、城市发源地、旅游景区、混合社区……当然，这些要素最终都将成为设计中需要面对的问题。

面对“历史国际社区”，以建筑设计的手段来协调遗产保护与社区发展需求是这一课题的主要任务：如何从历史视角呈现世界文化遗产的价值并在保护的基础上实现利用与传承？如何从国际视角再一次实现世界文化的汇聚与碰撞，使其成为在世界注视下的活态遗产？如何从社区视角活化生活空间，重现健康的人居环境、延续真实的生活？

在半年的时间里，从集中开题、现场调研到中期答辩、最终答辩，来自十所高校的建筑系师生共同努力，展开了各具特色和立场的设计探索，呈现了联合毕业设计的教学特点：以建筑设计介入对开放性课题的多元思考，并探求设计研究与设计教学的可能性。从学生的设计成果来看，无论是分析调研和概念提取，还是图纸表现与现场答辩，都丰富地回应了课题设定的问题。最终答辩期间举行的“鼓浪屿计划——作为世界文化遗产的‘历史国际社区’更新论坛”更是将毕业设计与学术研讨结合在一起，成为联合设计教学环节中的一次成功的尝试。

非常荣幸能与浙江大学建筑工程学院联合主办本次联合毕业设计活动！作为第一次参加“8+”联合毕业设计的厦门大学建筑系师生在这次联合毕业设计教学中收获甚多：新识的朋友、思想的碰撞、学术的交流，来自十校的老师在生活和工作中个个形象生动、妙语连珠，深刻、犀利、温和、幽默……

感谢参与联合毕业设计的所有师生的辛勤付出！希望厦门的海风和杭州的春意能使大家忘却主办学校工作上的不足。感谢上海天华建筑设计有限公司和中国建筑工业出版社对“8+”联合毕业设计活动一如既往的支持！

期待来年。

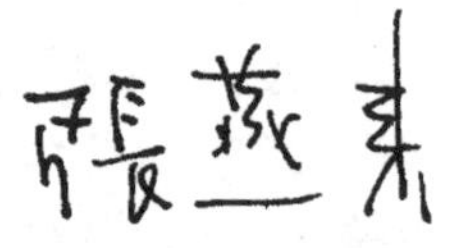

厦门大学建筑与土木工程学院

2019年7月30日

2019年“8+”联合毕业设计作品编委会

2019年“8+”联合毕业设计大合影

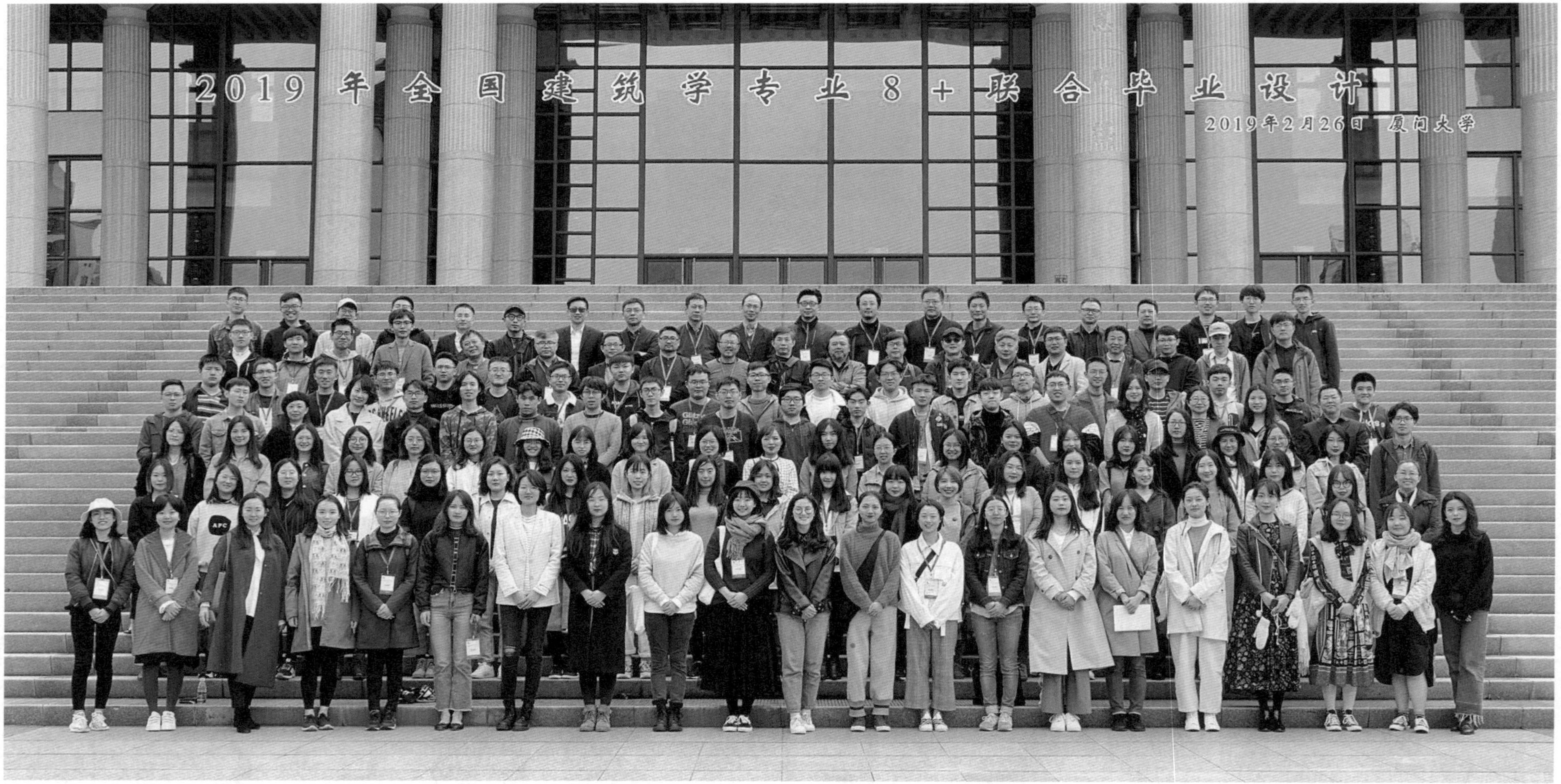
2019 年 全 国 建 筑 学 专 业 8 + 联 合 毕 业 设 计
2019年2月26日 厦门大学

目 录

2019 年"8+"联合毕业设计课题任务书

鼓浪屿计划——作为世界文化遗产的"历史国际社区"更新计划

鸟瞰照片

1. 选题背景

鼓浪屿位于中国厦门市的九龙江出海口，与厦门岛隔鹭江海峡相望，是一座面积 1.88 平方公里的海岛，常住人口约 1.6 万。宋时鼓浪屿名圆沙洲、圆洲仔，因岛西南有一海蚀岩洞受浪潮冲击，声如擂鼓，自明朝雅化为名。岛上现存有多个时期的历史建筑、历史道路及丰富的自然景观、文化遗迹，除环岛电动车外无机动车辆通行，气氛幽静，素有"海上花园""万国建筑博览会""钢琴之岛"之美称。2007 年 5 月 8 日，鼓浪屿风景名胜区经国家旅游局正式批准为国家 5A 级旅游景区，并被国家地理杂志评选为"中国最美五大城区之首"。2017 年 7 月 8 日，在第 41 届世界遗产大会上，以"鼓浪屿：历史国际社区"为名成功列入《世界遗产名录》，成为中国第 52 项世界遗产项目。

"鼓浪屿：历史国际社区"是中国一处独特的、见证了中国在全球化发展早期阶段实现现代化和中外多元文化交流与融合历程的活态文化遗产，反映出中国传统文化深厚而坚韧的文化根基和对世界不同文化、价值观的包容、吸纳与发展。随着 1843 年厦门开埠和 1903 年鼓浪屿公共地界的确立，这个位于南部海疆的小岛突变为一扇中外交流的重要窗口，见证了清王朝晚期的中国在全球化早期浪潮冲击下步入近代化的曲折历程，是全球化早期阶段多元文化交流、碰撞与互鉴的典范，是闽南本土居民、外来多国侨民和华侨群体共同营建，具有突出文化多样性和近代生活品质的国际社区。

近几十年来，随着我国现代化进程快速发展，鼓浪屿上的生活发生了巨大变化。诗人舒婷写道："曾经的鼓浪屿，经常能看到孩子们拿着小画夹在路边写生，岛上也时时飘扬着美妙的钢琴声。现在，学校搬走了，医院搬走了，曾经美好的景象越来越少，小岛变得越来越嘈杂，随处可见的烧烤摊甚至让鼓浪屿弥漫着一股油烟味儿。"原鼓浪屿居民大量流向海外及岛外城市，岛上老龄化问题严重，不少老房子无人修缮，生活气息异于从前。同时，鼓浪屿作为重点旅游景区成为"旅游集散地"，缺少节制的商业开发和低端商业生态破坏了原有历史风貌，经济效益增长与历史价值传承矛盾突出。

2. 选题：鼓浪屿计划

本课题聚焦于鼓浪屿，探讨其作为世界文化遗产的"历史国际社区"更新问题。鼓浪屿申遗的关键意义在于"保护"。申遗后的关键问题在于协调遗产保护与社区发展需求。那么，在"后申遗时代"，如何从城市设计和建筑设计出发，来回应世界文化遗产在"保护"与"更新"之间所面临的复杂矛盾，是本课题的核心问题，同时是具有挑战性的时代议题。从历史视角来看，如何将世界文化遗产的价值呈现出来，在保护的基础上实现利用与传承？从国际视角来看，如何再一次实现世界文化在这里的汇聚与碰撞，使其成为在世界注视下璀璨夺目的活态遗产？从社区视角来看，如何活化生活空间，重现健康的人居环境，延续真实的生活？

设计选址以鼓浪屿为核心，并将鹭江对岸沿江地段纳入进来，构成"一岛一带"。其中，与鼓浪屿隔江相望的厦港地段中的艺术西区、沙坡尾社区等具有较高的研究价值，可作为鼓浪屿之外的主要选址地。

3. 场地历史概况

（1）鼓浪屿　鼓浪屿历史发展与变迁经历了三个重要阶段。第一阶段——本土文化积淀期（1840 年之前）。宋代（10 世纪）以前，鼓浪屿是一个水草丰茂、渺无人烟的小岛，被称为"圆沙洲"或"圆洲仔"。传说宋末元初（13 世纪初），有李姓渔民在岛西北部建房定居，时称李厝澳。明末清初（17 世纪中叶），郑成功在收复台湾之前曾驻兵鼓浪屿岛，操练水师，在岛上留下了龙头山寨寨门、国姓井等历史遗迹。直至 19 世纪初期，岛上形成了三处主要的传统聚落，分别位于内厝澳、鹿耳礁和岩仔脚。第二阶段——外来文化传播期（1841—1902 年）。1840 年中英鸦片战争爆发，英军武力占据鼓浪屿。1843 年，依据中英《南京条约》厦门开埠，成为清朝帝国首批对外开放的通商口岸，外国商人、官员和传教士等相继来到厦门，建设住宅、公共建筑及基础设施，逐渐形成与本土原住民分区而居的外国人社区，建筑样式主要是外廊殖民地式。1878 年英、德两国领事组织成立“鼓浪屿道路墓地基金委员会”，而后基本形成了环布整岛的重要道路骨架，以及由环线至岛屿东、南海滨的放射道路。1895 年日本占据“台湾”，部分闽南籍台湾商人返回大陆入住鼓浪屿，与此同时，清朝政府决定请列强“兼护厦门”。第三阶段——多元文化融合期（1903—1940 年）。1902 年 1 月 10 日，英国、美国、德国、法国、西班牙、丹麦、荷兰、瑞挪联盟、日本等 9 国驻厦门领事与清朝福建省兴泉永道台延年签订《厦门鼓浪屿公共地界章程》，鼓浪屿成为公共租界。1903 年鼓浪屿工部局成立，建立了鼓浪屿驻岛各国侨民与中国人代表共同参与管理的公共社区管理体制，由此开始岛上多元文化碰撞、交流、融合与互鉴最为广泛而深入的时期。到 20 世纪 30 年代，已形成了当时中国社区设施最为完善，文化生活最为多元、丰富的高品质近代国际社区。这些社区设施和相关的物质遗产也以较高的真实性和完整性保留至今，构成了目前岛上社区文化遗产的主体部分。1941 年太平洋战争爆发，日本占领鼓浪屿，鼓浪屿作为一个汇聚多元文化的国际社区的历史被中断。

（2）厦港 “厦港”是厦门港的简称，明清时期就已见诸文献，拥有 600 年历史，是厦门城市的发源地之一。地处厦门岛西南隅，范围东至厦门大学，西至同文路，南与鼓浪屿隔海相望，西北至鸿山寺一带。地段内的沙坡尾与避风坞在从古至今一直作为渔船停靠的船坞。2007 年厦门市规划管理部门出台《厦门市紫线控制专项规划》，在厦门划出 4 处历史风貌街区和 5 处历史风貌建筑片区。其中厦港街道辖 7 个社区之一的沙坡尾成为厦门大学——南普陀寺——南华新村——沙坡尾避风坞历史风貌街区的一个组成部分。

4. 设计目标

本课题为开放性研究设计，不设定具体任务及固定经济技术指标。期望通过现场调研及充分理解鼓浪屿“历史国际社区”概念的基础上，提出具有探索意义的更新设计问题。从城市设计和建筑设计结合的视角出发，对具有代表性的某特定地段提出包括特色建筑保护、城市空间再生、单体建筑构思等在内的设计内容，并在此基础上深入设计。

（1）综合策划：研究地段经济效益和社会效益、空间效益的结合，提出更新策略；

（2）城市更新：整合环境资源，实现地段空间和功能意义上的空间再生，强调城市文脉，重视对场地调研、分析构成的设计过程；

（3）建筑单体：研究城市公共空间、个性特色空间、地域空间的关系，实现建筑—空间—形式—功能的整体构思和创造。

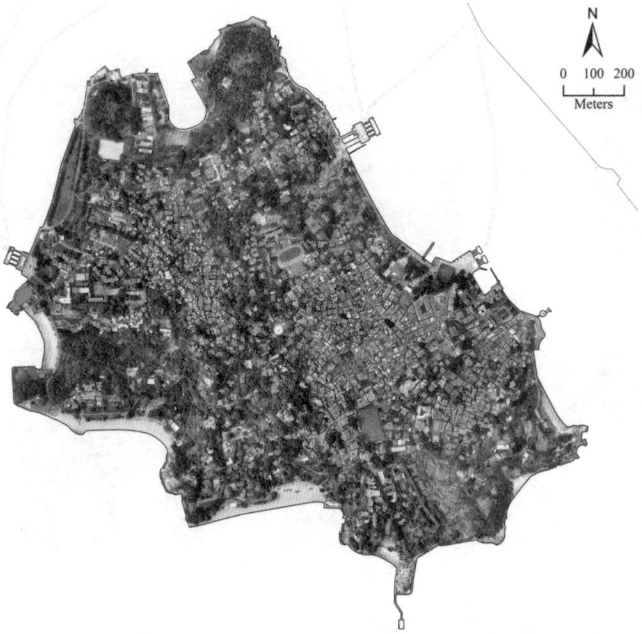

鼓浪屿现状图

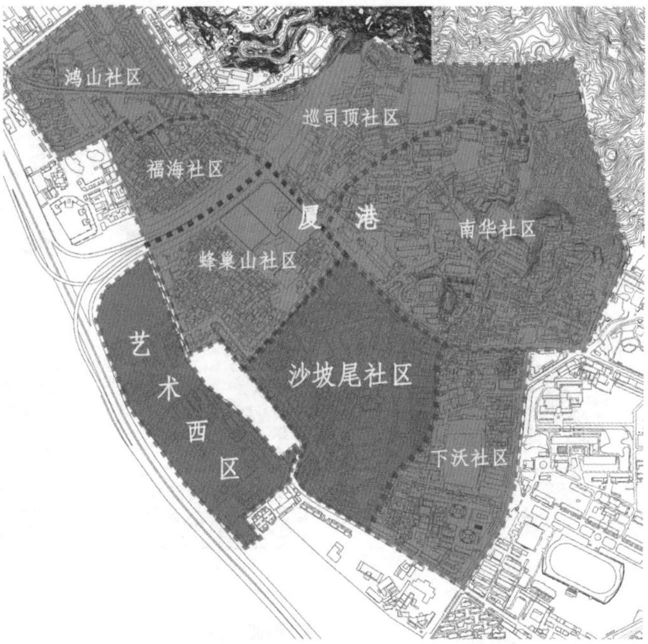

厦港街区示意图

5. 教学安排

阶段	时间	地点	工作进度
开题调研	2019.02.26~2019.03.01	厦门大学	2 月 26 日，开题、报告、集中调研
			2 月 27、2 月 28 日，各校自行调研
			3 月 1 日，十校学生混编，头脑风暴、分组答辩、集中研讨
中期答辩	2019.04.08~2019.04.10	浙江大学	4 月 8 日，布展
			4 月 9 日，中期答辩评图
			4 月 10 日，学术考察
最终答辩	2019.06.13~2019.06.14	厦门大学	6 月 13 日，鼓浪屿计划——作为世界文化遗产的“历史国际社区”更新论坛
			6 月 14 日，答辩评图

ZHEJIANG UNIVERSITY

浙江大学

1 从“历史国际社区”到“国际历史社区”
From “Historic International” to “International Historic”

2 浮生记
Mortal life

3 音乐避风港
Haven of Music

4 生·声·慢 听见鼓浪
Life · Sound · Slowness: To hear and see kulangsu

学生团队

胡宇欣

刘伟琦

方菲

孙玙

伏彦希

陆巧云

王学林

刘雅茜

尤书剑

吴婧一

曹博

梁晨

庄逸帆

朱晓逸

赵贵佳

郭画儿

指导教师

贺勇

浦欣成

陈林

今年是我第一次参加“8+”校联合毕业设计，认识了许多老师，感觉大家真是兴趣爱好最接近的一群人。毕业设计是我们国内建筑学的一个痛点，每年都很辛苦但收获平平。有些高校在低年级有非常出色的教学设计和教学成果，到了高年级和毕业班效果却不太理想。

第一是客观上教师和学生的投入度不够。一方面建筑学前几年比较辛苦，优秀学生精力体力普遍严重下降，另一方面学生到了高年级由于提前锁定了出路问题而动力不足。教师虽然也算比较认真，但是在现行体制下很难天天盯着学生做设计。我认为设计一套分阶段激励的措施会有所帮助，也包括最终成果展览的规格和周期。

第二是主观上需要调动学生的热情。这点我在央美的同行中受到鼓舞。虽然我们和央美建筑学教育在理念和实践上强调的方向有很大不同，但无不对央美学生毕业设计那种强烈的表达愿望和投入度所感染。我们在教学中应该多提倡一些理想主义，回到建筑学最初激荡我们头脑的那些时刻。这次我们组强调了建筑设计在精神价值上的追求，最终也鼓舞了学生。

第三是题目设计的问题。毕业设计的周期其实不长，前期调研和分析如果占掉一半的时间的话，实际进入到设计工作只有两个月不到的时间。这对于想在毕业设计有所突破，又想有相当深度的期望来说，时间是不够的。我两次参加西班牙 CEU 联合毕业设计，他们半年时间基本上是完成一个概念设计，后面花一年的时间深化，就成果来说，是很惊人的。我们的毕业设计展，因为题目往往比较宽泛也比较大，看上去内容不少，但是属于建筑学的内容不多。停留在表面停留在概念阶段是比较普遍的现象。我希望我们未来的题目设计上可以往城市设计和策划延伸，但是重点还要放在建筑设计上，题目也具体化一些，做一些比较扎实的工作，提升建筑学的深度和表达力。

——陈林

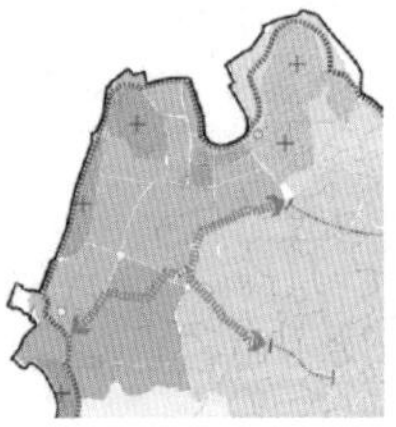

鼓浪屿

从历史国际社区 到国际历史社区

KULANGSU

全球生活方式双年展

GLOBAL LIFE STYLE EXHIBITION

从"历史国际社区"到"国际历史社区"

From "Historic International" to "International Historic"

浙江大学
设计：尤书剑/胡宇欣/庄逸帆/伏彦羲
指导：贺勇

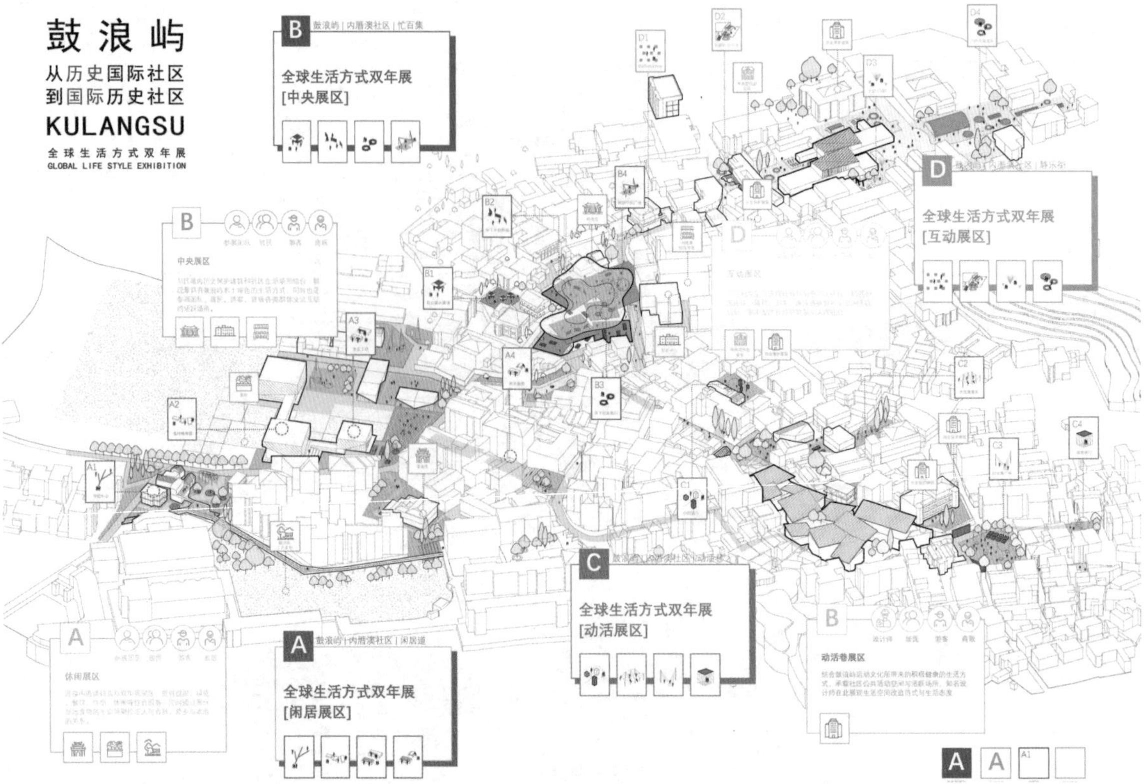
B
全球生活方式双年展
[中央展区]
D
全球生活方式双年展
[互动展区]
C
全球生活方式双年展
[动活展区]
A
全球生活方式双年展
[闲居展区]

现状分析

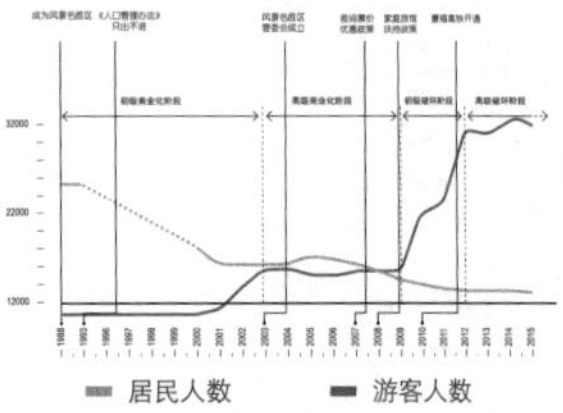
居民人数
游客人数

人口结构变化

更新策略

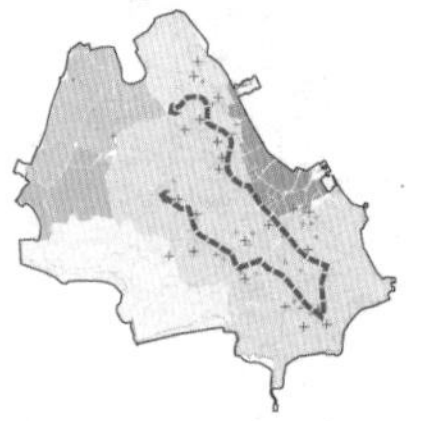

现有物质文化遗产集中带

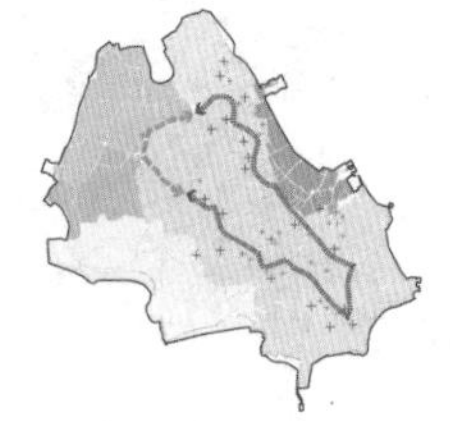

新增非物质文化遗产集中带

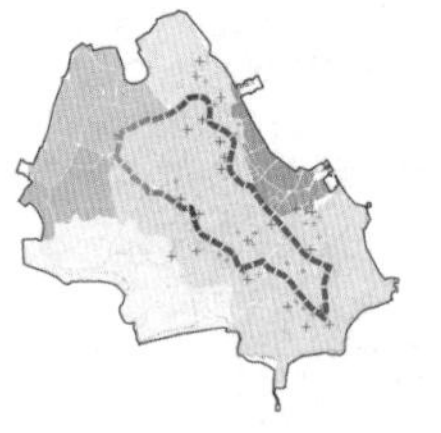

鼓浪屿文化遗产闭环

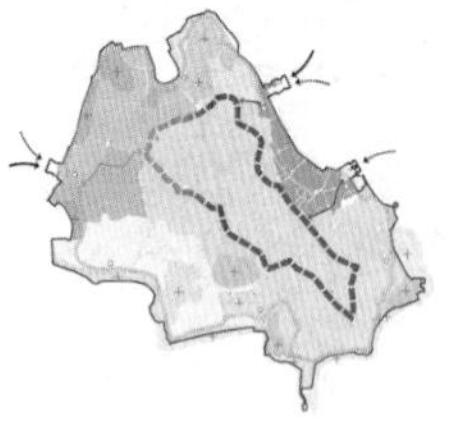

新增鼓浪屿内外环通道

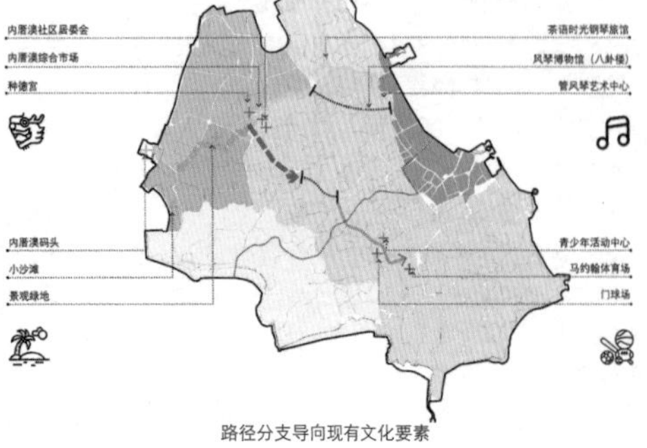
内厝澳社区居委会
内厝澳综合市场
种德宫
茶语时光钢琴旅馆
风琴博物馆（八卦楼）
管风琴艺术中心
内厝澳码头
小沙滩
景观绿地
青少年活动中心
马约翰体育场
门球场

路径分支导向现有文化要素

设计展开

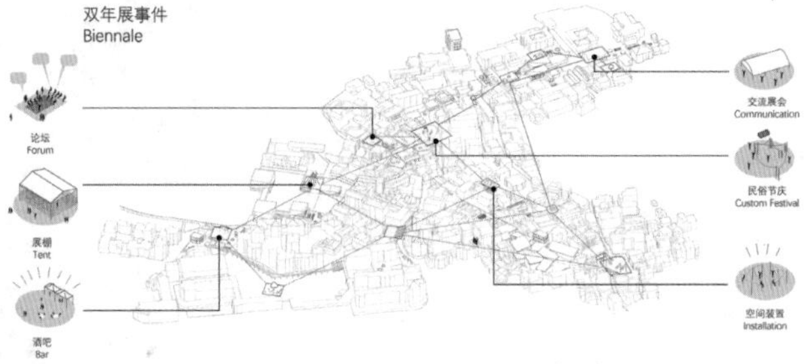
双年展事件
Biennale
论坛
Forum
展棚
Tent
酒吧
Bar
交流展会
Communication
民俗节庆
Custom Festival
空间装置
Installation

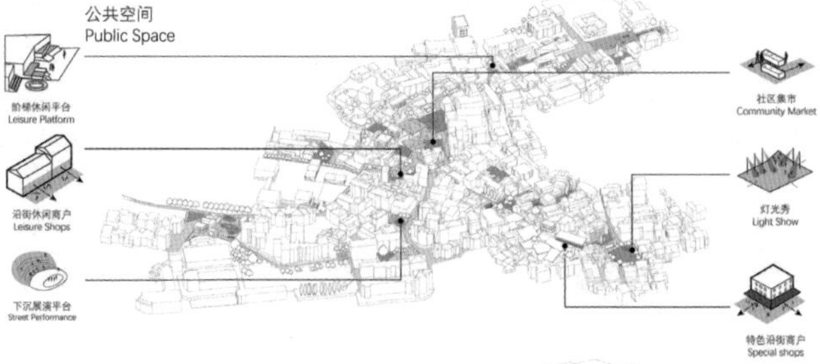
公共空间
Public Space
阶梯休闲平台
Leisure Platform
沿街休闲商户
Leisure Shops
下沉展演平台
Street Performance
社区集市
Community Market
灯光秀
Light Show
特色沿街商户
Special shops

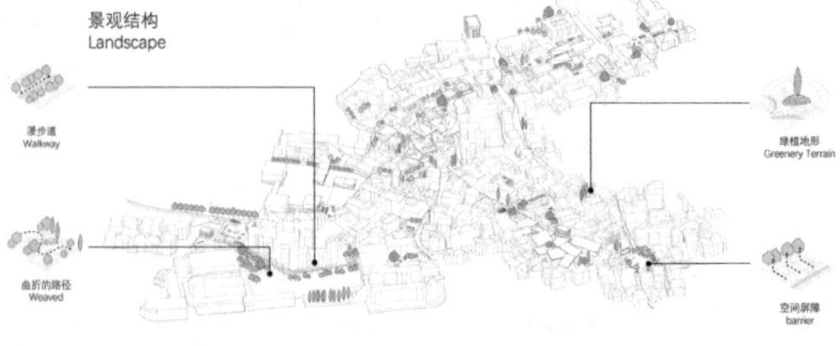
景观结构
Landscape
漫步道
Walkway
曲折的路径
Weaved
绿植地形
Greenery Terrain
空间屏障
barrier

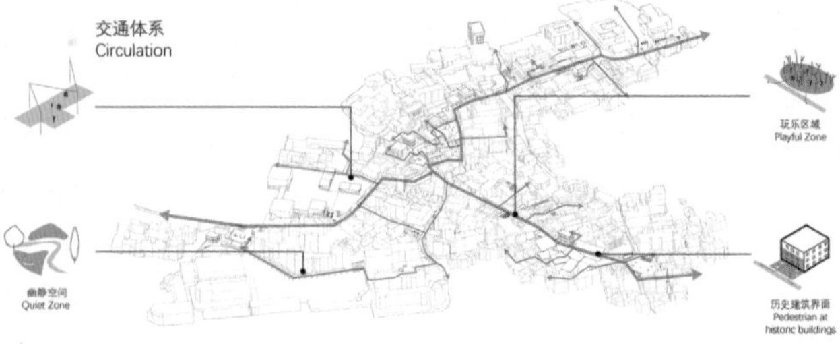
交通体系
Circulation
幽静空间
Quiet Zone
玩乐区域
Playful Zone
历史建筑界面
Pedestrian at historic buildings

简介：

当下鼓浪屿因人口组成变动产生了过度商业化、原住民流失、公共服务下降以及在地文化式微等问题。"历史国际社区"这个定位由于着重历史要素而非当下发展的局限性使其无法给现存的问题给出解决方向。

所以我们希望以"国际历史社区"作为鼓浪屿的发展新阶段定位，采用置入双年展模式来活化鼓浪屿内厝澳社区在展时与非展时的社区状态，通过挖掘鼓浪屿的四大非物质文化要素作为四个片区的设计主题，将设计区域作为居民与游客的弹性边界以改善社区生活质量，活化不同人群间的互动与文化交流。

个人单体设计主题与区域

01 海岛文化——闲居道

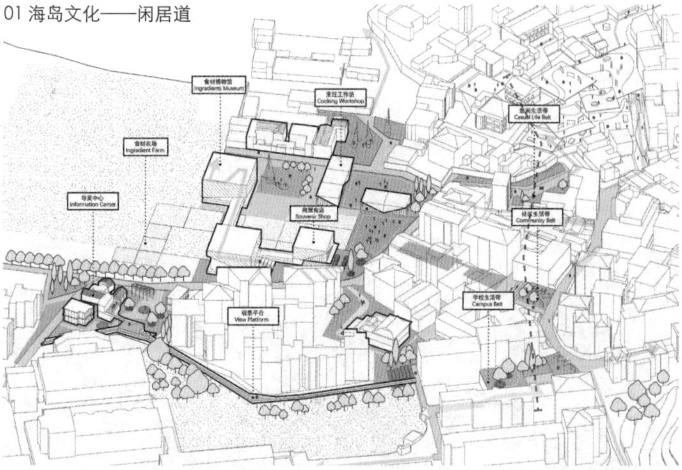

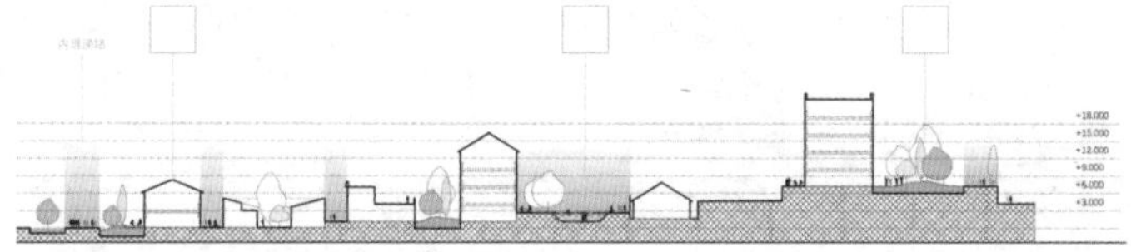

02 民俗文化——忙百集

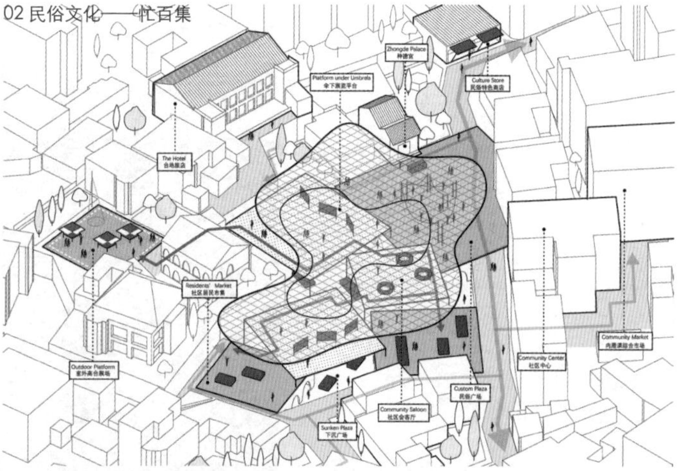

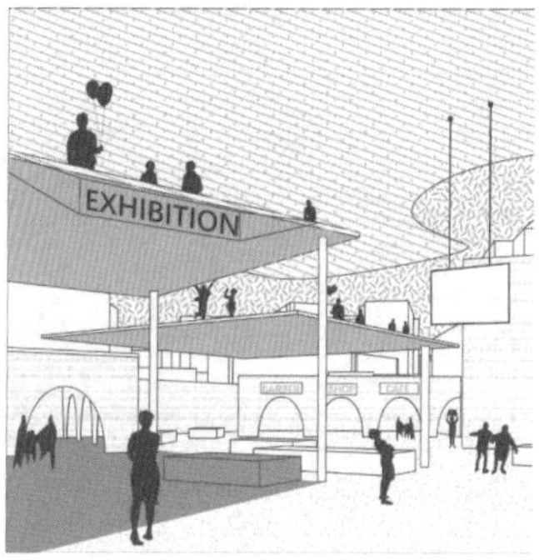

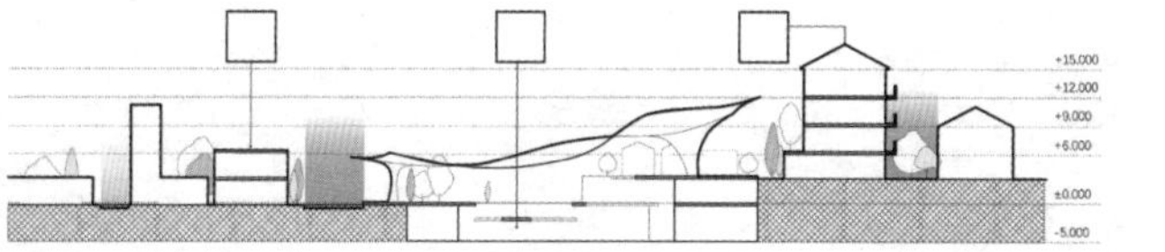

03 运动文化——动活巷

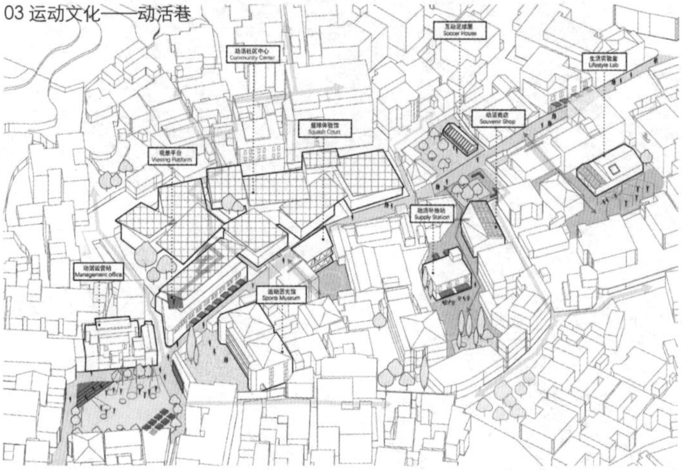

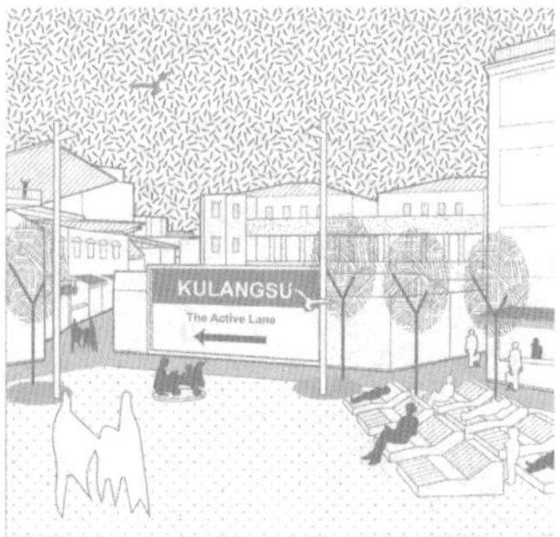

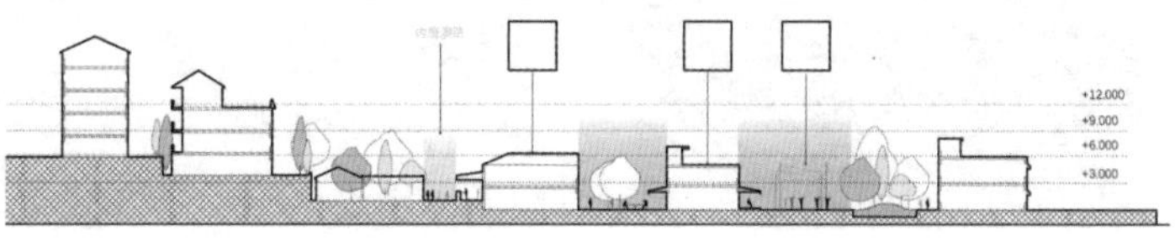

04 音乐文化——静乐街

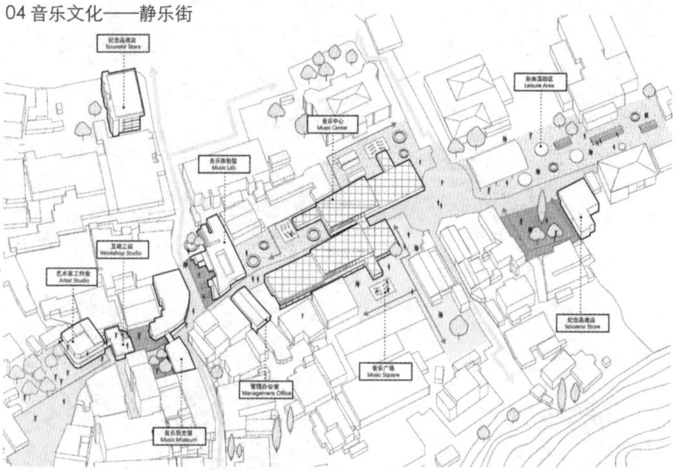

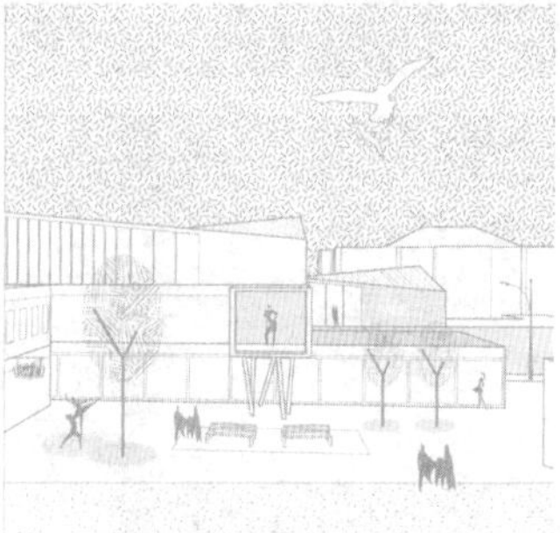

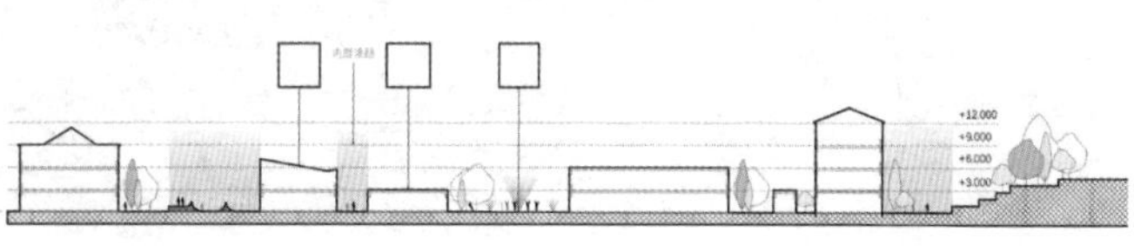

01 生活家—内厝澳美食工坊　胡宇欣

主要功能空间：

民宿、餐厅、闽南菜博物馆、亲子厨艺工坊、有机农场、多功能室、小教室等。

设计意图：

生活家—美食工坊是受到鼓浪屿昔日自给自足海岛生活启发，以在地美食为载体的建筑设计。建筑功能综合了厨艺学校、民宿、博物馆、餐厅等多重功能，其目的是通过复合功能策划为鼓浪屿上的不同人群提供全新的服务，在发扬本土文化的同时增强鼓浪屿对游客的吸引力。

经济技术指标：

总建筑面积：3100m^2

总建设用地面积：10600m^2

绿化率：78%

容积率：0.29

建筑高度：9.6m

核心设计策略：

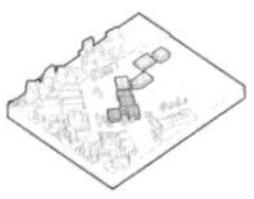

分化体量融入肌理

融入自然

保留原有植物

西南侧鸟瞰图

农场采摘场景图

西北侧入口场景图

农场采摘场景图

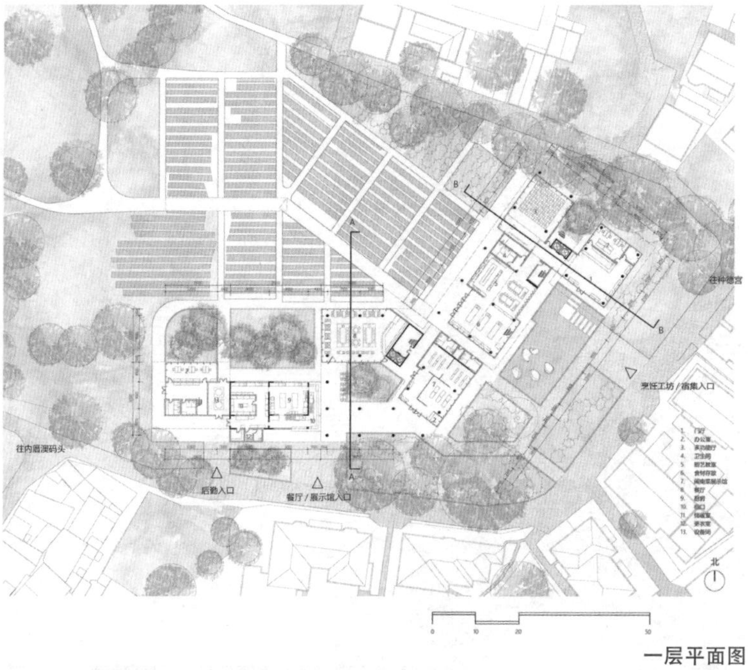

一层平面图

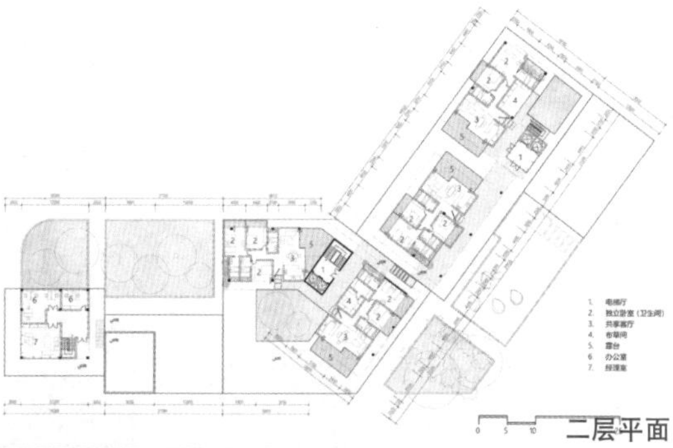

二层平面

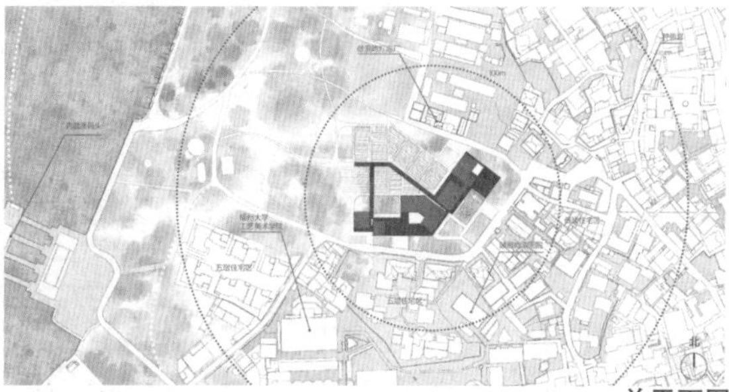

总平面图

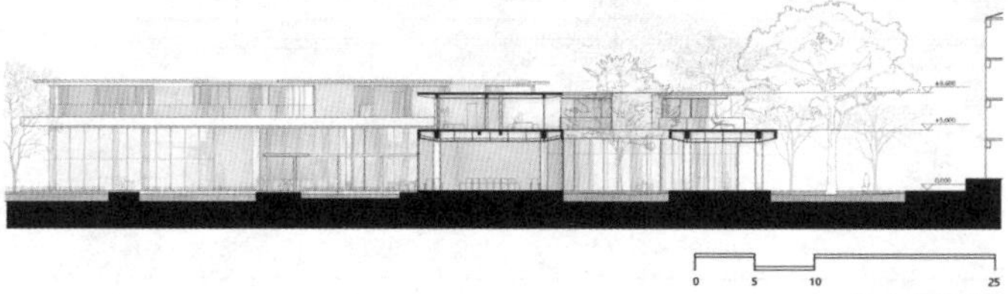

A-A 剖面图

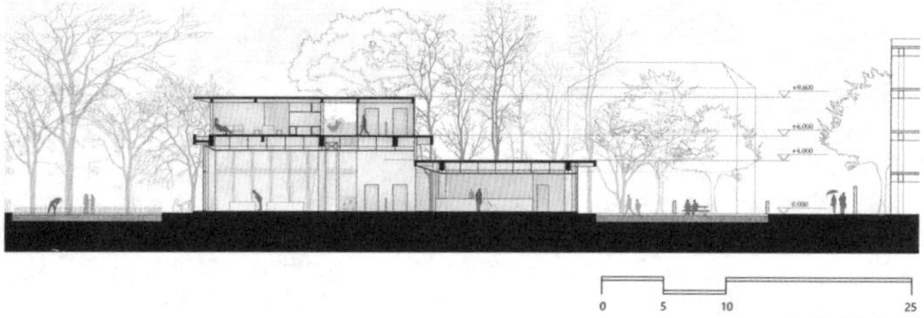

B-B 剖面图

02 忙百集——内厝澳社区集市　伏彦羲

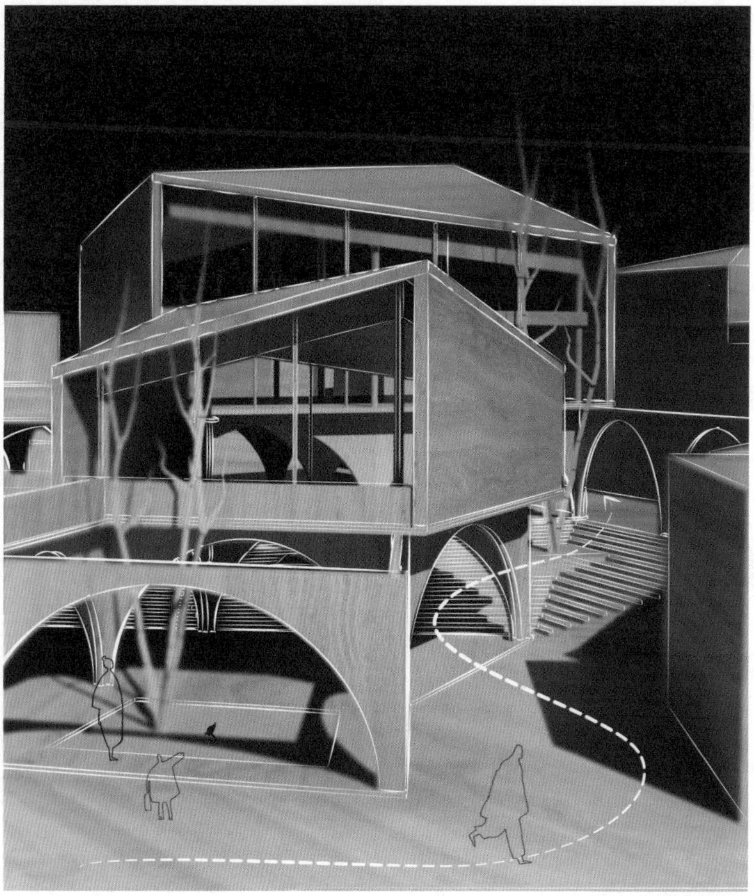

模型渲染

主要功能空间

社区居民市集、市集后勤处、游客餐厅、社区会客厅、民俗广场。

设计意图

内厝澳社区集市位于小组城市设计片区的中央区域，连接了其他三位小组成员所设计的分片区，是内厝澳社区的中心区域。集市底层为开放式的自由市场，上部则主要是服务于游客的餐饮空间。既为原住民提供更多社区公共空间的同时，也为游客提供了体验内厝澳社区市井生活的场所。

经济技术指标

总建筑面积 :2860m^2 总建设用地面积 :1810m^2 容积率 :1.58 建筑密度 : 78%

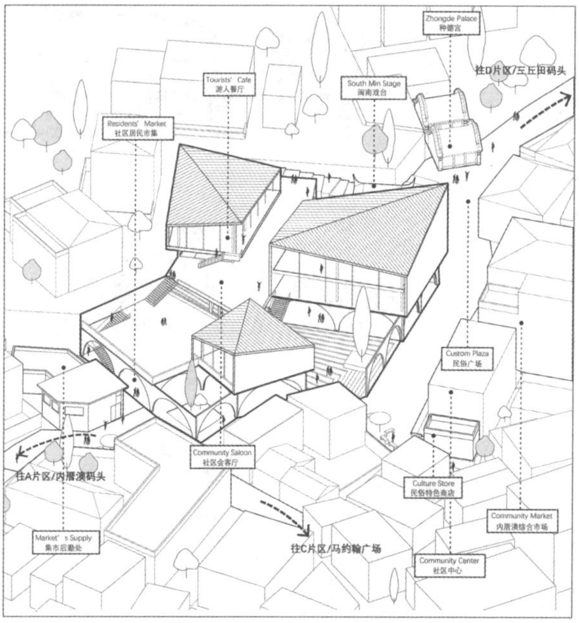

轴测图

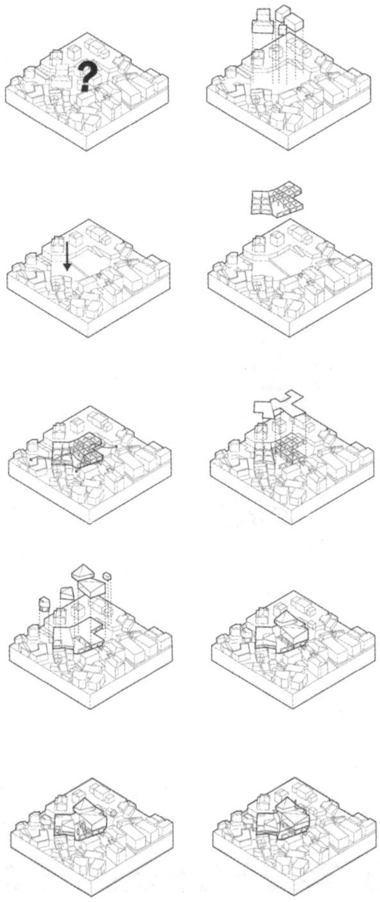

分析图

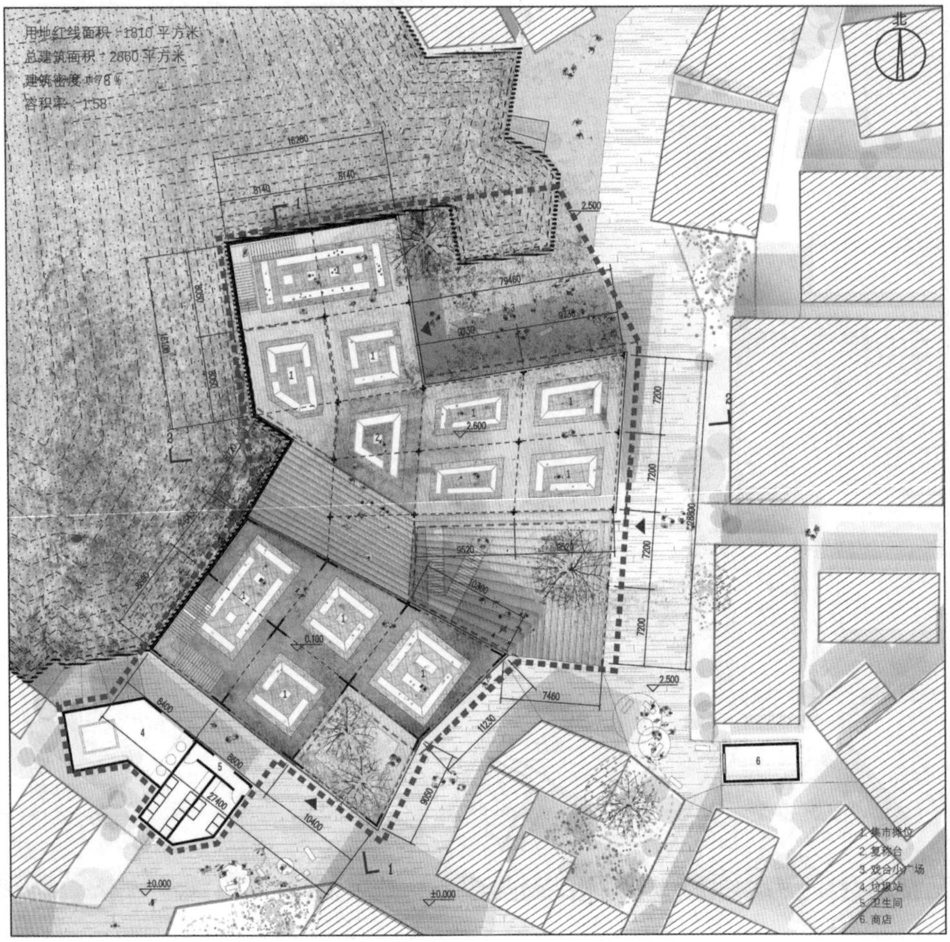
用地红线面积：1810 平方米
总建筑面积：2860 平方米
建筑密度：78%
容积率：1.58
北
1. 集市摊位
2. 复称台
3. 戏台小广场
4. 垃圾站
5. 卫生间
6. 商店

一层平面图

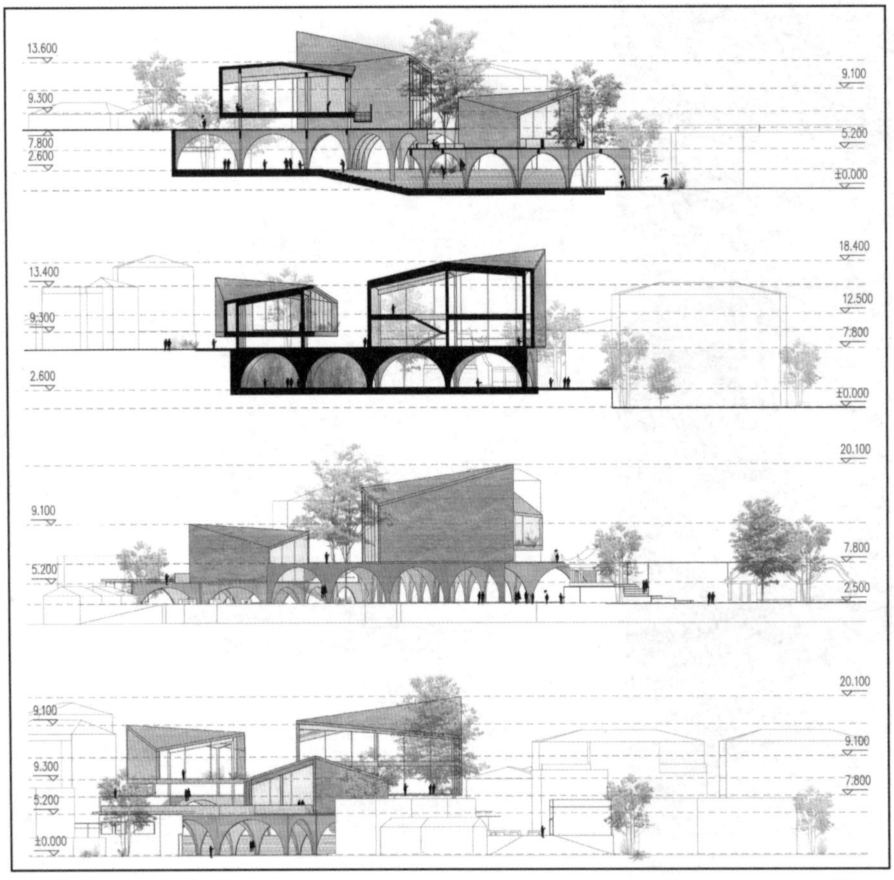

剖面图

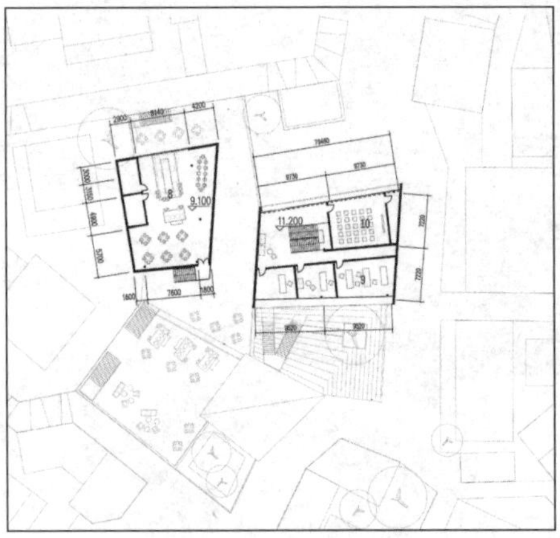

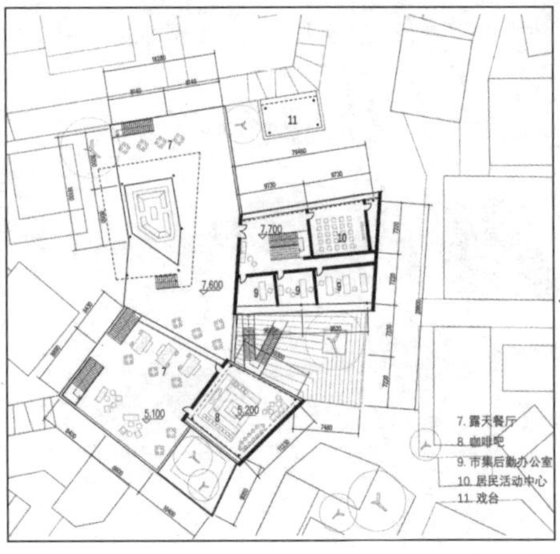
7. 露天餐厅
8. 咖啡吧
9. 市集后勤办公室
10. 居民活动中心
11. 戏台

二／三层平面图

03 运动家——内厝澳社区中心　尤书剑

主要功能空间：

室内笼式足球场、社区壁球馆、乒乓球房、社区报告厅、咖啡吧、多功能室、小教室、瑜伽室、棋牌室、亲子工坊、社区会议室等。

设计意图：

建筑位于城市设计内厝澳动活巷区域。作为位于游客与居民的高密度聚集区的社区中心，它主要扮演三个角色：1. 组织形成内厝澳路街道新界面；2. 作为社区居民平等的聚集体，承载社区运动空间功能；3. 成为社区弹性空间，作为游客与居民的交流互动容器。

经济技术指标：

总建筑面积：4790m^2　地上建筑面积：3250m^2
地下建筑面积：1540m^2　建筑占地面积：1750m^2
总建设用地面积：3600m^2　容积率：0.9
绿化率：15%

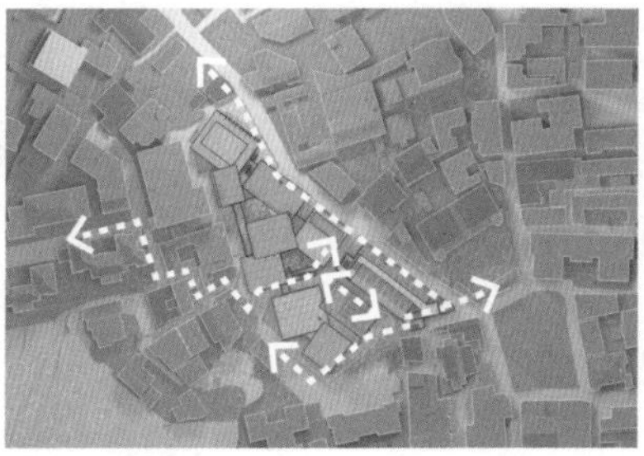

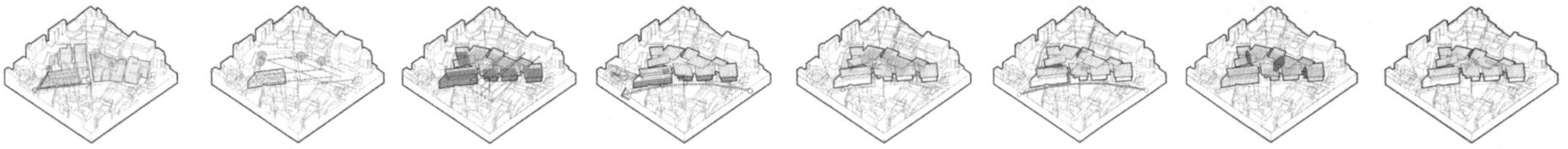

分析图

一层平面图

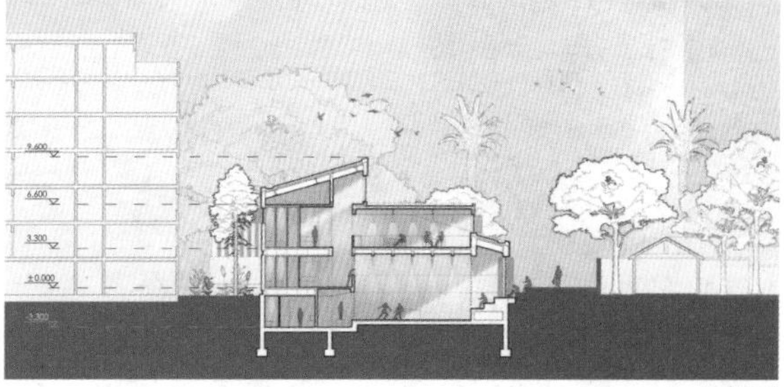

A-A 剖面

B-B 剖面

地下一层平面

二 / 三层平面图

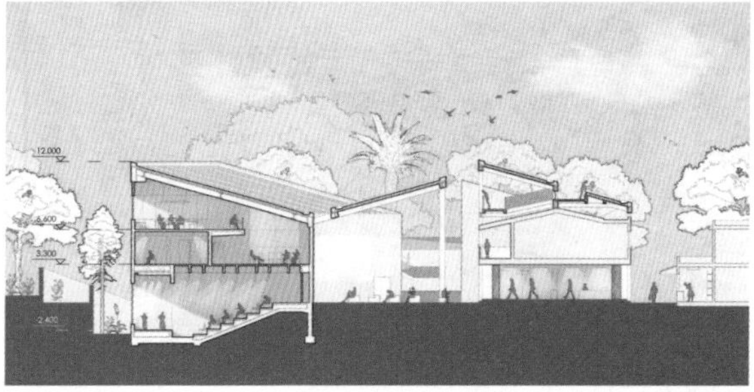

C-C 剖面

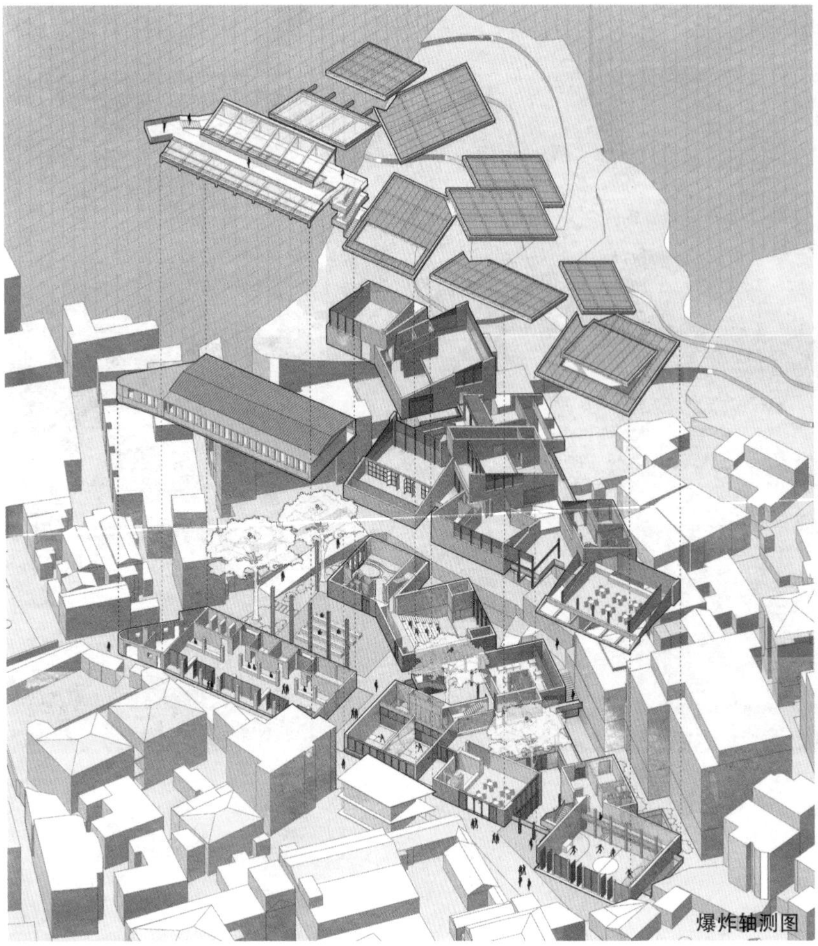

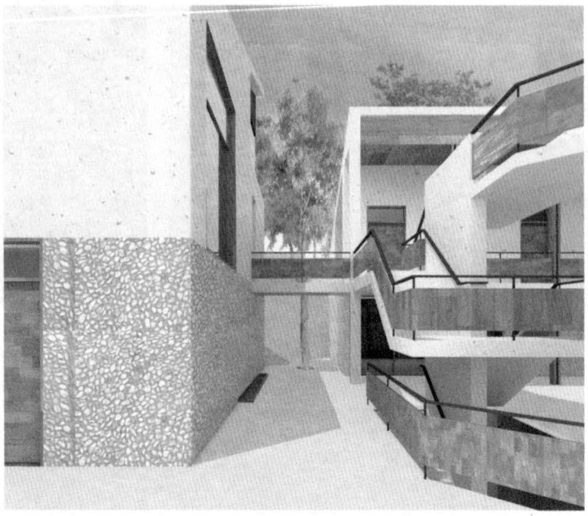

04 音乐街坊——内厝澳音乐空间　庄逸帆

主要功能空间：音乐厅、音乐家工作室、音乐练习室、音乐教室、音乐阶梯、临时演奏区域、互动体验馆、展览空间、纪念品商店、休闲露台。
设计意图：设计希望保持街坊的质感，对街道里面与社区广场进行一体化设计，希望活化社区氛围，置入活跃元，因此引入了“音乐街坊”的概念。

音乐街坊多高度的平台上都绿意满满，让人心情舒畅。住在这里的居民可以来这里休息片刻。

走近音乐街坊，忽然聆听到一阵动人的音乐，向一侧广场看去，原来有人正在室外音乐会演奏。

似乎正在办展览，户外的装饰画和展览让人想去一探究竟。玻璃房子里好像正排练演出呢！

室外有很多人在张望着，看这是什么活动，凑近了解，原来是听觉视觉的盛宴，不容错过。

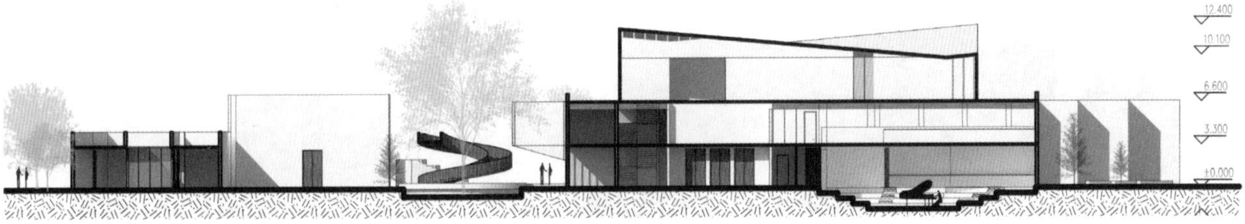

剖面 1-1

剖面 2-2

剖面 3-3

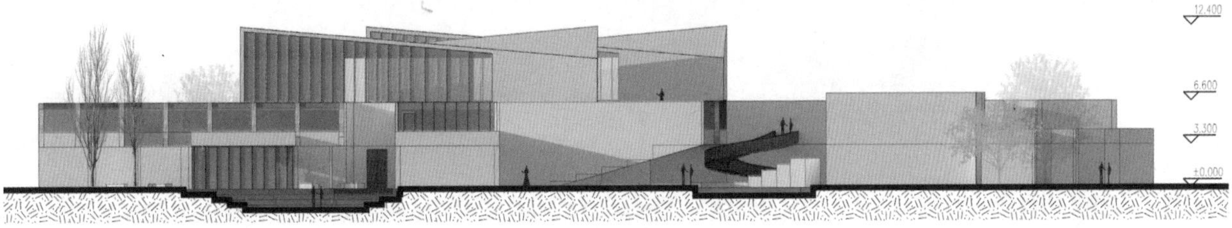

南立面

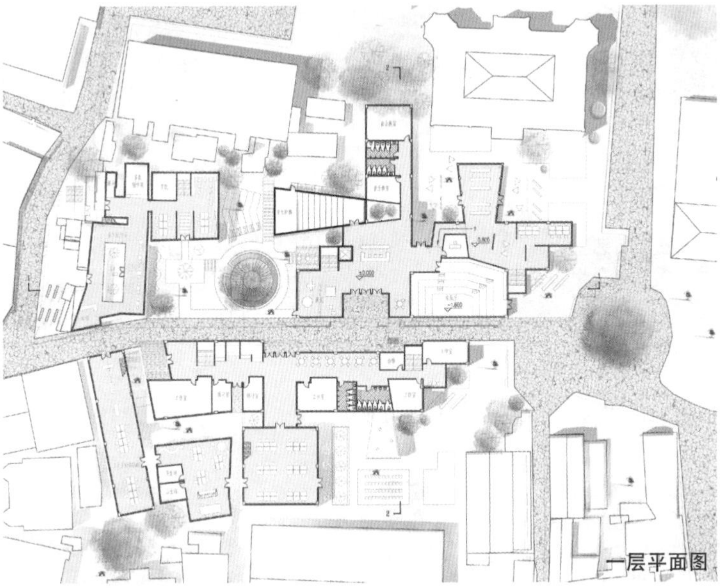

一层平面图

二层平面图

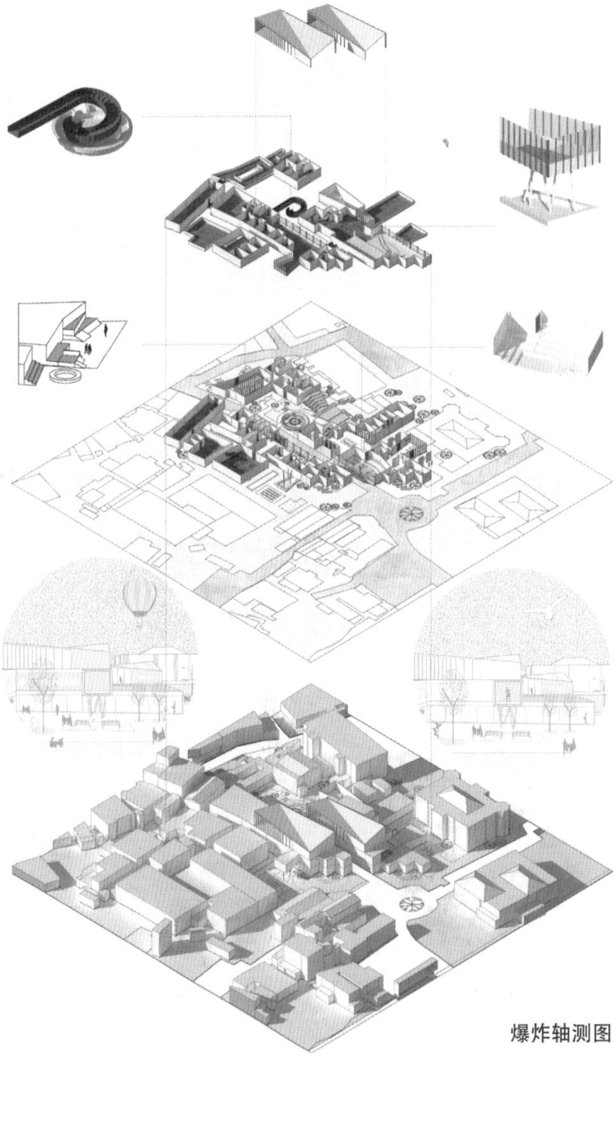

爆炸轴测图

浮生记·总体设计——内厝澳社区中心设计

Mortal life · Community Center Design Overrall Desgin

浙江大学
设计：刘伟琦/陆巧云/吴婧一/朱晓逸
指导：陈林

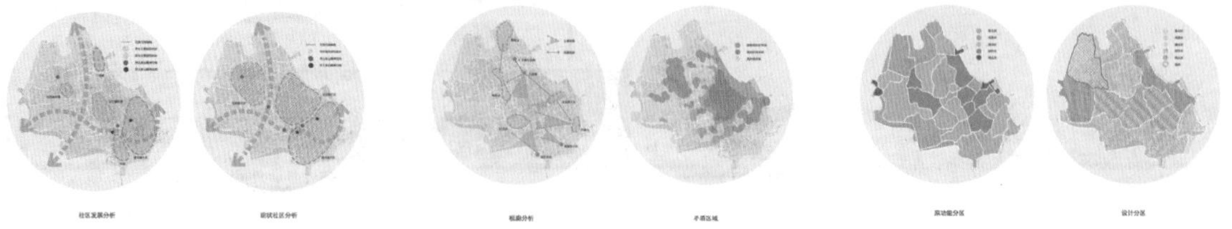

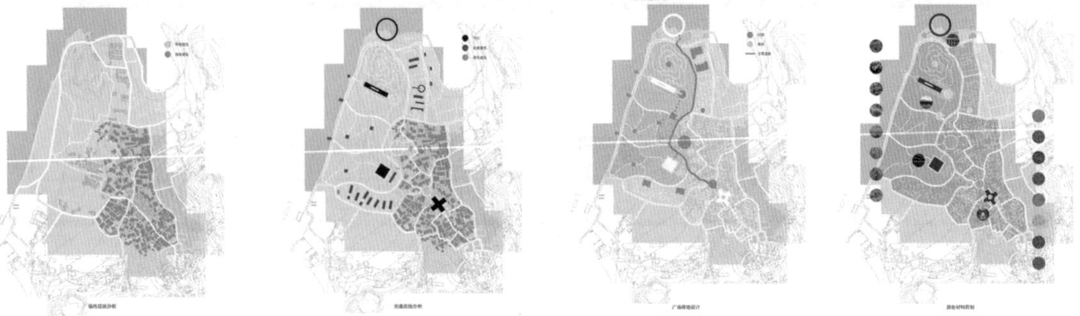

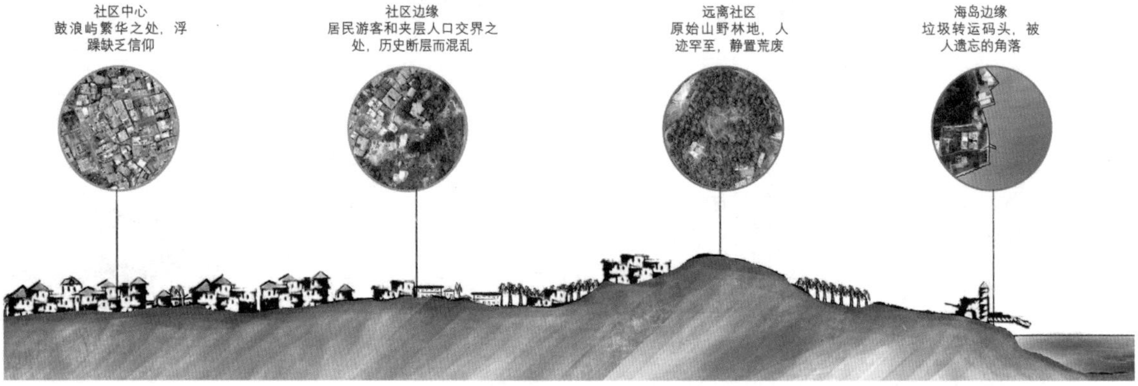

社区中心
鼓浪屿繁华之处，浮躁缺乏信仰
社区边缘
居民游客和夹层人口交界之处，历史断层而混乱
远离社区
原始山野林地，人迹罕至，静置荒废
海岛边缘
垃圾转运码头，被人遗忘的角落

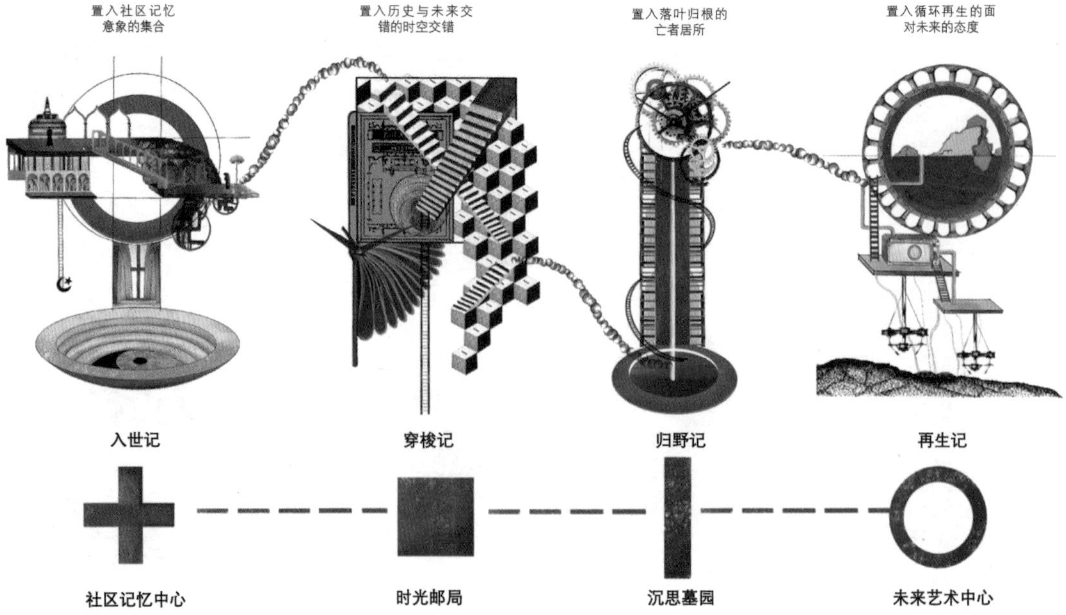

置入社区记忆意象的集合
置入历史与未来交错的时空交错
置入落叶归根的亡者居所
置入循环再生的面对未来的态度
入世记
穿梭记
归野记
再生记
社区记忆中心
时光邮局
沉思墓园
未来艺术中心

简介：

项目作为浮生记的起点，选在内厝澳社区中心，将成为当下社区生活的聚合点。通过几何的规划与鼓浪屿在地元素的融入，给出对于当下内厝澳社区生活的思考。

从场地出发，梳理利用周边公共区域并将其与建筑本体、广场、地下有机结合，尝试营造一种新的空间模式以适应当下的鼓浪屿发展。

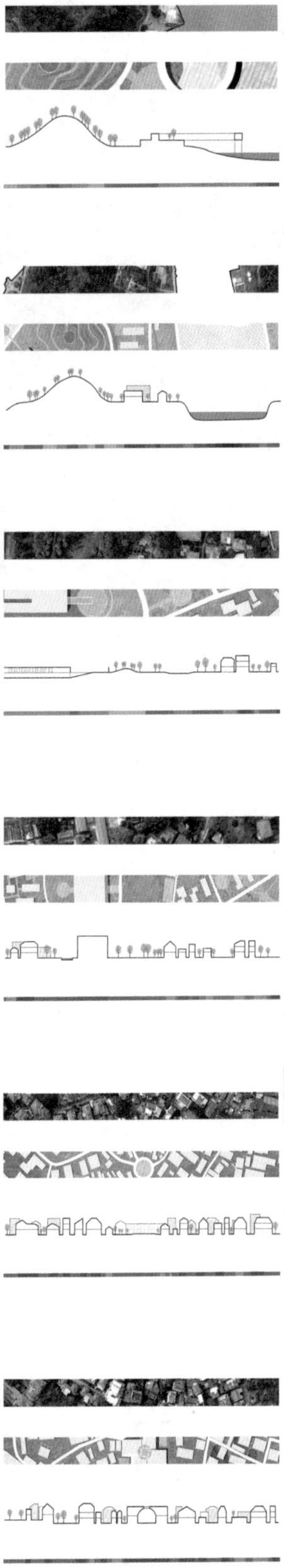

城市设计总图　1：1500

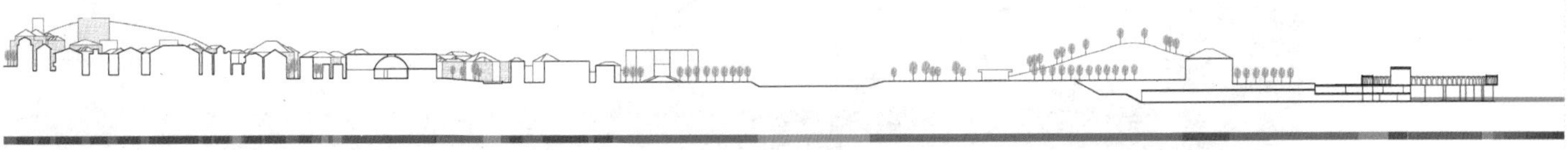

浮生记·入世记——内厝澳社区中心设计

Mortal life · Community Center Design

浙江大学
设计：刘伟琦
指导：陈林

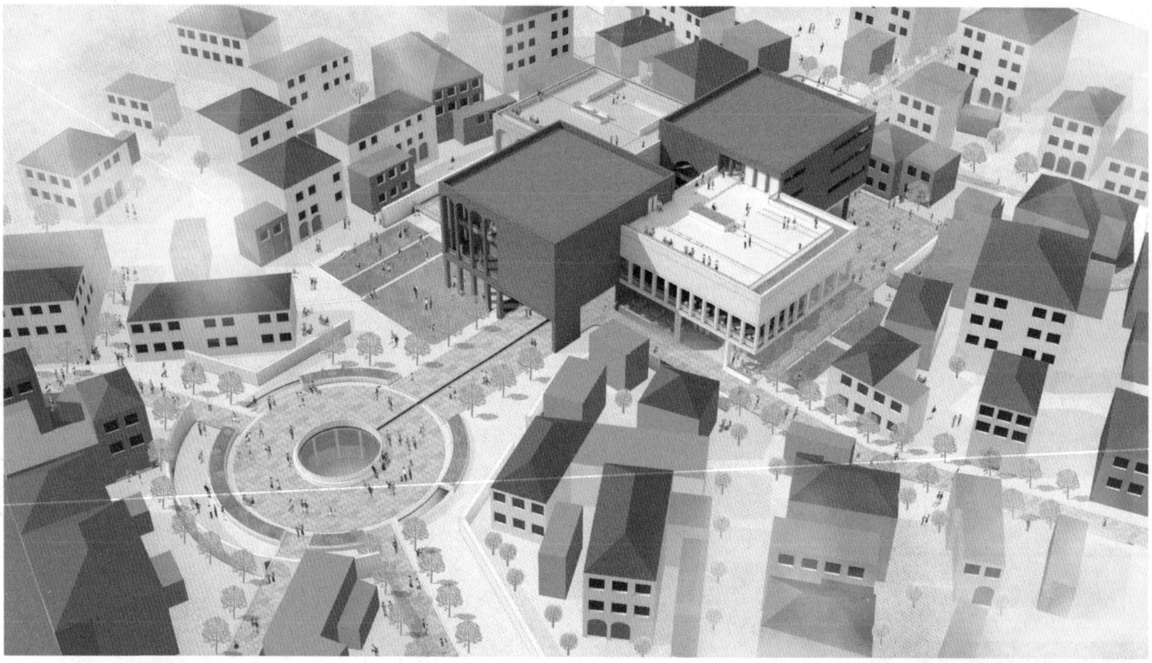

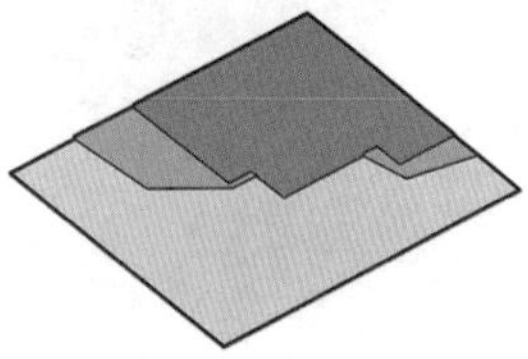

场地高差

场地东南高，西北低，存在约 2.5m 高差
建筑与场地将充分考虑并利用高差组织流线

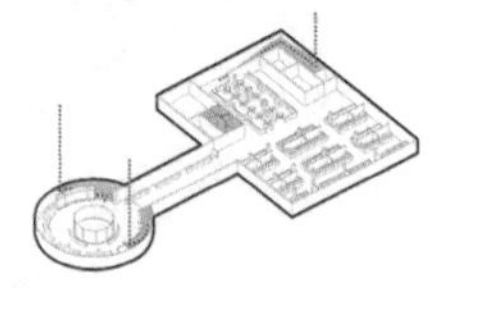

地下广场 / 菜场

为方便周边居民，地下部分在前中后端都设立了垂直出入口，南侧坡道及货梯则为鼓浪屿板车提供便利交通

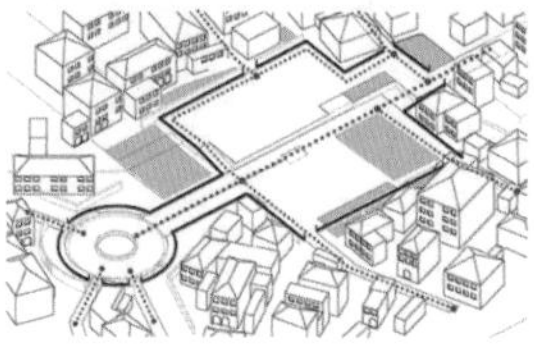

城市公共空间与绿地

多股人流道路交汇处适当扩张设计为建筑前广场，建筑周边与建筑保持适当间距，同时通过矮墙绿化弱化边界，提供多个活动场所让利社区

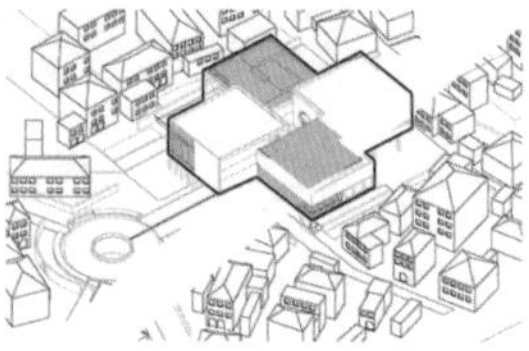

建筑对外开敞度

二层架空柱廊公共空间与面向绿地的拱券外廊与前广场、周边建筑呼应，顶层露天阳台为观景休息提供最佳视野

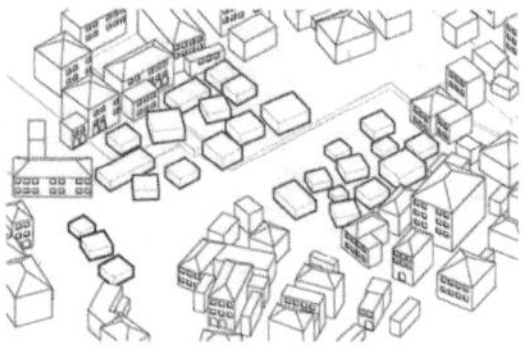

原有构筑物

拆除和整理了场地原有的棚户区与违法私自搭建的构筑物，按照鼓浪屿城市规划中需要整改与拆除的区域进行转移搬迁

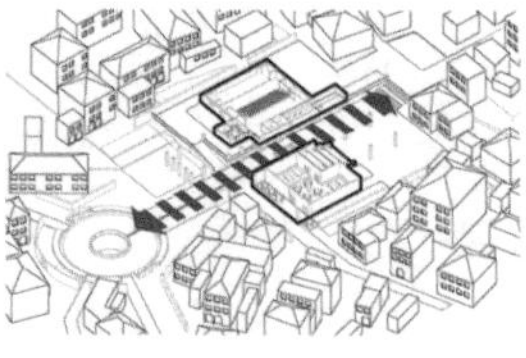

主要城市道路

建筑落地层分置道路两侧，中央内厝澳主要道路部分架空，并将道路与前广场重新规划整理

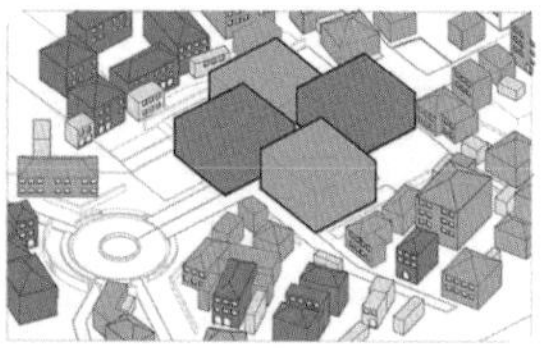

高度控制

鼓浪屿规划内厝澳限高 15m，在和周边建筑天际线基本和谐的基础上要凸显建筑的向心性和标志性，抬高部分建筑高度 15m，两侧为 11m

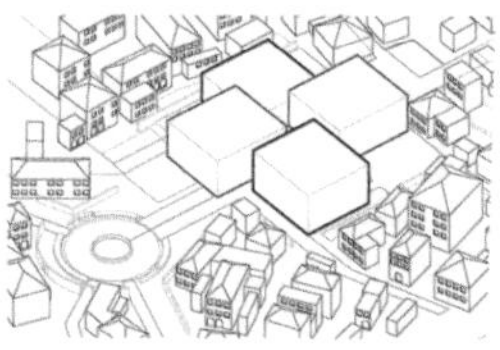

材质呼应

最有鼓浪屿特色的材质是红砖、白墙、灰石，建筑由这些材质有机构成，与周边色彩质感相一致

简介：

我们确定了浮生记——内厝澳社区精神复兴之路为城市设计主题，通过垂直与商业主轴，由市井社区通向小岛边缘的道路，剖切鼓浪屿城市断面，并以社区中心、墓园、时光邮局、再生艺术中心为主题，提升社区文化、鼓浪屿在地文化。采用纯几何化的设计手法作为城市设计节点，突显浮生之路的精神性。

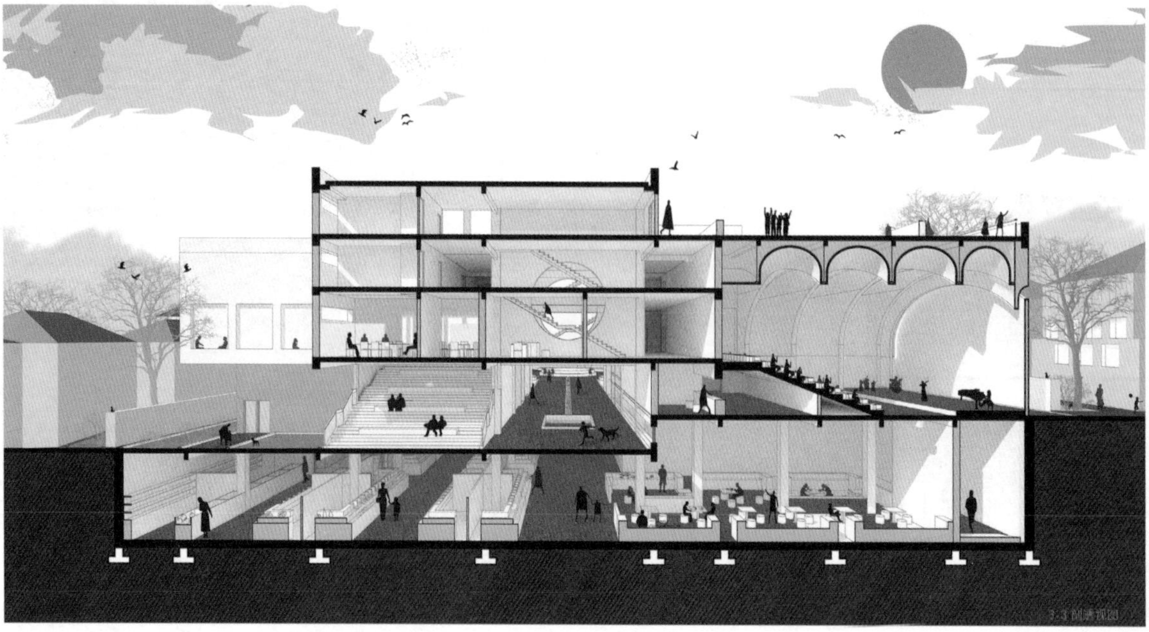

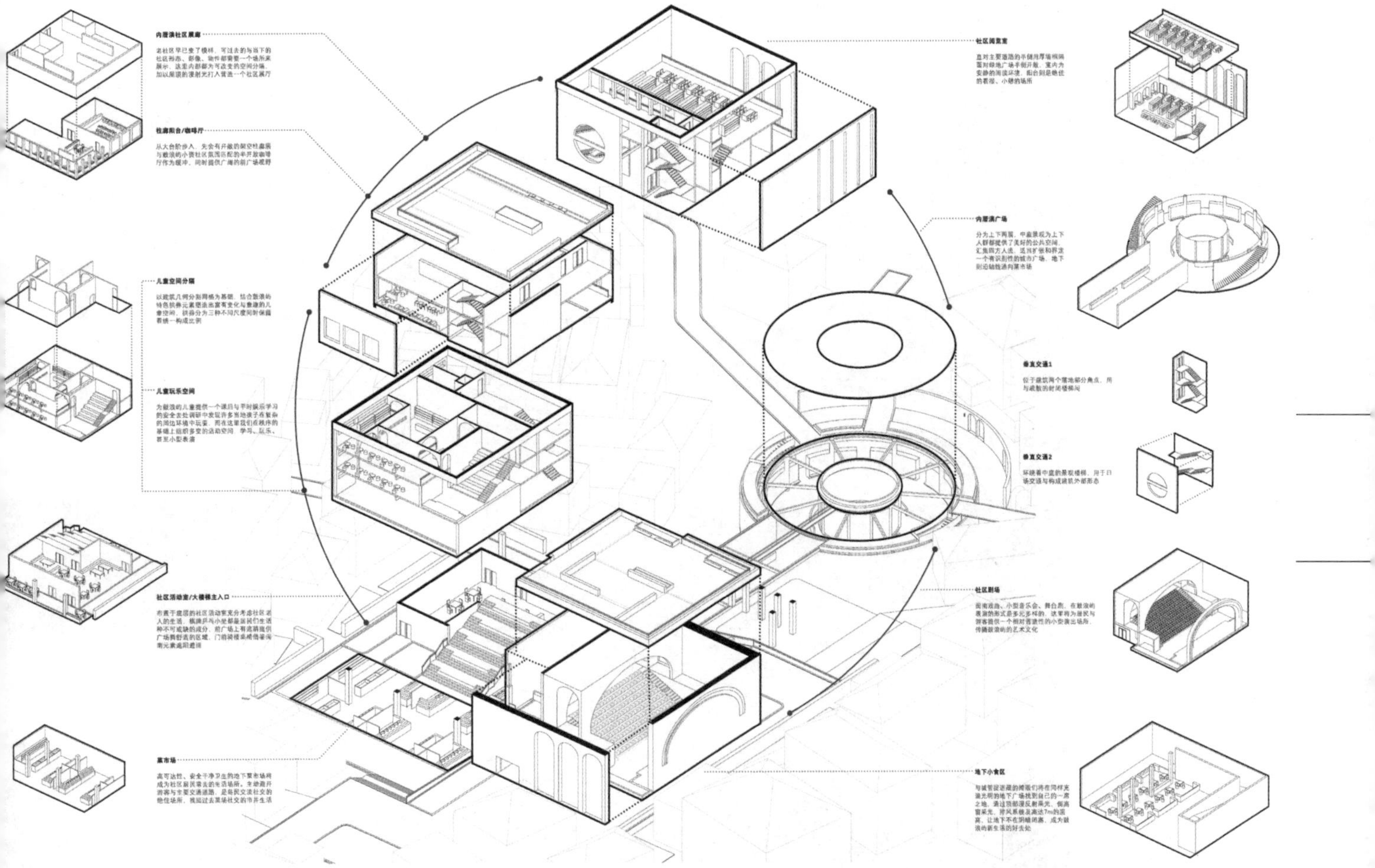
柱廊阳台/咖啡厅
儿童空间分隔
儿童玩乐空间
社区活动室/大楼梯主入口
菜市场
社区阅览室
垂直交通1
垂直交通2
社区剧场
地下小食区

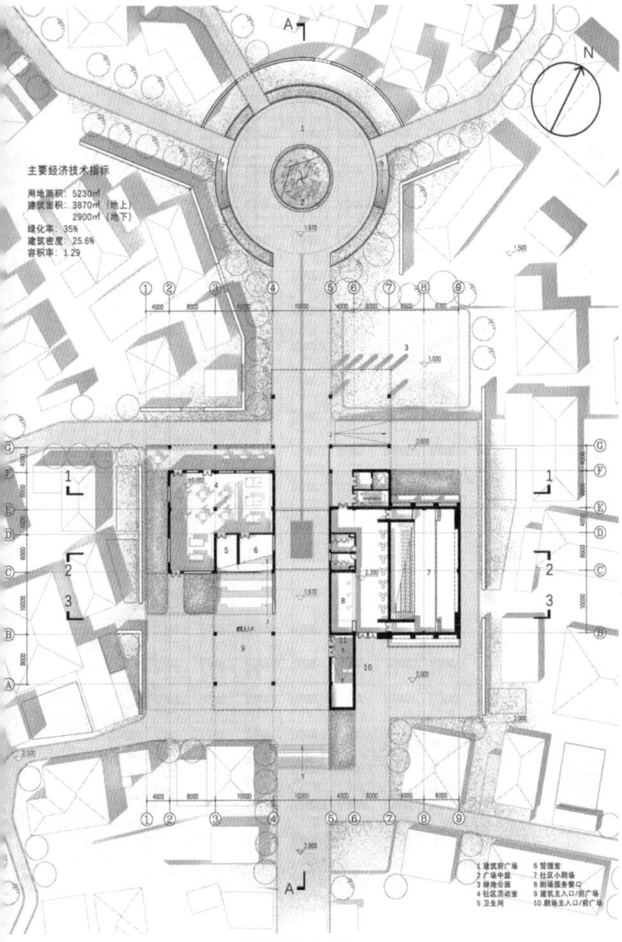
主要经济技术指标
用地面积：5230㎡
建筑面积：3870㎡（地上）
2900㎡（地下）
绿化率：35%
建筑密度：25.6%
容积率：1.29
1 建筑前广场
2 广场中庭
3 绿地公园
4 社区活动室
5 卫生间
6 管理室
7 社区小剧场
8 剧场服务窗口
9 建筑主入口/前广场
10 剧场主入口/前广场

总平面图　1:300

南立面图　1:300

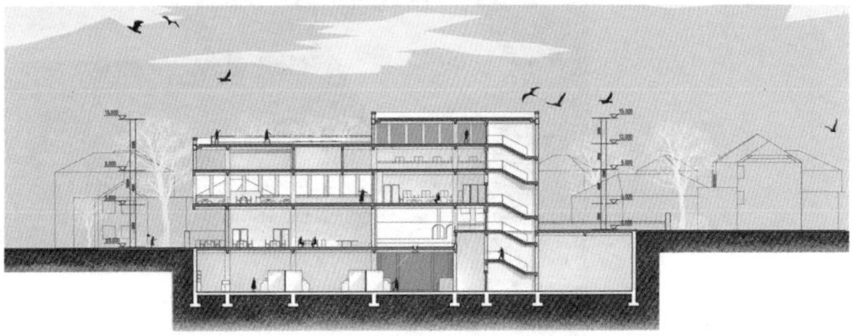

1-1 剖面图　1:300

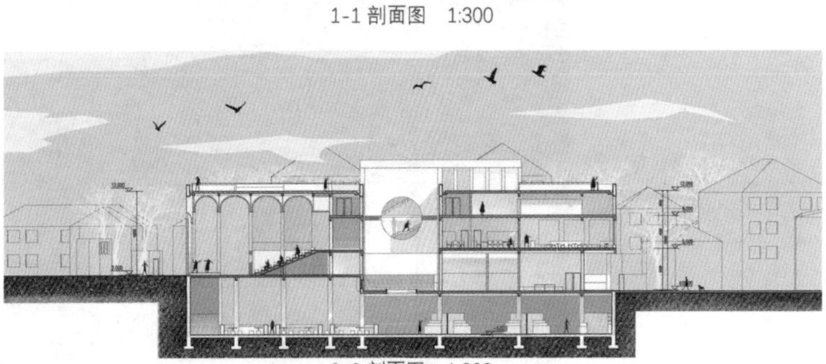

2-2 剖面图　1:300

浮生记·穿梭记——鼓浪屿时光邮局设计

Back&Forth · Time Post Office in Gulangyu

浙江大学
设计：吴婧一
指导：陈林

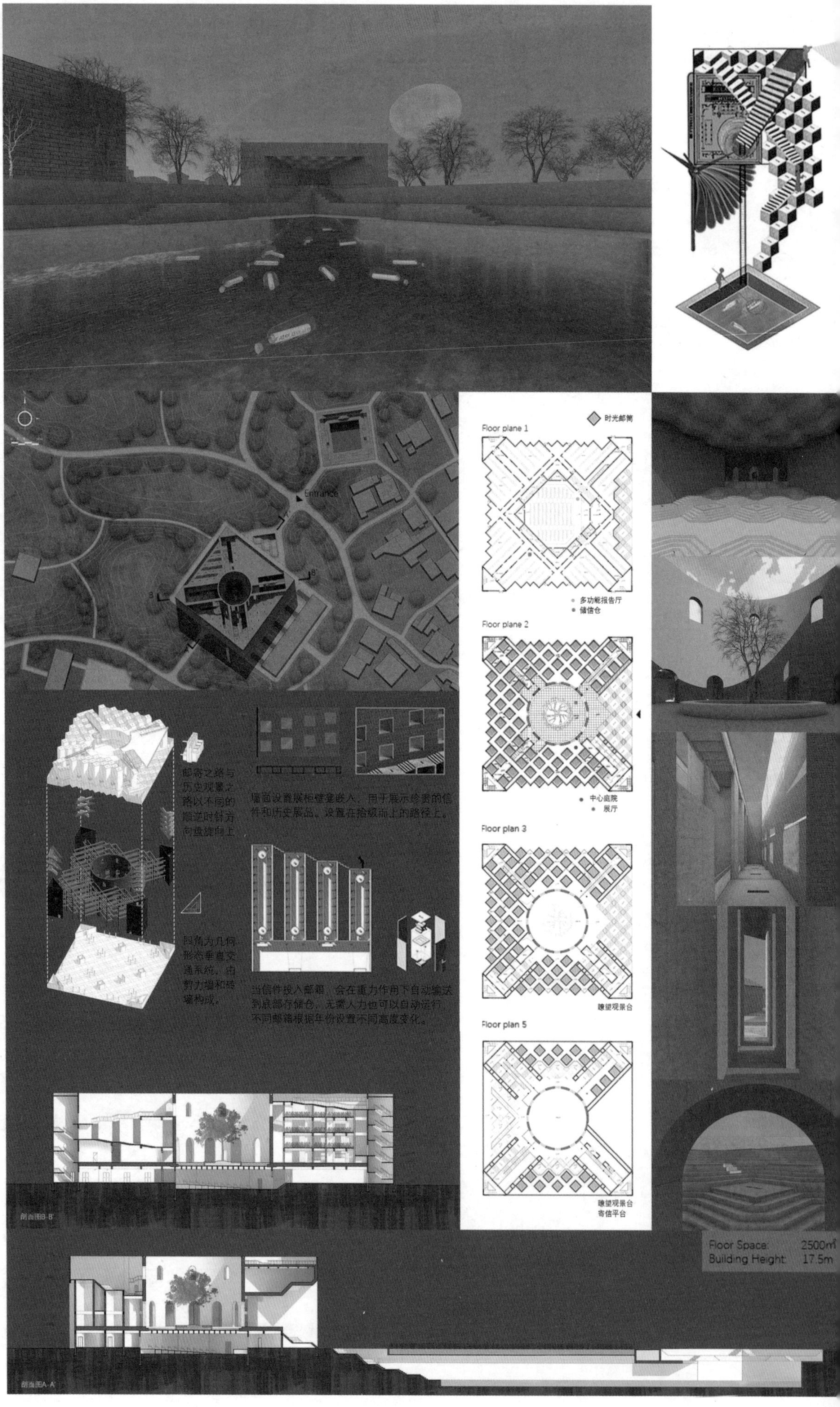
Entrance
邮寄之路与历史观景之路以不同的顺逆时针方向盘旋向上
墙面设置展柜壁龛嵌入，用于展示珍贵的信件和历史展品。设置在拾级而上的路径上。
四角为几何形态垂直交通系统，由剪力墙和砖墙构成。
当信件投入邮箱，会在重力作用下自动输送到底部存储仓，无需人力也可以自动运行，不同邮箱根据年份设置不同高度变化。
时光邮筒
Floor plane 1
多功能报告厅
储信仓
Floor plane 2
中心庭院
展厅
Floor plan 3
瞭望观景台
Floor plan 5
瞭望观景台
寄信平台
Floor Space: 2500㎡
Building Height: 17.5m

024

评语：

该同学构思很好，思路清晰，并在设计中展示出了对精神价值的探求，时光邮局既是对信件文化的保留，保留下的信件也变成了鼓浪屿的遗产，与主题相符。在设计和表达中也展现了一定的想法和张力。

时光邮局

人们有各种app瞬间传送信息，写信正在逐渐被遗忘。时光邮局通过一种被年轻人和时代接受的形式呼唤人们书写书信，是对正在被信息化取代的信邮文化的记录和保留。本项目将向未来寄信这项服务独立出来，为鼓浪屿设计一座时光邮局，设定2020-2105的邮寄时间，使其可以通过自身的运转，在85年间以几乎不用人力的方式提供服务。85年间，时光邮局也会见证信息化的发达下，寄信这种方式的逐渐褪色，几十年后，或许寄信这种方式早已消失，但人们还是会收到从时光邮局发出的，来自过去的信件，成为宝贵的回忆。

瞭望记（人—鼓浪屿的对话）
寄完信件之后人们在向下的行走中穿梭于展廊和观景台间，对鼓浪屿的历史景点进行瞭望和了解，同时邮局中设计了历史回溯之路，也有放映鼓浪屿历史文化科普的多功能厅和工作人员。

时空记（人—时间的对话）
不同的邮筒代表不同的年份，亲手将信件进行投递，并在未来的某个时刻收到穿越时空的来信。而因为收件地址变化或者各种原因无法寄达的信件，会成为时光邮局的收藏品，挑选有意义的部分展出在展廊里交流，直到它的主人有机会再次回到鼓浪屿的时候带走它。

漂流记（人—陌生人的对话）
陌生人间一种原始的信息交流方式，将想对陌生人说的话放进漂流瓶，从邮局前的下沉水池漂流到对面公园的漂流池中。捞起瓶子，就可以拿出信件，阅读来自陌生人的书信。传递原始淳朴的陌生人沟通方式和途径。

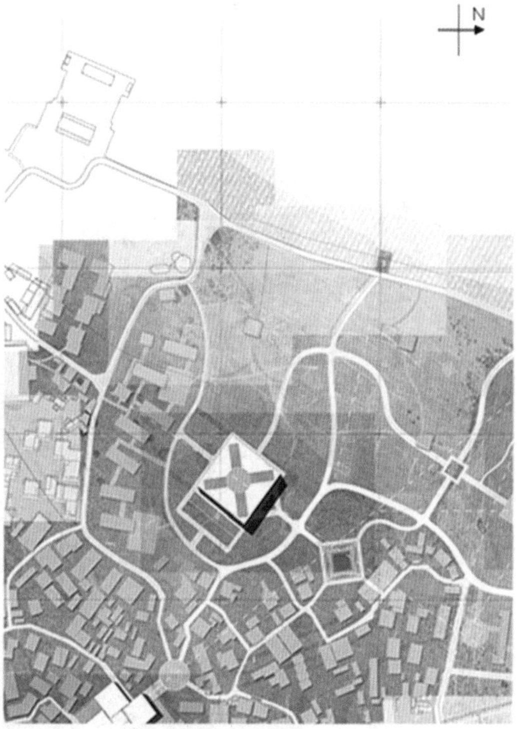

时光邮局设计场地在中国的鼓浪屿岛的内厝澳社区。鼓浪屿占地1.88平方公里，是一座海上的独立岛屿，是旅游圣地。鼓浪屿是世界非物质文化遗产，是一个多元的包容性社区。鼓浪屿是世界的文化遗产，而时光邮局也会成为鼓浪屿与人类文明的一笔遗产。

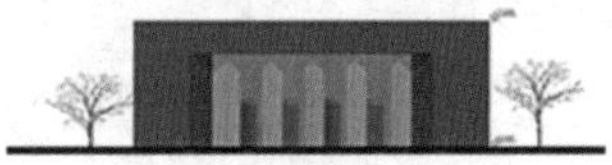

南立面

东立面

鼓浪屿上的建筑元素和比例有别于传统的西方尺度。鼓浪屿上建筑材料常常使用红砖和灰石，颜色也以红色与灰色为主色调。鼓浪屿上的建筑大量运用了一些拱门和方形元素，本设计才用的材质颜色与比例也与鼓浪屿上建筑相和谐。

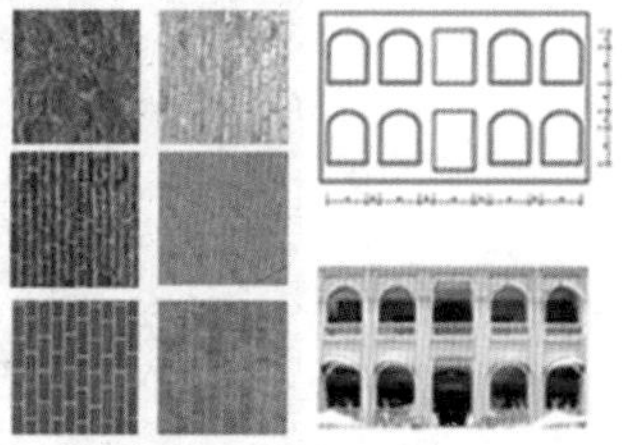

材质与比例

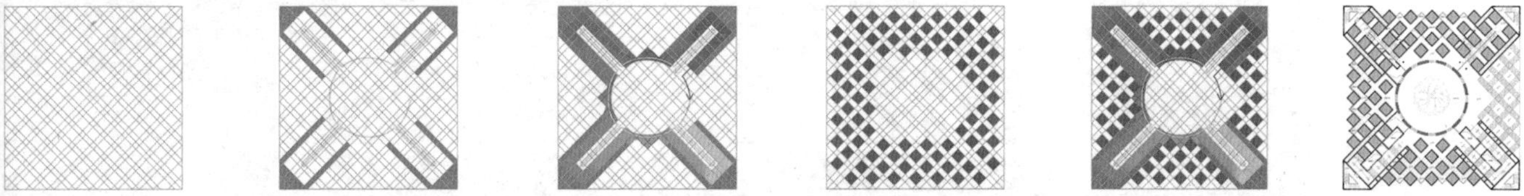

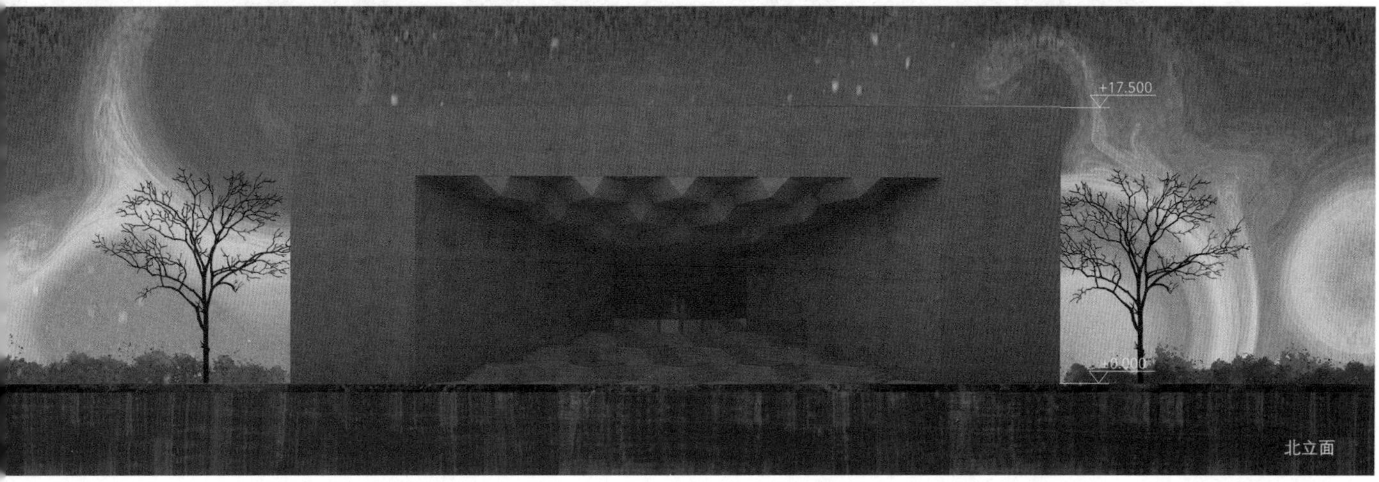

北立面

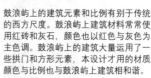

浮生记·归野记——鼓浪屿沉思墓园

Back to Nature · Gulangyu Meditation Cemetery

浙江大学
设计：朱晓逸
指导：陈林

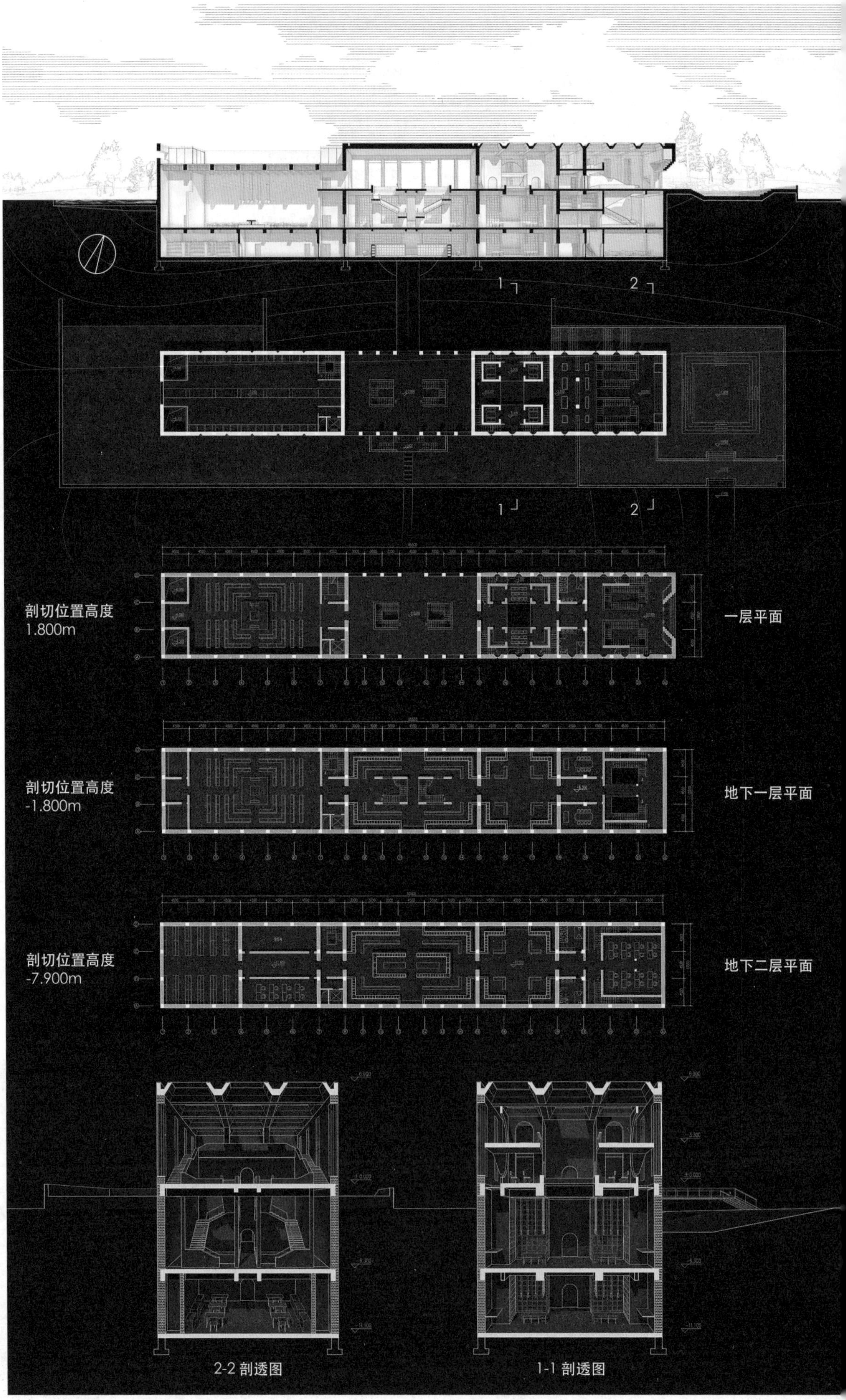

1
2
1
2
剖切位置高度
1.800m
一层平面
剖切位置高度
-1.800m
地下一层平面
剖切位置高度
-7.900m
地下二层平面
2-2 剖透图
1-1 剖透图

评语：

该设计从鼓浪屿居民缺少归属感的实际问题出发，为其提供不同种类的纪念空间，紧扣该小组“精神之路”的主题。在功能上提供了华侨纪念厅、礼堂、骨灰龛和存放家族记忆的空间，在空间效果上用简单的九宫格柱网体系统一整个设计，用多变的梁柱形式和采光方式来创造不同的空间氛围，逻辑一以贯之。

该设计也非常注重细节，例如使用当地的材料和色调，部分消解了建筑强烈的几何形体的突兀感；用叠涩的手法开窗，破解过厚墙体对采光的影响；用水池和抬高的入口式建筑与环境若即若离；与周围环境——如大屿岛和同组同学的设计——进行呼应；结合景观设计为建筑提供了休憩空间和墓园树葬区域，使整个设计有了起承转合，更加完整。同时，该同学的技术图纸和表现图较好地传达出了她的设计意图。强烈的秩序感通过尺度不一的空间、光影、结构清晰地表现出来，墙体、柱子和顶棚都在诉说着建筑背后的故事。

主入口

地下门厅

纪念室

骸葬所

礼堂

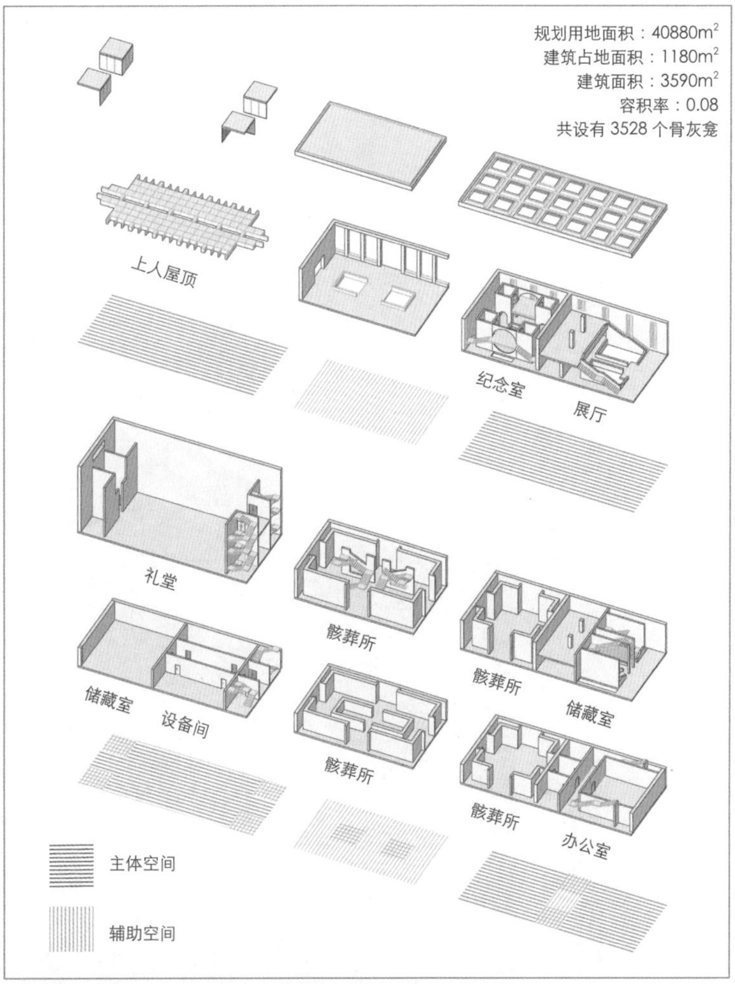
规划用地面积：40880m²
建筑占地面积：1180m²
建筑面积：3590m²
容积率：0.08
共设有 3528 个骨灰龛
上人屋顶
纪念室
展厅
礼堂
骸葬所
储藏室
设备间
骸葬所
储藏室
骸葬所
骸葬所
办公室
主体空间
辅助空间

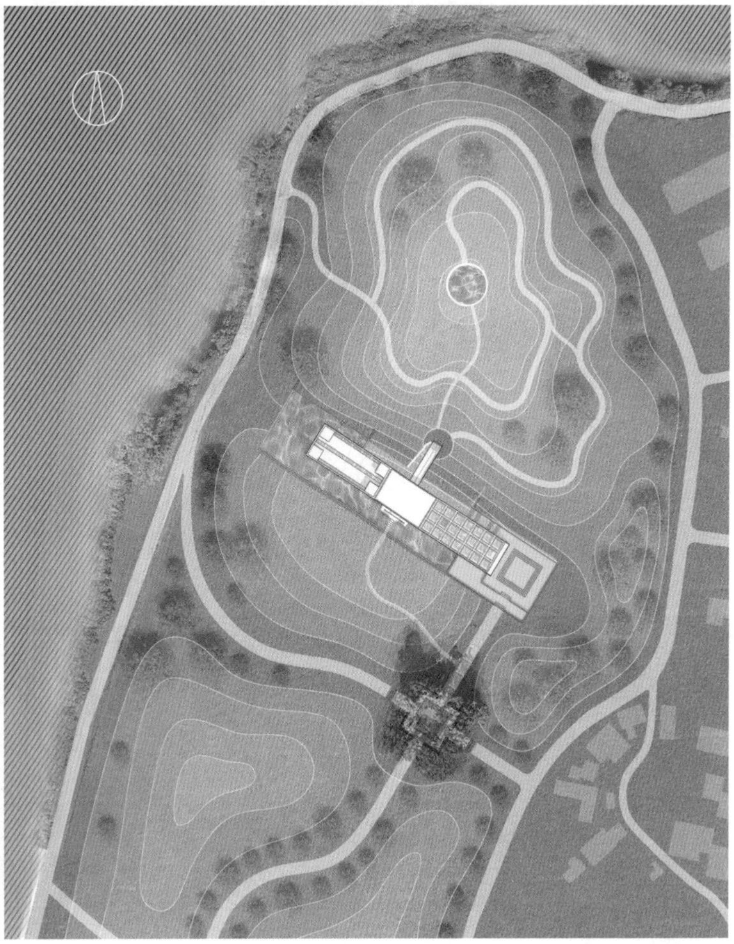

浮生记·再生记——鼓浪屿未来艺术中心设计

Regeneration · Future Arts Centre Design in Gulangyu

浙江大学
设计：陆巧云
指导：陈林

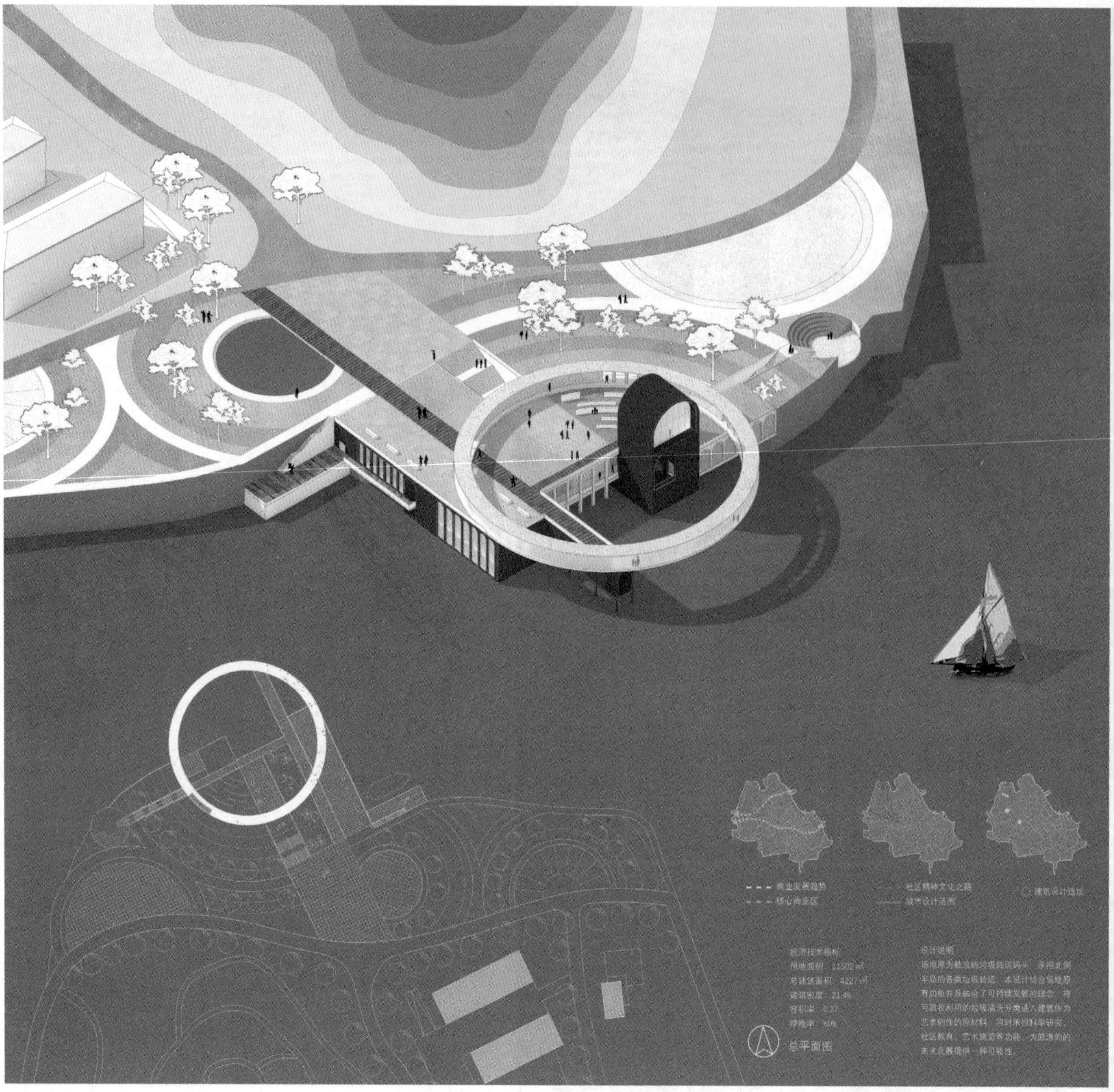

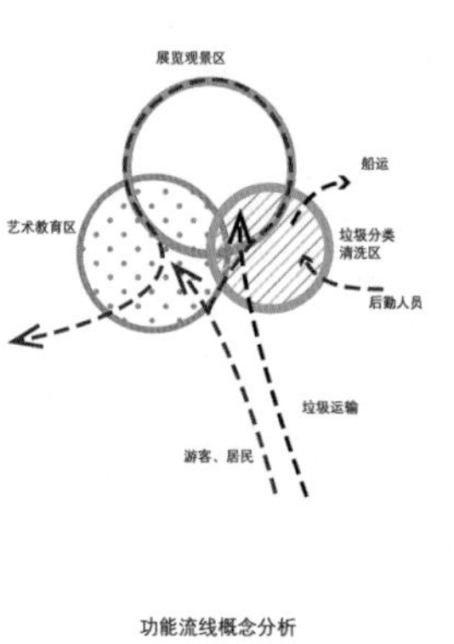

功能流线概念分析

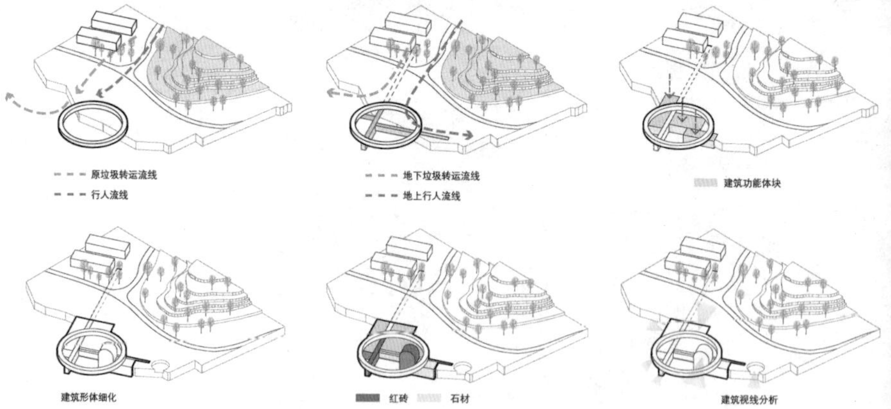

建筑形体细化

建筑视线分析

南立面　　东立面

评语：

该设计结合了原场地的垃圾转运码头的功能提出了将垃圾回收利用作为艺术创作的原材料的概念，观点新颖，设计具有挑战。

建筑设计既保持了主体圆环的完整性与纯洁性，又有丰富的内部空间。同时引入了鼓浪屿上“拱”的建筑元素和红砖等建筑材料，虽然是现代建筑但是在造型材料上能够和本土建筑相呼应，难能可贵。

建筑设计和图纸表达具有一定的深度，完成度较好。建议在建筑设计手法的统一性和建筑结构材料的一致性上可以更加深入地研究。

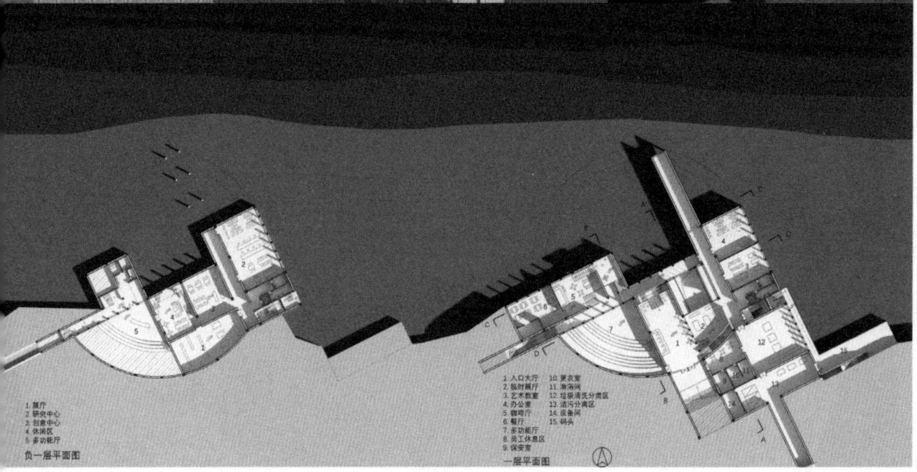
1. 展厅
2. 研究中心
3. 创意中心
4. 休闲区
5. 多功能厅
负一层平面图
1. 入口大厅
2. 临时展厅
3. 艺术教室
4. 办公室
5. 咖啡厅
6. 餐厅
7. 多功能厅
8. 员工休息区
9. 保安室
10. 更衣室
11. 淋浴间
12. 垃圾清洗分类区
13. 洁污分离区
14. 设备间
15. 码头
一层平面图

剖透视

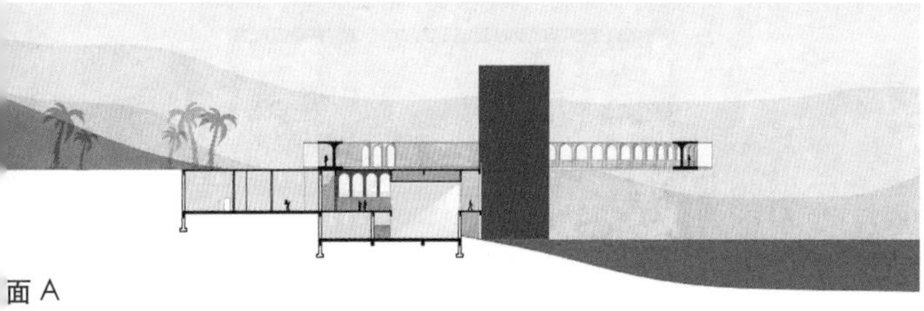

面 A

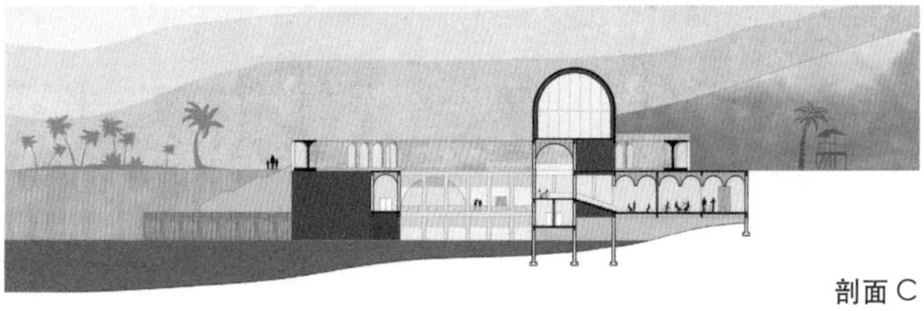

剖面 C

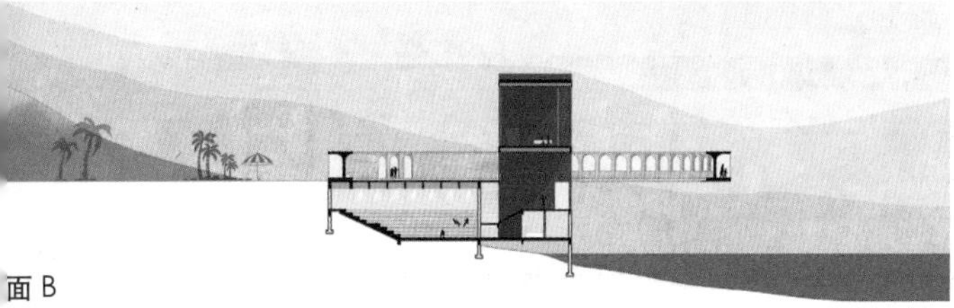

面 B

剖面 D

音乐避风港·继承篇——音乐学习廊
Haven of Music · Inherit——Music Corridor

浙江大学
设计：方菲
指导：浦欣成

形体生成和概念演进

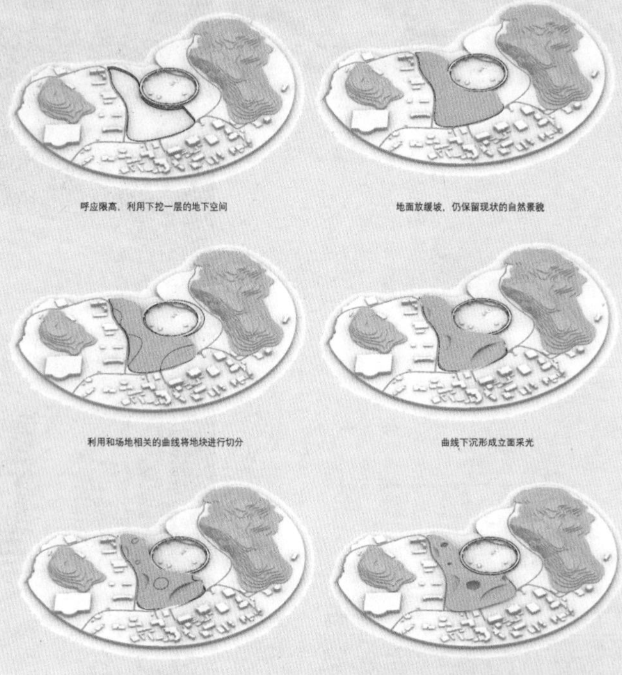
有节奏的画圆洞开口采光
开口处抬升地面形成类似火山口的自然山体造型

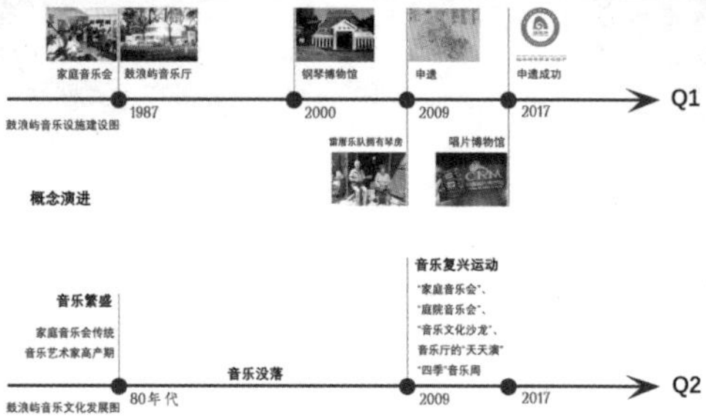

Q1 岛上现有音乐空间够了吗？

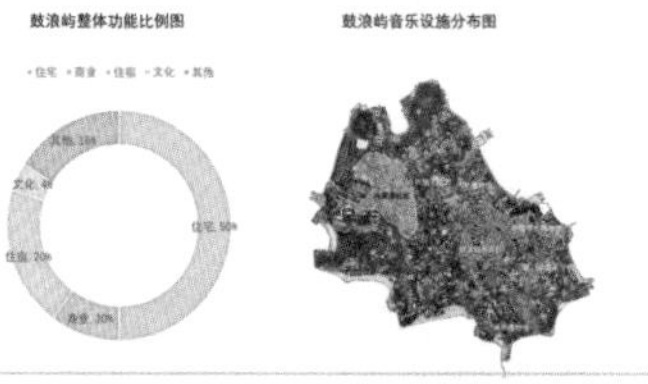

音乐空间不够

鼓浪屿整体文化功能偏少，只占4%左右。音乐设施也不多，现有音乐设施分布南多北少。厝澳社区保留着音乐家许斐平的故居。针对原住民聚集的内厝澳社区缺少音乐活动场地，而音乐活动是居民的日常活动。

Q2 如何进一步保护并传承音乐文化？

Q1+Q2—Q3 提供怎样的音乐空间？

类型	房间名称	单间面积	数量
音乐学习	练习室	200㎡	2
	5-10人的小教室	根据案例，至少6×6m	12
	音乐文化展示廊	1000㎡	1
音乐展示交流	音乐沙龙厅	50㎡	6
	茶室	200㎡	1
	音乐器材室	21㎡	5
	器乐排练厅	90㎡	2
	小琴房	根据钢琴大小至少2×3m	5
音乐感悟	音乐碟片听音室(纪念品商店)	1000㎡	
	与声装置有互动的听音室	50㎡	10
	四季主题的庭院	600㎡	3
	过道和卫生间	2000㎡	
	管理员办公室	200㎡	1
		合计总面积	约9000㎡

服务居民为主

每天有茶喝、有琴弹、有歌听
"家庭音乐会"、
"庭院音乐会"、
"音乐文化沙龙"、
音乐厅的"天天演"
"四季"音乐周

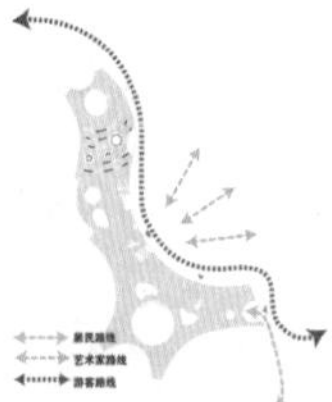
流线分析

通风分析

采光分析

立面

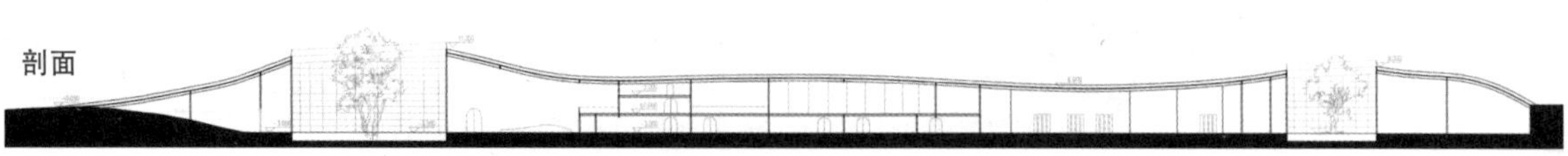
剖面

简介：

当地有深厚的音乐历史文化，虽经历音乐文化衰落，但在近期实现复兴。伴随着鼓浪屿申遗成功，越来越多的家庭音乐会等交流形式在鼓浪屿展开。围绕鼓浪屿音乐设施南多北少以及内厝澳社区缺少音乐文化交流中心的现状展开研究分析，并针对适合当地居民的音乐交流中心进行设计研究。

通过调研发现当地居民多在家庭小空间和庭院中开展小规模家庭音乐会，音乐氛围轻松自由。设计选择内厝澳避风港的自然之地为中心选址，结合地形和限高形成山体起伏状对场地进行呼应，同时下挖下沉庭院进行采光。内部空间用公共展廊串联音乐单元，可以容纳音乐交流活动的展开。

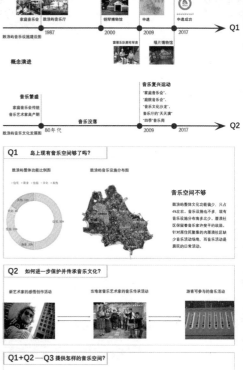

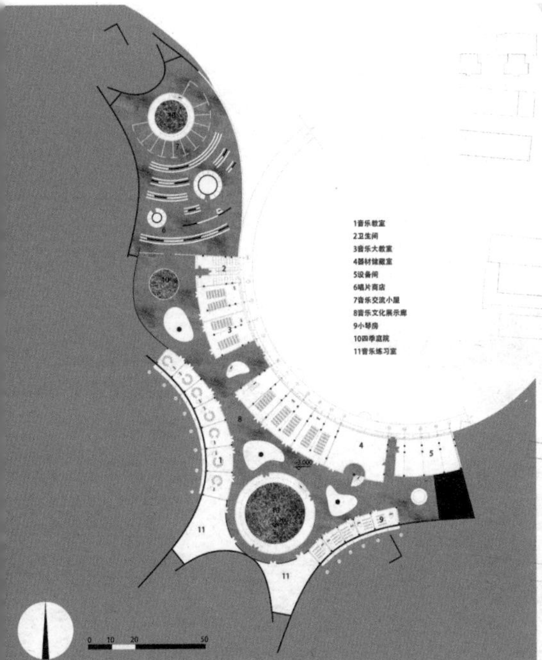

地下一层平面

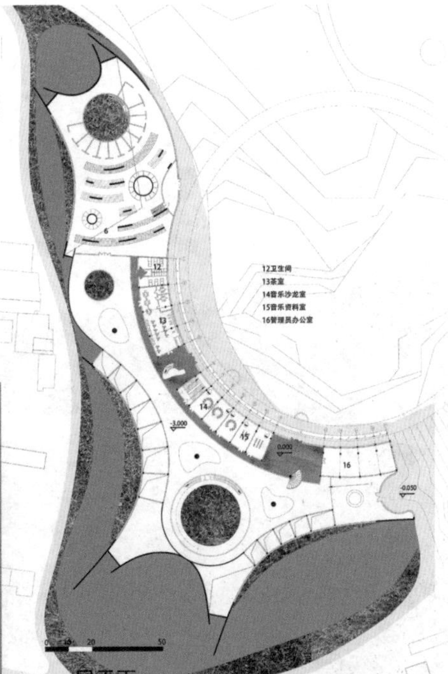

一层平面

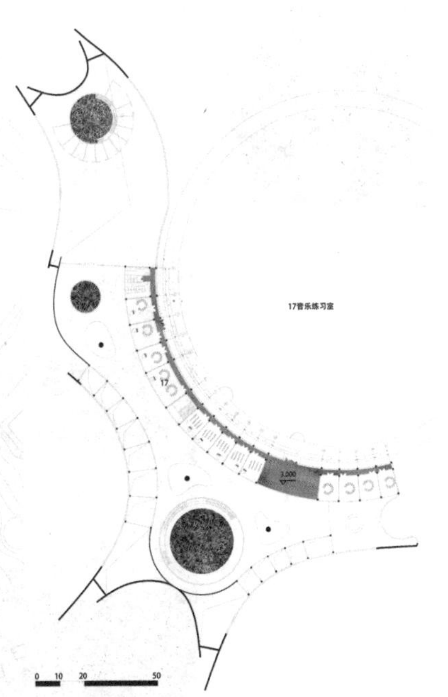

二层平面

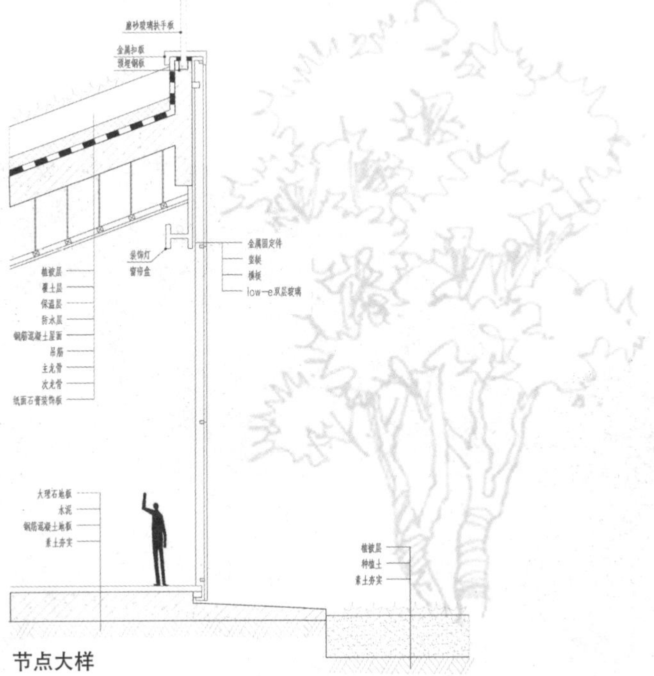

节点大样

中庭效果图

商店效果图

鸟瞰效果图

室内效果图

音乐避风港·传播篇——音乐体验馆

Haven of Music · Propagation——Music Hall

浙江大学
设计：王学林
指导：浦欣成

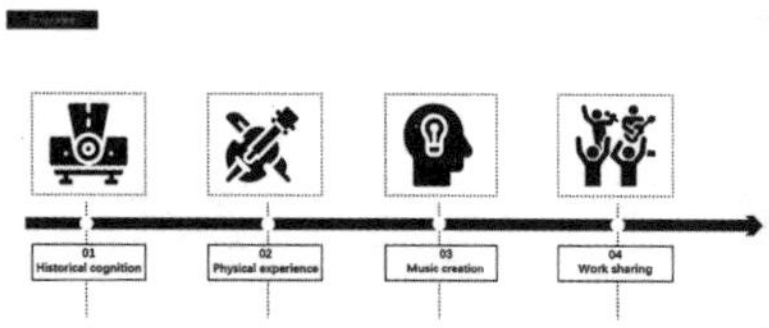

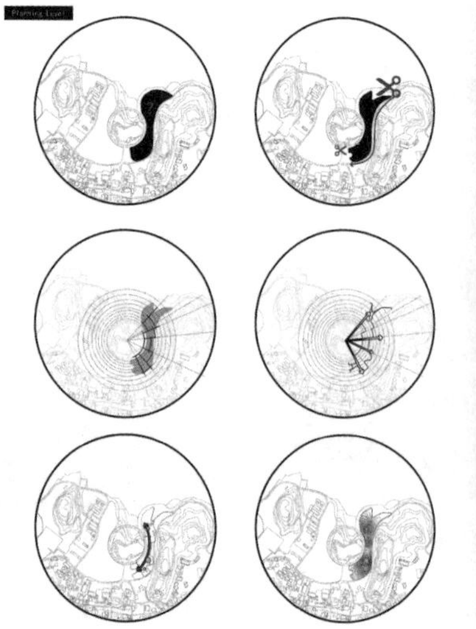

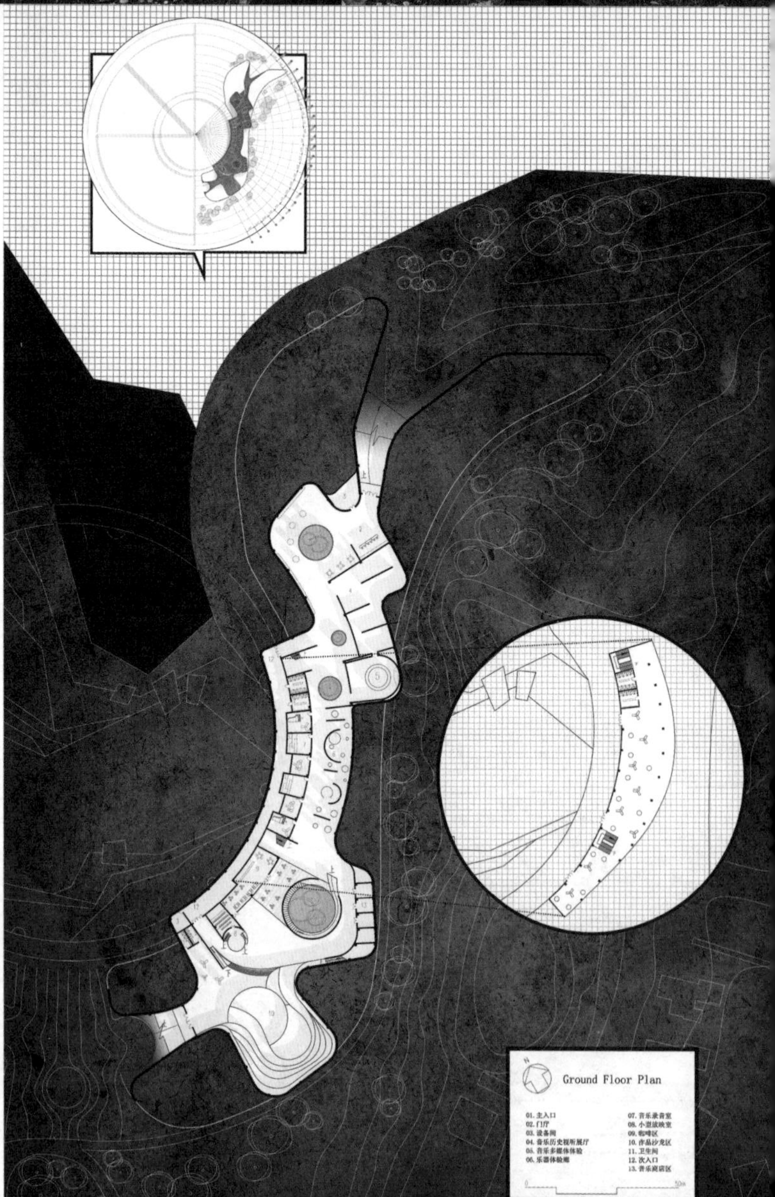

简介：

鼓浪屿岛上的音乐文化源远流长，如何更好继承与发扬鼓浪屿音乐文化是这次我们对鼓浪屿课题的定位与思考。

在城市设计上我们从三个角度切入——旅客篇、居民篇、艺术家篇。而该音乐体验馆是针对游客感受鼓浪屿音乐“弱”文化现象（体验片段化、参与被动化、认知缺失化）而做出的功能嵌入，从鼓浪屿音乐历史展览到乐器互动体验再到投入音乐创作，鼓励游客从多维角度认识、以主动角色参与鼓浪屿音乐文化。

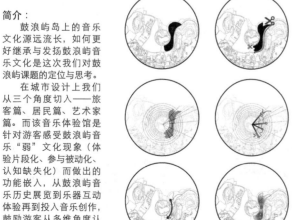

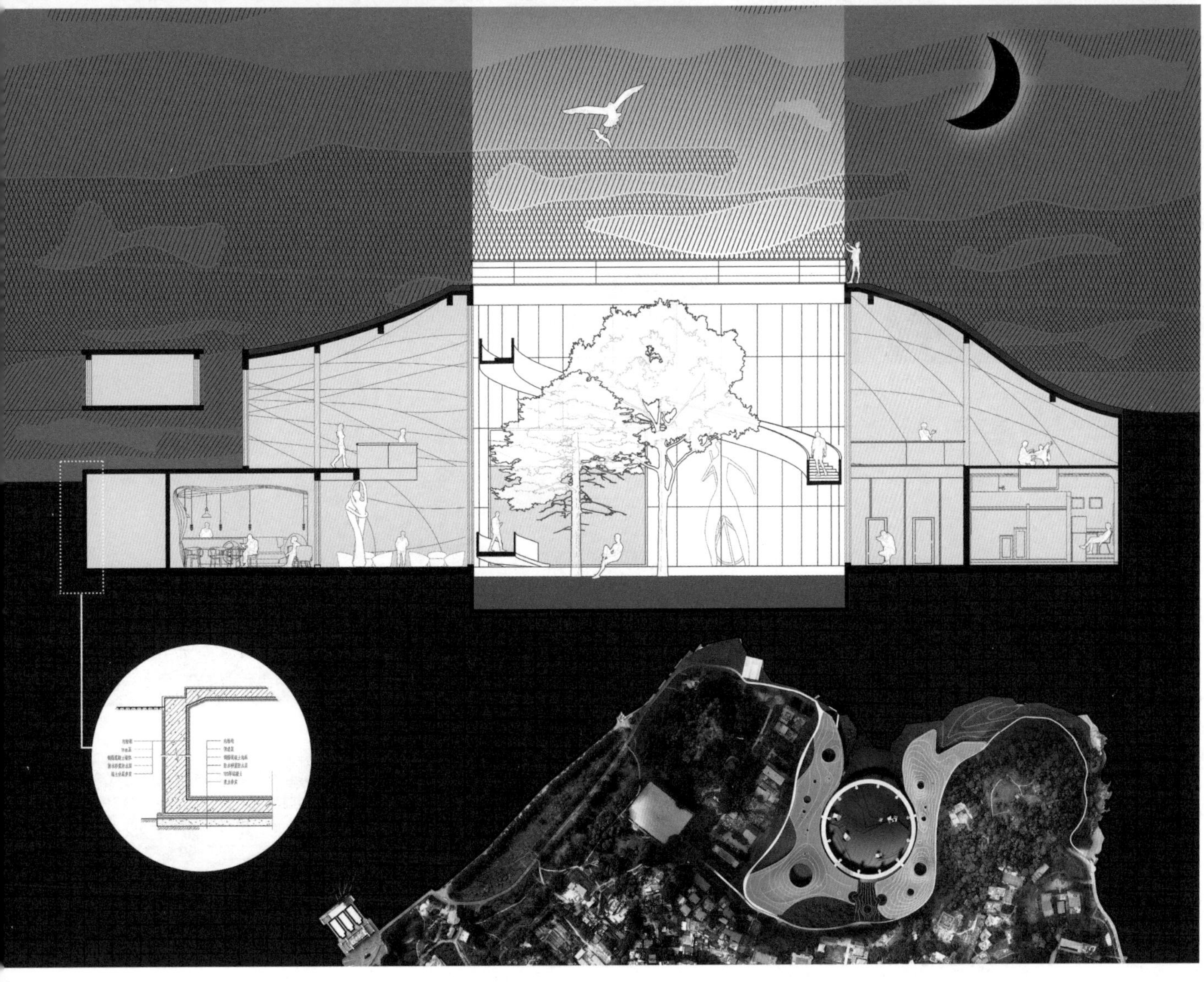

音乐避风港·发扬篇——潮汐广场

Haven of Music · Propagation——TidalSpuare

浙江大学
设计：曹博
指导：浦欣成

场地现状

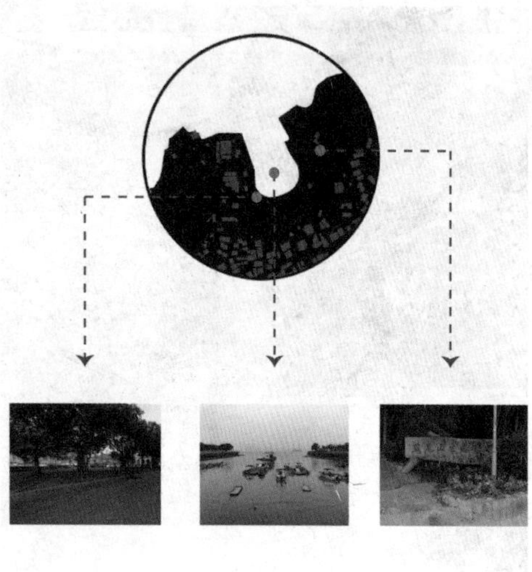

形体生成

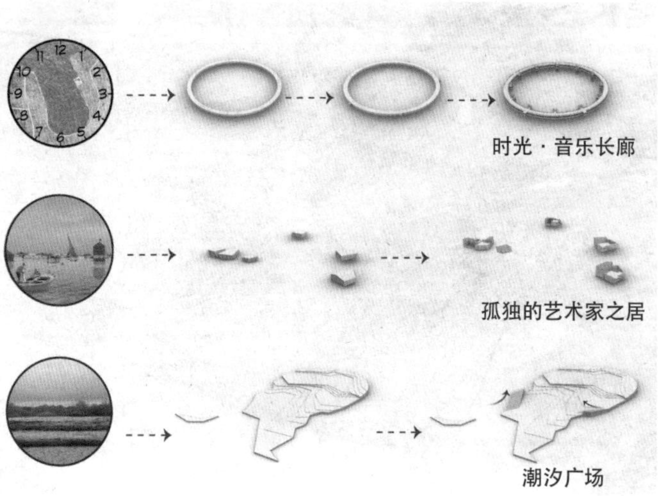

剖面图

不同时刻的潮汐广场

简介：

避风港位于鼓浪屿北部公园区，潮汐现象使得这里的海岸线时刻发生着变化，潮汐广场的设计旨在于放大海岸线变化的效果，让不同时刻的广场呈现不同层次的风光。

时光·鼓浪屿长廊则是作为地标建筑，使用最纯粹的几何形态给人们带来最大的视觉冲击。

艺术家之居的灵感来源于岛上的碉堡，其中最为特殊的二层碉堡在涨潮和落潮时呈现不同的状态。艺术源于生活又高于生活，这两种状态正对应了艺术家对于出世和入世的两种需求。

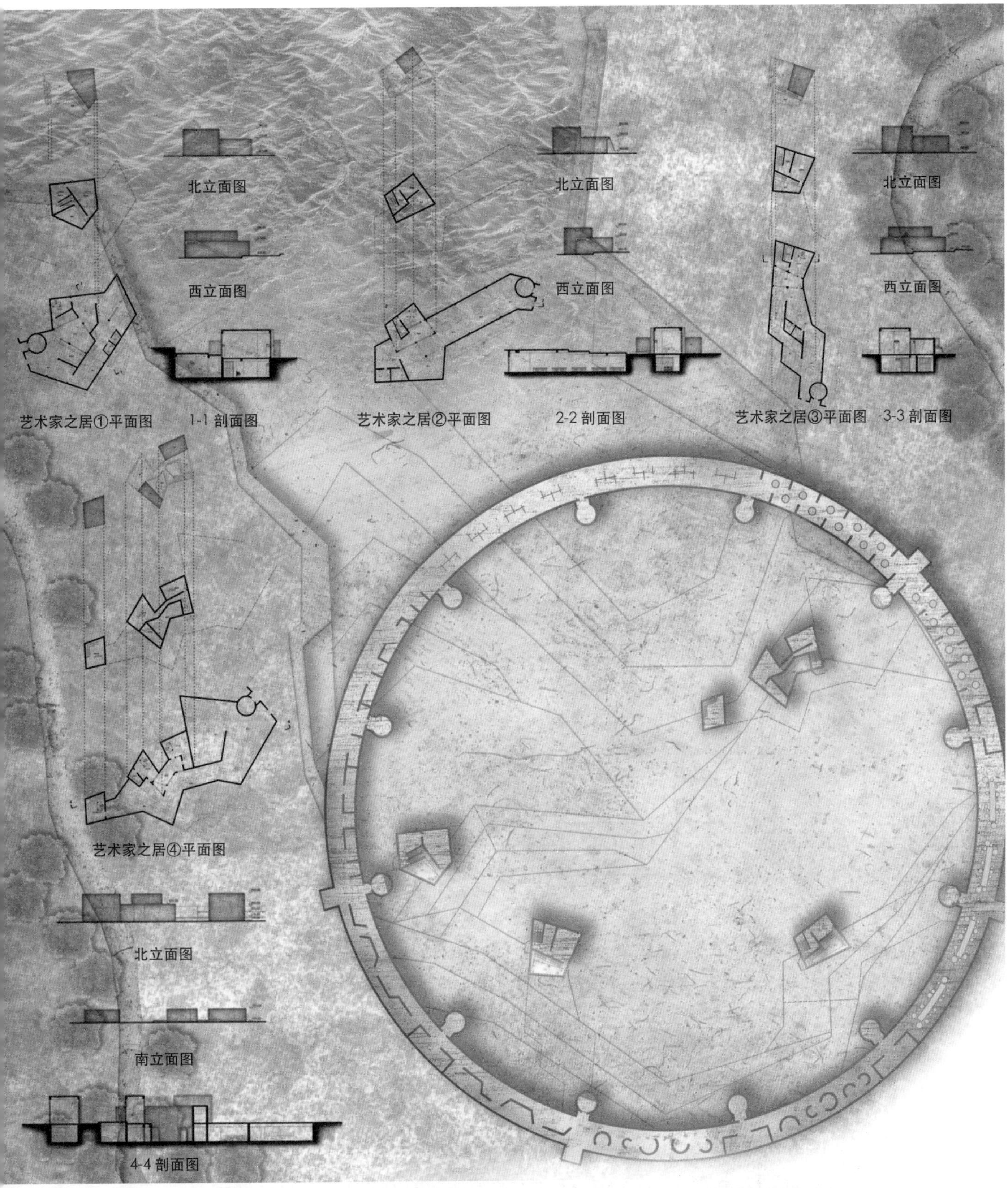
北立面图
西立面图
艺术家之居①平面图
1-1 剖面图
北立面图
西立面图
艺术家之居②平面图
2-2 剖面图
北立面图
西立面图
艺术家之居③平面图
3-3 剖面图
艺术家之居④平面图
北立面图
南立面图
4-4 剖面图

艺术家与人群的互动①

艺术家与人群的互动②

艺术家与人群的互动③

社区发生器——鼓浪屿内厝澳社区提升改造计划

THE FRESHMEN OF COMMUNITY

浙江大学
设计：赵贵佳
指导：浦欣成

居民活动中心组团透视

幼儿园组团透视

音乐学校 - 居住组团透视

菜市场广场部分透视

简介：

该方案选址在鼓浪屿内厝澳社区的核心区域，在原有建筑的基础上完善了菜场、居住、社区活动中心、居委会等功能，增建了幼儿园与社区音乐学校。作者希望通过复合多元的功能促进社区二十四小时的活力，增进社区原住民与新岛民的交往，使鼓浪屿内厝澳社区成为传承鼓浪屿文化的宜居社区。

在这个方案中，社区的互动是多元的，既有琴房飘向广场的音乐，又有菜市场洞口处的张望；既有活动中心与幼儿园舞台的互视，又有居民与儿童活动场地的关照。人是传承文化的载体，宜居是社区的核心任务。关注社区中人的生活是作者对“历史国际社区”题目的回应。

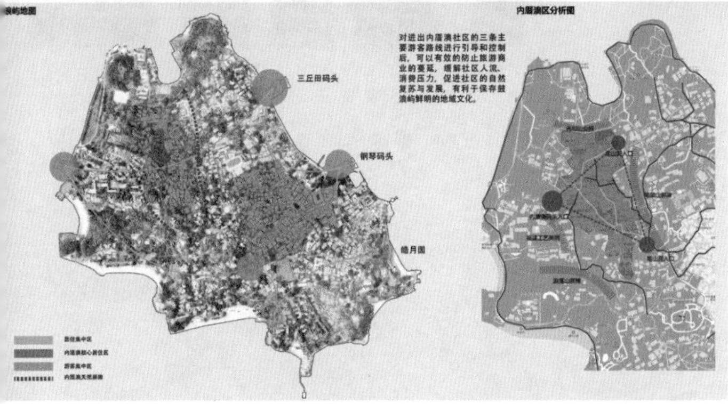

内厝澳区分析图
对进出内厝澳社区的三条主要游客路线进行引导和控制后，可以有效的防止旅游商业的蔓延，缓解社区人流、消费压力，促进社区的自然复苏与发展，有利于保存鼓浪屿鲜明的地域文化。
三丘田码头
钢琴码头
皓月园

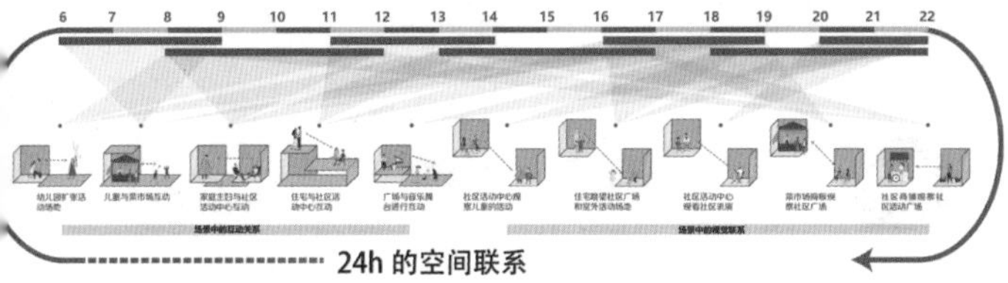

6 7 8 9 10 11 12 13 14 15 16 17 18 19 20 21 22
24h 的空间联系

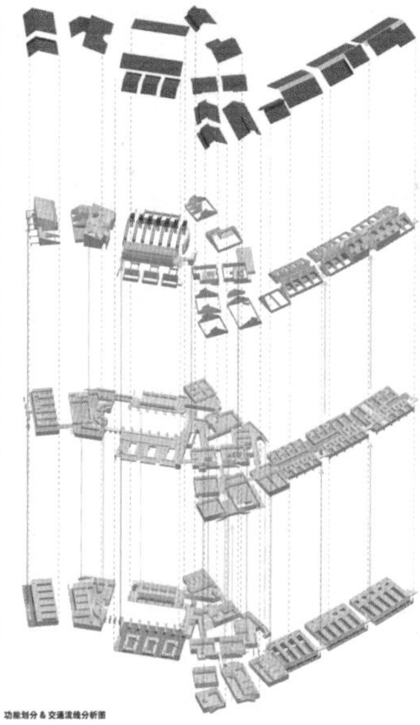

功能划分 & 交通流线分析图

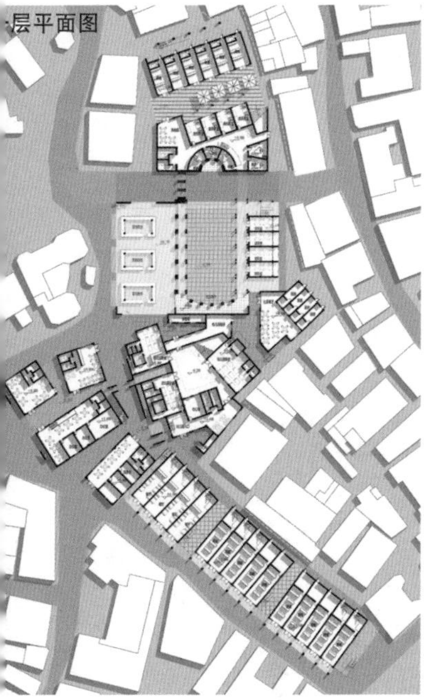

层平面图

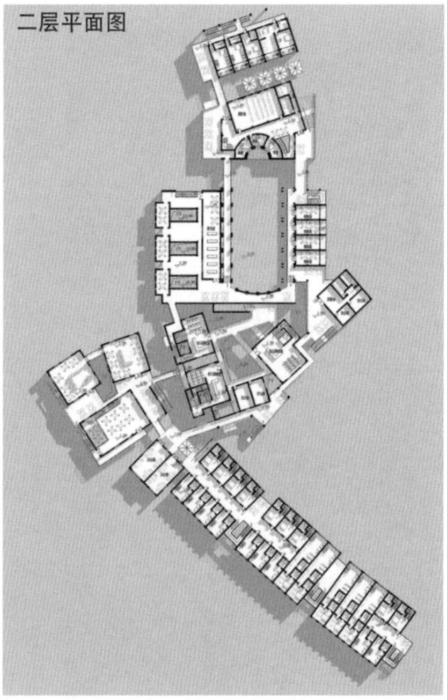

二层平面图

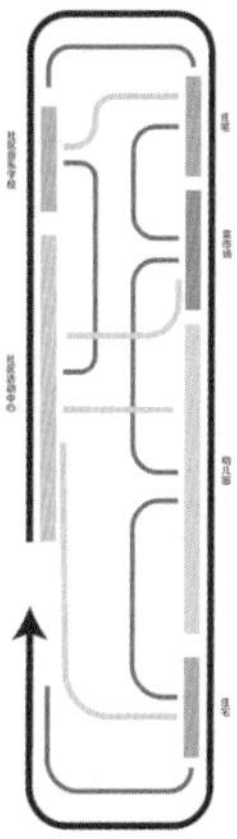

社区活动中心

回迁住宅

社区音乐学校

菜市场 & 便民商铺

居委会

幼儿园单元

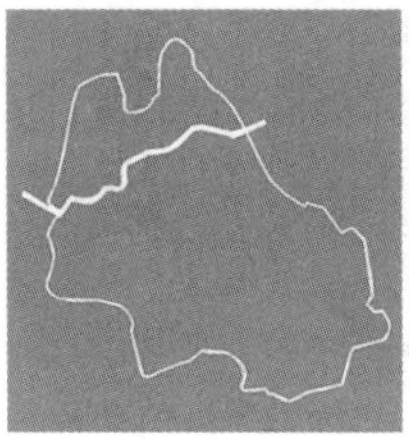

生·声·慢——听见鼓浪

Life · sound · slowness: To hear and see Kulangsu

浙江大学
设计：孙玙/刘雅茜/梁晨/郭画儿
指导：贺勇

现状分析丨沿路空间界面

生丨鼓浪屿上的生活现状

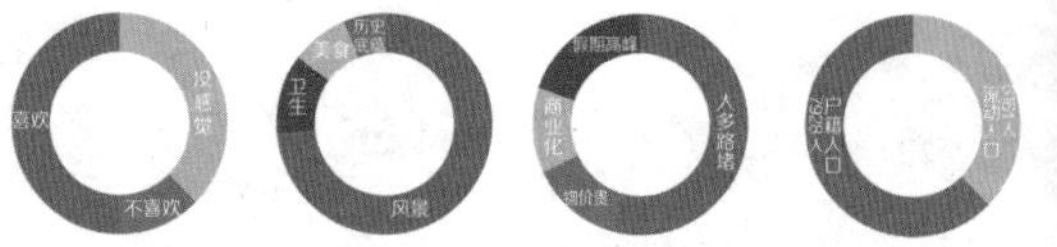

游客对鼓浪屿的评价　喜欢鼓浪屿的原因　不喜欢鼓浪屿的原因　鼓浪屿人口构成

在鼓浪屿过夜次数　社区活动参与情况

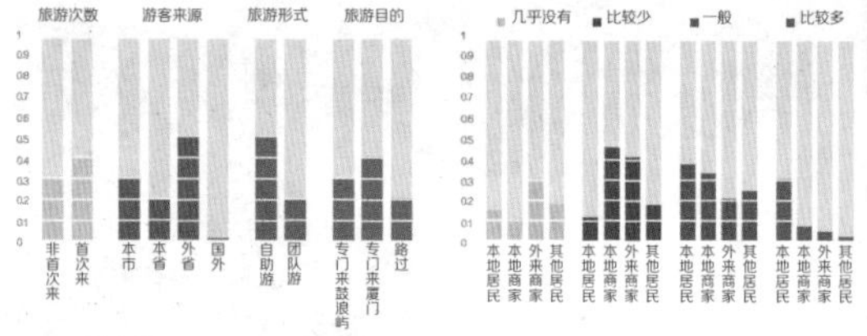

全岛分区边界

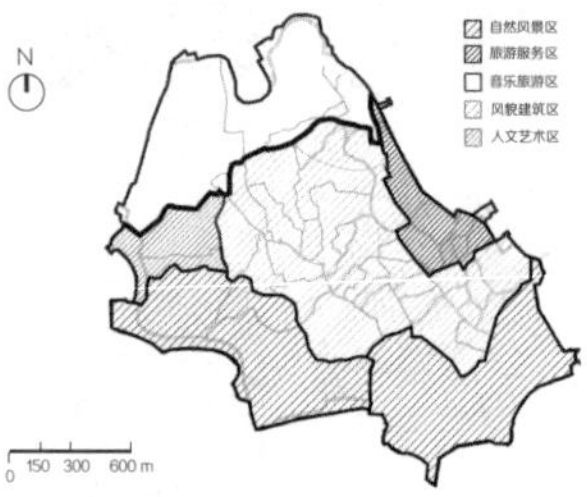

全岛三环构成

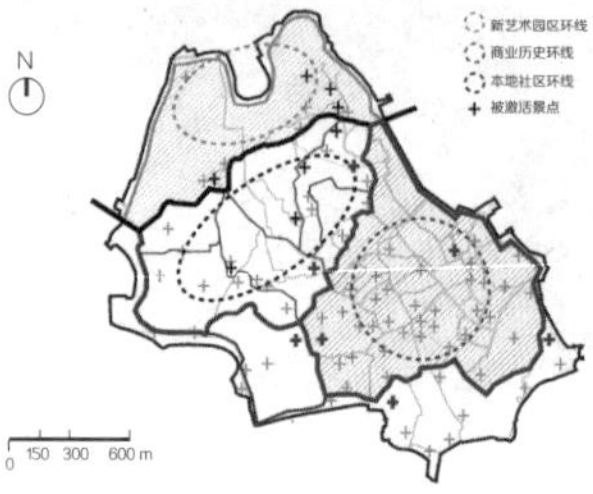

“大家有话说”

声丨鼓浪屿上的声音元素分析及提取

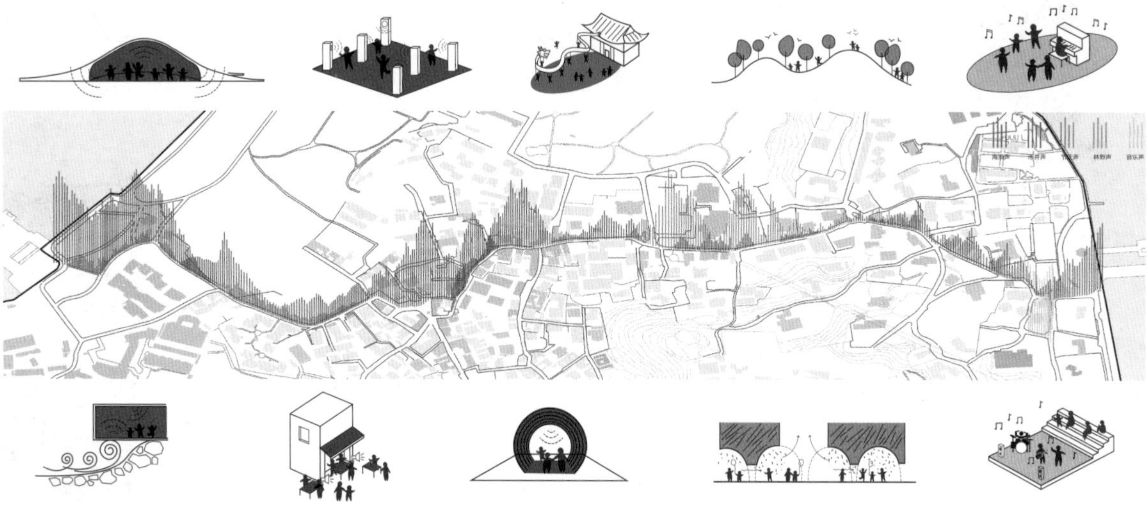

慢丨鼓浪屿上的慢生活

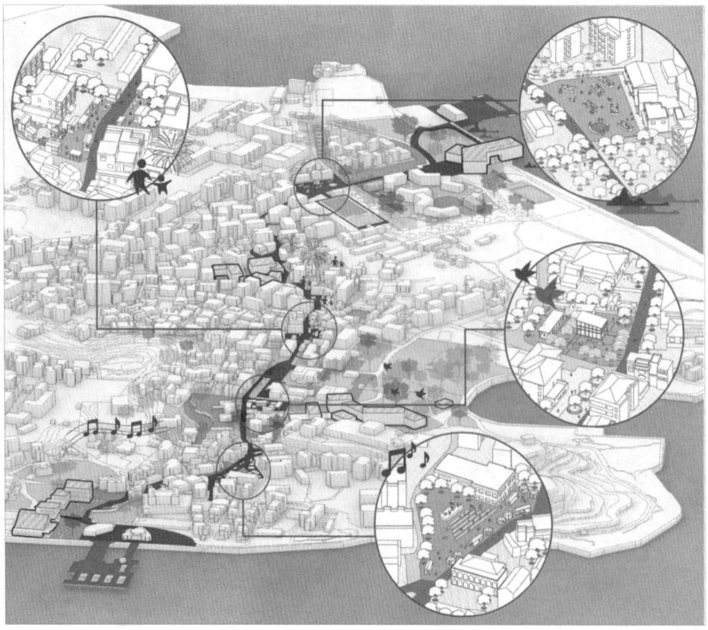

公共空间

设计分区

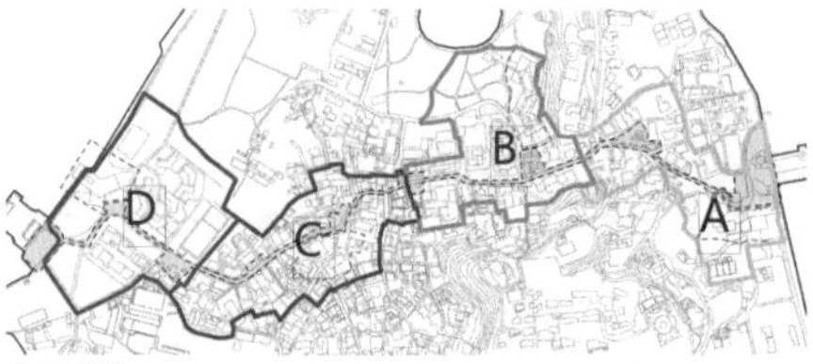

住区规划

简介：

本课题聚焦于鼓浪屿，探讨其作为世界文化遗产的“历史国际社区”更新问题。分为前期的城市设计和后期的个人设计。

在城市设计中本组提出了生·声·慢的设计主题。“生”代表当下生活，鼓浪屿目前面临着人口组成更替、社区氛围缺失、旅游快速匆忙、民宿良莠不齐等问题。本组集中的设计区域是从内厝澳到三丘田的东西径向区域，旨在完成其从历史国际社区到未来国际社区的转变。我们希望将声元素融入设计中，创造一个慢生活的氛围，使得游客和居民能够享受鼓浪屿的生活。

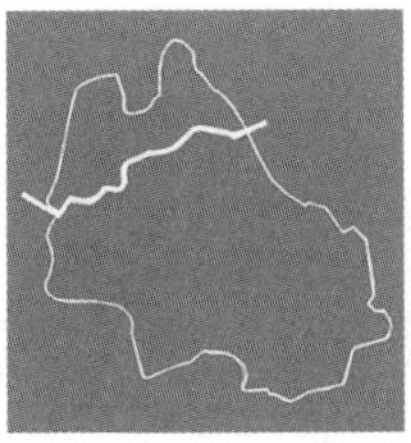

音乐之声——音乐工厂设计

Sound of music:Music factory

浙江大学
设计：孙玙
指导：贺勇

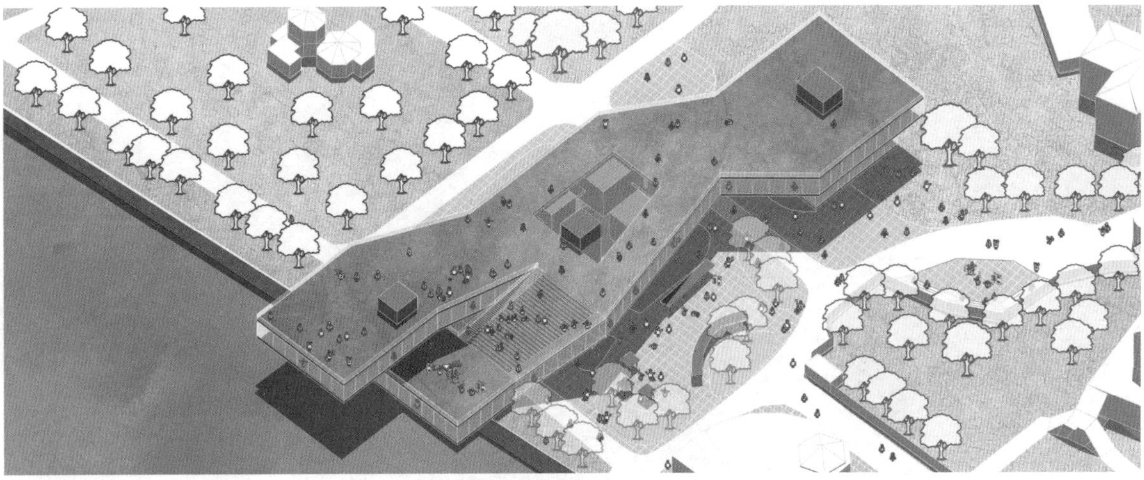

总平面图

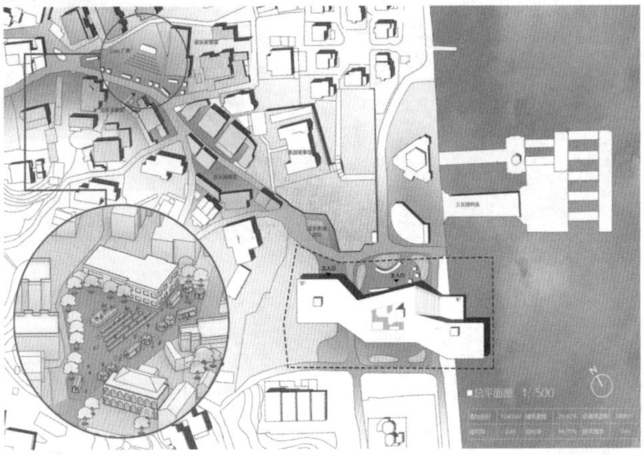

爆炸轴测图

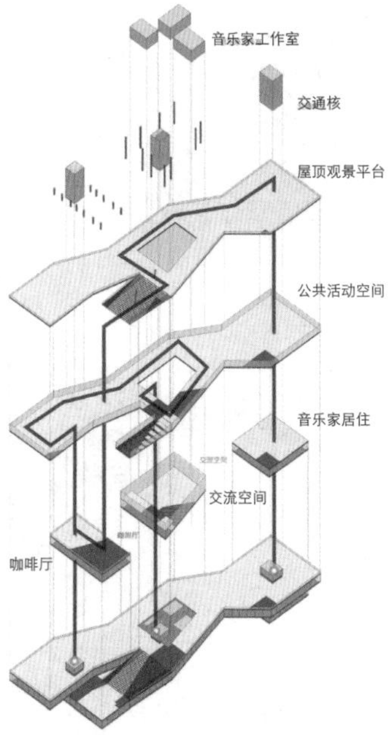
音乐家工作室
交通核
屋顶观景平台
公共活动空间
音乐家居住
交流空间
咖啡厅

形态生成

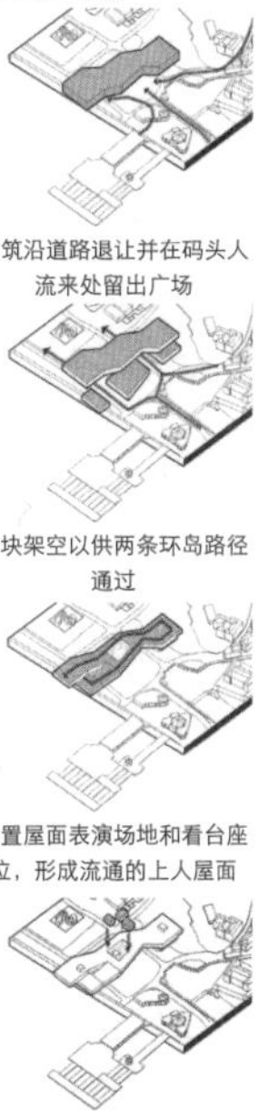
建筑沿道路退让并在码头人流来处留出广场
体块架空以供两条环岛路径通过
设置屋面表演场地和看台座位，形成流通的上人屋面
置入音乐家工作室

一层平面图

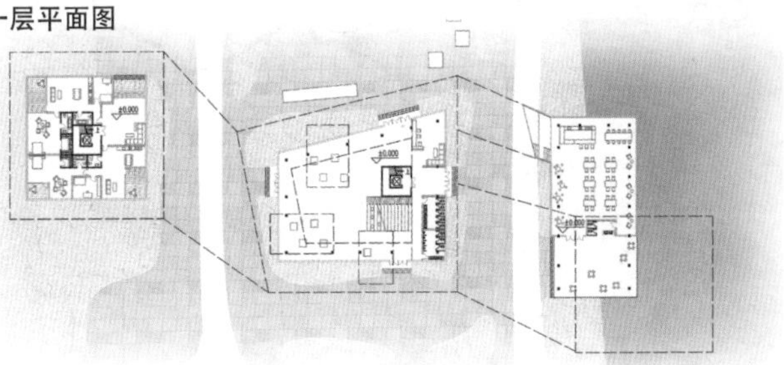

交流空间剖视图

二层平面图

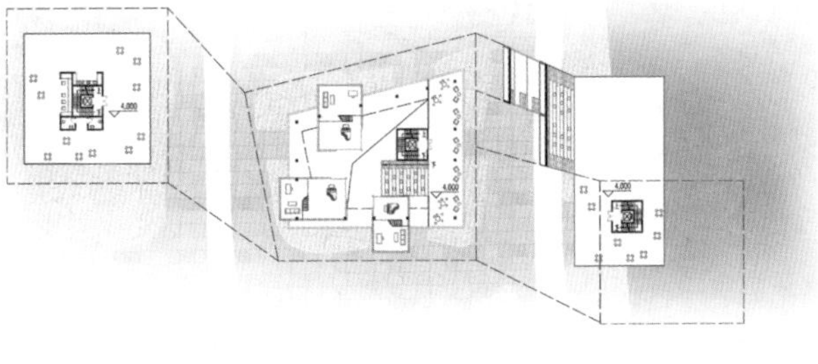

A-A 剖面图

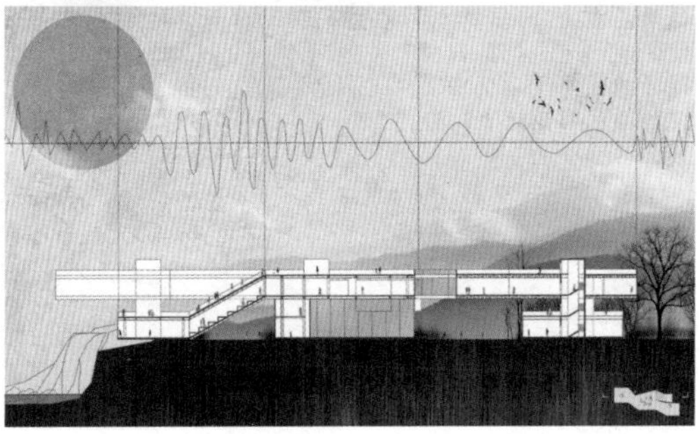

三层平面图

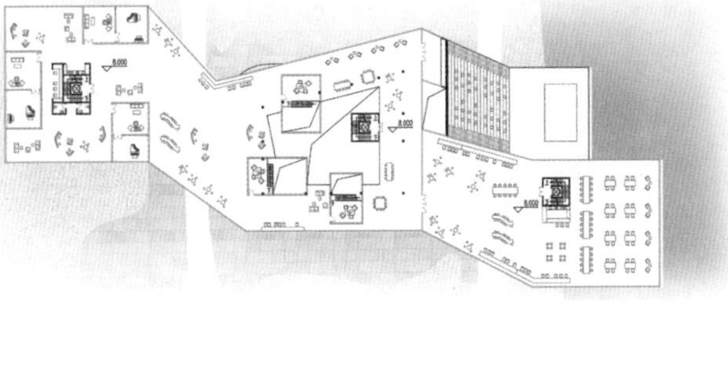

简介：

本项目选址在连接鼓浪屿内厝澳和三丘田两大游客码头路径的东部开端。基于鼓浪屿岛艺术底蕴深厚，通过举办丰富的音乐活动，形成浓厚的音乐氛围，音乐工厂可以成为游客从码头进入鼓浪屿时最直观感受到的“音乐名片”。

基于西边傍山东边靠水的场地现状，建筑依势挑出水面，底层部分架空以供两条环岛路径通过，并置入音乐家工作室，以形成音乐家与游客活泼的交流空间。

在片区内提供开放的表演场地、音乐家居住区和音乐咖啡街，以达到吸引音乐艺术人才和传承鼓浪屿音乐文化的目标。

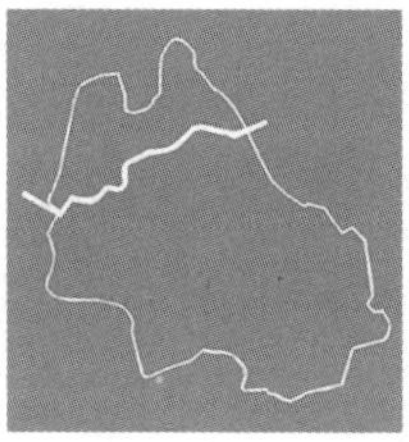

林野之声——希音山居酒店设计

Sound of Forest: Hotel of Silence

浙江大学
设计：刘雅茜
指导：贺勇

简介：

本项目选址在连接鼓浪屿内厝澳和三丘田两大游客码头路径的中段。由于鼓浪屿高端住宿缺失，且民宿酒店与居民地混杂的现状，提出在该线介入景观条件较好的高端酒店设计策划。

既能使该区块的自然山地等资源得到充分利用，又能仿古时文人雅客的隐居氛围，带动北面高雅氛围的塑造。该地远离游客聚集区，使人能够在自然中的静谧氛围中沉静下来，更多地动用视觉之外的感官。

由于“听”是一种空间实践，因为声音的空间性，使得听觉比视觉更加牵涉身体。本设计以自然林野为载体，重在营造人与自然之间的互动性，且提供能更好地感知自然的空间场所。

总平面图

N

全线住区分析

内厝澳社区
度假别墅区
半山民宿区
客栈青旅区
林野
海湾
场地
山林

场地分析：声元素的提纯

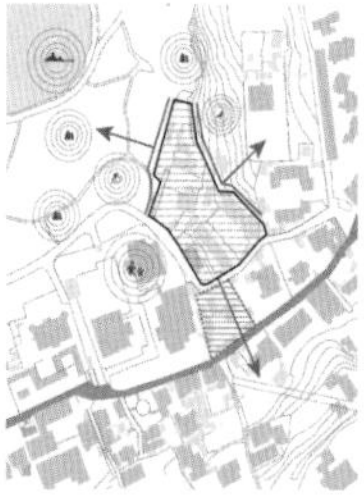

打破屏障，融入自然之声

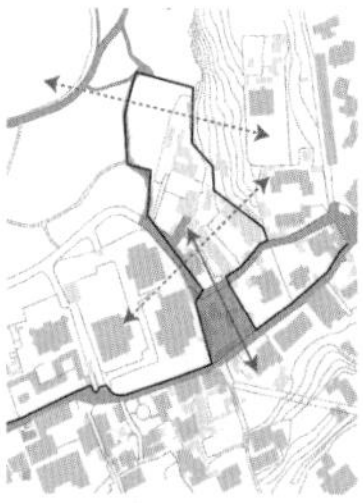

建立屏障，阻隔喧嚣街道

内部切分，声由强渐弱

1. 大厅
2. 接待室
3. 咖啡厅
4. 餐厅
5. 备餐室
6. 烹饪加工间
7. 储藏间
8. 更衣室
9. 办公
10. 会议室
11. 后勤门厅
12. 泳池
13. 婚礼广场
0 10 20m
N

一层平面

1. 后勤休憩
2.SPA
3. 标准客房
4 景观平台
5. 会议室
6. 布草间
7. 大床客房
8. 商务标间
9. 豪华套房
10. 共享大厅
0 10 20m
N

二层平面

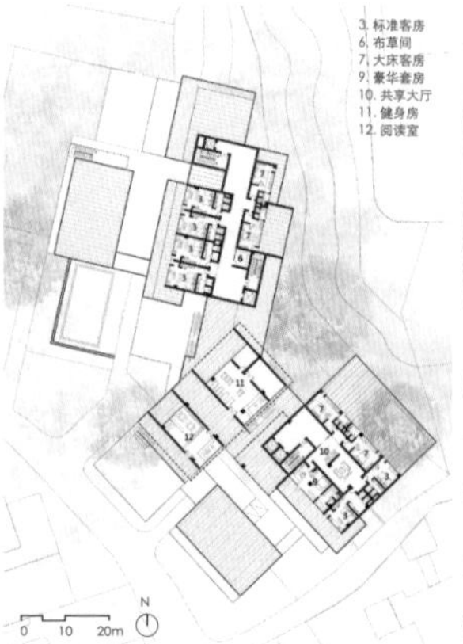
3. 标准客房
6. 布草间
7. 大床客房
9. 豪华套房
10. 共享大厅
11. 健身房
12. 阅读室
0 10 20m
N

三层平面

3. 标准客房
6. 布草间
7. 大床客房
9. 豪华套房
0 10 20m
N

四层平面

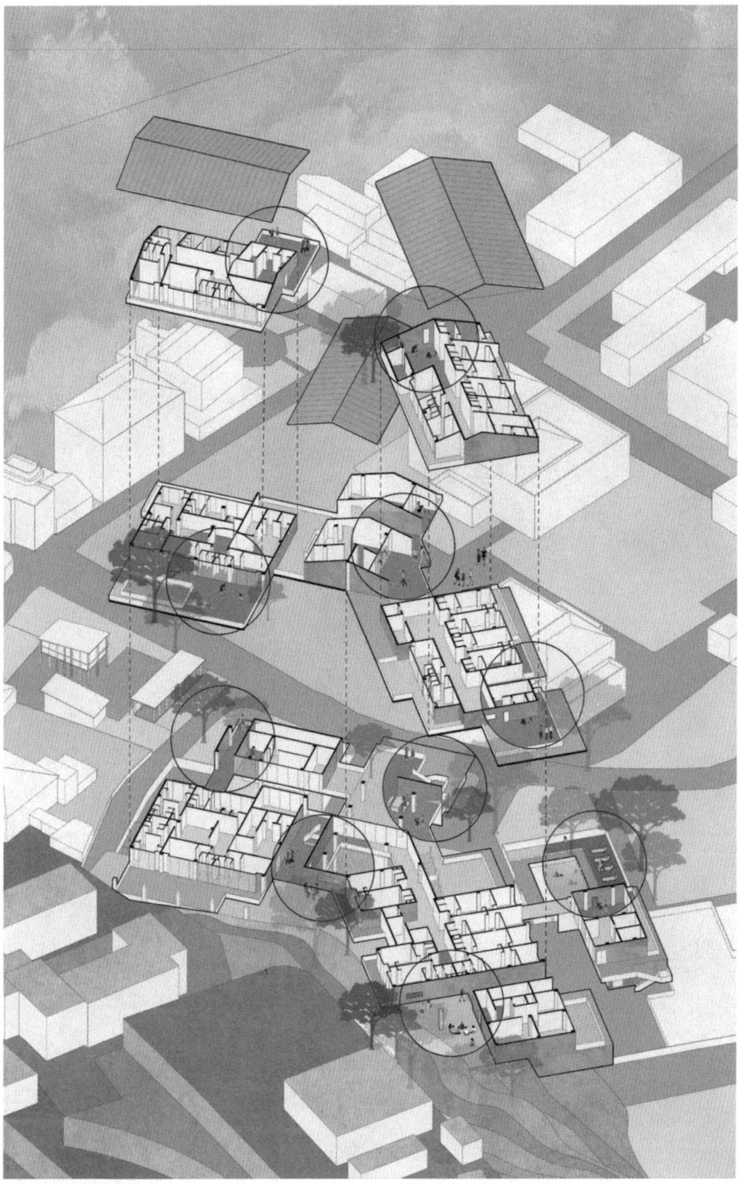

形体生成

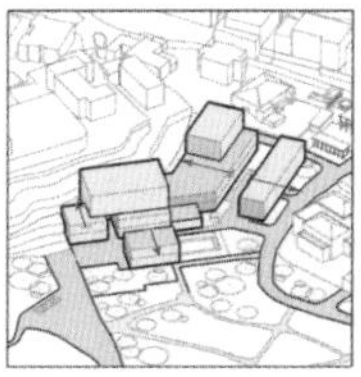

STEP 1 视线轴确立

前庭院 - 内庭院 - 后庭院

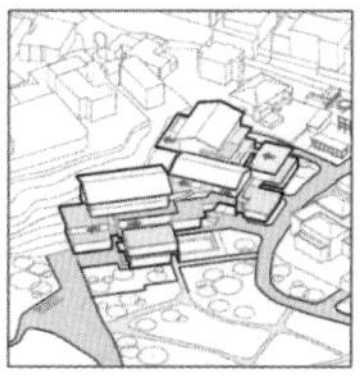

STEP 2 退台界面

公共空间的连贯性

STEP 3 景观路线

路径的分流及转变性

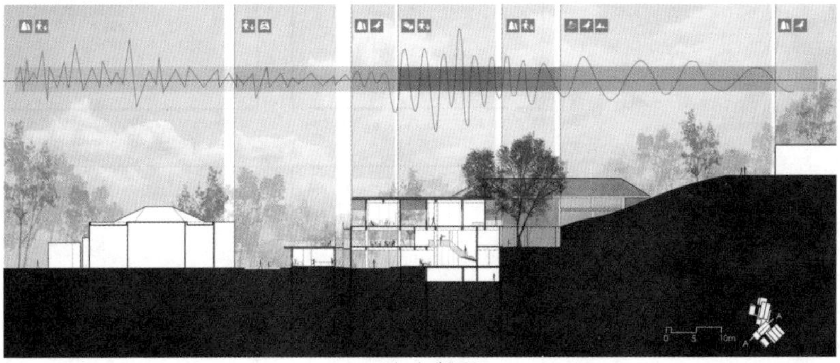

A-A 剖面

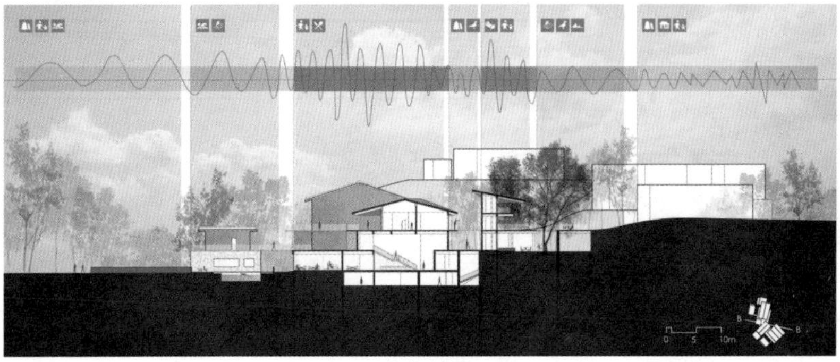

B-B 剖面

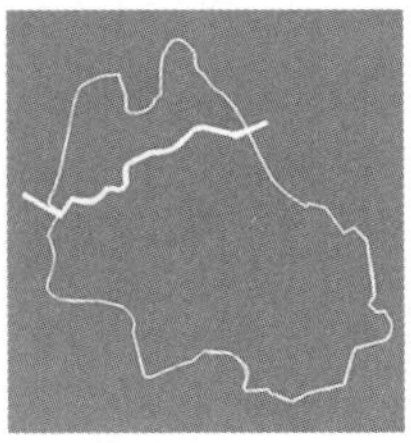

市井之声：悦活中心

Sound of Life: JOY CENTER

浙江大学
设计：梁晨
指导：贺勇

鸟瞰效果图

爆炸轴测图

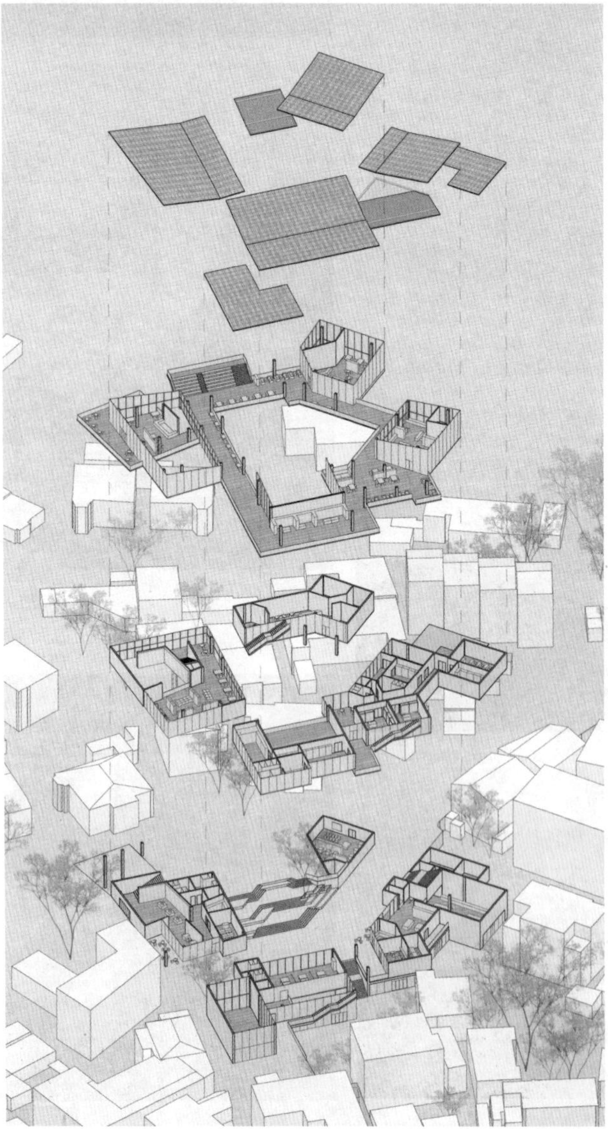

设计策略

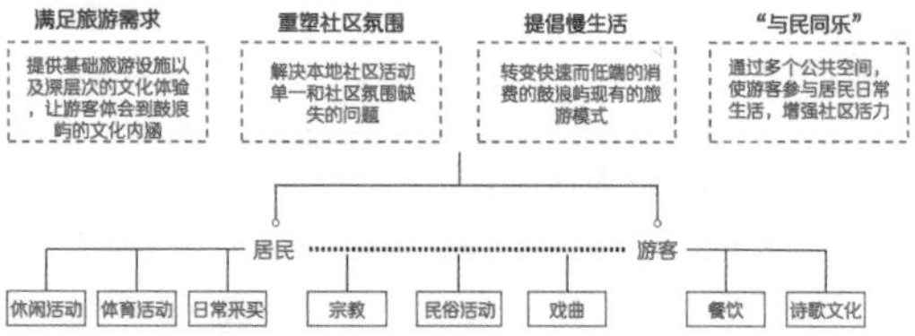
满足旅游需求
提供基础旅游设施以及深层次的文化体验，让游客体会到鼓浪屿的文化内涵
重塑社区氛围
解决本地社区活动单一和社区氛围缺失的问题
提倡慢生活
转变快速而低端的消费的鼓浪屿现有的旅游模式
“与民同乐”
通过多个公共空间，使游客参与居民日常生活，增强社区活力
居民
游客
休闲活动
体育活动
日常采买
宗教
民俗活动
戏曲
餐饮
诗歌文化

形态生成

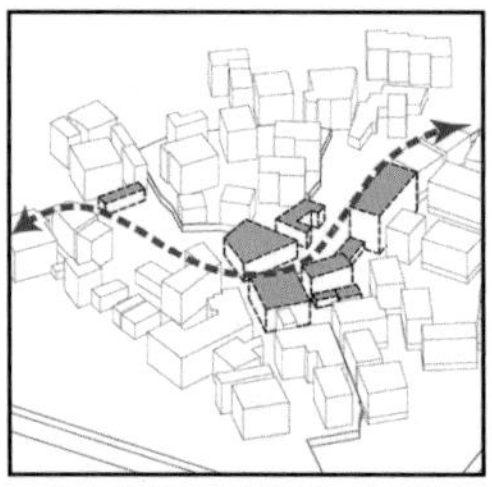

1. 保留原有路径——内厝澳路，将建筑主体分为两个部分

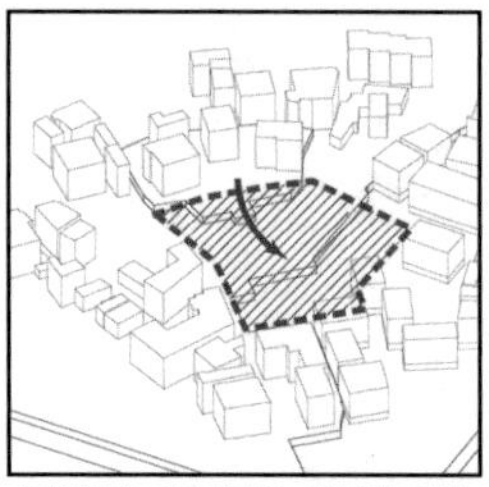

2. 拆除原有风貌不佳建筑，利用场地两处约3m的高差设计为戏台的座位

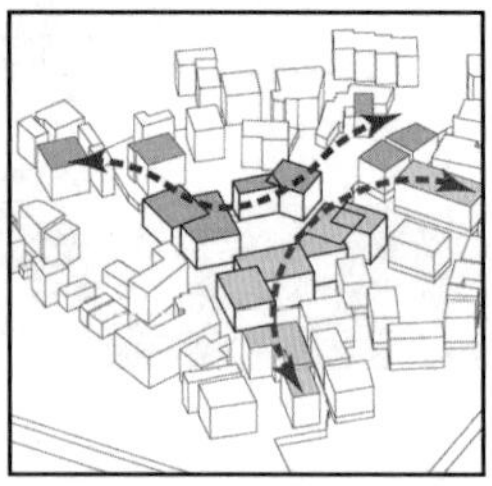

3. 遵循现有肌理，以方形体块作为基本单元。一侧与风貌建筑与种德宫形成旅游线，另一侧与老年活动中心与杂货铺形成居民活动线

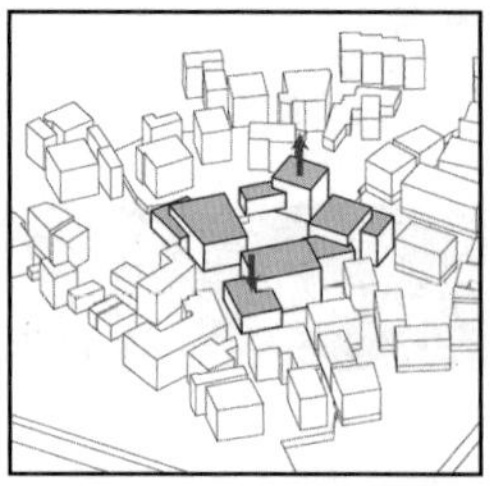

4. 拉伸、旋转部分体块，使建筑与周边的广场、房屋有更好的互动

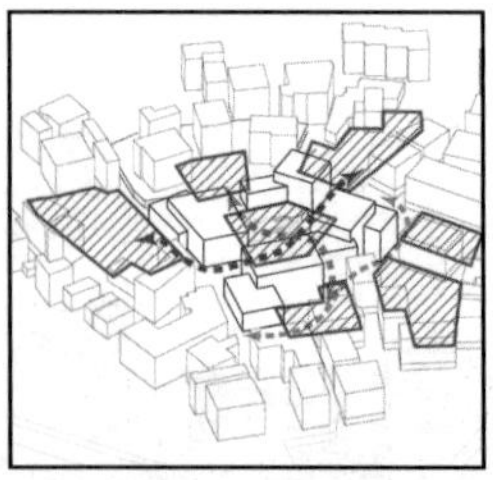

5. 建筑体块围合出的广场可与周边公共空间相互连接，形成有活力的社区活动组团

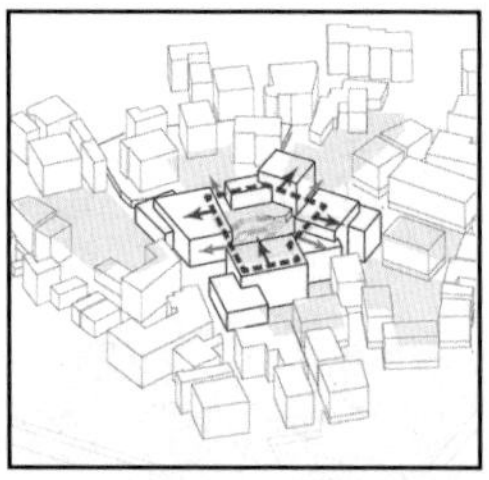

6. 顶层为一连廊，可观赏到戏台上的表演，同时游客也能观赏种德宫、广场上的活动

简介：

本项目选址在连接内厝澳和三丘田两大游客码头路径的中部。基于内厝澳社区活动空间缺失，以及游客服务设施不足的现状，提出在该线介入“悦活中心”来激活片区活力。

基于场地现状，使该项目与周边建筑共同围合出多个公共空间，且中心的南音广场与戏台成为最核心的部分，使之能与各个周边广场相连，营造热闹、和睦的社区氛围。

戏台则呈现出最具地方特色的声音—戏曲，传达地方文化。顶层连廊使人能在各个方向观赏戏曲，同时能望向周边的社区空间，感受社区氛围。希望“悦活中心”的介入能使游客“与民同乐”，吸引他们在鼓浪屿实现“慢生活”。

总平面图

生 · 声 · 慢 | 区位

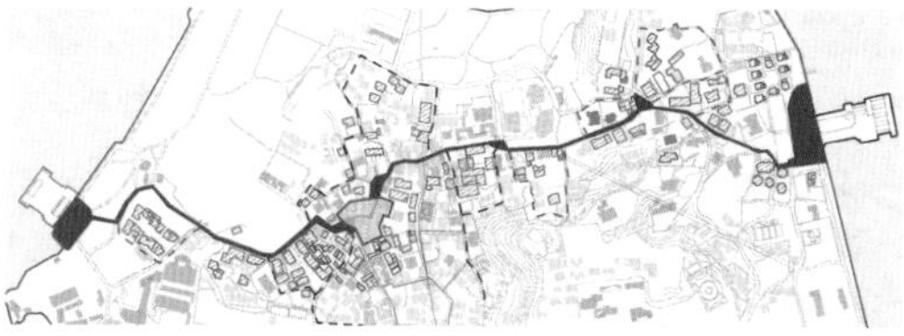

流线分析

场地位于内厝澳路与康泰路的交叉路口，人流量大，是游客和居民出行的必经之路。

周边肌理

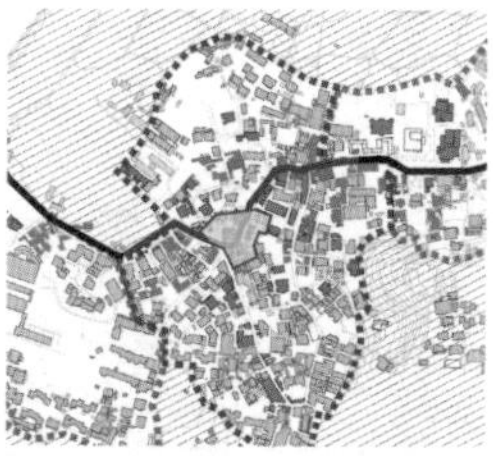

场地位于内厝澳社区的核心，周边建筑密度大且以民居为主，形状多为小体量的方形建筑。

宗教文化

社区中心

旅游商业

历史风貌

负一层平面

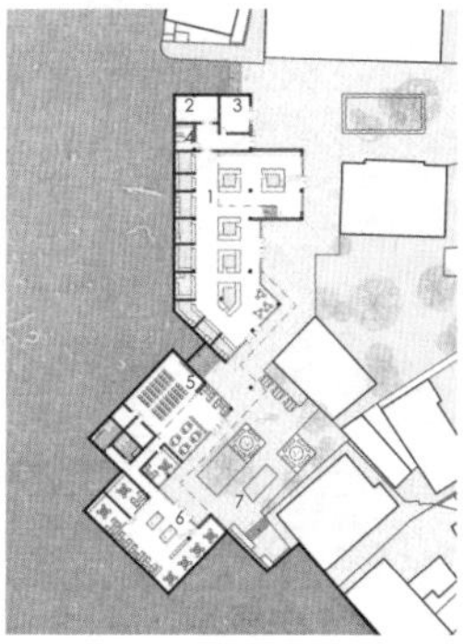

1. 市场
2. 仓库
3. 垃圾房
4. 管理用房
5. 放映室
6. 休闲中心
7. 民俗广场

一层平面

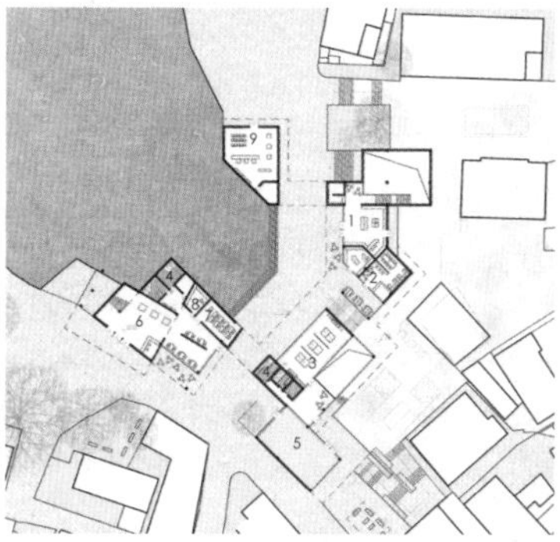

1. 商场
2. 饮料店
3. 乒乓球室
4. 卫生间
5. 居民活动室
6. 诗歌展厅
7. 教室
8. 办公室
9. 种德宫展厅

二层平面

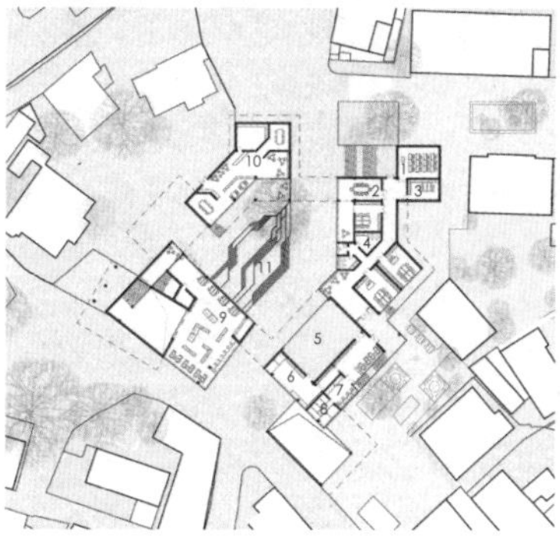

1. 培训教室
2. 会议室
3. 办公室
4. 卫生间
5. 戏台
6. 储藏室
7. 化妆室
8. 更衣室
9. 阅览区
10. 茶馆
11. 南音广场

三层平面

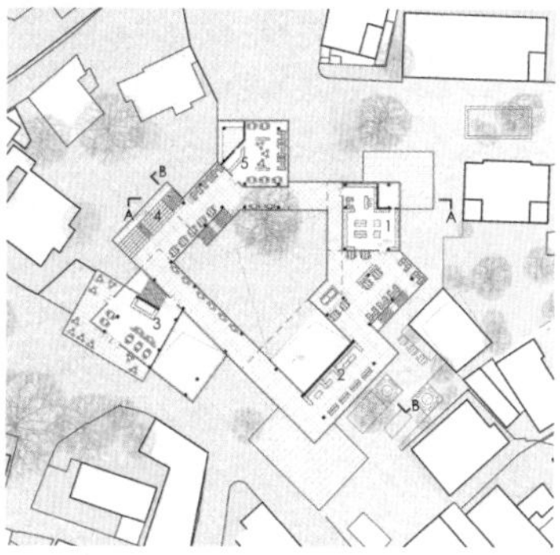

1. 纪念品店
2. 店铺
3. 诗歌邮局
4. 戏台座位
5. 简餐厅

A-A 剖面图

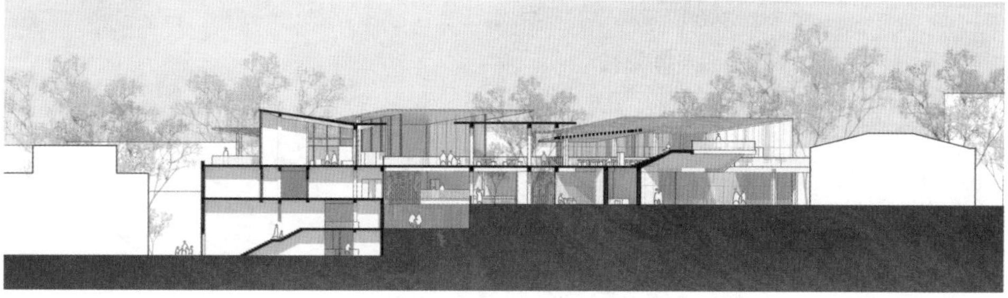

南音广场 | 戏台效果图

B-B 剖面图

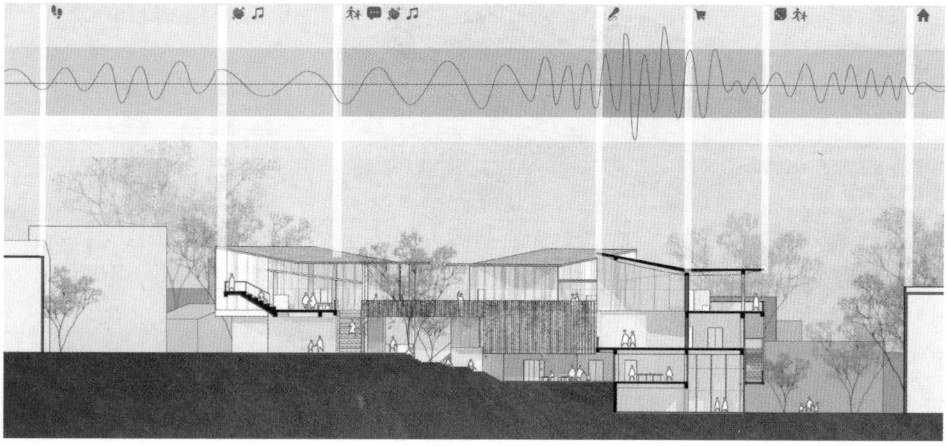

诗歌展厅 | 入口效果图

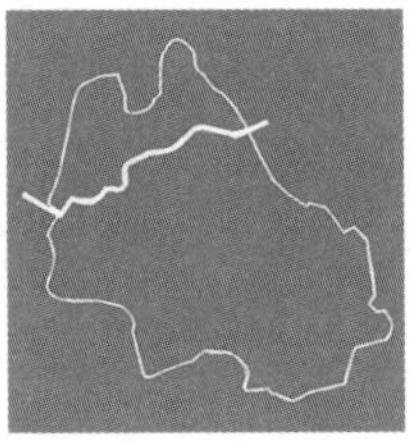

海潮之声——鼓浪屿青年创想营设计

Sound of Sea Wave: Gulangyu Youth Creative Camp

浙江大学
设计：郭画儿
指导：贺勇

总平面图

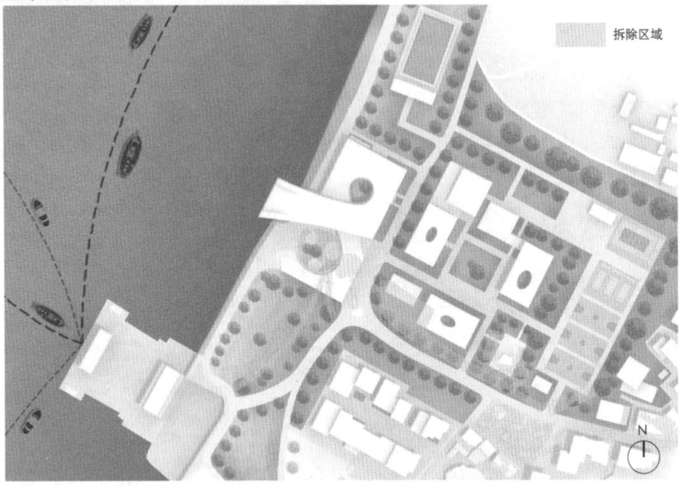

拆除区域
N

形态生成逻辑

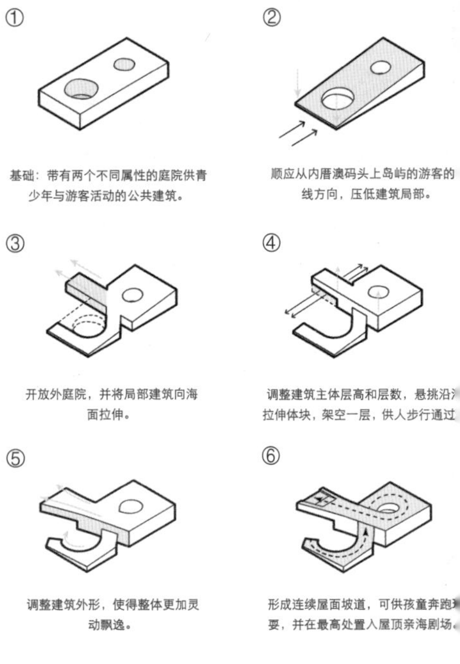

①
基础：带有两个不同属性的庭院供青少年与游客活动的公共建筑。
②
顺应从内厝澳码头上岛屿的游客的线方向，压低建筑局部。
③
开放外庭院，并将局部建筑向海面拉伸。
④
调整建筑主体层高和层数，悬挑沿河拉伸体块，架空一层，供人步行通过
⑤
调整建筑外形，使得整体更加灵动飘逸。
⑥
形成连续屋面坡道，可供孩童奔跑玩耍，并在最高处置入屋顶亲海剧场。

简介：

本项目选址在内厝澳码头东北侧，该处缺失标志性建筑物，且存在大量荒废用地，为了吸引内厝澳码头的游客往鼓浪屿的北侧及东侧步行，同时发展长住的旅游模式，在此处设计一个青少年营地，包含艺术培训、集体活动、艺术图书馆、营地宿舍等功能。

该区块最显著的声音特征为海潮之声。海浪声、海风声、海船声等都带有大海宽阔、包容、自由的气质，在这里，既能激发艺术创作，也能使人放松身心，沉浸在艺术活动中。

为了在建筑空间中强化声音元素，采用了四种不同的声音利用方式，从而带来不同的生理与心理体验。除此之外，考虑到青少年和游客的活动需求，设计了连续长坡道屋面，最大化利用海资源，可散步、观景、表演、玩耍。

地理条件与功能分析

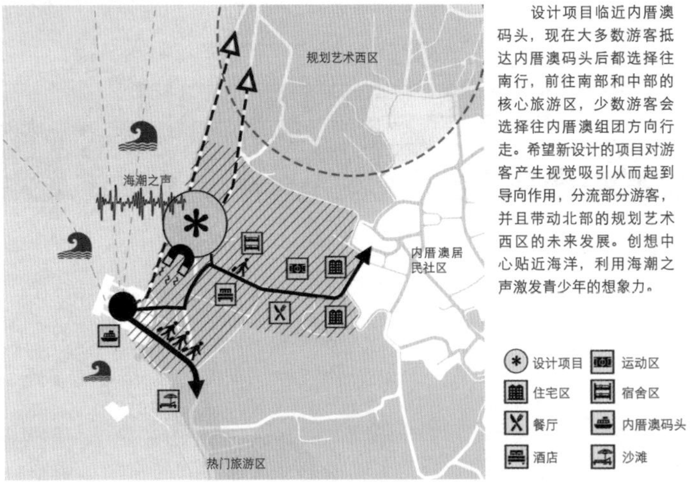

规划艺术西区
海潮之声
内厝澳居民社区
热门旅游区
设计项目
运动区
住宅区
宿舍区
餐厅
内厝澳码头
酒店
沙滩

设计项目临近内厝澳码头，现在大多数游客抵达内厝澳码头后都选择往南行，前往南部和中部的核心旅游区，少数游客会选择往内厝澳组团方向行走。希望新设计的项目对游客产生视觉吸引从而起到导向作用，分流部分游客，并且带动北部的规划艺术西区的未来发展。创想中心贴近海洋，利用海潮之声激发青少年的想象力。

连续屋面断截面——从低到高

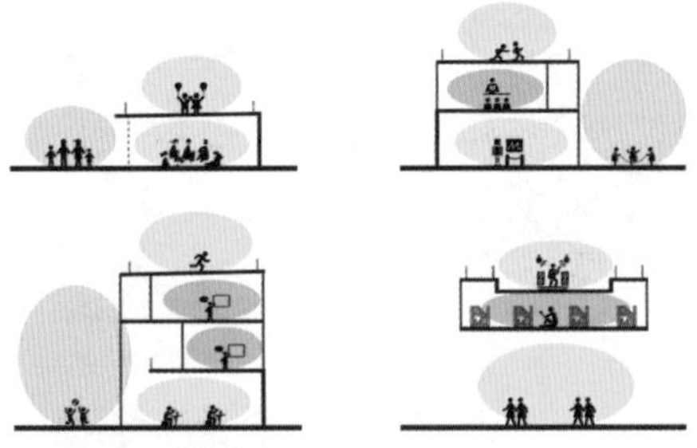

立面图

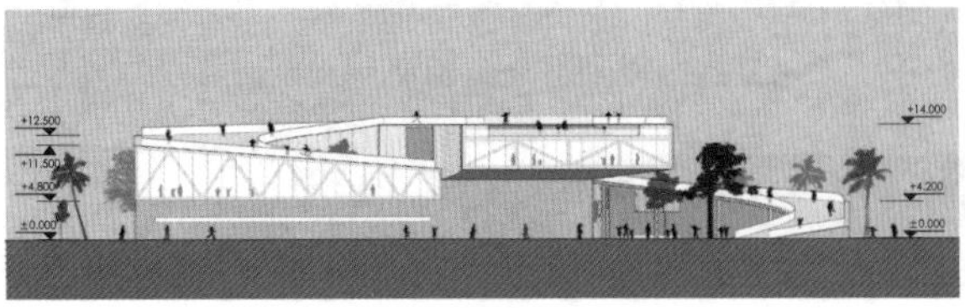

A-A 剖面图

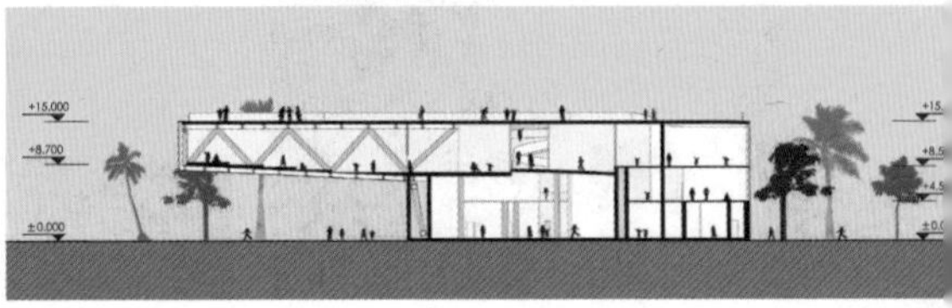

一层平面图

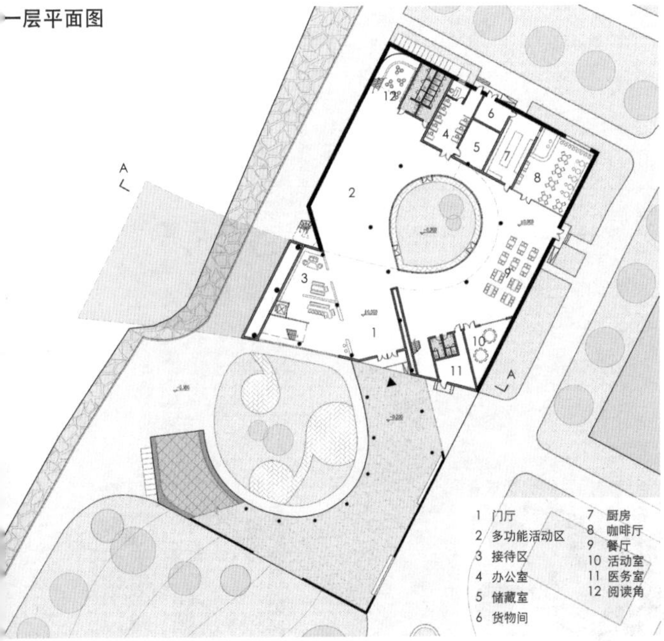

1 门厅
2 多功能活动区
3 接待区
4 办公室
5 储藏室
6 货物间
7 厨房
8 咖啡厅
9 餐厅
10 活动室
11 医务室
12 阅读角

二层平面图

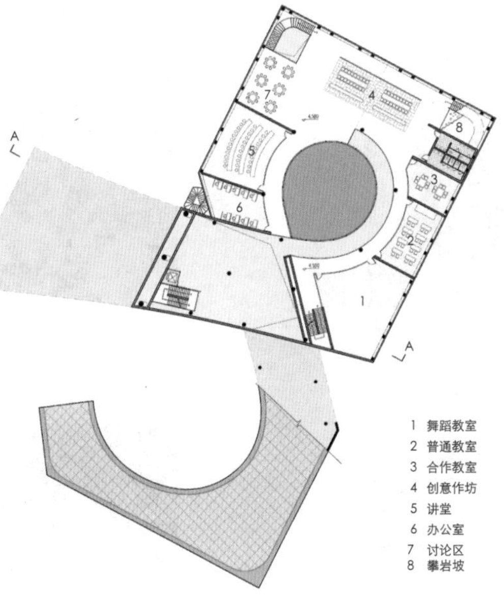

1 舞蹈教室
2 普通教室
3 合作教室
4 创意作坊
5 讲堂
6 办公室
7 讨论区
8 攀岩坡

三层平面图

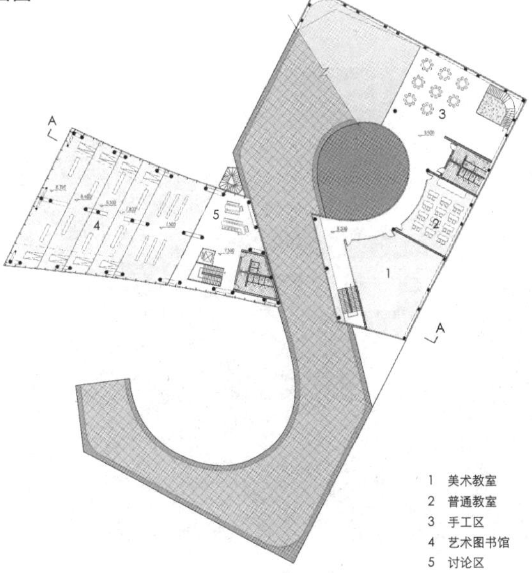

1 美术教室
2 普通教室
3 手工区
4 艺术图书馆
5 讨论区

爆炸轴测图

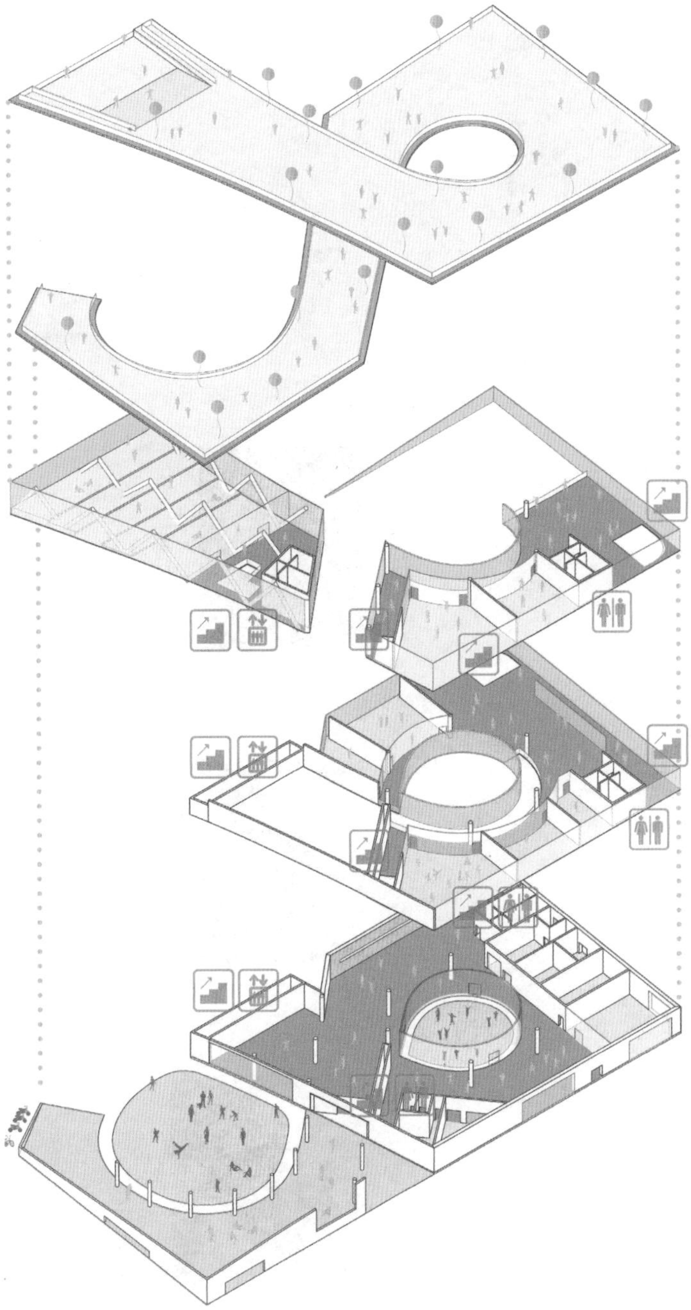

① 屋顶可视化声

屋面采用 LED 变色材料，根据海浪声音进行颜色变化，同时屋顶上有漂浮照明灯，根据海风大小进行不同速率的颜色变换。

② 阅览品想象声

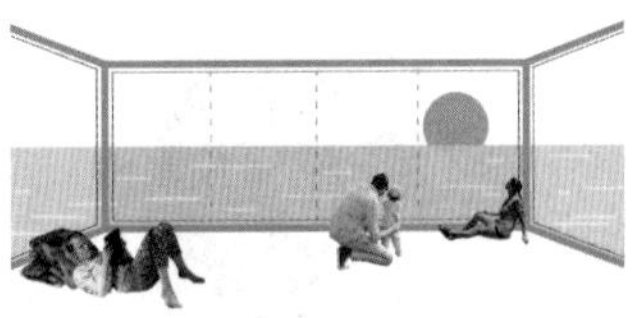

图书馆悬挑在海面之上，虽不能听闻海声，却仿佛置身大海之中，波浪 / 风雨 / 海鸥都触手可及，是让人放松，尽情徜徉于美好精神世界的空间。

③ 门厅只闻海声

入口的多功能厅开细长条窗，且高于人眼，透过窗户能听见呼啸的海风声，但看不见海，给予人更强烈的听觉感官冲击。

④ 庭院融汇聚声

庭院四通八达，既可以看见大海，也能够毫无障碍地融入所有声音。海风、海浪、海鸥、海船的声音在此交织，让庭院充满无限可能性。

厦门大学

XIAMEN UNIVERSITY

学生团队

1 大地与自然 Land and Nature

“鼓浪屿——厦港”文化复兴计划

the Cultural Rejuvenation for “Gulangsu——Xiamen” Port

2 人与土地 People and Land

时空观念下的共享社区设计

Sharing Community Design Based on Space-time Concept in Kulangsu

3 内厝澳全人教育社区复兴计划

将在地文化视为“复兴的催化剂与引擎”进行社区全人教育复兴计划

刘郑楠

姜明池

修思敏

程月

叶雨滕

尹沁雪

王莹钰

李帅民

曾乐琪

王绍森

张燕来

指导教师

建筑学专业的毕业设计既是本科学习的“告别演出”，也可以视为准建筑师职业生涯的一个起点。作为在厦门生活、学习了五年的厦门大学建筑系学生，能够在本科毕业设计中以熟悉的鼓浪屿作为设计基地，展开世界文化遗产地背景下的建筑学畅想，这本身就是一次令人难忘的经历。

人、大地、土地、海洋、自然、岛屿、社区……这是你们在这次毕业设计中探讨的众多主题。这些主题既是建筑学的，也是超越单一学科的。相信你们在今后的工作和生活中对此会有更深刻的理解和认识。

——王绍森　张燕来

大地与自然 "鼓浪屿——厦港" 文化复兴计划

Land and Nature:the Cultural Rejuvenation for "Gulangsu——Xiamen" Port

厦门大学

设计：刘郑楠 / 程月 / 王莹钰

指导：张燕来 / 王绍森

人口构成

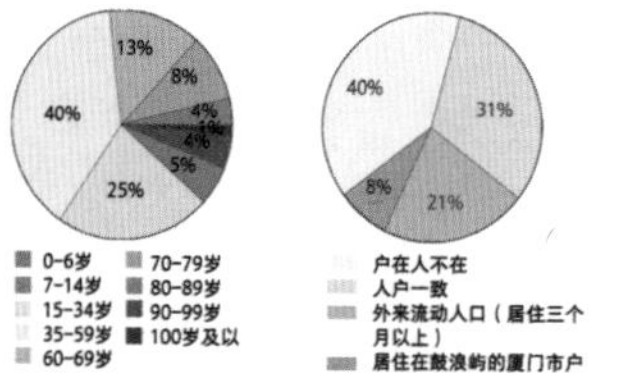

13%
8%
4%
1%
4%
5%
40%
25%
0-6岁
7-14岁
15-34岁
35-59岁
60-69岁
70-79岁
80-89岁
90-99岁
100岁及以
40%
31%
8%
21%
户在人不在
人户一致
外来流动人口（居住三个月以上）
居住在鼓浪屿的厦门市户
26.1%
8.5%
22.7%
8.6%
32.8%
1.3%
小学及以下
初中
高中/中专
2.8%
18.6%
1.0%
42.7%
34.8%
大专
大学本科
研究生及以上

鼓浪屿人口比重　　鼓浪屿人口构成　　户籍人口文化　　外来人口文化

自然资源现状

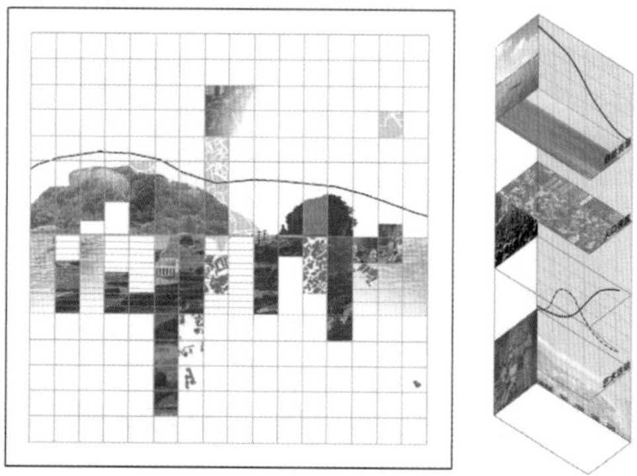

问卷调查

商铺

1. 商铺性质以餐厅为主
2. 受岛上优越的环境条件吸引来此务工

游客

1. 文化需求较少，对吃喝感兴趣
2. 超过半数游客不会再来鼓浪屿游览
3. 游客对于现有的海滨步道印象深刻，希望能够增加鱼类等海洋保护知识

老幼

1. 小孩和老年人为主
2. 留下的原因大多因为上班上学
3. 医疗设施匮乏，商铺虽多但是购买日用品的较少
4. 岛上生活和交通不便急需改善

青年

1. 出于上学和工作原因去鼓浪屿
2. 急需可以运动和集会的场地
3. 对安静、绿化率高、靠海的场所有偏好

社区选取

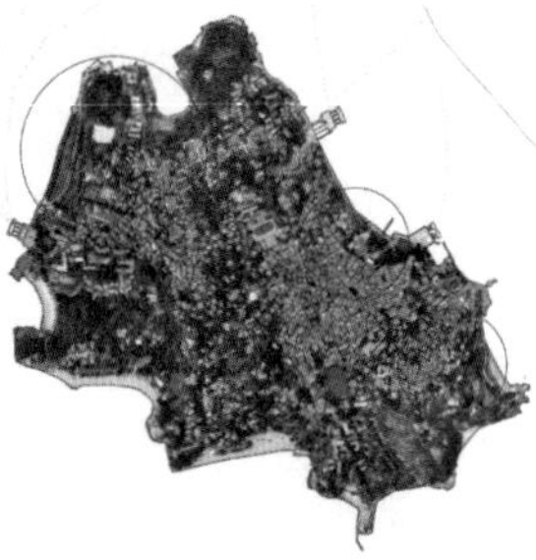

内厝社区
居住密度大，街巷窄小复杂

龙头社区
沿街网格式布局，商住混合

旗山社区
倚地形建房，较自由

概念生成

山
地
海
鼓浪屿
厦港

三角 顺应山势与建筑剖面之间形成的三角空间，利用它作为装配式的原型

方形 最好用的建筑内部空间，利用它探讨建筑空间设计存在的多种可能性

圆形 平静的海面，长于斯，归于斯，既是起点也是终点，最好的活动空间

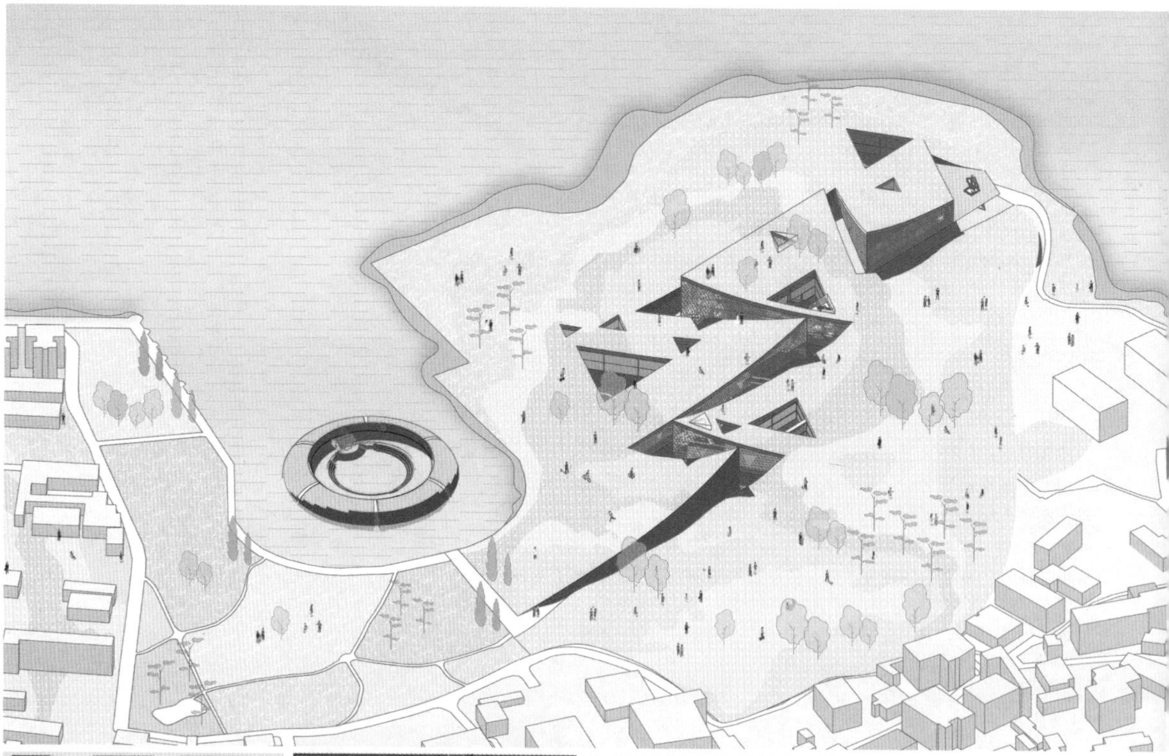

设计说明：

本设计聚焦于鼓浪屿自然资源与旅游带来的空间现状问题，通过追溯地段在城市起源与变迁中的空间特征，重新梳理岛屿和城市的地理特征、历史信息与文化属性，建立以文化为核心的"风景建筑"概念，设计融入大地与自然的建筑，寻求建筑在时空中与场地和海洋的对话，探求地域文化对人类文明的永恒价值。

地分析

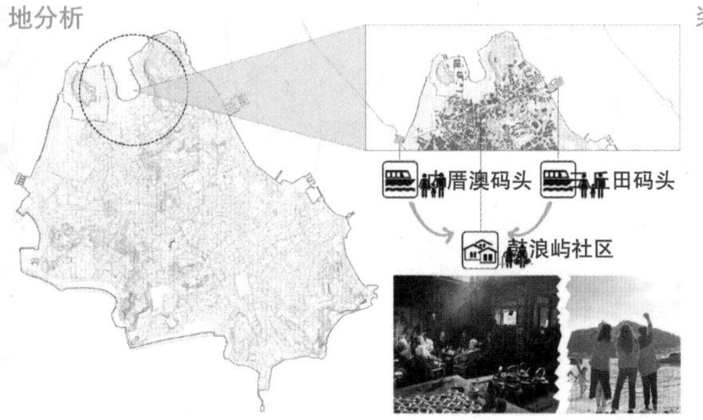

厝澳码头
田码头
浪屿社区

装配式钢结构体系

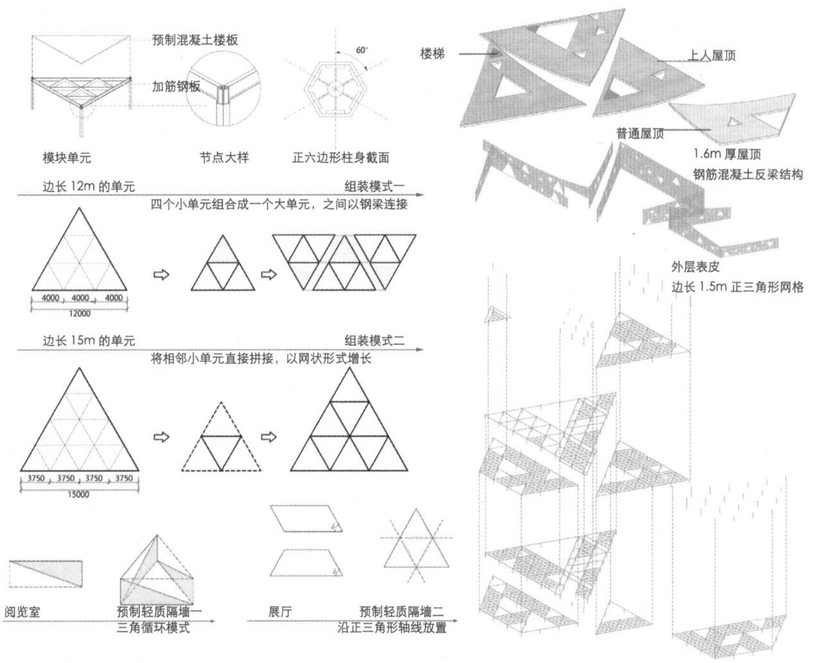

预制混凝土楼板
加筋钢板
60°
模块单元
节点大样
正六边形柱身截面
楼梯
上人屋顶
普通屋顶
1.6m 厚屋顶
钢筋混凝土反梁结构
外层表皮
边长 1.5m 正三角形网格
边长 12m 的单元
组装模式一
四个小单元组合成一个大单元，之间以钢梁连接
4000 4000 4000
12000
边长 15m 的单元
组装模式二
将相邻小单元直接拼接，以网状形式增长
3750 3750 3750 3750
15000
阅览室
预制轻质隔墙一
三角循环模式
展厅
预制轻质隔墙二
沿正三角形轴线放置

决策略

面整理
化游客路线
立面消隐
阴凉空间环境
剖面高差
分隔不同人群

计生成

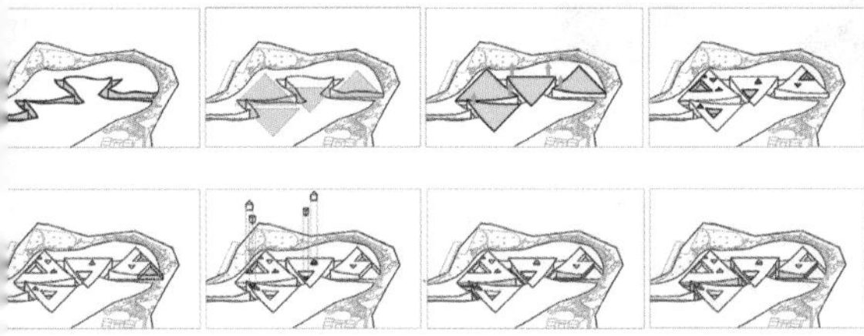

平面生成

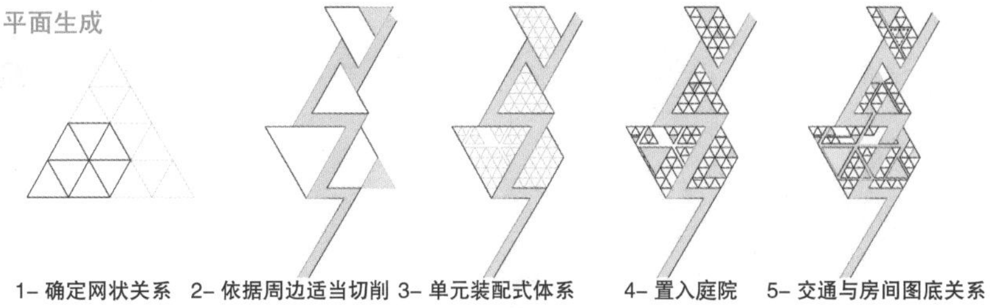

1- 确定网状关系
2- 依据周边适当切削
3- 单元装配式体系
4- 置入庭院
5- 交通与房间图底关系

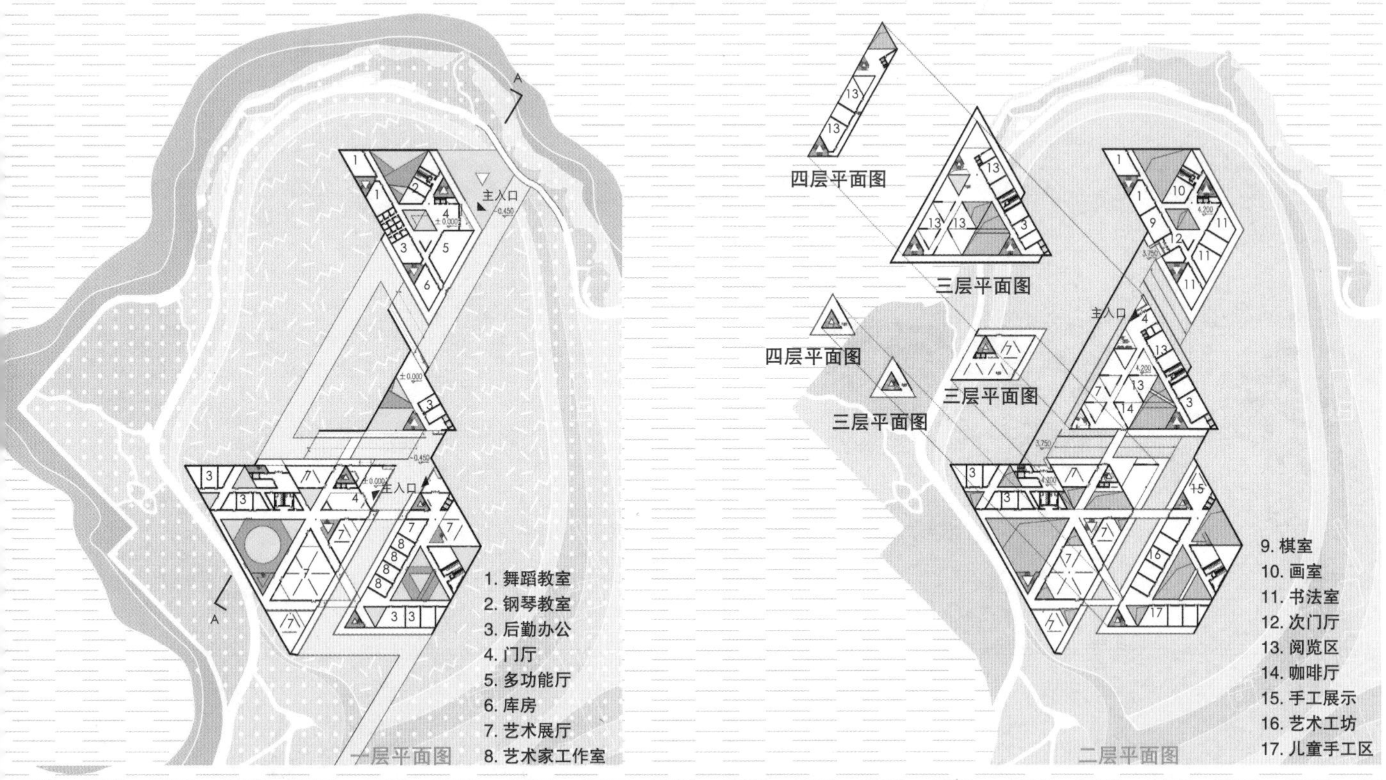

四层平面图
三层平面图
四层平面图
三层平面图
三层平面图
主入口
主入口
一层平面图
二层平面图
1. 舞蹈教室
2. 钢琴教室
3. 后勤办公
4. 门厅
5. 多功能厅
6. 库房
7. 艺术展厅
8. 艺术家工作室
9. 棋室
10. 画室
11. 书法室
12. 次门厅
13. 阅览区
14. 咖啡厅
15. 手工展示
16. 艺术工坊
17. 儿童手工区

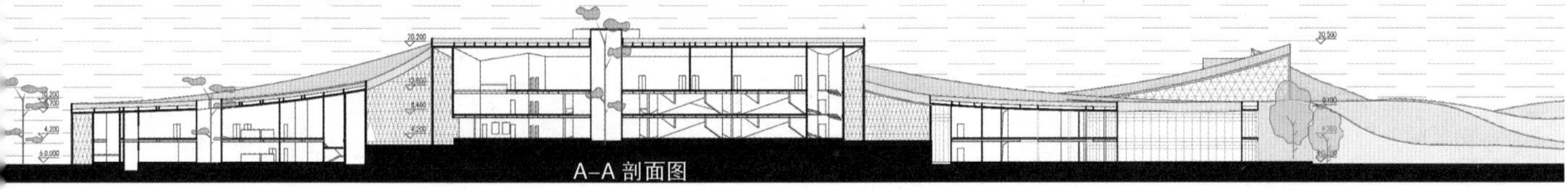

A-A 剖面图

肌理演变示意图

沙坡尾

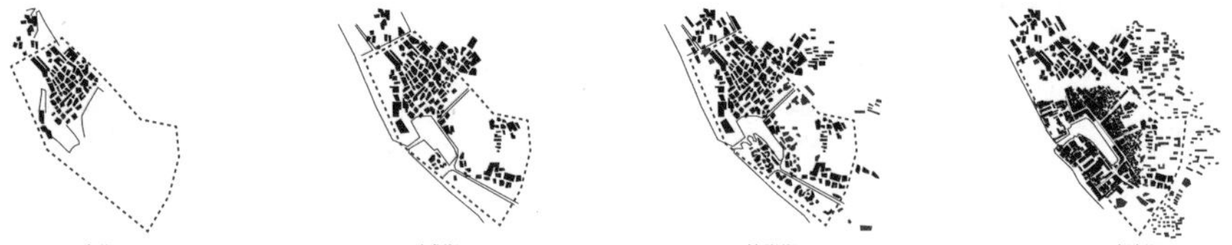

孕育期
厦门港是渔、军、商三位一体的重要海港，沙坡尾以军事防御为主。

形成期
厦门政府在沙坡尾修筑新的避风坞，众多渔民因而聚集于此。

扩张期
1960-1970 全市渔业集中，带动临港工商业发展。

改造期
2003 年，环岛路及演武大桥的修建封锁了沙坡尾与厦门海的通道。

本岛发源地厦港社区活力逐渐衰弱

鼓浪屿

社区起步阶段
厦门海域捕鱼、晒网的落脚点，并逐步演化成为暂居地。

社区繁荣阶段
仅 10 余年间，华侨富绅在鼓浪屿就建造了 1014 幢楼房。

社区转型阶段
工厂建设带来就业人员的居所配套，政府入驻发展了机关宿舍。

社区衰退阶段
2000 年鼓浪屿上原有的 16 家工业企业全部搬迁出岛。

鼓浪屿呈现由南到北的发展趋势

海岸线提取

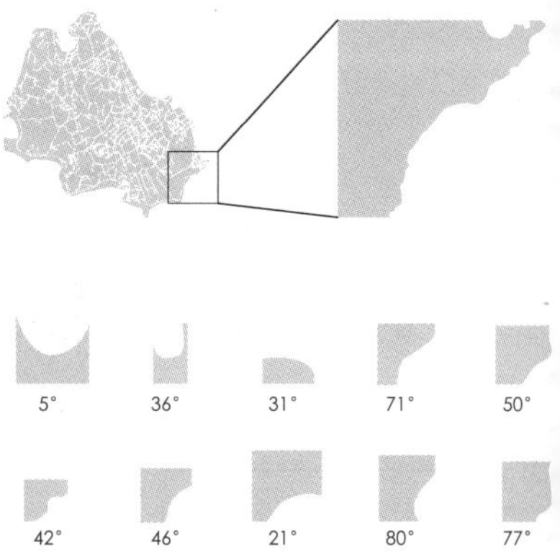

5°
36°
31°
71°
50°
42°
46°
21°
80°
77°

流线梳理

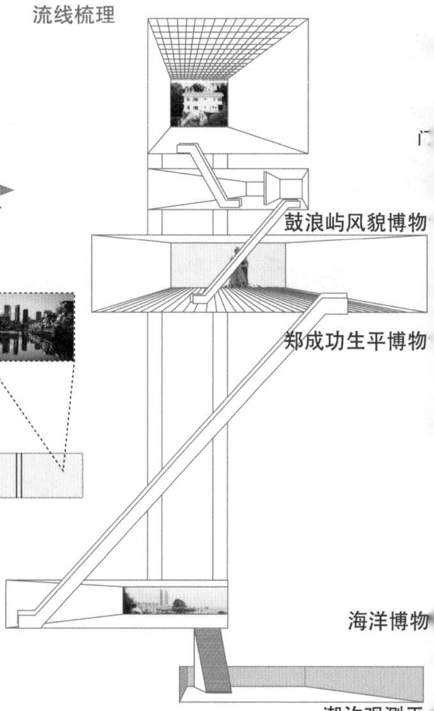

鼓浪屿风貌博物
郑成功生平博物
海洋博物
潮汐观测平

视线对位

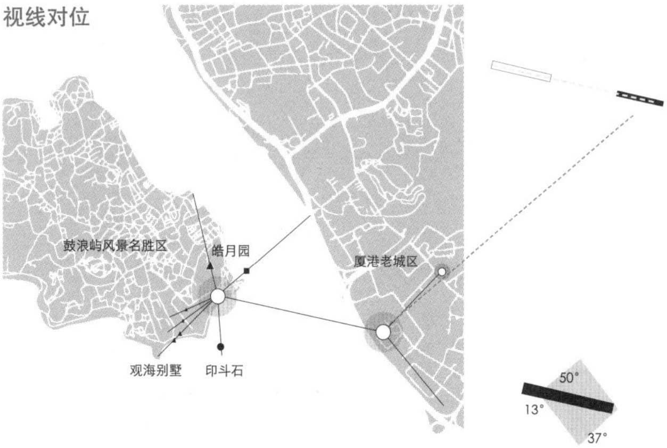

鼓浪屿风景名胜区
皓月园
观海别墅
印斗石
厦港老城区
50°
13°
37°

取景框置入

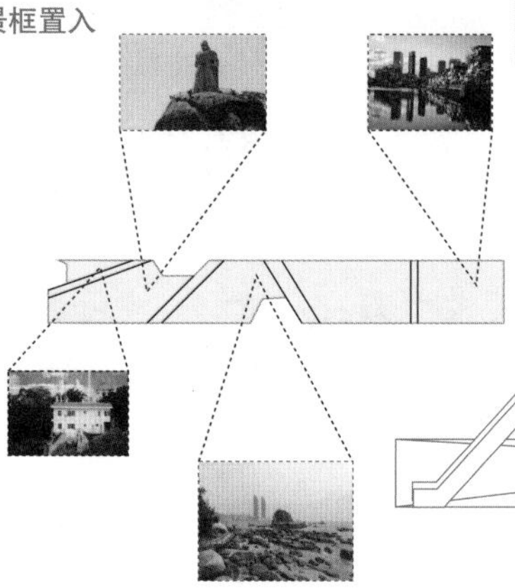

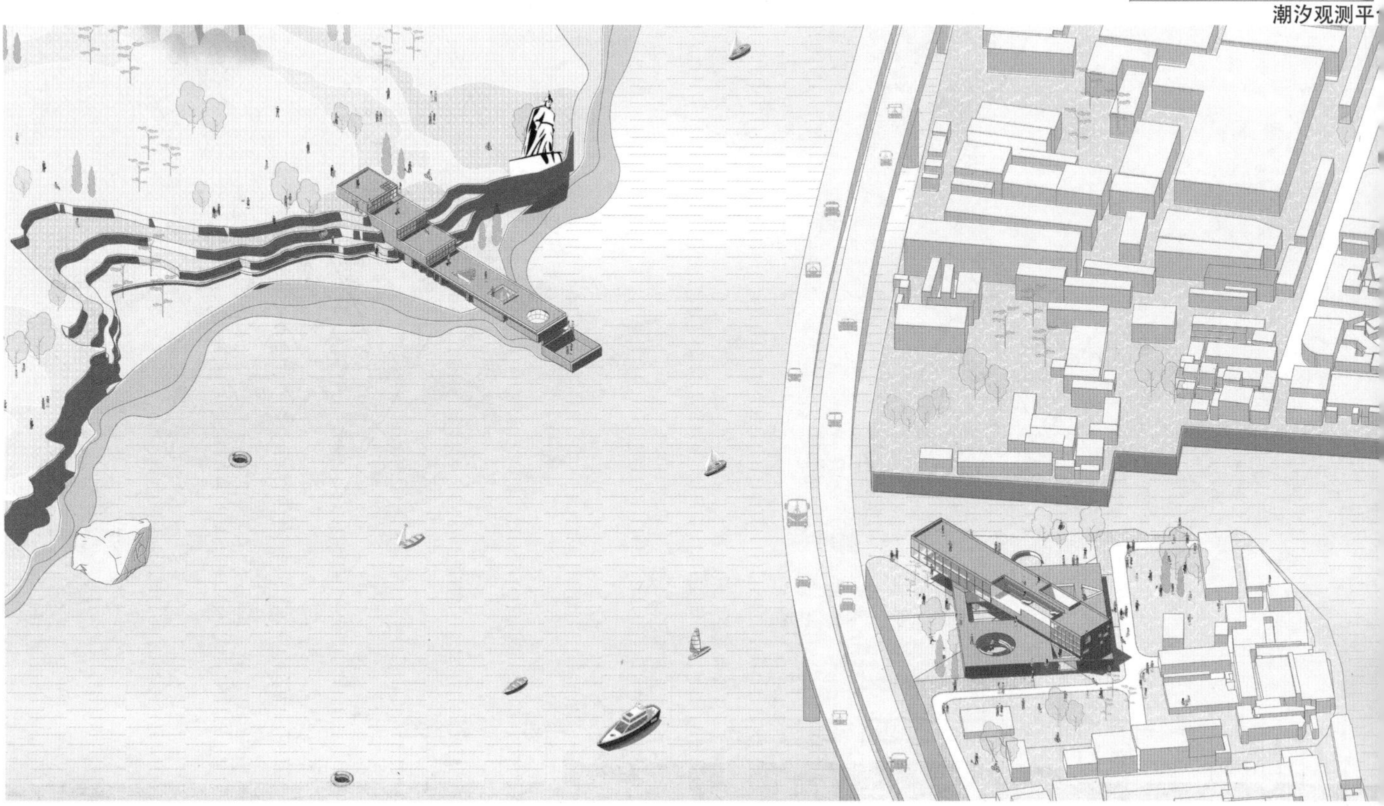

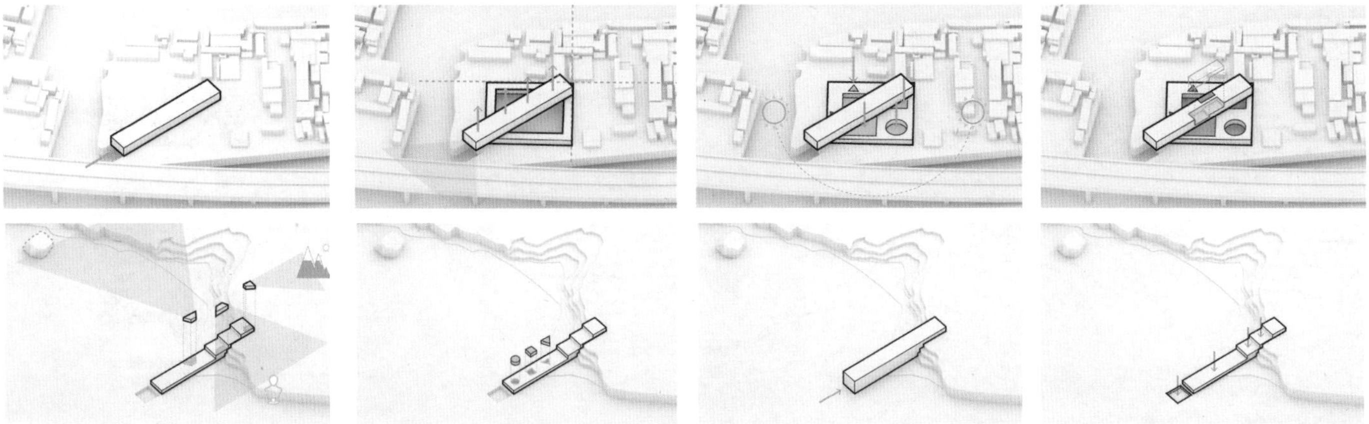

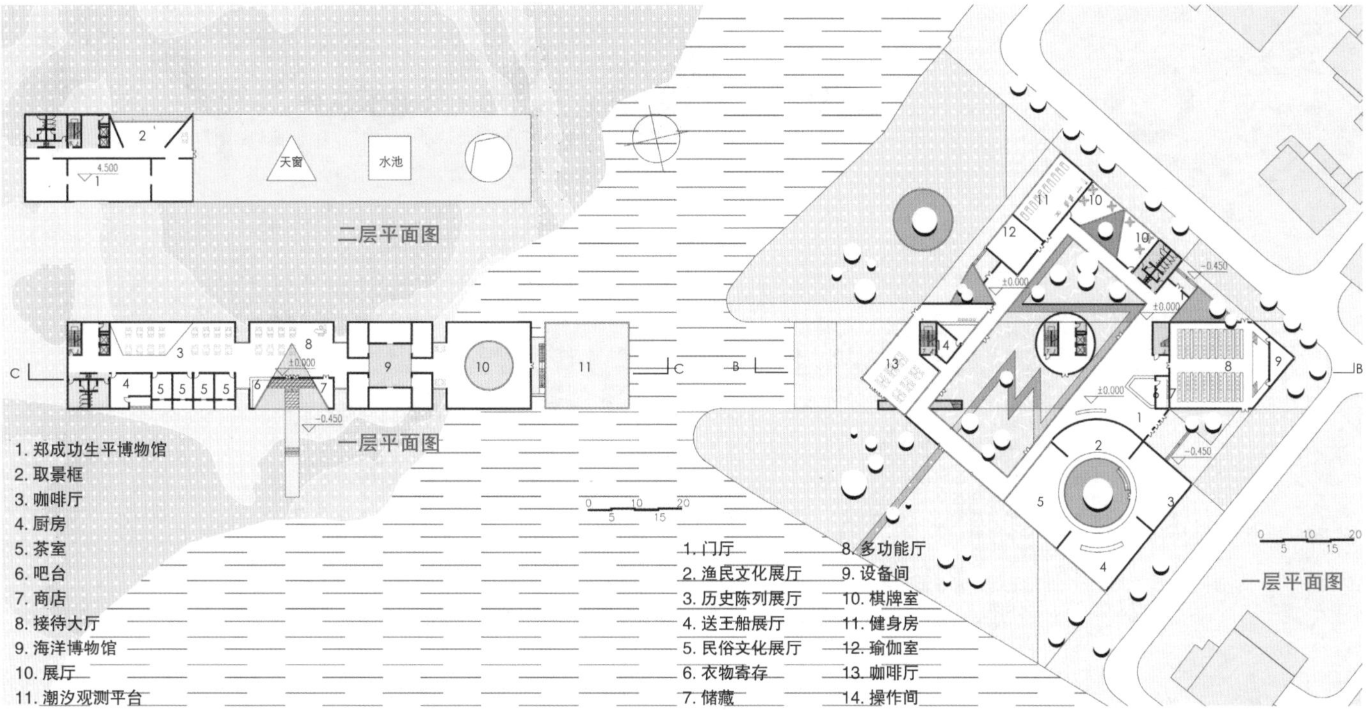

天窗
水池
二层平面图
一层平面图
1. 郑成功生平博物馆
2. 取景框
3. 咖啡厅
4. 厨房
5. 茶室
6. 吧台
7. 商店
8. 接待大厅
9. 海洋博物馆
10. 展厅
11. 潮汐观测平台
1. 门厅
2. 渔民文化展厅
3. 历史陈列展厅
4. 送王船展厅
5. 民俗文化展厅
6. 衣物寄存
7. 储藏
8. 多功能厅
9. 设备间
10. 棋牌室
11. 健身房
12. 瑜伽室
13. 咖啡厅
14. 操作间
一层平面图

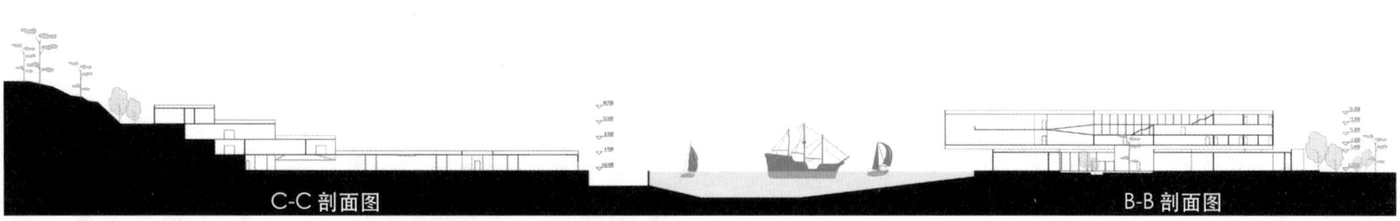

C-C 剖面图
B-B 剖面图

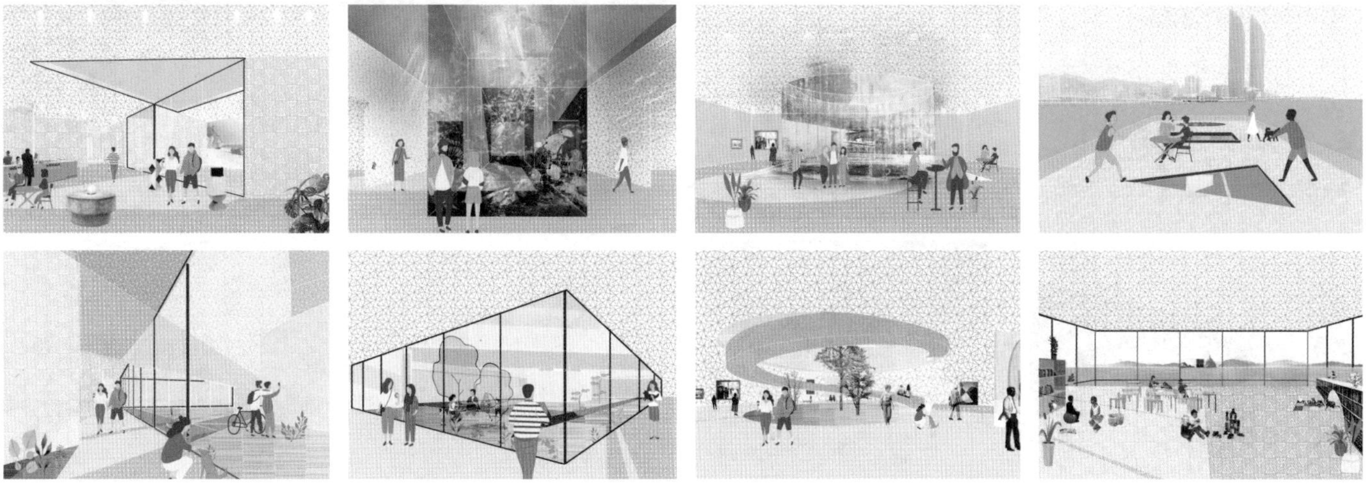

人群活动分析

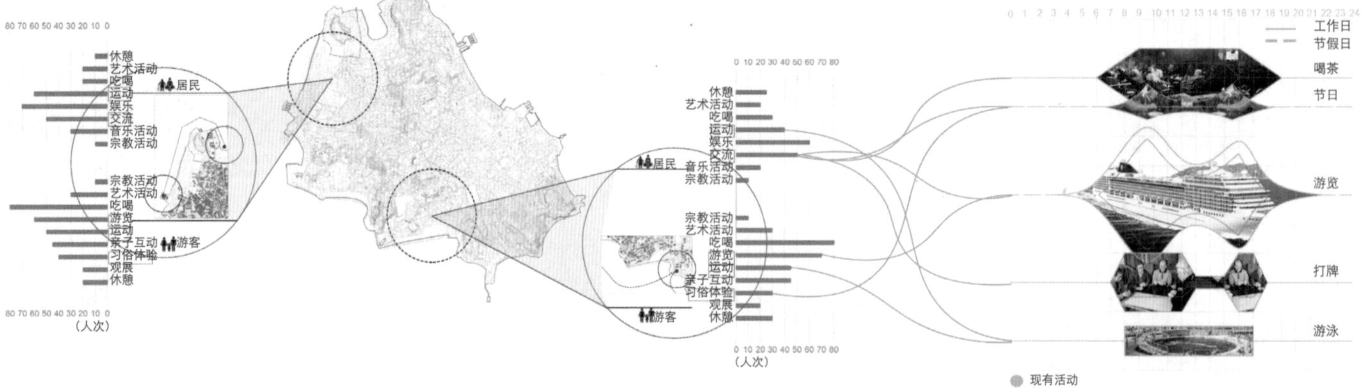
80 70 60 50 40 30 20 10 0
休憩
艺术活动
吃喝
运动
娱乐
交流
音乐活动
宗教活动
居民
宗教活动
艺术活动
吃喝
游览
运动
亲子互动
习俗体验
观展
休憩
游客
80 70 60 50 40 30 20 10 0
（人次）
0 10 20 30 40 50 60 70 80
休憩
艺术活动
吃喝
运动
娱乐
交流
音乐活动
宗教活动
居民
宗教活动
艺术活动
吃喝
游览
运动
亲子互动
习俗体验
观展
休憩
游客
0 10 20 30 40 50 60 70 80
（人次）
0 1 2 3 4 5 6 7 8 9 10 11 12 13 14 15 16 17 18 19 20 21 22 23 24
工作日
节假日
喝茶
节日
游览
打牌
游泳
现有活动

流浪计划

东方文化：
佛生日游村
bué xêng liè yǔ cêng
中秋博饼
diōng qiū bō biāng
敬天公
bài bài
妈祖出海
mā zō cùe haǐ

西方文化：
钢琴、小提琴演奏
Piano and Violin
Performance
门球、壁球训练场
Gateball and Squash
宗教冥想室
The religious Meditation
Room

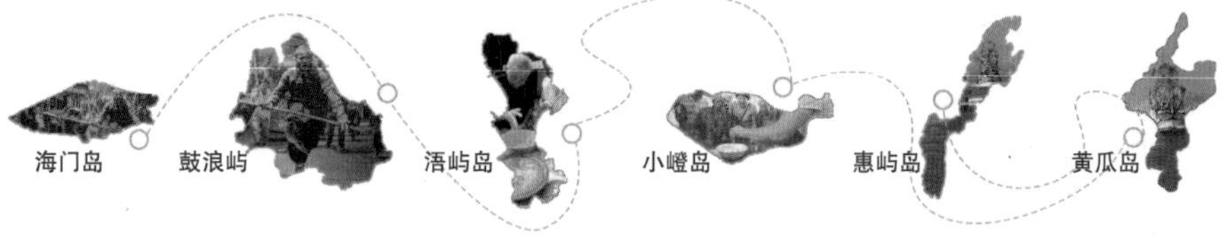
海门岛
鼓浪屿
浯屿岛
小嶝岛
惠屿岛
黄瓜岛

俄罗斯
加拿大
英国
鼓浪屿
美国
澳大利亚
阿根廷
新西兰

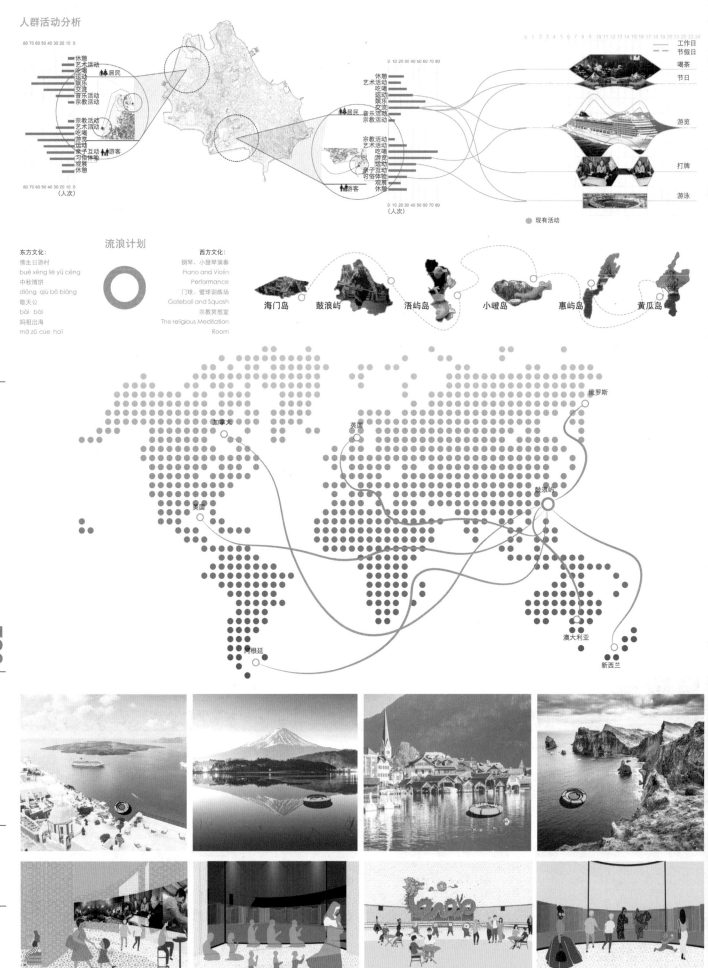

结构体系

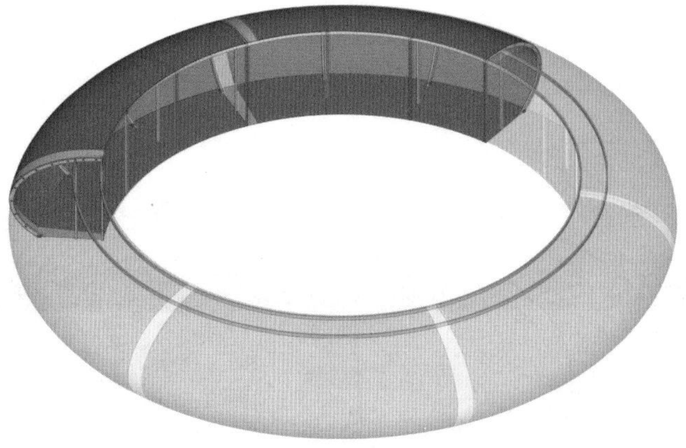

钢梁膜结构外皮体系

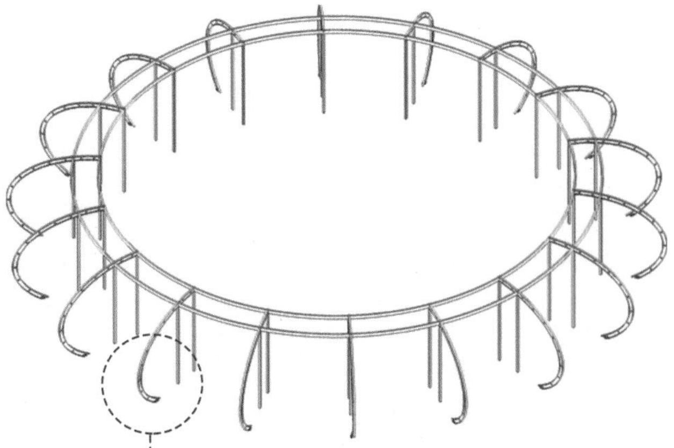

密肋钢梁结构体系

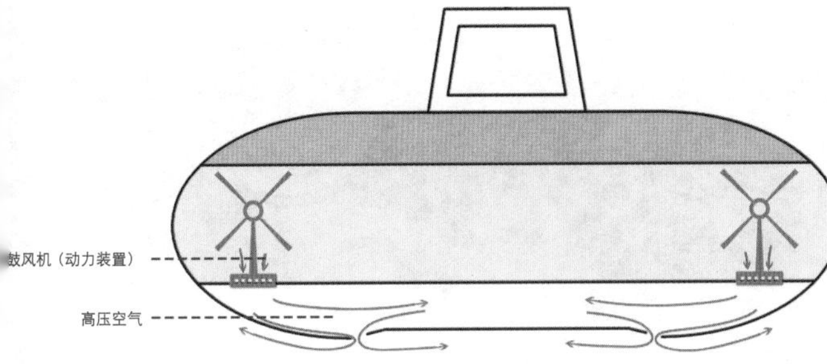

鼓风机（动力装置）
高压空气

动力装置系统

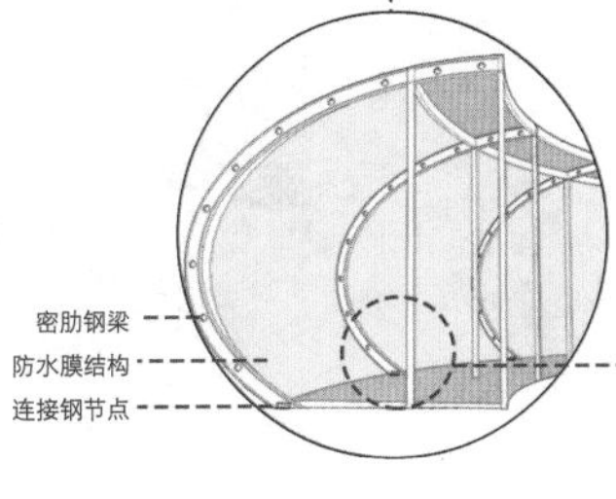

密肋钢梁
防水膜结构
连接钢节点

钢梁张拉膜结构

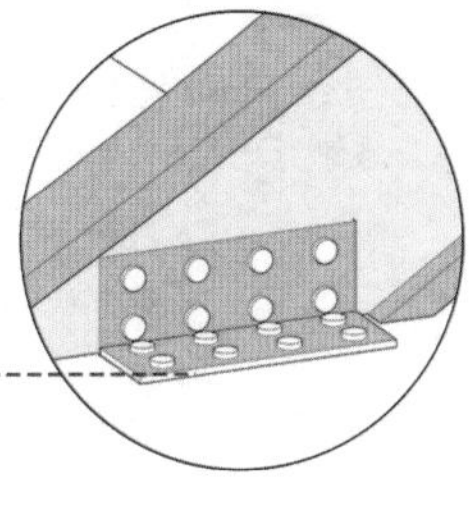

钢节点

迫迌圈借用了气垫船的动力装置原理，由鼓风机产生的高压空气，通过管道送入船底空腔的气室内形成气垫托起船体，并由发动机驱动推进器使船贴近支撑面航行。

迫迌圈外表皮采用钢梁膜结构体系，通过密肋钢梁撑起防水膜结构，使得建筑在水上呈现更加轻盈的状态，钢梁与地面用刚性节点进行锚固连接。

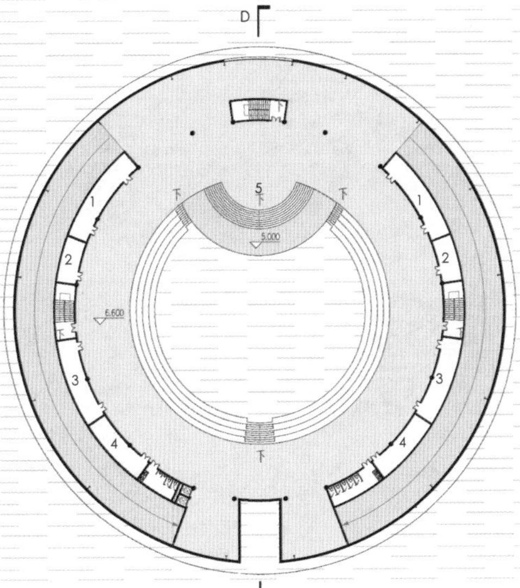

D
1
2
3
4
5
5.000
6.600

一层平面图

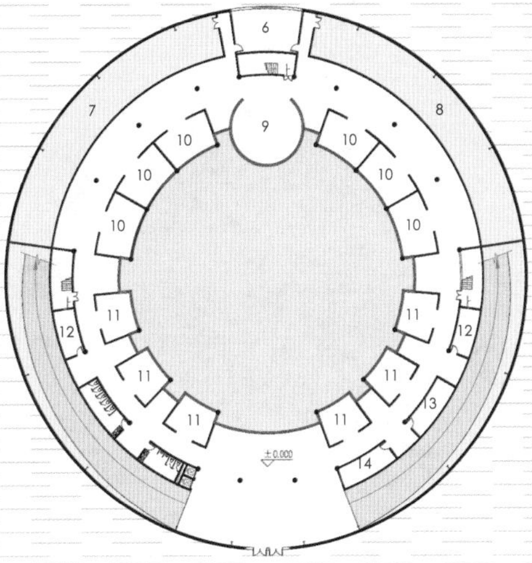

6
7
8
9
10
11
12
13
14
±0.000

负一层平面图

1. 化妆间
2.VIP 间
3. 道具间
4. 排练室
5. 舞台
6. 驾驶室
7. 动力室
8. 设备间
9. 高甲戏放映室
10. 博饼室
11. 冥想室
12. 储藏
13. 管理
14. 值班

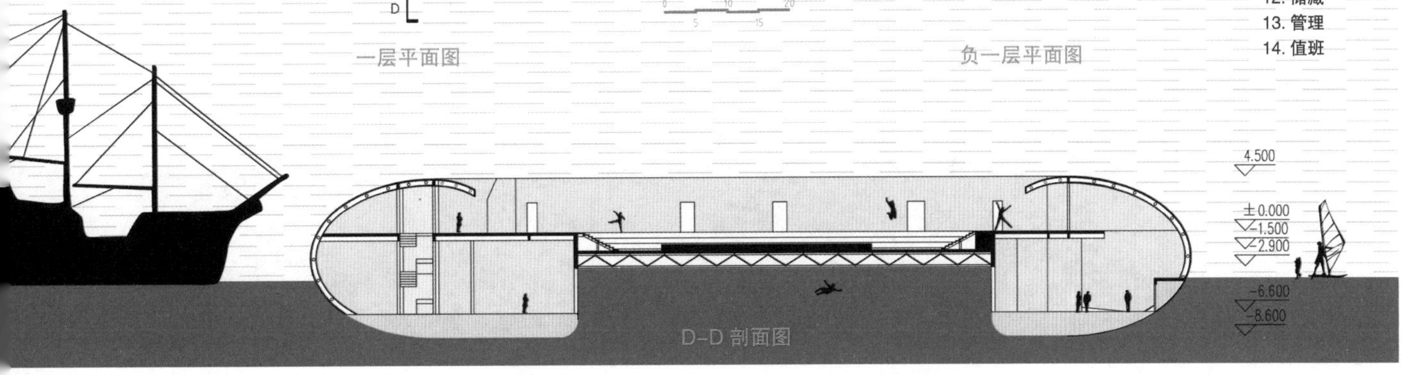

4.500
±0.000
-1.500
-2.900
-6.600
-8.600

D–D 剖面图

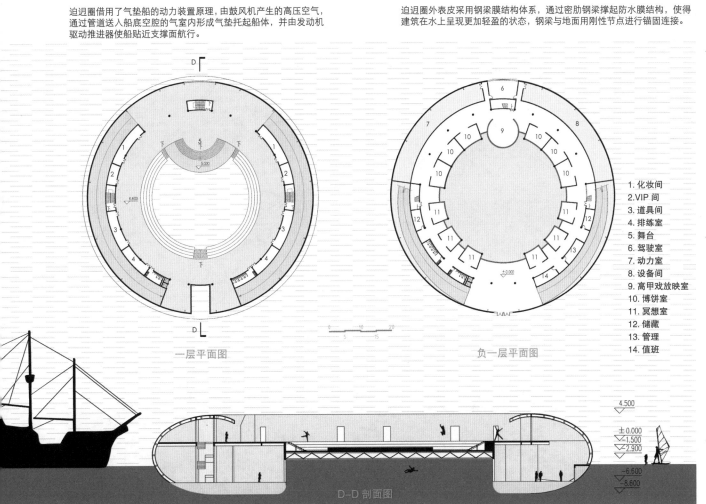

人与土地——时空观念下的鼓浪屿共享社区设计

People and Land — Sharing Community Design Based on Space-time Concept in Kulangsu

厦门大学

设计：姜明池/叶雨朦/李帅民

指导：张燕来/王绍森

区位介绍

本组选地于鼓浪屿内厝澳码头至兆和山沿岸一带，处于鼓浪屿西北区。该地块为鼓浪屿游客较少涉足的区域，相对人数较少，务工人群及本地居民偏多。

鼓浪屿
选地

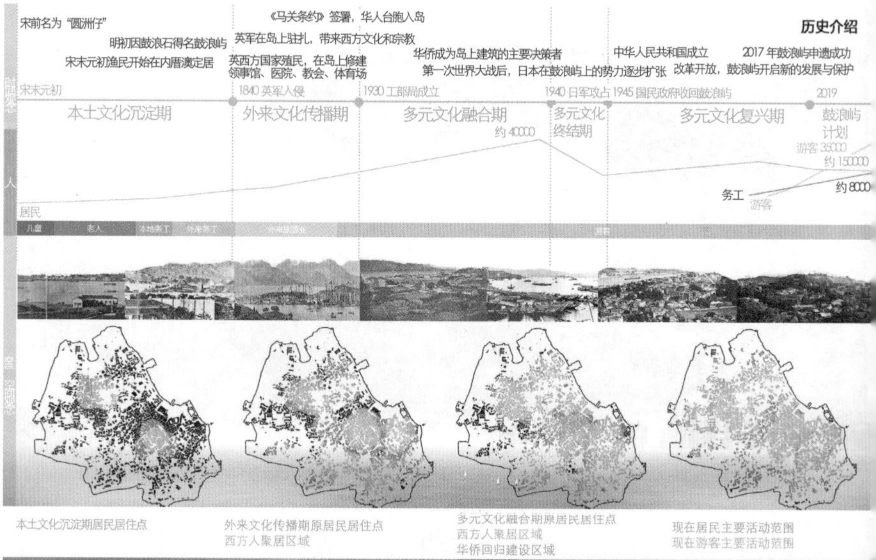

历史介绍
宋前名为"圆洲仔"
明初因鼓浪石得名鼓浪屿
宋末元初渔民开始在内厝澳定居
《马关条约》签署，华人台胞入岛
英军在岛上驻扎，带来西方文化和宗教
英西方国家殖民，在岛上修建领事馆、医院、教会、体育场
华侨成为岛上建筑的主要决策者
第一次世界大战后，日本在鼓浪屿上的势力逐步扩张
中华人民共和国成立
改革开放，鼓浪屿开启新的发展与保护
2017年鼓浪屿申遗成功
宋末元初
1840 英军入侵
1930 工部局成立
1940 日军攻占
1945 国民政府收回鼓浪屿
2019
本土文化沉淀期
外来文化传播期
多元文化融合期
多元文化终结期
多元文化复兴期
鼓浪屿计划
约40000
游客 35000
约150000
约8000
务工
游客
居民
本土文化沉淀期居民居住点
外来文化传播期原居民居住点
西方人聚居区域
多元文化融合期原居民居住点
西方人聚居区域
华侨回归建设区域
现在居民主要活动范围
现在游客主要活动范围

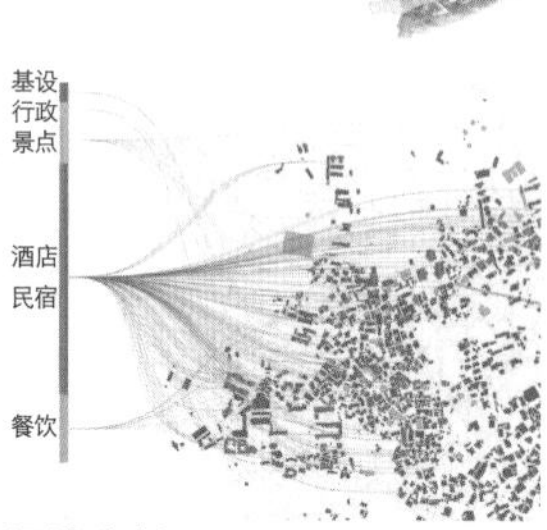

基设
行政
景点
酒店
民宿
餐饮

场地分析

场地东南方向为鼓浪屿居民聚集的内厝社区。除了居民居住空间，还分布着民宿、酒店、餐厅等商业空间，以及包括种德宫、工艺美院在内的几处景点。场地内部主要为滨海绿化带，同时在北端兆和山下设有环卫码头，环境较差，较多务工人员在此活动。场地内南段为游客使用的内厝澳码头。

午炮遗址
兆和山
避风坞
滨海公园
酒店聚集区
内厝澳码头
居住中心区
工艺美院
商业区

场地与周边连通现状

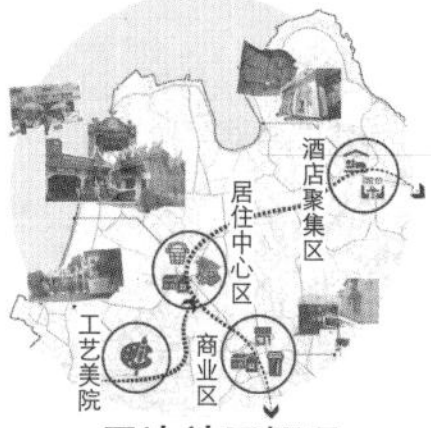

酒店聚集区
居住中心区
工艺美院
商业区

周边社区概况

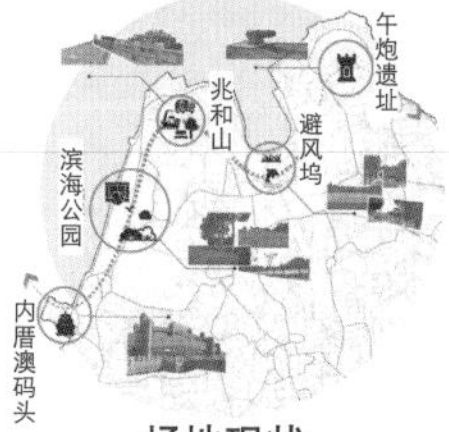

午炮遗址
兆和山
避风坞
滨海公园
内厝澳码头

场地现状

总平面图

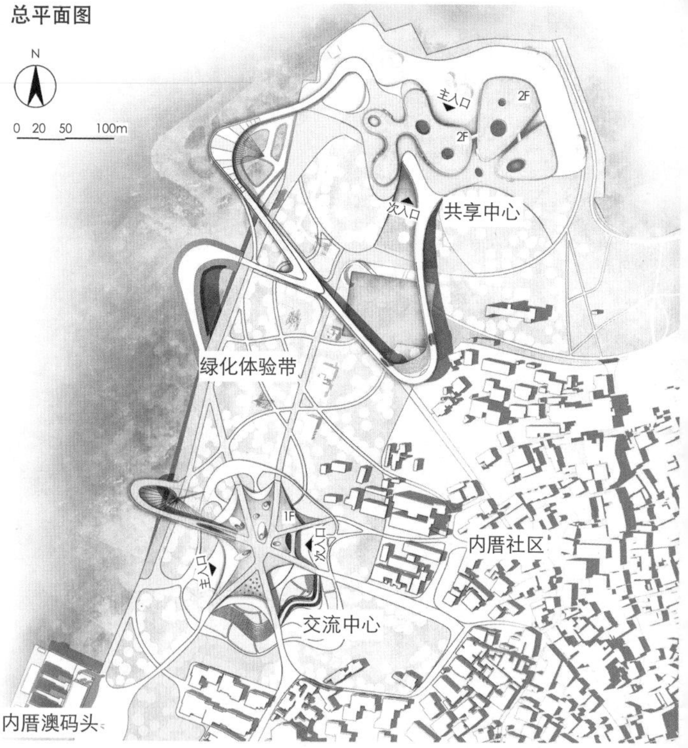

N
0 20 50 100m
主入口
2F
次入口
共享中心
绿化体验带
1F
次入口
主入口
内厝社区
交流中心
内厝澳码头

提出问题

设计策略

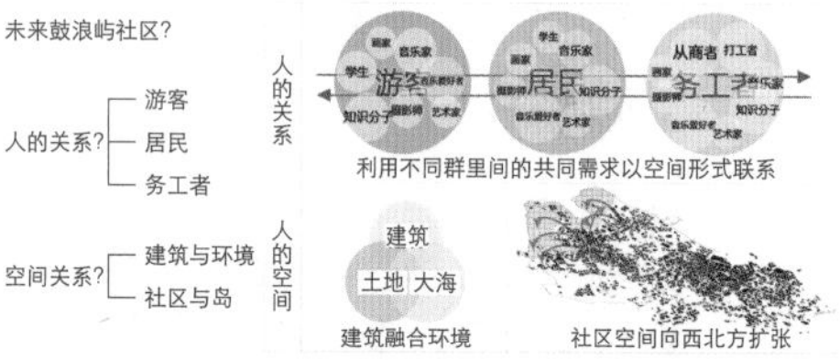

未来鼓浪屿社区?
人的关系?
游客
居民
务工者
空间关系?
建筑与环境
社区与岛
人的关系
游客
居民
务工者
利用不同群里间的共同需求以空间形式联系
人的空间
建筑
土地
大海
建筑融合环境
社区空间向西北方扩张

规划设计

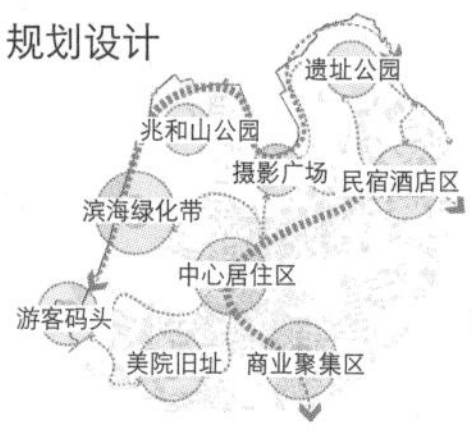

遗址公园
兆和山公园
摄影广场
民宿酒店区
滨海绿化带
中心居住区
游客码头
美院旧址
商业聚集区

社区规划现状

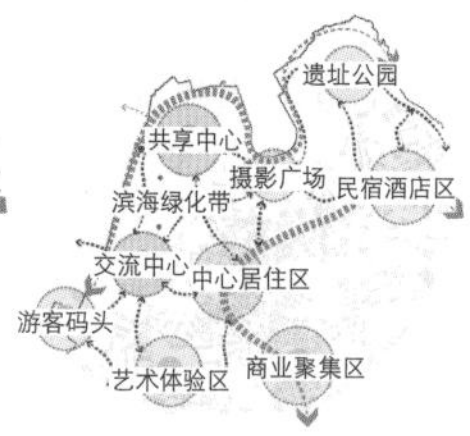

遗址公园
共享中心
摄影广场
民宿酒店区
滨海绿化带
交流中心
中心居住区
游客码头
艺术体验区
商业聚集区

未来规划方向

设计说明：

该设计方案关注鼓浪屿上居民、游客、务工者三种人群的不同需求。居民需要重拾逐渐缺失的鼓浪屿记忆；游客需求真实的历史国际社区氛围；务工者需求与居民游客的交流和社区归属感。利用不同群体间的共同需求以空间的形式联系彼此，对人流量较少的鼓浪屿西北角进行空间整合和联系，在对自然空间破坏较少的同时打造一个不同人群平等共同使用的地景建筑。设计旨在满足各方需求的同时，增加不同群体交流的机会，同时在建筑层面映射鼓浪屿的时间与空间观念，打造一个居游工共享，建筑与自然共融的鼓浪屿共享社区。

路径节点设计
岸线景观
沙滩球场
公园
共享中心
社区中心
交流中心
码头
社区规划现状
节点联系现状
增加节点
设计主要路径
增加联系
规划路径

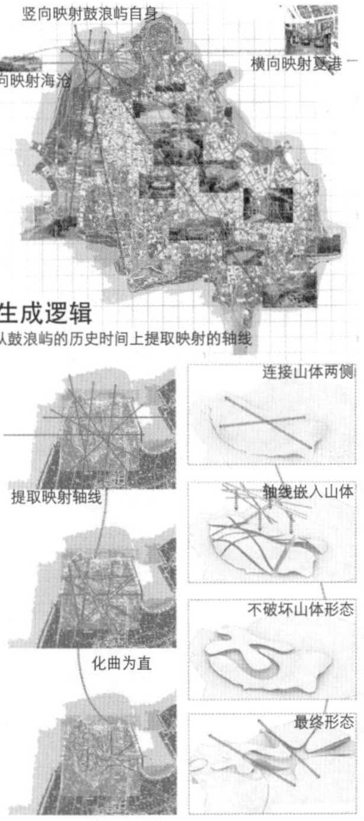
竖向映射鼓浪屿自身
横向映射厦港
横向映射海沧
生成逻辑
从鼓浪屿的历史时间上提取映射的轴线
连接山体两侧
提取映射轴线
轴线嵌入山体
不破坏山体形态
化曲为直
最终形态

居游工共享中心——鼓浪屿的映射地景

原有垃圾回收
初处理功能
鼓浪屿历史生态展览厅
居民游客务工交流空间
图书阅览空间
亲子教学空间

1 室外广场
2 入口大厅
3 阅读休息区
4 茶水间
5 办公室
6 后勤
7 展廊
N

一层平面图

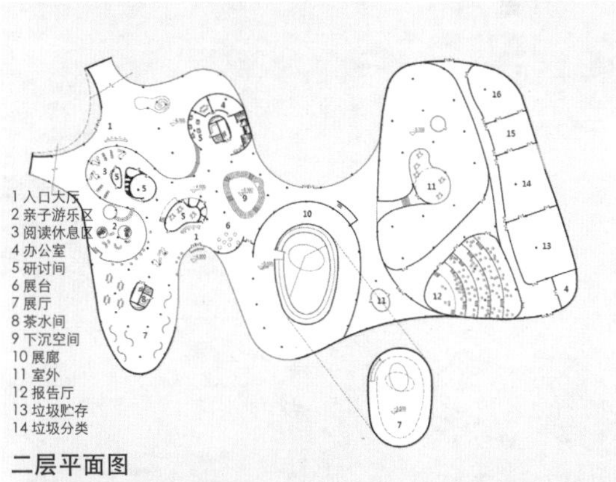
1 入口大厅
2 亲子游乐区
3 阅读休息区
4 办公室
5 研讨间
6 展台
7 展厅
8 茶水间
9 下沉空间
10 展廊
11 室外
12 报告厅
13 垃圾贮存
14 垃圾分类

二层平面图

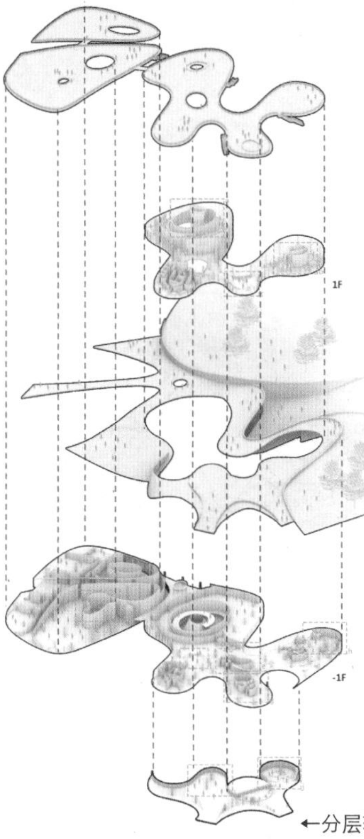
1F
-1F

←分层轴测

室内布置→

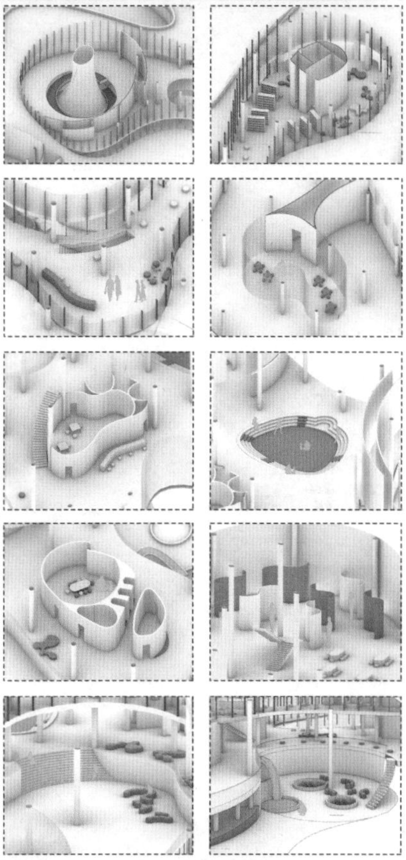

游客与居民的第一个交汇点——内厝交流中心设计

游客来向
内厝澳码头
居民来向
内厝社区
居民来向
内厝社区
1 下凹
2 覆盖
3 划分
4 连接
5 穿插
总平面图
0 50 100m
内厝澳码头
内厝社区

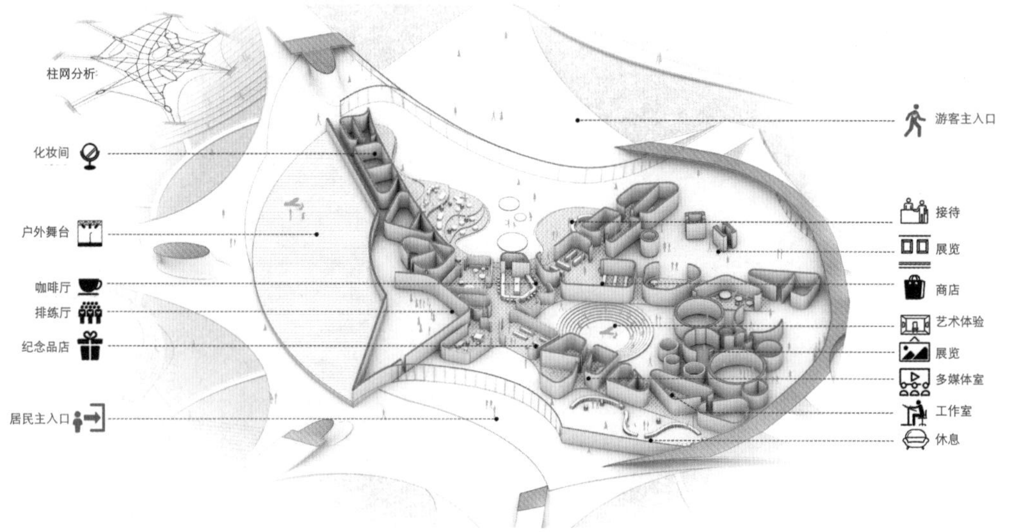
柱网分析
化妆间
户外舞台
咖啡厅
排练厅
纪念品店
居民主入口
游客主入口
接待
展览
商店
艺术体验
展览
多媒体室
工作室
休息

功能分析

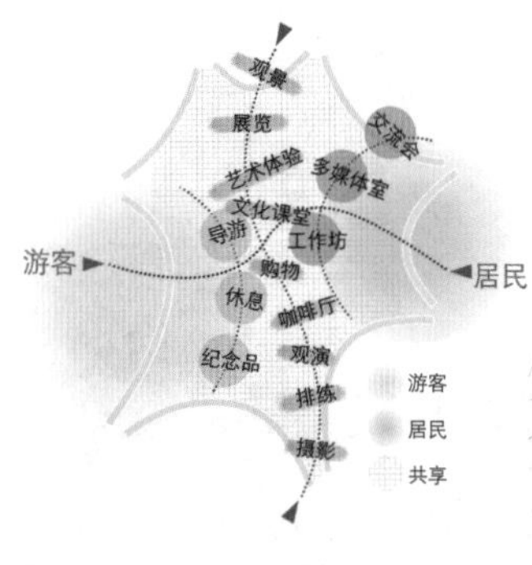
观景
展览
交流会
艺术体验
多媒体室
文化课堂
导游
工作坊
游客
居民
购物
休息
咖啡厅
纪念品
观演
排练
摄影
游客
居民
共享

一层平面图

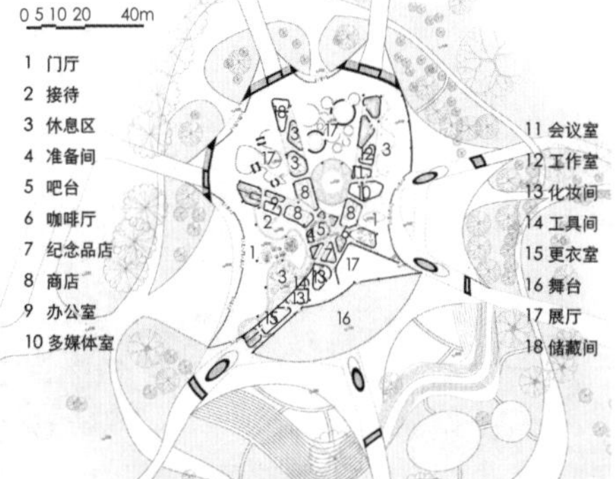
0 5 10 20 40m
1 门厅
2 接待
3 休息区
4 准备间
5 吧台
6 咖啡厅
7 纪念品店
8 商店
9 办公室
10 多媒体室
11 会议室
12 工作室
13 化妆间
14 工具间
15 更衣室
16 舞台
17 展厅
18 储藏间

平面分析

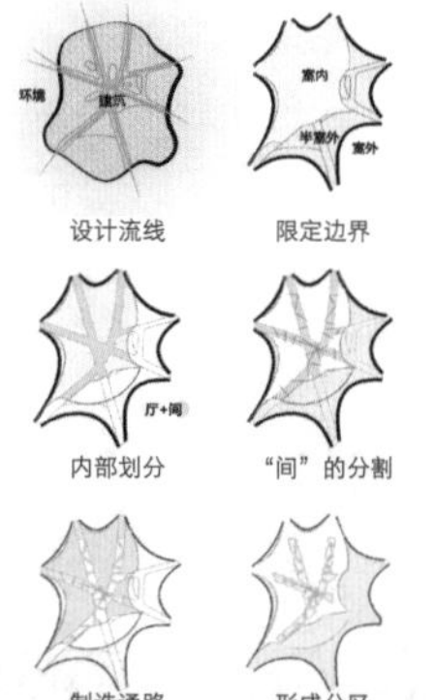
设计流线
限定边界
内部划分
"间"的分割
制造通路
形成分区

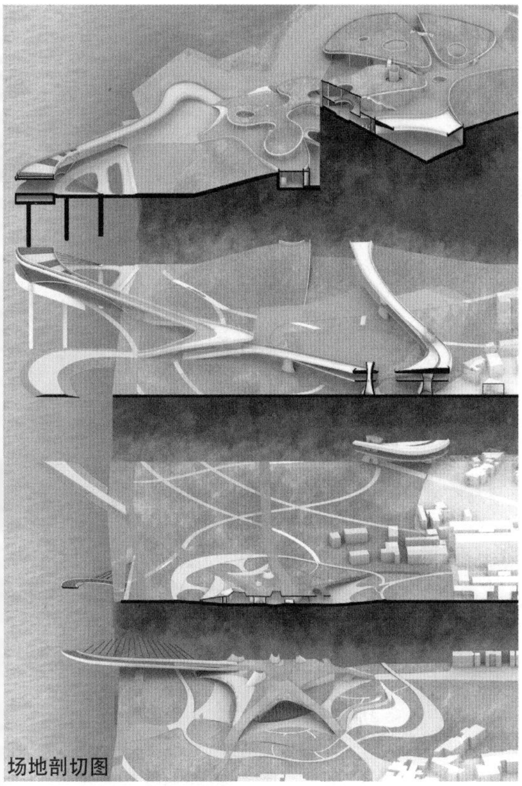
场地剖切图

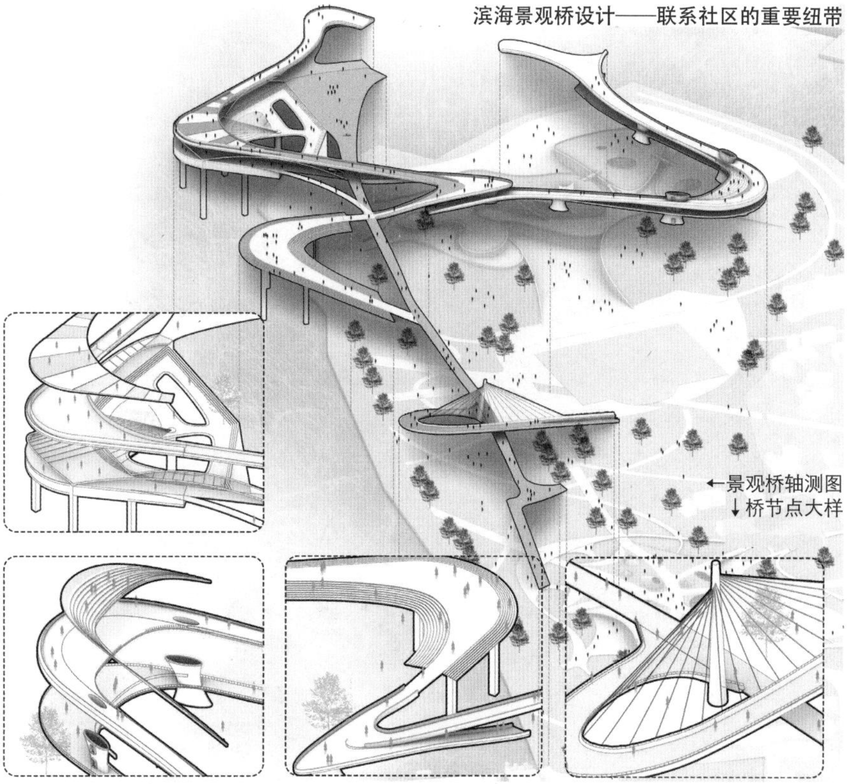
滨海景观桥设计——联系社区的重要纽带
←景观桥轴测图
↓桥节点大样

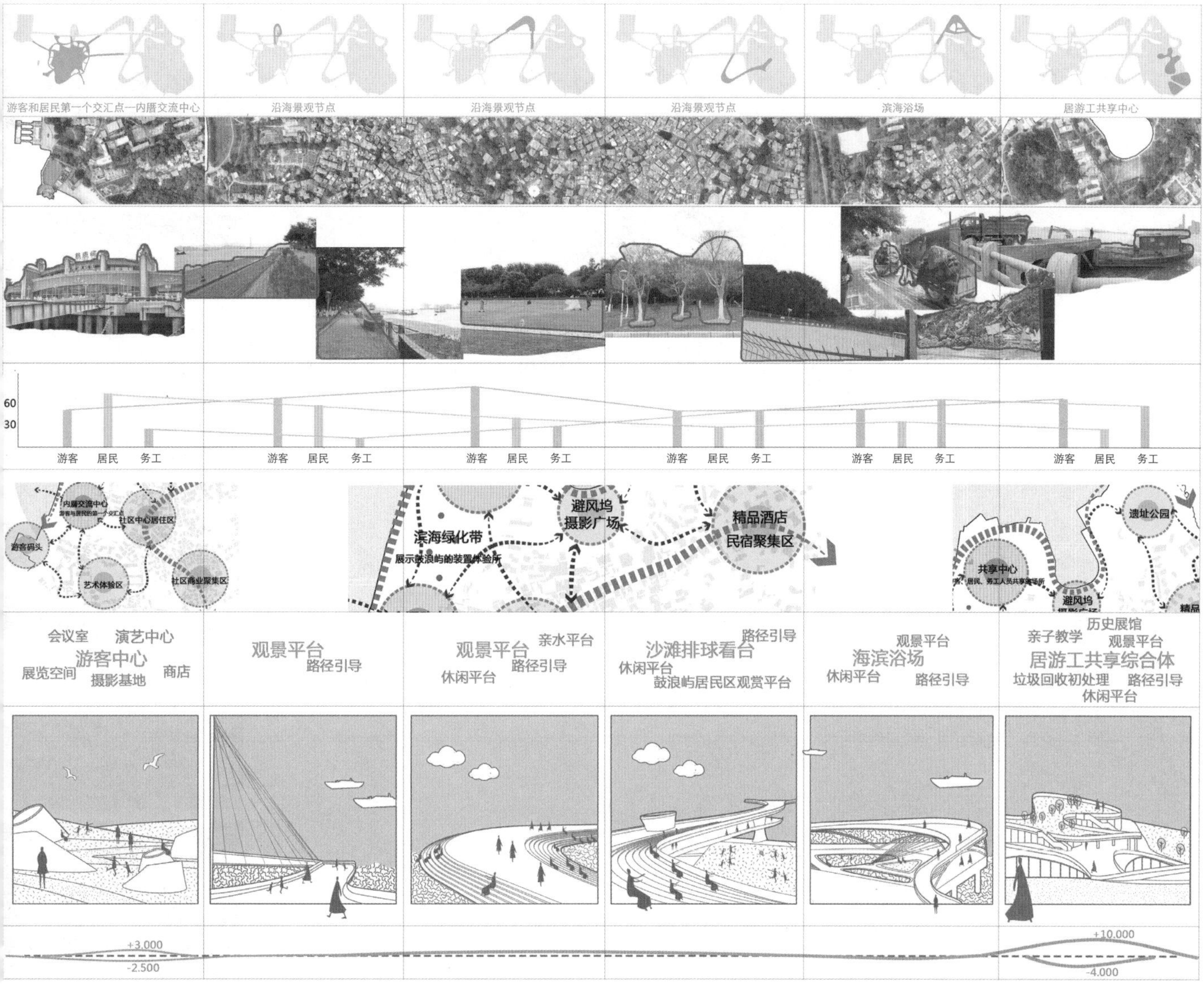
游客和居民第一个交汇点—内厝交流中心
沿海景观节点
沿海景观节点
沿海景观节点
滨海浴场
居游工共享中心
60
30
游客 居民 务工
游客 居民 务工
游客 居民 务工
游客 居民 务工
游客 居民 务工
游客 居民 务工
内厝交流中心
游客码头
社区中心居住区
艺术体验区
社区商业聚集区
滨海绿化带
避风坞
摄影广场
精品酒店
民宿聚集区
遗址公园
共享中心
会议室
演艺中心
游客中心
展览空间
摄影基地
商店
观景平台
路径引导
观景平台
亲水平台
路径引导
休闲平台
沙滩排球看台
路径引导
休闲平台
鼓浪屿居民区观赏平台
观景平台
海滨浴场
休闲平台
路径引导
历史展馆
亲子教学
观景平台
居游工共享综合体
垃圾回收初处理
路径引导
休闲平台
+3.000
-2.500
+10.000
-4.000

057

展示鼓浪屿的装置体验所——社区活力点设计

概念生成

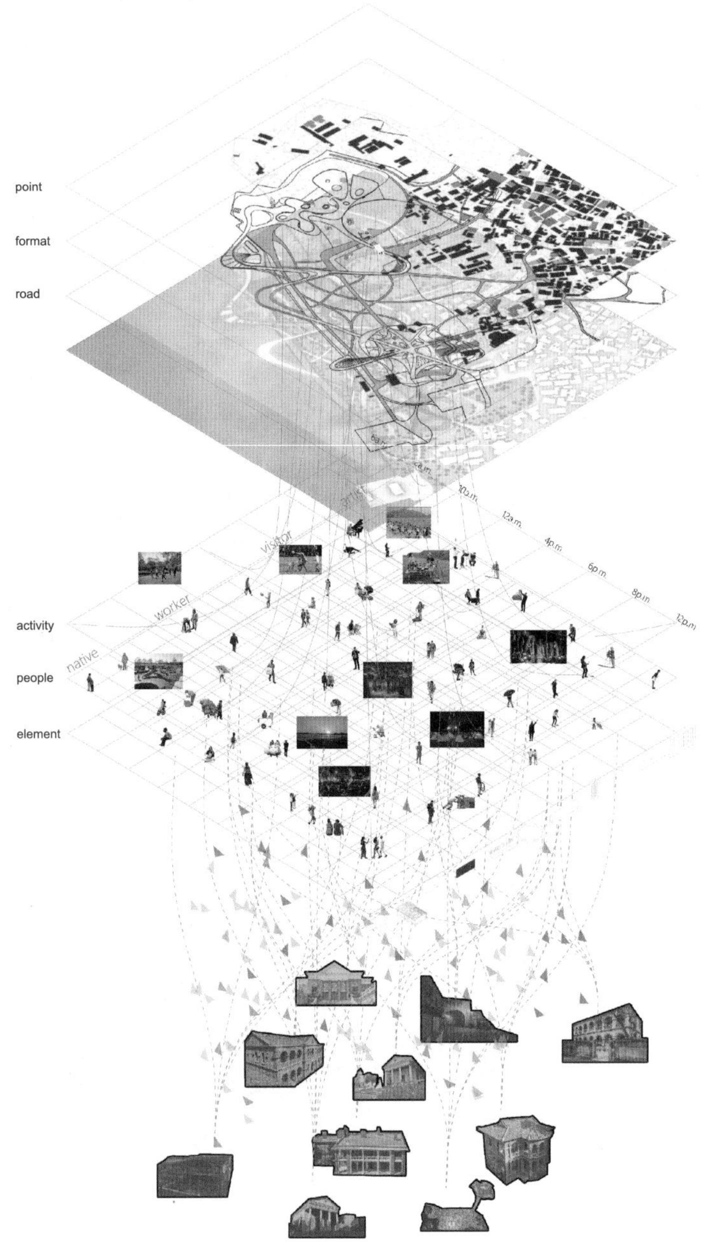
point
format
road
activity
people
element
visitor
worker
native

生成过程

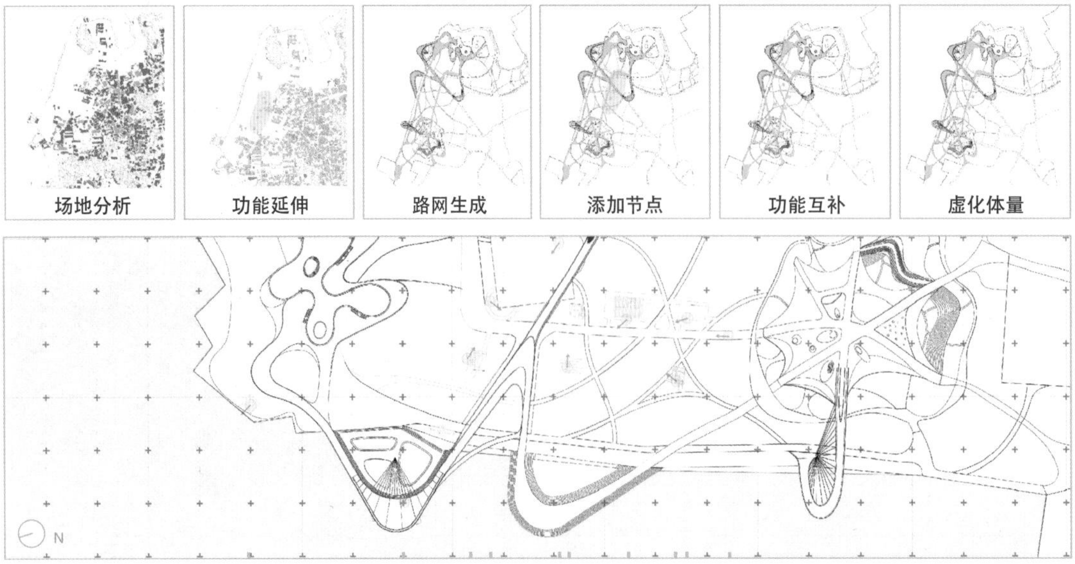
场地分析
功能延伸
路网生成
添加节点
功能互补
虚化体量
N

体分解

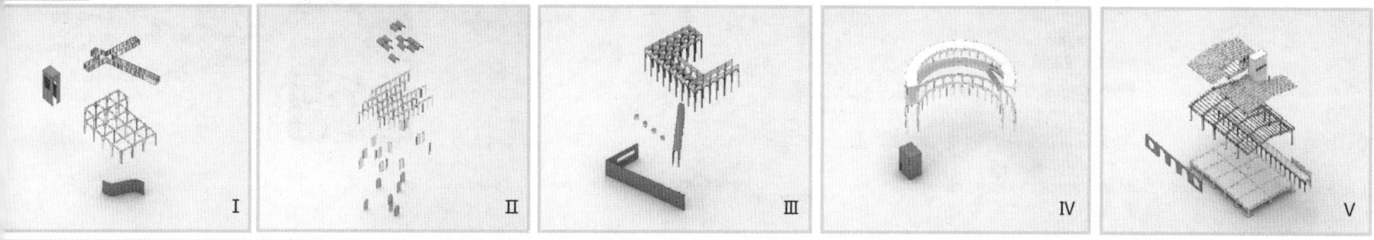

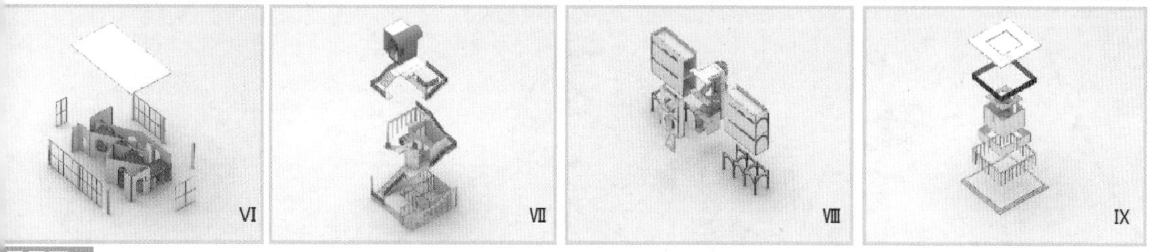

Ⅰ望
Ⅱ览
Ⅲ停
Ⅳ观
Ⅴ展
Ⅵ凉茶馆
Ⅶ休息亭
Ⅷ更衣房
Ⅸ冥想室

层平面

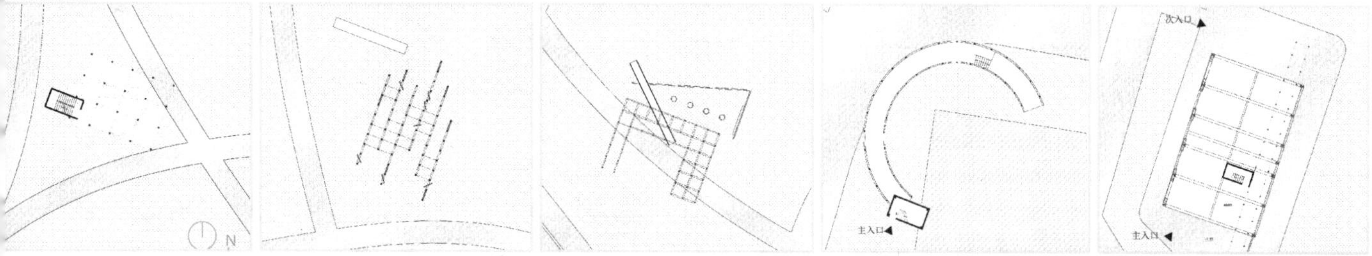

设计说明：

作为激发社区活力的建筑不应该是一栋具体功能的建筑，而是去中心化，去创造包含各种活动的建筑装置。本设计提取鼓浪屿的各种元素，将并之转译，通过平移，旋转，重复、变异等最基本的手法创造容纳游客，居民，务工人员等人的无阶级性的建筑，并且重新激活社区。

鼓浪屿社区结构　　区位资源分析　　内厝澳全人教育社区复兴计划

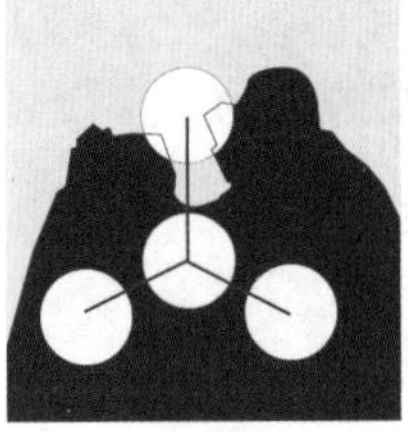

内厝澳全人教育社区复兴计划
Whole-person education community revitalization program

厦门大学
设计：修思敏 / 尹沁雪 / 曾乐琪
指导：王绍森

居住空间分布图

自然景观资源

建筑及遗址资源

文化民俗资源

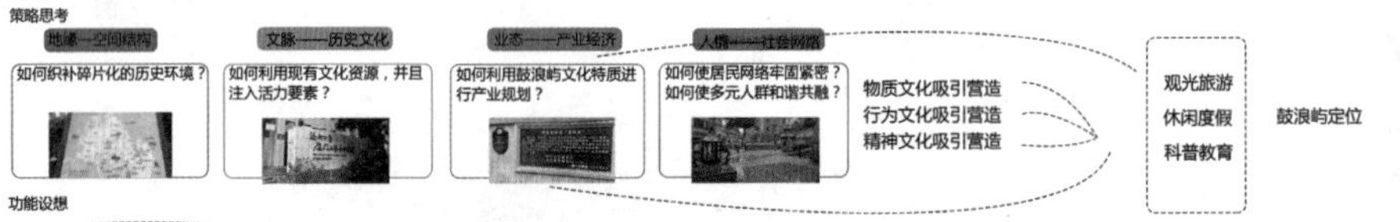

策略思考
地缘——空间结构
文脉——历史文化
业态——产业经济
人情——社会网络
如何织补碎片化的历史环境？
如何利用现有文化资源，并且注入活力要素？
如何利用鼓浪屿文化特质进行产业规划？
如何使居民网络牢固紧密？如何使多元人群和谐共融？
物质文化吸引营造
行为文化吸引营造
精神文化吸引营造
观光旅游
休闲度假
科普教育
鼓浪屿定位

游客空间分布图

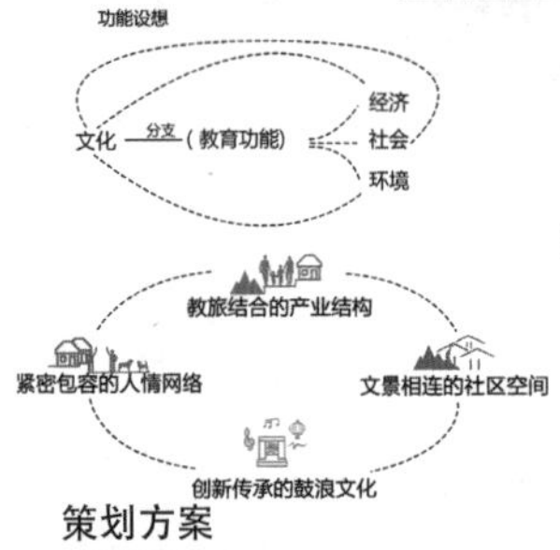

功能设想
文化
分支
（教育功能）
经济
社会
环境
教旅结合的产业结构
紧密包容的人情网络
文景相连的社区空间
创新传承的鼓浪文化

鼓浪屿教育示范与先导
1、19世纪末，传教士设学校，对中国现代教育体系产生影响。
2、我国第一所婴幼儿学校。
3、我国首批师范院校。
4、首现开设现代音乐课程。

全人教育基地的社区复兴

全人教育
全人教育关注每个人智力、情感、社会性、物质性、艺术性、创造性与潜力的全面挖掘。

教育基地：展示、宣传、娱乐、表演、旅行……
文化传播
教育产业化
遗产价值的传承与再现
对内：社区教育、建筑活化、产业升级、社区凝聚
对外：旅游功能、游学教育、文化宣传

空间冲突分布图

规划结构

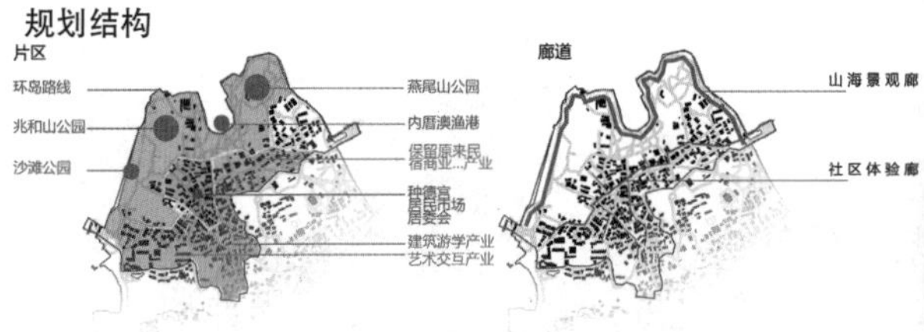

片区
环岛路线
兆和山公园
沙滩公园
燕尾山公园
内厝澳渔港
保留原住民
消费型产业
种德宫
历史民居
居委会
建筑游学产业
艺术交互产业
廊道
山海景观廊
社区体验廊

策划方案

总策划方向

传统记忆空间——载体寻找
通过历史风貌建筑、传统街巷空间等物质文化的保护作为非物态文化的载体。

文化理念——载物发掘
渗透传统当地文化艺术，对传统文化艺术、居民生活习俗，以及当代人与自然等文化理念进行展现。

节点塑造——融合展现
通过对历史建筑、历史空间等重要节点塑造，构建文化展示体系。

种德宫——宗族血脉
历史风貌建筑——日常生活
厦门工艺美术学院——教育传承
内厝澳湾（海洋）——追本溯源

产业植入——延续传承
现代产业的植入，增加传统文化现代体验的消费，进而增加其文化渗透力和感染力。

路线冲突分布图

节点

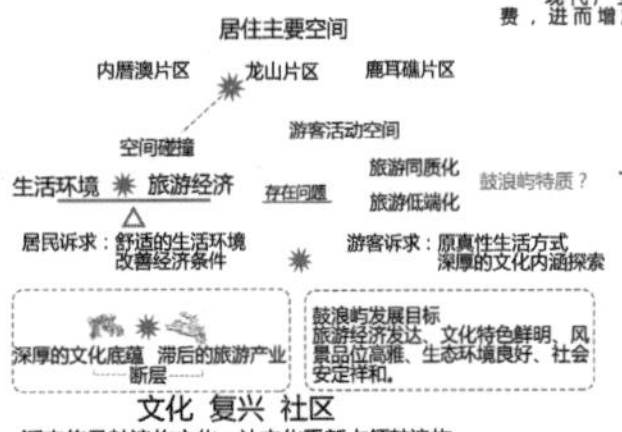

居住主要空间
内厝澳片区
龙山片区
鹿耳礁片区
空间碰撞
游客活动空间
生活环境
旅游经济
存在问题
旅游同质化
旅游低端化
鼓浪屿特质？
居民诉求：舒适的生活环境 改善经济条件
游客诉求：原真性生活方式 深厚的文化内涵探索
深厚的文化底蕴 滞后的旅游产业 断层
鼓浪屿发展目标 旅游经济发达、文化特色鲜明、风景品位高雅、生态环境良好、社会安定祥和。

文化 复兴 社区
活态传承鼓浪屿文化，让文化重新占领鼓浪屿

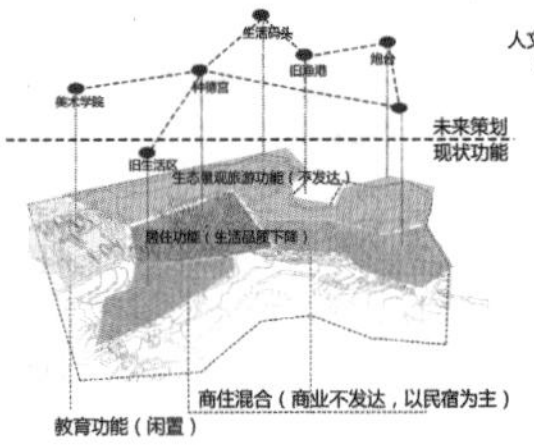

未来策划
现状功能
教育功能（闲置）
商住混合（商业不发达，以民宿为主）

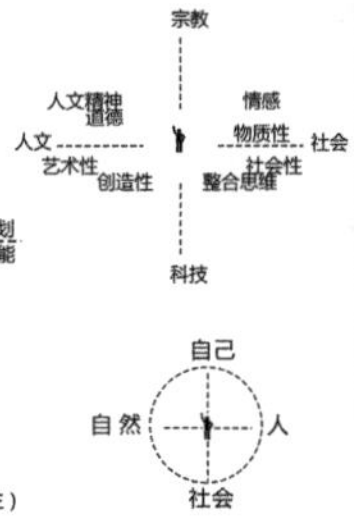

宗教
人文精神
道德
情感
物质性
社会
人文
艺术性
创造性
社会性
整合思维
科技
自己
自然
人
社会

在地文化的抽取

民俗文化教育点
人与环境、人与自然、面向未来
民俗文化教育点
人脉延续、社区生活
建筑文化教育点
建筑技艺传承、建筑风格体验
艺术文化教育点
钢琴与美术文化、兴趣培养

设计说明：

本次课题的具体切入点为鼓浪屿内厝澳全人教育社区复兴计划，在设计中，将文化视为“复兴的催化剂与引擎”，将文化活动同环境、社会和经济层面的活动一起整合到整个地区的发展战略中。文化的促进计划和政策能够提升社区中心生活和社区公共社会生活；另一方面，能够体现自身的特色和内涵的社区文化，能够呈现一个地区的“集体记忆”，而独特的城市文化不仅能提升一个城市或地区的自豪感，也吸引了大量的外来探寻者，从而促进公众的休闲旅游消费。具体策划之中以社区公众教育为手段，介入社区生活，以内厝澳在地文化为基础进行社区居民以及外来游览者多方位多角度的全人教育活动。在具体建筑设计中分别选取了内厝澳片区种德宫空间、历史风貌片区、厦门工艺美术学院以及内厝澳湾四个场地进行设计，使其分别成为民俗文化、建筑文化、艺术文化以及海洋文化的大众普及教育基地。

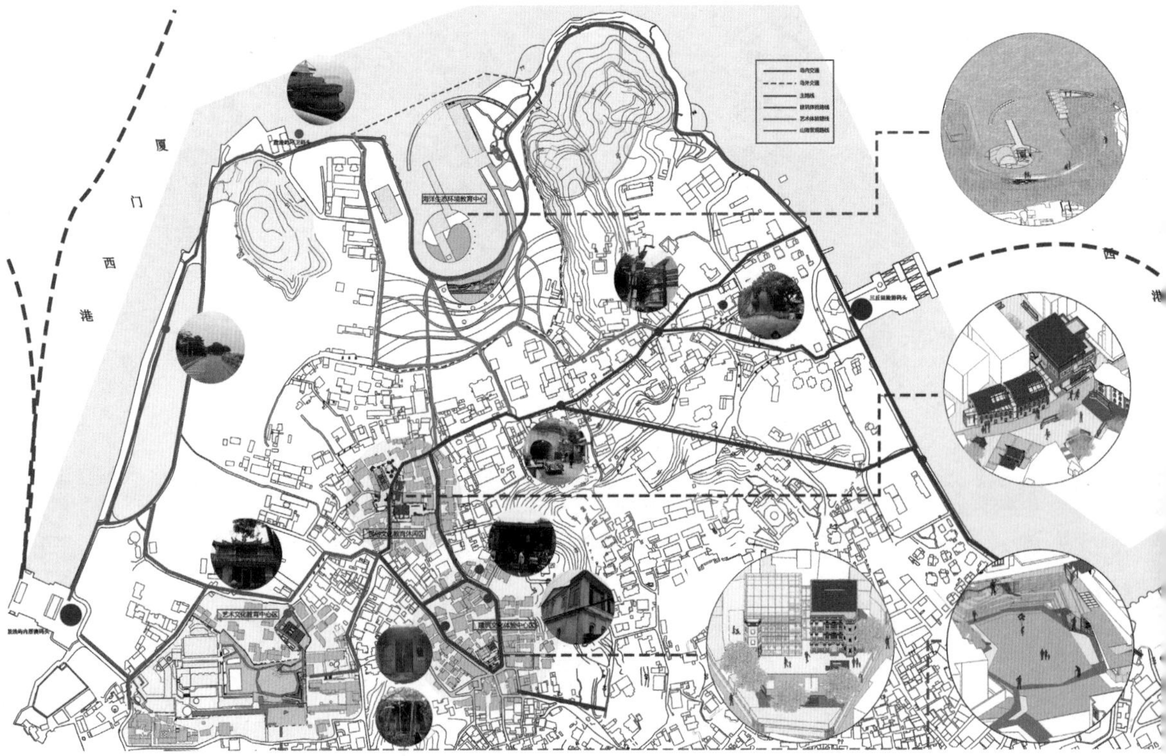

厦
门
西
港
西
港

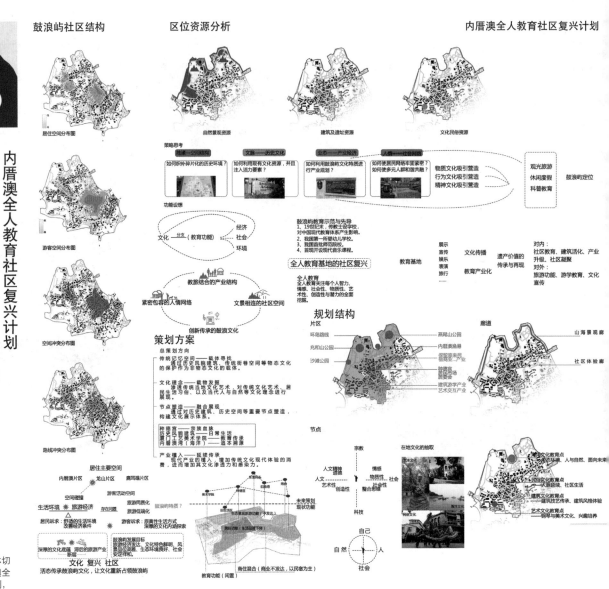

种德宫民俗文化休闲区设计

种德宫作为目前鼓浪屿仅存的祀奉“保生大帝”的宫庙，是岛上最悠久的民间信仰。其每年的节庆活动众多，吸引了岛内外大量信众前来参观。但由于殿宇规模较小，参观者往往只能在外围进行活动，无法深入了解相关民俗文化。

种德宫前方广场、戏台是周边居民日常休闲锻炼的场所，而广场南侧即是该片区唯一的综合市场。两者之间虽距离不远，却仅有小路可达。

因而本次方案基于三点进行设计：

1. 改造种德宫东侧两栋闲置民居为民俗展馆，宣传以种德宫为主的相关民俗文化。
2. 改造居委会一层的综合市场，使其与种德宫周边广场的连通更为顺畅。
3. 种德宫广场微改造，介入景观片墙，围合出更舒适的街道广场空间。

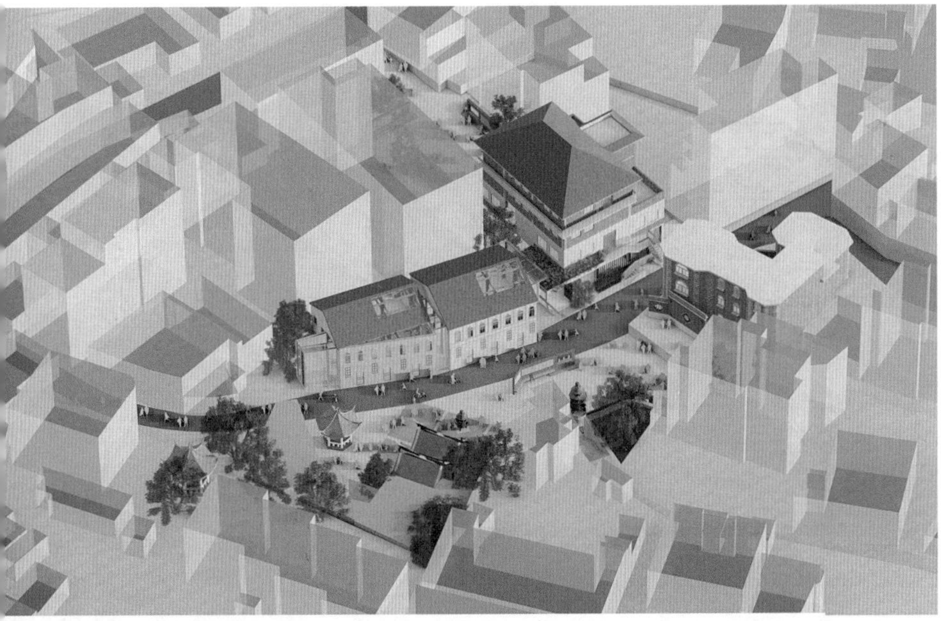

种德宫殿宇规模虽小，却声名远播。平日里来宫中游览的不仅有本地人，还有慕名而来的外地游客。尤其宫中每年行的各种活动名目繁多，形式独特，自成一派。种德宫的存在和它举行的各种活动对于研究鼓浪屿的宗教、民俗文化，拓鼓浪屿的旅游资源有着特殊的作用和意义。

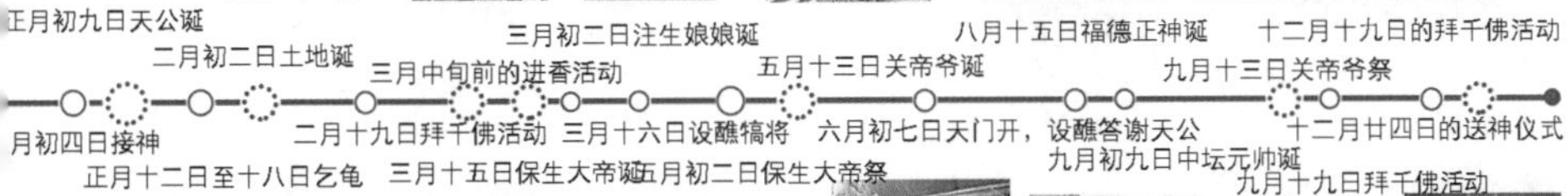

正月初九日天公诞
二月初二日土地诞
三月中旬前的进香活动
三月初二日注生娘娘诞
五月十三日关帝爷诞
八月十五日福德正神诞
九月十三日关帝爷祭
十二月十九日的拜千佛活动
月初四日接神
正月十二日至十八日乞龟
二月十九日拜千佛活动
三月十五日保生大帝诞
三月十六日设醮犒将
五月初二日保生大帝祭
六月初七日天门开，设醮答谢天公
九月初九日中坛元帅诞
九月十九日拜千佛活动
十二月廿四日的送神仪式

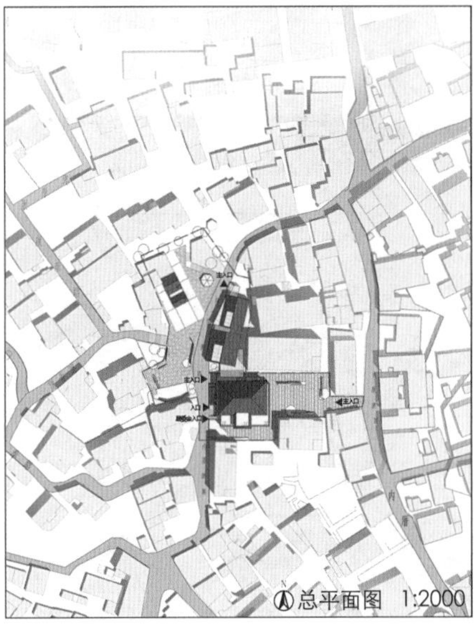

总平面图 1:2000

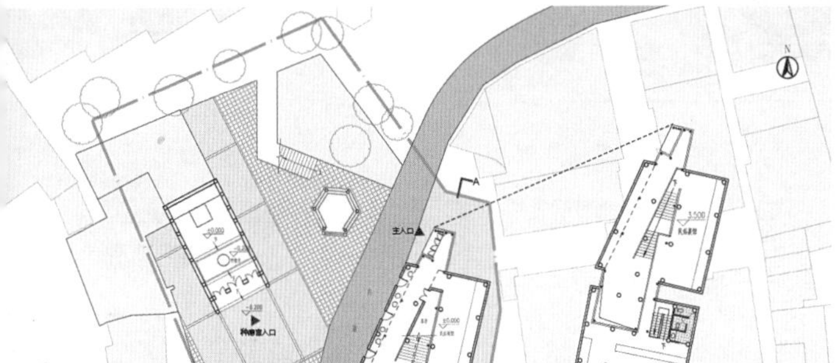

二层平面图 1:600
一层平面图 1:600

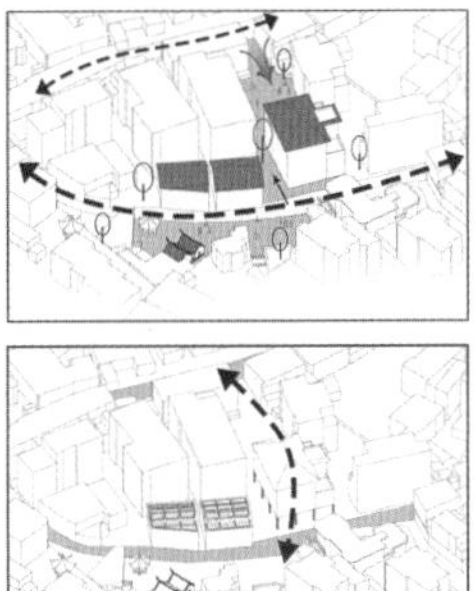

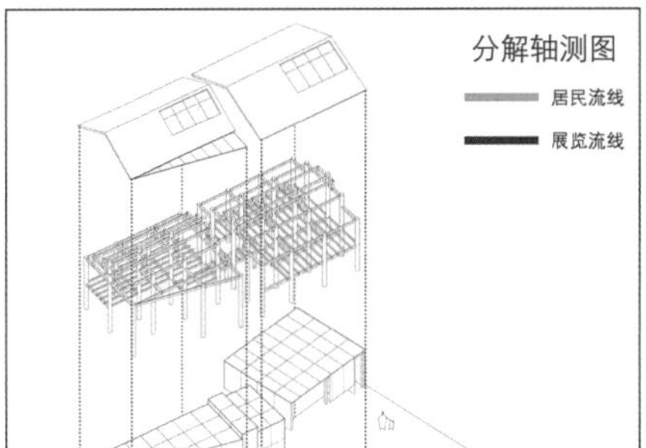

分解轴测图
居民流线
展览流线

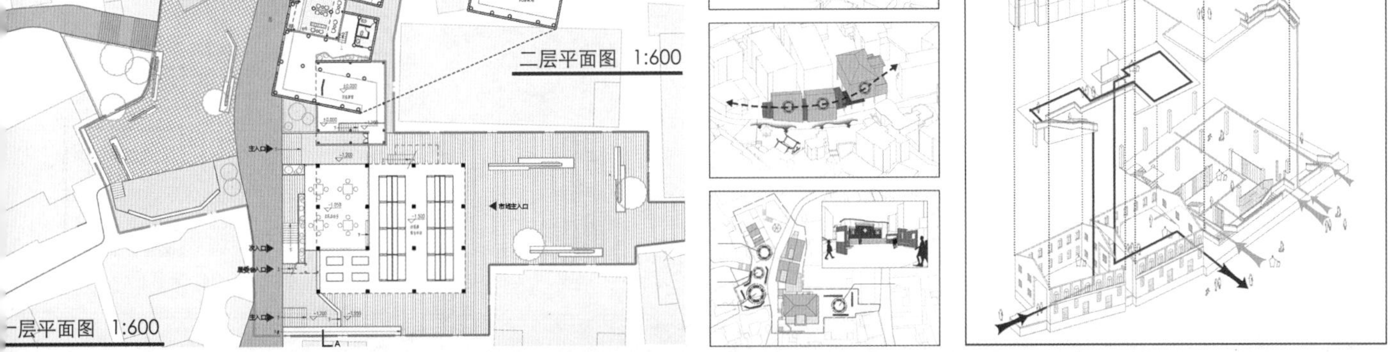

建筑文化体验区设计——木作课堂

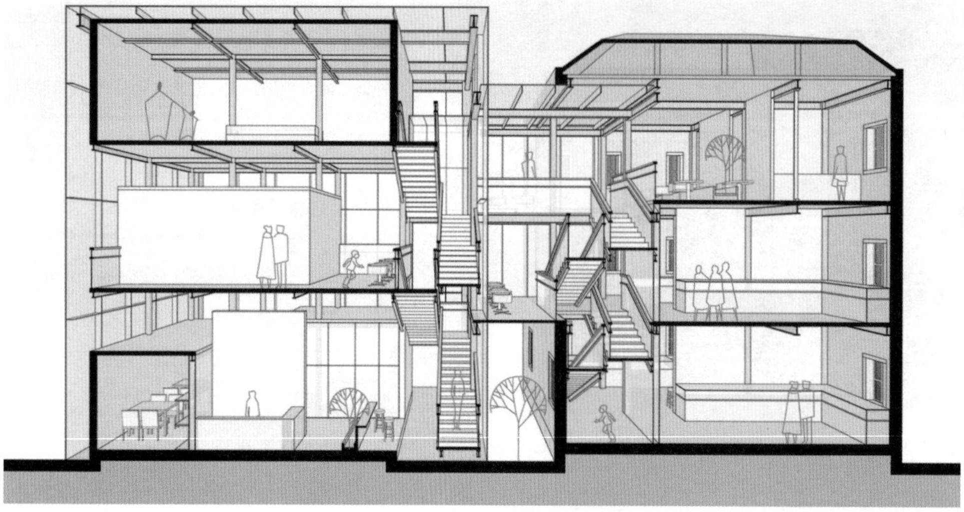

设计说明

内厝澳社区南部有多数修缮不良的风貌建筑，我们希望通过新的游学方案更新目前的风貌建筑游览方式。

我们设置一条总的游览路线，让游客能够体验现有建筑风貌；让游客可以居住其中，根据不同的课程阶段来直接接触相关制造工艺;让游客能够真正融入其中，体会建筑文化。我们选择其中比较特别的一栋建筑进行改造，建筑一半保留一半改造，我们在被改造一侧使用相似的形式不同的材质进行改造。两个部分相互嵌套，保留表皮改变结构，营造适合使用的各类尺度空间。

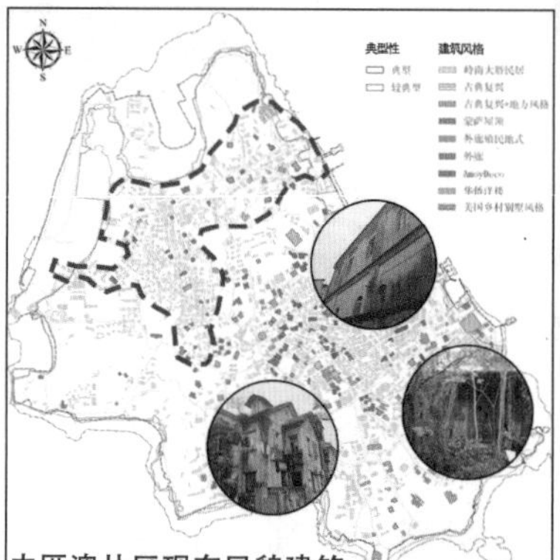

内厝澳片区现存风貌建筑

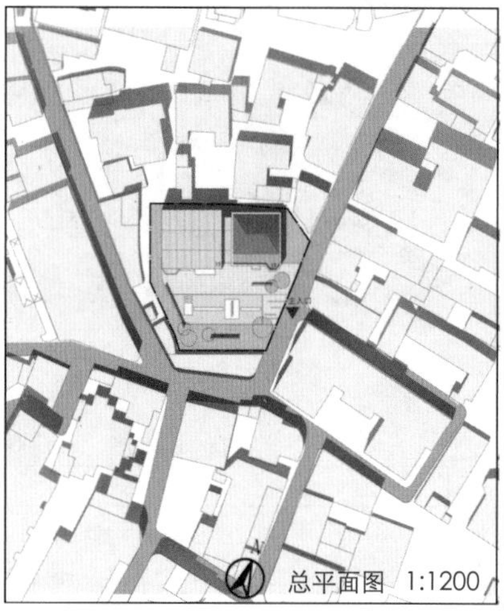

总平面图 1:1200

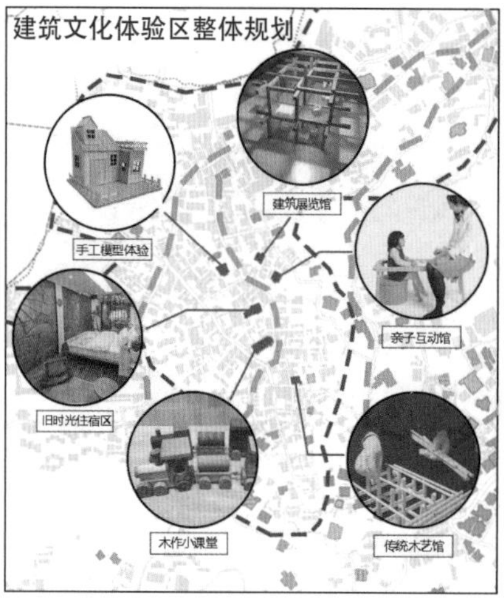

建筑文化体验区整体规划
手工模型体验
建筑展览馆
亲子互动馆
旧时光住宿区
木作小课堂
传统木艺馆

设计选址位于内厝澳 57 号，原建筑为一栋较为典型的华侨洋楼，由左右对称的两栋单体相连而成。

基地

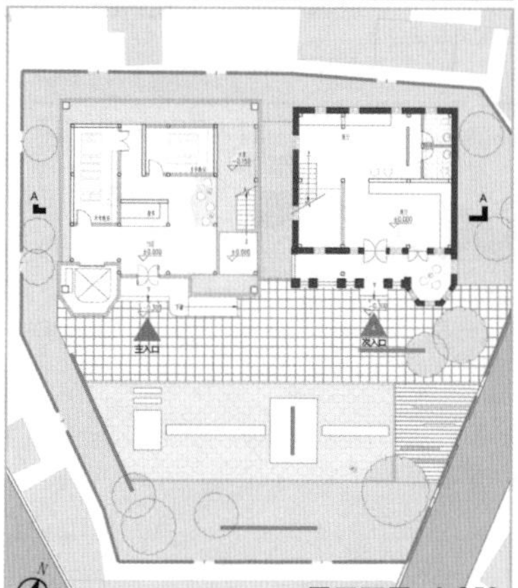

一层平面图 1:250

设计生成

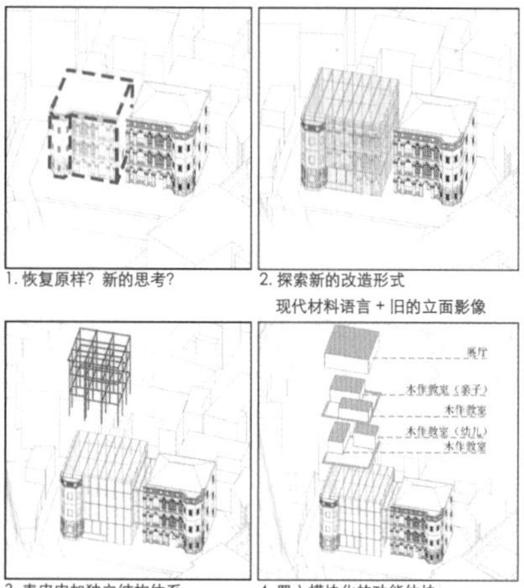

展厅
木作教室（亲子）
木作教室
木作教室（幼儿）
木作教室

1. 恢复原样？新的思考？

2. 探索新的改造形式
现代材料语言 + 旧的立面影像

3. 表皮内加独立结构体系

4. 置入模块化的功能体块

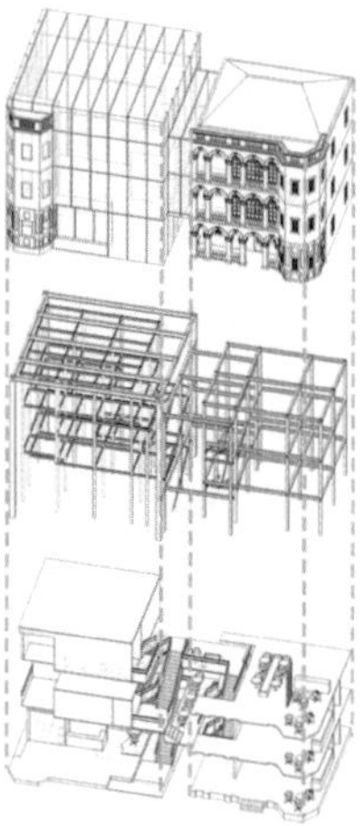

流线分析

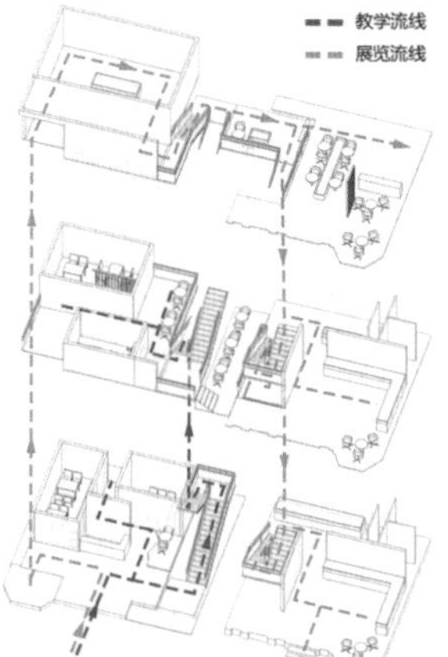

教学流线
展览流线
主入口

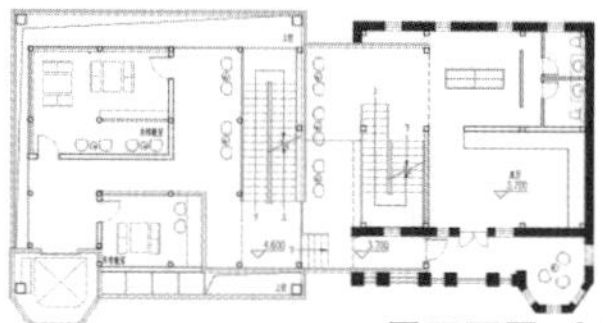

二层平面图 1:250

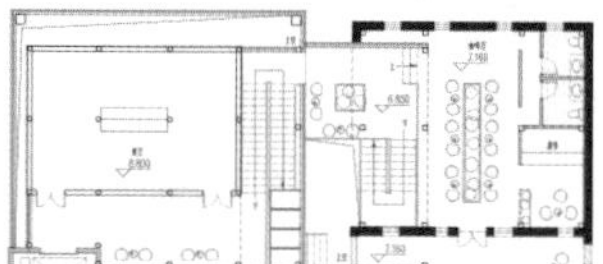

三层平面图 1:250

062

位分析

艺美术学院处于海边休闲区与内厝澳社过渡地带。

设计概念

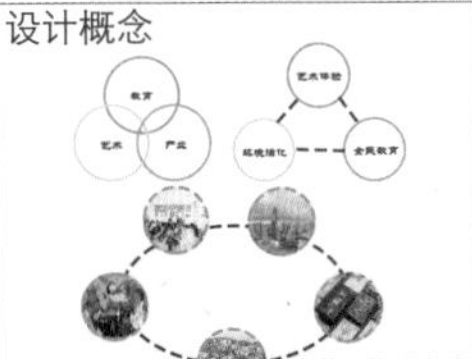

通过艺术、教育、文化、旅游网络结合成的产业链创立新的品牌，提高影响力。

总平面图

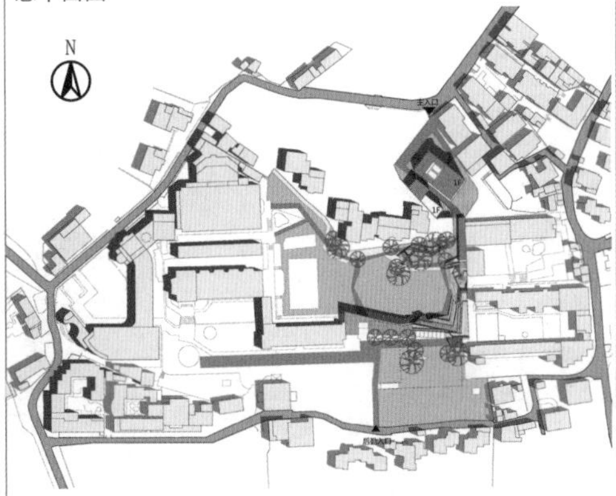

大样图

平面图

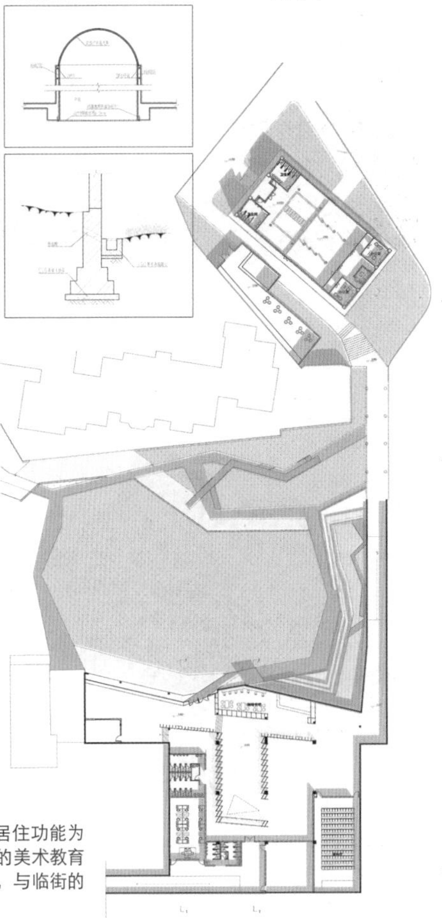

通分析

资源分析

鼓浪屿以美术音乐等出名，与其他艺术景点联动形成区域效应。

展历史

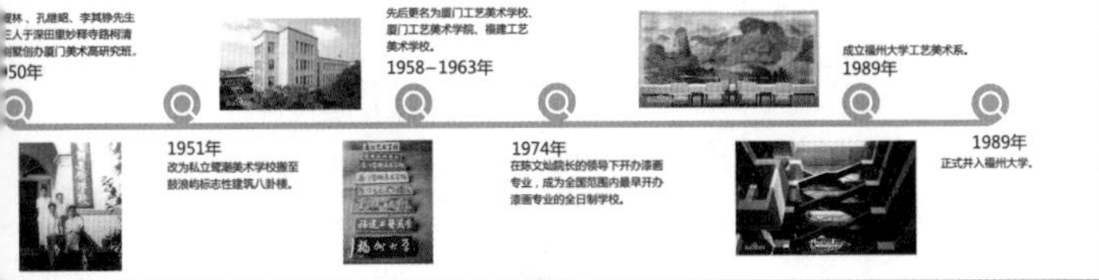

…林、孔继昭、李其铮先生三人于…创办厦门美术高研究班。
…50年

1951年
改为私立鹭潮美术学校搬至鼓浪屿标志性建筑八卦楼。

先后更名为厦门工艺美术学校、厦门工艺美术学院、福建工艺美术学校。
1958–1963年

1974年
在陈文灿院长的领导下开办漆画专业，成为全国范围内最早开办漆画专业的全日制学校。

成立福州大学工艺美术系。
1989年

1989年
正式并入福州大学。

老建筑

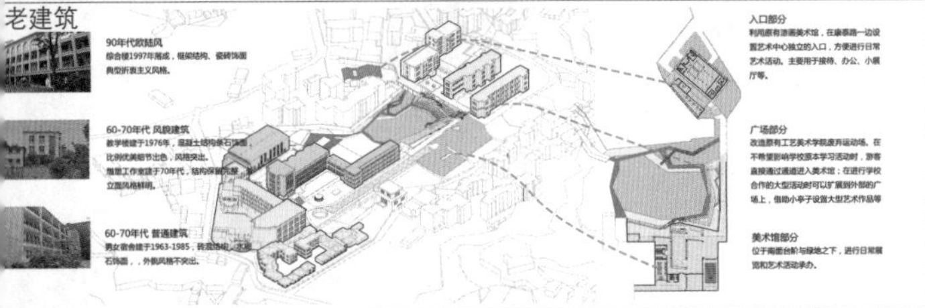

90年代欧陆风
综合楼1997年落成，框架结构、瓷砖饰面典型折衷主义风格。

60-70年代 风貌建筑
教学楼建于1976年，混凝土结构条石饰面，比例优美细节出色，风格突出。…建于70年代，结构保留完整，立面风格鲜明。

60-70年代 普通建筑
男女宿舍建于1963-1985，砖混结构，水刷石饰面，，外貌风格不突出。

入口部分
利用原有漆画美术馆，在康泰路一边设置艺术中心独立的入口，方便进行日常艺术活动。主要用于接待、办公、小展厅等。

广场部分
改造原有工艺美术学院废弃运动场。在不带扰影响学校原本学习活动时，游客直接通过通道进入美术馆；在进行学校合作的大型活动时可以扩展到外部的广场上，借助小亭子设置大型艺术作品等

美术馆部分
位于廊道台阶与绿地之下，进行日常展览和艺术活动承办。

周围道路现状

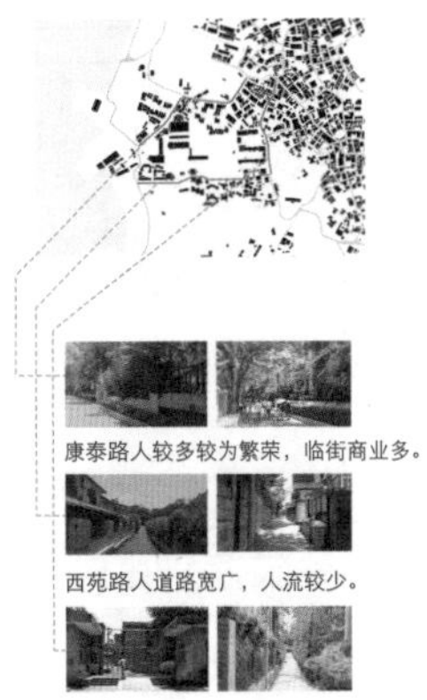

康泰路人较多较为繁荣，临街商业多。

西苑路人道路宽广，人流较少。

计说明

工艺美术学院改造方案是基于我们对于内厝澳社区以及工艺美术学院自身发展需求而完成的。内厝澳社区目前仍然以居住功能为，最外围为现行规划的滨海休闲区，工艺美术学院为两个区域的交界处，适合发展新的业态。工艺美术学院本身具有较强的美术教育力与合作背景，可以与鼓浪屿其他的音乐等形成新的连锁艺术圈。方案借助场地内的高差形成大台阶，在底下设置美术馆，与临街的画美术馆形成新的艺术交流中心。和学校结合为一体同时又独立形成艺术中心。

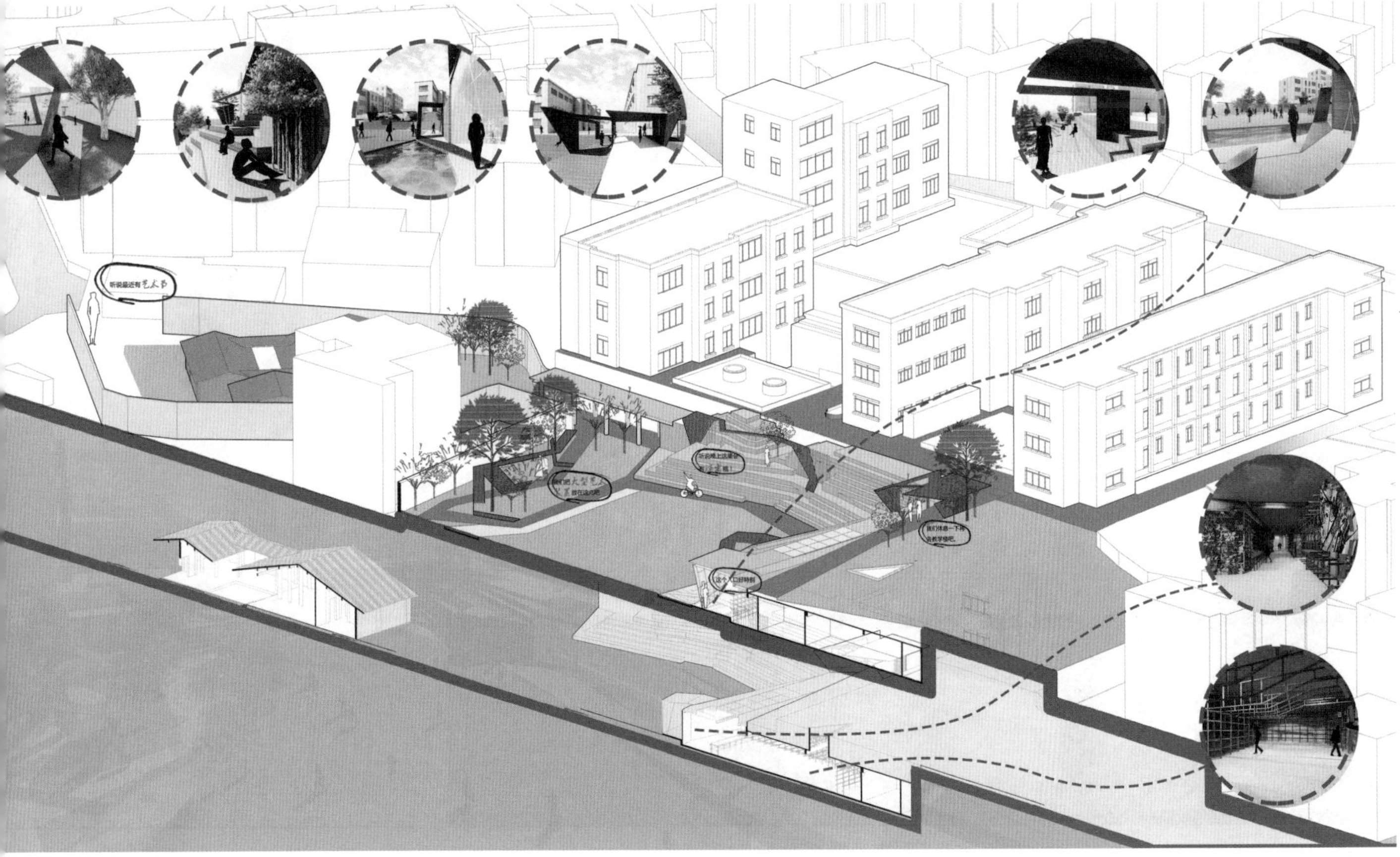

逸 · 遁——海洋生态环境教育中心设计

建筑希望内厝澳废弃渔港，建设一个具有教育与传播功能的海洋生态环境教育中心，用新的建筑体量沿袭其渔港记忆，复兴鼓浪屿的发源地内厝澳。

“逸”——有“逃逸”和“安乐”双重意思。在建筑中既展现令人痛心、渴望逃离的一面，更能充分感受自然与海洋的美好，增加对海洋的认识与热爱。

“遁”——建筑尽可能的减小对周边环境的影响。我们取“海浪、海眼、鱼群、船舱（自然、生物、人）”的意象，进行主体设计，将主体充分与海洋和海岸融合形成流动的环线，将主体放置于水下，在隐蔽中活化原本没落的海港与岸线。

基地选址

复兴记忆空间
增加景观节点
燕尾山公园
景观步道
废弃渔港
兆和山公园
缺乏吸引力
景观步道

建筑主题

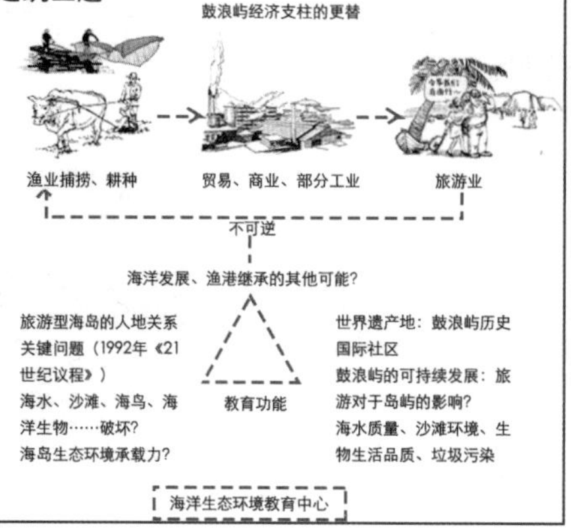
鼓浪屿经济支柱的更替
渔业捕捞、耕种
贸易、商业、部分工业
旅游业
不可逆
海洋发展、渔港继承的其他可能？
旅游型海岛的人地关系关键问题（1992年《21世纪议程》）
海水、沙滩、海鸟、海洋生物……破坏？
海岛生态环境承载力？
教育功能
世界遗产地：鼓浪屿历史国际社区
鼓浪屿的可持续发展：旅游对于岛屿的影响？
海水质量、沙滩环境、生物生活品质、垃圾污染
海洋生态环境教育中心

设计思路

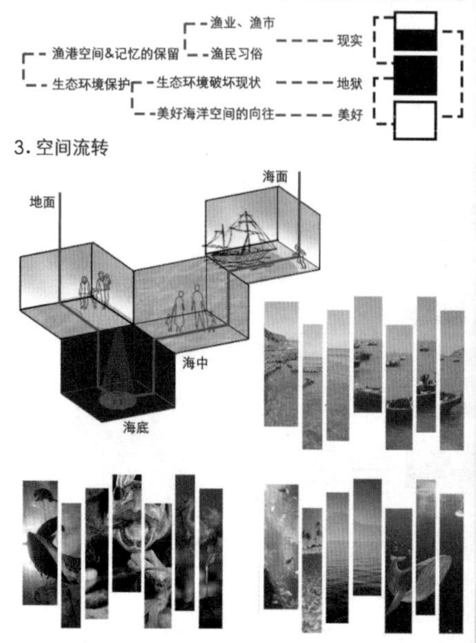
1. 功能设置
2. 空间场所转换与营造
渔业、渔市
渔港空间&记忆的保留
渔民习俗
现实
生态环境保护
生态环境破坏现状
地狱
美好海洋空间的向往
美好
3. 空间流转
地面
海面
海中
海底

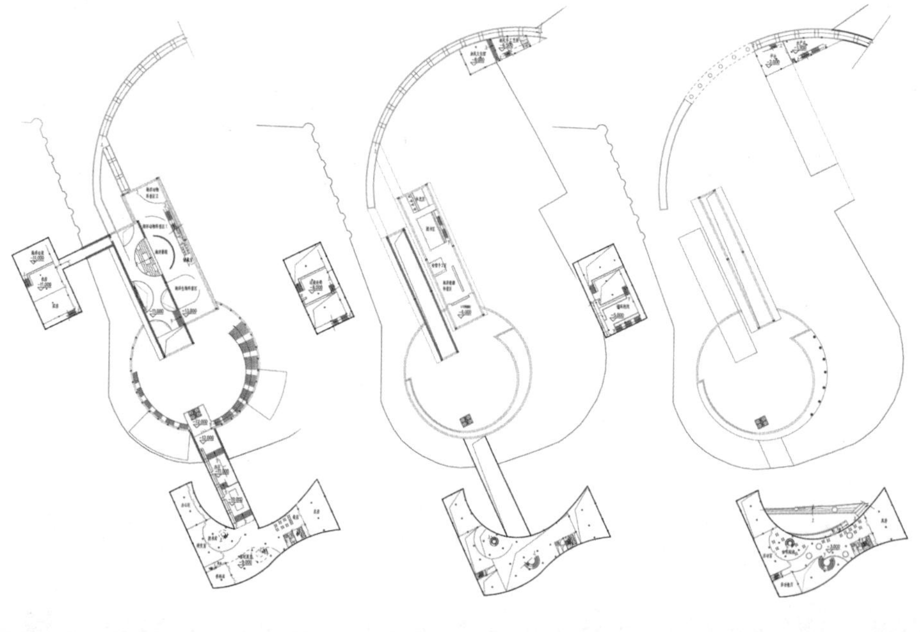

-8.5m 平面图 1：2500　　-5m 平面图 1：2500　　-2.5m 平面图 1：2500

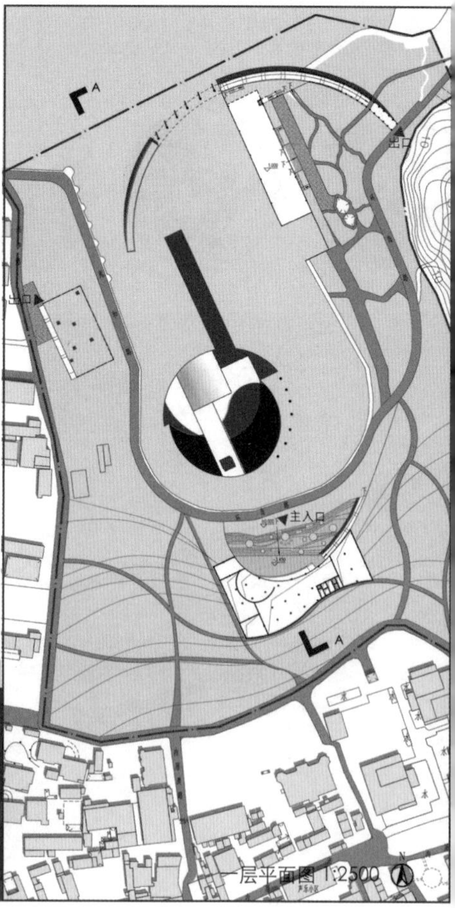
A
出口
出口
主入口
A

一层平面图 1:2500

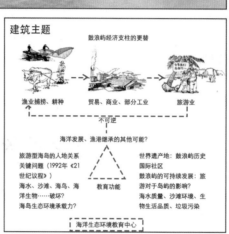

总平面图 1:4000

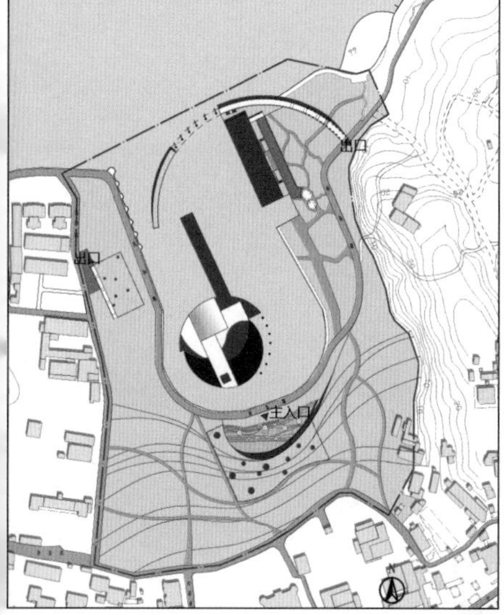

出口
出口
主入口

分解轴测

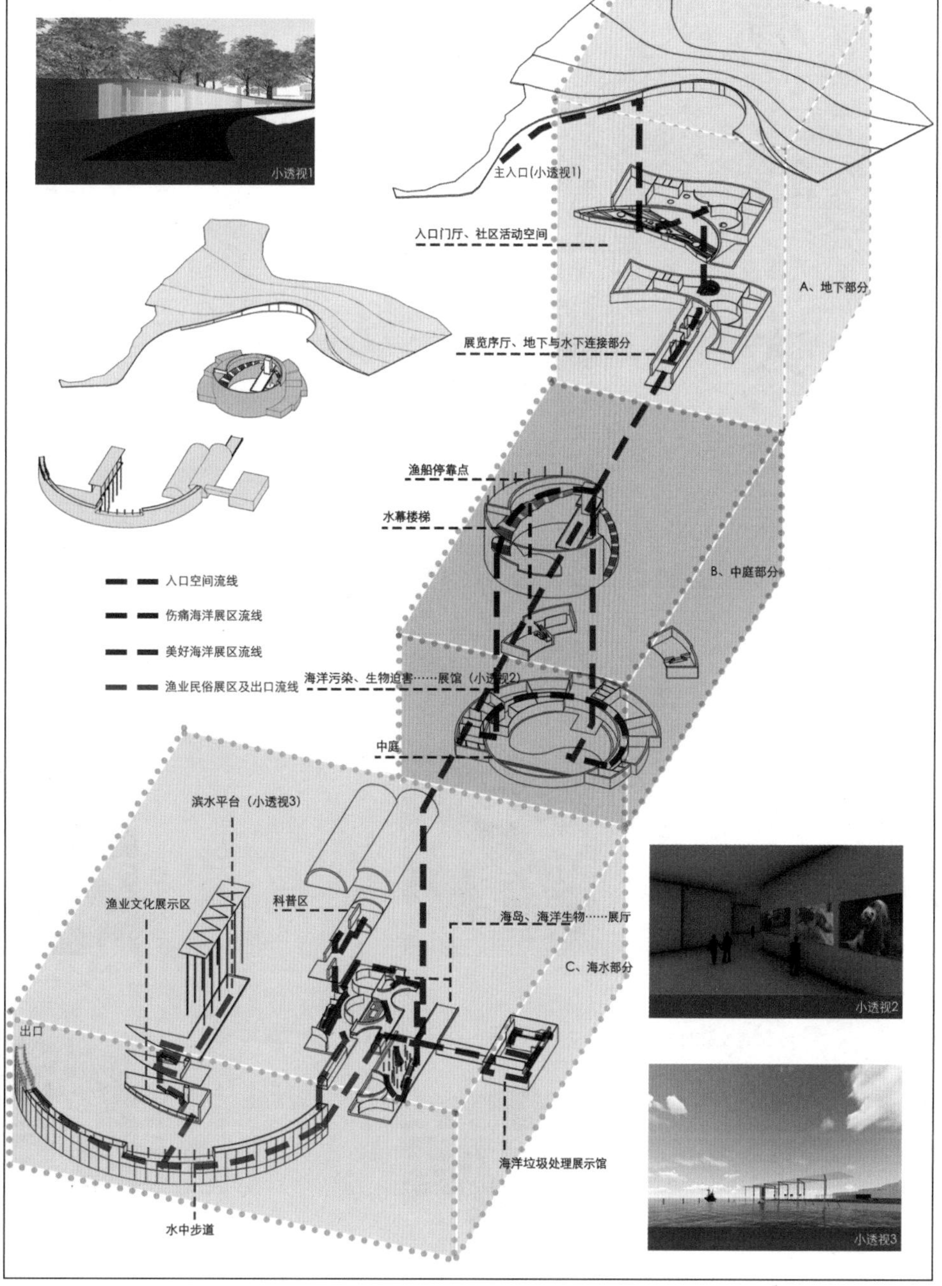

小透视1
主入口(小透视1)
入口门厅、社区活动空间
A、地下部分
展览序厅、地下与水下连接部分
渔船停靠点
水幕楼梯
B、中庭部分
入口空间流线
伤痛海洋展区流线
美好海洋展区流线
渔业民俗展区及出口流线
海洋污染、生物迫害……展馆（小透视2）
中庭
滨水平台（小透视3）
渔业文化展示区
科普区
海岛、海洋生物……展厅
C、海水部分
出口
海洋垃圾处理展示馆
水中步道
小透视2
小透视3

形体生成

1. 周边环境关系

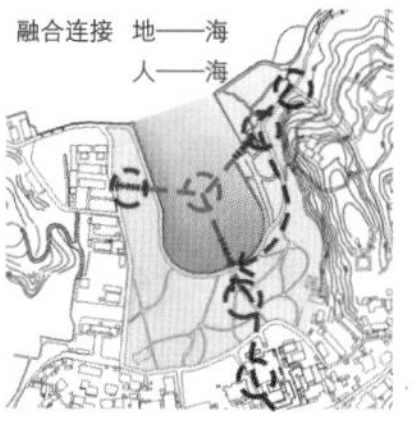

融合连接 地——海
人——海

2. 元素提取

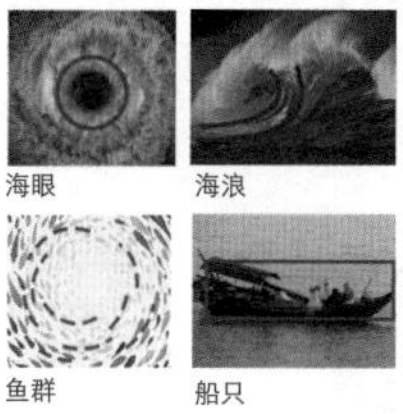

海眼
海浪
鱼群
船只

3. 弱化——消解

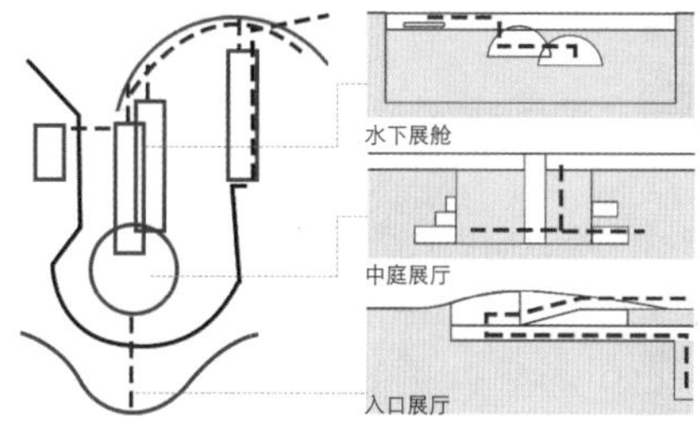

水下展舱
中庭展厅
入口展厅

水下屋面板构造节点参考

- 水深
- 300厚卵石保护层（粒径30~80）
- 200厚C20混凝土保护层（内配φ6@200双向钢筋网）
- 塑料薄膜隔离层
- 4厚聚合物改性沥青耐根穿刺防水卷材
- 2厚非固化橡胶沥青防水涂料
- 20厚1:2.5水泥砂浆找平层
- 防水钢筋混凝土顶板（抗渗等级P8）
- 水泥基渗透结晶防水涂料，用量不小于1.5kg/㎡

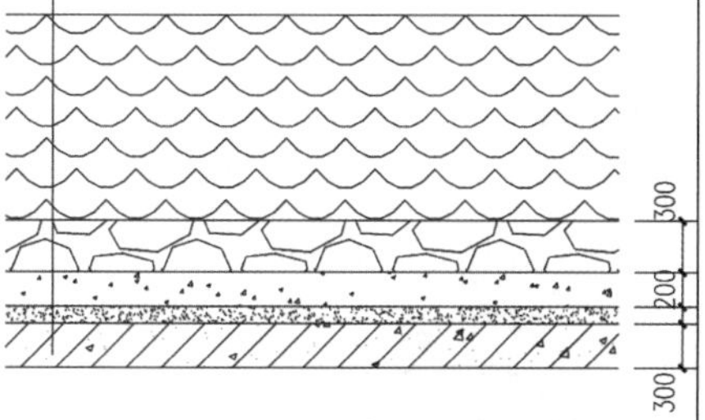

300
200
300

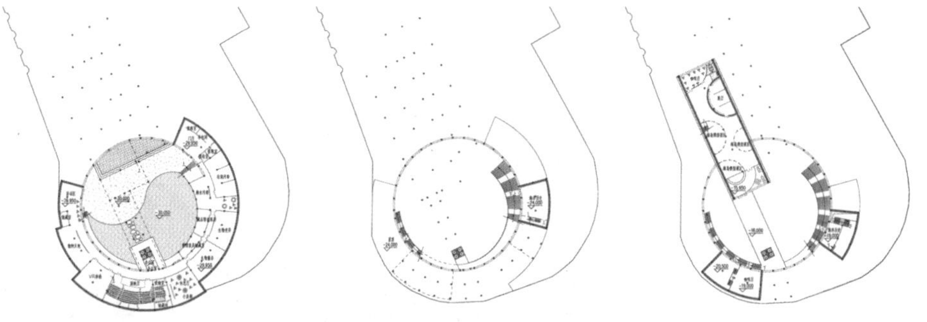

-29m 平面图 1：2500　　-22m 平面图 1:2500　　-15m 平面图 1:2500

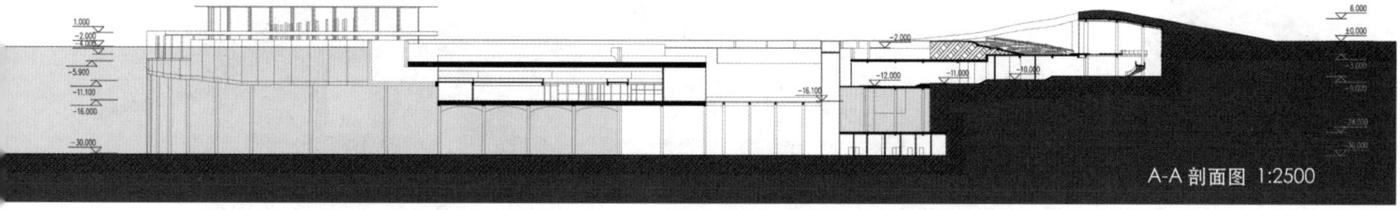

A-A 剖面图 1:2500

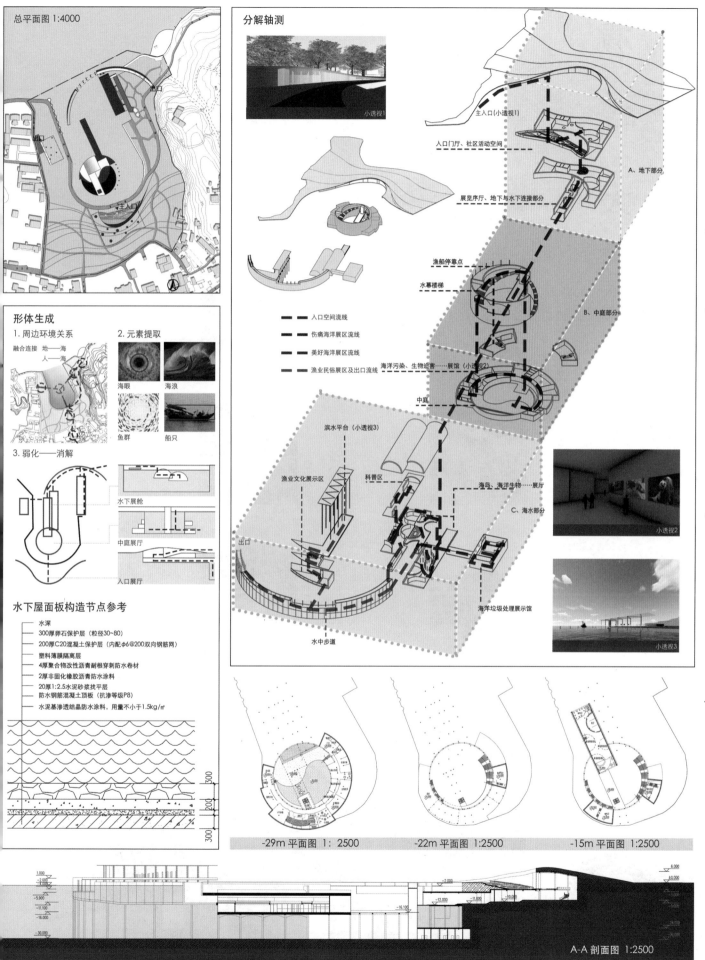

TSINGHUA UNIVERSITY

清华大学

1 居客一商住关系分析与设计
Inhabitants & Visitors

我们聚焦鼓浪屿的商住矛盾展开研究，将社区品质的延续和提升作为居客双方的共同价值追求。

陈滢潇

羊宇翔

薛若帆

2 KAAE 教育联盟
Kulangyu Association of Art Education

我们提出建立教育联盟的方式，以开放的音乐、艺术、人文等学科教育物质空间传承和发展鼓浪屿的历史文化基因。

谢恬怡

张一番

游伯嘉

韩孟臻

指导教师

2019 年“8+”联合毕业设计以“开放性选题”聚焦后申遗时代的鼓浪屿。“真题假做”的模式，为师生提供了直面真实、复杂的社会、经济和环境问题机会的同时，并未预设明确的待解决问题，避免了实际工程的诸多利益诉求与限制。这为我们的毕业设计教学提供了“问题定义”与“问题解决”并重的可能：鼓励同学们通过实地调研，在现实中去观察和发现真实存在的问题，跳出对形式与空间，材料与建构的偏好；以问题为导向地开展研究与分析，创造性地以建筑设计方法提出问题解决方案。

在鼓浪屿真实而又陌生的现实环境中，同学们真切地感知到了历史国际社区的空间形态与近代华洋混合社区的社会结构之间的联系；体会到资本的力量如何将历史文化街区的独特性同质化为可消费的旅游资源；理解了原真性与日常生活的关系以及随着时间的动态演变……经过高强度的调研与其后的文献、案例研究，在错综复杂的现实问题中，两组同学各自提出了当下的核心问题与设计策略。第 1 组针对历史文化街区因其独特性而成为旅游目的地，却又因此被同质化、丧失独特性的悖论，提出鼓浪屿的社区原真性是居民与游客的共同价值，须通过设计的手段重新建构居客关系。第 2 组针对鼓浪屿文化基因衰微的现状，提出通过引入与地域历史相关联的高等教育资源，在社区中插入开放性的教育空间，以容纳更具活力的常住人口和具有影响力的文化事件，进而继承和复兴地域文化内核。

在建筑学本科的最后阶段，这一研究性的毕业设计过程，促使同学们面对社会现实，检验与反思本科期间所获得的专业知识与技能，在复杂的真实问题中认识设计的巨大潜力和局限性；之后，才能更加深刻地理解建筑学的内核与边界，认识到建筑设计之于社会、经济的能动性，进而担负起为未来的社会责任。

在此，致谢清华大学建筑学院庄惟敏教授、吕舟教授、张悦教授、刘佳燕副教授，北方工业大学建筑与艺术学院钱毅副教授在教学过程中的参与和支持。

——韩孟臻

鼓浪屿居客关系研究

Host and Guest Relationship Study of Kulangsu

清华大学
设计：陈滢潇/羊宇翔/薛若帆
指导：韩孟臻

教师评语：

设计聚焦鼓浪屿的商住矛盾展开研究，提出“历史国际社区”不仅是鼓浪屿的核心文化价值，对其“社区”品质的延续（或提升）也正是居客矛盾双方的共同价值追求。设计选取岛上三个代表性地段，用建筑设计手段加以干预，试图促进理想居客互动关系。在彻底被游客占据的街心广场，以具有渐进层次变化的增量空间吸引社区居民回归；在矛盾激烈的街区，通过“过滤器”式的交界空间替代随机、混杂的居客交界面；在矛盾相对缓和的街区，以立体公共空间系统鼓励居客互动。

居·客

旅游空间资源与居住空间资源现状：

商业区①—过渡区②—居住区③
——三个区域连成的流线为游客可能经过的几条路径之一，之间的商业业态与居住状况也成过渡变化。

①商业区：龙头路街心广场及周边空间
②过渡区：龙头路北段及鼓新路南段街区
③居住区：笔山洞出口内厝澳区域

区域明显特征：

起点为游客集中的商业街区，距离码头比较近，是大多数游客都会经过、聚集的位置；从第二部分开始游客逐渐开始分流和稀释，为其中一个转折点；笔山洞出口位置游客逐渐减少，当地居民比例变大，社区服务相对完善。

① 商业区：

以龙头路和街心公园为中心，游客聚集，环境嘈杂，居民游客之间矛盾日益凸显。主路上游客来往密集，居民公共活动区域集中在楼与楼之间的空间内，采用围墙等消极方式与游客活动区域强行分离。

街心公园等活动场地的使用主要被游客占领，居民缺少地面层的公共活动空间。

② 过渡区：

与南侧街心广场相比该街区居民与游客的矛盾并无龙头路街区明显：道路较宽，房屋高度低，地形起坡，天空比较大；业态比龙头路整体高端，丰富度也较高。

与笔山洞口区域相比，居住者比例低，缺乏基础设施服务，为旅游区的空间形态。有代表性的风貌建筑和博物馆，吸引比较多的游客。

③ 居住区：

笔山洞出口处有为游客提供的商业业态，商住状况混杂，商业形态旅馆居多，居民比例高于前两个地段，并且配有较便捷的基础服务设施（例如生鲜市场、药店、老年大学、养老服务站等）。旅游业空间形态与居民区居住形式混合度较大。

N

鼓浪屿居住分布图

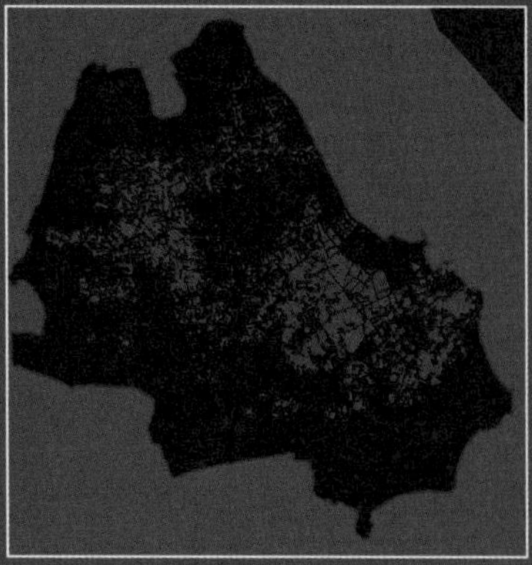

鼓浪屿酒店民宿分布图

鼓浪屿旅游商业资源分布图

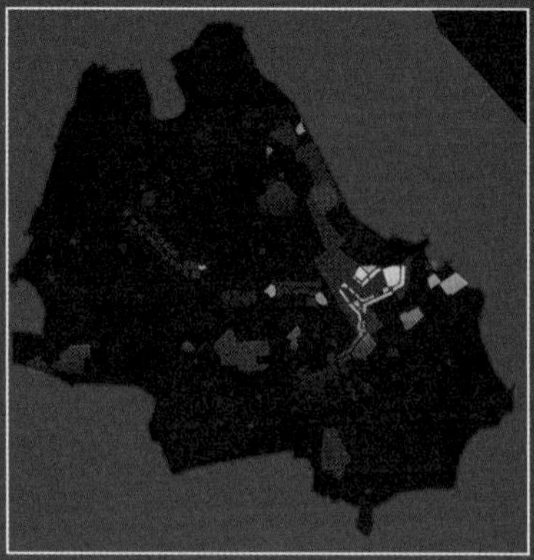

鼓浪屿居住与旅游混合类型一　矛盾共生

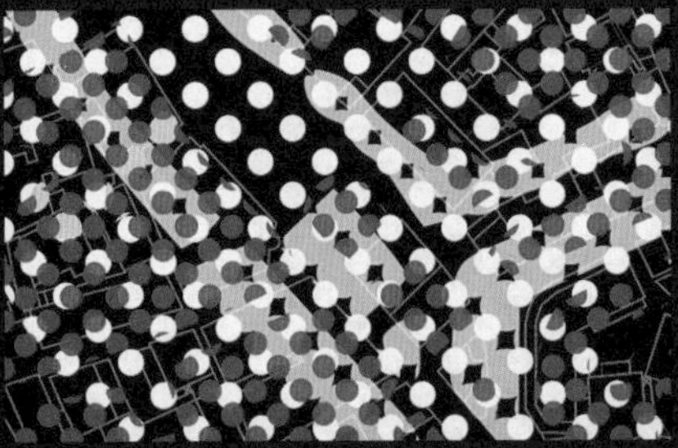

鼓浪屿龙头路街心广场街区

鼓浪屿居住与旅游混合类型二　过渡分流

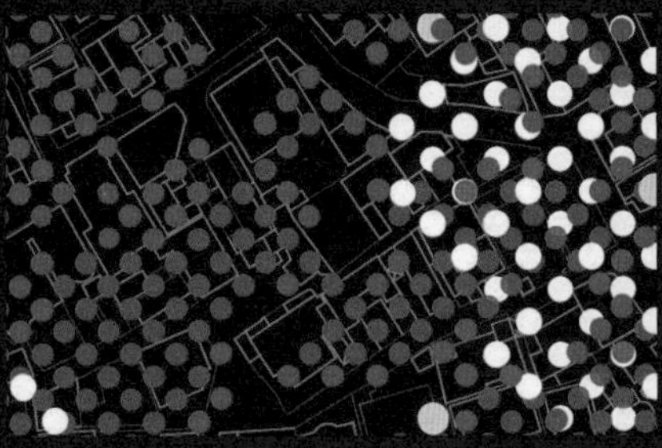

鼓浪屿龙头路北段及鼓心路南段街区

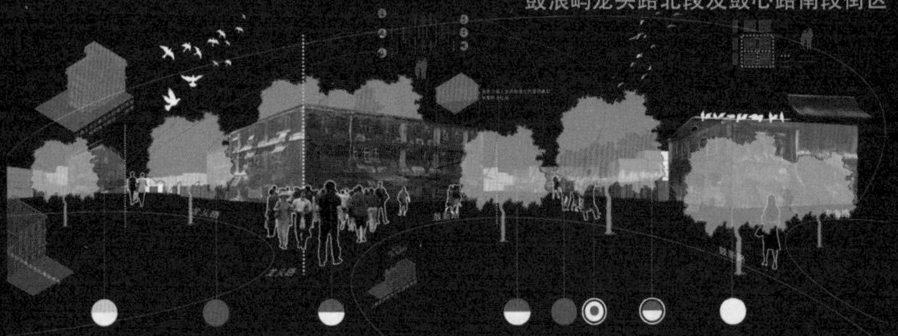

鼓浪屿居住与旅游混合类型三　自然融合

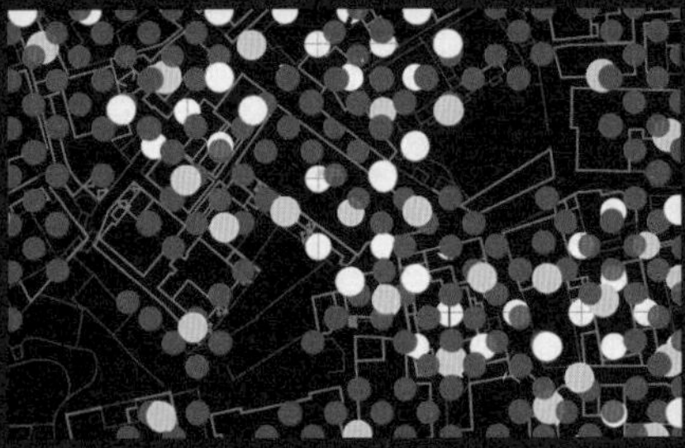

鼓浪屿内厝澳街区

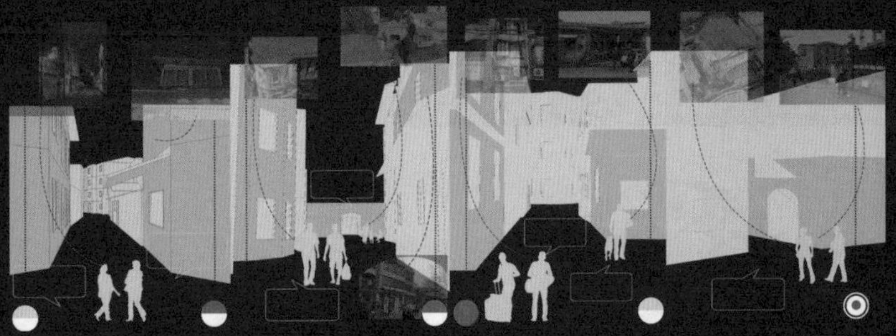

商住混合现状建筑类型

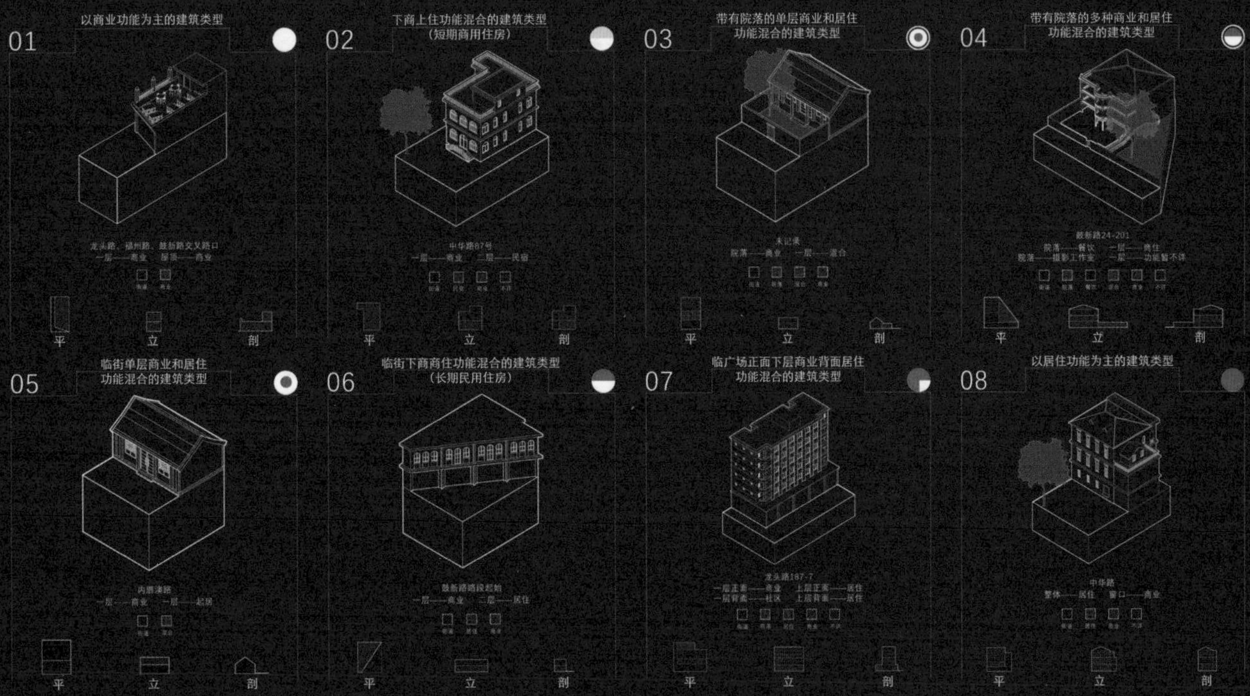

01
以商业功能为主的建筑类型
龙头路、福州路、鼓新路交叉路口
一层——商业　屋顶——商业
平
立
剖
02
下商上住功能混合的建筑类型
（短期商用住房）
中华路87号
一层——商业　二层——民宿
平
立
剖
03
带有院落的单层商业和居住
功能混合的建筑类型
未记录
院落——商业　一层——混合
平
立
剖
04
带有院落的多种商业和居住
功能混合的建筑类型
鼓新路24-201
平
立
剖
05
临街单层商业和居住
功能混合的建筑类型
平
立
剖
06
临街下商商住功能混合的建筑类型
（长期民用住房）
一层——商业　二层——居住
平
立
剖
07
临广场正面下层商业背面居住
功能混合的建筑类型
龙头路187-7
平
立
剖
08
以居住功能为主的建筑类型
中华路
整体——居住　窗口——商业
平
立
剖

鼓浪屿街心广场轴测图

鼓浪屿街心广场 居住与旅游空间共生策略

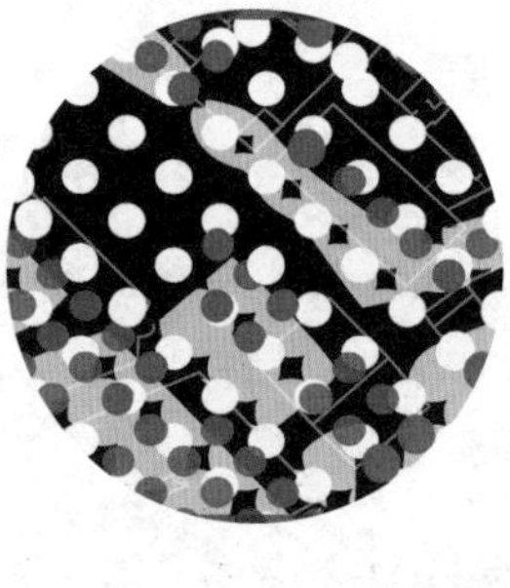

鼓浪屿作为国际性旅游社区，旅游目的地和社区是鼓浪屿重要的两个属性。以鼓浪屿街心广场为例，广场处于游客码头到主要景区的必经之路上，同时也是最繁华商业街之一龙头路上的重要节点，并且作为岛上唯一广场性质的公共空间，鼓浪屿街心广场自然地成为游客的聚集地。但是除了大量游客之外，还有几栋居民楼存在在广场周围，可是居民在广场上往往处于隐身状态，在这里居住和旅游的矛盾异常突出。

旅游业是一种以主客关系为核心的社会活动，原住民作为旅游地的东道主，游客作为该地的客人。研究居住与旅游的关系，其实就是在研究主与客之间的关系。以鼓浪屿街心广场现状为例，主客关系存在着不平等的权力分配，居民的正常生活空间被游客所压迫，原住民正常的交流、文化、售卖活动不得不被挤压到广场的背面，游客也被越来越符号化的商业宣传所欺骗并离真实的鼓浪屿文化越来越远。

在旅游地东道主和游客存在几种不同层次的相遇和互动。第一种最为常见的情景是游客在东道主处产生消费，这一种情景往往伴随着盈利的性质，往往售卖的是当地的文化和符号，这一点在鼓浪屿尤为突出。更为深层次的是游客和东道主可以产生思想并分享、交流与互动，这也是一种更为平衡更为深入的交互模式。而这一种模式正是现在鼓浪屿所缺少的，也是我们所期望的。希望能在这里为居民和游客提供一种能够生发更平衡相处模式的空间形式，让更深层次的交流在这里有机会发生，让旅游和居住在这里达到共生

在广场端头入口部分设置大台阶作为吸纳大量游客的第一道屏障。

在台阶的下方设置向下缓坡的草坡，一方面更好地利用了台阶下的空间，同时又营造出可达性较弱、领域感较强的空间。

二层的平台空间，以及下挖的空间作为居民和游客之间柔和的屏障，为居民提供了许多不会被直白观看的暧昧空间。

增加横向的单元以及向周边建筑延伸的单元，让空间的动静程度在这里逐渐放到最慢，一方面起到沟通居住区居民和广场游客的作用，让更深层次地交互和相遇在这里发生；另一方面减缓广场游客的通过速率，并向可停留的商业空间进行疏解。

雕塑状的形态成为主要道路的对景，呼应街道本身活跃且丰富的氛围。

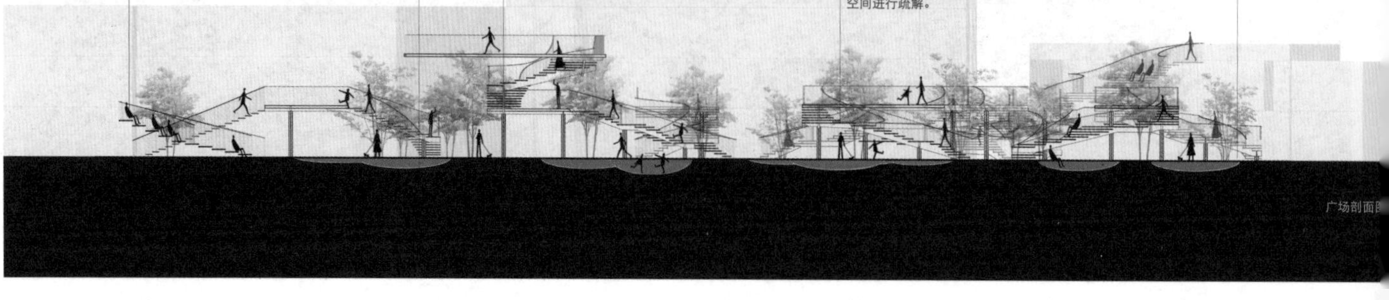

广场剖面图

居住与旅游空间共生
设计原型的提出

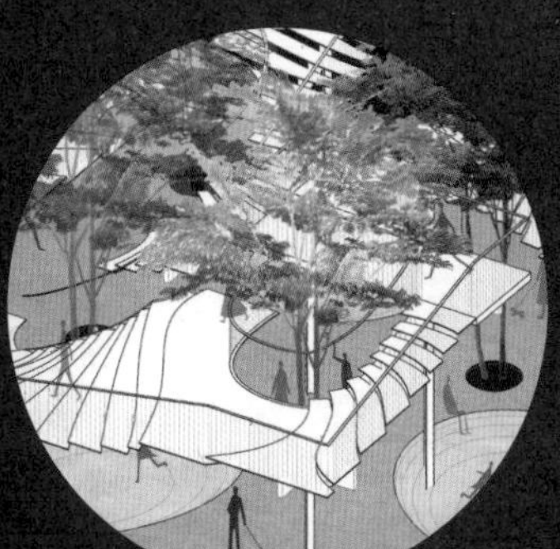

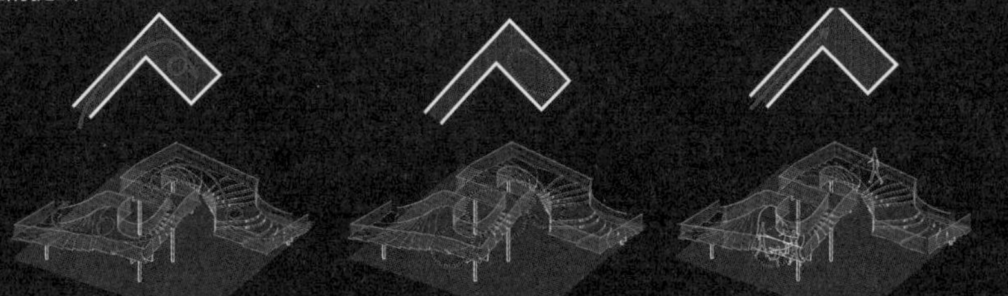

利用街心广场自然形成的空间原型和设计策略，设计了一种与树紧密结合的空间原型。一种螺旋上升的片状结构，即作为拉长动线自然隔离动与静的一种方式，同时也为广场的空间增加了层次感。一方面增加垂直维度的丰富性，更多的活动可能在广场上被生发；另一方面是通过这一原型的重复更好地划分广场空间，和周边的建筑和社区在二层有更直接的连接，让居民和游客不再是割裂的状态。

居住与旅游空间共生
空间原型和策略的提出

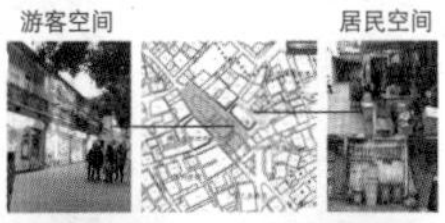

游客空间
居民空间

街心广场居民游客现状空间使用状态

游客空间
居民空间

平面空间原型

针对这样一种不平衡的主客关系状态，以鼓浪屿街心广场为例，在这里自然地生发了许多抵抗主客之间不平衡力的空间。通过对现状的观察以及对自然生发的空间原型的分析得出设计策略。

空间的动静分区　空间的私密性　空间的对视

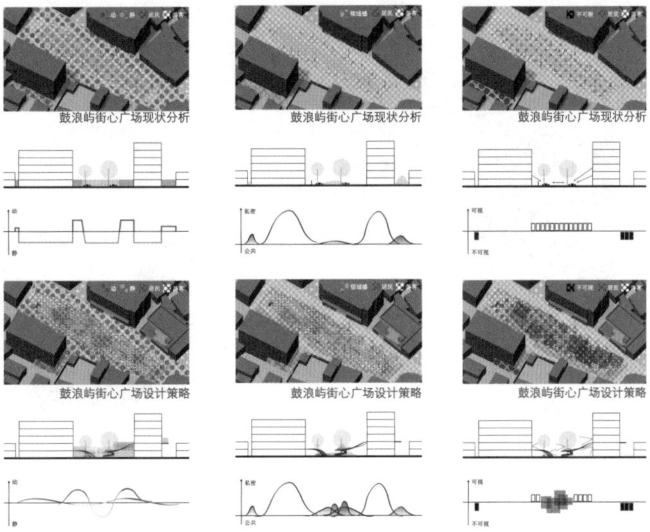

鼓浪屿街心广场现状分析
鼓浪屿街心广场现状分析
鼓浪屿街心广场现状分析
动
静
私密
公共
可视
不可视
鼓浪屿街心广场设计策略
鼓浪屿街心广场设计策略
鼓浪屿街心广场设计策略
动
静
私密
公共
可视
不可视

延长动线　降低可达性　削弱凝视

现状观察

广场自然形成以周边商家为中心的环状动态区以及中心与树相结合岛屿状的静态区。过于清晰和简单的分区对于鼓浪屿来说都是相对粗暴的，游客和居民的要求无法得到满足。

在广场的背面，楼与楼之间的缝隙中，具有领域感的角落空间成为社区活动的激发点。这样的角落空间为使用者提供了领域感和私密感，却也是一种消极的逃避状态。

在广场居民楼二层及以上的阳台空间，存在着居民反过来看游客的情况，阳台演化成了观景平台，说明居民也存在交流的欲望。

设计策略

通过拉长动线，提供广场动与静之间的缓冲区，增加多层次的介于动与静之间的连接空间，容纳广场上丰富的社区及游客活动。

通过降低空间的可达性可以通过空间的暗示来阻挡他者的闯入，从而增强空间的领域感，提高私密性。试图通过形式激发功能，为使用者提供更多空间选择的同时也为他们提供了不同社区活动和主客交流的可能性。

削弱原本直白的观看与被观看的关系，让广场的视线不再是直接的穿透和观看的状态，而是一种带有互动的视线交流。

居民可以重新回到广场散步、休闲、娱乐，他们在这里能找到属于他们的介于动与静、可视与非可视以及公共与私密之间的具有领域感的可使用空间。游客消费的动线在这里被拉长，当他们漫步在广场上并在广场内上下穿梭时，通过广场的速率也会自然地慢下来，交流就有可能会在此处发生。游客和居民在这里就产生了互动交流和谐共生的可能性。

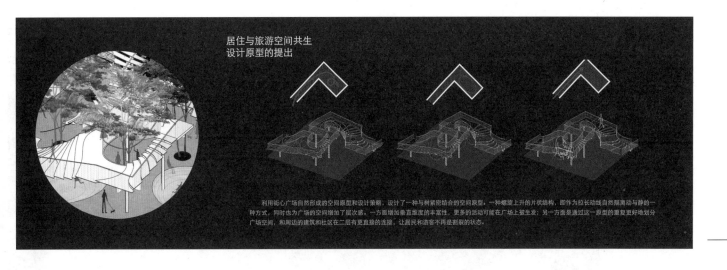

鼓浪屿龙头路北段街区商住空间结构重构——过滤

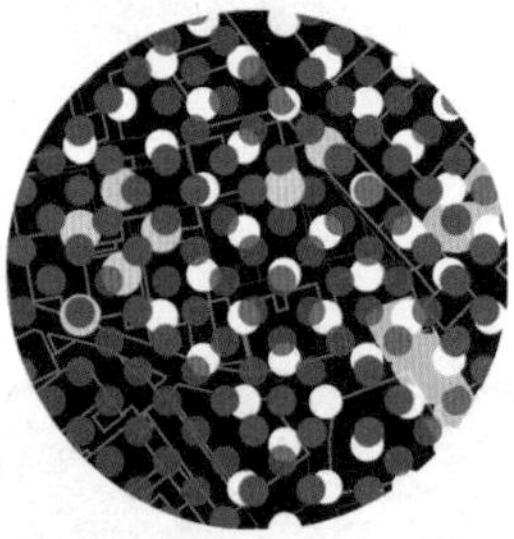

本设计主要针对中间过渡的龙头路北段街区进行现状分析和设计表达。

通过对选定地段内商住现有空间关系的调研，寻找可能出现的商住矛盾或空间资源分配不协调的方面，提出设计改造的方向，对商住各自特殊性需求的功能进行再定义，重新构建两者之间的空间结构关系，设定商住之间的空间过滤层级和递进序列，实现社区居住者与旅游者主要行动流线、特殊时间段内活动空间互不干扰，但在一定程度上能够在某些区域或某些时间区间内实现空间资源共享的积极状态，使得居住者拥有更加宜居的生活环境，而旅游者在旅游或商业资源的获取和使用上也能够更加便捷和舒适。

思维导图：

由于现存空间结构无层次性、无序列性、无组织性，且空间资源分配存在明显向旅游者倾斜的倾向性，需要首先从功能层面进行重新定义，制定有序的功能层级，从而形成从商业 / 公共空间（旅游者）—公共空间（居住者）—居住空间（居住者）逐级过滤递进的顺序，处于中间序列的空间以及其相邻界面组成了旅游与社区的“过滤器”。

尽管，从整个岛屿的空间资源分配情况来看，针对该街区的商住空间重构存在一定的局限性，但希望从点出发延展到片状改造的方法，通过商住空间重构，实现有限空间资源的重新分配，在主要的商住之间形成不同表达形式的“过滤器”，引导两类人群的行为，逐渐使他们能够使用或停留特定空间内，缓和商与住的矛盾，更好保留鼓浪屿岛上的“社区性”与“旅游性”融合的特点。

居住
独立商业
集市
街角公园
民宿
商住混合
绿地景观

过滤器

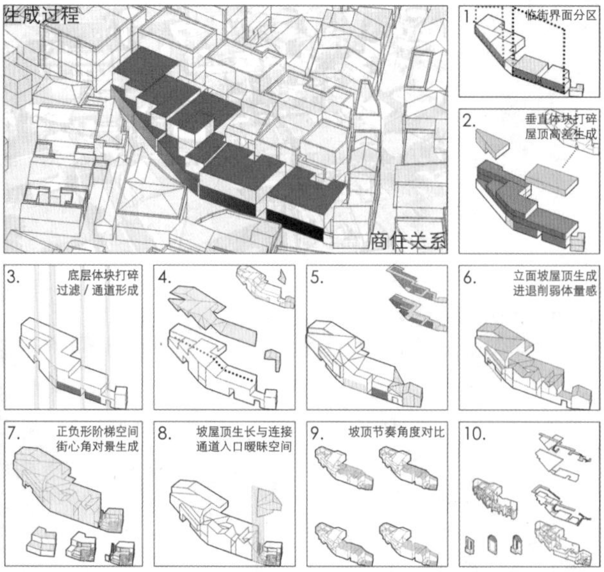
生成过程
商住关系
1. 临街界面分区
2. 垂直体块打碎 屋顶高差生成
3. 底层体块打碎 过滤 / 通道形成
4.
5.
6. 立面坡屋顶生成 进退削弱体量感
7. 正负形阶梯空间 街心角对景生成
8. 坡屋顶生长与连接 通道入口暧昧空间
9. 坡顶节奏角度对比
10.

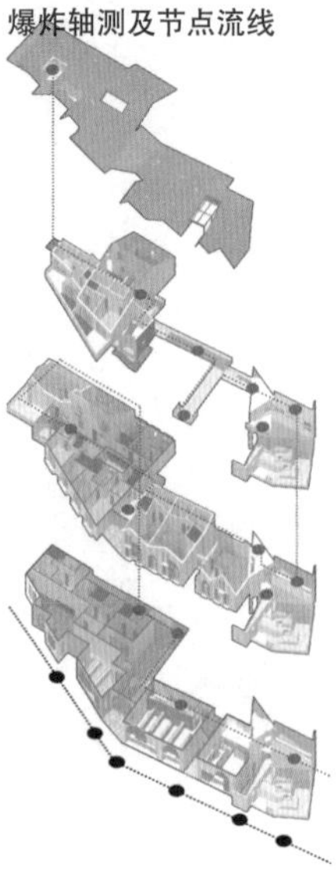
爆炸轴测及节点流线

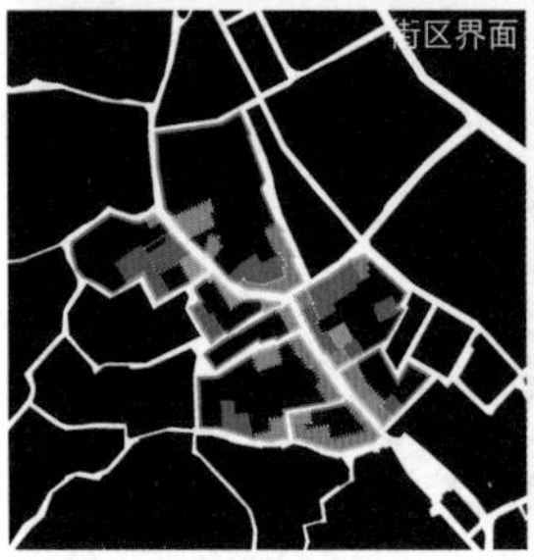
街区界面

街区界面 - 空间

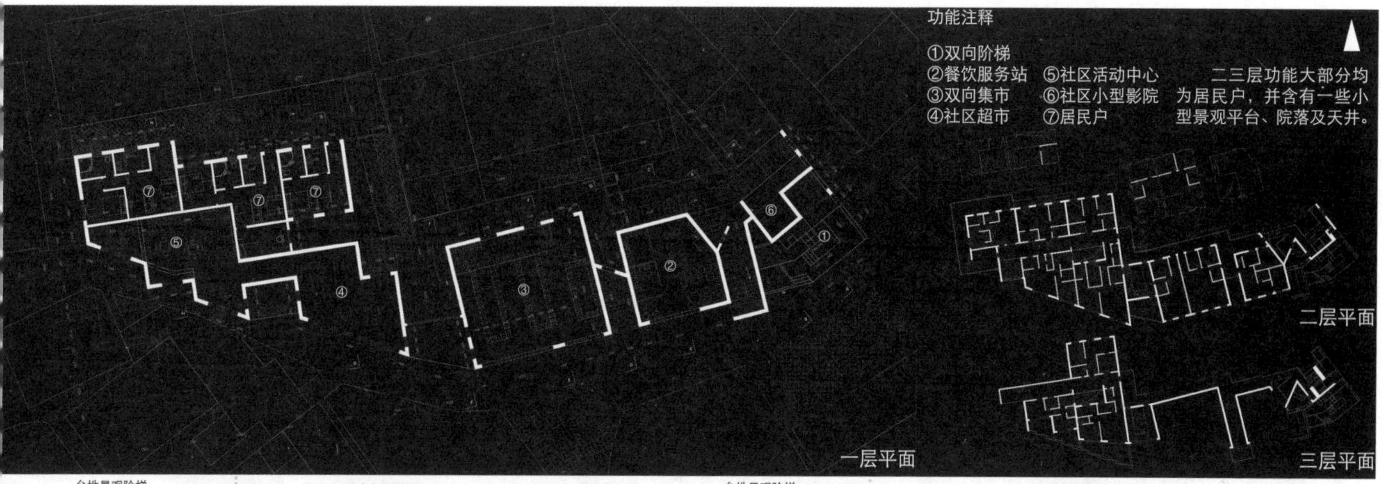

功能注释
①双向阶梯
②餐饮服务站
③双向集市
④社区超市
⑤社区活动中心
⑥社区小型影院
⑦居民户
二三层功能大部分均为居民户，并含有一些小型景观平台、院落及天井。
一层平面
二层平面
三层平面

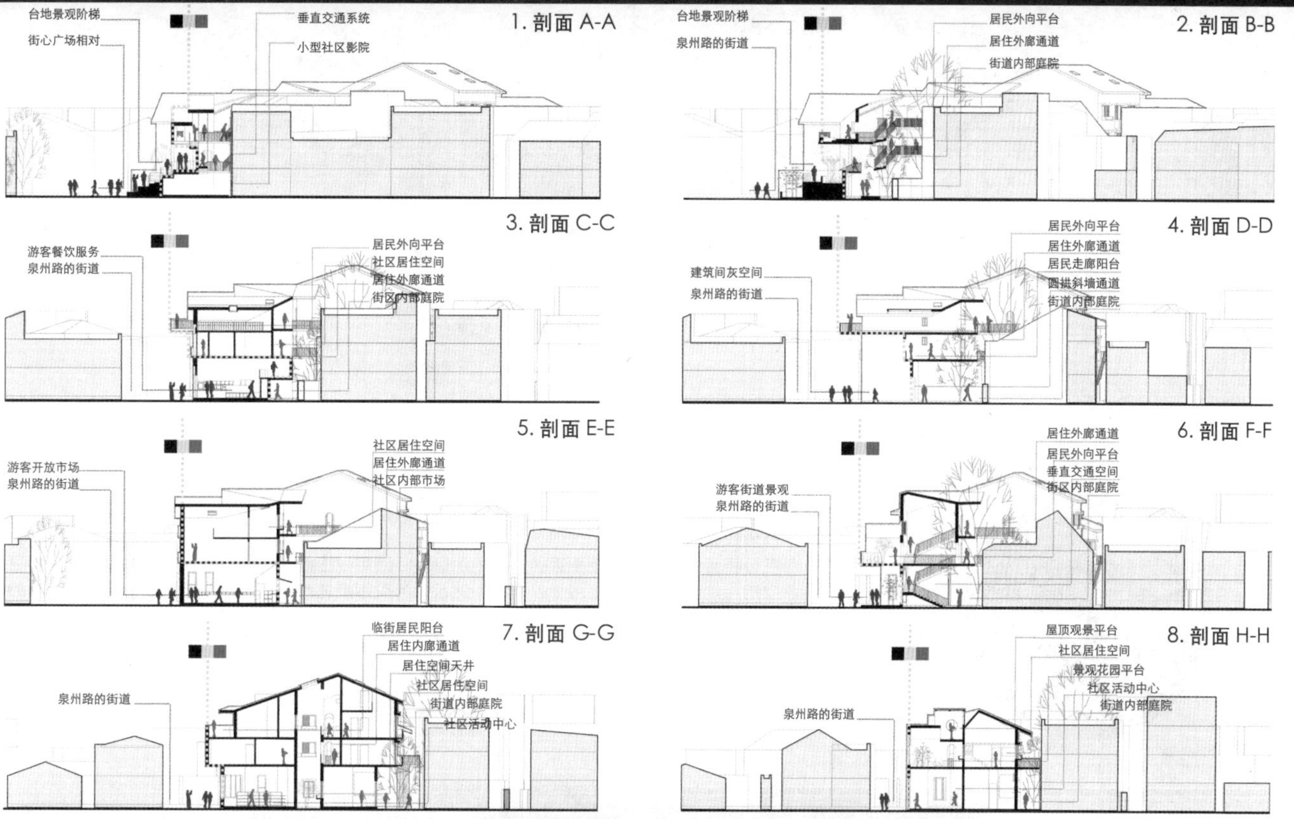

1. 剖面 A-A
台地景观阶梯
街心广场相对
垂直交通系统
小型社区影院
2. 剖面 B-B
台地景观阶梯
泉州路的街道
居民外向平台
居住外廊通道
街道内部庭院
3. 剖面 C-C
游客餐饮服务
泉州路的街道
居民外向平台
社区居住空间
居住外廊通道
街区内部庭院
4. 剖面 D-D
建筑间灰空间
泉州路的街道
居民外向平台
居住外廊通道
居民走廊阳台
圆拱斜墙通道
街道内部庭院
5. 剖面 E-E
游客开放市场
泉州路的街道
社区居住空间
居住外廊通道
社区内部市场
6. 剖面 F-F
游客街道景观
泉州路的街道
居住外廊通道
居民外向平台
垂直交通空间
街区内部庭院
7. 剖面 G-G
泉州路的街道
临街居民阳台
居住内廊通道
居住空间天井
社区居住空间
街道内部庭院
社区活动中心
8. 剖面 H-H
泉州路的街道
屋顶观景平台
社区居住空间
景观花园平台
社区活动中心
街道内部庭院

街心广场相对的双向景观阶梯平台
双向的公共开放集市

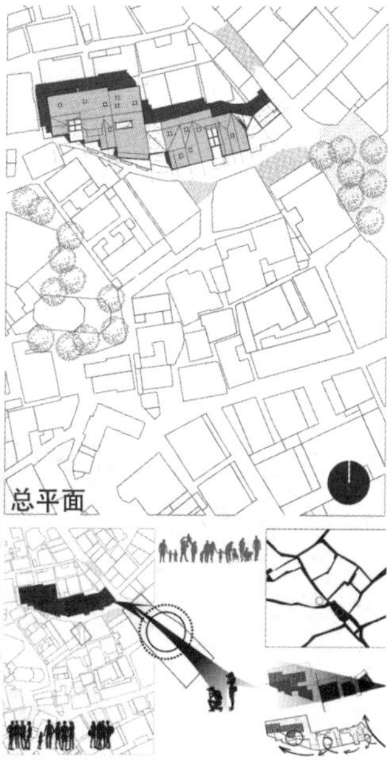

总平面

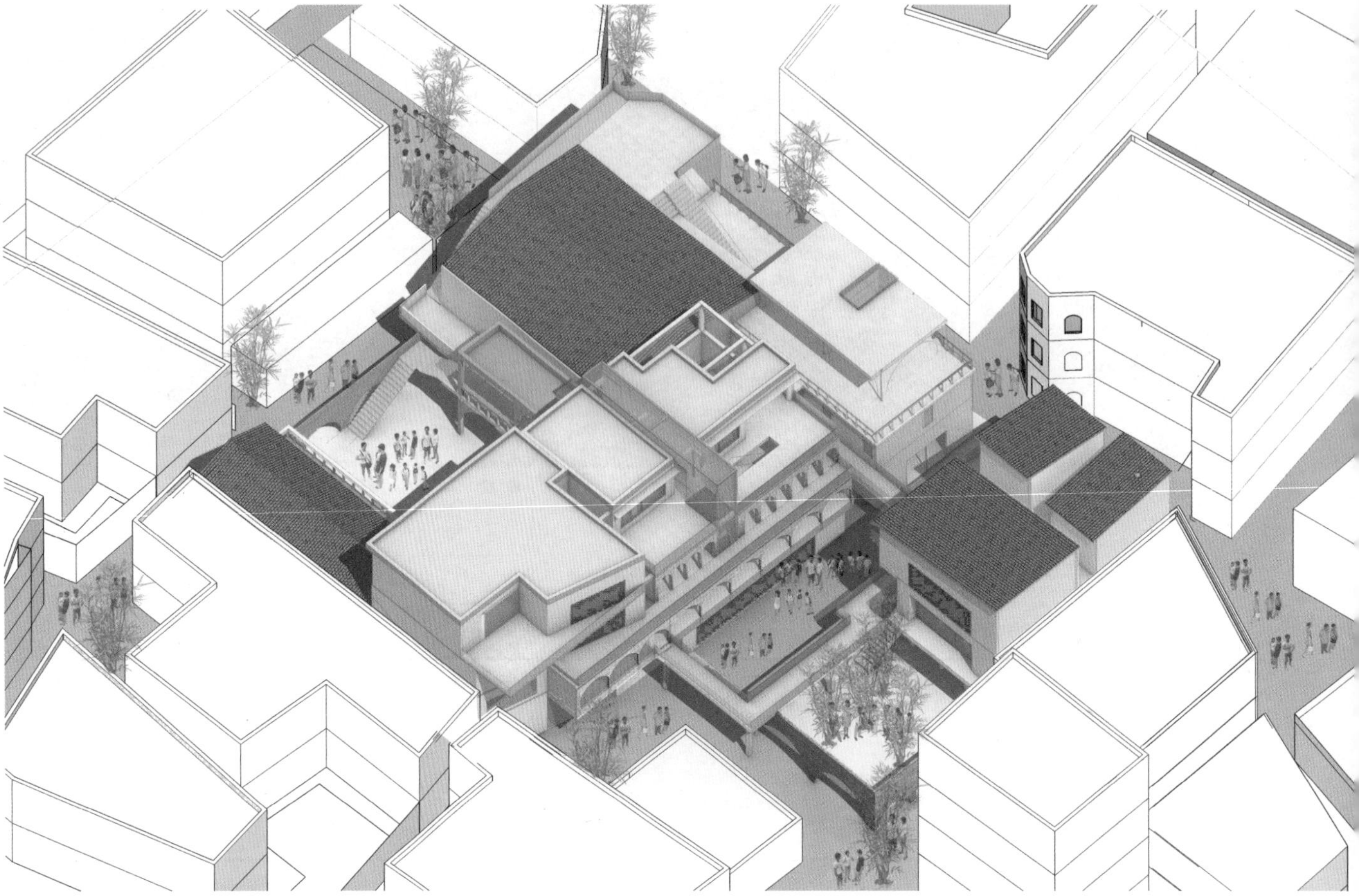

鼓浪屿内厝澳街区
公共空间分析与再设计

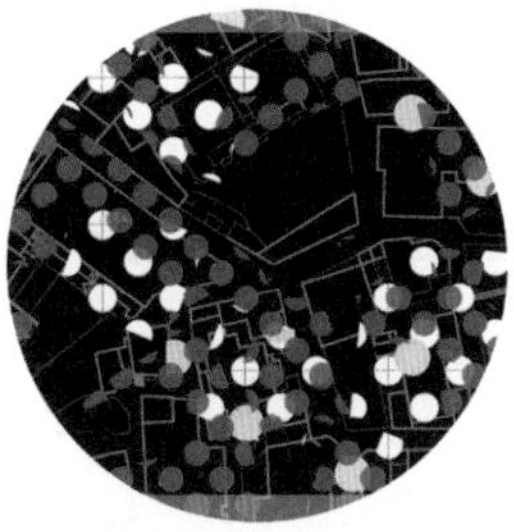

设计说明：

厦门鼓浪屿是拥有诸多自然人文景观的旅游胜地。随着鼓浪屿旅游业在近十年来的不断发展，上岛旅游人数不断增长，岛上空间不足的问题进一步凸显。其中，游客对于岛上原住民生活空间的占用尤为严重。我们小组首先从岛上居客关系入手，着重分析目前居住区和商业区的典型组织形式，随后找出鼓浪屿最具有社区性的因素，从中寻找居民和游客可以共同获益的可能性。最后通过对于公共空间的设计与重构提供一种解决鼓浪屿商住关系发展困境的方法。

我将选取鼓浪屿历史悠久的居住区——内厝澳街区为例，通过公共空间分析、建筑产权归属分析、原住民生活流线分析、游客偏好分析等方式，对于该地区公共空间进行分析、组织和再设计。最终力求改善当地居民居住环境，同时为游客提供便利，提升旅游品质，疏解矛盾。为建设国际历史社区和改造历史城区提供一些参考。

内厝澳街区古已有之，目前由于地理位置偏西相对而言商住矛盾较小，因此在改造内厝澳街区时的重点在于做到居客之间的融合。而不仅仅是解决二者矛盾，更应该有一个未来的畅想。

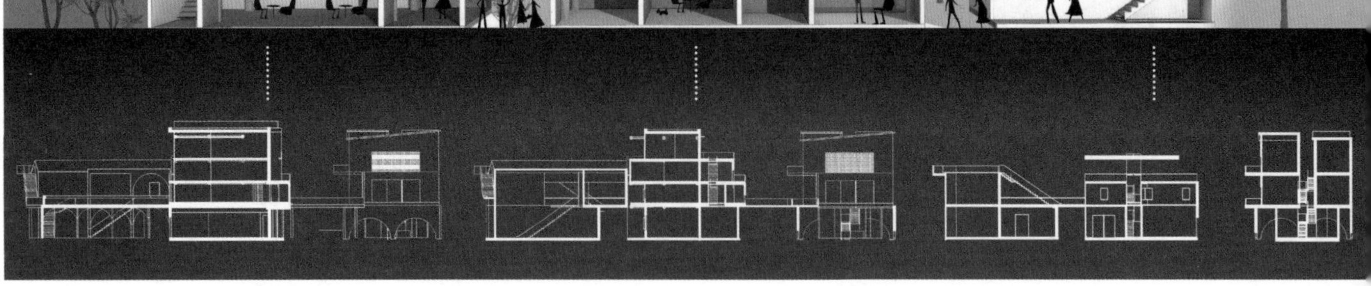

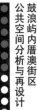

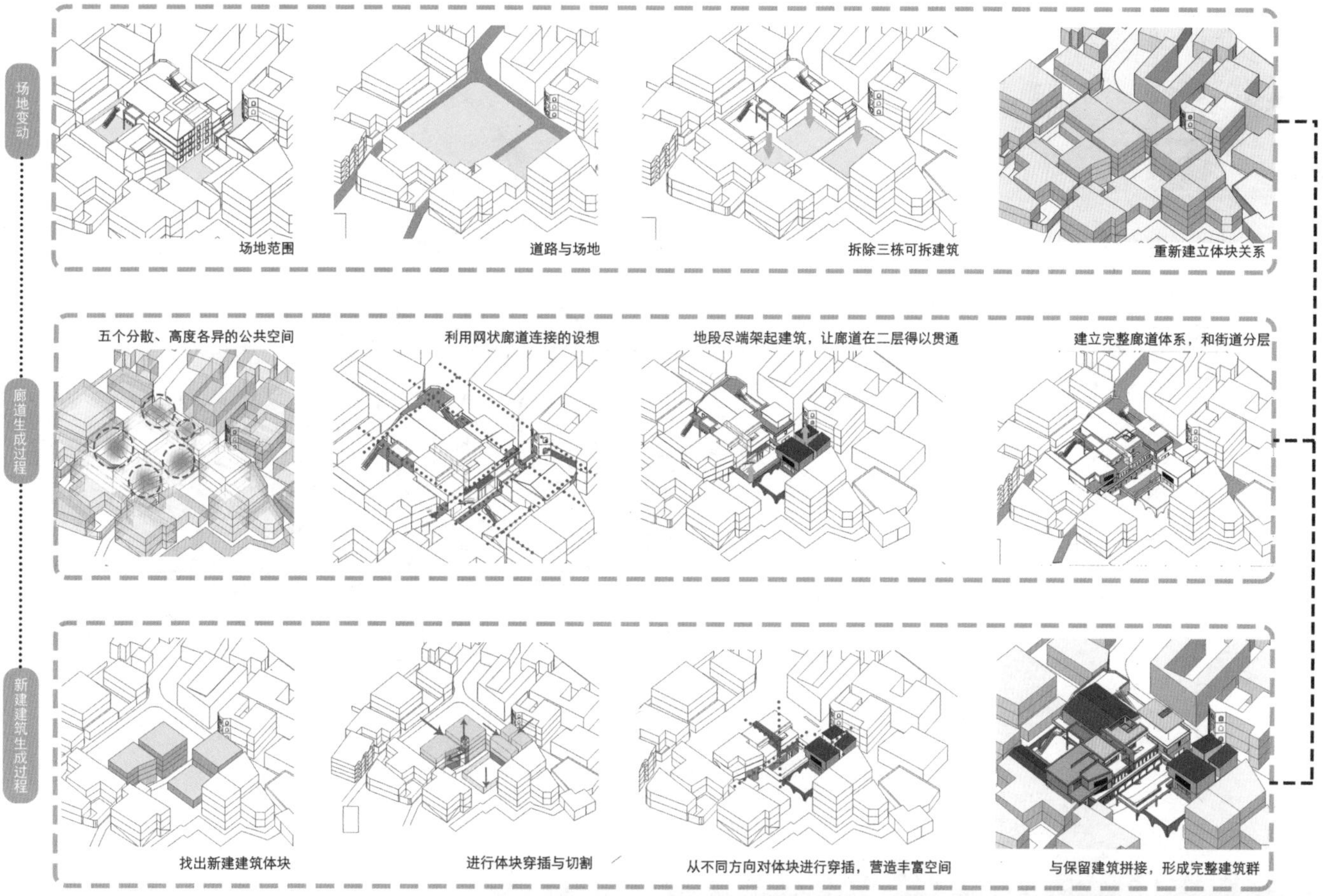
场地变动
场地范围
道路与场地
拆除三栋可拆建筑
重新建立体块关系
廊道生成过程
五个分散、高度各异的公共空间
利用网状廊道连接的设想
地段尽端架起建筑，让廊道在二层得以贯通
建立完整廊道体系，和街道分层
新建建筑生成过程
找出新建建筑体块
进行体块穿插与切割
从不同方向对体块进行穿插，营造丰富空间
与保留建筑拼接，形成完整建筑群

居客关系分析

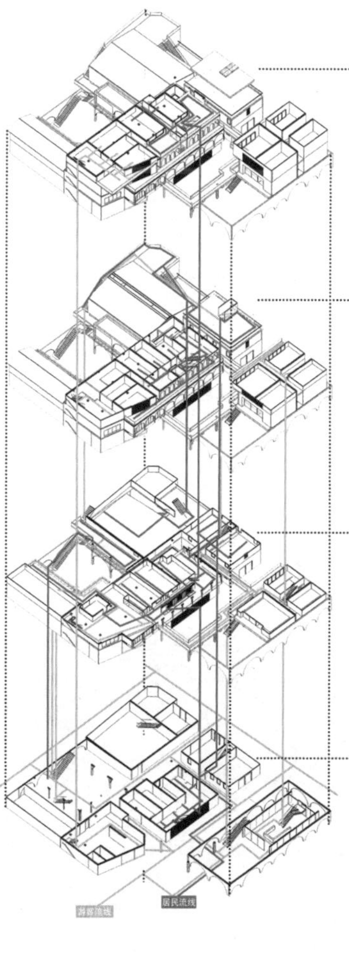
居民流线

四层

民宿：150m²，有三间民宿客房共 120m²，室内茶座与吧台 30m²
原住民住宅：无
新建住宅：100m²，有两间供 2~3 人生活房间，室内有充足公共空间。
居民活动平台：新建建筑屋顶的居民公用活动健身平台，125m²。
商业：无

三层

民宿：375m²，有七间民宿客房共 325m²，室内茶座与吧台 50m²
原住民住宅：无
新建住宅：225m²，有三间供 2~3 人生活房间，室内有充足公共空间。
居民活动平台：联系各个屋顶平台的居民活动健身平台，300m²。
商业：无

二层

民宿：350m²，有三间民宿客房共 150m²，室内茶座与吧台 200m²
原住民住宅：全部保留历史风貌建筑住宅
新建住宅：325m²，有五间供 2~3 人生活房间，室内有充足公共空间。
商业：无

一层

民宿：500m²，其中室外咖啡厅 150m²，室内茶座与吧台 350m²，无房间
原住民住宅：全部保留历史风貌建筑住宅
新建住宅：225m²，有三间供 2~3 人生活房间，室内有充足公共空间。
商业：保留原有商业三间，共 150m²

屋顶居民活动平台

民宿连廊

居住空间走廊

民宿外咖啡厅

一层平面图

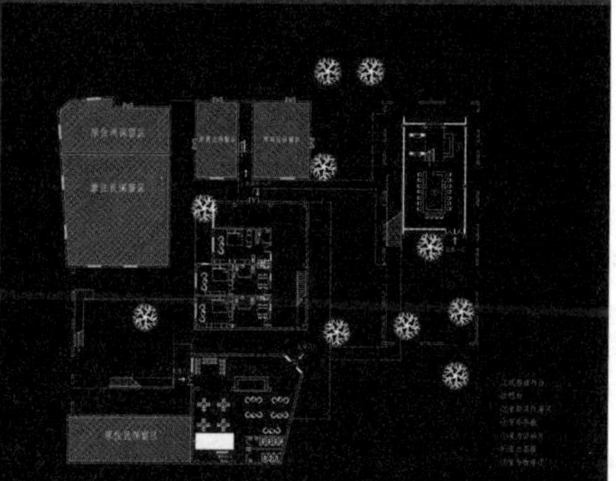

二层平面图

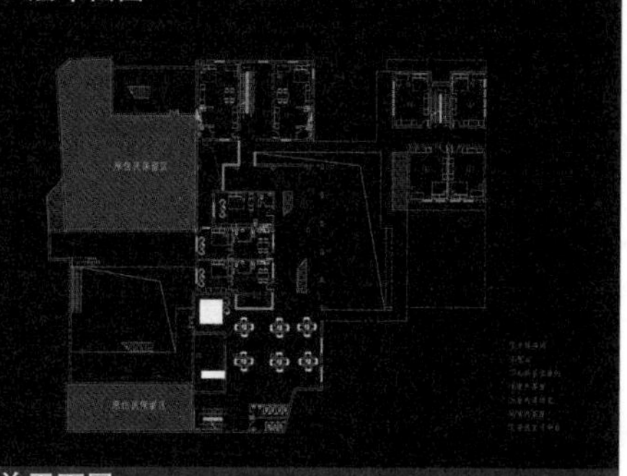

总平面图

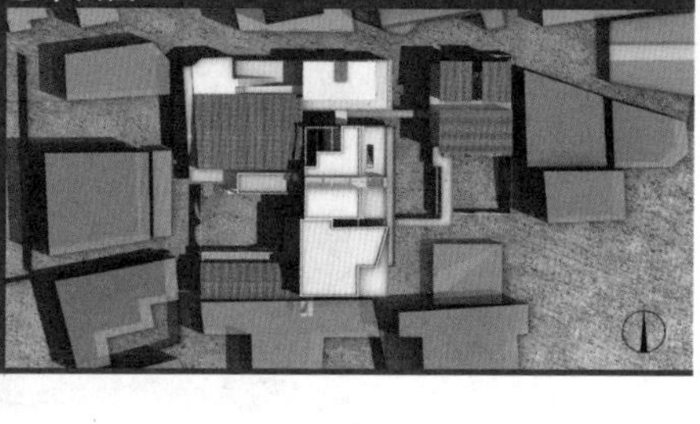

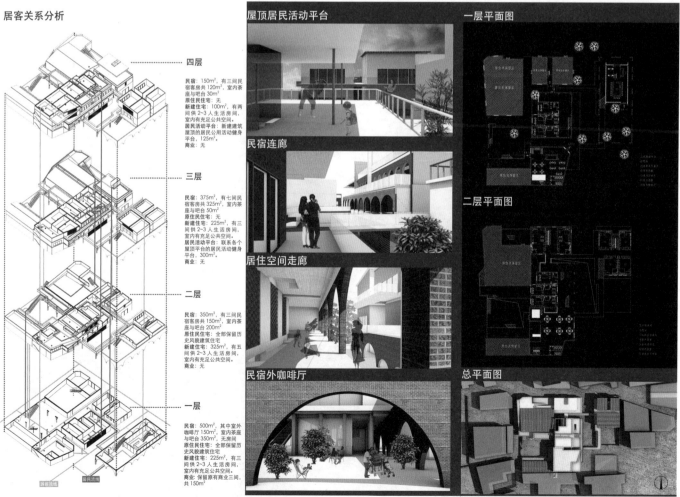

Kulangyu Association of Arts Education

鼓浪屿艺术教育联盟
Kulangyu Association of Arts Education

清华大学
设计：谢恬怡/张一番/游伯嘉
指导：韩孟臻

艺术馆分布图

博物馆分布图

图书馆分布图

鼓浪屿文化空间及资源分布图

鼓浪屿有着深厚的历史文化积淀，岛上多元文化物质遗存亦非常丰富。近年来面临着本土文化流失的困境，虽有一些文化类设施，但仍需整合利用，以最大化发挥鼓浪屿的文化潜力。

历史道路系统

校园及操场分布图

宗教建筑分布图

宋代以前 “圆沙洲”，又名“圆洲仔”。
宋末元初 李厝澳为最早居民点，今内厝澳。
明 因岛屿西南海滨的鼓浪石而得名。
16 世纪初 西方国家与厦门进行贸易之始。
明末清初 郑成功驻兵鼓浪屿，民族情感寄托。
清 设鼓浪屿澳。
19 世纪 岛上形成三处主要聚落。
1840 英国进驻。
1841–1845 英军、传教士也到来。
1856–1860 来华西方人著名的居留地。
1878 共治管理模式初步确立。
1895 签署《马关条约》，割让台湾。
1903 工部局的正式成立。
1911–1912 辛亥革命，中华民国成立。
1914–1918 第一次世界大战。
1941 日本占领鼓浪屿。
1945 收回鼓浪屿。
1949 中华人民共和国成立。
20 世纪 80 年代 改革开放，成为风景名胜区。
本土文化积淀期
外来文化传播期
多元文化融合期
多元文化复苏期

一年大事记
种德宫祈龟
专题学术年会
儿童音乐冬令营
迎新年环鼓健康跑
马约翰杯足球友谊赛
Jan.
Feb.

评语：

鼓浪屿的近代教育培养出灿若群星的大师群体，在中国近代化进程中做出巨大贡献。伴随着社区的衰败，教育资源日渐式微，文化传承无所依托。设计提出借由引入面向社区开放的教育联盟，延续鼓浪屿文化基因，并引进中长期入驻的高素质群体。三个选题分别聚焦于工艺美术、音乐、人文与历史三类具有深厚文化积淀的学科领域，设计出物理边界开放，功能上可供本地居民、游客、师生分层次共享的开放性校园空间。此外，还策划了植根于该开放教育联盟的诸多文化活动和事件，与现有民俗一起继承、发展地域文化传统。

鼓浪屿艺术教育联盟规划总图

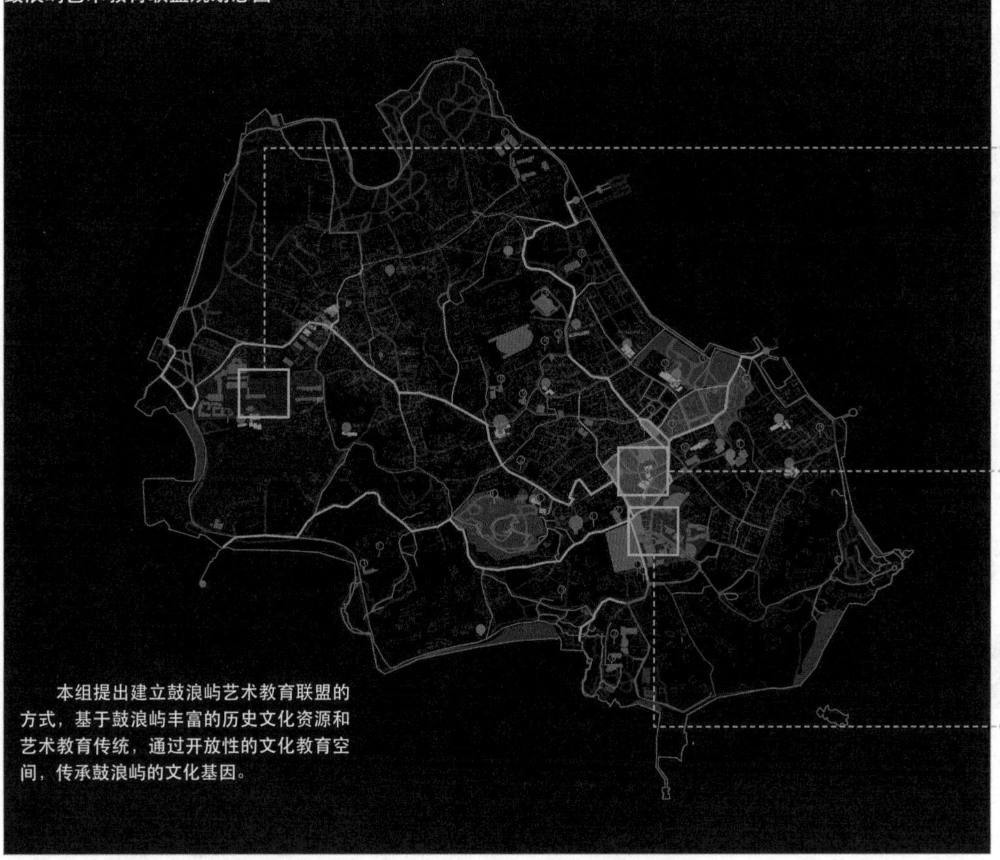

本组提出建立鼓浪屿艺术教育联盟的方式，基于鼓浪屿丰富的历史文化资源和艺术教育传统，通过开放性的文化教育空间，传承鼓浪屿的文化基因。

工艺美术学院

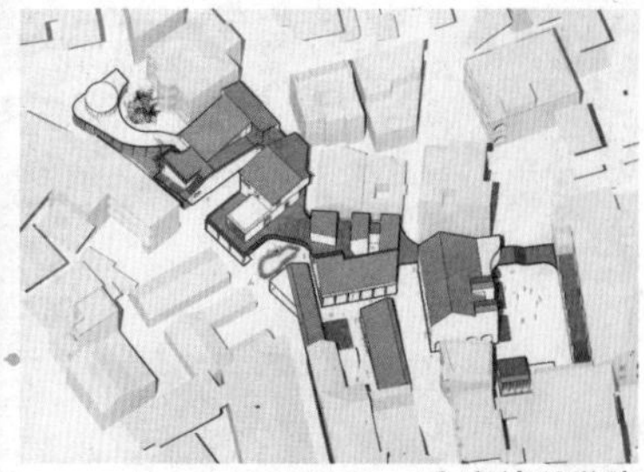

人文社科学院

音乐学院

什么使生源流失
生活不便利，成本又高昂
岛上全禁止，外卖也没有
住房条件差，租金不廉价
风景优美，艺术传统，我们想留下来
父母忙赚钱，教育放一边

教育现状采访

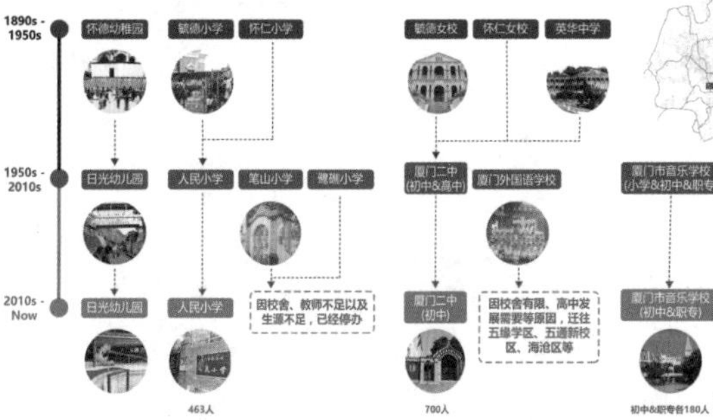

1890s - 1950s
怀德幼稚园
毓德小学
怀仁小学
毓德女校
怀仁女校
英华中学
现有主要学校分布
学生数共计1500人左右
1950s - 2010s
日光幼儿园
人民小学
笔山小学
鹭潮小学
厦门二中(初中&高中)
厦门外国语学校
厦门市音乐学校(小学&初中&职专)
福州大学附属厦门工艺美术学院
2010s - Now
日光幼儿园
人民小学
因校舍、教师不足以及生源不足，已经停办
厦门二中(初中)
因校舍有限、高中发展需要等原因，迁往五缘学区、五通新校区、海沧区等
厦门市音乐学校(初中&职专)
因市教育局统一规划前往集美学村，与其他大学在集美一个相对集中的区域办学
463人
700人
初中&职专各180人

教育历史梳理

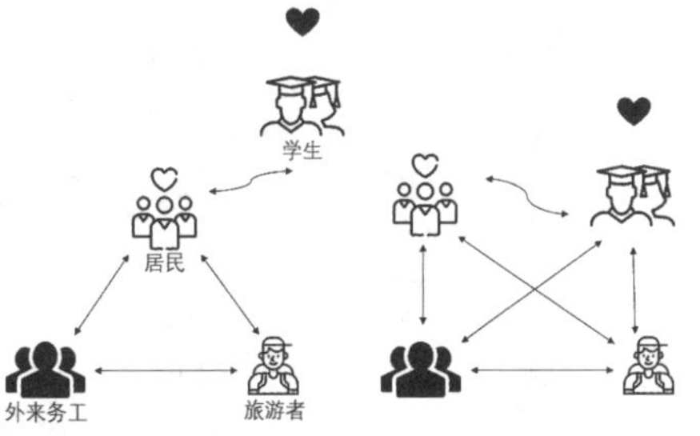

学生
居民
外来务工
旅游者
引入——保持社区平衡
互动——文化提升

教育联盟思路

相关建筑原型

新年音乐会
冬泳比赛
鼓浪屿夜色摄影活动
儿童研学
菽庄吟社
Mar.

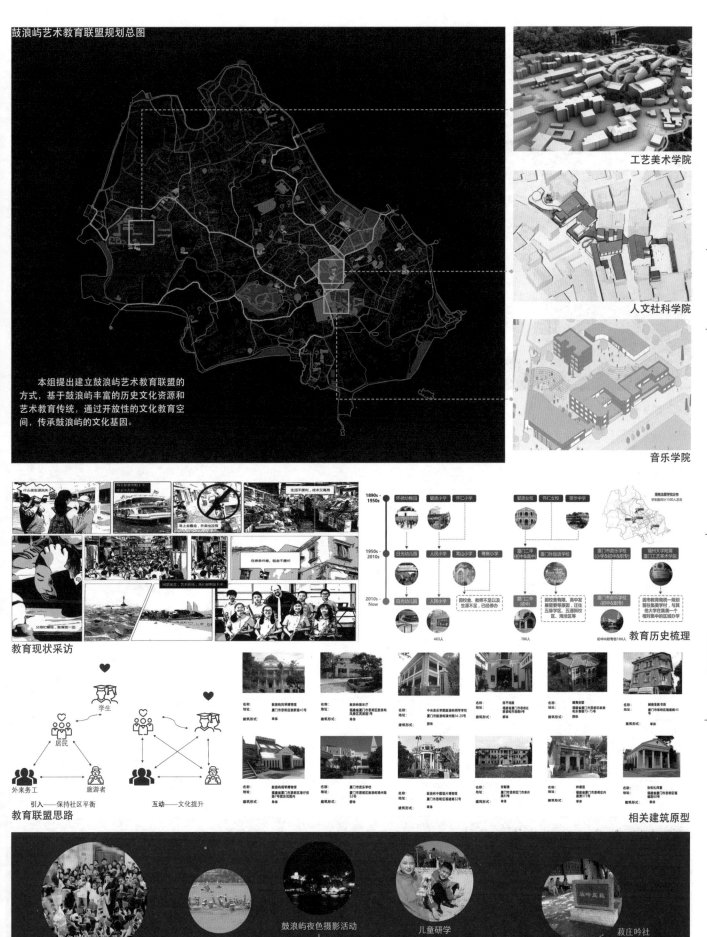

鼓浪屿工艺美术学校
GulangySchoolofArtsandCrafts

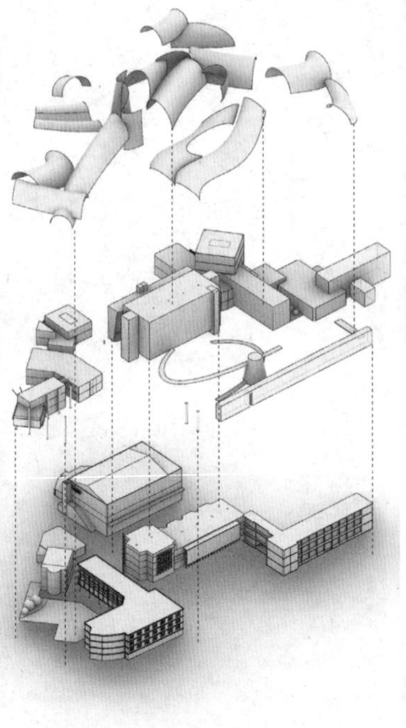

形态生成

道路肌理复原

海坛路附近

可以看到这个片区通过道路肌理固化了一个很强的中心建筑，其他的居住型建筑道路密度较低。

安海路附近

安海路附近商业建筑居多，建筑尺度相较居民区较大，沿街设置店铺，因此可达性要求高，路网相对密集，环绕建筑布置。加上处于岛上较平坦地区，道路沿等高线布置，较为曲折蜿蜒。

龙头路附近

龙头路附近商业建筑居多，建筑尺度相较居民区较大，沿街设置店铺，因此可达性要求高，路网相对密集，环绕建筑布置。加上处于岛上较平坦地区，道路不必沿等高线布置，较为规整笔直。

泉州路附近

鼓浪屿岛上建筑密度高的地区广场空间较为珍贵，往往位于重要的道路节点处，或重要的仪式性建筑前，因此承担了游客拍照、商业聚集及市民休憩的多种活动。

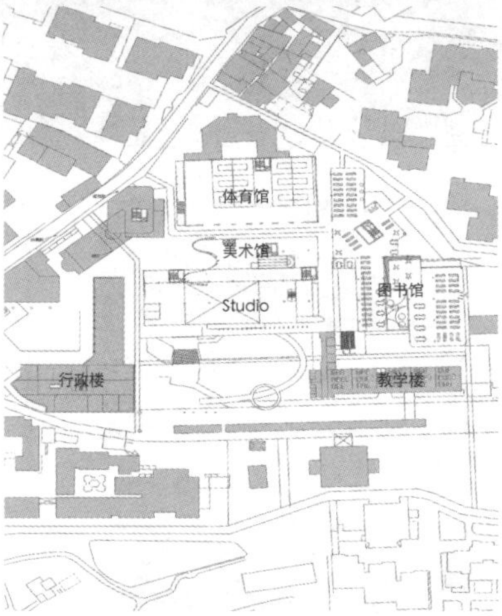
体育馆
美术馆
Studio
图书馆
行政楼
教学楼

平面图

码头视角主入口

生活区透视

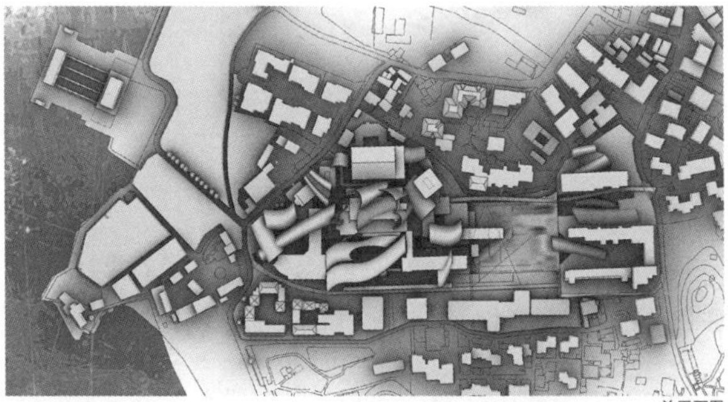

总平面图

叠加：金字塔模式与迷宫模式

博尔赫斯关于小说创作中的编排策略为建筑空间关系的组织提供了思路：他采用了时空上的包含、反射、对称、镜像和迷宫等修辞手法。这些手法启发了现当代先锋作品的空间原型：金字塔模式、迷宫模式、没有结尾的多线索模式。

在校园中的绝大部分地方，既不是主要的人群汇聚地，也不是皇宫，它只是校园中的一小部分。不需要太宽的路，太严谨的序列，而是需要为人提供交往的场所，使人们能够自由地进入、穿越、离开，在一个空间中自由游走，到达他们想要去的地方。

标志性主入口

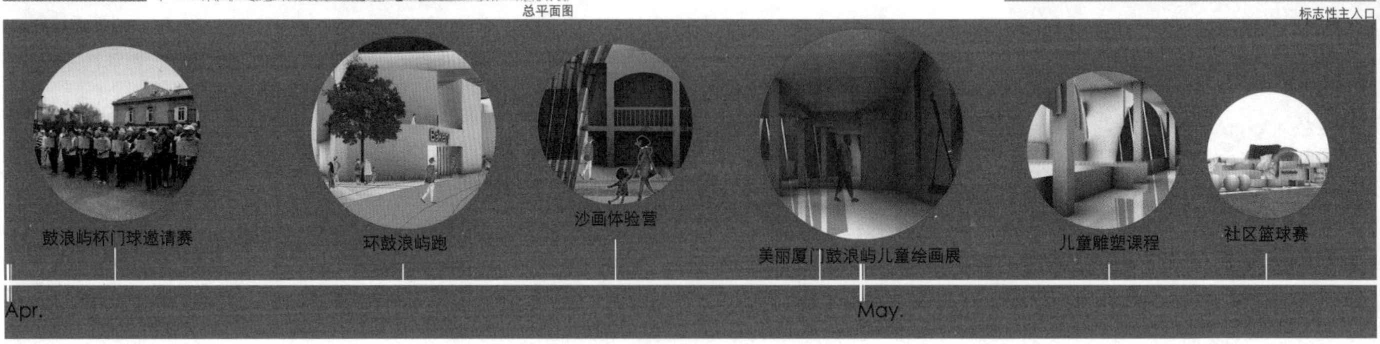
鼓浪屿杯门球邀请赛
环鼓浪屿跑
沙画体验营
美丽厦门鼓浪屿儿童绘画展
儿童雕塑课程
社区篮球赛
Apr.
May.

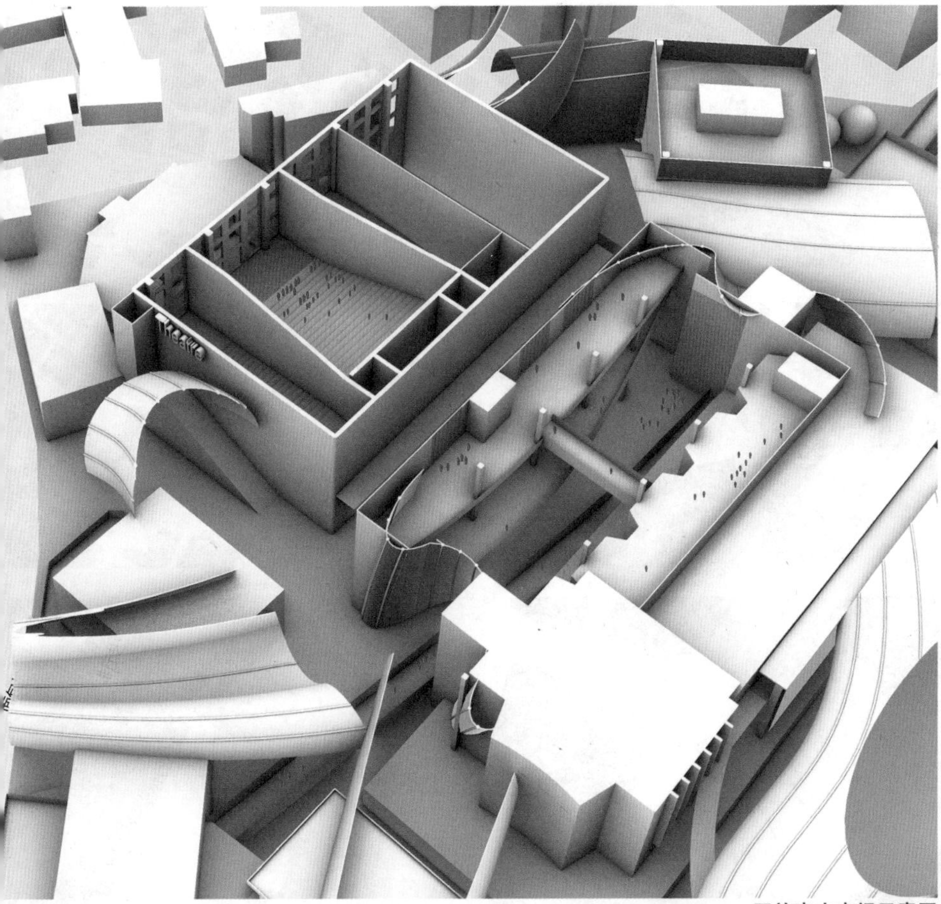

开放室内空间示意图

图书馆剖透视

儿童美术夏令营

室外雕塑展场

环形广场

室外连接

毕业设计展

个人展

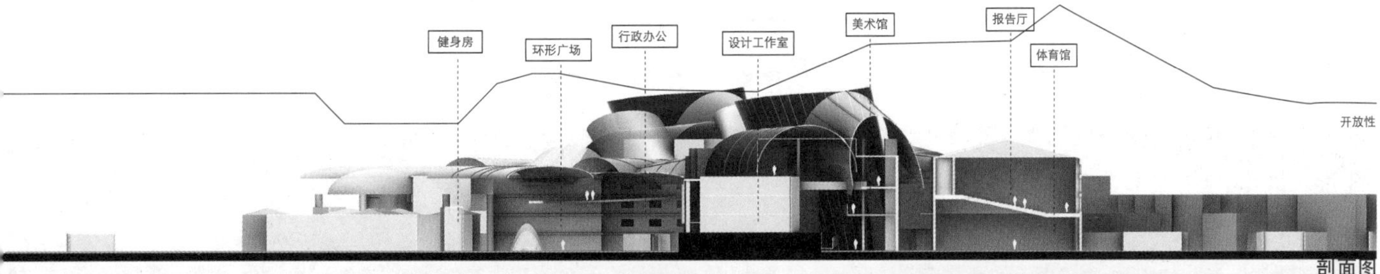
健身房
环形广场
行政办公
设计工作室
美术馆
报告厅
体育馆
开放性

剖面图

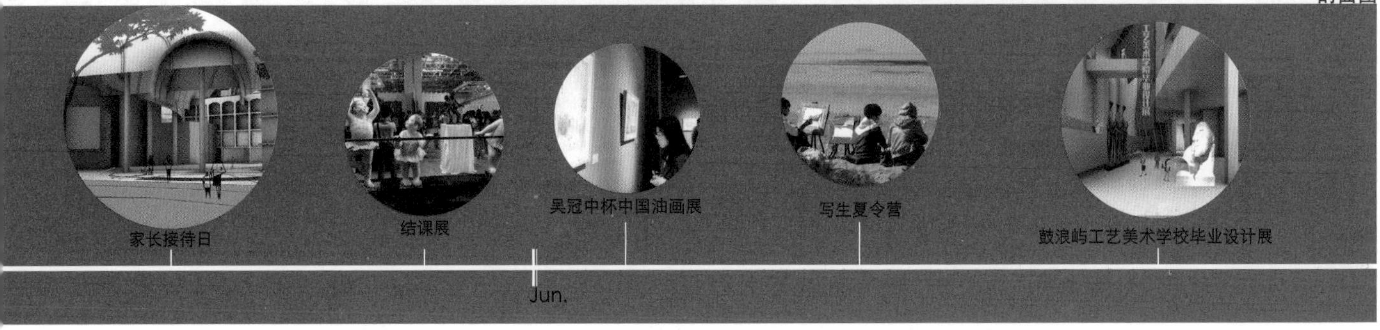
家长接待日
结课展
吴冠中杯中国油画展
写生夏令营
鼓浪屿工艺美术学校毕业设计展
Jun.

鼓浪屿人文社科研究中心
GulangyHumanCultureSchool

1 历史肌理

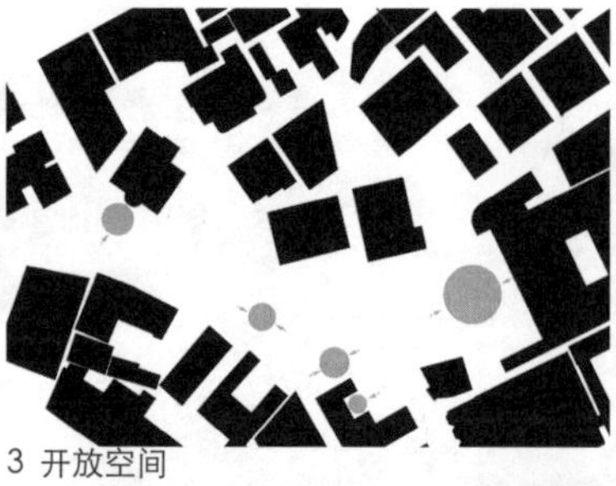

3 开放空间

5 界面关系

单体之间纳入一系列阶梯和平台，建筑界面由此联系，在保留历史路网的基础上创造新的内部交通体系，突破原有道路的空间限制达到各个部分之间的通透性；而建筑的立面、屋顶成为和街道、广场具有相似性的一部分，多种活动的场所得到拓展；原有道路仍具有合理性，同时受制于狭小场地的建筑空间因相互之间的流动而拥有了更大的可能性。

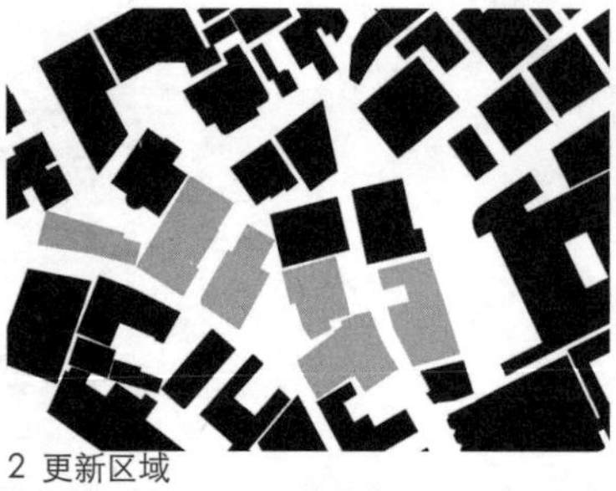

2 更新区域

4 肌理重构

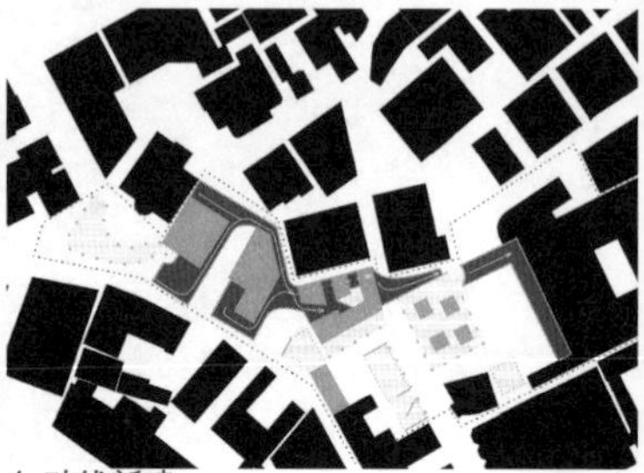

6 动线新建

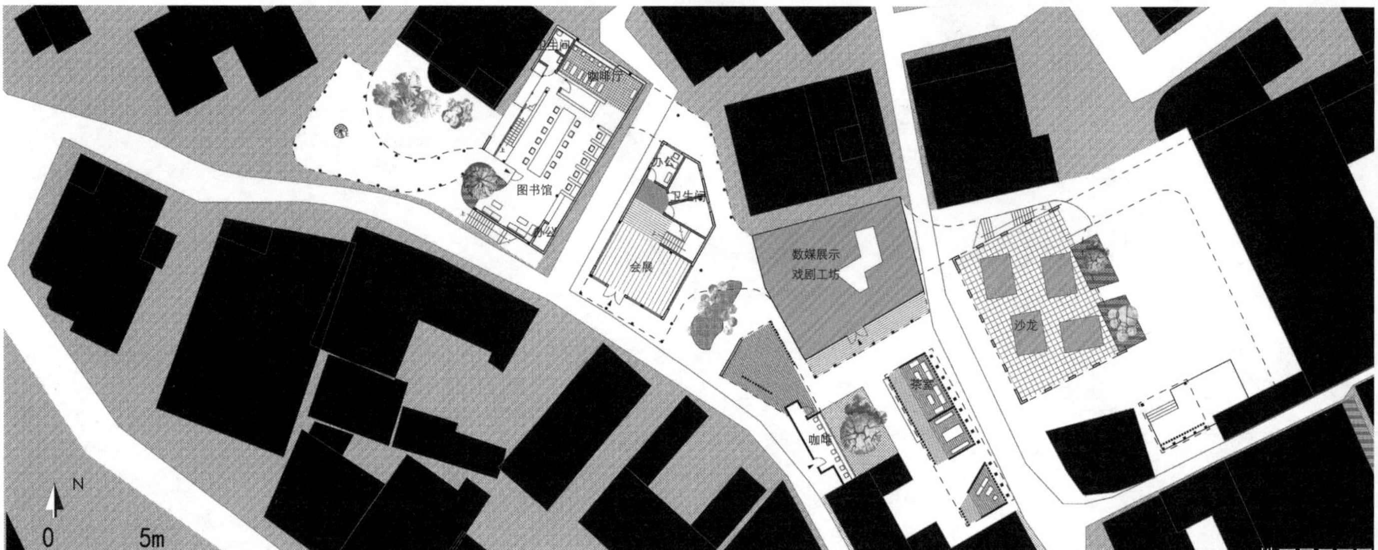
卫生间
咖啡厅
图书馆
办公
办公
卫生间
会展
数媒展示
戏剧工坊
沙龙
茶室
咖啡
N
0
5m

地面层平面图

沿街剖透视

图书馆
会议
数媒展示
戏剧工坊
剧场
茶室

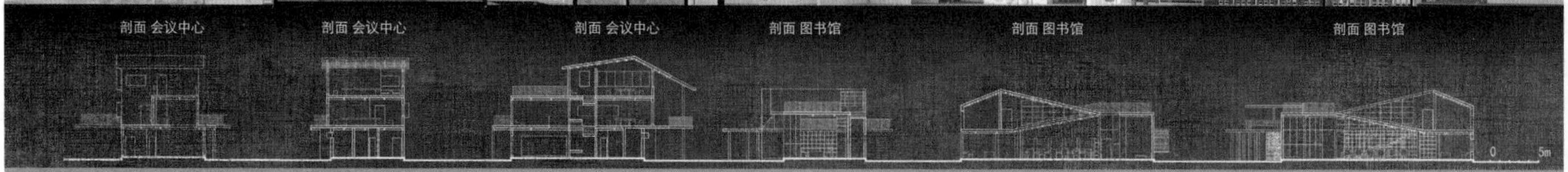
剖面 会议中心
剖面 会议中心
剖面 会议中心
剖面 图书馆
剖面 图书馆
剖面 图书馆
0
5m

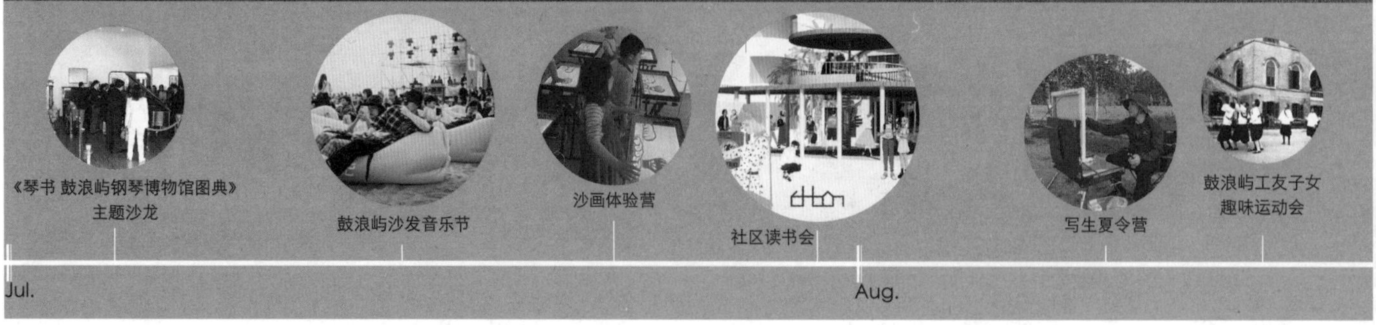
《琴书 鼓浪屿钢琴博物馆图典》主题沙龙
鼓浪屿沙发音乐节
沙画体验营
社区读书会
写生夏令营
鼓浪屿工友子女趣味运动会
Jul.
Aug.

图书馆剖透视

鼓浪屿影像资料展正在文化中心展厅举行老
照片历史代入感很强 收获满满的一天

今天的讨论会大家都提出了很有价值的观点 鼓浪屿的环境
也很美在这里做研究很享受

在鼓浪屿“历史国际社区”，传统的纸质文献仍占据重要地位，其形式和内容同样珍贵，都是后人得以一窥历史真相的路径，安静怡人的纸本阅览环境和小规模、低门槛的研讨活动最为合适。向所有乐于了解的人敞开怀抱，把文化的厚重轻言细语地诉说给居民和游客，给学者们提供资源丰富使用方便的空间，是我们对鼓浪屿文化场所的希冀。

我是诗歌节的志愿者 分享会马上就要开始
了我再去检查一下各项事宜

EXPLORE
UNIVERSE
图书馆每月定期举办读书会 每次围绕一个主题展开 迫不及待想知
道今天是什么主题了

- 戏剧节越办越好 西方戏剧和闽南戏曲的结合太有新意了
- 主创们热情满满 希望以后可以看到更多这样优秀的作品

今天有放映活动 提前过来喝喝下午茶旁
边咖啡馆的猫人气也很高呢

整体鸟瞰

诗歌分享会
合唱节
文学社团聚会
鼓浪屿中秋博饼
鼓浪屿历史
国际社区文化遗
产专题展览
Sept.

KAAE 鼓浪屿音乐学院
GulangyMusicSchool

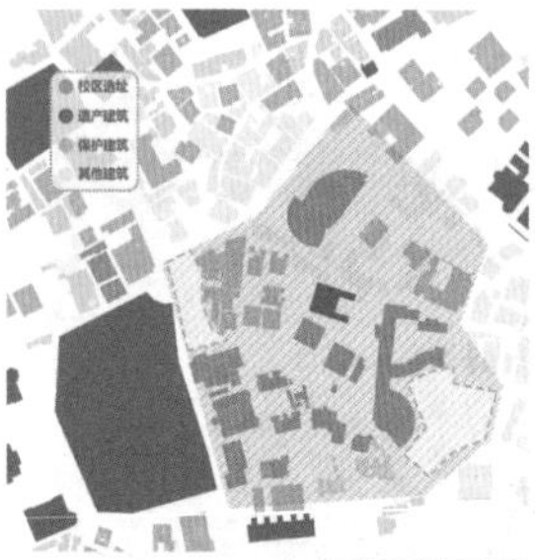

1 新旧肌理对比

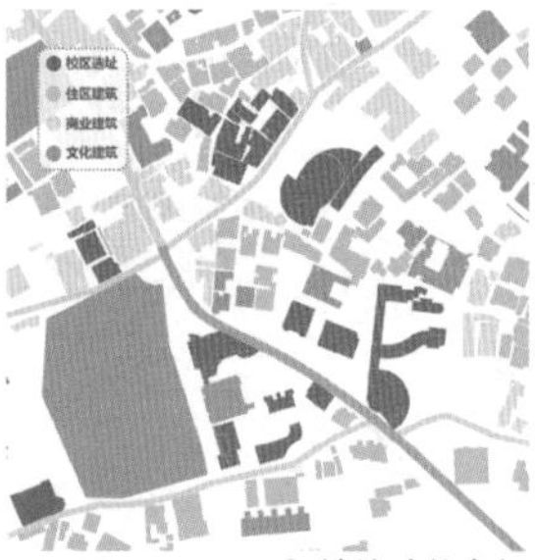

2 地块功能杂糅

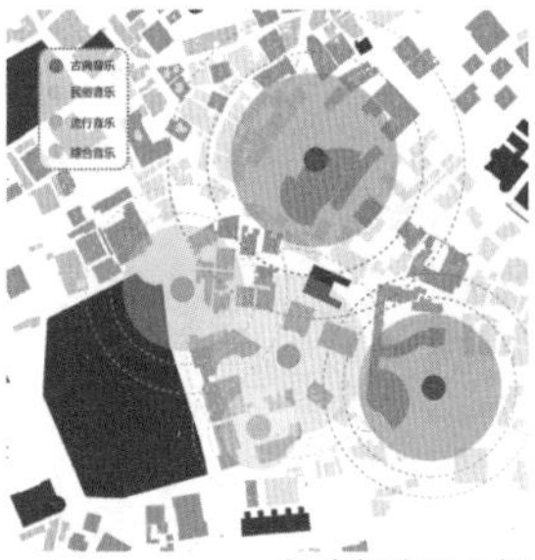

3 广场声景分析

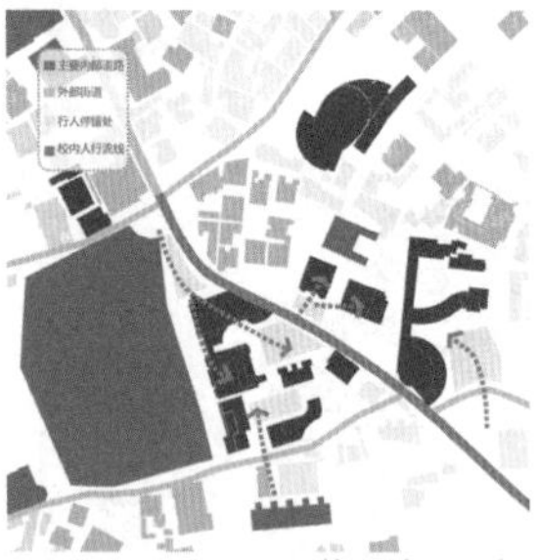

4 校园流线分析

校园整体鸟瞰图

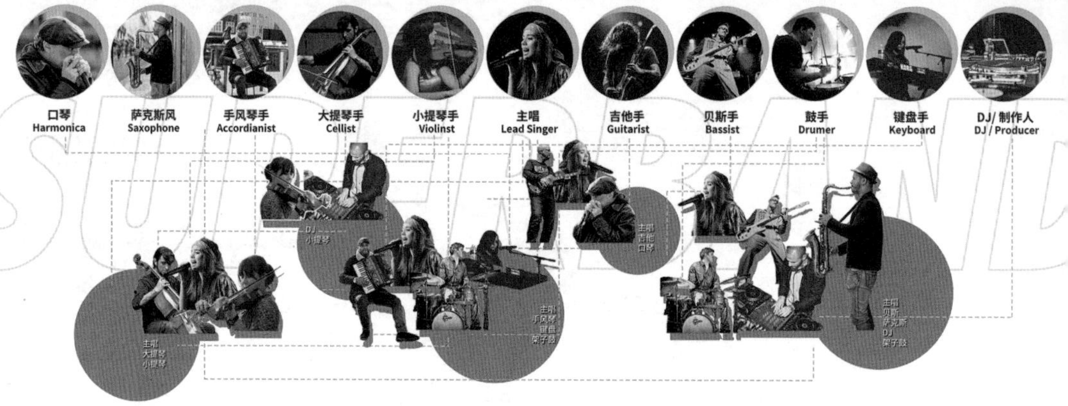
口琴 Harmonica
萨克斯风 Saxophone
手风琴手 Accordianist
大提琴手 Cellist
小提琴手 Violinst
主唱 Lead Singer
吉他手 Guitarist
贝斯手 Bassist
鼓手 Drumer
键盘手 Keyboard
DJ/ 制作人 DJ / Producer

概念提取

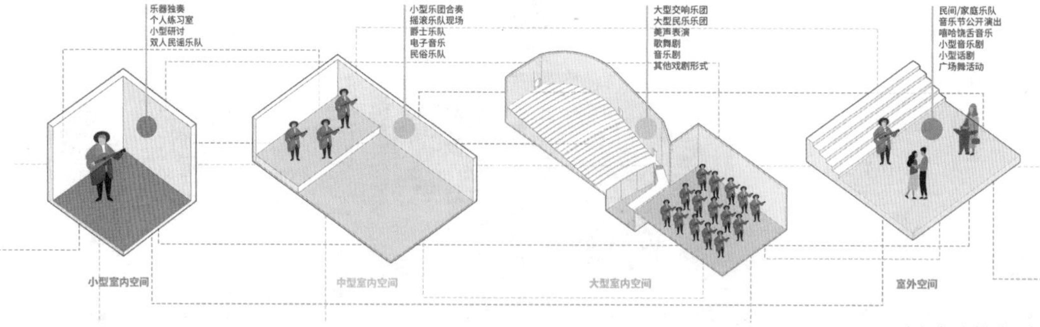
乐器独奏
个人练习室
小型研讨
双人民谣乐队
小型乐团合奏
摇滚乐队现场
爵士乐队
电子音乐
民俗乐队
大型交响乐团
大型民乐乐团
美声表演
歌舞剧
音乐剧
其他戏剧形式
民间/家庭乐队
音乐节公开演出
嘻哈饶舌音乐
小型音乐剧
小型话剧
广场舞活动
小型室内空间
中型室内空间
大型室内空间
室外空间

空间组合模式分析

鼓浪屿国际钢琴艺术节
& 钢琴比赛
鼓浪屿国际诗歌节
中坛元帅诞
戏剧节
街道社区运动会
小学生
绘画比赛
Oct.
Nov.

演艺综合体前广场 - 小型乐团演奏会

演艺综合体平台 - 二层观演

演艺综合体后广场 - 民间乐团分享会

社区演艺中心 - 居民活动

图书馆连廊下空间 - 静谧停留

高差平台 - 乐队 live 演出现场

专业
排练室
专业
排练室
演艺综合体
社区图书馆
录音室
社区
音乐
俱乐部
社区
排练室

总平面图

开放式音乐学校的校区设计主要以西北至东南的斜坡路作为贯穿校园的主要道路，保留鼓浪屿音乐学校原址作为主要文化课教学的活动区，对道路西侧、图书馆东侧，现分布较为混乱且不具有较高历史意义的建筑群进行规整与改造，将其作为社区与学生共用的排练场所。地段最北侧、面向商业区的入口广场则起到对外界人群的引流作用，最北侧的建筑将作为音乐综合体进行单独的设计，以作为同时面向学生、游客、社区居民三方开放的音乐演艺场所。

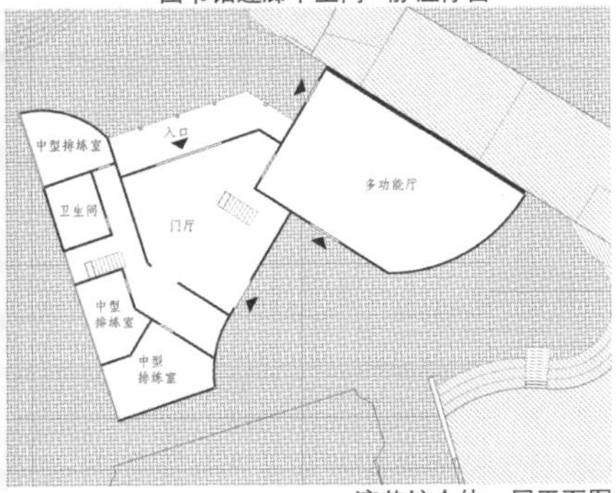
中型排练室
入口
卫生间
门厅
多功能厅
中型
排练室
中型
排练室

演艺综合体一层平面图

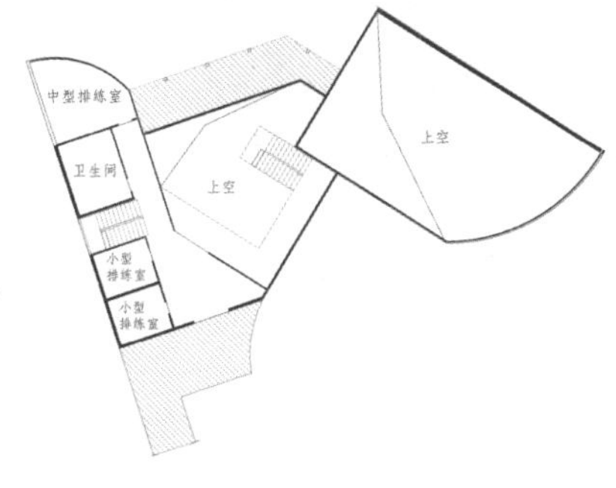
中型排练室
卫生间
上空
上空
小型
排练室
小型
排练室

演艺综合体二层平面图

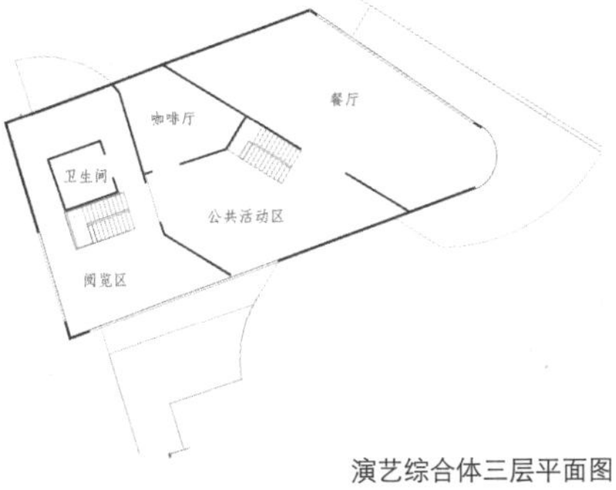
咖啡厅
餐厅
卫生间
公共活动区
阅览区

演艺综合体三层平面图

空间组合模式展示

APPLEPIE
庭院演奏会
摇滚音乐节
校庆音乐会
日出女子跑
爵士演奏会
Dec.

SOUTHEAST UNIVERSITY

东南大学

1 浮岛计划 Archipelago Plan

鼓浪屿浮岛计划——务工人群家园 / 音乐幼儿园组团

2 记忆场所再生 Memory Regeneration

记忆场所的再现与再生——时间之环 / 纪念日常

3 疍民文化 "The Dans" Culture

基于疍民文化的沙坡尾保护与更新

杜少紫

吴余鑫

郑文倩

孙铭阳

张涵

指导教师

夏兵

周霖

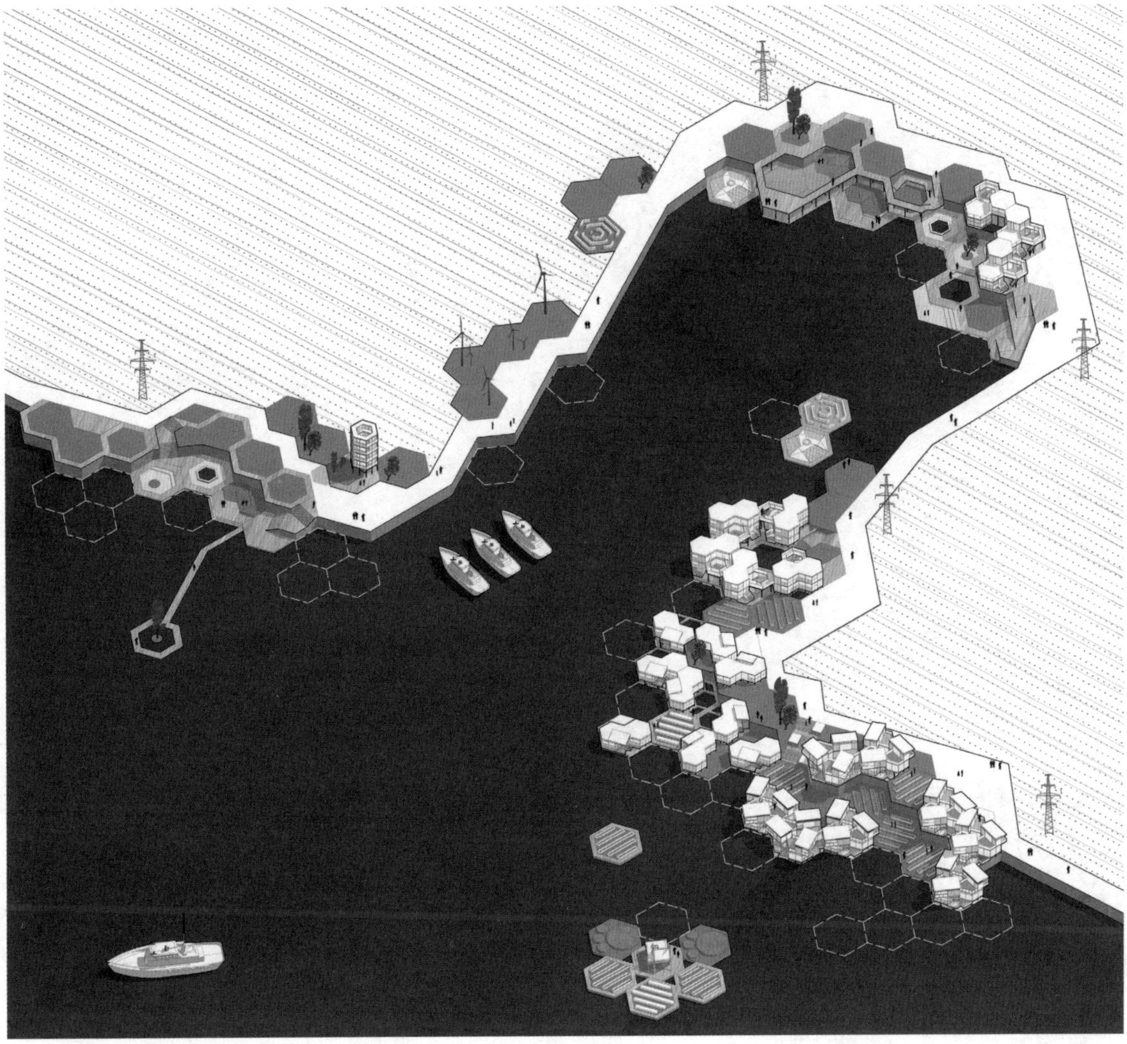

如今的鼓浪屿，如同一个病入膏肓的人，申请世界文化遗产的成功，不过是暂时延缓了疾病发展的速度。旅游业蓬勃发展的背后，掩盖掉的是鼓浪屿上曾经的人和他们的故事。医院、学校以及各种城市功能已经撤离，鼓浪屿正成为橱窗里的标本，迎接每天白日的喧嚣和夜晚的沉寂。面对这样的病人，简单的诊断和粗暴的介入是十分危险的。任何拍脑袋的策划和莫名的增量对于这个世界文化遗产都没有好处。

基于以上观点，我们采用“保守”的策略，抓住“记忆”与“生活基础设施”两个主题，以极“轻”的、可逆的方式在岛屿外围及海面加以临时性干预，希冀从精神和功能上为鼓浪屿注入新的活力。这不是推卸责任，因为在有些情况下，机体的自愈附以温柔的调理真的比外科手术更有效果。

——夏兵　周霖

鼓浪屿浮岛计划——务工人群家园

Kulangsu Archipelago Plan —— Home for Migrant Workers

东南大学
设计：杜少紫
指导：夏兵 / 周霖

浮岛计划

将岛上存在却无法使用的功能和岛上缺少的需要新增的要素进行抽象，并填充在浮岛原型中，这些浮岛可以拼接、生长，可以通过潮起潮落与岸边产生高差变化，可以利用海水资源进行养殖、种植、发电和休闲。以此方式，方案将为鼓浪屿的更新提供机会，创造一个生活设施完备的家园，服务于维系鼓浪屿基本运作的务工人员，也辐射旅游人员和原住民使用。

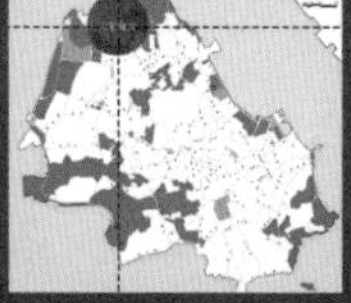

三种人群

1. 游客：申遗后，鼓浪屿有限的海岛面积上难以承载剧增的游客量和病态发展的旅游业需求，于 2013 年实施限流，日限 5 万人；

2. 岛民：由于岛上物资信息交流与外界延迟，导致当地发展缓慢，岛民生活需求包括医疗、教育资源等落后，原住民大量流失。

★ 3. 务工人员：属于“中间群体”，岛上务工人员大多来自安徽，他们维系着这个岛屿的基本运作，大多数务工人员来自安徽，而多数每日往返厦门岛上下班。

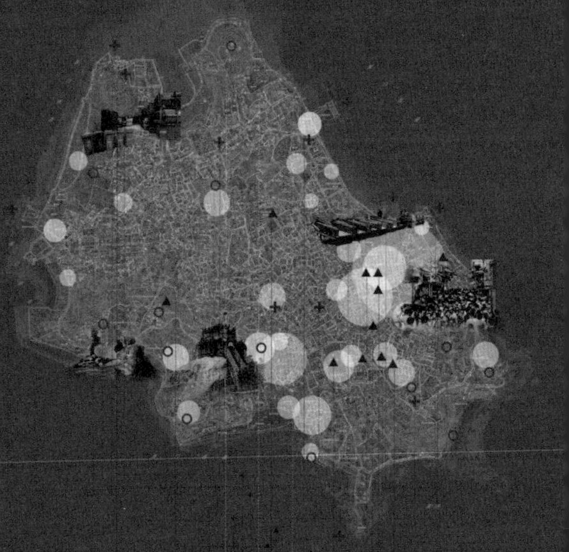

Sanitation worker
环卫工人
宿舍院子中堆满塑料瓶和垃圾

Catering staff
餐饮业人员
下班时间在街角聊天

Construction worker
建筑工人
在院子中种植蔬菜

Cart worker
板车工人
原始劳累的工作方式

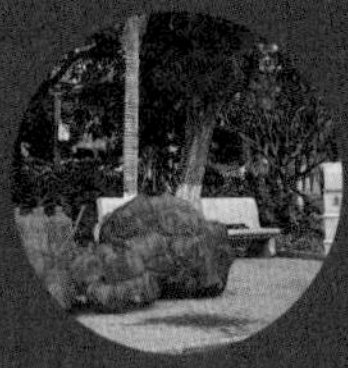

Water delivery worker
送水工人
塑料水桶堆积无法及时清运

Service worker
服务业人员
“夹缝”中的生存

NATURE
INFRASTRUCTURE

HISTORY & CULTURE

六边形模块原则

1. 定制化 Customized
2. 模块化 Modular
3. 可拼接 Splicable
4. 最小干预 Minimal intervention

定制住区步骤

1. 浏览已有模块 Browse Module Types
2. 选择户型和责任 Choose House Types & Duty
3. 完善组团模式 Complete the Group Types
4. 知悉使用模式 Know the Characteristics

设计说明：

该方案关注鼓浪屿上介于游客与居民的“中间群体”的基本需求。

鼓浪屿作为世界文化遗产，申遗后，鼓浪屿有限的海岛面积上难以承载剧增的游客量和病态发展的旅游业需求。在一个只能以原始板车进行人力运输、垃圾处理和建筑建造等高强度劳力活动的情况下，这些务工人员几乎维系着鼓浪屿的生命，但是他们的生活品质异常低下。

方案欲在考虑海岛面积有限、申遗后建造困难的几种情况，突破岛屿面积限制，并最大化利用最丰富的海洋资源，来为这些人群提供一处更好的栖身之地——鼓浪屿浮岛计划：务工人群的家园。

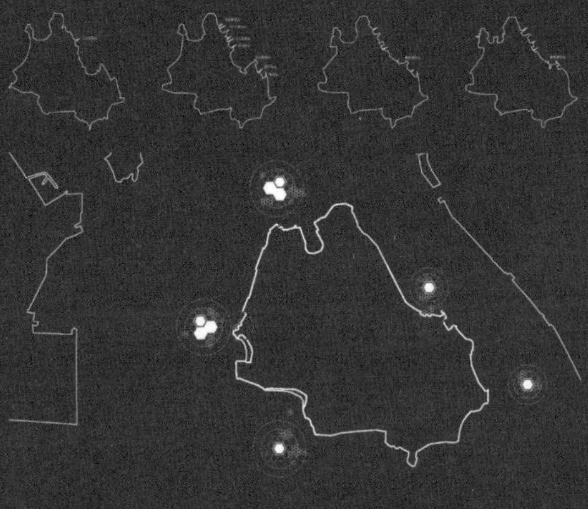

场地特征

1. 海岛土地有限 Limited land
2. 开发严格受限 Limited development

策略原则

1. 突破岛屿边界 Break through the boundaries
2. 最小干预现状 Minimal intervention

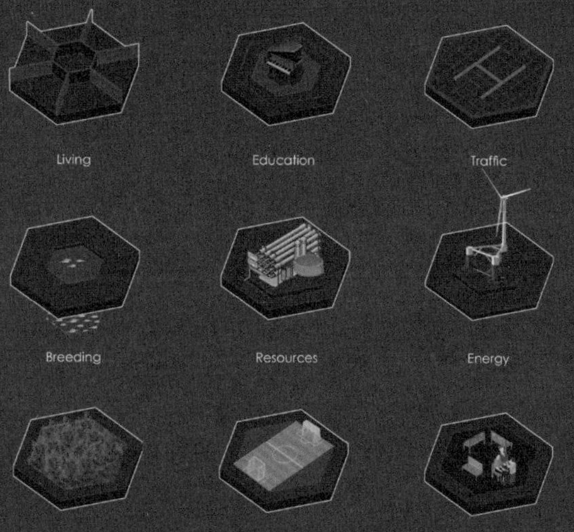
Living
Education
Traffic
Breeding
Resources
Energy
Farming
Sports
Leisure

— Start Customizing the Community —

■ Step 1 Browse Module Types

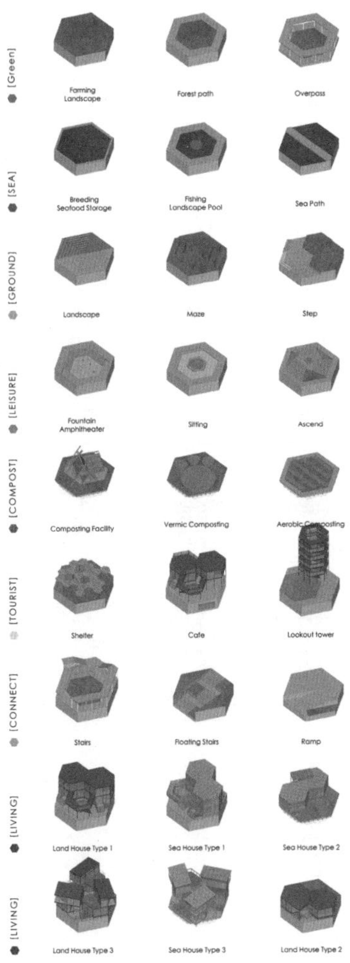

[Green]
Farming Landscape
Forest path
Overpass
[SEA]
Breeding Seafood Storage
Fishing Landscape Pool
Sea Path
[GROUND]
Landscape
Maze
Step
[LEISURE]
Fountain Amphitheater
Sitting
Ascend
[COMPOST]
Composting Facility
Vermic Composting
Aerobic Composting
[TOURIST]
Shelter
Cafe
Lookout tower
[CONNECT]
Stairs
Floating Stairs
Ramp
[LIVING]
Land House Type 1
Sea House Type 1
Sea House Type 2
[LIVING]
Land House Type 3
Sea House Type 3
Land House Type 2

■ Step 2 Choose Housing Types & Duty

●
Housing Type 1.1
BedRoom: 3
Toilet: 1
Layer: 1/1
●○○
Duty: Farming

●
Housing Type 1.2
BedRoom: 4
Toilet: 1
Layer: 1/1
○●○
Duty: Breeding

●
Housing Type 1.3
BedRoom: 5
Toilet: 1
Layer: 1/1
○○●
Duty: Composting

●
Housing Type 1.4
BedRoom: 6
Toilet: 2
Layer: 1/1
●●○
Duty: Farming

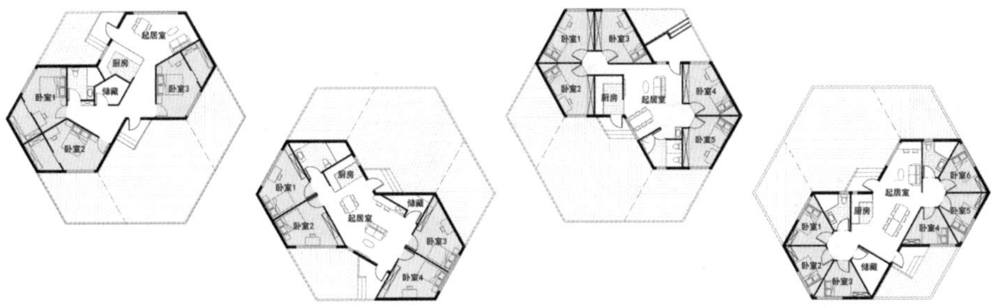

●●
Housing Type 2
BedRoom: 8
Toilet: 4
Layer: 1/2
○●●
Duty: Breeding

●●
Housing Type 2
BedRoom: 8
Toilet: 4
Layer: 2/2
○●●
Duty: Breeding

●
Housing Type 3
BedRoom: 9
Toilet: 6
Layer: 1/2
●●●
Duty: Farming

●
Housing Type 3
BedRoom: 9
Toilet: 6
Layer: 2/2
●●●
Duty: Farming

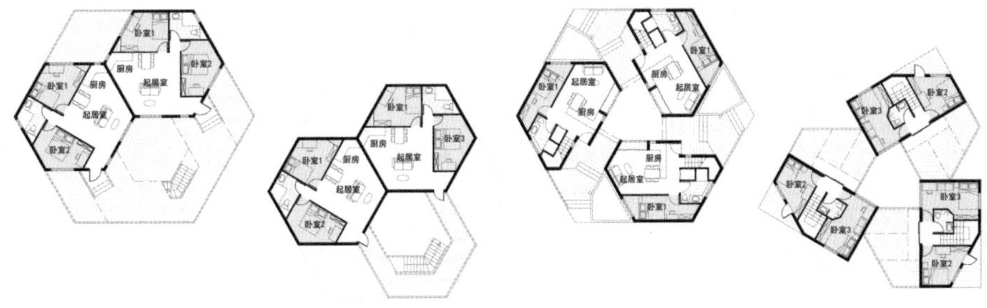

■ Step 3 Complete Group Modes

Living Group
Type 1 - Evenly

Characteristics: Low Housing Density
Capacity: About 24 - 48
Responsibility Area: 200 ㎡

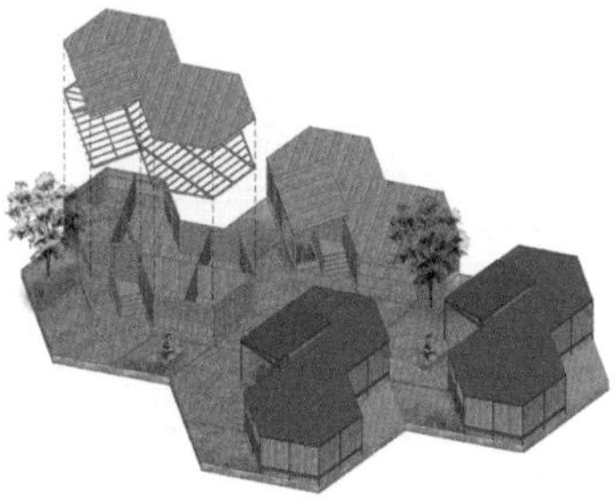

Living Group
Type 2 - Circularity

Characteristics: Well Enclosed & Central Duty Garden
Capacity: About 64
Responsibility Area: 400 ㎡

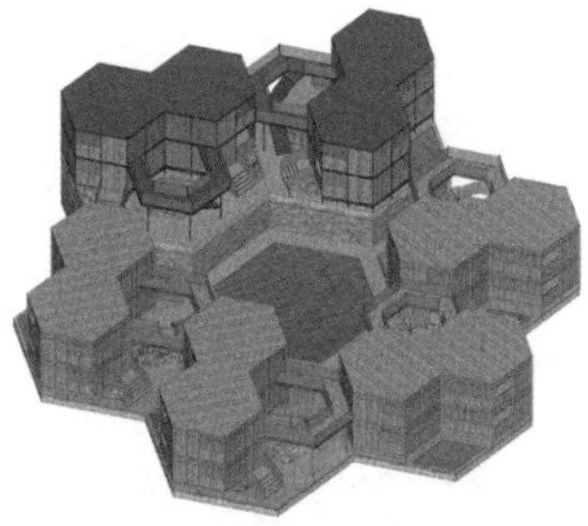

Living Group
Type 3 - Linearly

Characteristics: High Housing Density & Large Open Spaces
Capacity: About 81
Responsibility Area: 1000 ㎡

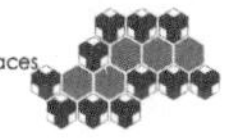

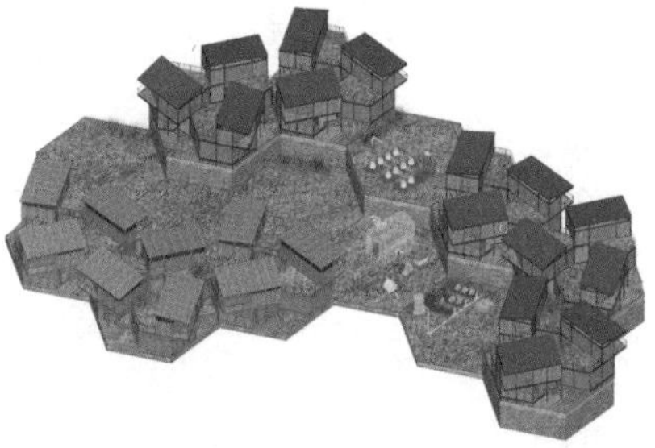

Composting Group
Type 1 - Circularity

Characteristics: Thy are floating on the sea far from the shore, and only close to land when needed.It can also be used for temporary stacking of rubbish at the sanitation terminal next to it.

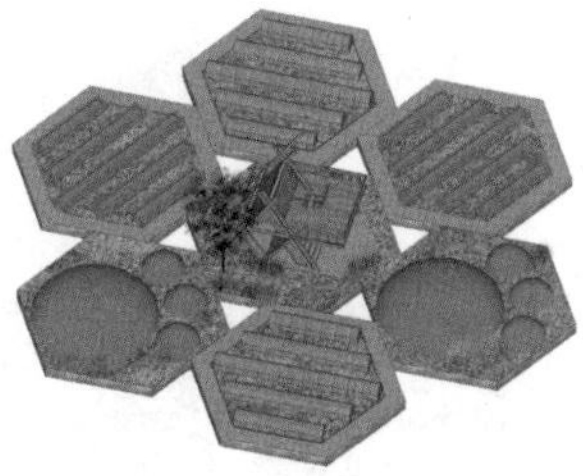

Leisure Group
Type 1 - Linearly

Characteristics: Coastal hexagonal leisure activity plaza is both available to residents and tourists,which can stimulate interaction between residents and tourists.

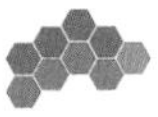

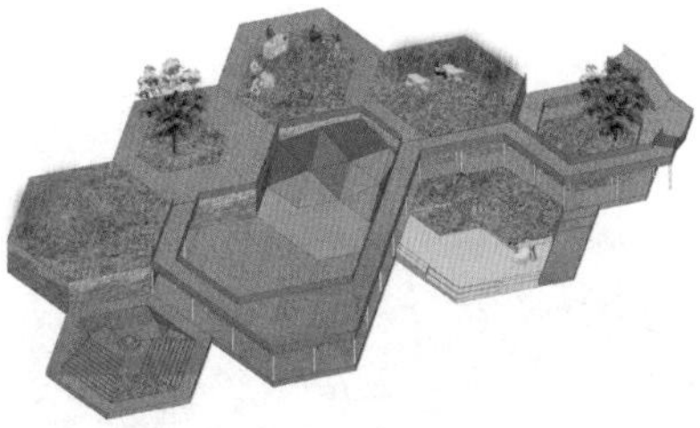

Commercial Group
Type 1 - Linearly

Characteristics: The community also provides commercial modules for the tourism industry.People can enjoy the water platform and the sea view cafe.

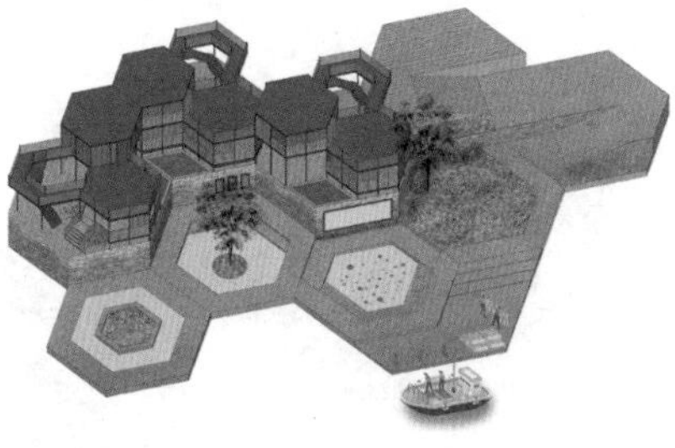

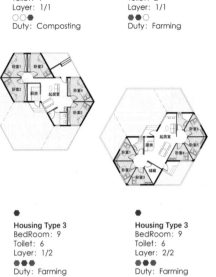

■ Step 4 Know the Characteristics

1.Growable

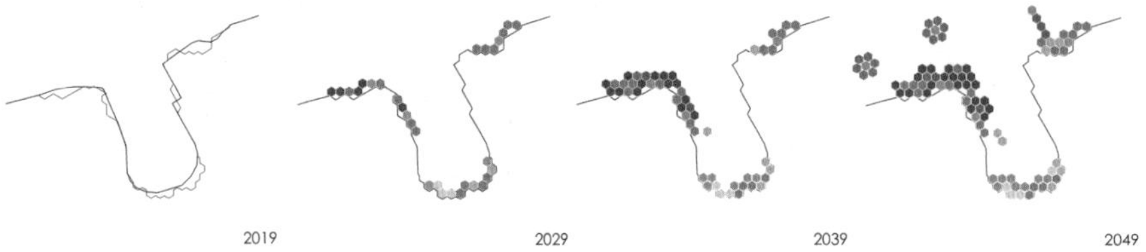
2019
2029
2039
2049

2.changeable

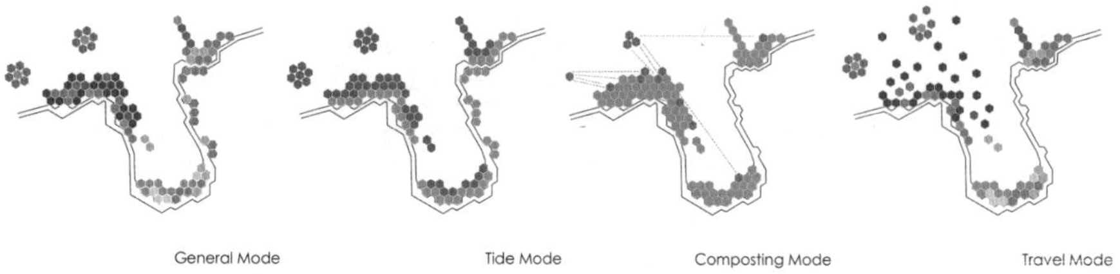
General Mode
Tide Mode
Composting Mode
Travel Mode

3.Floating

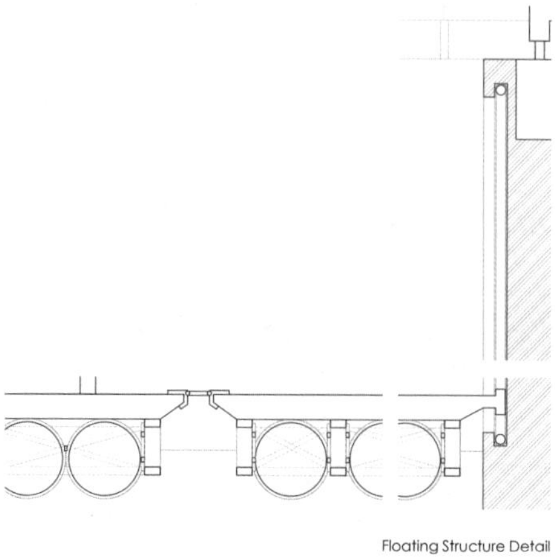
Floating Structure Detail

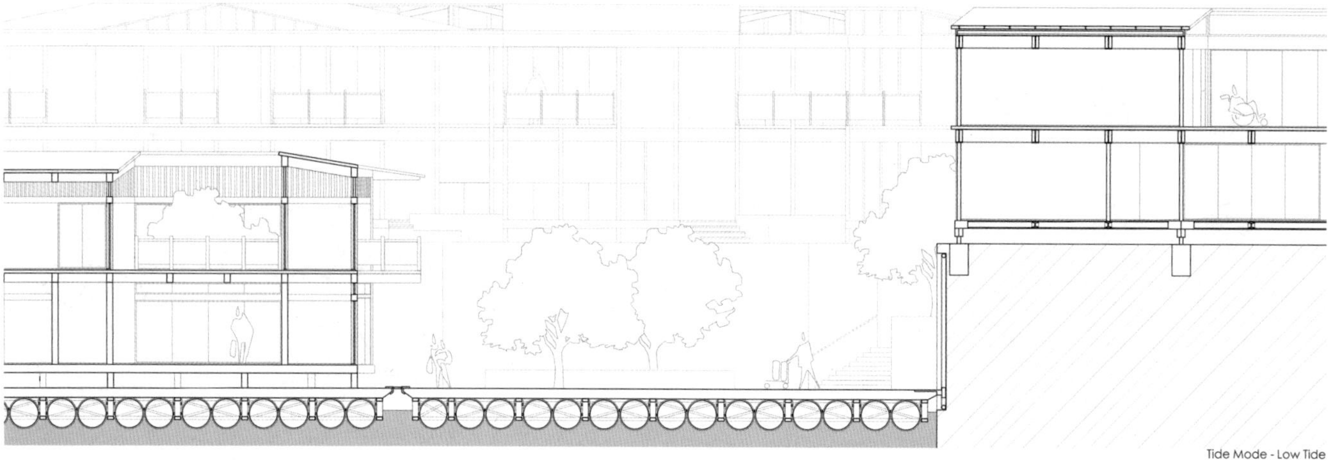
Tide Mode - Low Tide

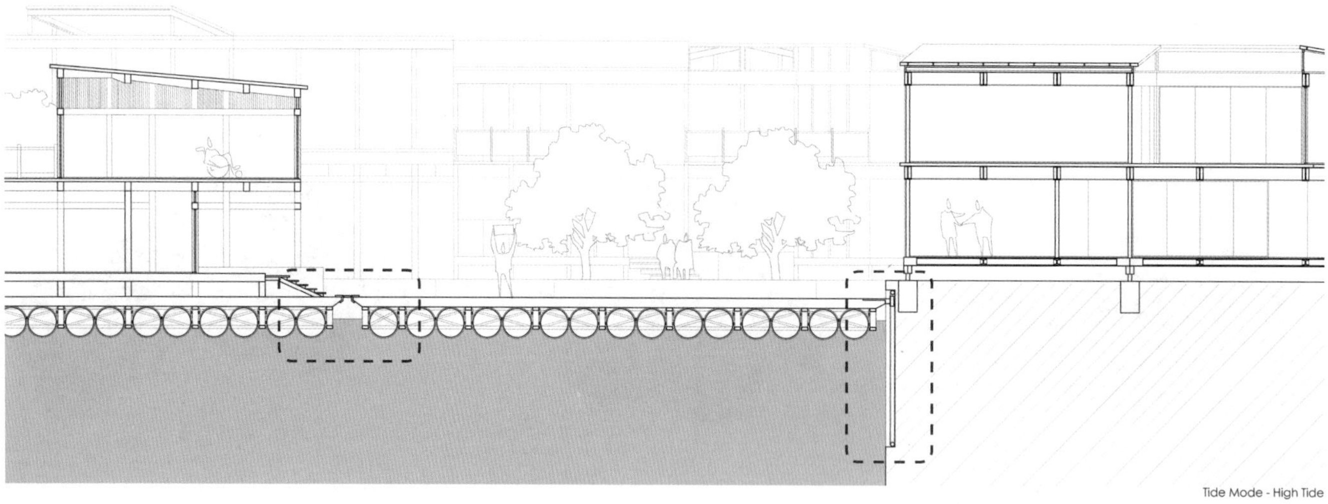
Tide Mode - High Tide

■ Rendering

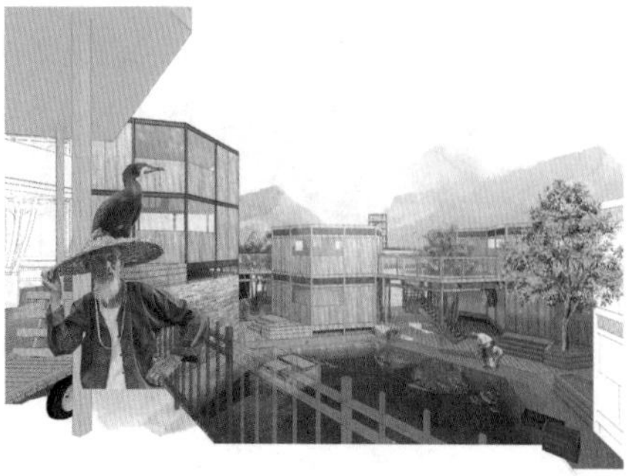

■ Step 4 Axonometric Drawing

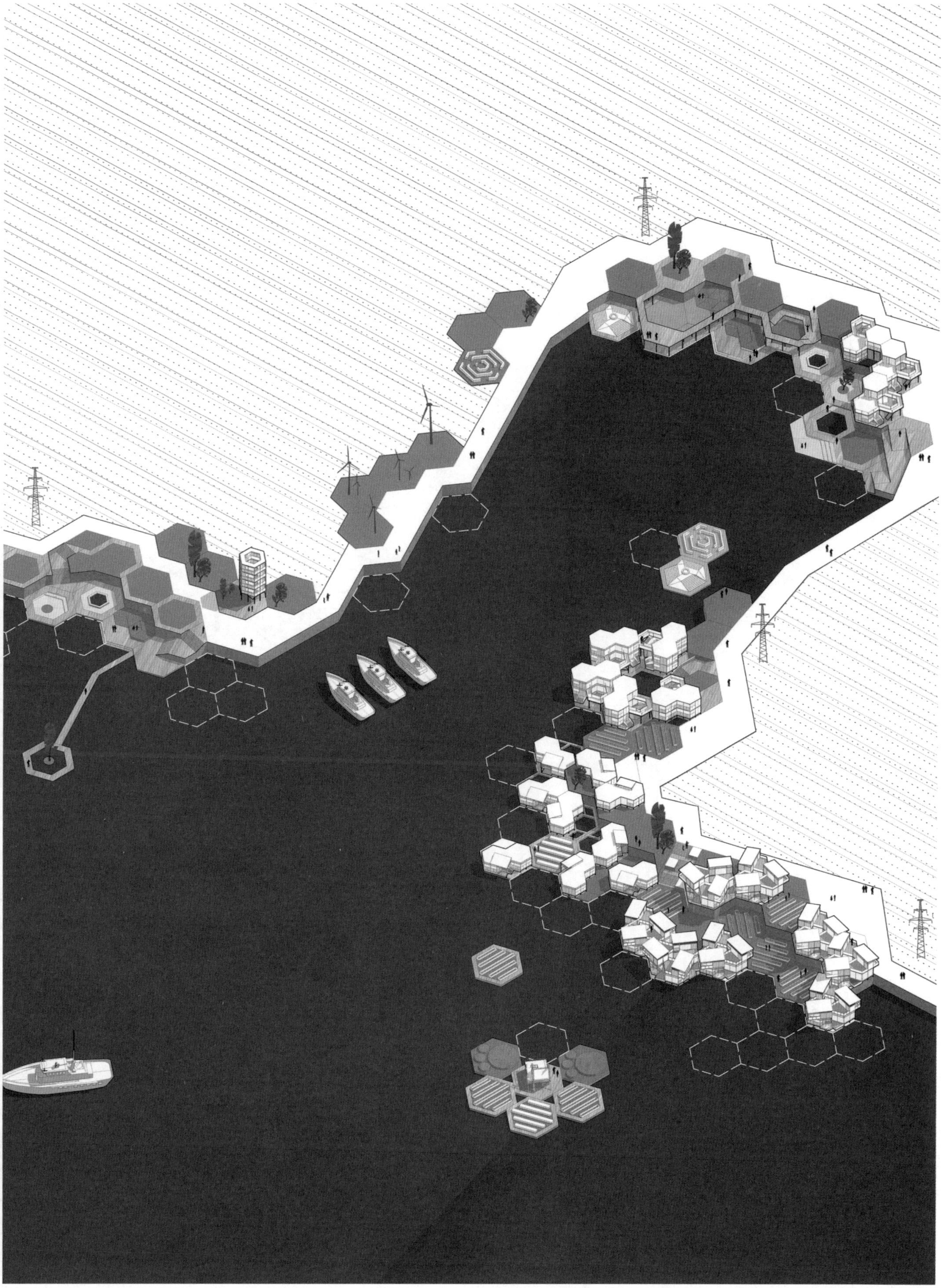

鼓浪屿浮岛计划——音乐幼儿园

Floating islands

东南大学
设计：孙铭阳
指导：夏兵/周霖

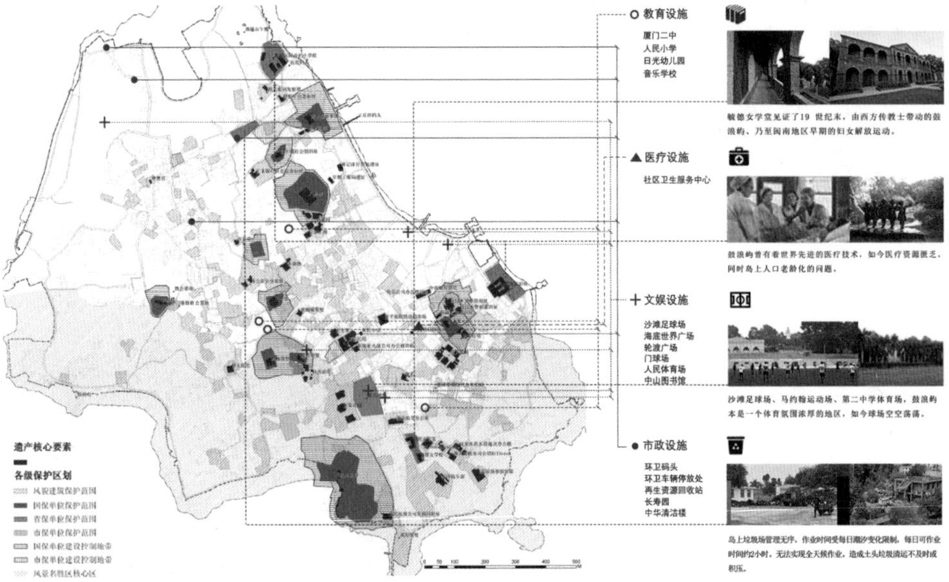
遗产核心要素
各级保护区划
风貌建筑保护范围
国保单位保护范围
省保单位保护范围
市保单位保护范围
国保单位建设控制地带
市保单位建设控制地带
风景名胜区核心区
教育设施
厦门二中
人民小学
日光幼儿园
音乐学校
毓德女学堂见证了19 世纪末，由西方传教士带动的鼓浪屿、乃至闽南地区早期的妇女解放运动。
医疗设施
社区卫生服务中心
鼓浪屿曾有着世界先进的医疗技术，如今医疗资源匮乏，同时岛上人口老龄化的问题。
文娱设施
沙滩足球场
海底世界广场
轮渡广场
门球场
人民体育场
中山图书馆
沙滩足球场、马约翰运动场、第二中学体育场，鼓浪屿本是一个体育氛围浓厚的地区，如今球场空空荡荡。
市政设施
环卫码头
环卫车辆停放处
再生资源回收站
长寿园
中华清洁楼
岛上垃圾场管理无序，作业时间受每日潮汐变化限制，每日可作业时间约2小时，无法实现全天候作业，造成土头垃圾清运不及时或积压。

鼓浪屿世界文化遗产保护 vs 鼓浪屿社区发展

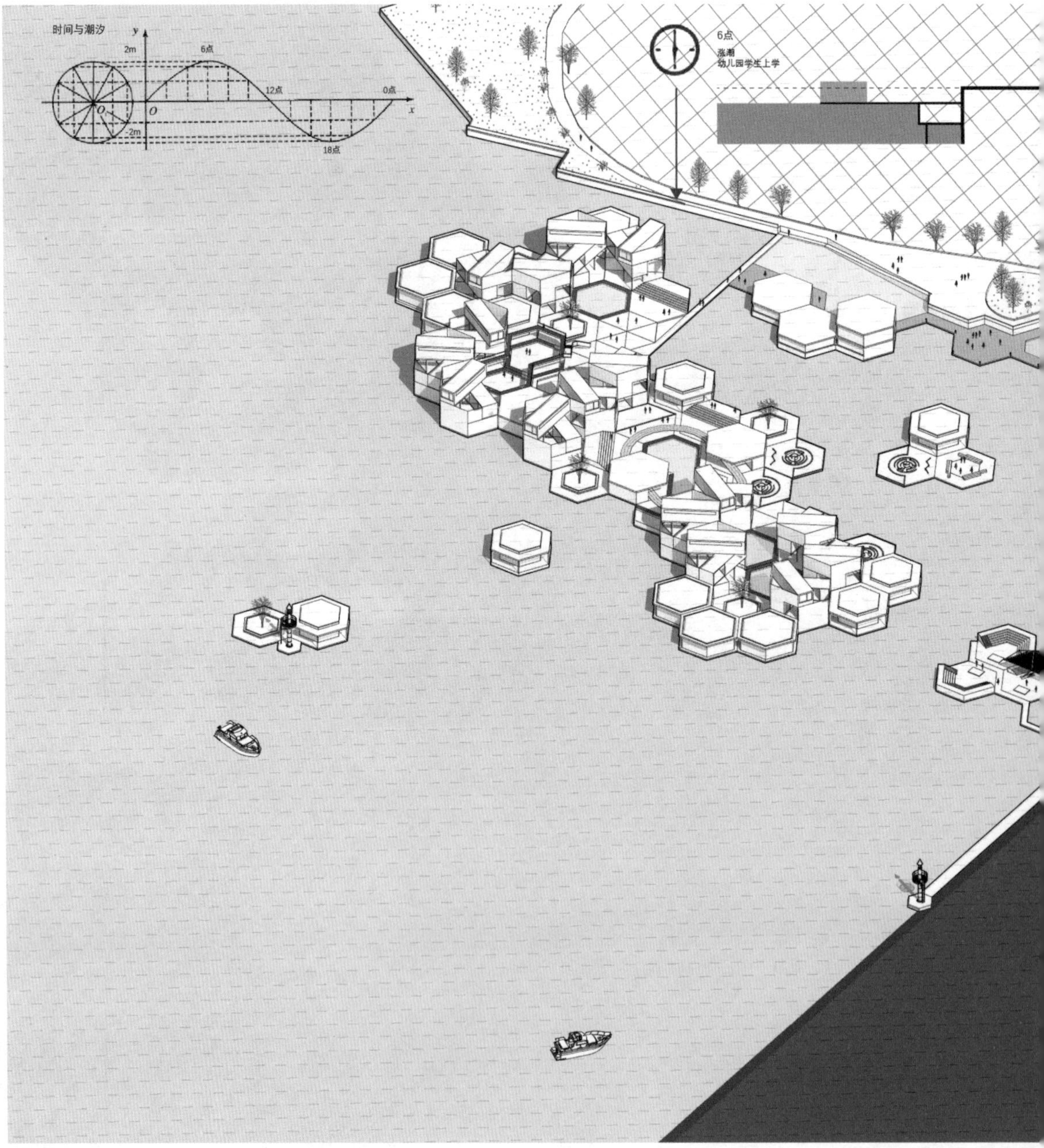
时间与潮汐
y
2m
6点
12点
0点
x
O
-2m
18点
6点
涨潮
幼儿园学生上学

时间潮汐与活动变化

设计说明：

鼓浪屿作为世界文化遗产以保护为首要考虑因素，这导致了岛上的基础设施无法更新以保证居民生活标准，年轻人不得不出岛寻求更好的生活，使鼓浪屿更加缺乏活力。合理利用海洋资源，以浮岛的形式扩建鼓浪屿，一方面可以满足岛上居民缺乏的服务设施的需求，另一方面可以完善鼓浪屿的旅游体系升级旅游产业。利用六边形可以拼接的灵活几何形式，通过探讨不同的组合状态，尽量减小浮岛对于环境的干预。

可漂浮方案适应性强，灵活可变，可以适应近海气候变化，可以针对不同情况需求变化组合方式。

尽量减少对于鼓浪屿本岛的干预，漂浮物及码头易建造，满足环境保护以及历史文化遗产保护需要。

人口比例

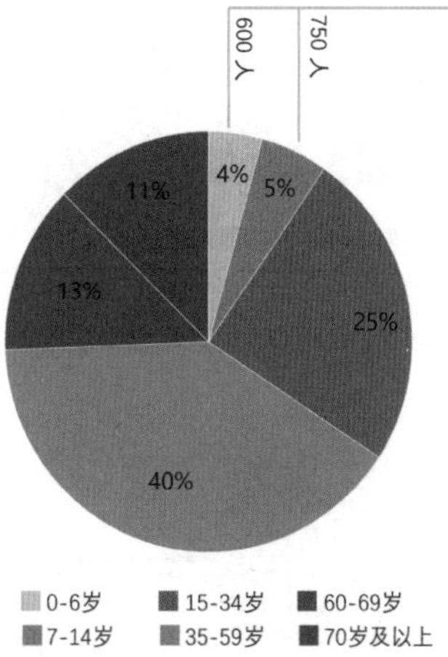
600人
750人
4%
5%
11%
13%
25%
40%
0-6岁
15-34岁
60-69岁
7-14岁
35-59岁
70岁及以上

现状

岛上教育资源短缺，并且逐渐失去了钢琴及足球教育的特色，进一步加剧了年轻人口的流失。
通过设计音乐学校及幼儿园的浮岛组团，一方面可以解决儿童的教育和娱乐资源缺乏的问题，同时整合西岸及近海资源，激发内厝社区的活力。

设计对象：幼儿及青少年

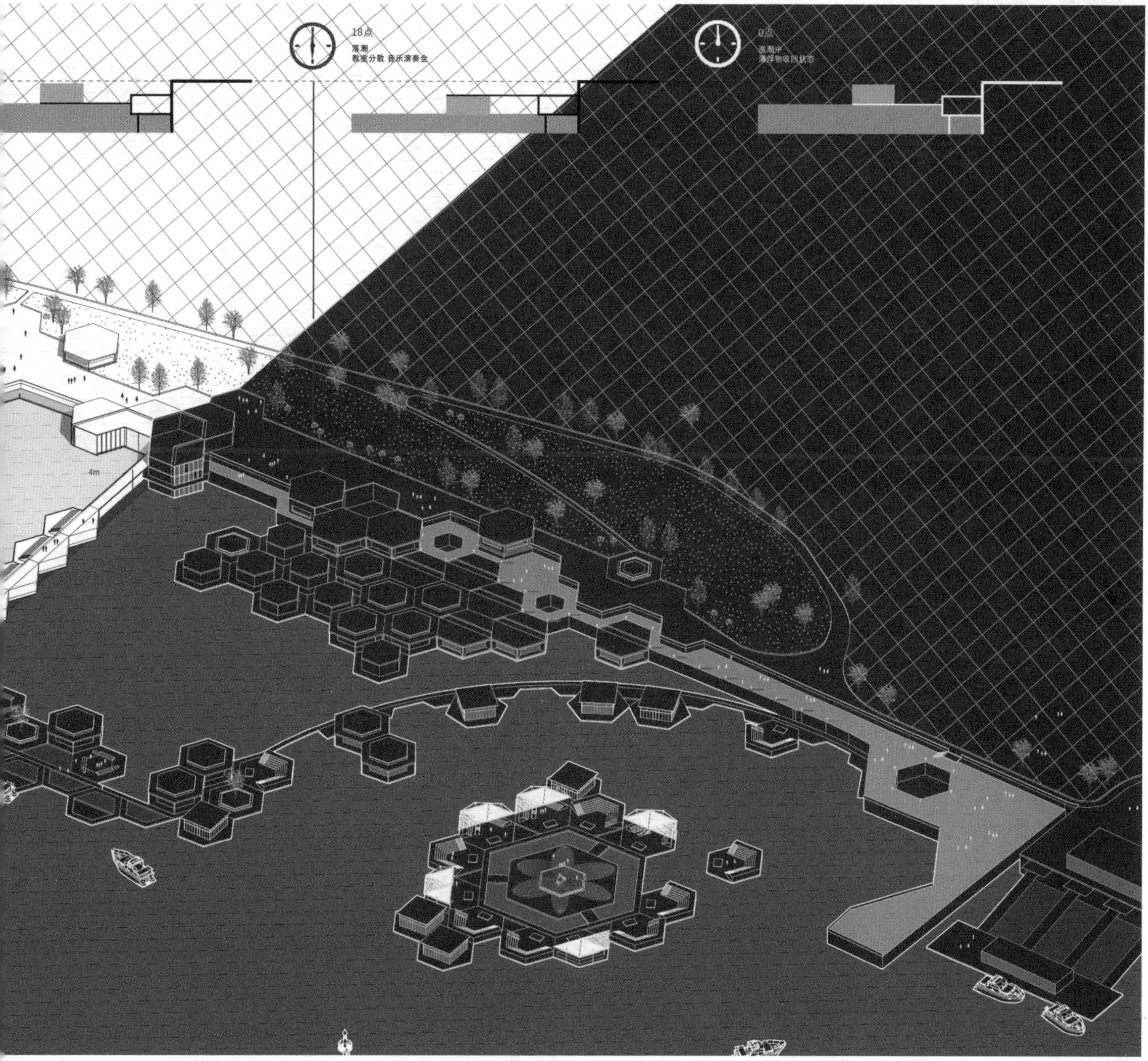

总平布局

剖透视

幼儿园

二层平面图

码头

沿岸步道

休闲区

平面构成

岸线景观

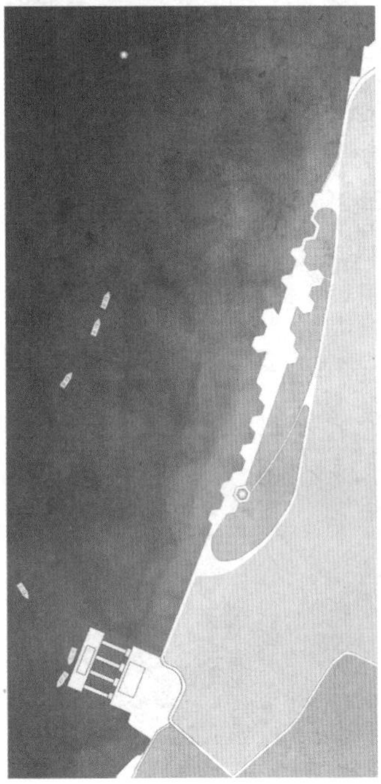

固定模块

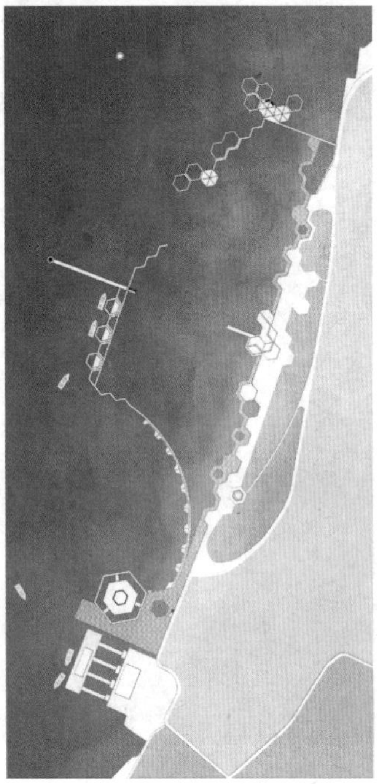

分散状态

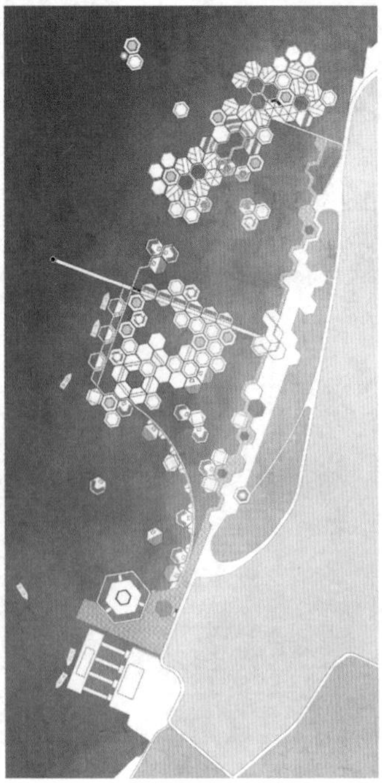

聚合状态

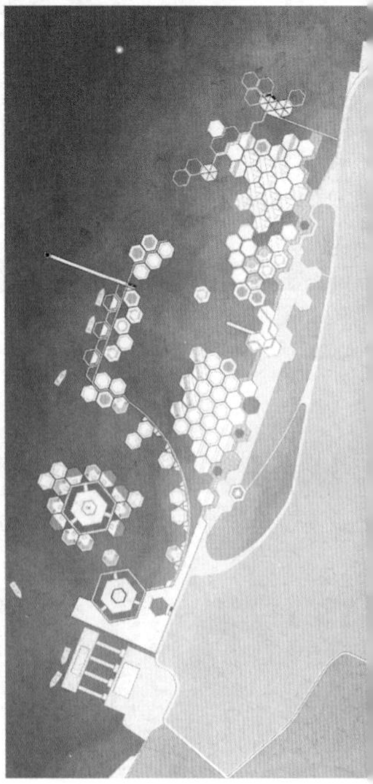

儿园

层平面图

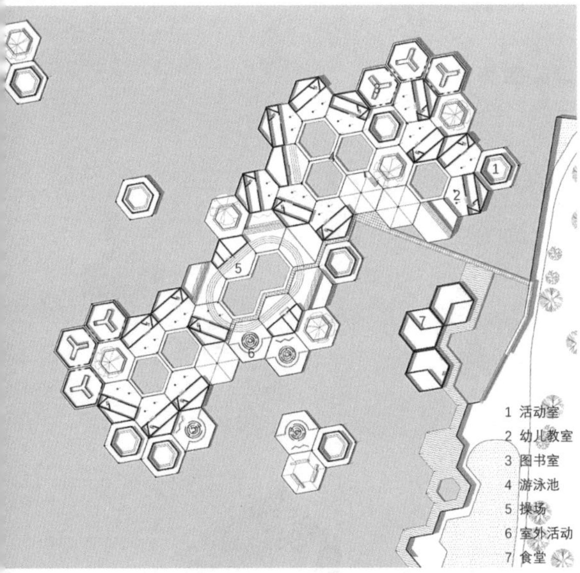
1 活动室
2 幼儿教室
3 图书室
4 游泳池
5 操场
6 室外活动
7 食堂

层平面图

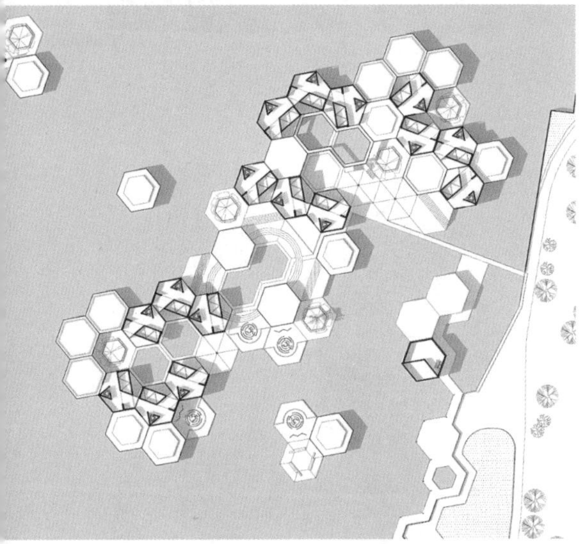

单体轴测

音乐学校区

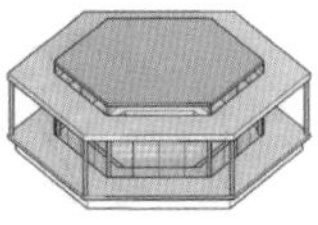
活动室

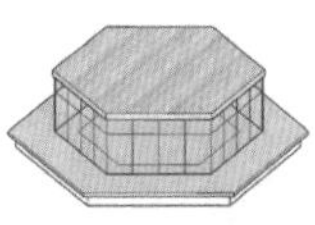
咖啡厅

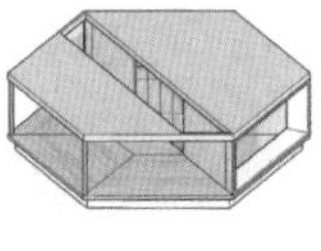
音乐教室

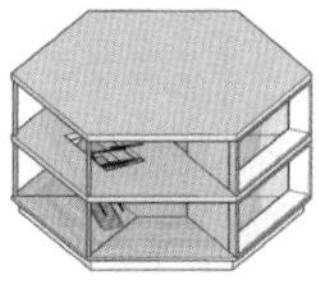
音乐教室

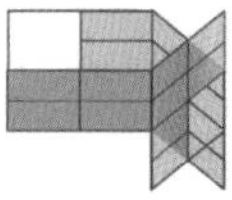
表皮
穿孔金属板

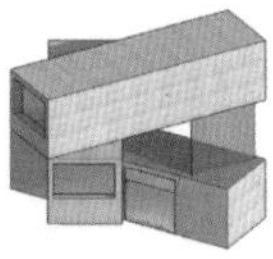
围护
木板 + 白漆

结构
钢结构 +
预制混凝土

幼儿园区

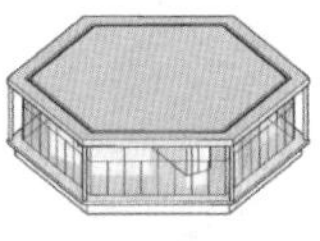
图书室

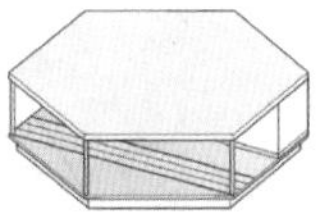
体育馆

基础
结构基础

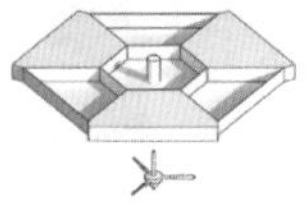
漂浮基础
电磁设备间
空心腔体
螺旋动力设施

休闲演奏区

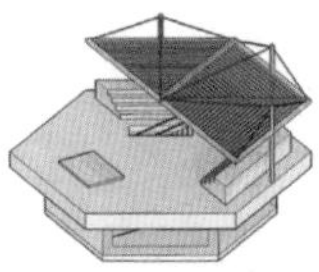
音乐舞台

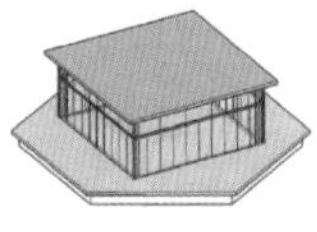
琴房

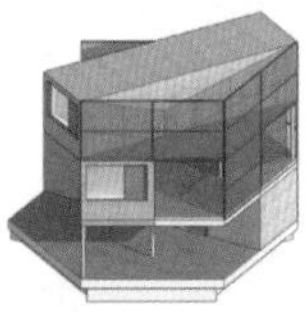
幼儿园活动室

体透视

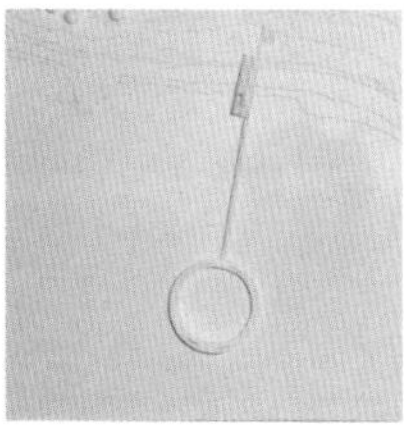

东南大学
设计：吴余馨
指导：夏兵/周霖

记忆场所的再现与再生——时间之环
Reproduction and Regeneration of Memory Places

背景概述

"鼓浪屿是中国一处独特的，见证了中国在全球化发展早期阶段实现现代化和中外多元文化交流与融合历程的活态建筑遗产，是一个历史的国际社区的典型代表"。

鼓浪屿申遗成功后，其历史价值得到了世界范围内的认同。为鼓浪屿带来了更多的关注，建设资金和更大的旅游发展潜力。

岛上的历史建筑得到了大量的资金投入，基础设施建设得到发展。然而鼓浪屿依然面临着本地人口流失，当地文化式微的困境。

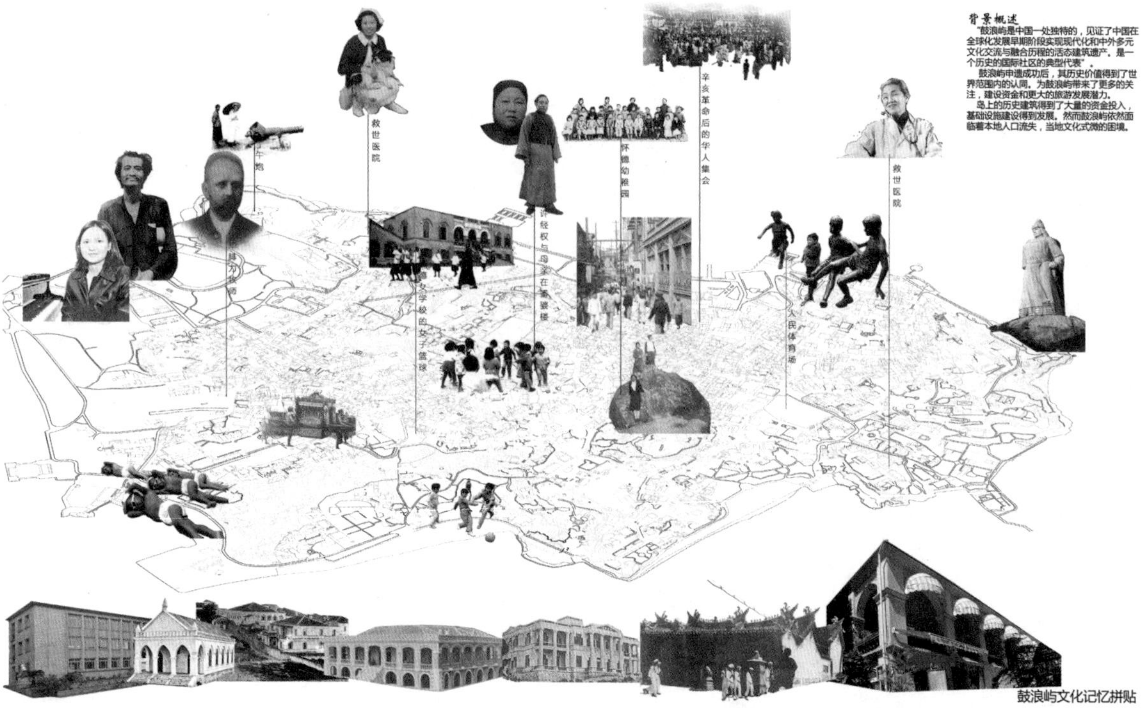
救世医院
辛亥革命后的华人集会
怀德幼稚园
人民体育场
救世医院

鼓浪屿文化记忆拼贴

协和礼拜堂
燕尾山炮台
厦门二院
兆和山公园
燕尾山公园
三丘田码头
内厝澳码头
钟德宫
钢琴码头
厦门二中
工艺美术学院
延平戏院
基督教教徒墓园
日光幼儿园
姑娘楼
美华浴场
马约翰体育场
日本人墓地
大德记浴场
后仔港浴场
福音堂
日光岩寺
鼓浪屿音乐厅
Spiritual
Memorizing
Recreational
Functional
1850
1900
1950
2000

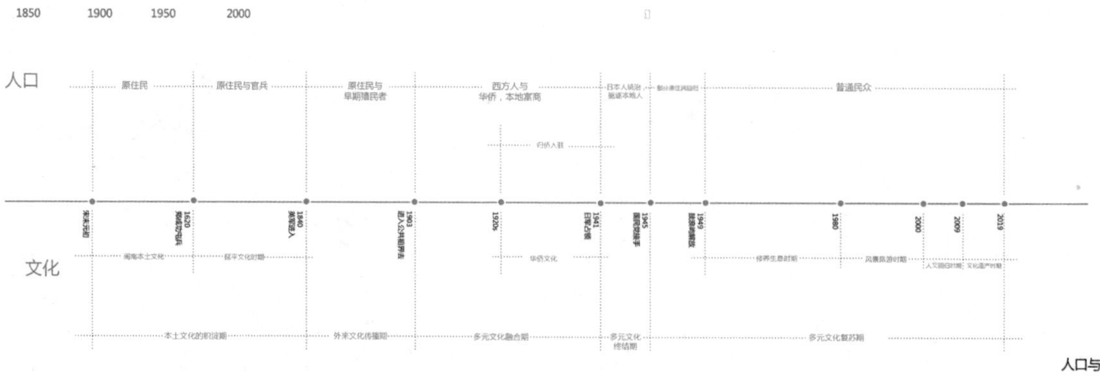
1850
1900
1950
2000
人口
原住民
原住民与官兵
原住民与早期殖民者
西方人与华侨，本地富商
普通民众
文化
本土文化的积淀期
外来文化传播期
多元文化融合期
多元文化终结期
多元文化复苏期

人口与文化

设计说明：

该设计以申遗后的厦门鼓浪屿的空间发展为研究对象，在充分梳理上位规划，调研现状的基础上，吴余馨及其合作者提出以"记忆"作为联系鼓浪屿现有居民、游客与鼓浪屿历史之间的桥梁。

吴余馨以"时间环"为题，通过对海岸潮水涨落的研究，设计了一处纪念场所。该设计以潮水涨落为启发，环形闭合为平面，创造了一处宁静的纪念地。设计创造了纪念性的氛围，并提供了扎实的技术支持。

该设计选题正确，逻辑清晰，调研详实，图纸符合规范，是一篇优秀的本科毕业设计。

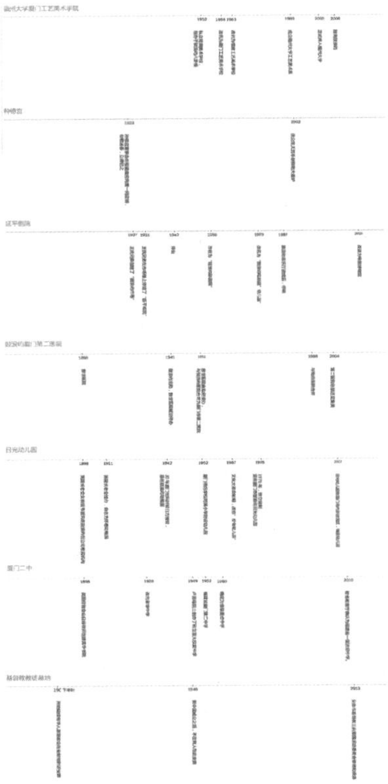

时间中的场所

线性的时间——墓地

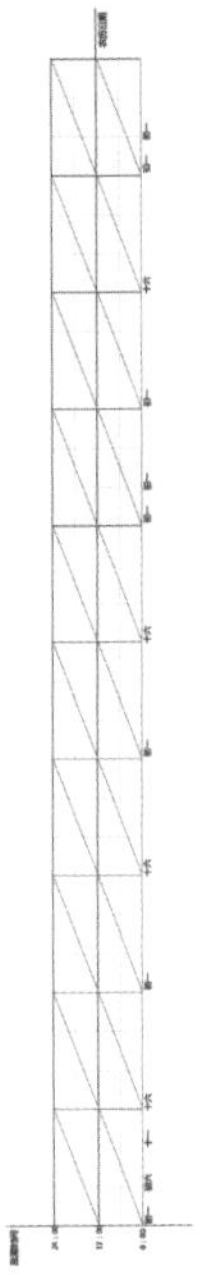

循环的时间——潮汐

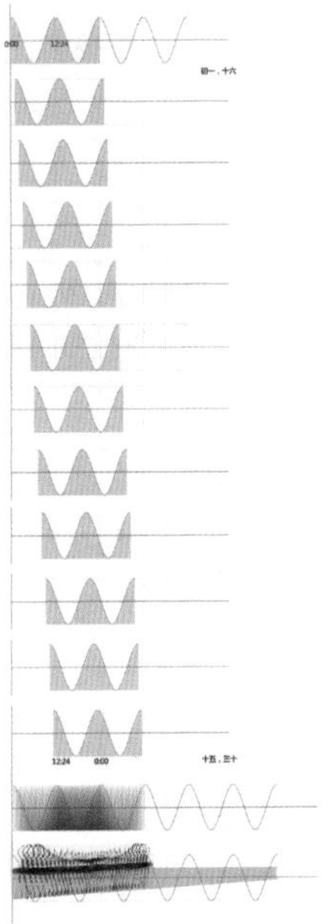

潮汐的累积——时间与运动

场地现状：美华浴场

场所意象汇总

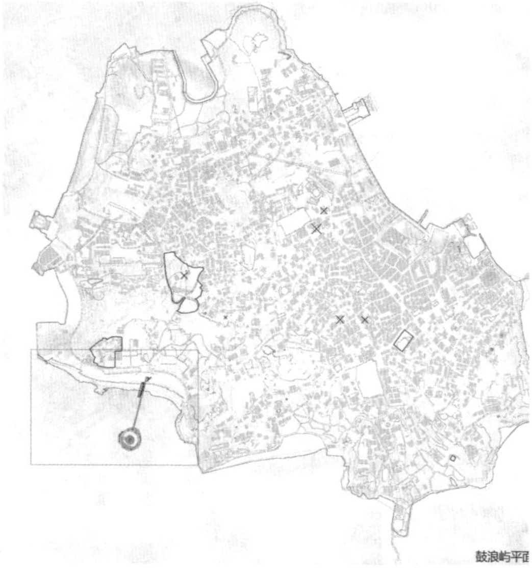
鼓浪屿平面

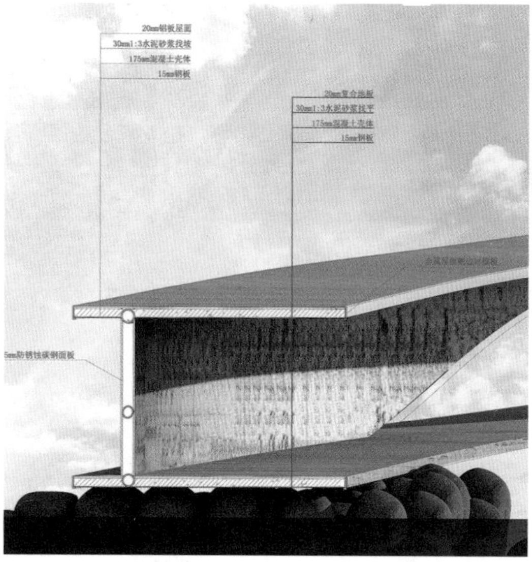
20mm铝板屋面
30mm1:3水泥砂浆找坡
175mm混凝土壳体
15mm钢板
20mm复合地板
30mm1:3水泥砂浆找平
175mm混凝土壳体
15mm钢板
5mm防锈蚀碳钢面板

1
2
3

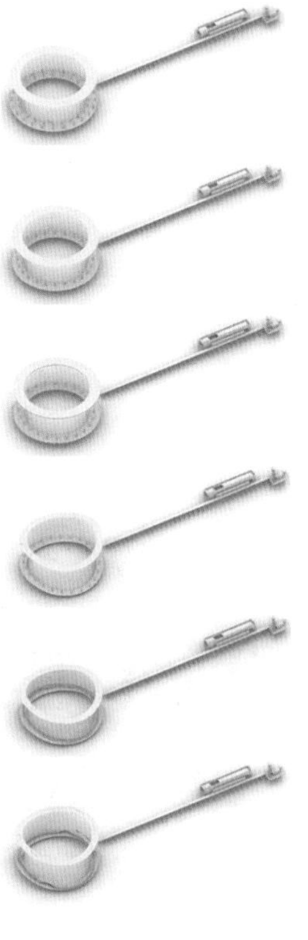

原始结构为双排柱网，游览空间比较均质。

由于展览是一个环状结构，因此双排柱网可以减少为单排，增强结构效率。

为了加强楼板的强度，将柱网局部偏移。

将平板局部抬高和压低，丰富观游体验，同时增强水平结构的整体刚度。

经过偏移后的单排柱网单纯受压，通过格构化的空间网架使构件成为一个同时受压也受拉的整体结构，减少到地面的支撑。

用锈钢板面板将空间网架结构封闭起来，形成一体化的空间。

形式与结构

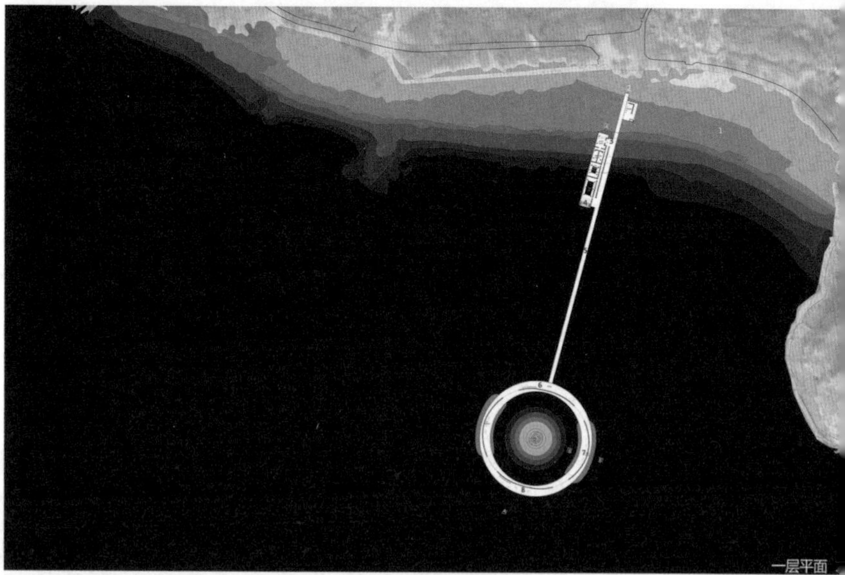
一层平面

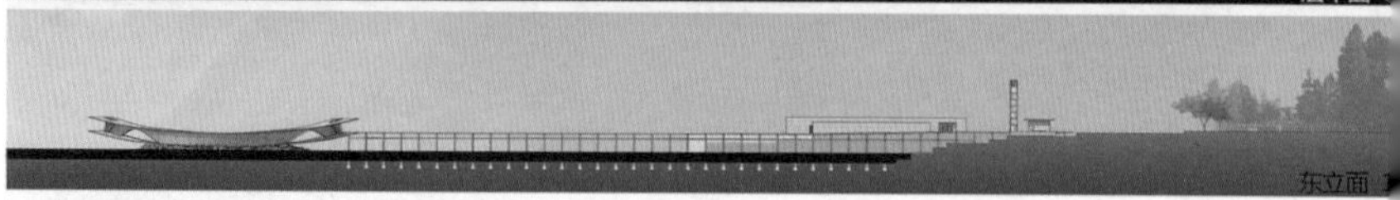
东立面

A-A剖面

海上透视

5

6

7

8

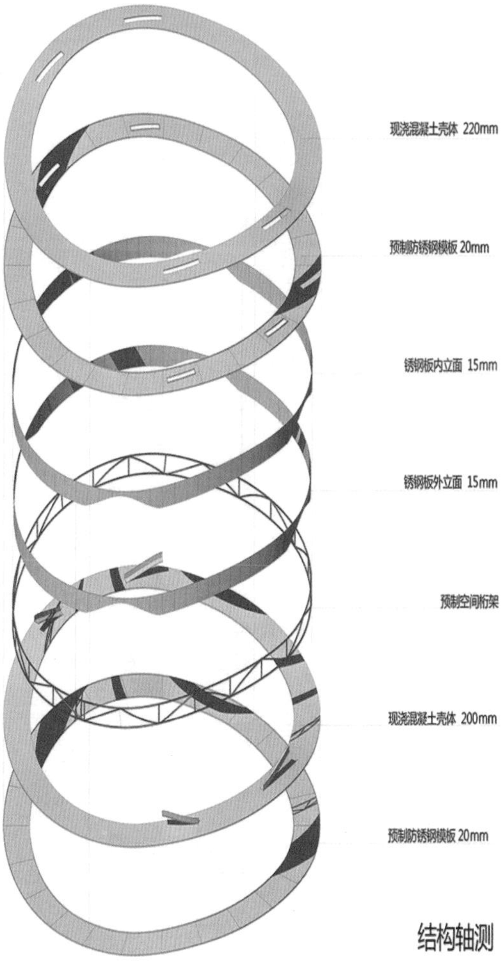
现浇混凝土壳体 220mm
预制防锈钢模板 20mm
锈钢板内立面 15mm
锈钢板外立面 15mm
预制空间桁架
现浇混凝土壳体 200mm
预制防锈钢模板 20mm
结构轴测

纪念日常
FORGET ME NOT

东南大学
设计：张涵
指导：夏兵 / 周霖

过去居民活动空间充足　　现在居民活动空间被压缩

低效景观资源的浪费　　海边景观资源的缺失

调研 - 物质层面

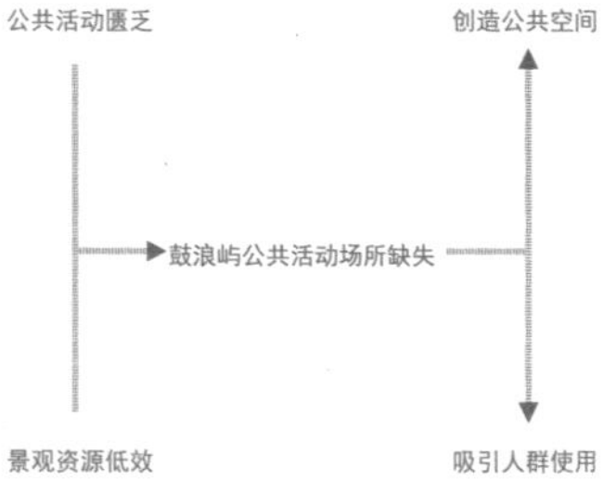
公共活动匮乏
创造公共空间
鼓浪屿公共活动场所缺失
景观资源低效
吸引人群使用

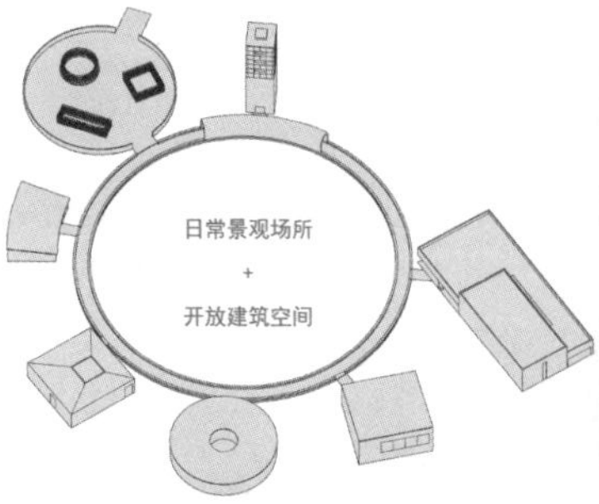
日常景观场所
+
开放建筑空间

方案轴测

原住民老龄化　　新生人口外迁

外来务工人员　　游客冲击

调研 - 精神层面

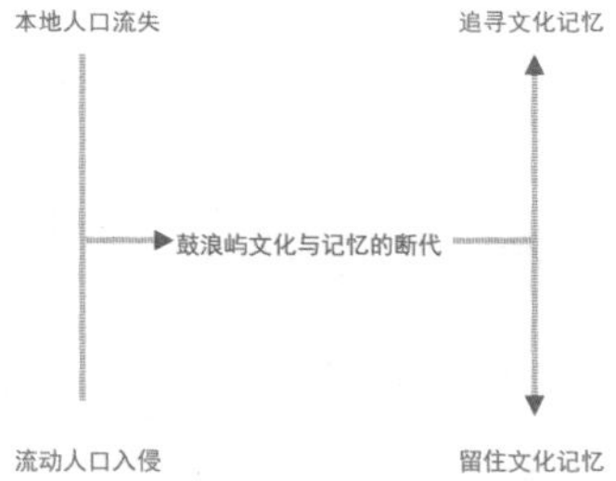
本地人口流失
追寻文化记忆
鼓浪屿文化与记忆的断代
流动人口入侵
留住文化记忆

厦门二中
英华足球队
防空洞
第二医院
笔山隧道
音乐学校
板车
轮渡
白海豚雕像
大榕树纳凉
防空洞探险
溜老人
听礼拜
音乐厅听音乐会
小酒馆
码头

记忆关键词拼贴

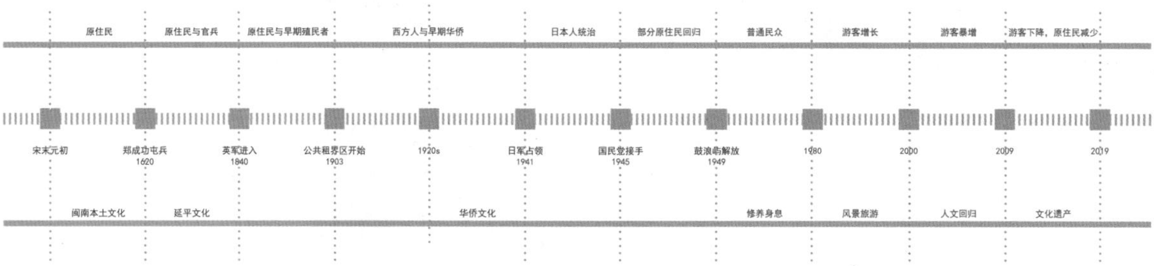
原住民
原住民与官兵
原住民与早期殖民者
西方人与早期华侨
日本人统治
部分原住民回归
普通民众
游客增长
游客暴增
游客下降，原住民减少
宋末元初
郑成功屯兵 1620
英军进入 1840
公共租界区开始 1903
1920s
日军占领 1941
国民党接手 1945
鼓浪屿解放 1949
1980
2000
2009
2019
闽南本土文化
延平文化
华侨文化
修养身息
风景旅游
人文回归
文化遗产

鼓浪屿历史发展分析

设计说明：

许多纪念场所在当地社区仍然保留了一些特有的意义，并在人们的纪念活动期间重新焕发活力，对其使用的延续和可达性有了积极作用。

如今鼓浪屿的发展受限，无非是来源于原住民的流失和外来人口的迁入产生的冲击。这也是鼓浪屿会产生记忆断代的原因。因此本方案从文化记忆角度入手，希望能够通过日常性的建筑和景观设计的方式来延续鼓浪屿的文化与记忆。

在日常生活中，事件的发生在时间上只是一个线性的轨迹，而记忆却存在一个循环往复的闭环。在对景观建筑的线性体验之后，本方案更希望组织一个拥有流线闭环的场所来完成整个场地的布置。

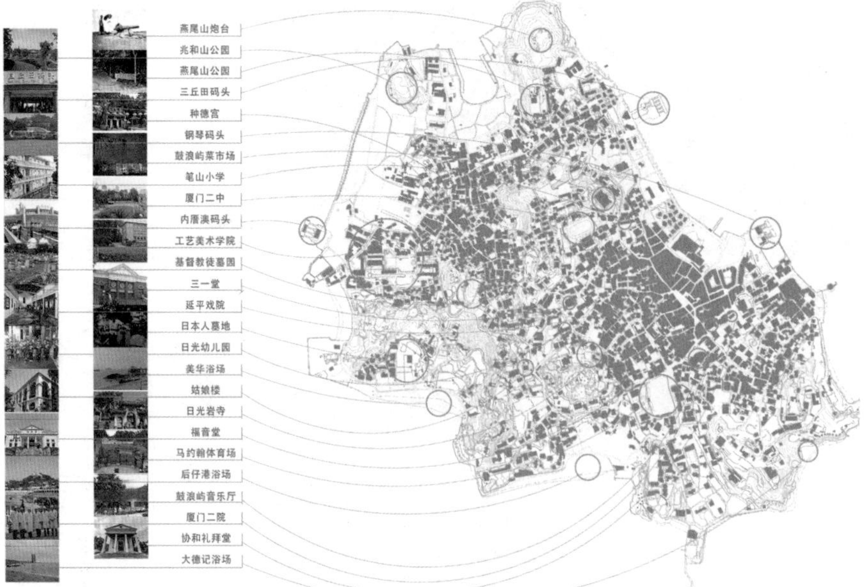
燕尾山炮台
兆和山公园
燕尾山公园
三丘田码头
种德宫
钢琴码头
鼓浪屿菜市场
笔山小学
厦门二中
内厝澳码头
工艺美术学院
基督教徒墓园
三一堂
延平戏院
日本人墓地
日光幼儿园
美华浴场
姑娘楼
日光岩寺
福音堂
马约翰体育场
后仔港浴场
鼓浪屿音乐厅
厦门二院
协和礼拜堂
大德记浴场

鼓浪屿重要历史文化节点分析

兆和山公园 燕尾山公园 美华浴场 马约翰体育场 后仔港浴场 大德记浴场	休闲 ⬇ 公园
鼓浪屿菜市场 鼓浪屿小吃街区	美食 ⬇ 餐厅
笔山小学 厦门二中 工艺美术学院 日光幼儿园	教育 ⬇ 图书馆
工艺美术学院	美术 ⬇ 展览馆
延平戏院 鼓浪屿音乐厅	教育 ⬇ 图书馆
燕尾山炮台 基督教徒墓园 三一堂 日本人墓地 福音堂 协和礼拜堂	教育 ⬇ 图书馆

节点功能总结与延伸

鸟瞰透视

在对记忆节点进行分析和归纳后，设计希望通过一种有趣而直观的方式对其进行标记——气球。通过巨大尺度的气球对记忆场所周边进行反射，来对人群形成一种汇聚。

游客可以很容易的在岛上任何地方通过气球标识来定位岛上的重要记忆节点。

作为方案设计的一个中间过程，这样的方式当然只是一种抽象的手法——通过设过程中的一个小环节来强化设计中的标记阶段。

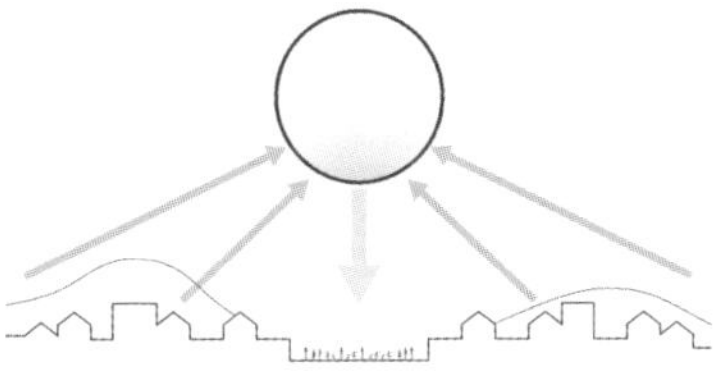

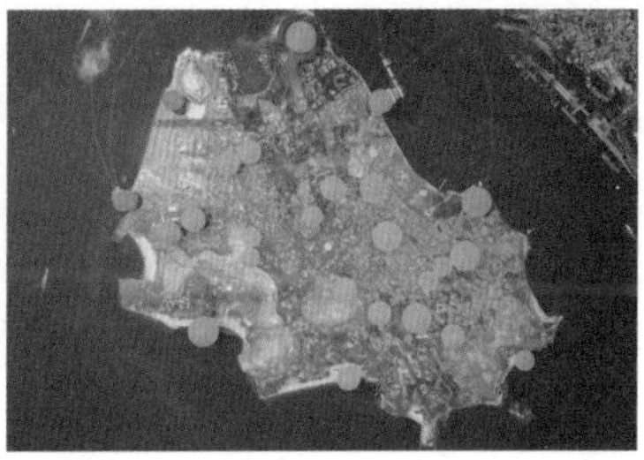

记忆节点的标记系统

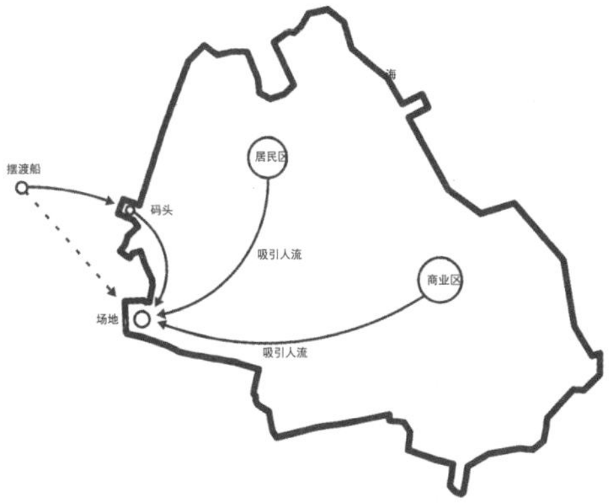

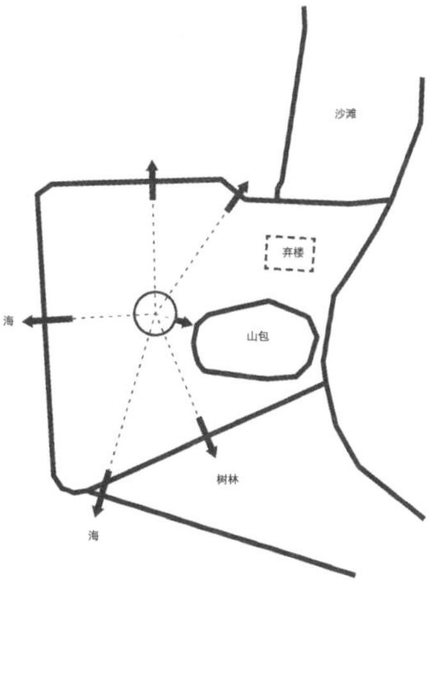

场地分析

场地现状

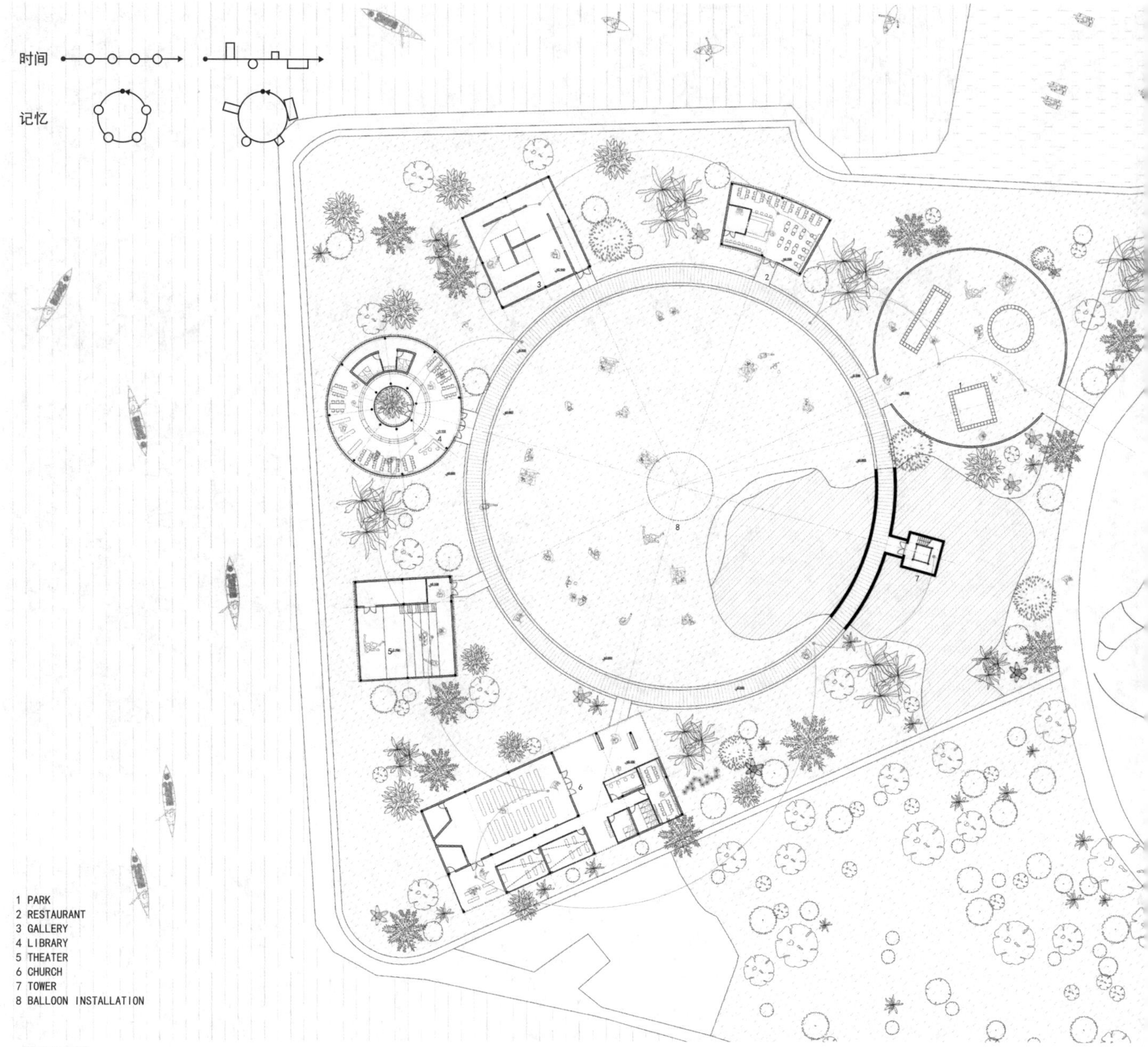
时间
记忆
1 PARK
2 RESTAURANT
3 GALLERY
4 LIBRARY
5 THEATER
6 CHURCH
7 TOWER
8 BALLOON INSTALLATION

一层平面图

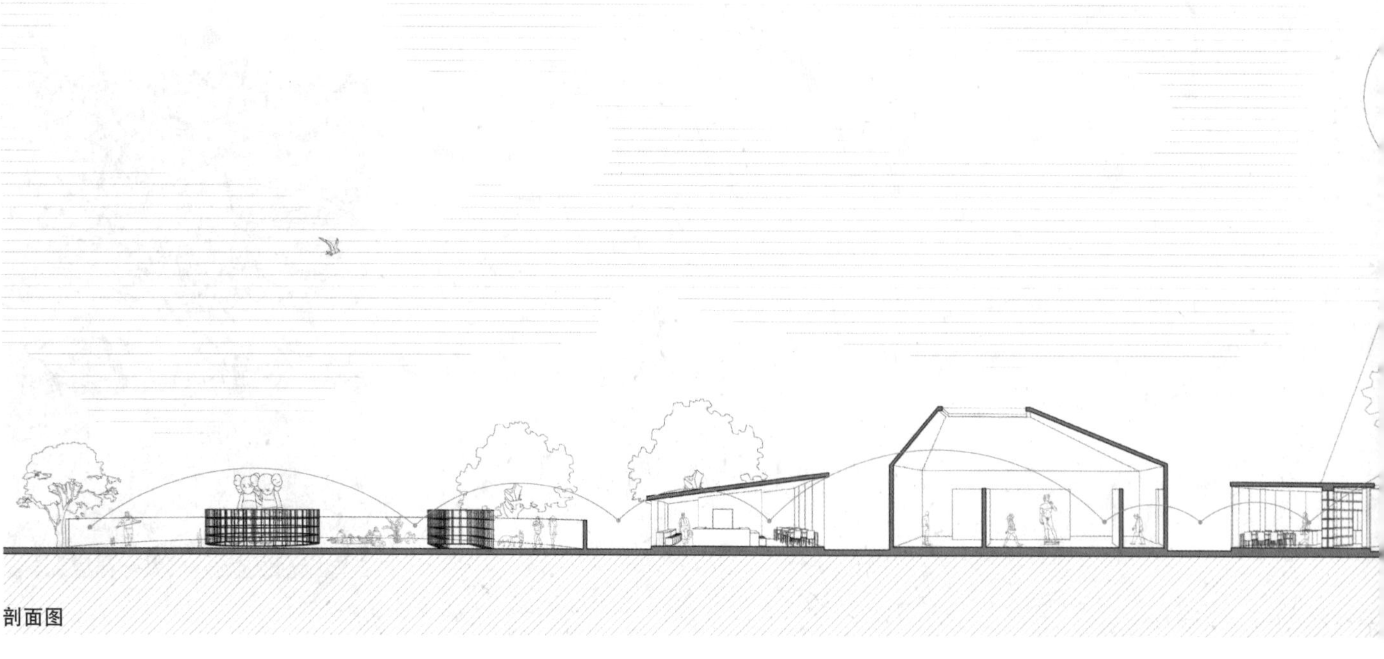

剖面图

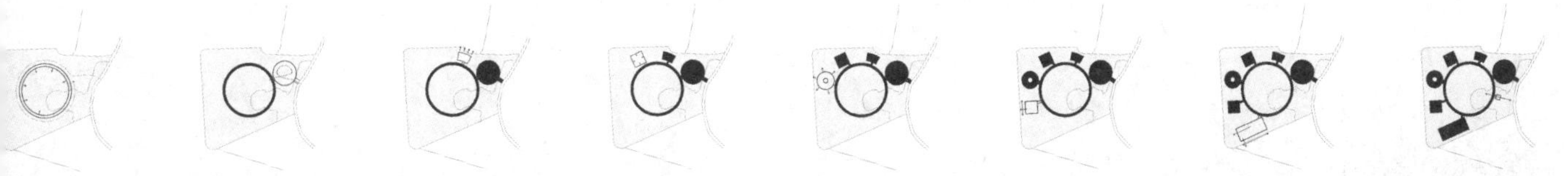

成分析

公园入口

气球标记

环形步道

观景餐厅

美术展览

瞭望塔

阅读图书

剧院观影

教堂沉思

无垠海面

隧道入口

眺望鼓浪屿

事场景透视

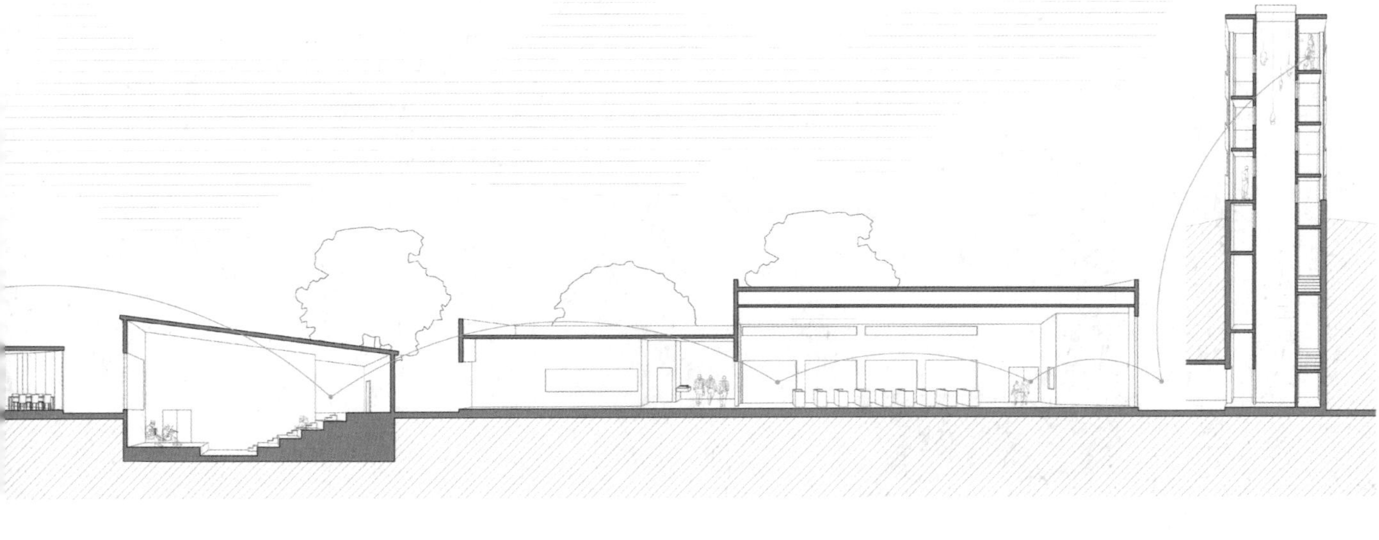

基于疍民文化的沙坡尾保护与更新
Protection and Renewal of Shapo Tail Based on Ding Min Culture

东南大学
设计：郑文倩
指导：夏兵/周霖

survey

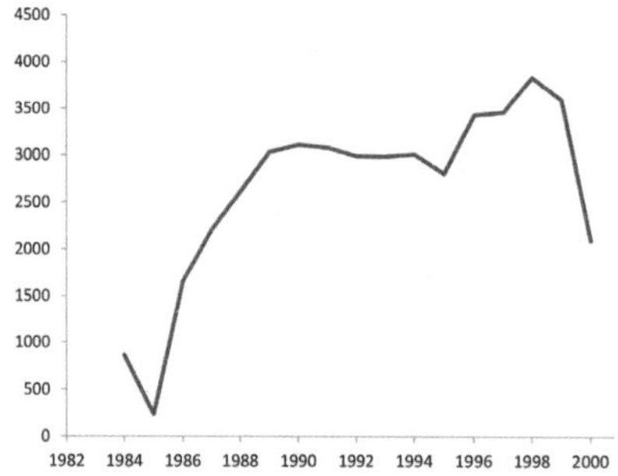
厦门沿岸渔业船只数量变化
4500
4000
3500
3000
2500
2000
1500
1000
500
0
1982 1984 1986 1988 1990 1992 1994 1996 1998 2000

厦门沿岸渔业鱼获量量变化
20000
18000
16000
14000
12000
10000
8000
6000
4000
2000
0
1982 1984 1986 1988 1990 1992 1994 1996 1998 2000 2002

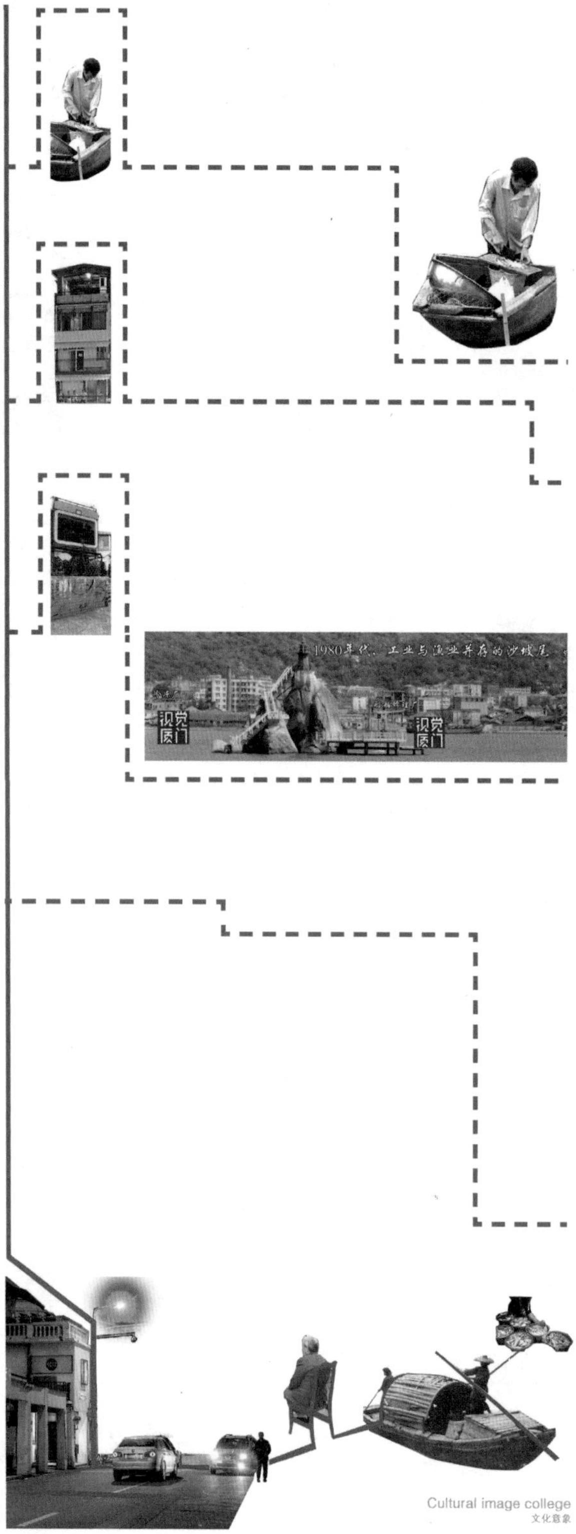
1980年代，工业与渔业并存的沙坡尾
识觉厦门
识觉厦门
Cultural image college
文化意象

1680 1715 1740 1765 1790 1815 1835 1855 1875 1895 1915 1935 1938 1941 1944 1947 1950 1952 1955 1958 1961

人的生活

厦门港人口组成主要为疍民后裔。疍民主要姓氏为张姓、阮姓。欧姓。这三姓占了厦门港渔民的大多数。他们早先均从九龙江迁至厦门。水上人家，世代船上居住。厦门港的当地语言中属渔业捕捞的人即疍民自称作“讨海人”，不从事渔业捕捞的其他人称作“山顶人”。“山顶人”蔑称“讨海人”为“讨海猪”、“海猪仔”。这三姓上岸定居的时间不超过一百年，主要在解放前后才开始定居的生活。

宗教信仰

渔业是个高风险的行业，其风险不但表现在渔业的作业安全上，也表现在渔业作业的收上。这些风险决定了地处闽南这个民间信仰复杂的地域的厦门港具有更为复杂的神明信仰。渔民通过对神明崇拜，期许神明能让他们“网网都有鱼”，更希望神明能保佑他们在海上的人身安全。

厦门港的寺庙在旧时达三十余座。这种密度实属罕见。宫庙之多，连当地人都无法说清。

景观建筑

以前，在厦港渔业衰退之前，渔具厂、冷冻厂、水产造船厂、水产品加工厂、鱼肝油厂等工业与渔业并存。

以前沙坡尾陆上是没有房子的，都是后来盖的，避风港也是后来围起来的。但水上有一些房子，十分简易，就是几个大球，几个轮胎，上面弄几块板，随便搭盖一下，便可以住人了。后来慢慢有人沿着岸边盖起房子来，形成了一个避风坞。1958 年和 1959 年的台风非常厉害，把沙坡尾渔民简易搭盖的房子都吹倒了，现在的房子是六十年代以后再盖起来的。

厦门疍民习俗

——省级非物质文化遗产

疍民即水上居民，他们长年累月浮于海上，以舟为家，以渔为业，随处栖泊，逐潮往来。厦门岛西南隅的厦门港是疍民集居地之一，明末清初疍民大批从九龙江流域来到这里捕鱼或造船为生。他们与其他地方来厦的渔民一起，通过长期的磨合交融，创造了许多独特的风俗习惯。厦门疍家创建大钓艚渔船，出海捕鱼都穿上自制的“油衫裤”，姑娘头上用红纱线盘成“烟筒箍”。他们尊崇中华白海豚为“妈祖鱼”和“镇港鱼”。渔民在船上，生活条件很不好，他们也就因陋就简，养成了一些跟平常人不一样的生活习惯。他们穿的衣服都是很宽松的，袖子和裤腿都是宽宽的，据说穿这种衣服方便劳动。渔民经常要拉网，抬东西，蹲下来，他们不停地劳作，所以衣服也是根据劳动的需要来做的。他们穿着很宽的裤子，不管走路，或者上下船都很方便。

设计说明：

该设计以厦门厦岗沙坡尾避风港为研究对象，在充分梳理上位规划，调研现状的基础上，郑文倩提出以“疍民文化”作为复兴厦岗沙坡尾避风港的媒介。郑文倩通过对疍民传统文化和日常生活的研究，结合集装箱，设计了一处避风港内的水上生活设施，为游客提供服务。该设计选题正确，逻辑清晰，调研详实，图纸符合规范，是一篇优良的本科毕业设计。

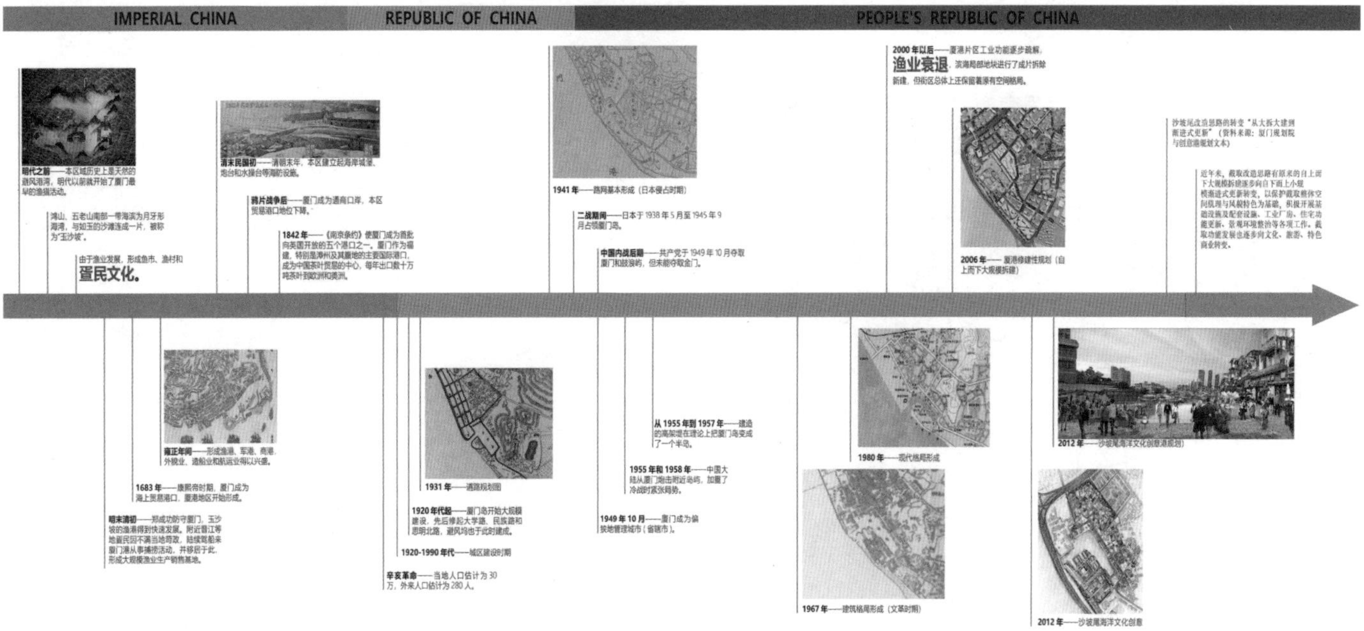

IMPERIAL CHINA
REPUBLIC OF CHINA
PEOPLE'S REPUBLIC OF CHINA
明代之前——本区域历史上是天然的避风港湾，明代以前就开始了厦门最早的渔猎活动。
鸿山、五老山南部一带海滨为月牙形海湾，与如玉的沙滩连成一片，被称为"玉沙坡"。
由于渔业发展，形成鱼市、渔村和
疍民文化。
清末民国初——清朝末年，本区建立起海岸城堡、炮台和水操台等海防设施。
鸦片战争后——厦门成为通商口岸，本区贸易港口地位下降。
1842 年——《南京条约》使厦门成为首批向英国开放的五个港口之一。厦门作为福建，特别是漳州及其腹地的主要国际港口，成为中国茶叶贸易的中心，每年出口数十万吨茶叶到欧洲和美洲。
1941 年——路网基本形成（日本侵占时期）
二战期间——日本于 1938 年 5 月至 1945 年 9 月占领厦门岛。
中国内战后期——共产党于 1949 年 10 月夺取厦门和鼓浪屿，但未能夺取金门。
2000 年以后——厦港片区工业功能逐步疏解，
渔业衰退，滨海局部地块进行了成片拆除新建，但街区总体上还保留着原有空间格局。
2006 年—— 厦港修建性规划（自上而下大规模拆建）
沙坡尾改造思路的转变"从大拆大建到渐进式更新"（资料来源：厦门规划院与创意港规划文本）
近年来，截取改造思路有原来的自上而下大规模拆建逐步向自下而上小规模渐进式更新转变，以保护截取整体空间肌理与风貌特色为基础，积极开展基础设施及配套设施、工业厂房、住宅功能更新、景观环境整治等各项工作。截取功能发展也逐步向文化、旅游、特色商业转变。
雍正年间——形成渔港、军港、商港，外贸业、造船业和航运业得以兴盛。
1683 年——康熙帝时期，厦门成为海上贸易港口，厦港地区开始形成。
明末清初——郑成功防守厦门，玉沙坡的渔港得到快速发展。附近晋江等地居民因不满当地苛政，陆续驾船来厦门港从事捕捞活动，并移居于此，形成大规模渔业生产销售基地。
1931 年——道路规划图
1920 年代起——厦门岛开始大规模建设，先后修起大学路、民族路和思明北路，避风坞也于此时建成。
1920-1990 年代——城区建设时期
辛亥革命——当地人口估计为 30 万，外来人口估计为 280 人。
从 1955 年到 1957 年——建造的高架堤在理论上把厦门岛变成了一个半岛。
1955 年和 1958 年——中国大陆从厦门炮击附近岛屿，加重了冷战时紧张局势。
1949 年 10 月——厦门成为偏狭地管理城市（省辖市）。
1980 年——现代格局形成
1967 年——建筑格局形成（文革时期）
2012 年——沙坡尾海洋文化创意港规划）
2012 年——沙坡尾海洋文化创意

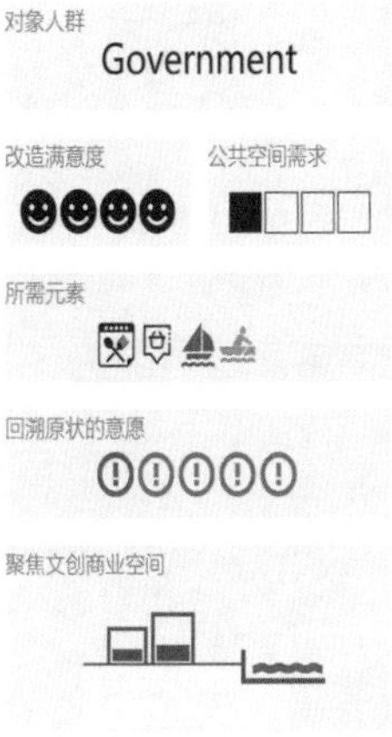

对象人群
Government
改造满意度
公共空间需求
所需元素
回溯原状的意愿
聚焦文创商业空间

政府导向

《沙坡尾片区有机更新环避风坞内侧路面修缮及房屋立面（屋顶）改造》（2015 年）方案中提出：以"留住乡愁"为主线。

建筑愿景：设立历史博物馆、打造社区博物馆、建设游客服务中心；景观愿景：沿岸修复海洋文化元素景观，如接官亭、坞界碑、古戏台、铁链、石阶、影雕、浮雕等，在靠渔监局一侧增设滨水观景平台。

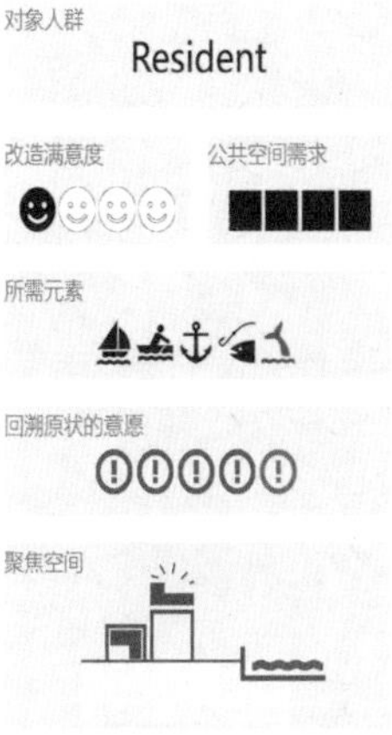

对象人群
Resident
改造满意度
公共空间需求
所需元素
回溯原状的意愿
聚焦空间

居民反馈

通过对居民的访谈，发现社区居民更多关注生活环境的改善，如交通便利性、避风坞环境整治、历史街区建筑的加固等，希望增加公园、社区活动中心等配套设施。

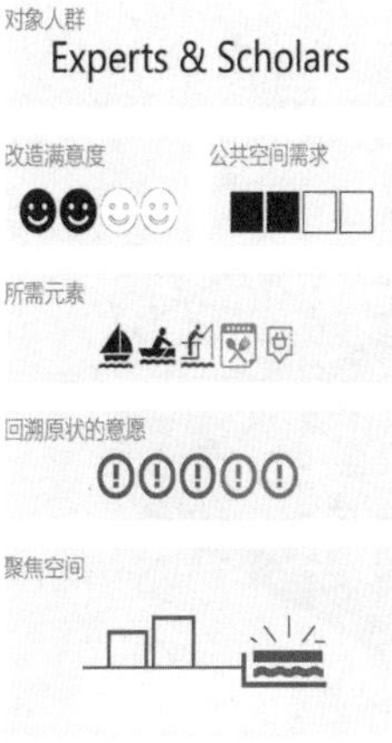

对象人群
Experts & Scholars
改造满意度
公共空间需求
所需元素
回溯原状的意愿
聚焦空间

专家学者

当近海资源的枯竭使得渔业衰落已成必然，厦门渔业面临转型的契机。这种转型，并非清退渔船，将之完全改观，建成光鲜整洁的商业或艺术场所，而应该有与其历史传统更为兼容的方式。比如，结合非物质文化遗产，形成体验式渔业观光，游客来到这里，可以在木制渔船上体验海钓，体验渔民生活和传统渔业文化。成为活态博物馆的沙坡尾，将是海上渔民与陆上来访游客交流的一个特色地方，传统渔业技术由此获得传承的机会，与渔业相关的造船业也将保持其市场需求。

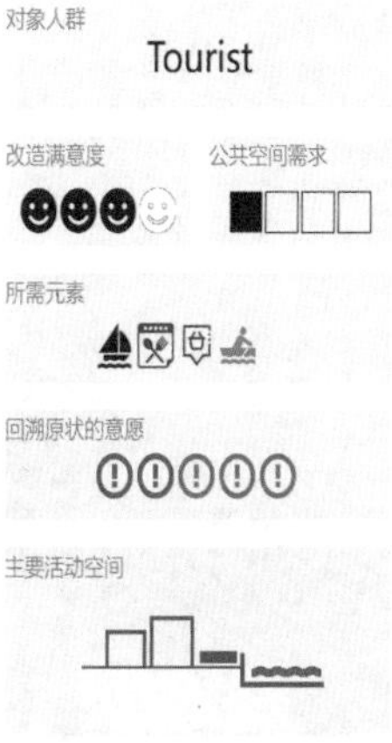

对象人群
Tourist
改造满意度
公共空间需求
所需元素
回溯原状的意愿
主要活动空间

游客评论

没有整体合宜的方案前，对沙坡尾最重要的是好好维护和提升它的各项理念和服务细节。厦港沙坡尾是厦门历史和文化记忆的重点。欢迎访客来体验并不意味着为他们必须再造一个面目全非的避风坞沙坡尾和厦港。古早不等于破烂，也不等于商业化。可以提升文艺气息，如在路边搞小型艺术展等，但不要都往商业化路线走。

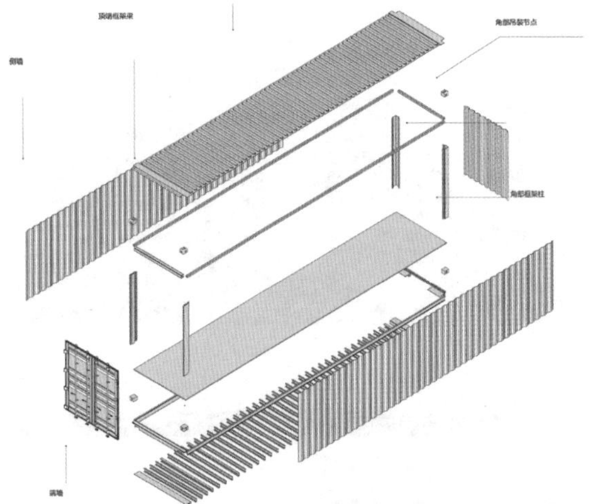
顶端框架梁
侧墙
角部吊装节点
角部框架柱
端墙

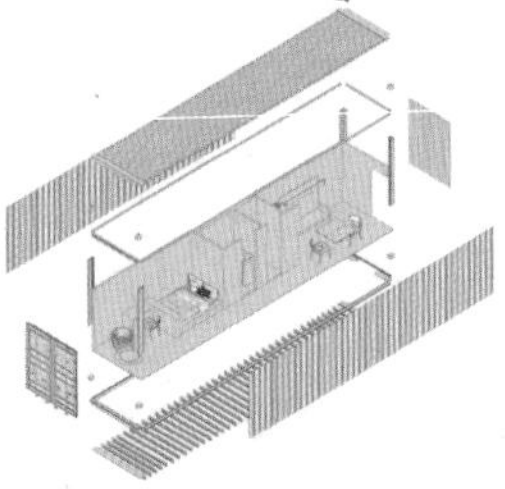

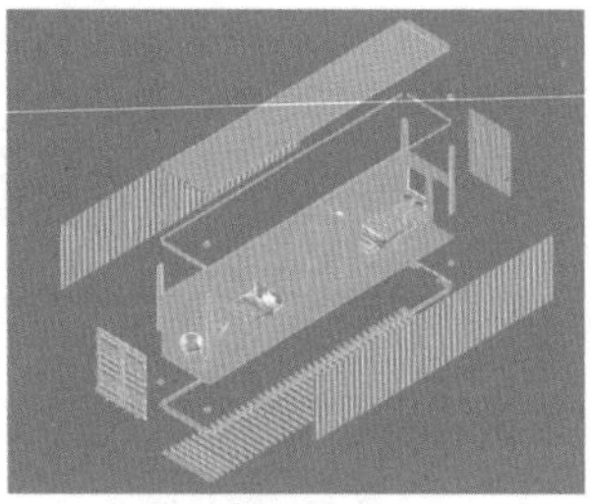

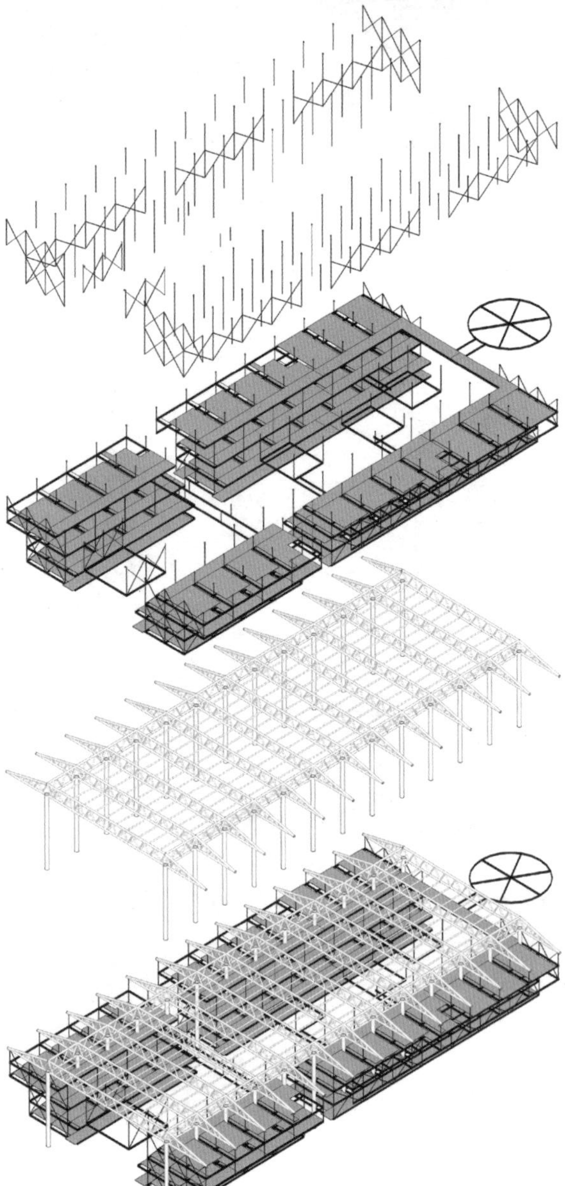

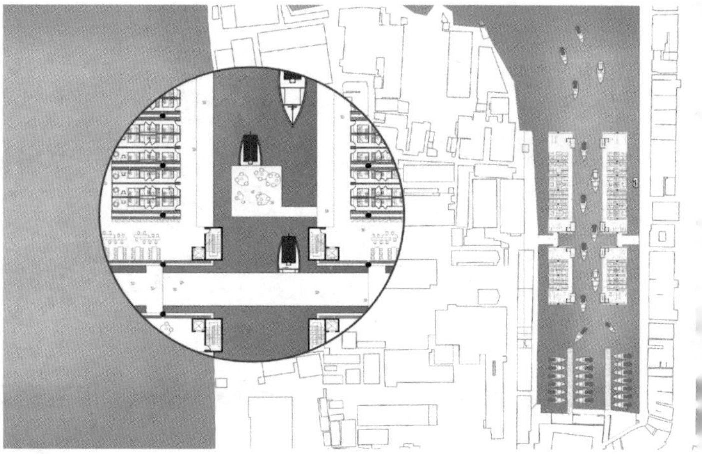

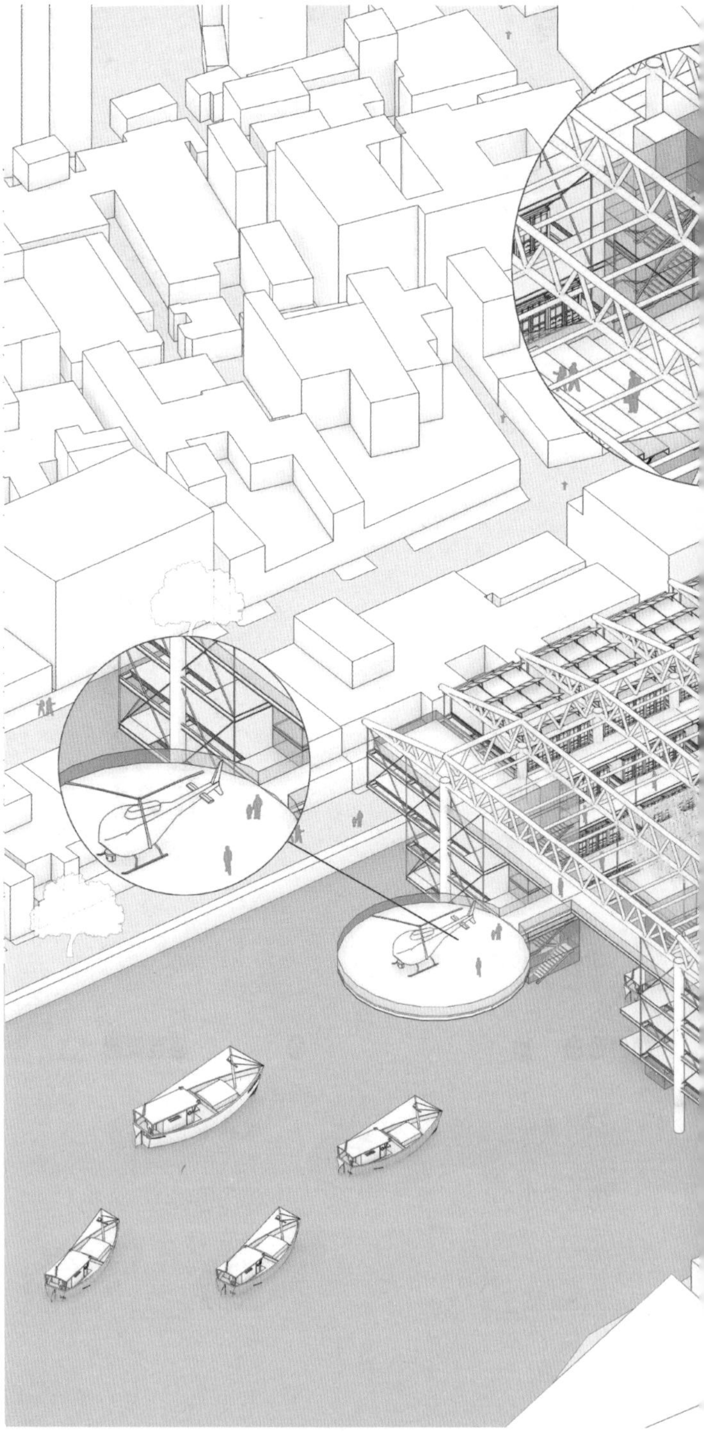

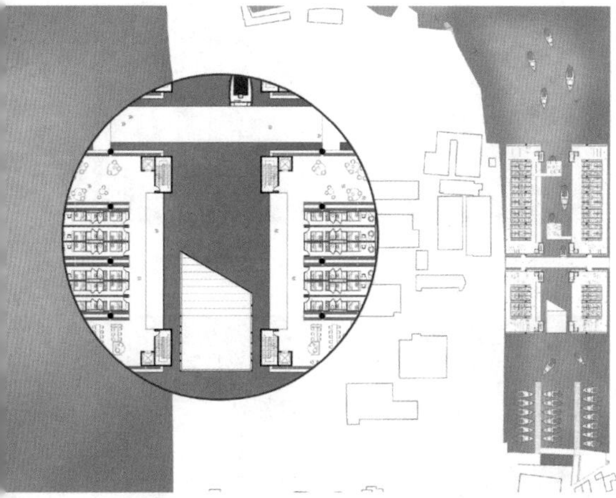

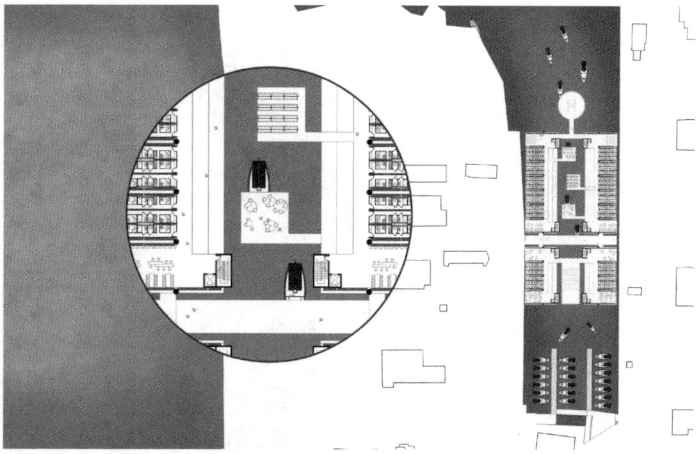

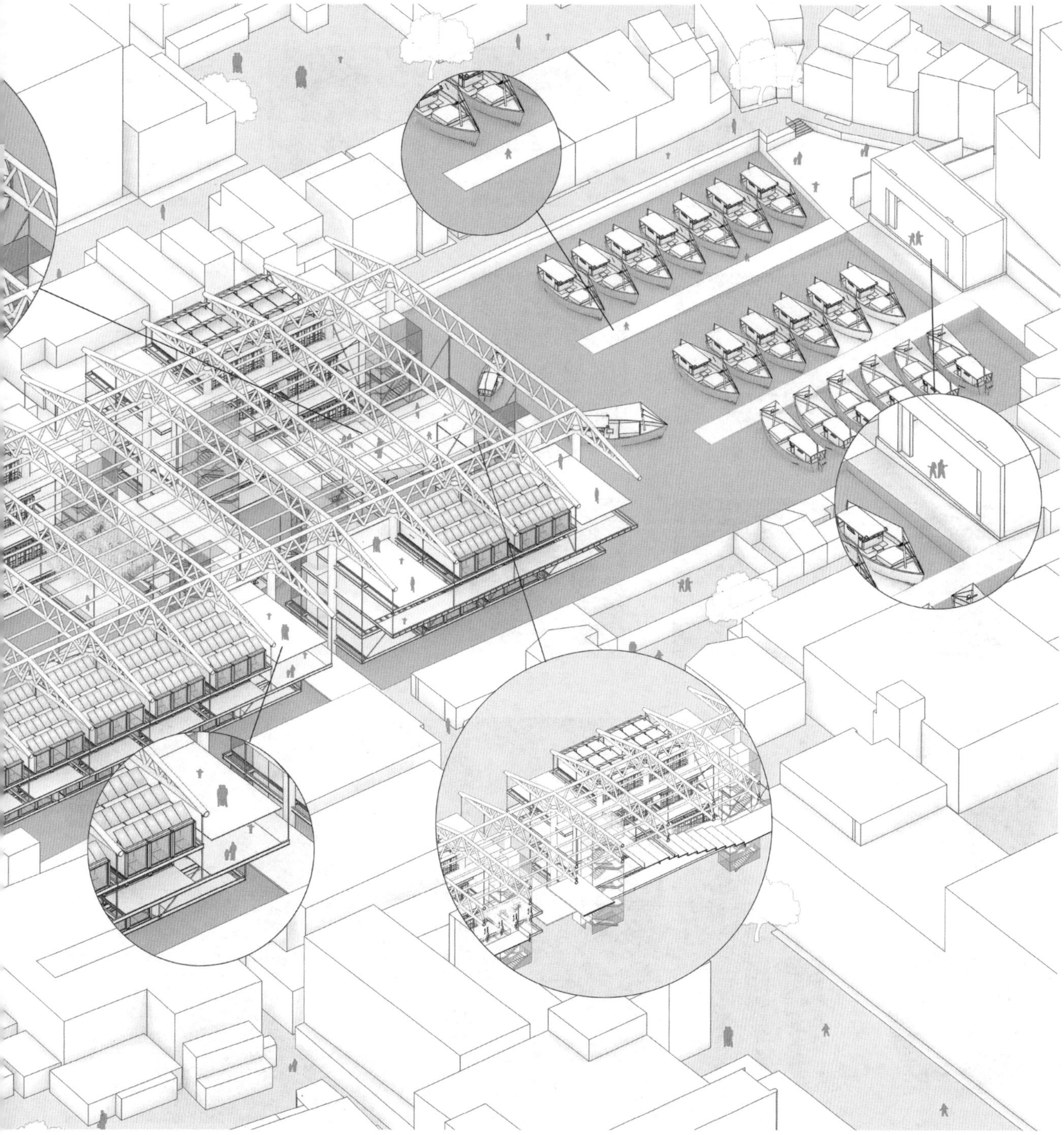

TONGJI UNIVERSITY

同济大学

学生团队

陈诗韵

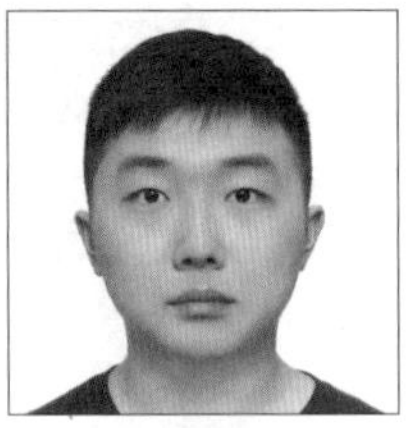
李梦石

李梦婷

宋连创

周子骞

赤嶺 黎香

曹伯桢

顾汀

杨天周

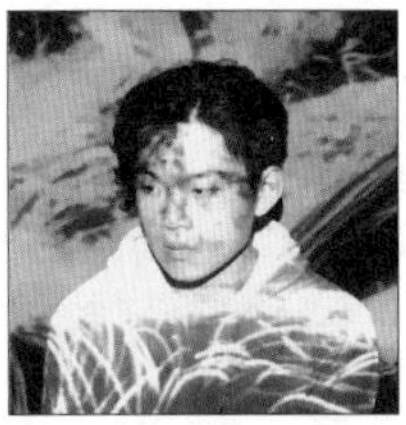
尹建伟

周华桢

罗晓梦

程惊雷

葛子彦

潘怡婷

涂晗

朱承哲

王述禾

指导教师

李翔宁

王一

孙澄宇

Anxian Hall
I can see Anxian Hall now!
I will be there in 2 minutes.
听小王说这几栋楼啊马上也要改造啦！咱这疗养院运营得好，问问老吴夫妻俩愿不愿意也来过来住住？
Dad! Catch it!
to Anxian Hall

“鼓浪屿计划”是个复杂而有难度的研究课题。鼓浪屿最为世界文化遗产的敏感性，总体上要求设计介入的克制，另一方面其现实问题复杂的经济、文化、社会背景，又容易让微观的设计动作一定程度上显得力不从心。6 位同学组成的设计小组，对鼓浪屿物质空间环境、社会经济生活和历史文化脉络等进行了综合的研究，努力寻找设计研究的切入点，试图让局部性的建筑策略更好地发挥对于鼓浪屿物质环境和社会生活形态有机更新的作用。虽然 6 个方案的位置、内容和所要解决的具体问题等都有所不同，但共同点都是希望通过有限度的设计介入，回答发掘历史文化内涵、彰显地域特色、提升服务水平等共性的问题，并以场所营造为立足点，以公共空间为媒介，促进游客和居民共享的社区重塑，回应“国际历史社区”的主题。希望同学们对于城市更新中建筑师如何扮演一种更加恰如其分的角色这一问题有所体会。

——王一

鼓浪屿艺术家工作室设计

Artist Studio in Kulangsu

同济大学
设计：陈诗韵
指导：李翔宁 / 孙澄宇 / 王一 / 秦晓婉

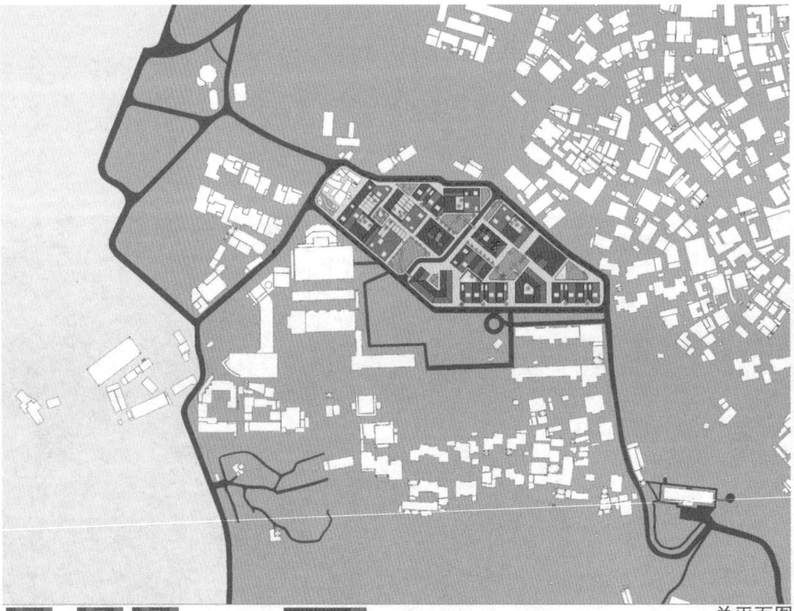

总平面图

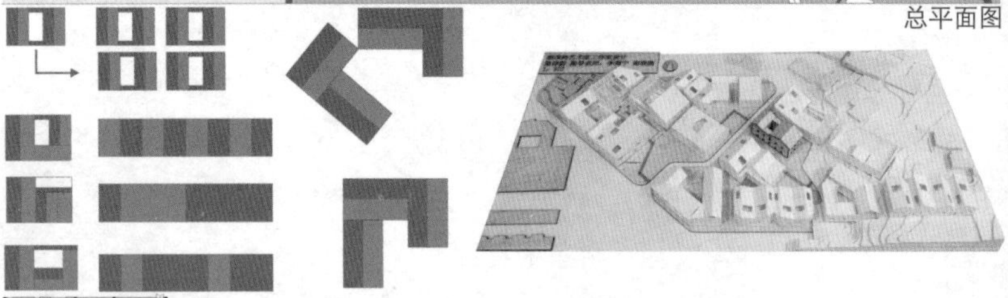

1-1剖面图1：3

北立面图1：

简介：

方案城市设计主要探讨艺术主题下的城市更新，主要通过艺术家进驻计划提供艺术创作源泉。鼓浪屿历史上文化间的碰撞与融合形成国际社区，而作者将艺术家工作室同样视为社区，是艺术家们进行交流的文化环境。

四落大厝是鼓浪屿本岛的传统社区，艺术家工作室将传统的闽南民间民居以现代的方式进行转译和表达。“间”“井”“廊”为四落大厝的主要组成元素，作者通过这三种元素间的不同组合模式创造出多样的艺术家工作室建筑单体模块，以套餐式的定制方案兼顾艺术家的共性和特性，同时提供建筑单体之间多样的室外公共空间。

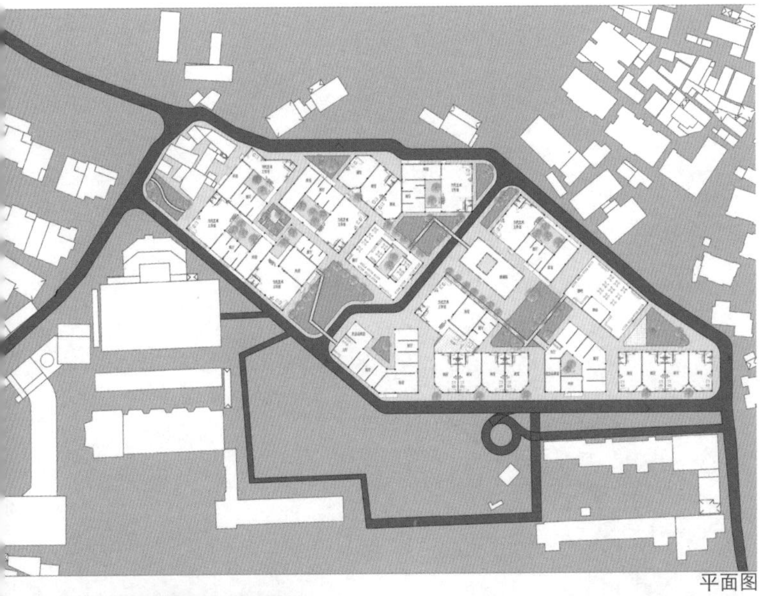

平面图

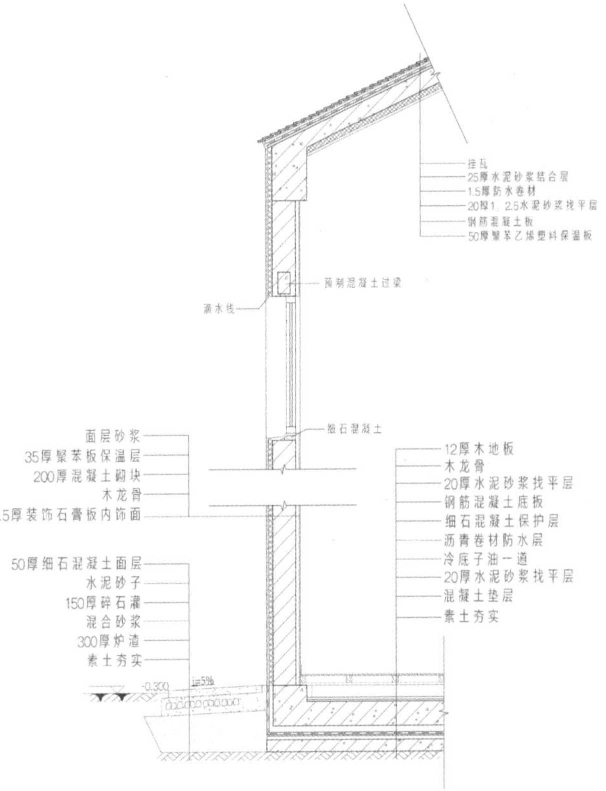
挂瓦
25厚水泥砂浆结合层
1.5厚防水卷材
20厚1：2.5水泥砂浆找平层
钢筋混凝土板
50厚聚苯乙烯塑料保温板
预制混凝土过梁
滴水线
细石混凝土
面层砂浆
35厚聚苯板保温层
200厚混凝土砌块
木龙骨
9.5厚装饰石膏板内饰面
50厚细石混凝土面层
水泥砂子
150厚碎石灌
混合砂浆
300厚炉渣
素土夯实
12厚木地板
木龙骨
20厚水泥砂浆找平层
钢筋混凝土底板
细石混凝土保护层
沥青卷材防水层
冷底子油一道
20厚水泥砂浆找平层
混凝土垫层
素土夯实
-0.300
i=5%

节点构造图1：20

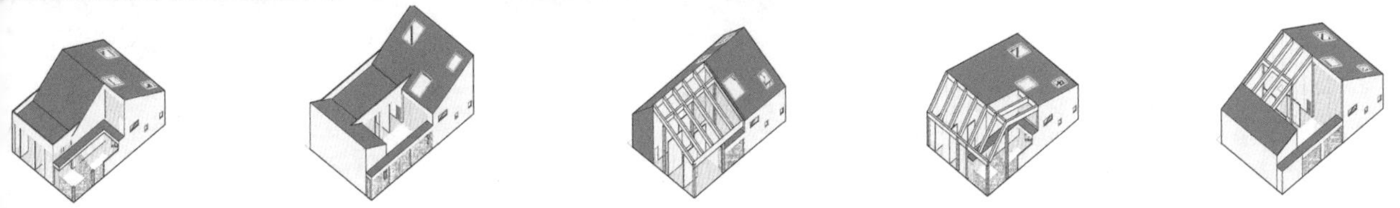

单元建筑轴测图

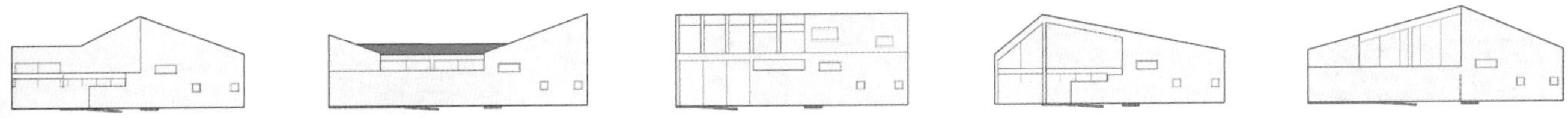

单元建筑立面图1

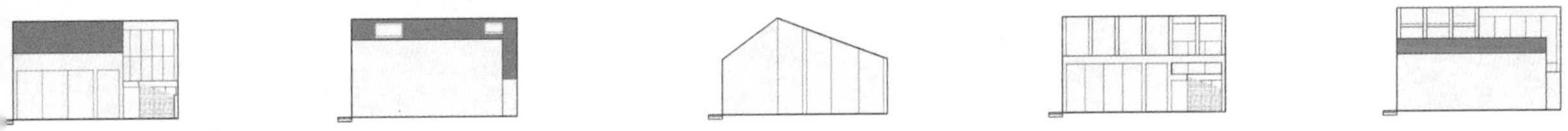

单元建筑立面图2

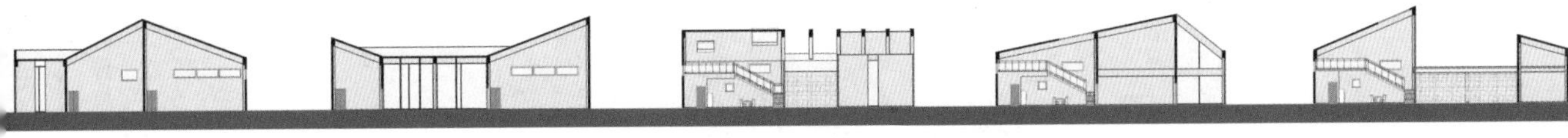

单元建筑剖面图

2-2剖面图1：300

西立面图 1：300

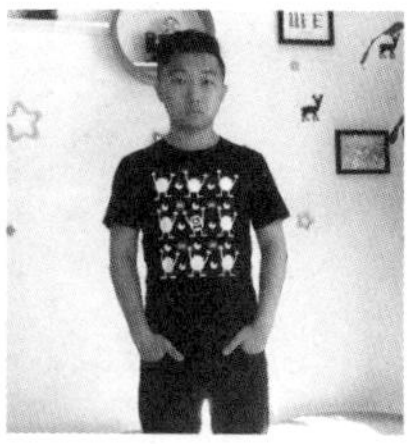

艺术西区艺术天地设计
Design of Art World in Western Art District

同济大学
设计：李梦石
指导：李翔宇 / 孙澄宇 / 王一 / 秦晓婉

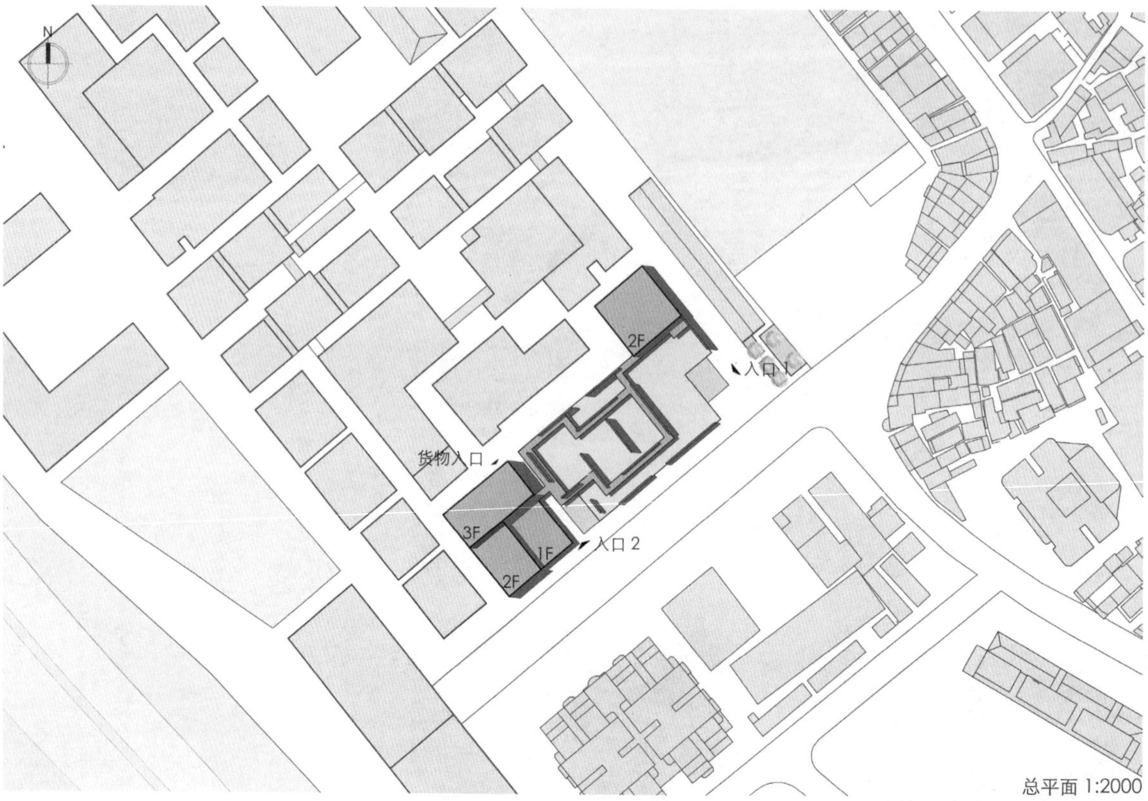
N
2F
入口 1
货物入口
3F
1F
2F
入口 2

总平面 1:2000

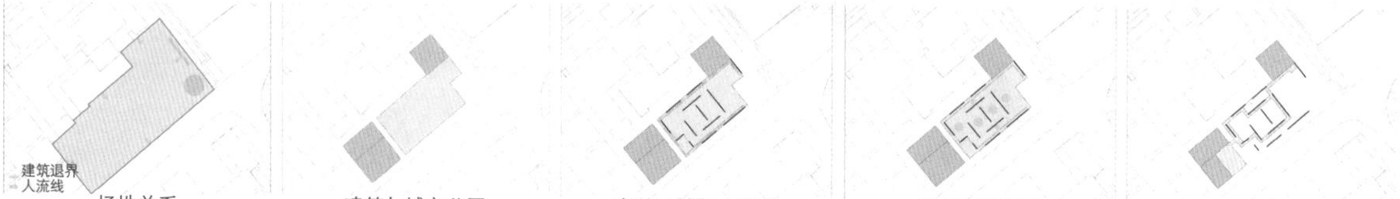
建筑退界
人流线

场地关系　建筑与城市公园　室外展墙与人流线　滑板场地设置　二层连廊系统

卫生间
商业零售
±0.00
-0.30
±0.00
室内涂鸦展区
办公室
卫生间

一层平面 1:1000

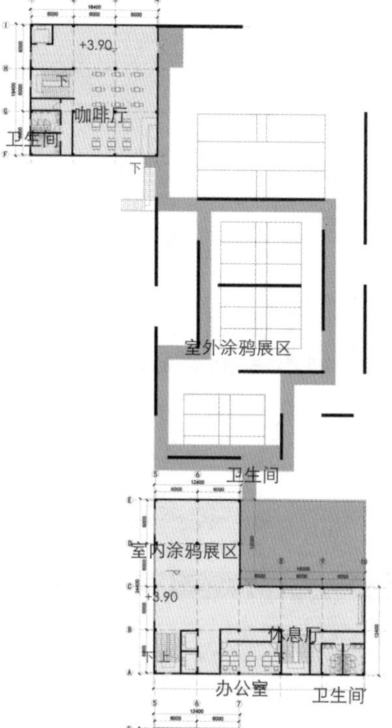
+3.90
咖啡厅
卫生间
室外涂鸦展区
卫生间
室内涂鸦展区
+3.90
休息厅
办公室
卫生间

二层平面 1:1000

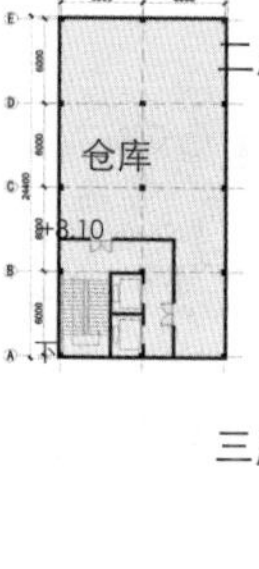
仓库
+8.10

三层平面 1:1000

简介：

该方案重点探讨建筑通过与亚文化元素结合，共同打造年轻有活力的城市节点。方案考虑到基地周边本身具有的涂鸦艺术属性，与吸引年轻人的滑板运动，创造出一个以涂鸦艺术和滑板运动为核心的城市公园。

该方案将涂鸦艺术的主要展示空间放在室外，充分发挥并展示其明显的室外属性。该设计创新的将涂鸦与滑板有机结合，从而可以吸引更多的参观人群，激发场地的活力。

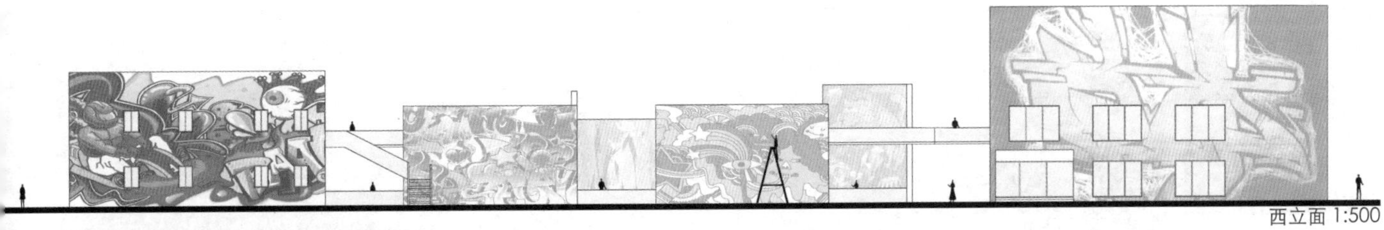

西立面 1:500

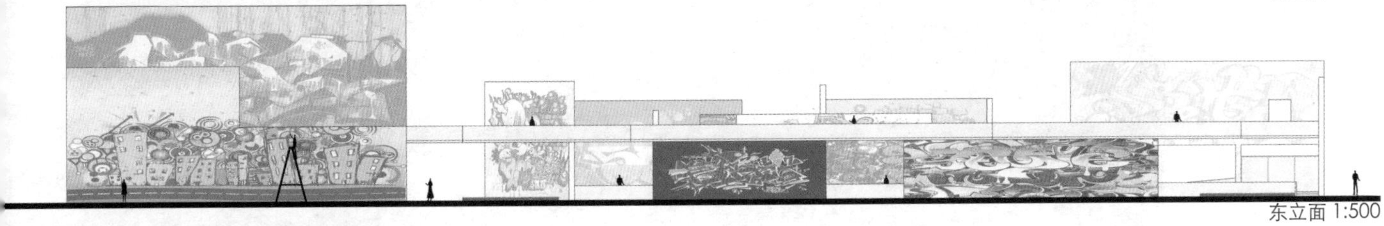

东立面 1:500

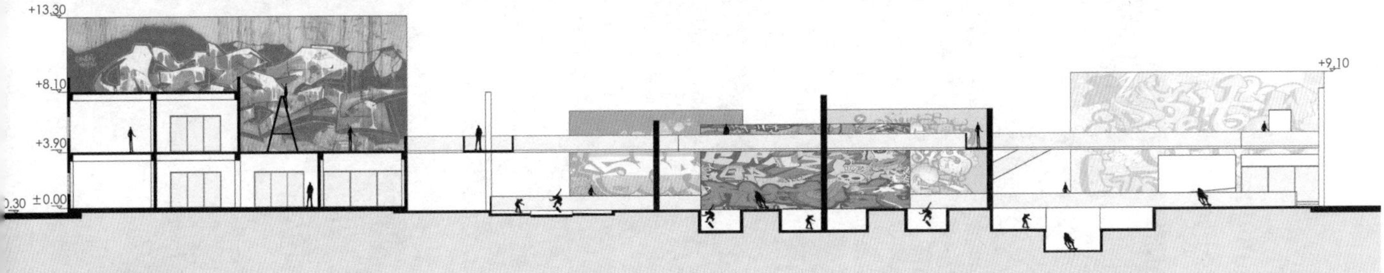

+13.30
+8.10
+3.90
±0.00
+9.10

A-a 剖面 1:500

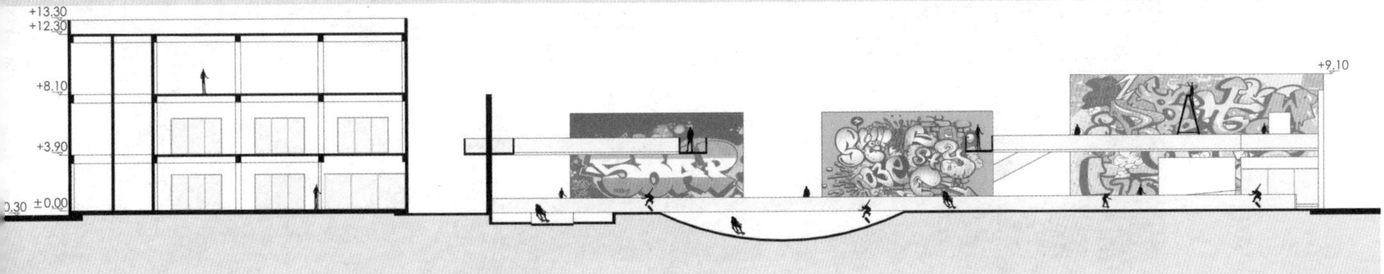

+13.30
+12.30
+8.10
+3.90
±0.00
+9.10

B-b 剖面 1:500

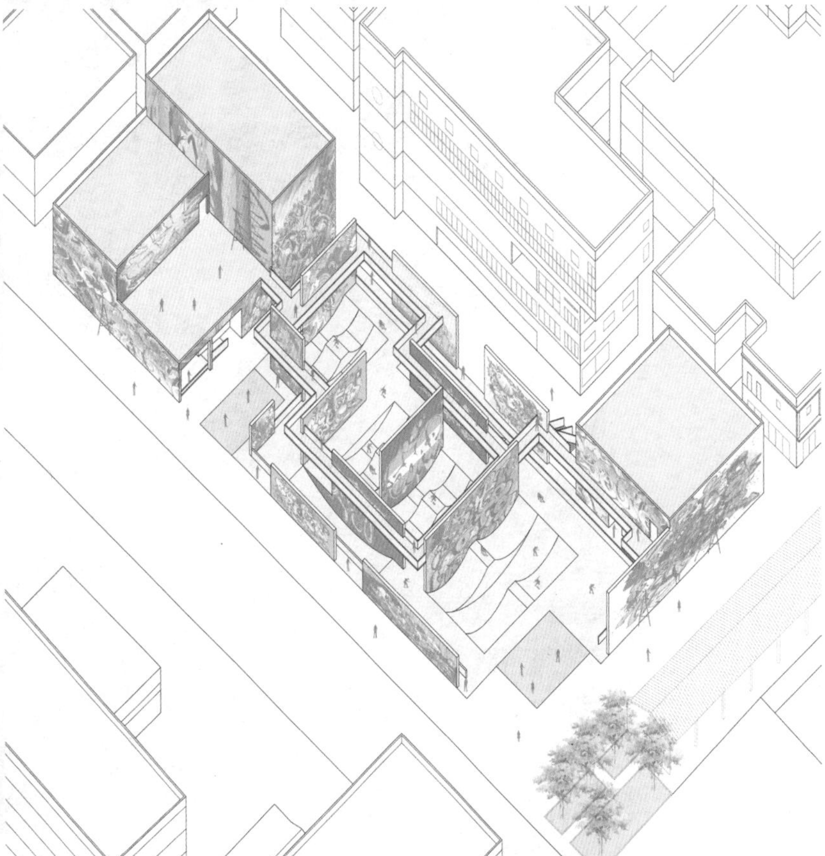

一世回响 沙坡尾疍民博物馆设计

The echo of life – Shapowei Fisherman Museum Design

同济大学
设计：李梦婷
指导：李翔宁 / 孙澄宇 / 王一 / 秦晓婉

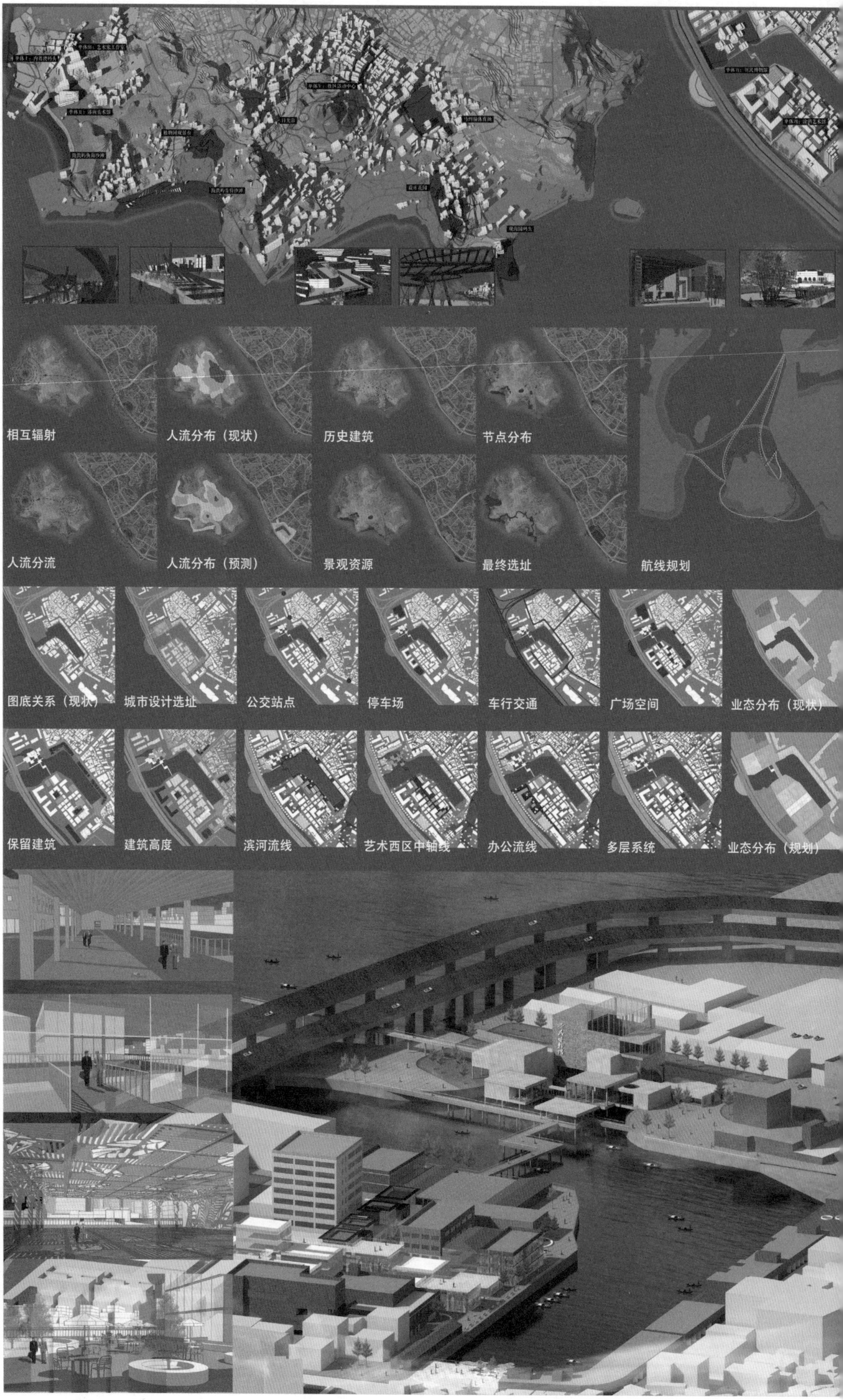
相互辐射
人流分布（现状）
历史建筑
节点分布
人流分流
人流分布（预测）
景观资源
最终选址
航线规划
图底关系（现状）
城市设计选址
公交站点
停车场
车行交通
广场空间
业态分布（现状）
保留建筑
建筑高度
滨河流线
艺术西区中轴线
办公流线
多层系统
业态分布（规划）

设计感想：

该方案以疍民的人生节点为出发点，将疍民不同时期的特点融入建筑空间的体验中，设计出一系列具有不同特色的疍民馆和独特的观展流线；同时，通过水上巴士、水上栈道、亲水平台，建立建筑与水的亲密联系。该博物馆为当地居民和外来游客提供了一处体验厦门本土特色的场所，为游客和居民的良性互动打下了基础，通过结合沙坡尾城市设计，形成旅游人群缓冲带，缓解了鼓浪屿本岛的旅游压力，补足了本土文化业态缺口。

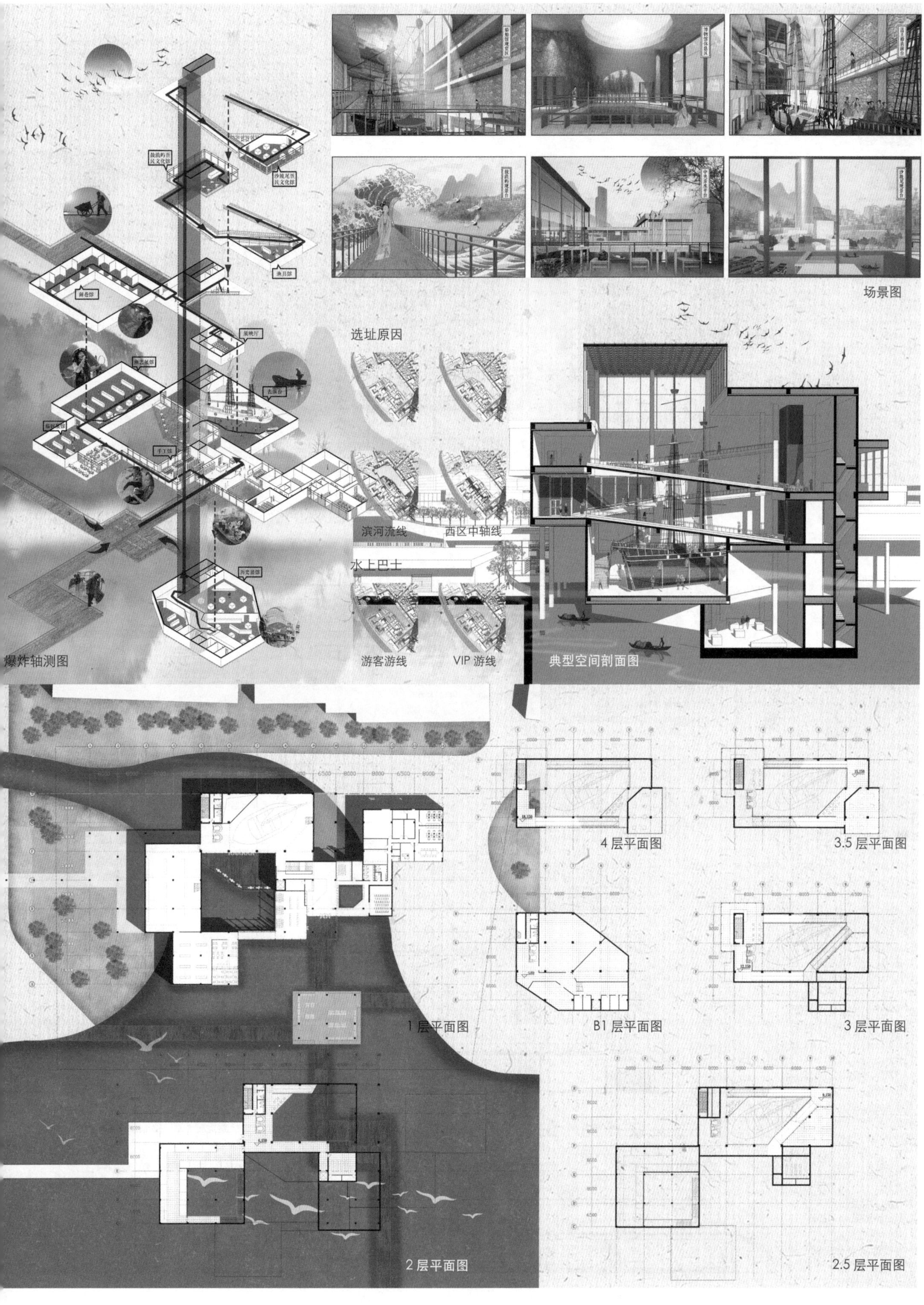
场景图
选址原因
滨河流线
西区中轴线
水上巴士
游客游线
VIP 游线
典型空间剖面图
爆炸轴测图
4 层平面图
3.5 层平面图
1 层平面图
B1 层平面图
3 层平面图
2 层平面图
2.5 层平面图

错·厝——鼓浪屿漆画美术馆

INTERLACED COURTS——KULANSU LACQUER PAINTING GALLERY DESIGN

同济大学
设计：宋连创
指导：李翔宁 / 王一 / 孙澄宇 / 秦晓婉

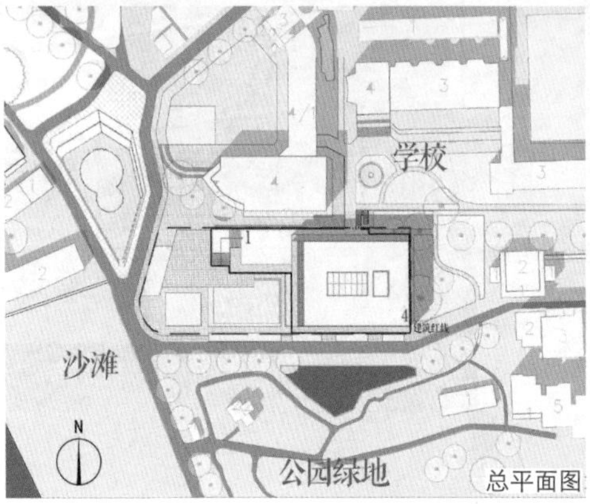

总平面图

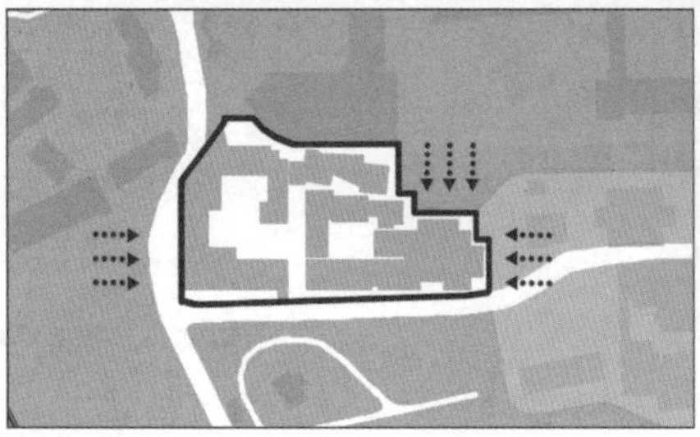

选址原因和现状分析：

优势：1. 位于游客、学生和岛民活动范围的交点处。在吸引客源、获取学校师生支持等方面存在天然优势。
2. 场地周边优质景观面积大，来客中途休息时可以获得良好的视野。

现状：1. 现有建筑将室外空间完全内化，对城市空间无贡献，三类人群活动范围被其割裂。
2. 现有建筑过于靠近北侧的教学楼（不满足防火规范和采光要求），影响了教学楼的正常使用。

经济技术指标：

建筑用地面积：2850m^2
建筑占地面积：1490m^2

建筑面积：4547m^2
容积率：1.60

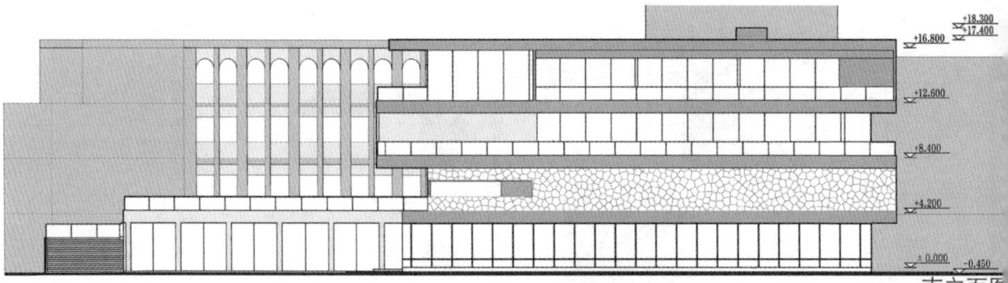

南立面图

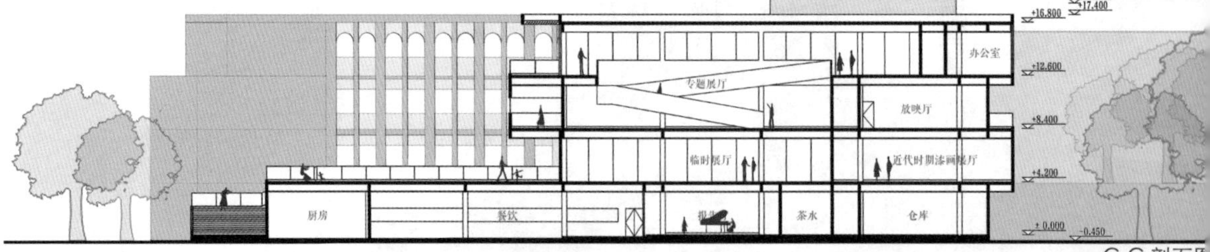

C-C 剖面图

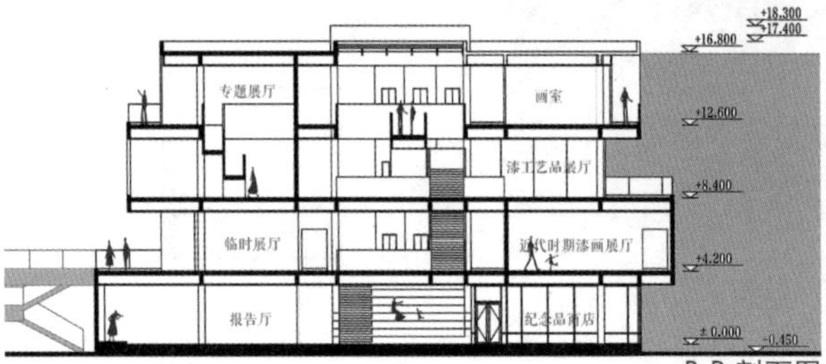

B-B 剖面图

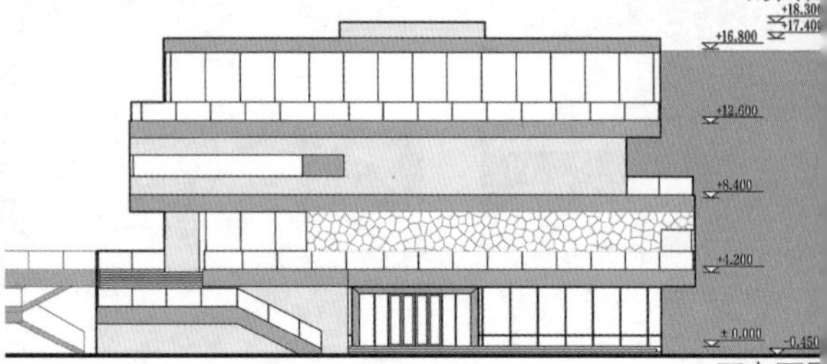

西立面图

评语：

在新的时代背景下，鼓浪屿经过高强度的旅游开发，原有城市与社区环境发生变化，如何以建筑和城市设计的方式改善城市空间，协调游客与本岛住民之间的关系成为本次设计的重点所在。

该设计以漆画作画逻辑为最初设计灵感，强调功能、立面材料与漆画层次逻辑的表现。提取闽南传统四落大厝“廊”“间”“井”的元素构成平面。场地关系上致力于调和居民、学生和游客三者关系，改善城市空间，增进各人群间的交流。

设计的逻辑清楚，语言简明，对现存城市问题做出了一定程度回应。

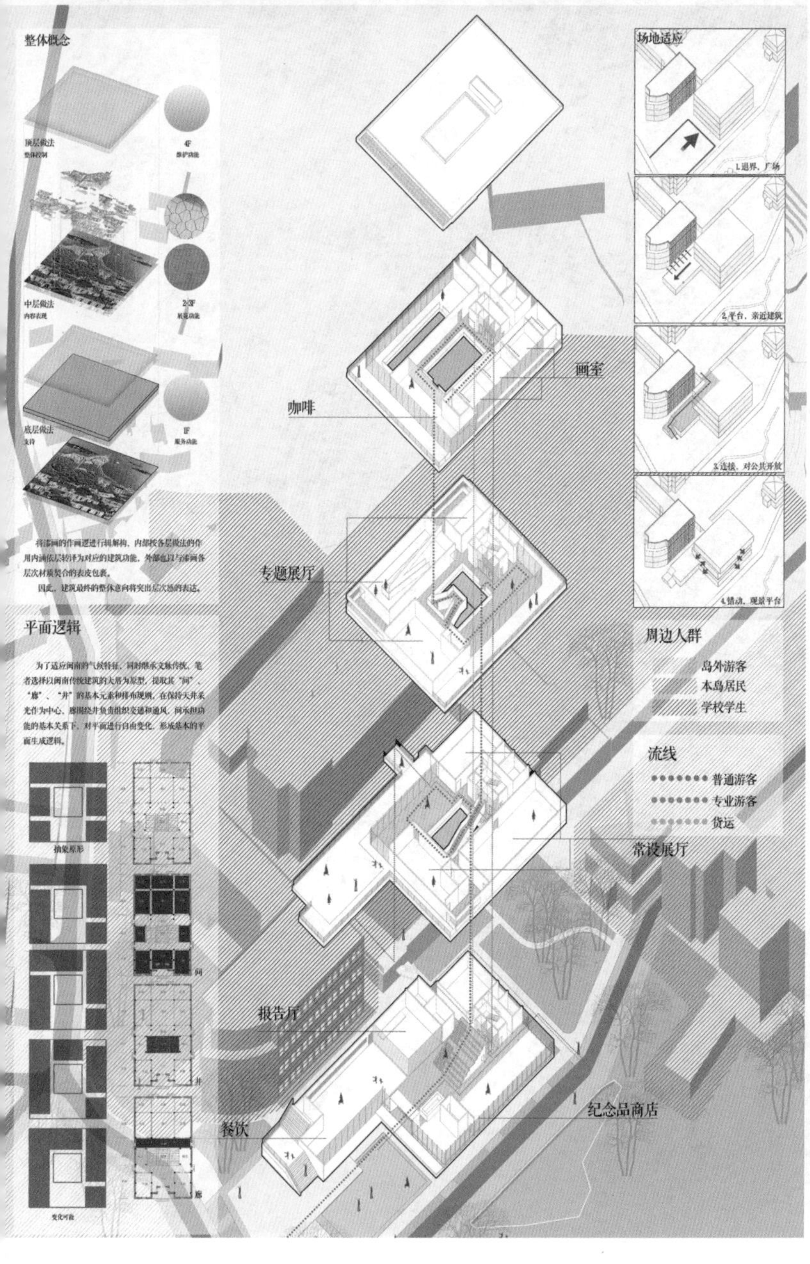
整体概念
顶层做法
整体控制
4F
维护功能
中层做法
内容表现
2-3F
展览功能
底层做法
支持
1F
服务功能
将漆画的作画逻进行辑解构，内部按各层做法的作用内涵依层转译为对应的建筑功能，外部也以与漆画各层次材质契合的表皮包裹。
因此，建筑最终的整体意向将突出层次感的表达。
平面逻辑
为了适应闽南的气候特征，同时继承文脉传统，笔者选择以闽南传统建筑的大厝为原型，提取其“间”、“廊”、“井”的基本元素和排布规则，在保持天井采光作为中心、廊围绕井负责组织交通和通风，间承担功能的基本关系下，对平面进行自由变化，形成基本的平面生成逻辑。
抽象原形
间
井
场地适应
1.退界，广场
2.平台，亲近建筑
3.连接，对公共开放
4.错动，观景平台
画室
咖啡
专题展厅
常设展厅
报告厅
餐饮
纪念品商店
周边人群
岛外游客
本岛居民
学校学生
流线
普通游客
专业游客
货运

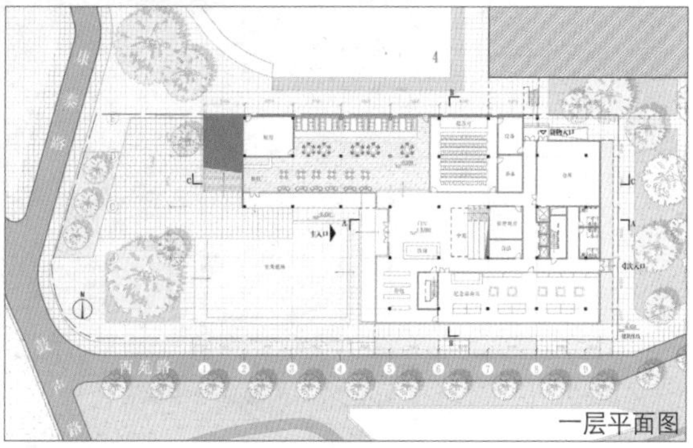
一层平面图

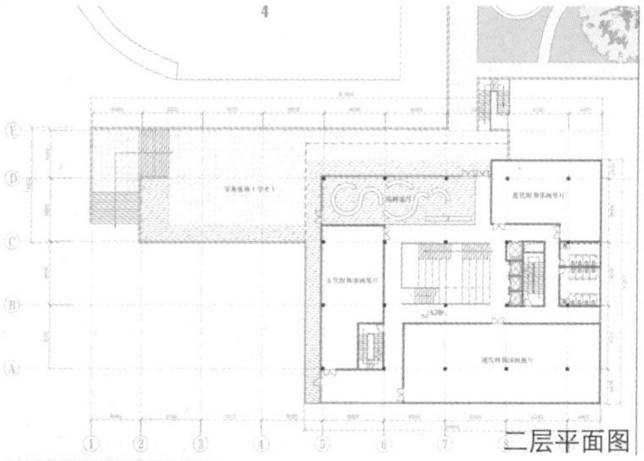
二层平面图

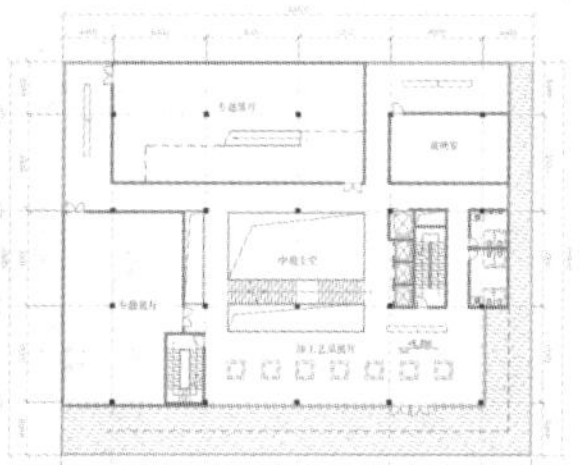
三层平面图

四层平面图

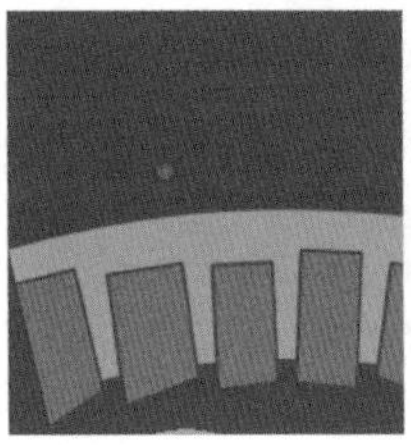

日光岩音乐艺术馆

同济大学
设计：周子骞
指导：李翔宁／孙澄宇／王一／秦晓婉

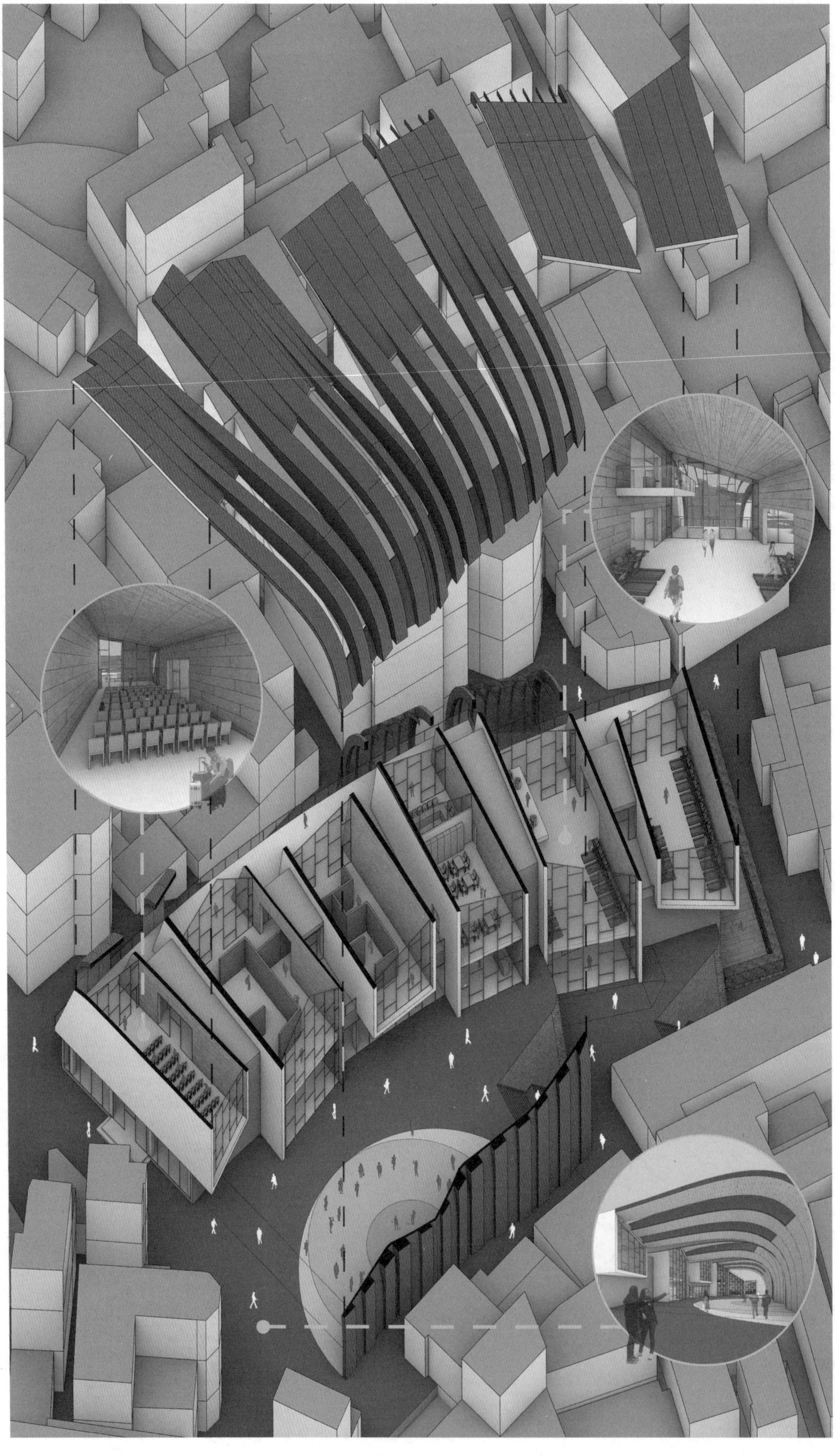

设计感想：

小组为了应对鼓浪屿老龄化、低端产业和旅游集中三大问题，选择鼓浪屿西岸和厦港的沙坡尾地区作为重点城市更新范围，并将与两地文化都相关的艺术作为主题，再结合鼓浪屿现有资源在两地之间串连起一条艺术主题旅游路线，形成“一岛一带”，最后将所选设计范围划分成四个主题艺术区。

个人单体建筑是新艺术流线上的节点，满足了居民、游客和艺术三方面功能，并强调居民与游客共享的概念。建筑尊重原有肌理，恢复了被阻塞道路，形成了半室外活动空间，并充分考虑了与周边建筑的关系。此外还研究了主要表皮的建造方法，使方案更具备可实施性。

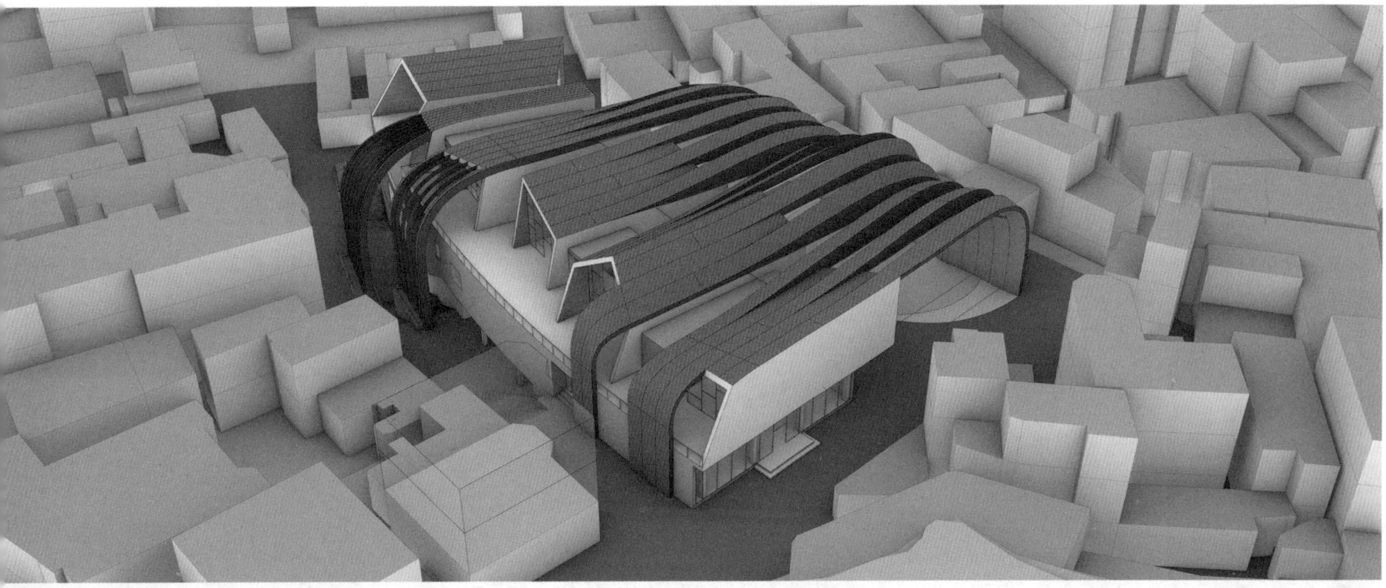

音

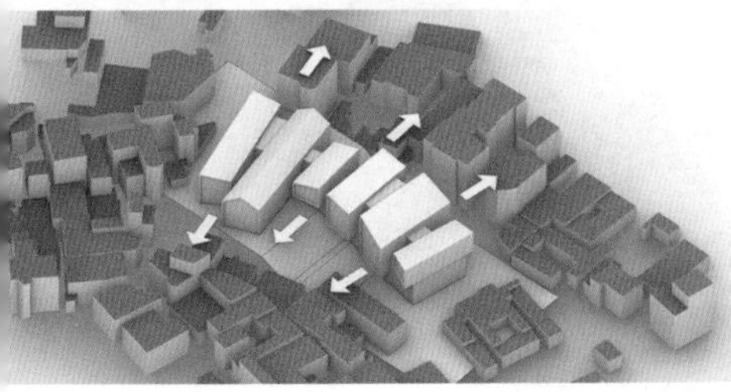

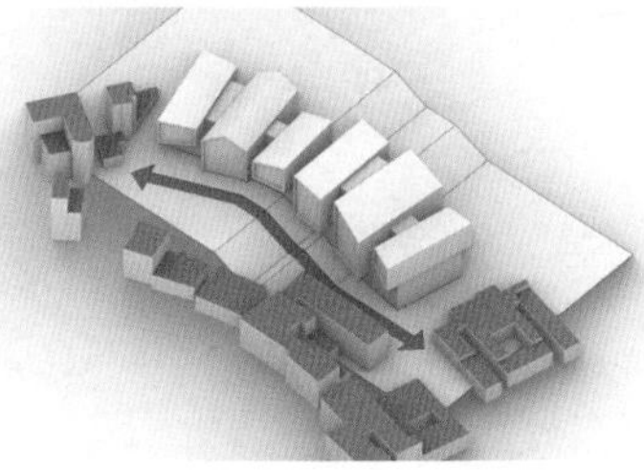

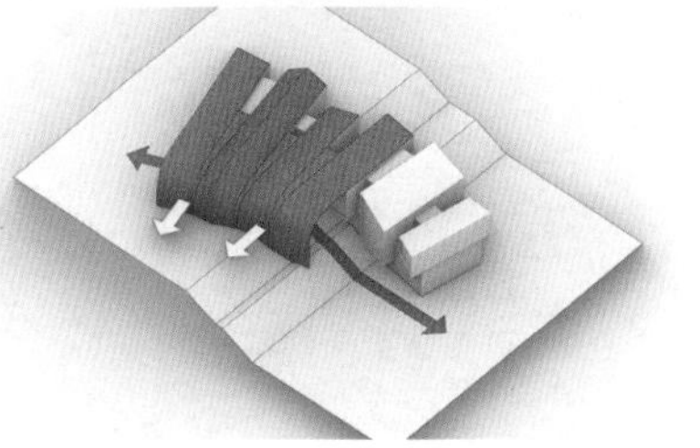

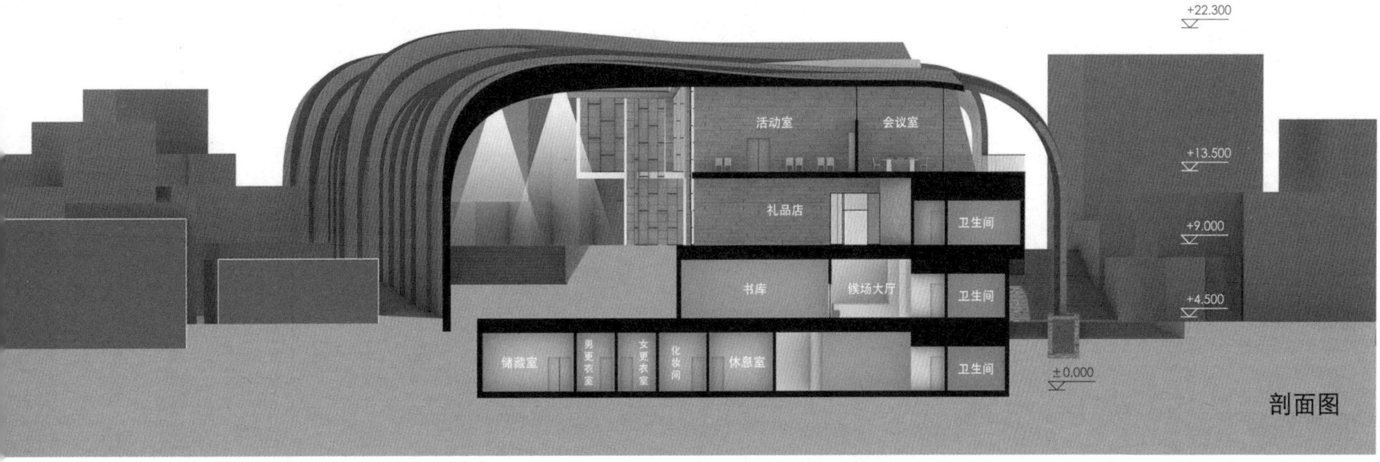
+22.300
活动室
会议室
+13.500
礼品店
卫生间
+9.000
书库
候场大厅
卫生间
+4.500
储藏室
男更衣室
女更衣室
化妆间
休息室
卫生间
±0.000

剖面图

鼓浪屿内厝澳码头设计
Kulangsu Neicuoao Ferry Terminal Design

同济大学
设计：AKAMINE REIKA 赤嶺黎香
指导：李翔宁 / 王一 / 孙澄宇 / 秦晓婉 / 李舒阳

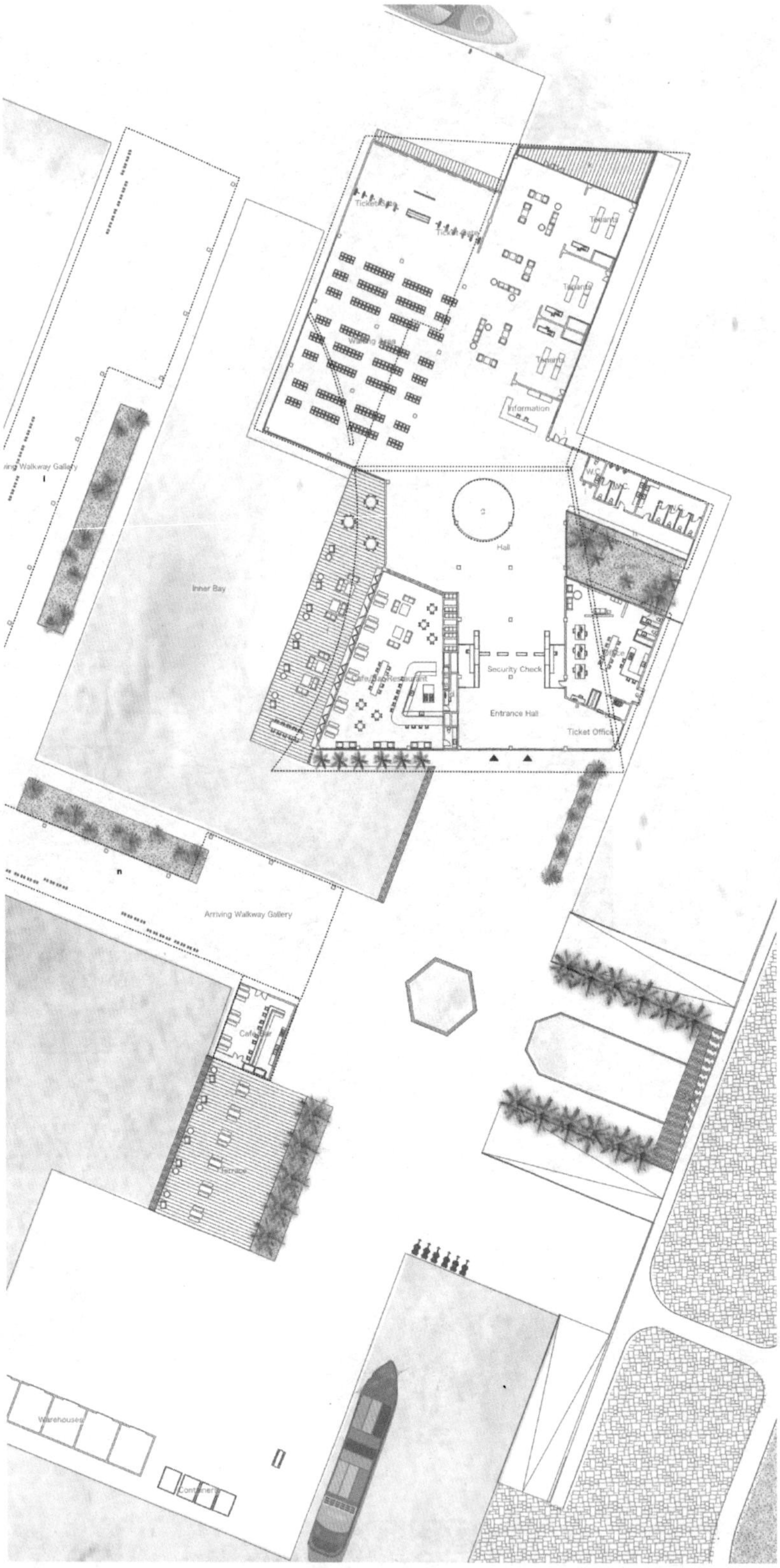

评语：

方案始于内厝澳码头的重新定位，其位于鼓浪屿西侧，选址偏离鼓浪屿中心，避免破坏已有清晰的城镇纹理。方案通过重塑晚期形成的西区，结合艺术主题提出“旧梦”升华的可能性。并与厦门本岛的“新沙坡尾码头”形成呼应，回应“一岛一带”的提议。码头作为与外界的链接，有着重要含义。鼓浪屿的山地与码头创造了独特的肌理形成了街道。作者认为码头是一切的开始与文化入口，因此新增了餐饮，展览和表演等。游客从新建码头平台的北部入岛，货运则位于平台南部。设计保留岛内绿地作为公共空间，鼓励不同人群的互动，可举办艺术集市等。方案设计逻辑清晰，策略适当，对场地分析与理解到位，做出合理回应。

PERSPECTIVE , FERRY TERMINAL FROM COASTLINE

NEICUOAO FERRY TERMINAL
内厝澳码头

Concept of design

The existing terminal in the western area has blocked the view of tourist looking towards the ocean, broken the continuity of the coastline. Therefore, the newly design terminal has been lowered by 2-meters from the ground and built only 2 stories high from the street. It can also function as a community hub, which allows nearby arts university students to create public events and exhibition to interact and showcase their work with the public, or even the world. When the tourists arrive or departure from the western terminal, they are also greeted by students' artwork under the shaded walkway gallery on the wharf, with the 2 sides surrounded by water body, which enhances and draws the focus of visitors to students' work in the natural environment. As the walkway cut through the ocean, it creates a calmer inner bay different from the more furious ocean on the other side, and enhance the experiences of the tourist on the wharf.

To break the "quietness" relatively to the east, the new terminal has also included daytime and nighttime activities to further resolve the tourist imbalance of the island. To anchor western area solely on arts, the original logistic activities happening on the western area has now been relocated on the northern terminal.

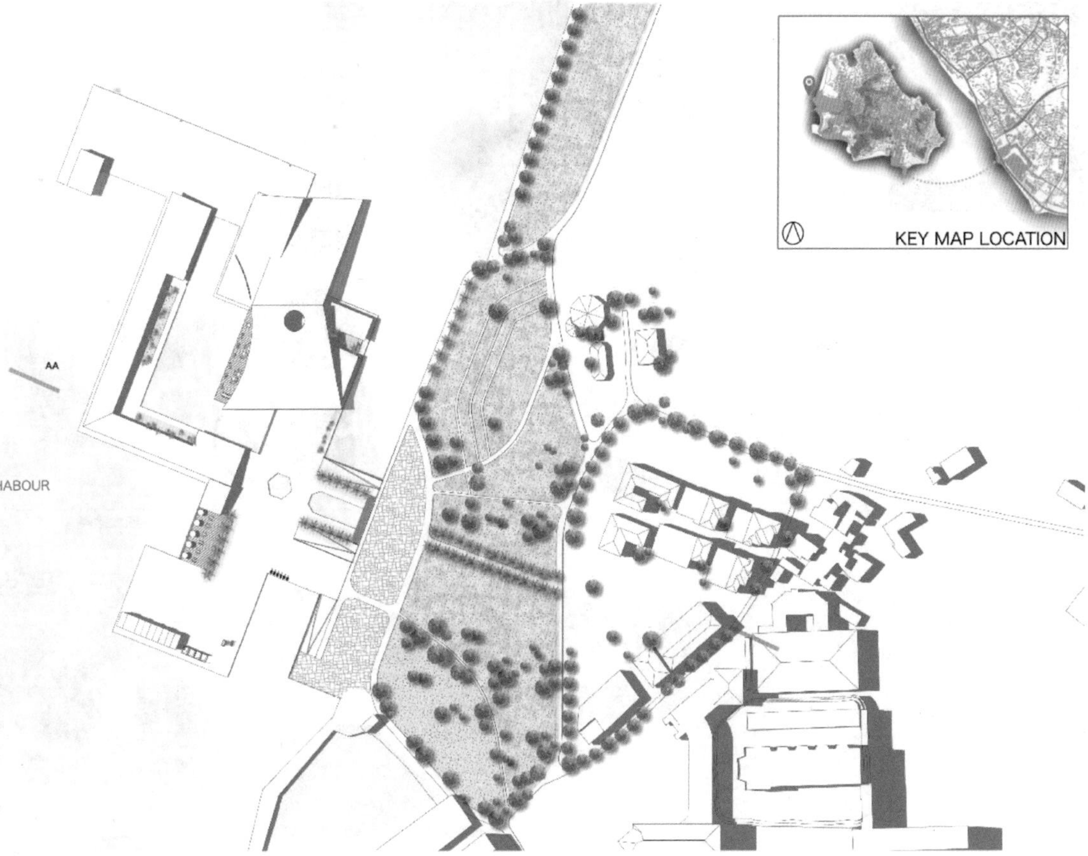
KEY MAP LOCATION
AA
AMOY WESTERN HABOUR

SITE PLAN 1/1000@A1

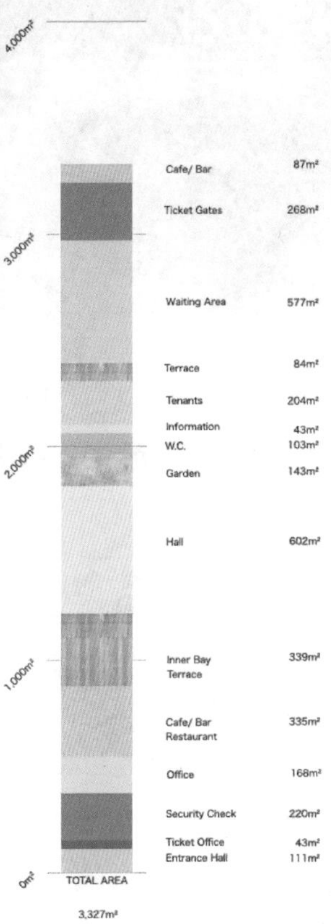
4,000m²
3,000m²
2,000m²
1,000m²
0m²
Cafe/ Bar 87m²
Ticket Gates 268m²
Waiting Area 577m²
Terrace 84m²
Tenants 204m²
Information 43m²
W.C. 103m²
Garden 143m²
Hall 602m²
Inner Bay Terrace 339m²
Cafe/ Bar Restaurant 335m²
Office 168m²
Security Check 220m²
Ticket Office 43m²
Entrance Hall 111m²
TOTAL AREA
3,327m²

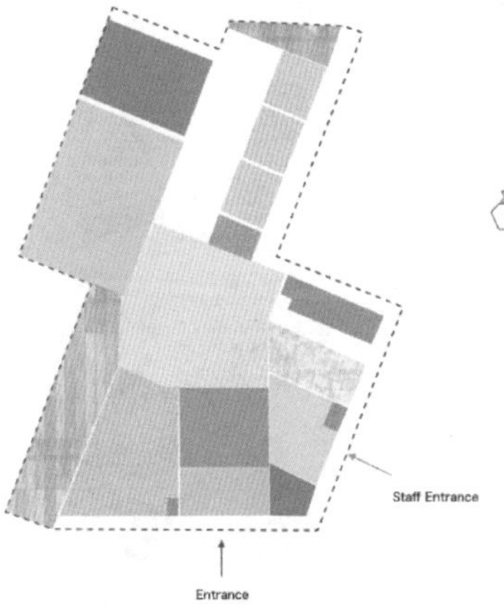
Staff Entrance
Entrance

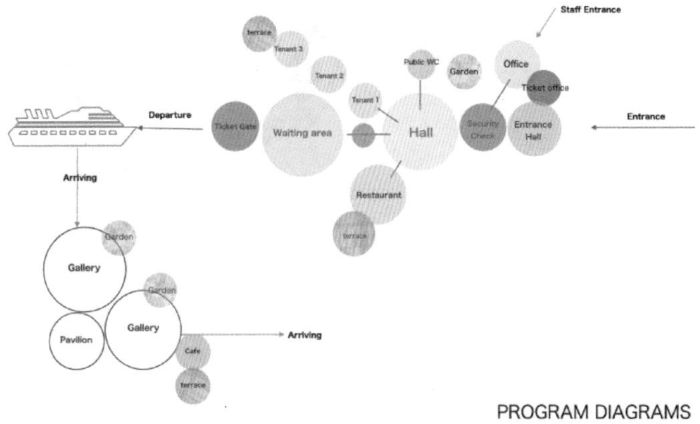
Staff Entrance
Terrace
Tenant 3
Tenant 2
Tenant 1
Public WC
Garden
Office
Ticket office
Departure
Ticket Gate
Waiting area
Hall
Security Check
Entrance Hall
Entrance
Restaurant
Terrace
Arriving
Garden
Gallery
Garden
Pavilion
Gallery
Arriving
Cafe
Terrace

PROGRAM DIAGRAMS

SECTION AA' 1/1000@A1

EAST ELEVATION 1/300@A1

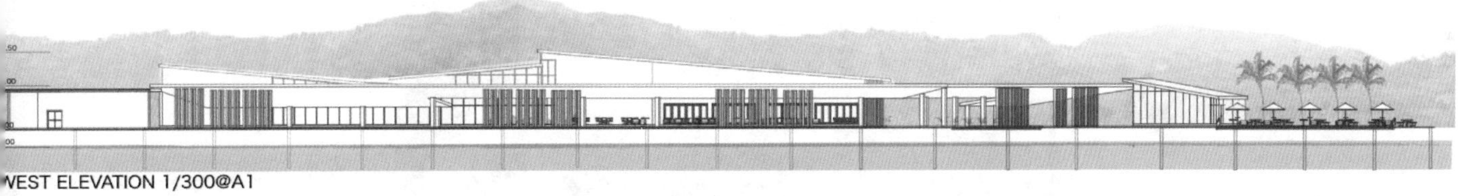

WEST ELEVATION 1/300@A1

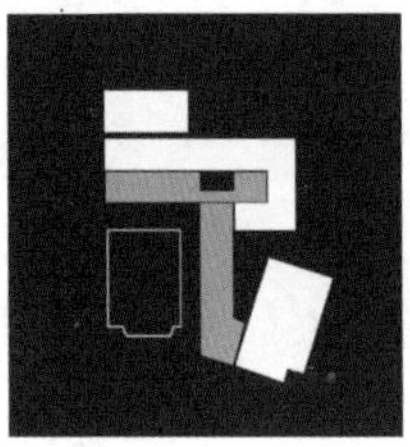

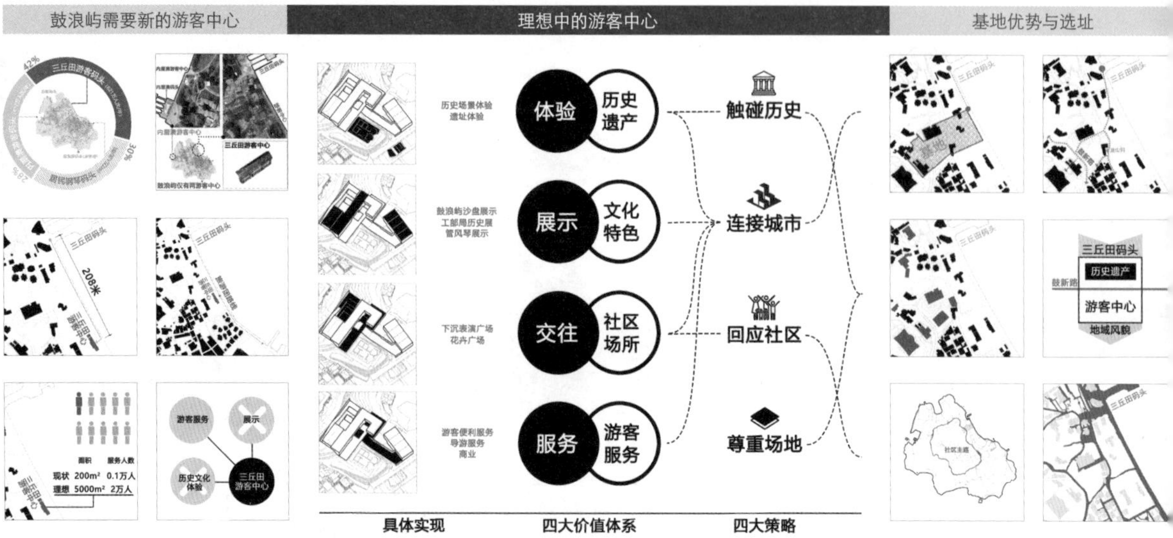

鼓浪屿需要新的游客中心
理想中的游客中心
基地优势与选址
三丘田游客码头
鼓浪屿仅有两游客中心
208米
游客服务
展示
历史文化体验
三丘田游客中心
面积 服务人数
现状 200m² 0.1万人
理想 5000m² 2万人
历史场景体验
遗址体验
鼓浪屿沙盘展示
工部局历史展
管风琴展示
下沉表演广场
花卉广场
游客便利服务
导游服务
商业
体验
历史遗产
展示
文化特色
交往
社区场所
服务
游客服务
触碰历史
连接城市
回应社区
尊重场地
具体实现
四大价值体系
四大策略
三丘田码头
历史遗产
鼓新路
游客中心
地域风貌

触碰历史 鼓浪屿游客中心设计

同济大学
设计：曹伯桢
指导：王一／孙澄宇／李翔宁

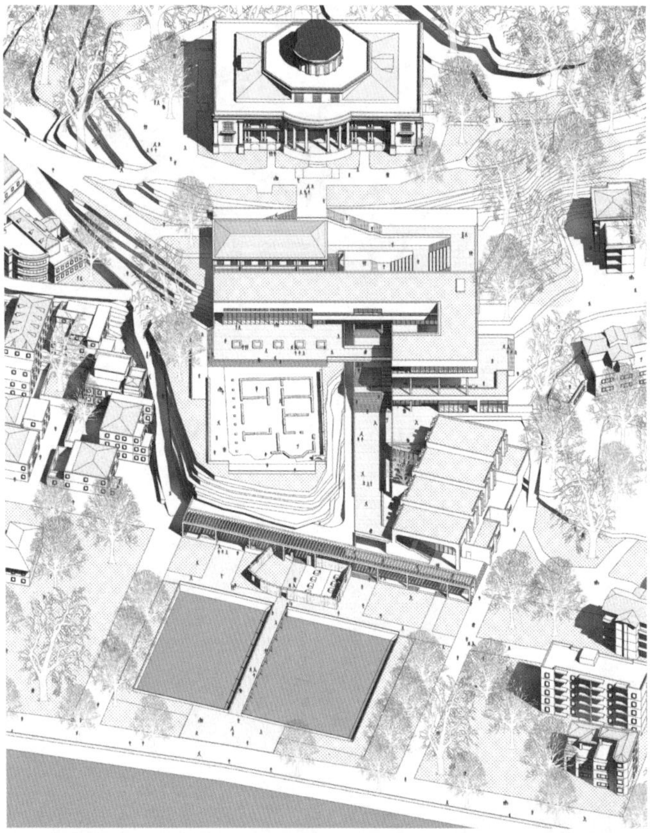

历史遗产图解
理想路线让游客一上岛就能体验地域风貌

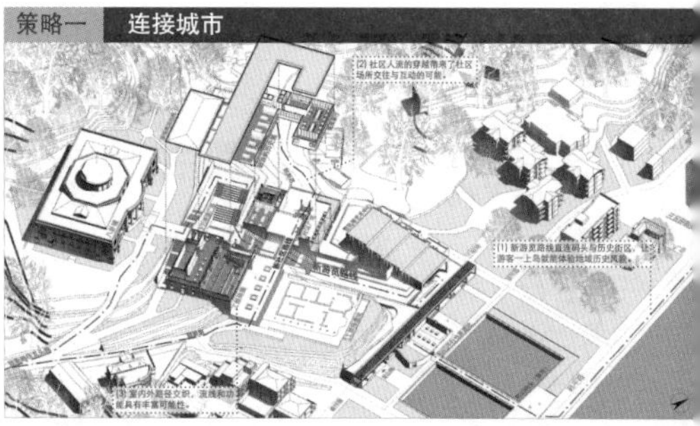

策略一
连接城市

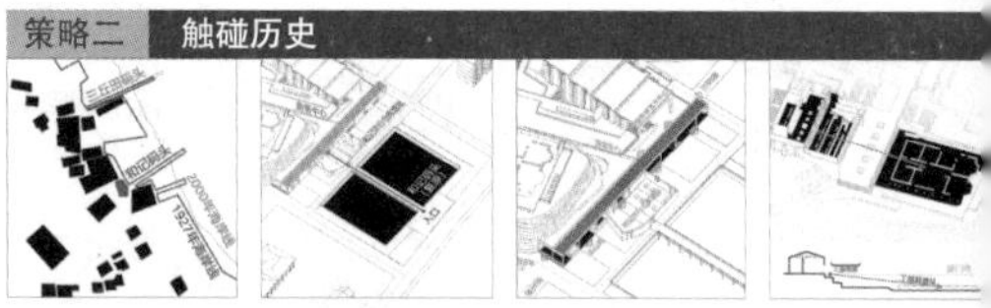

策略二
触碰历史

策略三
回应社区

简介：

结合前期调研与后期分析我们提出了自己的设计。通过分析我发现鼓浪屿游客中心不足以满足需求，因此设计新的鼓浪屿游客中心尤为必要。结合现状问题及理想中的游客中心所具有的体验、展示、交往、服务四大方面，我将基地选在三丘田码头附近工部局遗址区域。新游客中心设计的核心在于创造了一条新的游览路线，让游客一上岛就能进入具有地域历史文化特色的鼓新路参观；另外，结合场地不同的历史遗产打造了一系列具有丰富历史文化体验的空间。前者应对了建筑与城市的关系，通过流线激活了整个区域，后者则是通过新老建筑的结合，创造了一系列独特的历史和空间的体验。另外，建筑通过社区场所的营造和社区流线的引入为社区提供了活动空间。我设计的这一游客中心不仅提供游客服务，更重要的是为鼓浪屿的历史、文化和社区做出贡献。

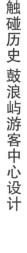

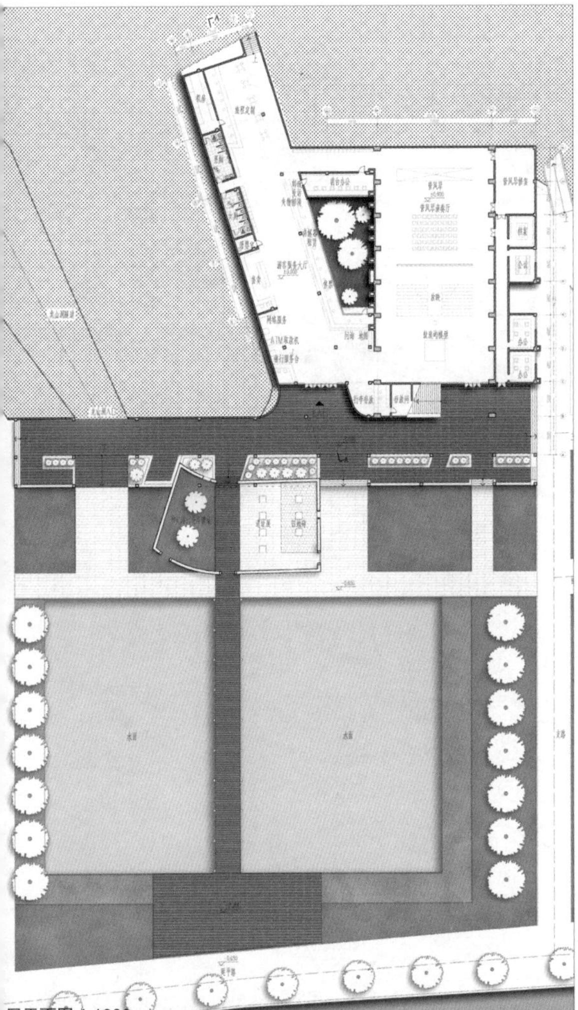

层平面图 1:1000

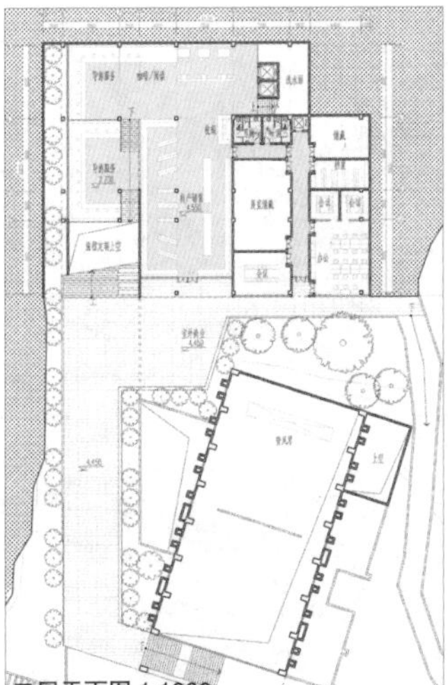

二层平面图 1:1000

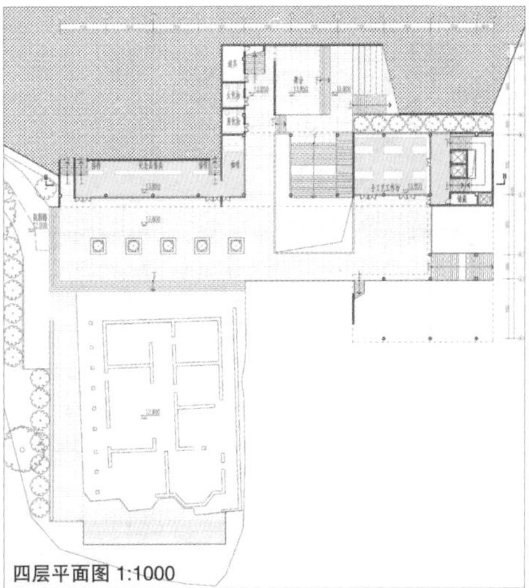

四层平面图 1:1000

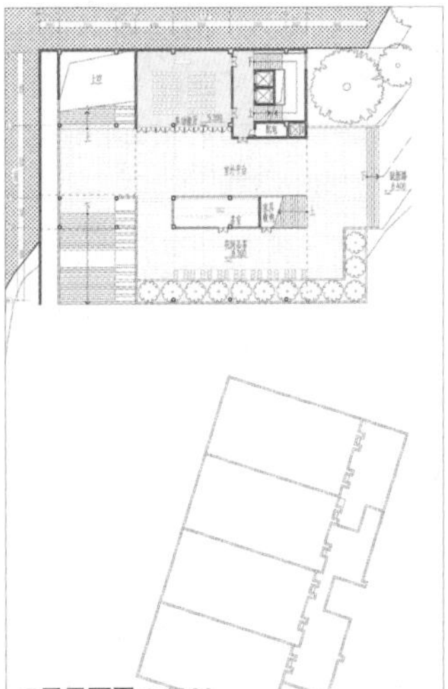

三层平面图 1:1000

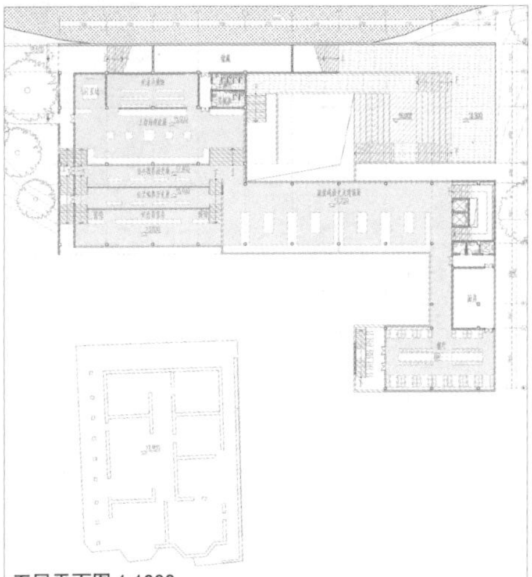

五层平面图 1:1000

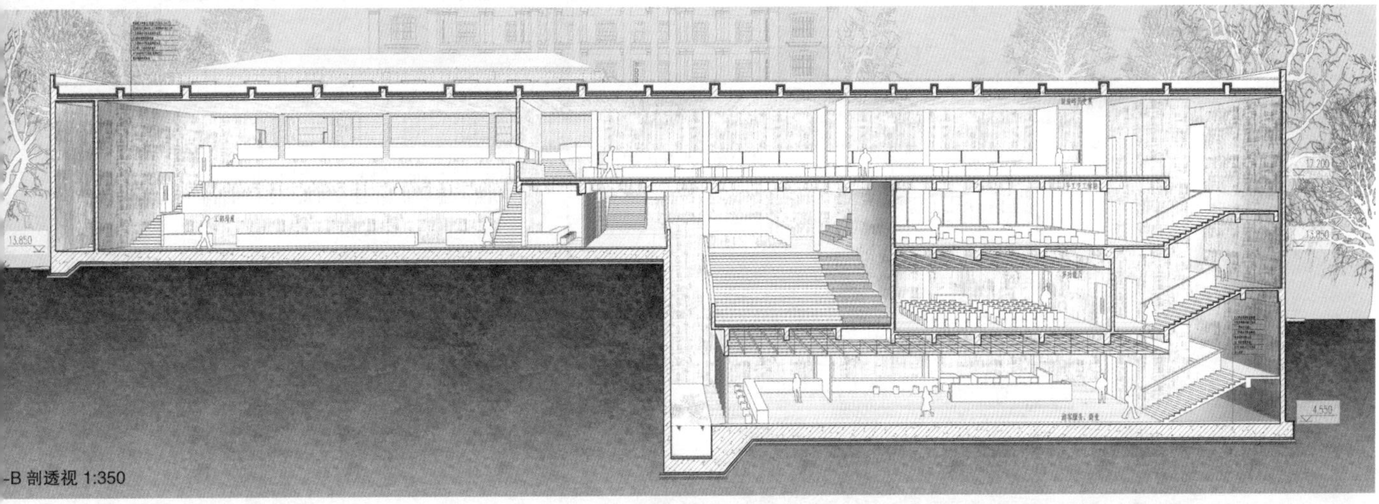

-B 剖透视 1:350

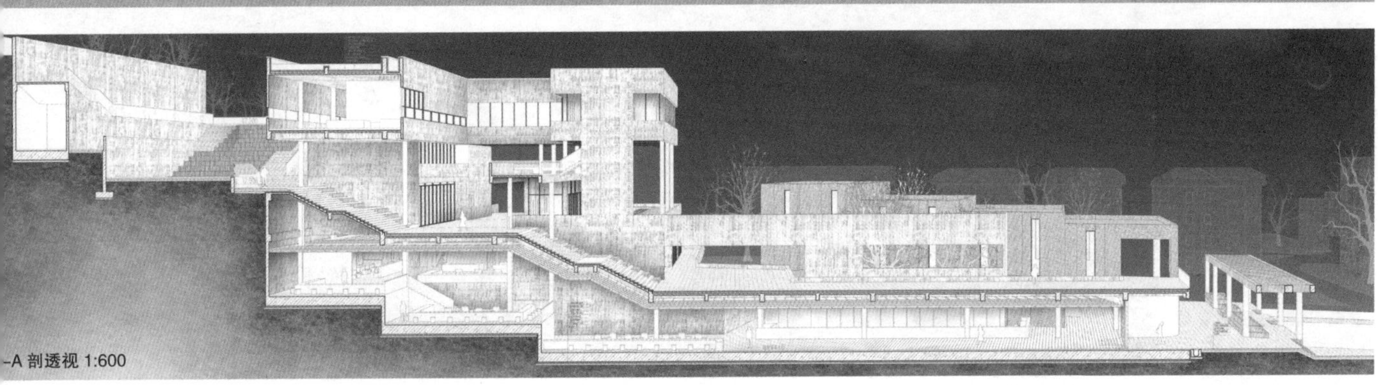

-A 剖透视 1:600

生死交集——鼓浪屿历史名人陈列馆及场地设计

Intersection of Life and Death

同济大学

设计：顾汀

指导：王一 / 孙澄宇 / 李翔宁

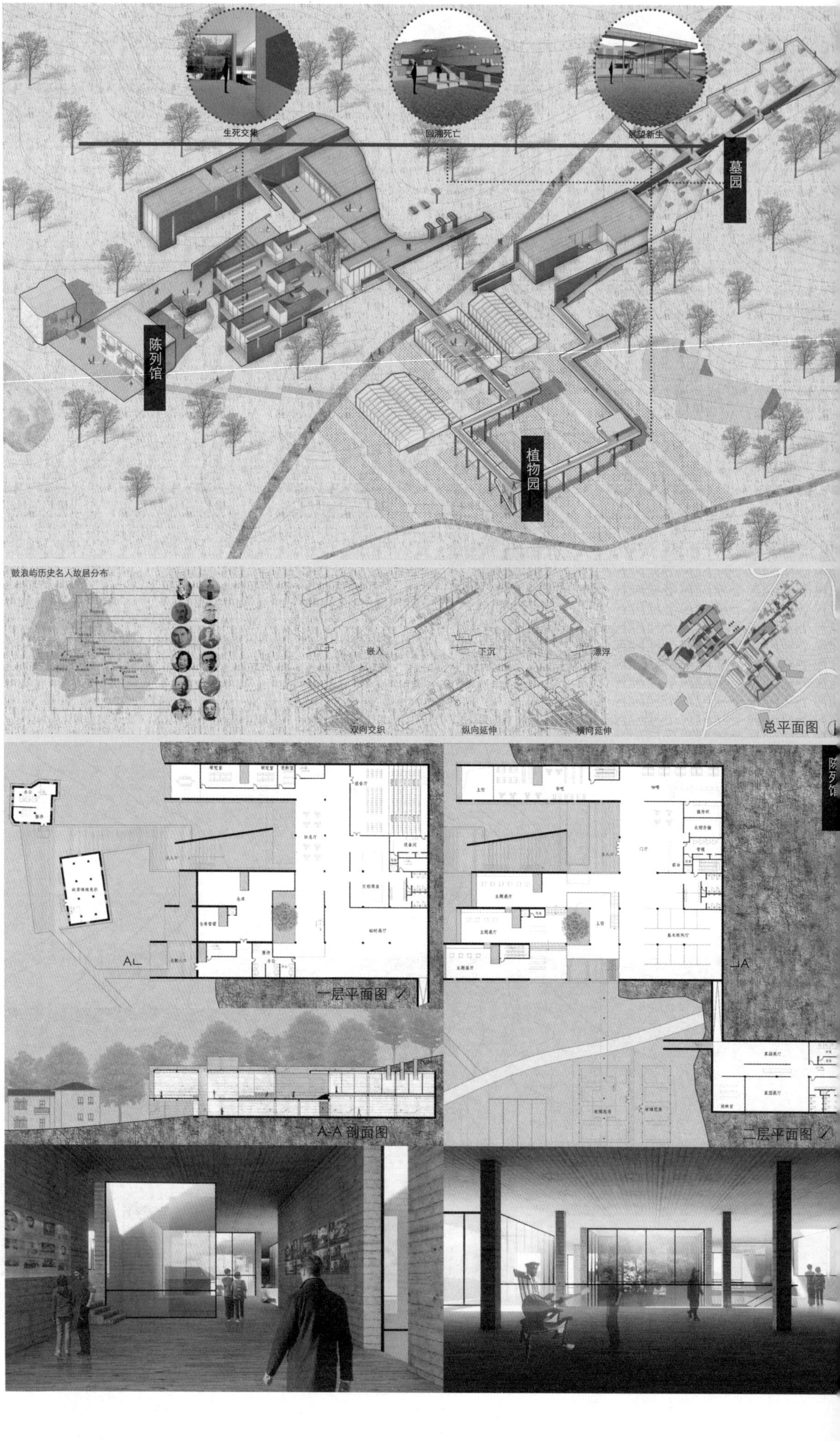

生死交集
回溯死亡
展望新生
墓园
陈列馆
植物园
鼓浪屿历史名人故居分布
嵌入
下沉
漂浮
双向交织
纵向延伸
横向延伸
总平面图
陈列馆
一层平面图
A-A 剖面图
二层平面图

评语：

方案利用基督教徒墓园和植物园等场地元素，设计一处具有丰富体验的历史名人陈列馆，激活岛上的历史名人文化，探讨生与死的空间氛围和相互关系，为当地居民提供一处重塑社区历史和记忆的场所，为岛外游客提供一扇了解岛上历史名人文化的窗户，表达出了作者对于生死的思索、对于文化传承的责任。

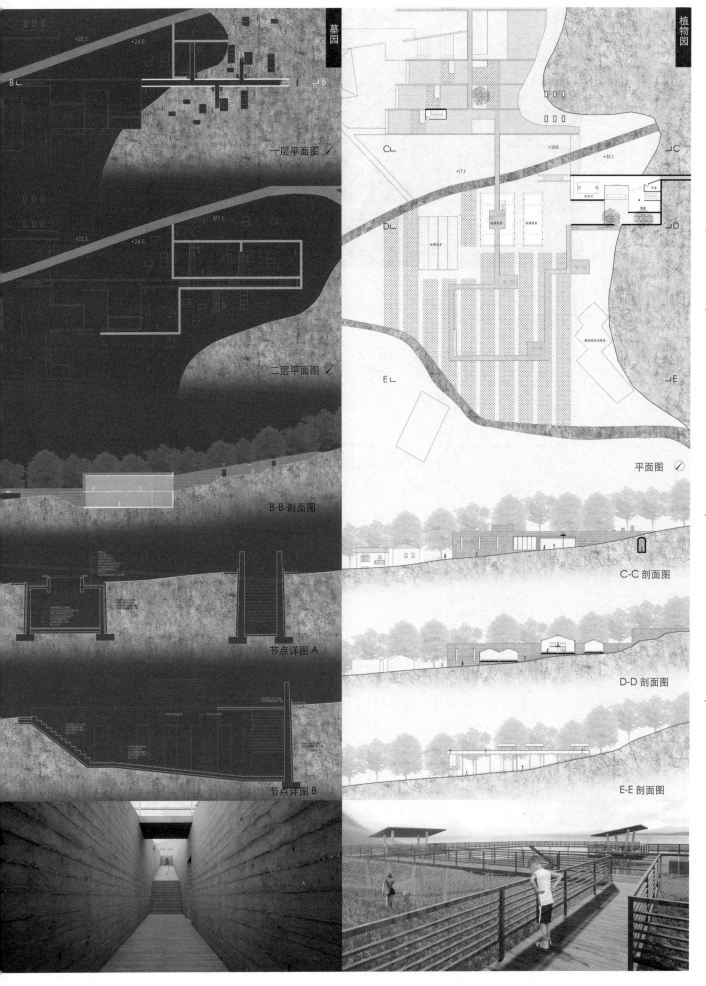

墓园

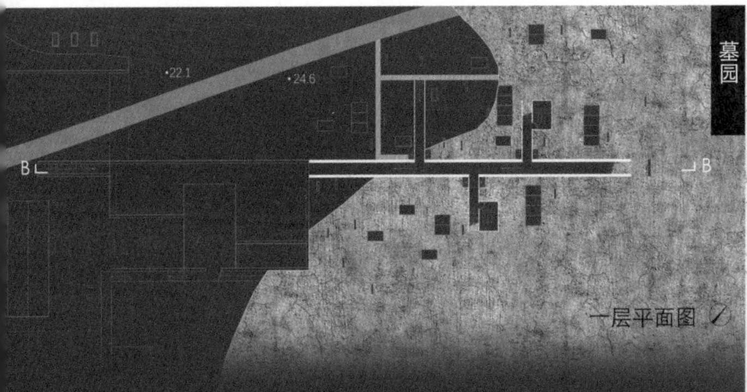

一层平面图

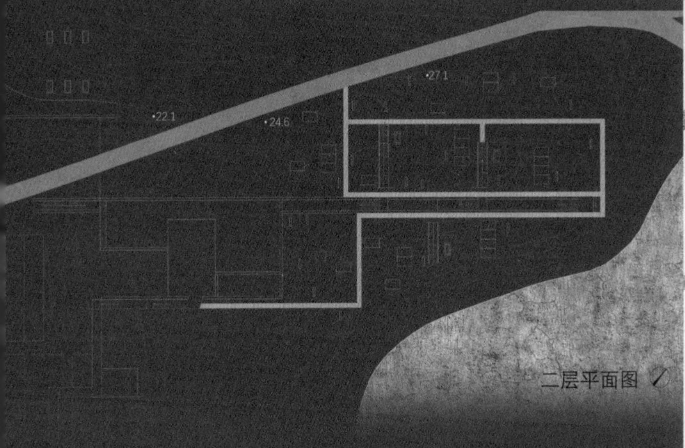

二层平面图

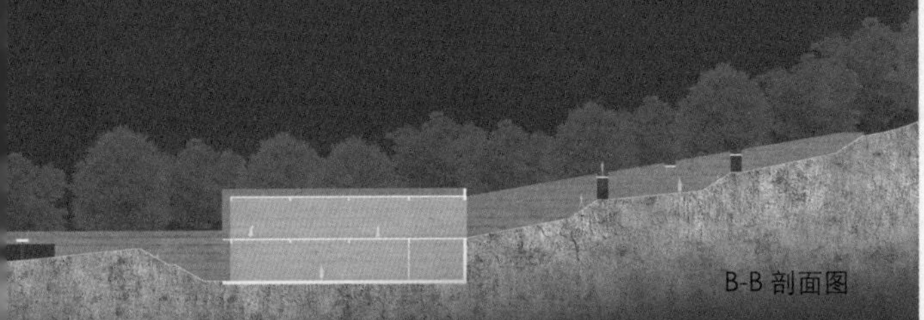

B-B 剖面图

节点详图 A

节点详图 B

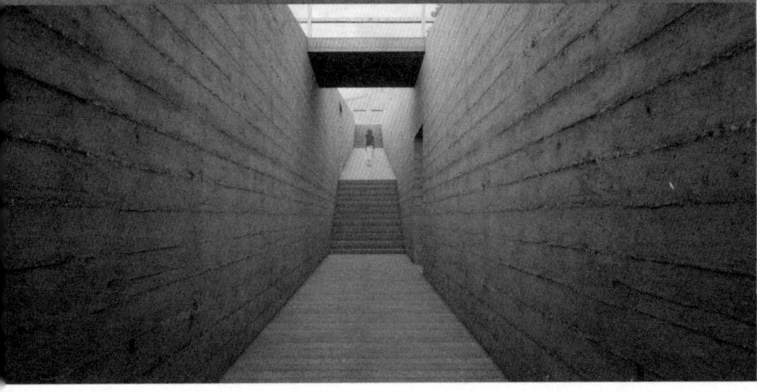

植物园

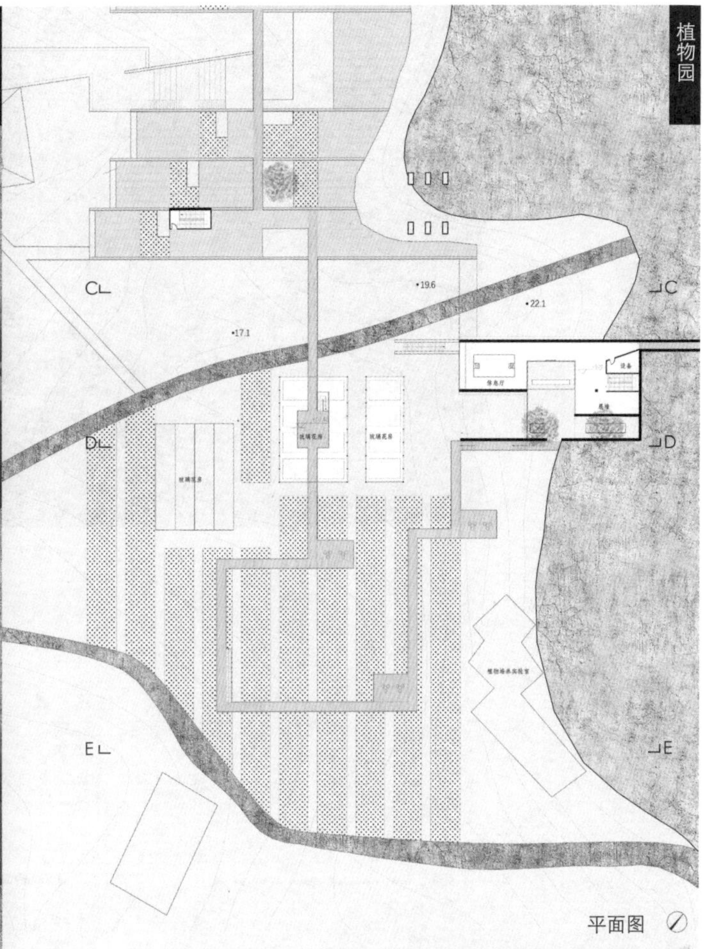

平面图

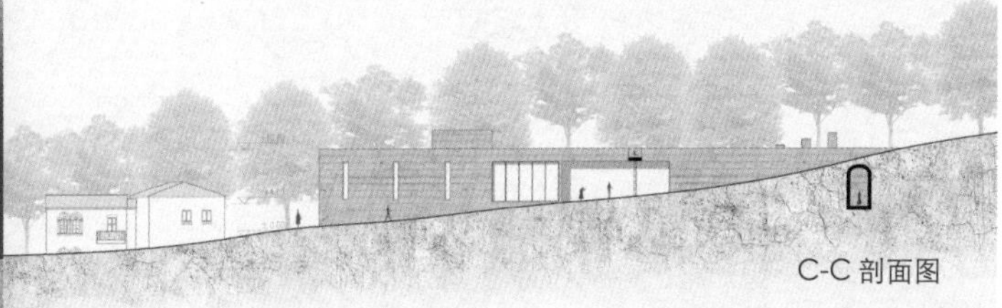

C-C 剖面图

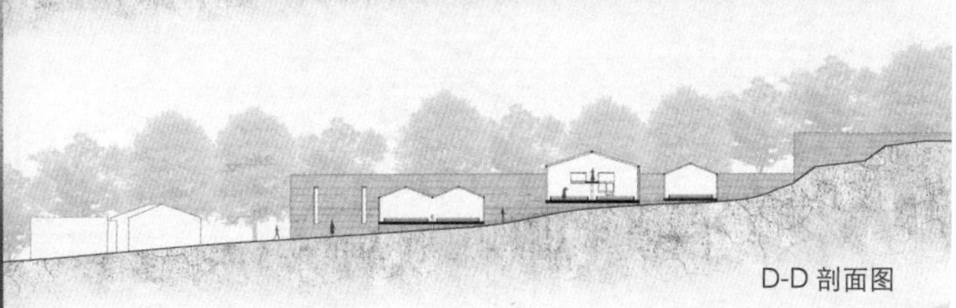

D-D 剖面图

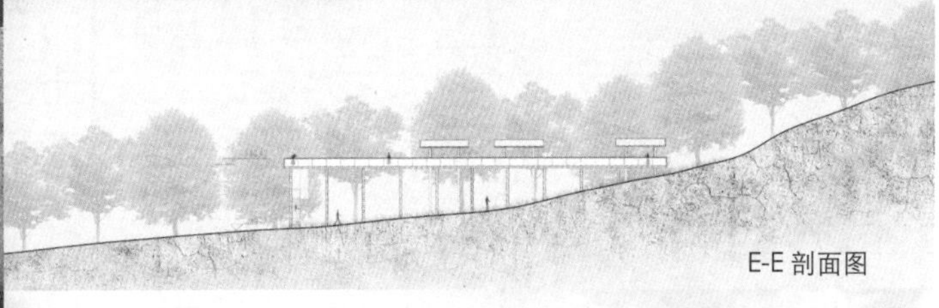

E-E 剖面图

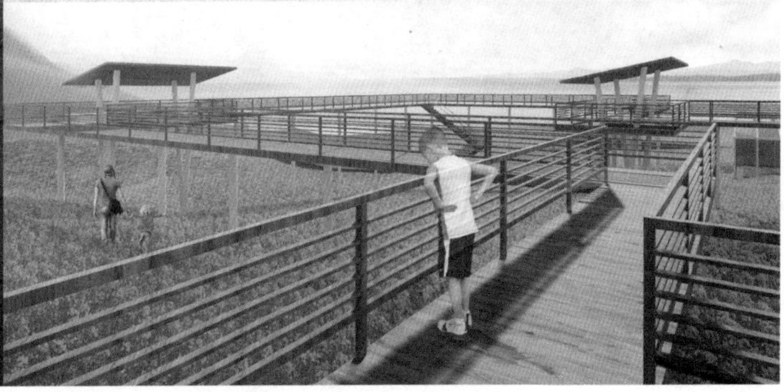

十亩之间

The Farm of Historical Memory

同济大学
设计：杨天周
指导：王一 / 李翔宁 / 孙澄宇

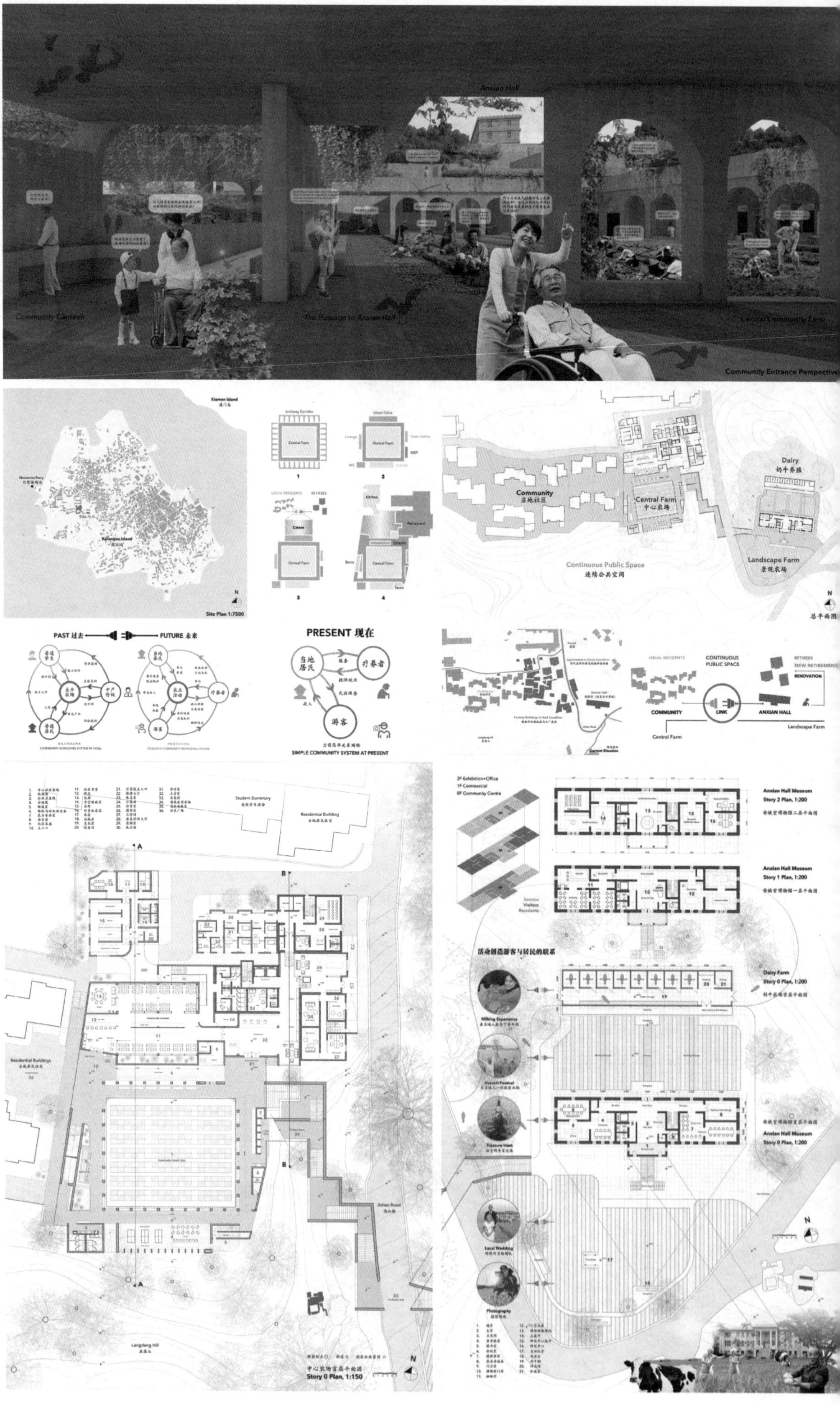

简介：

鼓浪屿以“历史国际社区”之名申请了世界文化遗产，目前却面临着珍贵历史文化被埋没以及社区文化消亡的窘境。本设计通过对历史的发掘，以曾经存在并深刻影响了安献堂地区的农业活动为核心媒介，构建了与历史相呼应的居民、疗养者及游客群体间的多元关系，引发了丰富的社区互动，进而促进了社区文化的再构，历史因此能以更鲜活的方式被感受、认知与传承。

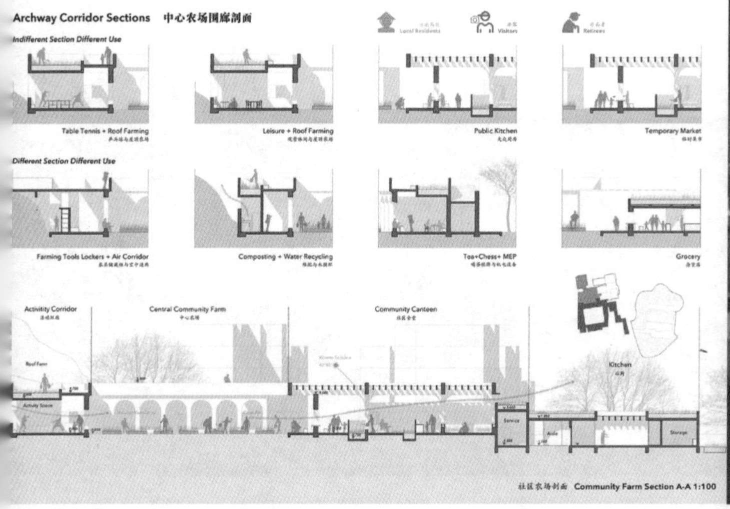
Archway Corridor Sections 中心农场围廊剖面
Indifferent Section Different Use
Local Residents
Visitors
Retirees
Table Tennis + Roof Farming
Leisure + Roof Farming
Public Kitchen
Temporary Market
Different Section Different Use
Farming Tools Lockers + Air Corridor
Composting + Water Recycling
Tea+Chess+ MEP
Grocery
Activity Corridor
Central Community Farm
Community Canteen
Kitchen
Roof Farm
Activity Space
Storage
社区农场剖面 Community Farm Section A-A 1:100

Community Canteen Perspective

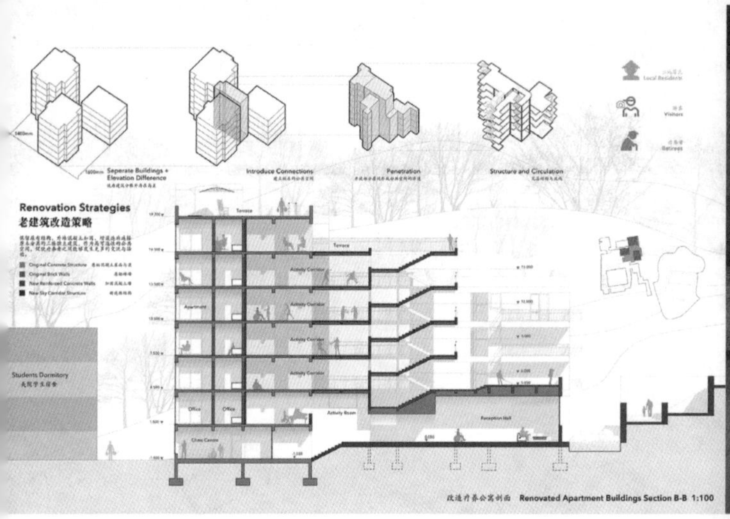
Seperate Buildings + Elevation Difference
Introduce Connections
Penetration
Structure and Circulation
Local Residents
Visitors
Retirees
Renovation Strategies
老建筑改造策略
Original Concrete Structure
Original Brick Walls
New Reinforced Concrete Walls
New Sky Corridor Structure
Students Dormitory
Terrace
Activity Corridor
Apartment
Office
Clinic Centre
Activity Room
Reception Hall
改造疗养公寓剖面 Renovated Apartment Buildings Section B-B 1:100

Apartment Reception Hall Perspective

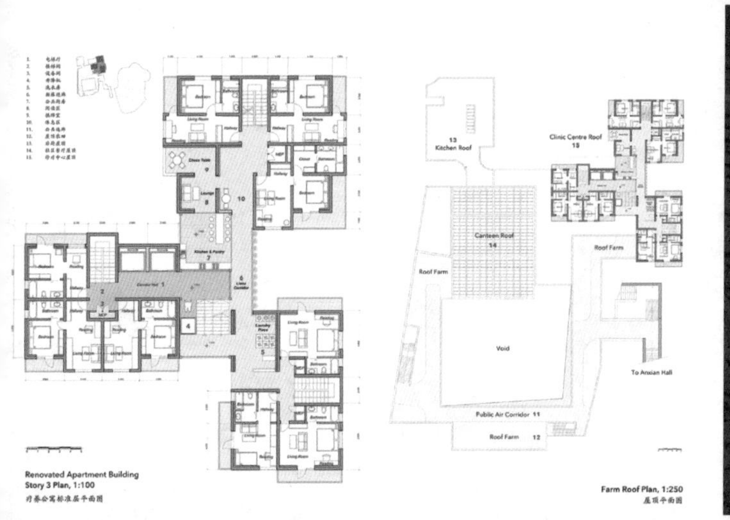
Living Room
Bedroom
Bathroom
Hallway
Kitchen & Pantry
Laundry Room
Kitchen Roof
Clinic Centre Roof
Canteen Roof
Roof Farm
Void
To Anxian Hall
Public Air Corridor 11
Roof Farm 12
Renovated Apartment Building
Story 3 Plan, 1:100
疗养公寓标准层平面图
Farm Roof Plan, 1:250
屋顶平面图

Renovated Apartments Corridor Perspective

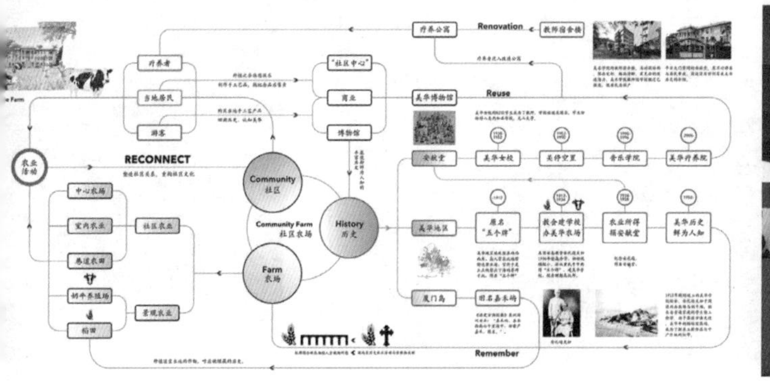
疗养公寓
Renovation
教师宿舍楼
Reuse
美华博物馆
RECONNECT
Community
社区
History
历史
Farm
农场
Community Farm
社区农场
疗养者
当地居民
游客
中心农场
室内农业
社区农业
Remember

Dairy Perspective

125

空间的回响
鼓浪屿音乐厅设计

同济大学
设计：尹建伟
指导：王一／李翔宁／孙澄宇

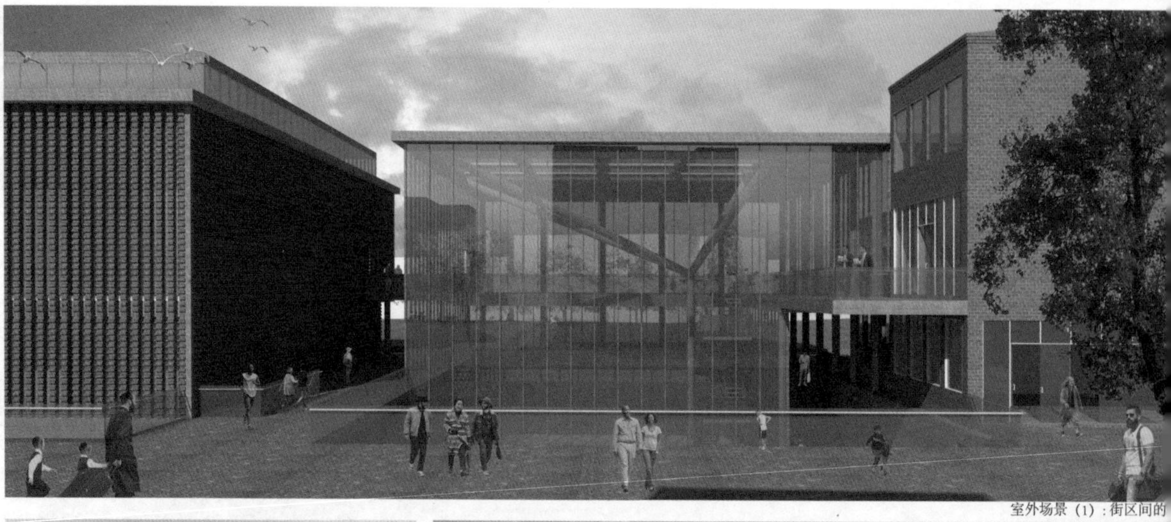

室外场景（1）：街区间的

A-A 剖面图

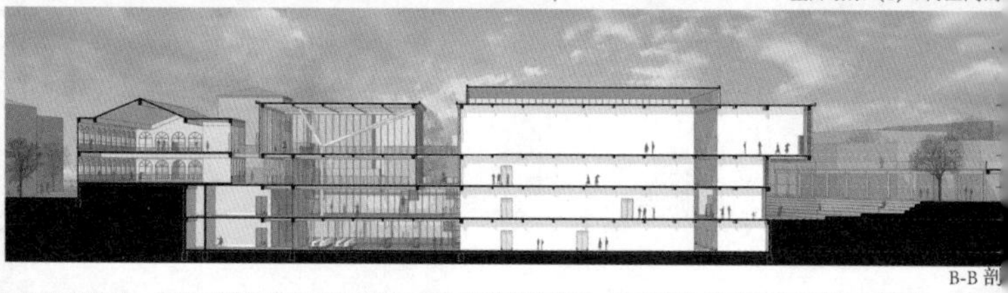

B-B 剖

设计说明

经过对鼓浪屿社区的调研与基地的分析，发现社区感的缺失逐渐成为了一个严重的问题，由此，以鼓浪屿音乐厅为基点，通过公共空间来塑造一处日常性的体验场所以激发社区的活力。日常性仅意味着多种活动的复合，为人们提供丰富性；还意味着全时性，即无论是白天还是夜晚、晴天还是阴雨，都有人活动的场所。

方案通过两方面回应了社区的生活：

其一，通过公共空间的串联，联系了不同的街区，打开了原来闭塞的空间状态。同时，公共空间也提供了一处可以汇聚人的场所，在这里，居民们可以自发的进行活动，游客们可以暂时歇息，和游客之间也能够产生互动。公共空间也成为 不同音乐活动的载体，无论是严肃的音乐会，还是激情的路边表演，都能够找到合适的场地，多种音乐活动的复合也进一步激发了音乐厅及其周围区的活力；

其二，通过下沉的手法降低地面部分的体量，使得音乐厅不再那么突兀，同时利用基地内既有的历史建筑控制着音乐厅的长宽比等尺寸，使音乐厅在尺度上与周边的历史街区产生良好的呼应关也对当地传统材料“红砖”进行了现代化的演绎，选取不同的构造方式进行立面上的呈现，使得音乐厅作为鼓浪屿的一部分而融入社区之中。

总平面图

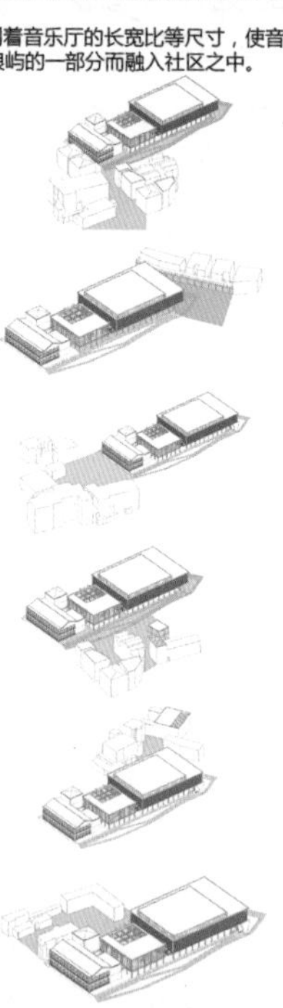

城市公共空间的蔓延

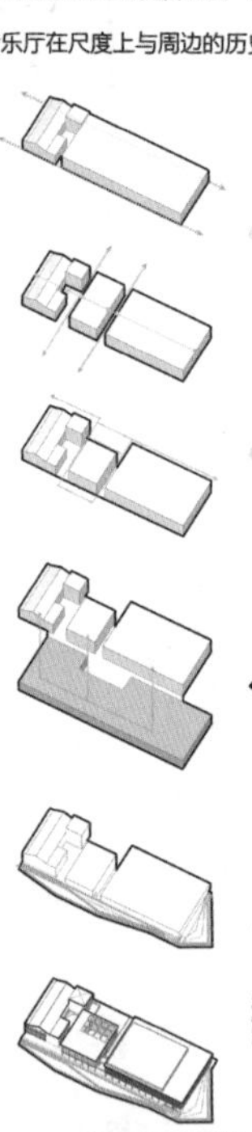

建筑形态分析图

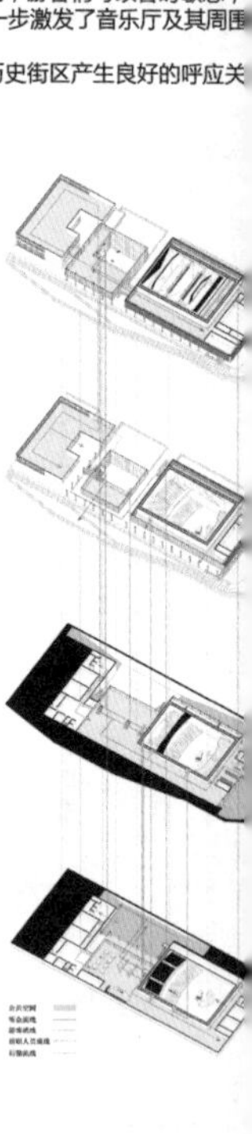

流线分

简介：

进一步思考了城市与人的关系，人们在生产的过程中通过双手创造了城市，而城市也会在不同的时间节点进行自我更新，城市既是结构又是遗迹，既是事件又是时间的记录，它记载着发生在这片土地上的事实。

在新的时代下，老鼓浪屿人渐渐退出历史舞台，新鼓浪屿人慢慢成为主导，社区以这种方式进行着新陈代谢，在这个过程中，人和人地互动成为演替的关键。

方案重新定位处在历史街区之中的鼓浪屿音乐厅，在思考人在城市公共空间中的相互关系时，也需要对当地特殊的历史环境作出积极的回应，激发出社区的活力。希望这一次的设计，能够成为笔者进一步思考城市与人的关系的契机，并对日后的学习提供良好的基础。

室外场景（02）：新老建筑关系

室外场景（03）：新老建筑关系

室外场景（04）：檐下空间

室外场景（05）：社区

鸟瞰图

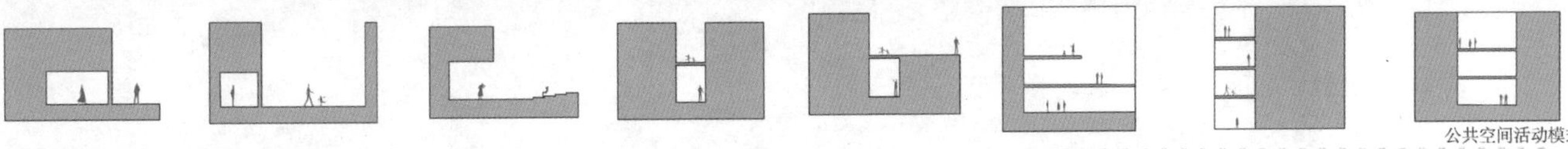

公共空间活动模式

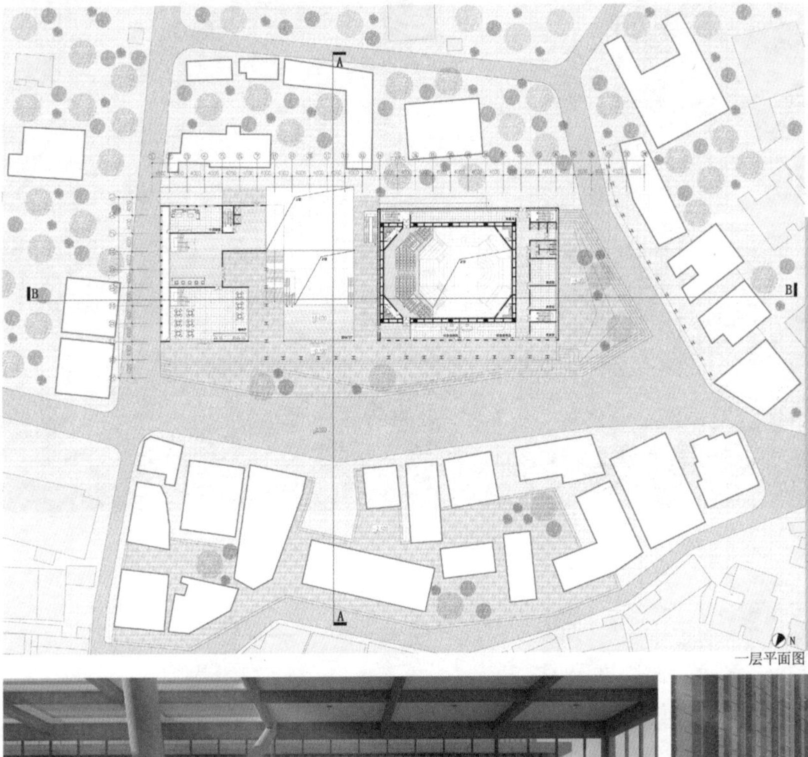

一层平面图

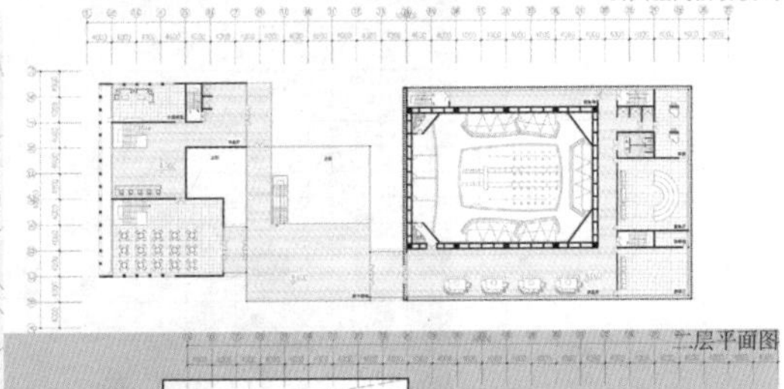

二层平面图

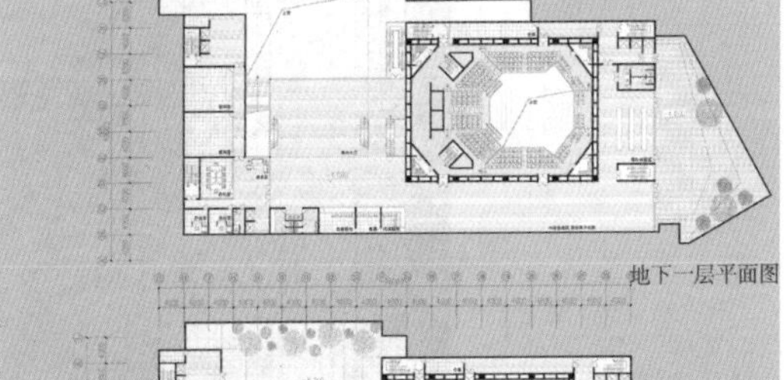

地下一层平面图

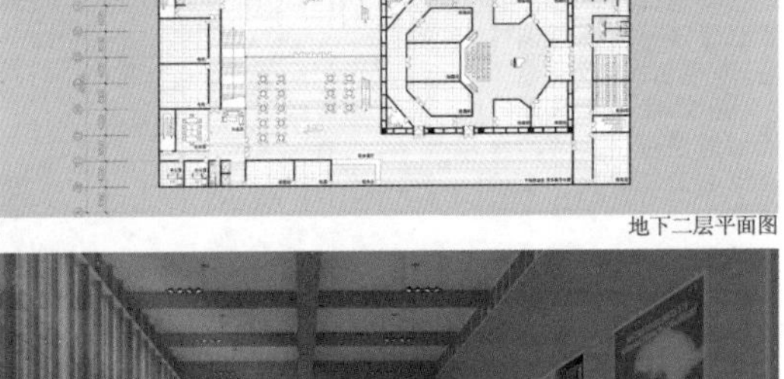

地下二层平面图

室内场景（07）：开放剧场

室内场景（08）：音乐展示长廊 & 中场休息厅

127

KULANGSU
MUSIC FEST

律动·鼓浪 鼓浪屿音乐狂欢节主题活动中心设计

Design of Theme Activity Center for Kulangyu Music Carnival

同济大学
设计：周华桢
指导：王一 / 李翔宁 / 孙澄宇

设计说明：
鼓浪屿素有“音乐之岛”的美誉，但如今上岛的游客已经再难感受到浓厚的音乐氛围，所以希望通过设计重塑鼓浪屿的音乐品牌，为鼓浪屿找到新的音乐定位。
选择的设计重点选择在鼓浪屿上打造一个符合当下的音乐潮流的狂欢型音乐节。
建筑基地坐落于岛上马约翰球场的南边，为了能够支撑起大型的草地音乐节活动，建筑以起坡的方式形成一个望向马约翰的大看台，从而延续马约翰球场的室外公共空间。同时在建筑上设计多处舞台，方便更多元化的表演；并且配备有足够的餐饮、酒吧服务于音乐节时刻的人群。此为音“律”。
其次，马约翰球场作为中国第一块现代足球场，其场地具有的浓厚的体育历史记忆，在非节庆的时候，建筑内部的功能将场地本身具有的运动属性与马约翰展览两者联合考虑进行设计，成为一个在日常的时候能够提供给游客观展、社区居民进行体育活动的地方，此为运“动”。
经济技术指标：
用地面积:14700㎡ 建筑群占地面积:6680㎡
主体建筑占地面积:972㎡ 建筑面积:7617㎡
建筑密度:45.44% 容积率:0.518
音乐文化的缺失
鼓浪屿音乐节
KULANGSU FEST
音乐节布置意象轴测图
总平面图 1:1000
北

简介：

鼓浪屿素有“音乐之岛的美誉，但是对于如今登岛的游客来说，其实已经很难再感受到这座岛屿的音乐魅力。

所以希望能够通过场地的更新，建筑的介入为鼓浪屿寻找一个新的音乐业态，来解决当下鼓浪屿岛上目前“音乐之岛”名片不明确，音乐业态不明显，缺乏音乐品牌的问题。

本设计所采用的形态策略为在马约翰球场的南边以起坡的方式形成建筑的体量，从而在消隐建筑的同时又能够形成一个望向场地的大看台，延续了公共空间。

并且设计过程中还考虑到了基地本身的历史属性从而引入了运动和社区功能，最终形成建筑本身的日常与节庆两种功能的复合。

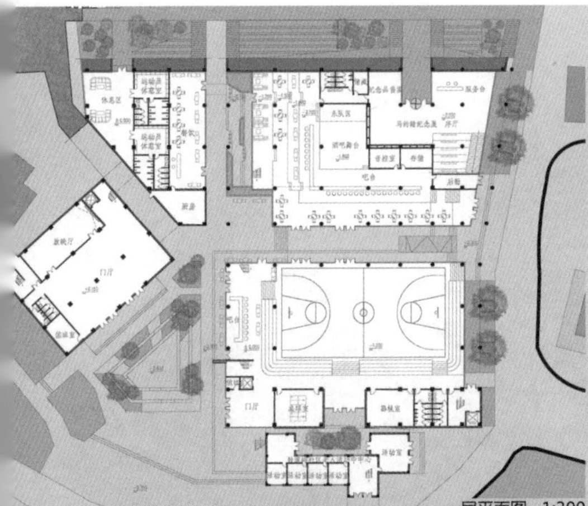

一层平面图　1:300

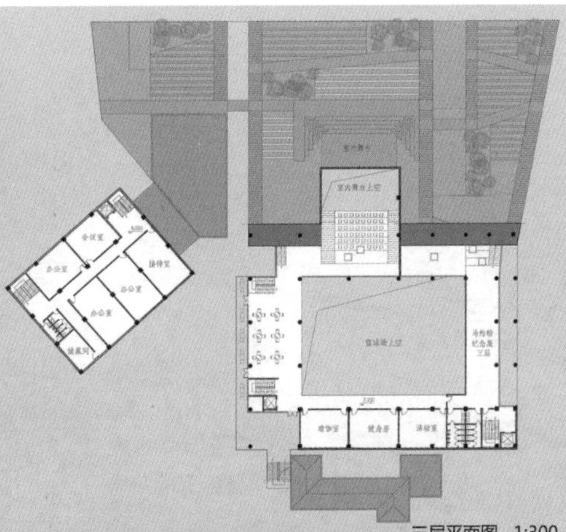

三层平面图　1:300

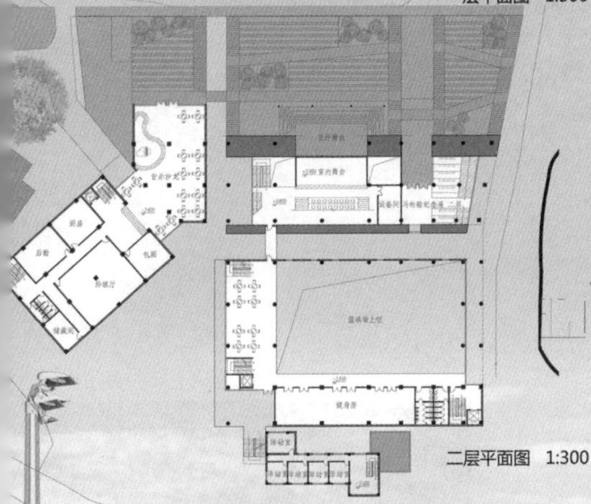

二层平面图　1:300

四层平面图　1:300

建筑内街入口

四层马约翰展

从展厅回望马约翰球场

二层舞台设计
独立模式
建筑二层由两个独立舞台组成，之间由活动隔断门隔开，可以成为两个独立的剧场，一个是室内的剧院舞台，另一个是室外的开放舞台。
联欢模式
二层活动隔断门可以通过折叠方式打开，将两个舞台合并为一起，从而成为一个360°的大舞台，进行规模较大的表演。

场景剖透视　1:100

鼓浪屿"海中乐园"水上运动中心设计

同济大学
设计：罗晓梦
指导：王一 / 孙澄宇 / 李翔宇

轴测图

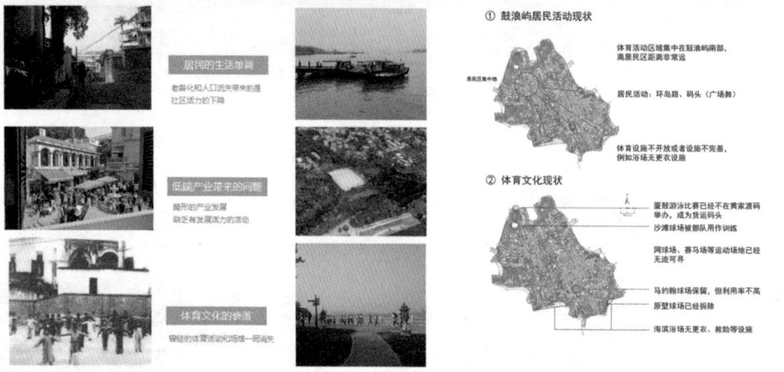
居民的生活单调
老龄化和人口流失带来的是
社区活力的下降
低端产业带来的问题
缺乏有发展活力的活动
① 鼓浪屿居民活动现状
居民区集中地
体育活动区域集中在鼓浪屿南部，
离居民区距离非常远
居民活动：环岛路、码头（广场舞）
体育设施不开放或者设施不完善，
例如浴场无更衣设施
② 体育文化现状
厦鼓游泳比赛已经不在黄家渡码
举办，成为货运码头
沙滩球场被部队用作训练
网球场、赛马场等运动场地已经
无迹可寻
马约翰球场保留，但利用率不高
原壁球场已经拆除
海滨浴场无更衣、救助等设施

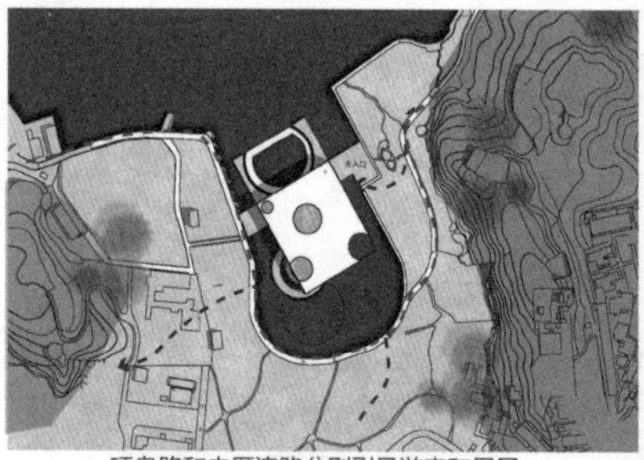

环岛路和内厝澳路分别引导游客和居民
燕尾山和兆和山的风景得天独厚

感想：

本次八校联合设计是我在本科参加的最后一个也是收获最多的设计。这次的过程中经历了很多第一次，第一次做体育建筑，第一次做海岛环境下进行设计，也是第一次接触到作为世界文化遗产的国际历史社区这样的独特背景下进行思考。

在这个过程中打破了4年以来的舒适区，过程中的痛苦是真实的，很多次也想过要放弃，但是坚持到最后发现自己收获了更多的东西。鼓浪屿从此在我心目中不只是一个旅游符号，在设计的过程中我了解了它的过去和现在，而我又参与到了它的将来，此后鼓浪屿将会永远在我心目中有一个独特的位置。

十分感谢八校联合这一次机会让我能够深入地了解和参与到遗产保护与更新，在课题进行过程中认识到自己四年以来的学习还有很多的局限，希望我和鼓浪屿的未来都因为此次课题能够变得更好。

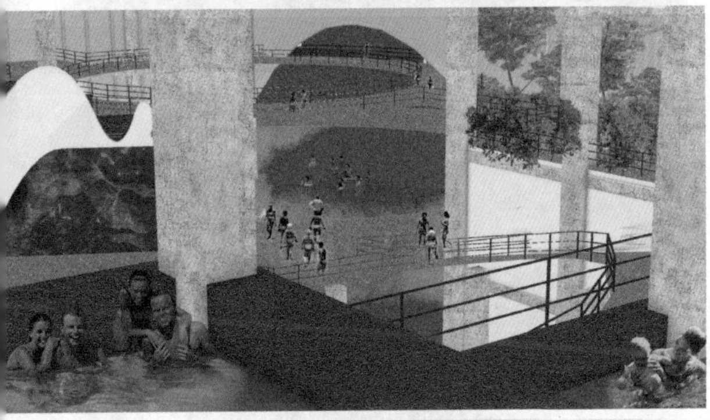

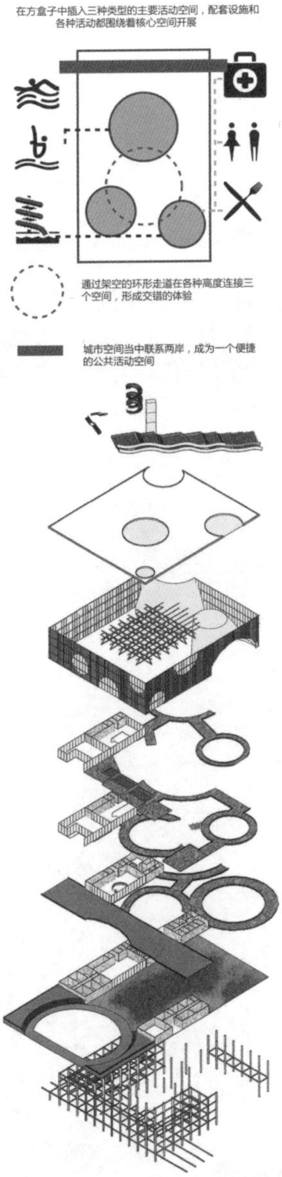

在方盒子中插入三种类型的主要活动空间，配套设施和各种活动都围绕着核心空间开展
通过架空的环形走道在各种高度连接三个空间，形成交错的体验
城市空间当中联系两岸，成为一个便捷的公共活动空间

一层平面图

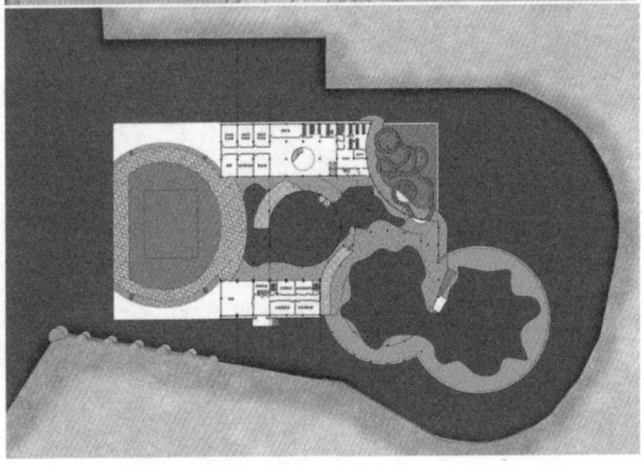

负一层平面图

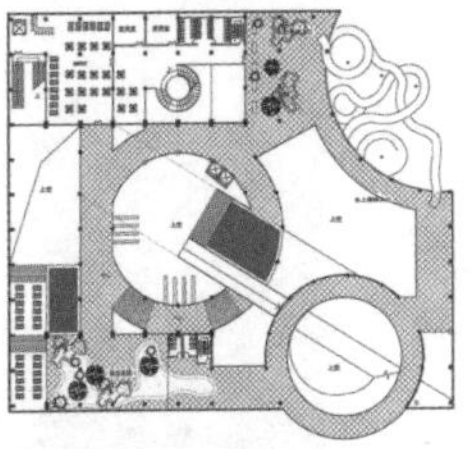

二层平面图

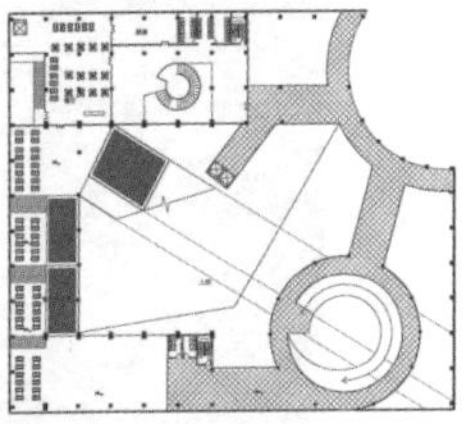

三层平面图

剖透视

观海园码头及度假区综合开发

The comprehensive development of Guanhaiyuan wharf & resort

同济大学
设计：程惊雷
指导：孙澄宇／王一／李翔宁

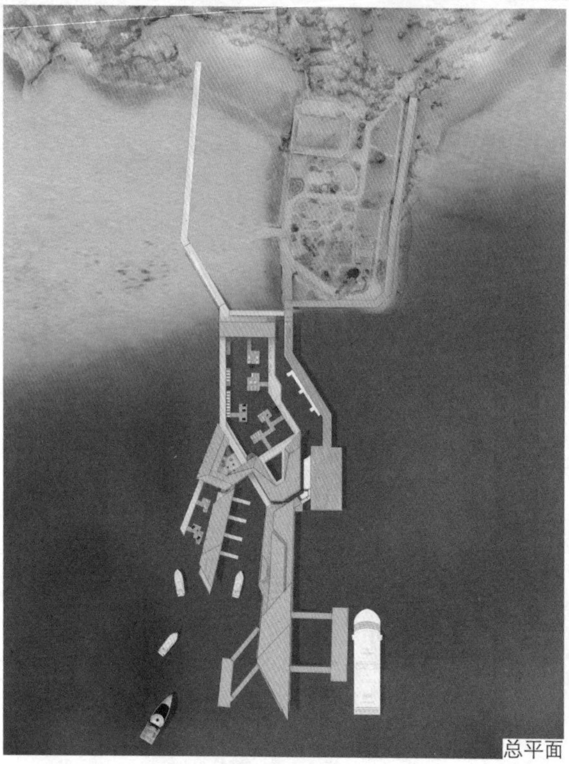
总平面

剖

剖

剖

简介：

基地位于鼓浪屿岛南端的观海园码头，位于本组城市设计X轴线的旅游轴线南侧端点。

期望通过对原有码头设施的改造，增强此处空间活力，此码头将于另外两个游客码头形成三角布局，从登岛源头处，调控游客登岛的空间分配，另外考虑到基地北部紧邻的观海园度假区，期望在码头这个单一功能上附加一定的水上休闲运动功能，丰富环岛流线的娱乐内容。

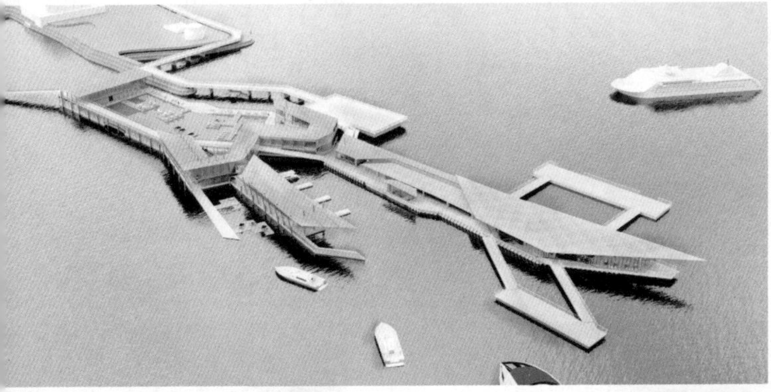

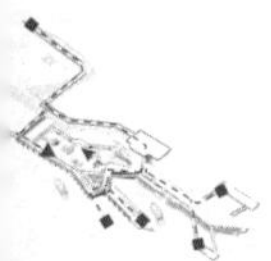

游客登岛

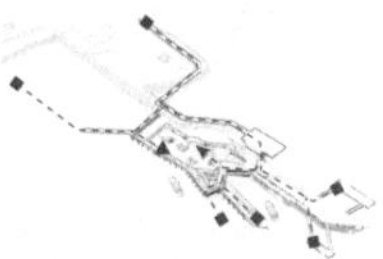

游客休闲

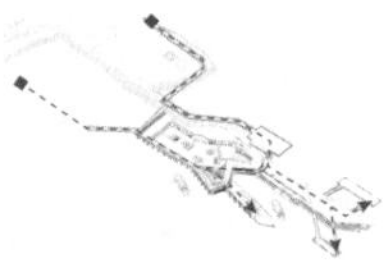

游客离岛

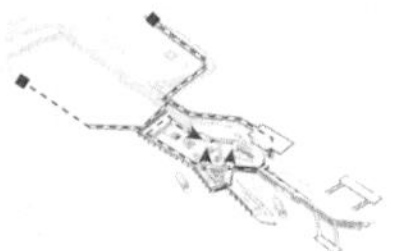

岛内休闲

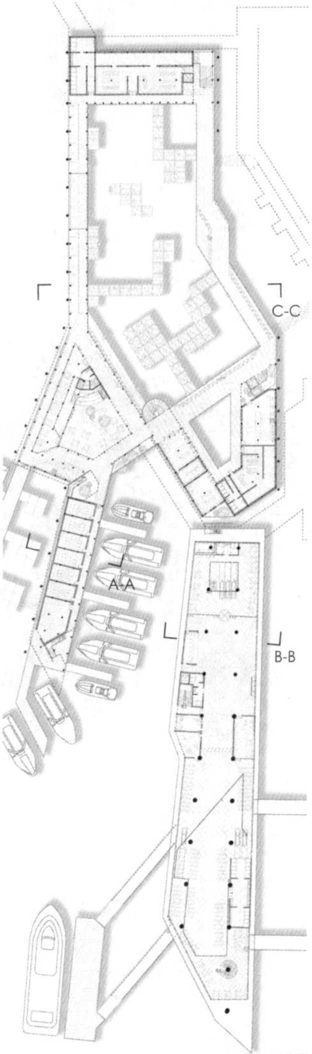

平面图 1F

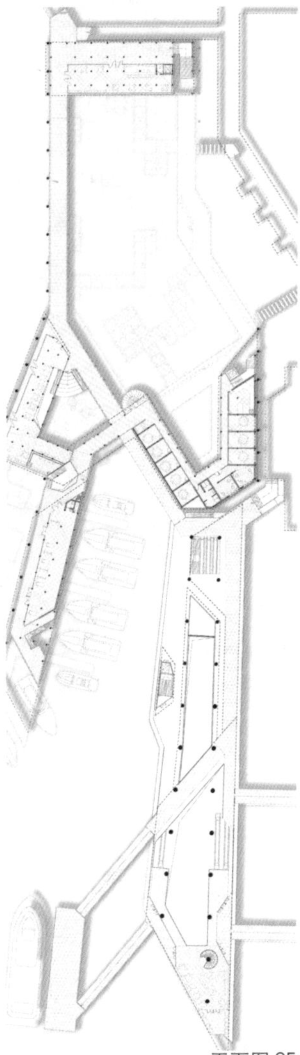

平面图 2F

东立面

马约翰体育场及周边更新设计

Updated design of MA John's court and surrounding areas

同济大学
设计：葛子彦
指导：孙澄宇 / 王一 / 李翔宁

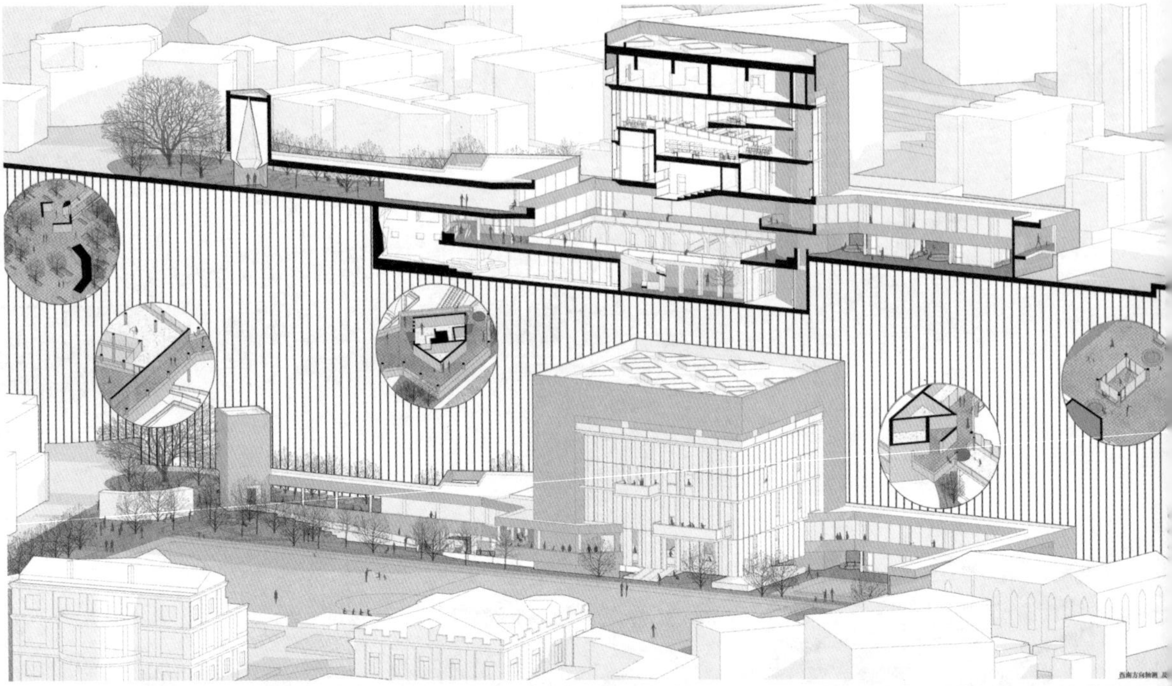

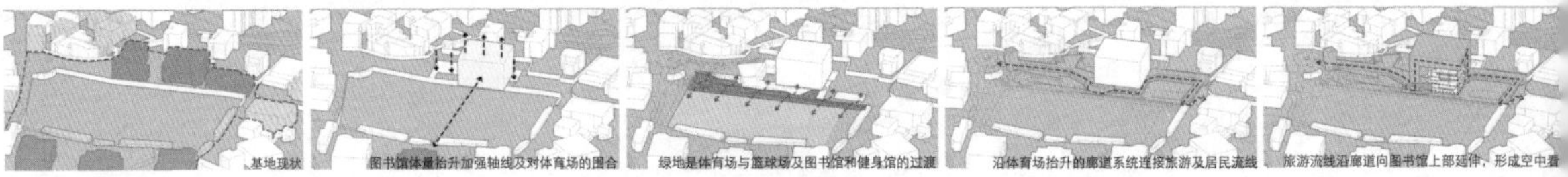
基地现状
图书馆体量抬升加强轴线及对体育场的围合
绿地是体育场与篮球场及图书馆和健身馆的过渡
沿体育场抬升的廊道系统连接旅游及居民流线
旅游流线沿廊道向图书馆上部延伸，形成空中看

简介：

对于鼓浪屿现在复杂的问题而言，建筑设计所做的空间变化对于鼓浪屿的未来影响其实是有限的。在一定程度上政策的引导和素质的提升才是解决鼓浪屿现状的主要方法。当然在设计过程中，还会有些许遗憾，由于基地路途遥远，因而通过短短两天的调研，对鼓浪屿的研究认识还是会有些不足的。但作为设计师，我希望设计能在空间层面解决理应解决的所有问题，让马约翰体育场重新焕发出过去的社区活力，同时也较好地去处理现在鼓浪屿面临的日益紧张的游客和居民之间的矛盾。为鼓浪屿成为优秀历史国际社区作出贡献。

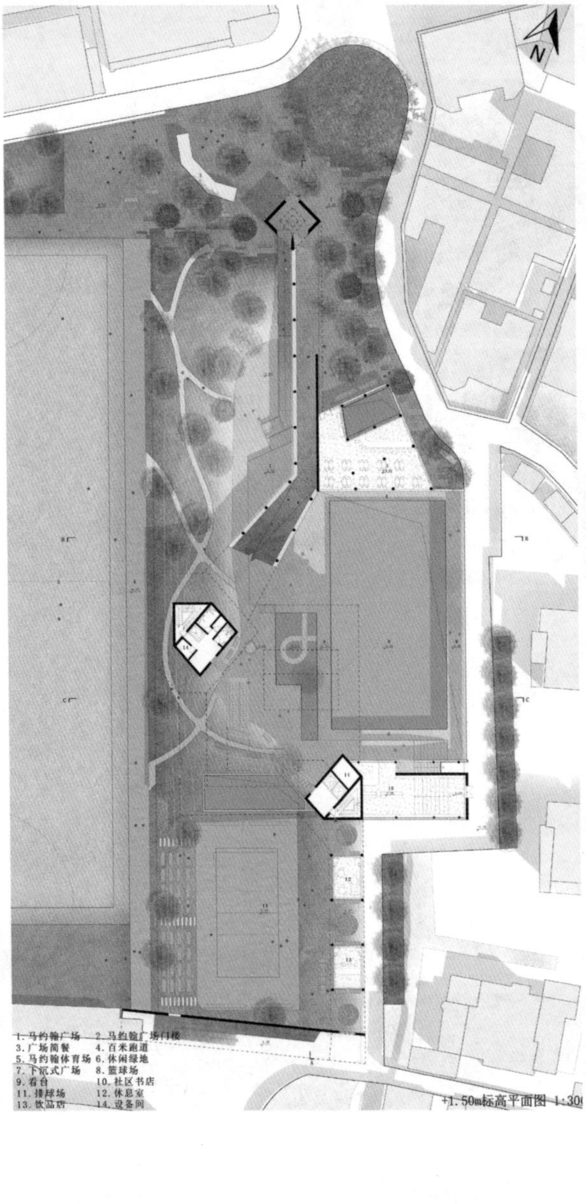
N
1. 马约翰广场
2. 马约翰广场门楼
3. 广场简餐
4. 百米跑道
5. 马约翰体育场
6. 休闲绿地
7. 下沉式广场
8. 篮球场
9. 看台
10. 社区书店
11. 排球场
12. 休息室
13. 饮品店
14. 设备间
+1.50m标高平面图 1:300

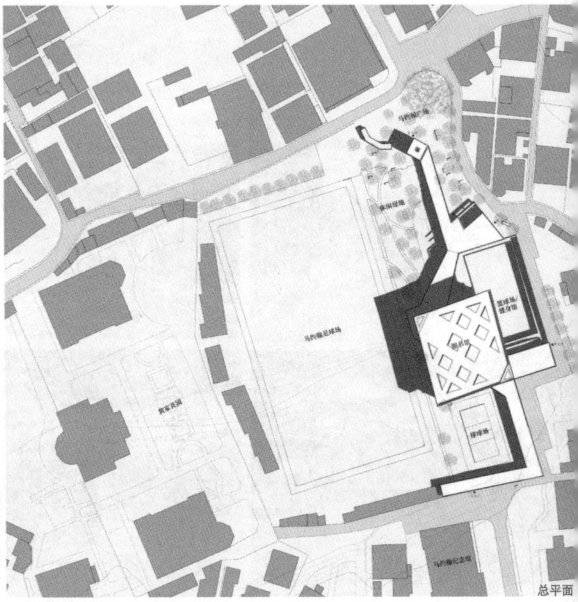
总平面

二层看台

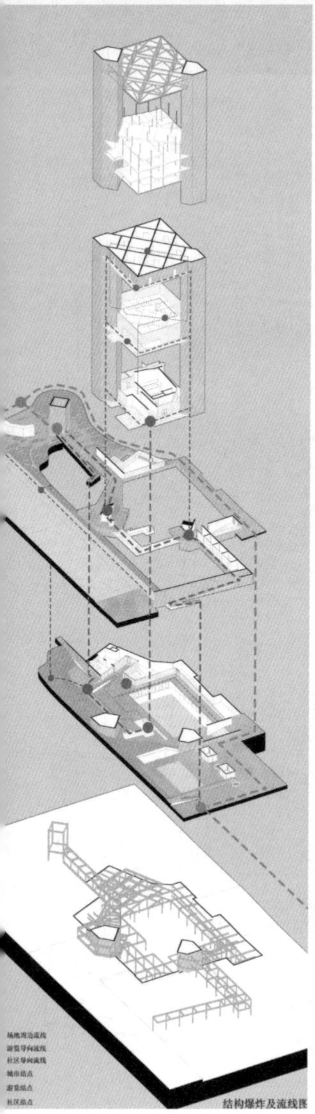

场地周边流线
游览导向流线
社区导向流线
城市节点
游览节点
社区节点

结构爆炸及流线图

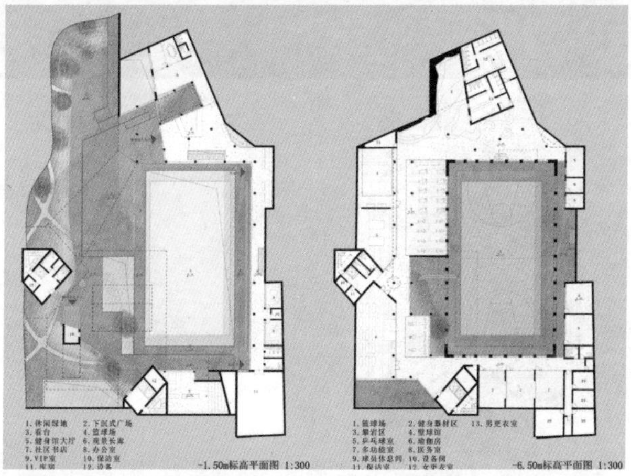

1. 休闲绿地
2. 下沉式广场
3. 看台
4. 篮球场
5. 健身馆大厅
6. 观景长廊
7. 社区书店
8. 办公室
9. VIP室
10. 保洁室
1. 篮球场
2. 健身器材区
13. 男更衣室
3. 攀岩区
4. 壁球馆
5. 乒乓球室
6. 瑜伽房
7. 多功能室
8. 医务室
9. 球员休息间
10. 设备间

-1.50m标高平面图 1:300

-6.50m标高平面图 1:300

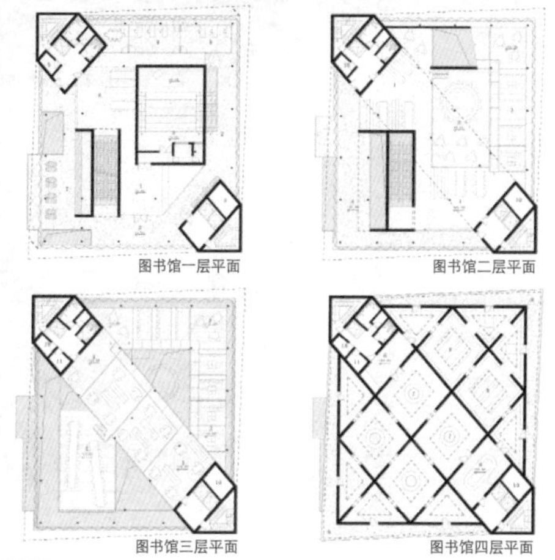

图书馆一层平面

图书馆二层平面

图书馆三层平面

图书馆四层平面

图书馆室内图

健身馆室内图

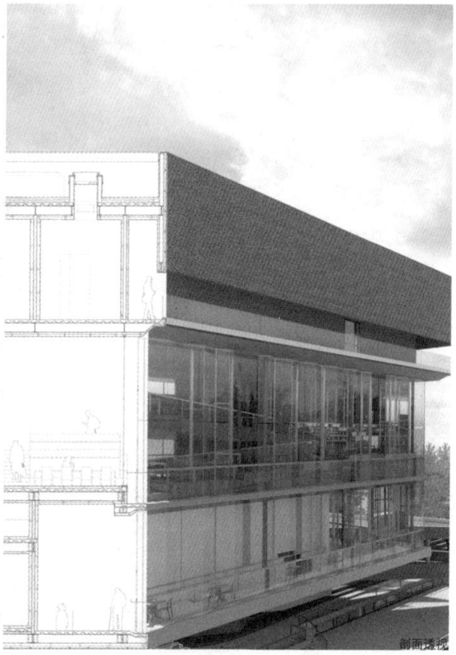

剖面透视

日常与纪念——种德宫周边社区公共空间更新

Daily and Memorial :Renewal of Public Space in the Community around the Zhonde Palace

同济大学
设计：潘怡婷
指导：孙澄宇 / 王一 / 李翔宁

简介：

希望给当地人提供一个能够容纳宗教活动的场所，作为小广场的延伸，提供有仪式感的空间体验。设计旨在为社区创造精神信仰空间和公共空间，并在两者之间找到一种平衡。因此增加其公共性和互动性是首先需要解决的问题。让通往种德宫的起坡与道路自然地融为一体，吸引着居民和游客走到种德宫，这里为宗教集会提供了空间同时也服务于整个社区。

作为国际历史社区，希望用这种特别的方式宣扬地方信仰的同时，这些宗教所兴起的自我意识，也是其新生使命的传达：从一个封闭的群体到一个开放的、向世界敞开心扉、并邀请新人加入的国际历史社区。

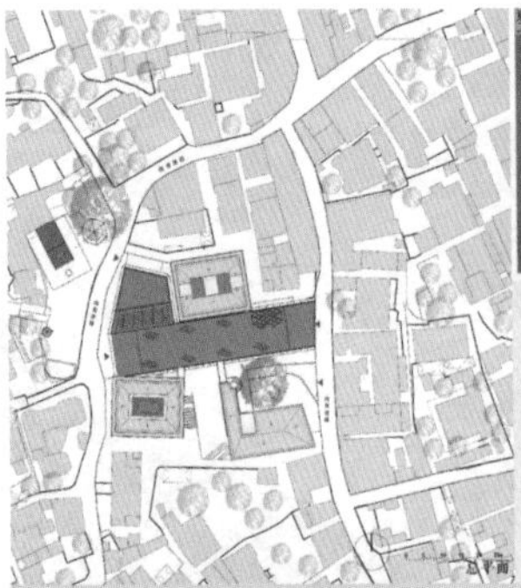

日常与纪念 ——种德宫周边社区公共空间更新 潘怡婷

位于鼓浪屿三大居民片区之一的内厝澳片区的中心位置，种德宫的对面，之所以为中心是因为种德宫在当地居民的日常生活与节日中，在传递文化与宗教信息中扮演重要角色。希望以种德宫为辐射中心，对内厝澳社区进行梳理，定位是社区配套和住宅设计。基地现状是若干栋多层居民楼，居民先要下到低于路面两米的院落，再走一段楼梯上到街面，到达种德宫。到达过程中缺少作为一个社区精神信仰中心的仪式感，在功能上也缺少居民可以共同使用的公共空间。从历史地图中可以看到种德宫从开敞独立到被新建住宅包围，原本开敞的祭祀的空间场所不复存在，仅剩周边小块空地用于祭祀活动。

希望给当地人提供一个能够容纳宗教活动的场所，作为种德宫小广场的延伸，提供有仪式感的空间体验。设计旨在为社区创造精神信仰空间和公共空间，并在两者之间找到一种平衡。当不举行宗教仪式活动时，可以当做大众休闲娱乐的场所，因此增加其公共性和互动性是首先需要解决的问题。让通往种德宫的起坡与道路自然地融为一体，吸引着居民和游客走到种德宫，这里为宗教集会提供了空间同时也服务于整个社区，起坡上下均为人们提供了不同的体验。

在穿越街区到达种德宫小广场的过程中希望再造一种仪式感，一种诗意的行进过程，在这里使用了通往宗庙的"神道"的概念，种德宫小广场几个小构筑物的集中性，和源自神道的纵深空间序列，象征世俗凡人的行为受宗教力量引导，起坡的红砖铺地成为宗教场所体验开始的暗示。逐渐抬升的地面、两边的采光井，制造一种纪念性的体验。通过起伏的路径变换和戏剧性的方向调转，眼前才突然出现种德宫，这种迂回路线的设计首先是避免流线直冲庙宇大门正对的方向，这不仅是怀着谦恭的敬祖心理，而且在举办仪式时，能够避免被进入的人流打扰。建筑本身与活动和信仰紧密的结合在一起，在这个起坡上可以进行进香游行、谒祖等祭拜仪式，台阶可以作看台使用。

作为国际历史社区，希望用这种特别的方式宣扬地方信仰的同时，这些宗教所兴起的自我意识，也是其新生使命的传达：从一个封闭的群体到一个开放的、向世界敞开心扉、并邀请新人加入的国际历史社区。

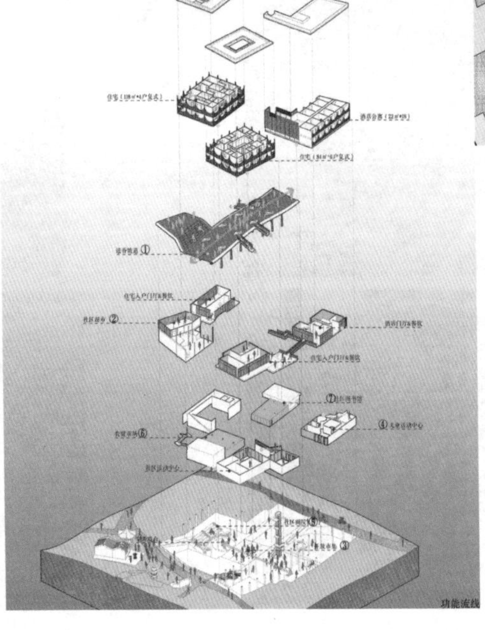

社区剧院(250㎡)
01. 剧场(容纳一百人)，150㎡
02. 售票处
03. 休息室
04. 办公室
05. 户外舞台

社区图书馆(200㎡)
06. 休闲阅读区
07. 接待前台
08. 阅读区
09. 藏书区
10. 院落
11. 男厕
12. 女厕

儿童活动中心(200㎡)
13. 休闲台阶
14. 接待前台
15. 游戏大厅
16. 茶水间
17. 教室1
18. 教室2
19. 卫生间
20. 老榕树广场
21. 酒店公寓电梯

农贸市场(450㎡)
22. 禽肉水产区
23. 粮油干货区
24. 蔬菜水果区
25. 市集/剧场户外观看区

社区活动中心(300㎡)
26. 社区文化客厅
27. 老年人活动站
28. 棋牌室
29. 社区管委会
30. 社区茶馆
31. 户外饮茶区

地面层
32. 社区超市(105㎡)
33. 看戏茶馆
34. 住宅门厅1
35. 住宅门厅2
36. 餐饮1(140㎡)
37. 餐饮1后厨
38. 酒店公寓大厅(80㎡)
39. 行李寄存室
40. 餐饮2(70㎡)
41. 餐饮2后厨
42. 户外就餐区

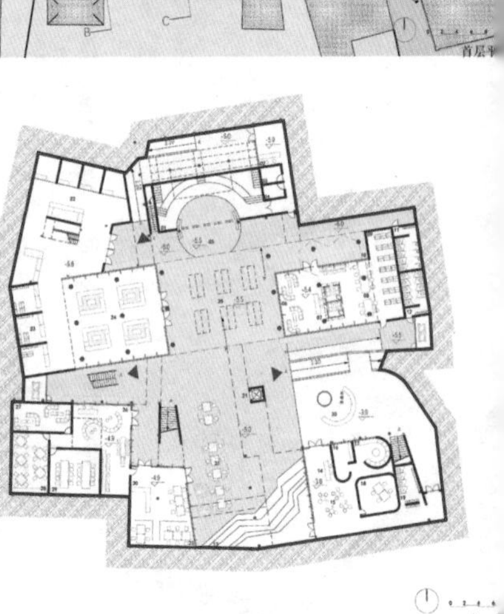

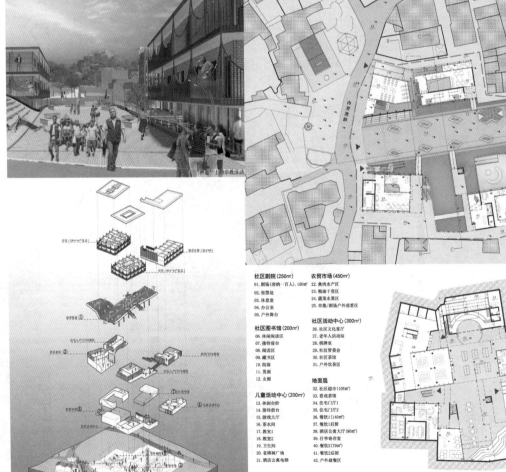

"神道"下的日常生活
1:200 剖面 B-B
1:5
1:200 剖面 C-C
+10.0
+6.5
+3.0
+0.0
-1.0
-6.0
1:50 D-D
居住空间平面
酒店公寓平面
2F
3F
消防分区
-1F
"神道"上的宗教活动
1:200 西立面
1:200 东立面

隧道之上——龙山洞隧道入口地块更新及历史建筑遗址展览馆设计

Above the Tunnel —— Longdong Tunnel Entrance Plot Renewal and Historical Building Site Exhibition Hall Design

同济大学
设计：涂晗
指导：孙澄宇 / 李翔宁 / 王一

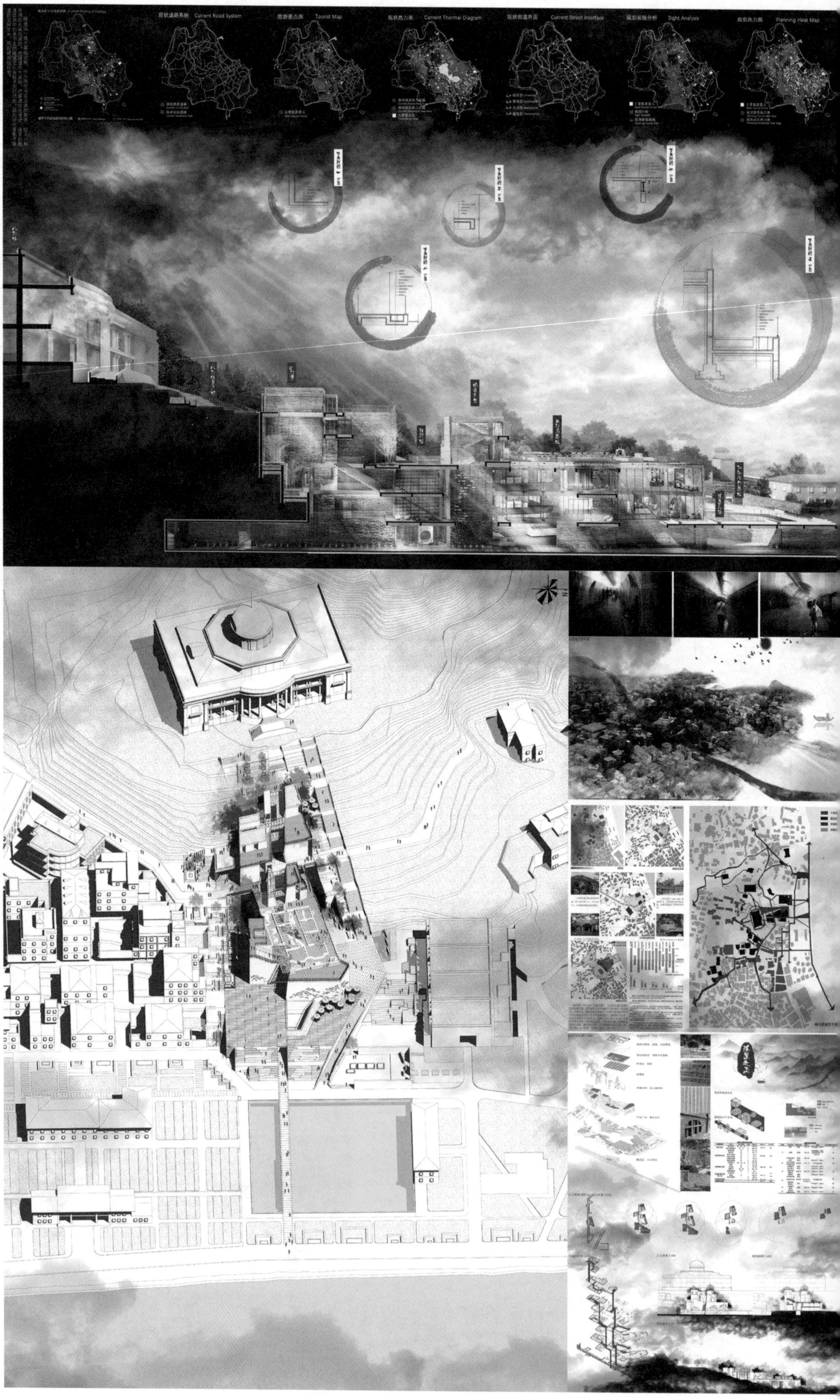

简介：

从历史视角来看，设计将世界文化遗产中的瑰宝——八卦楼、工部局遗址、和记洋行遗址的价值呈现出来，在保护的基础上实现利用与传承。从国际视角来看，设计带领来自世界各地的游客再一次实现世界文化在这里的汇聚与碰撞，使鼓浪屿笔架山上的博物馆群落成为在世界注视下璀璨夺目的活态遗产。从社区视角来看，设计为游客服务的同时还提供了居民生活的空间，活化生活空间，重现健康的人居环境，延续真实的生活。

在规划层面上，建筑作为鼓浪屿计划 X 轴中的旅游轴线的开端，完成了将游客向山上的历史文化遗产吸引的动作，活化了鼓浪屿的遗产资源。

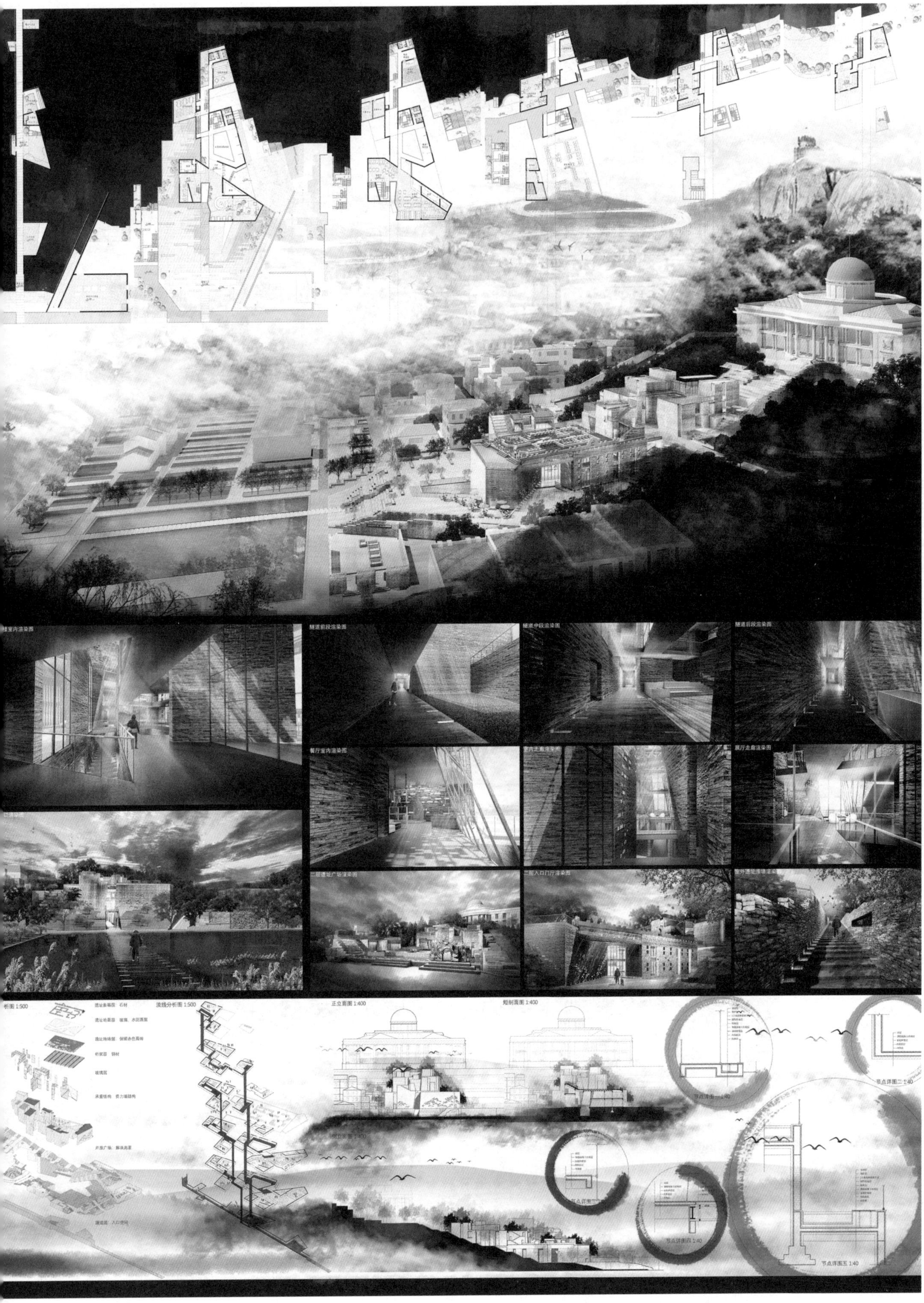
隧道前段渲染图
隧道中段渲染图
隧道后段渲染图
餐厅室内渲染图
展厅走廊渲染图
二层遗址广场渲染图
二层入口门厅渲染图
流线分析图 1:500
正立面图 1:400
短剖面图 1:400
节点详图二 1:40
节点详图四 1:40
节点详图五 1:40

鼓浪屿音乐客厅
Kulangsu Conerthall & Activity Centre

同济大学
设计：朱承哲
指导：孙澄宇 / 王一 / 李翔宁

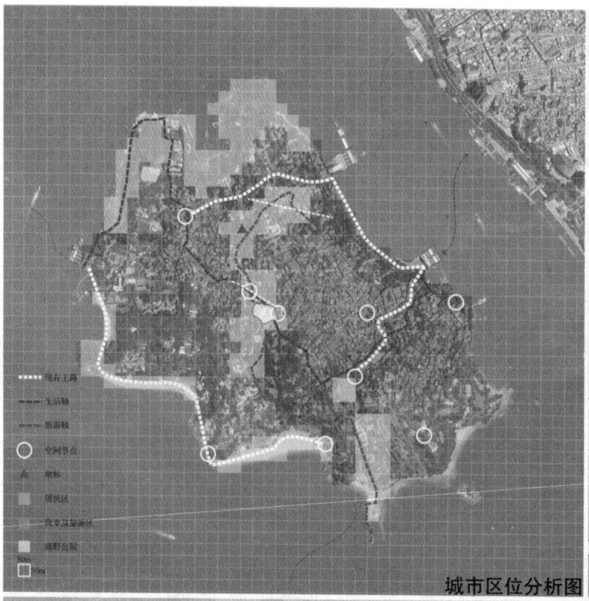
城市区位分析图

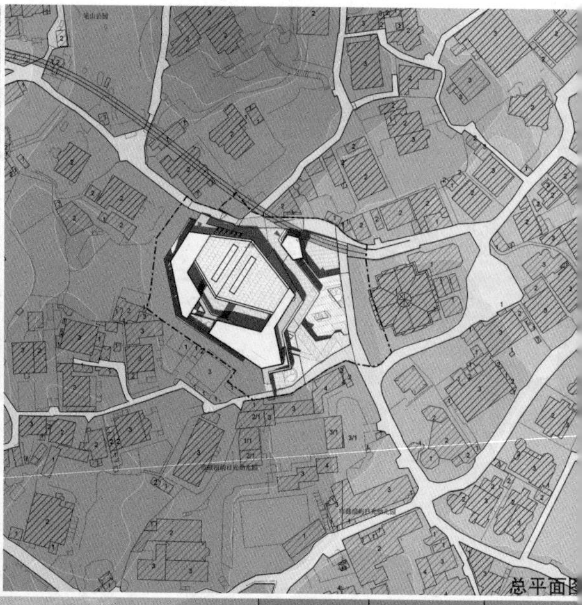
总平面图

安海路沿街空间

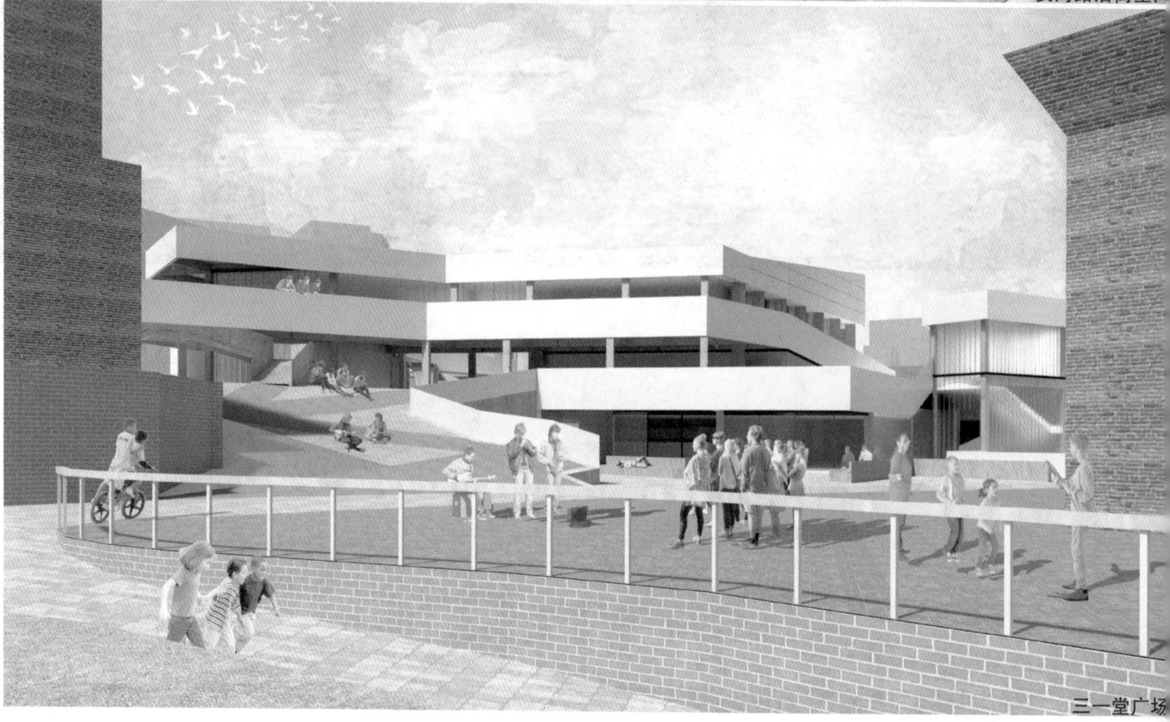
三一堂广场

简介：

此地块位于全岛的地理中心，在经过小组的规划调整后重要性会进一步增加，成为游客与居民的核心交流空间。通过建设一个以音乐厅为核心的社区文化活动中心，可以在丰富居民生活的同时，向游客展示鼓浪屿上的文化氛围与日常生活，也可以吸引专业演出，形成多层次的旅游观光业态。

设计的重点在于协调场地的缓坡地形、重点建筑（如三一堂），以及笔山隧道的高差关系，在三个主要标高上提供了丰富的公共空间。

在音乐厅的设计上，本设计突破了黑盒子式的空间类型，提供了一个近中心式的多义表演区域，并将立面打开直接与城市空间形成视线的交流，增加了建筑的开放性和日常性。

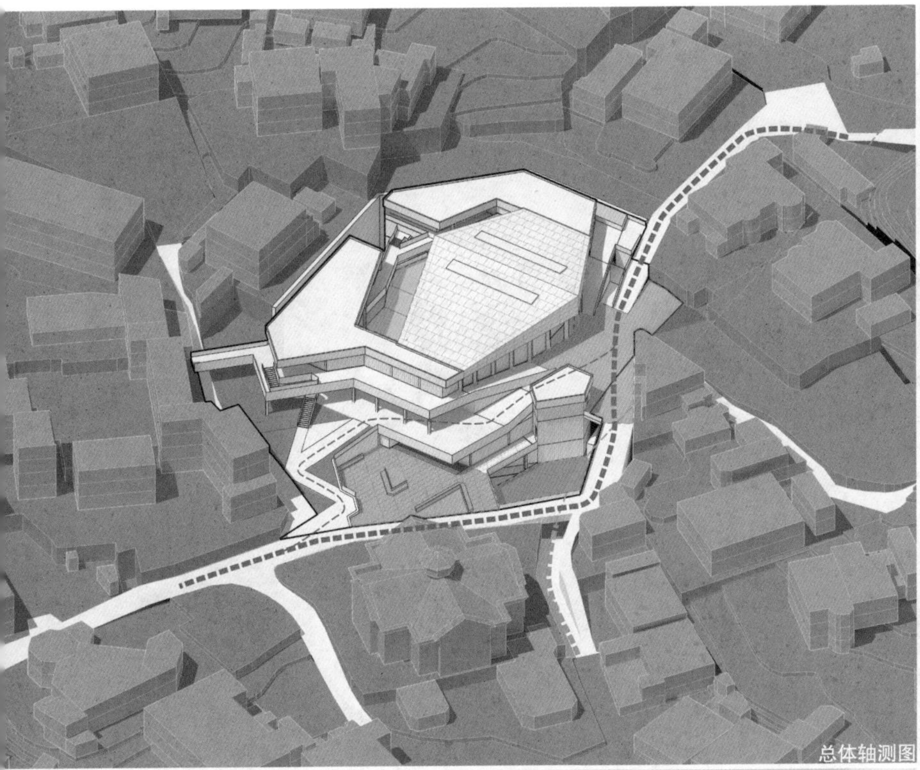

总体轴测图

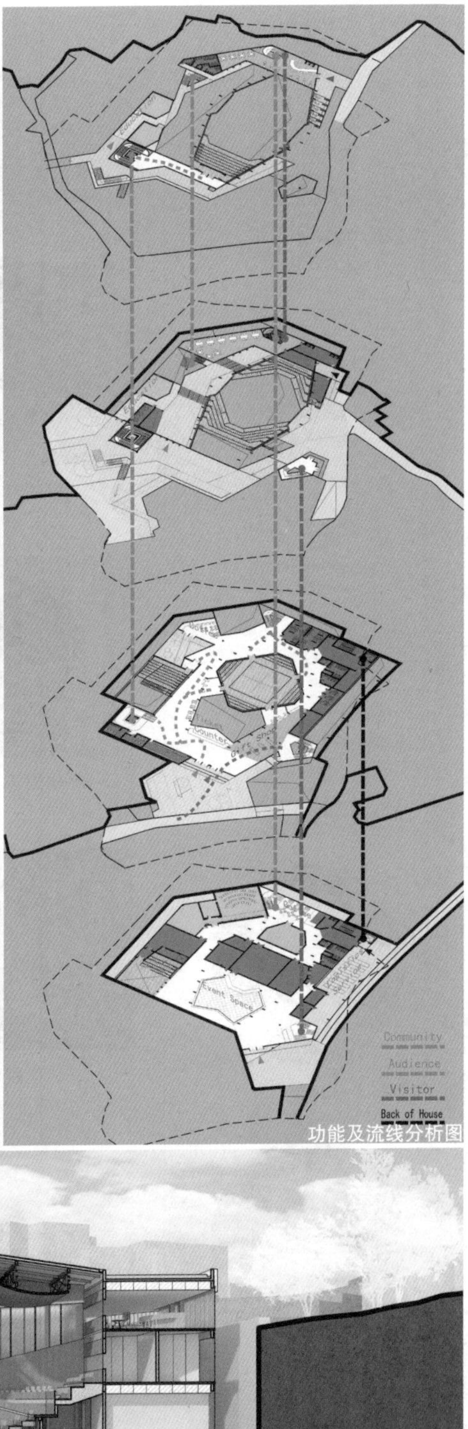

功能及流线分析图

剖面图

剖透视图

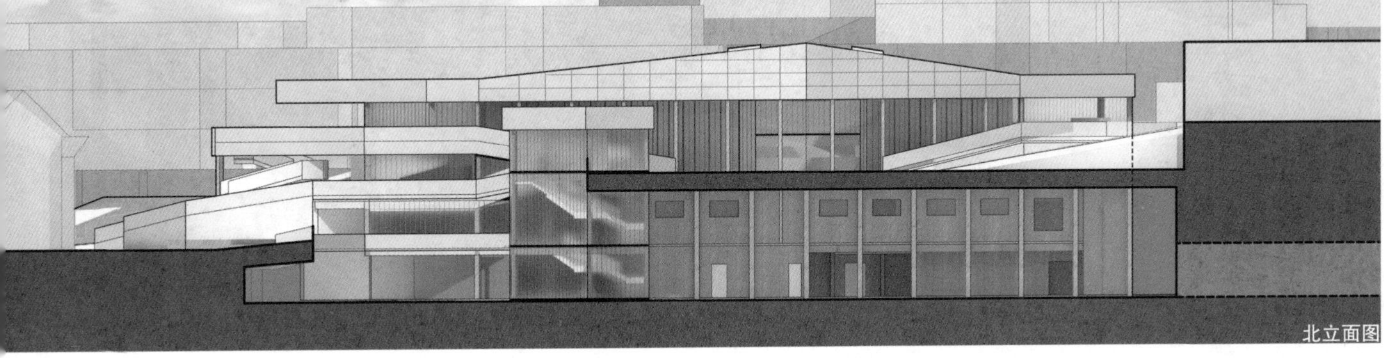

北立面图

TIANJIN UNIVERSITY

天津大学

学生团队

1 异托邦之界 The Boundary of Heterotopia

设计的重点在于重新解读边界的概念，试图揭示社区边界的真正含义和作用，从而维持社区的活力。

2 鼓浪屿变奏曲 Kulangsu Variations

着眼于“琴岛”的音乐文化，利用原有音乐基因和区位优势，实现鼓浪屿产业升级和人群良性更替。

3 鼓浪屿社区复兴 Community Revitalization

通过公共设施与开放空间共同营造，将重构人与社区的共同体关系和推进实体环境的重建同步进行。

4 垃圾天堂 Heaven of Waste

设计力求改变人对垃圾的固有印象，创造以垃圾收集点及其处理终端为核心的乐活化生活场景。

贝以宁

邓德锺

丁雅周

王旨选

张明雯

申子安

王俐雯

王天晓

邹佳辰

燕钊

连绪

吴韶集

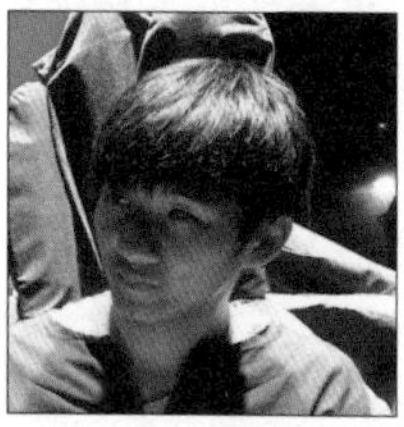
徐江淮

指导教师

许蓁

张昕楠

胡一可

辛善超

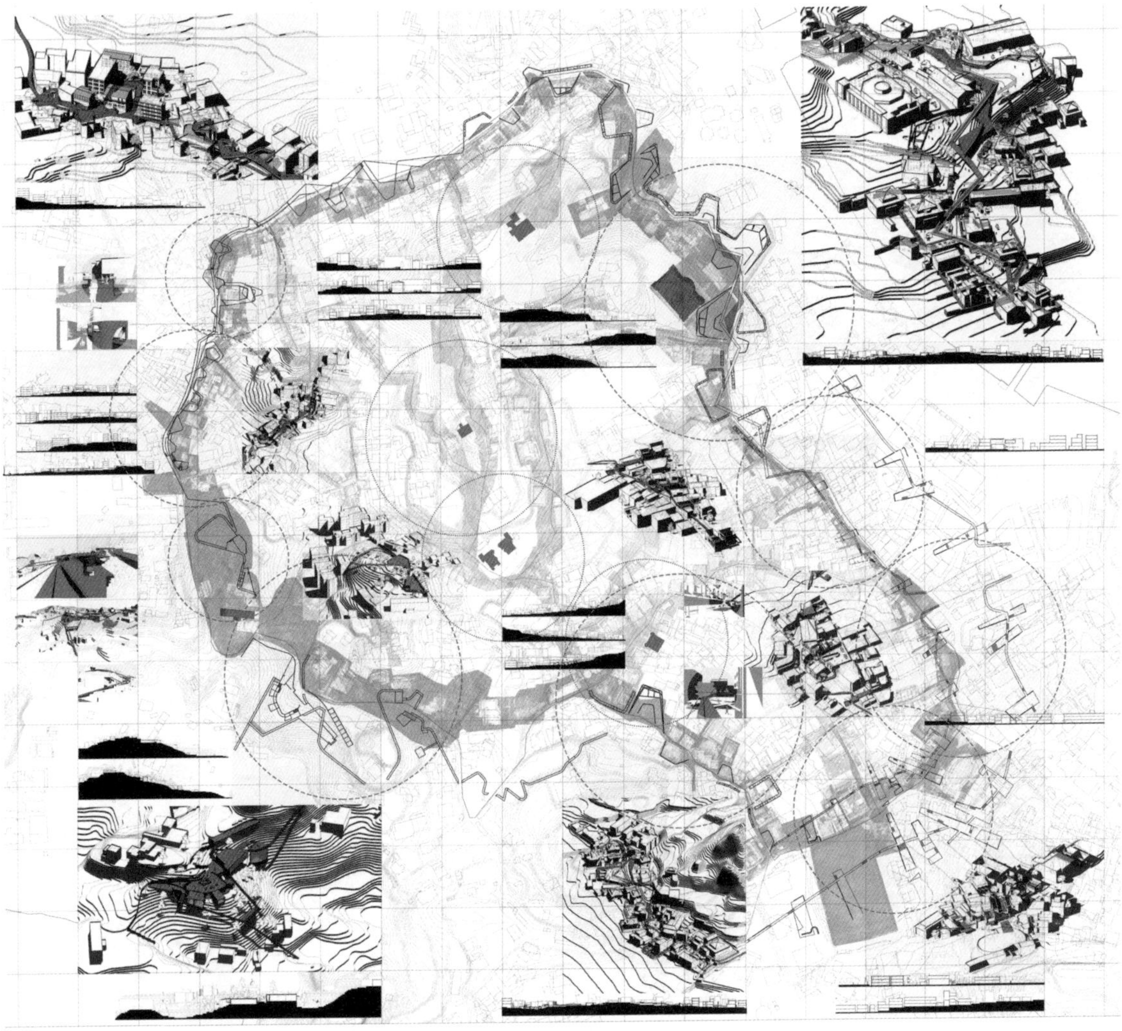

教师寄语

以“鼓浪屿计划”为主题的设计是一个不小的挑战，对“历史国际社区”内涵与外延的探索是设计的推动力，对鼓浪屿未来的思考是设计的基石。本次命题要求设计者突破学科边界，从整体性设计理念的角度解决经济、社会、自然、文化互动发展的问题，并以空间的方式呈现。

天津大学同学的设计提案讨论了保护与管理问题，探索达成城市经济、社会和文化整体可持续发展的多种途径，同时考虑了居民、游客与管理者的需求，以一种画面和一种生活场景表达城市和居民的故事。设计从城市分区、旅游开发、公共空间系统、基础设施及服务设施等各个层面对建筑空间的可能性进行探讨，并借助科学工具进行分析。可以看到学生对于城市和建筑未来发展方向的判断，其中的新思维令人欣喜。

——胡一可

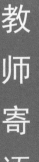

异托邦之界 The Boundary Of Heterotopia

天津大学
设计：贝以宁／张明雯／邹佳辰
指导：许蓁／张昕楠／胡一可／辛善超

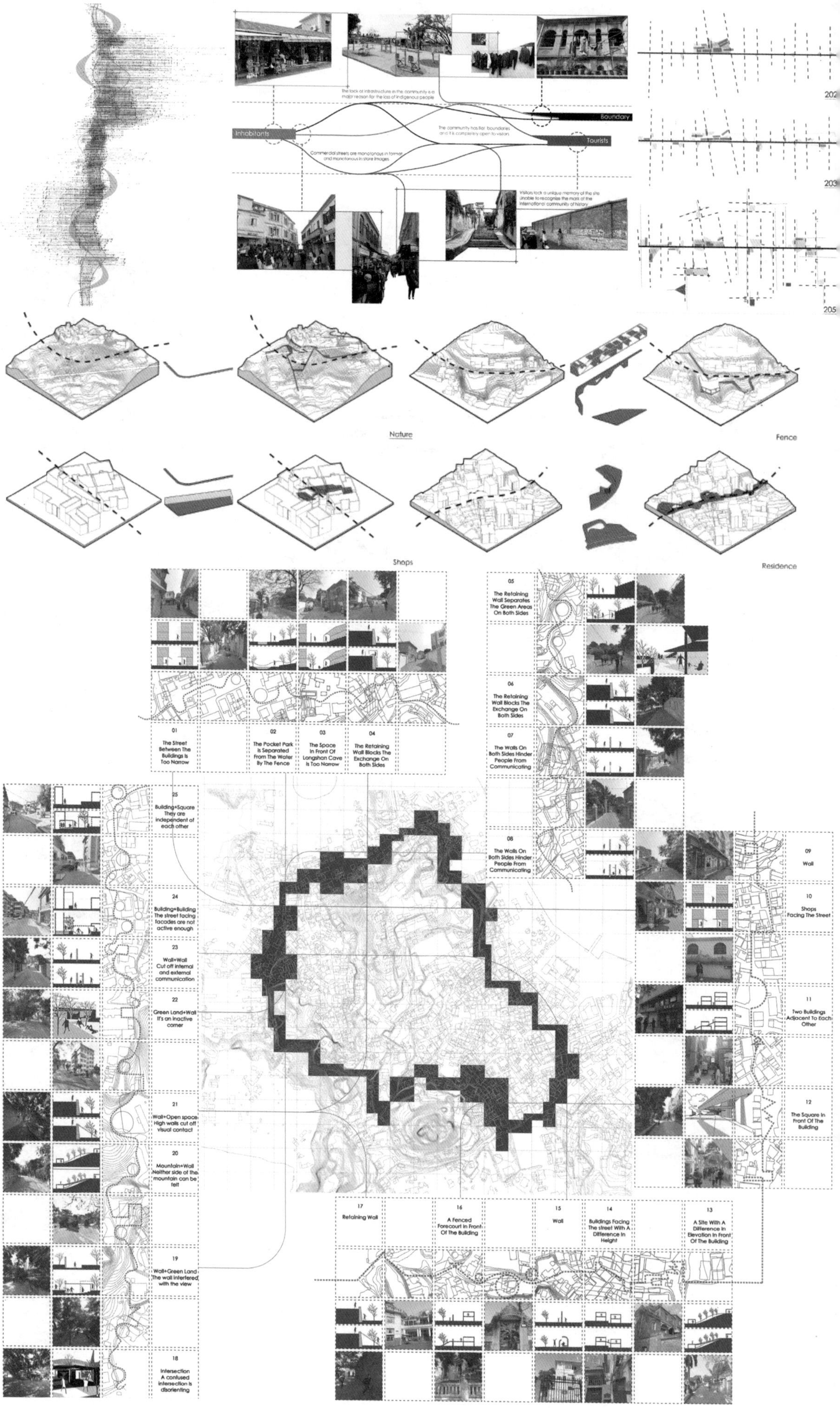

评语：

设计的重点在于重新解读边界的概念，试图揭示社区边界的真正含义和作用，使边界成为系统能量交换的载体，从而维持社区的活力。

现有的社区边界形态功能单一，商业街道主要面向游客，围墙所占比重较高。通过柔性围堵和开放激活两种主要方式，建立起边界的厚度。同时从建筑的物质空间类型入手，创造出不同的空间原型，并以此为依托，置入原有社区缺失的功能要素。

通过对边界的重新诠释，从而协调边界两侧的冲突，并且增强社区内外的沟通，最终创造宜人的社区。

历史依据

能量交换分布

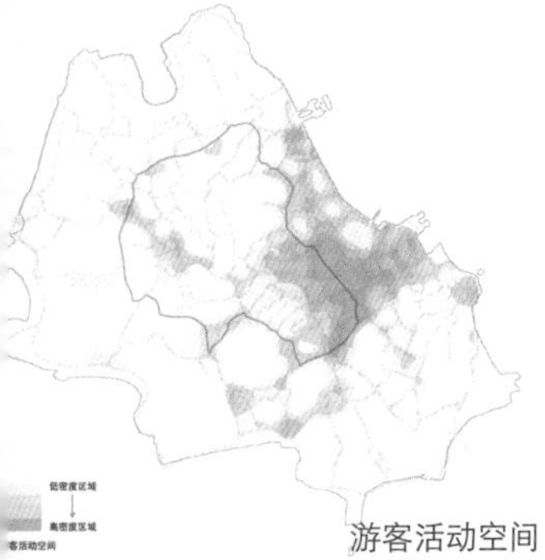

游客活动空间

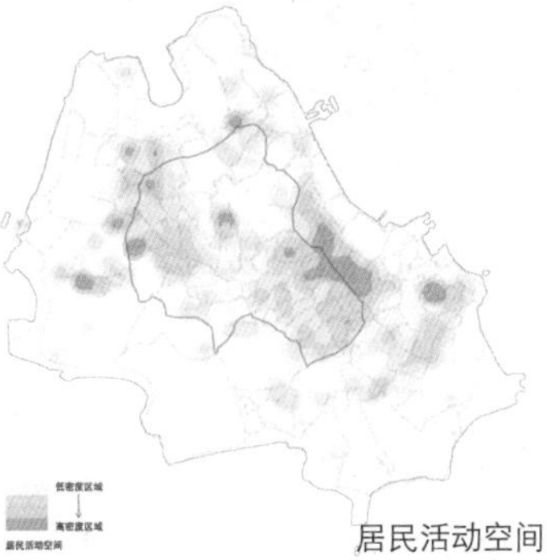

居民活动空间

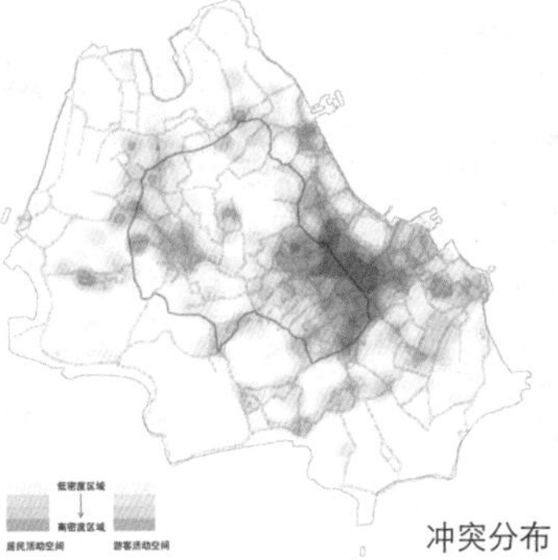

冲突分布

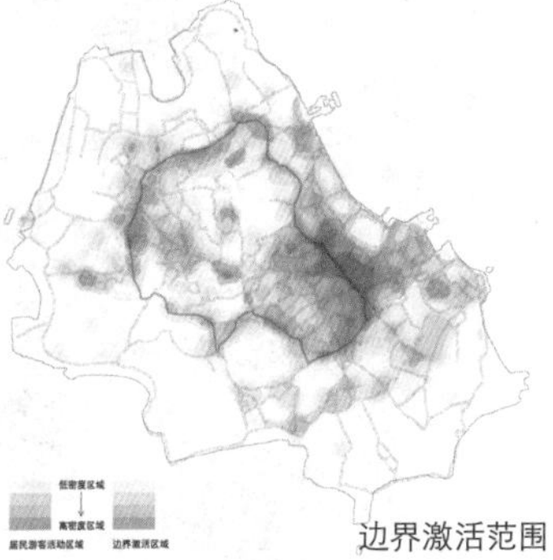

边界激活范围

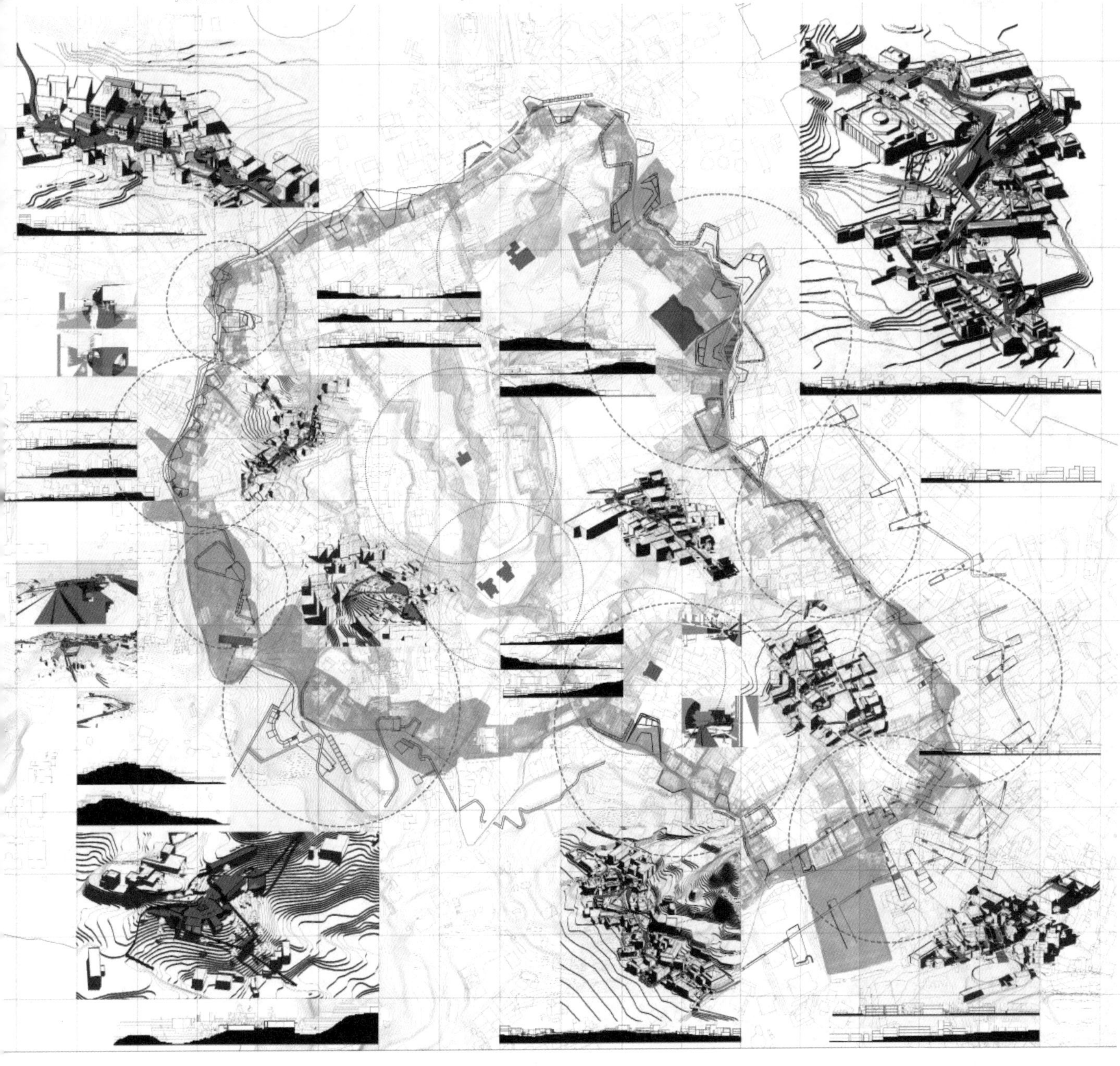

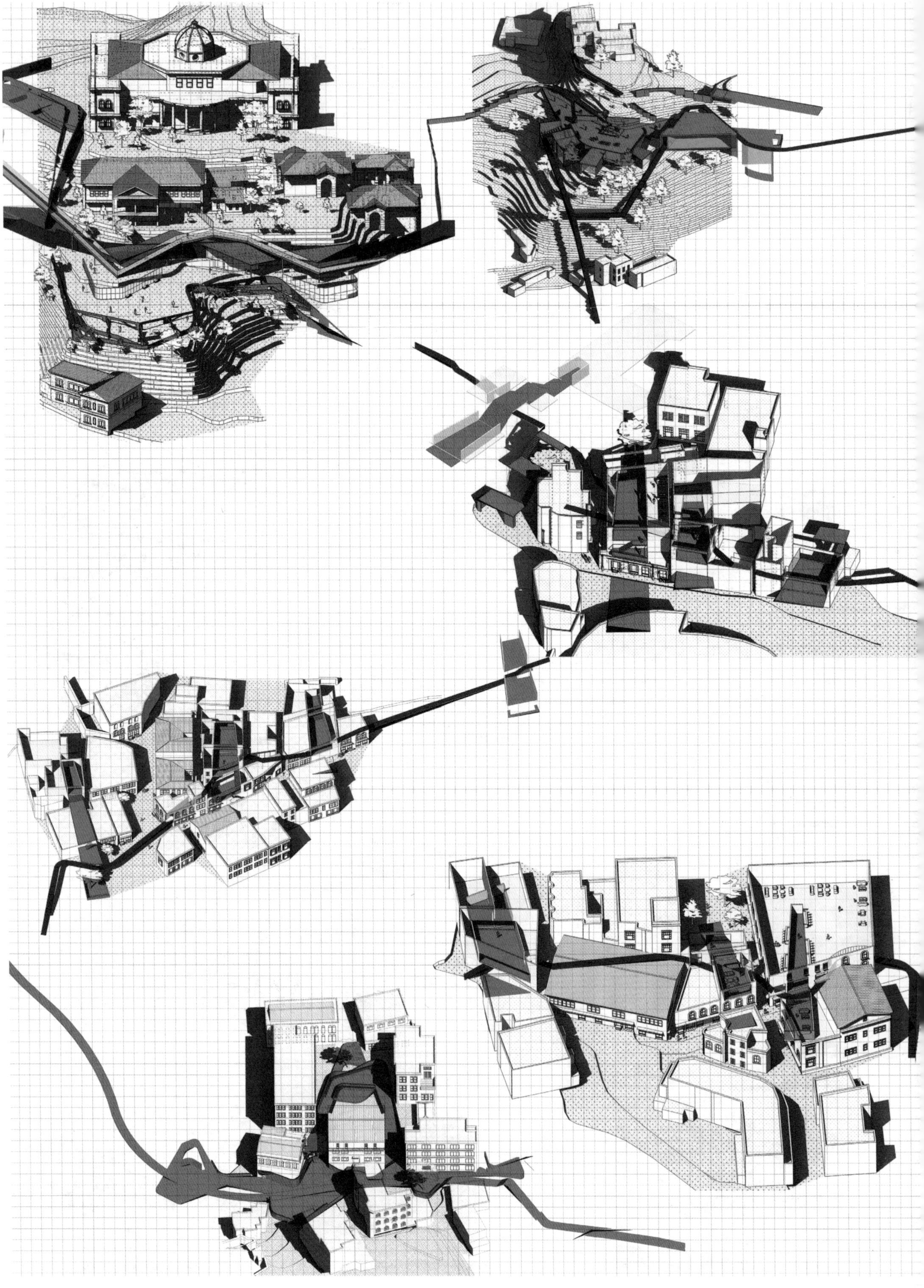

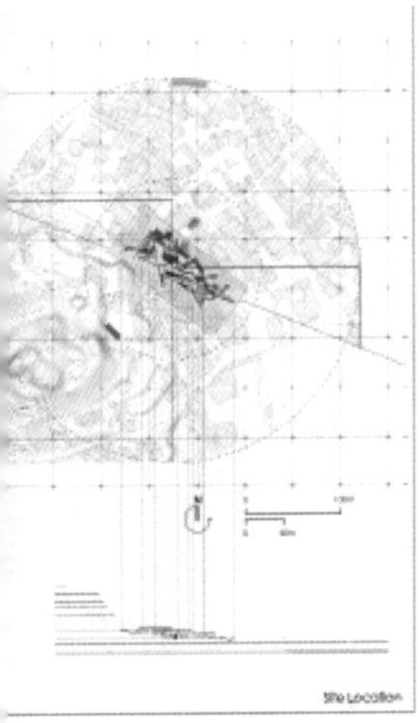
Site Location

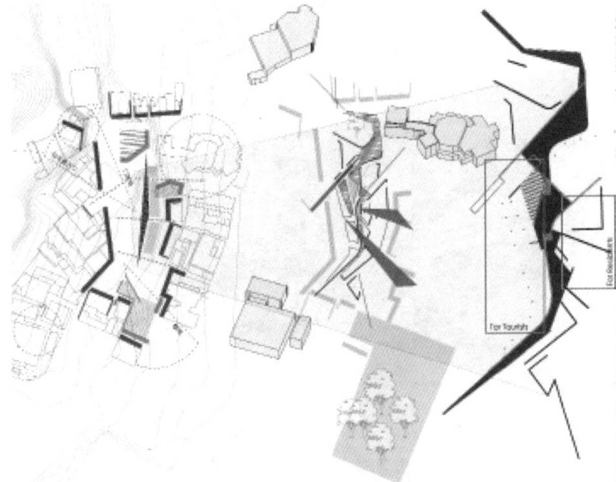
For Tourists
For Residents

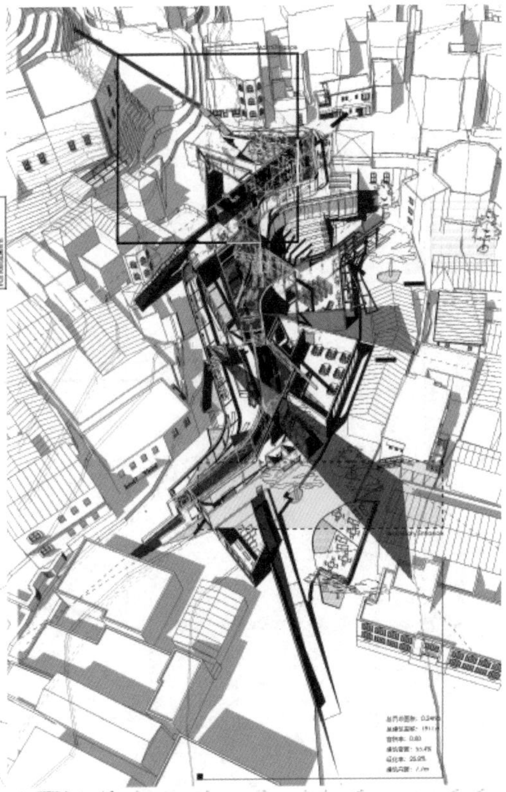

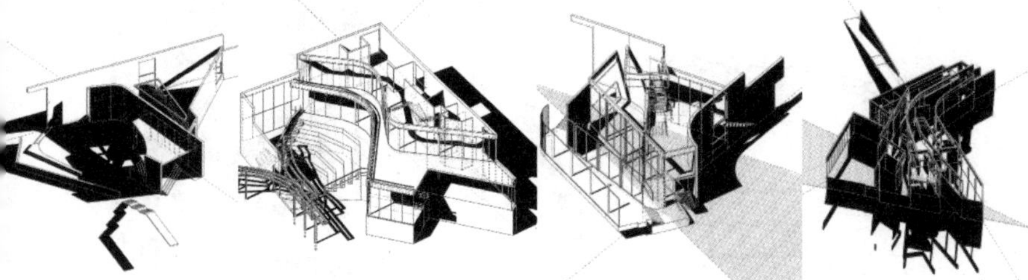

1 Entrance Hall
2 Cafe
3 Indoor Stands
4 Outdoor Theater
5 Multicultural Communication
6 Library
7 Gallery
8 Restaurant
9 Office
10 Shop
11 Activity
12 Rooftop

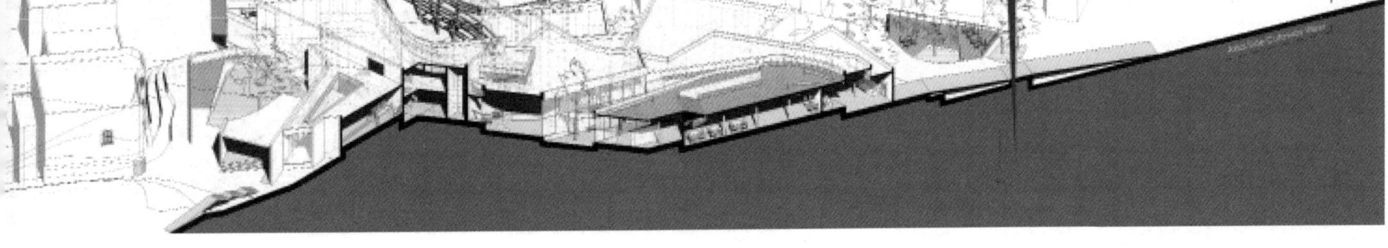

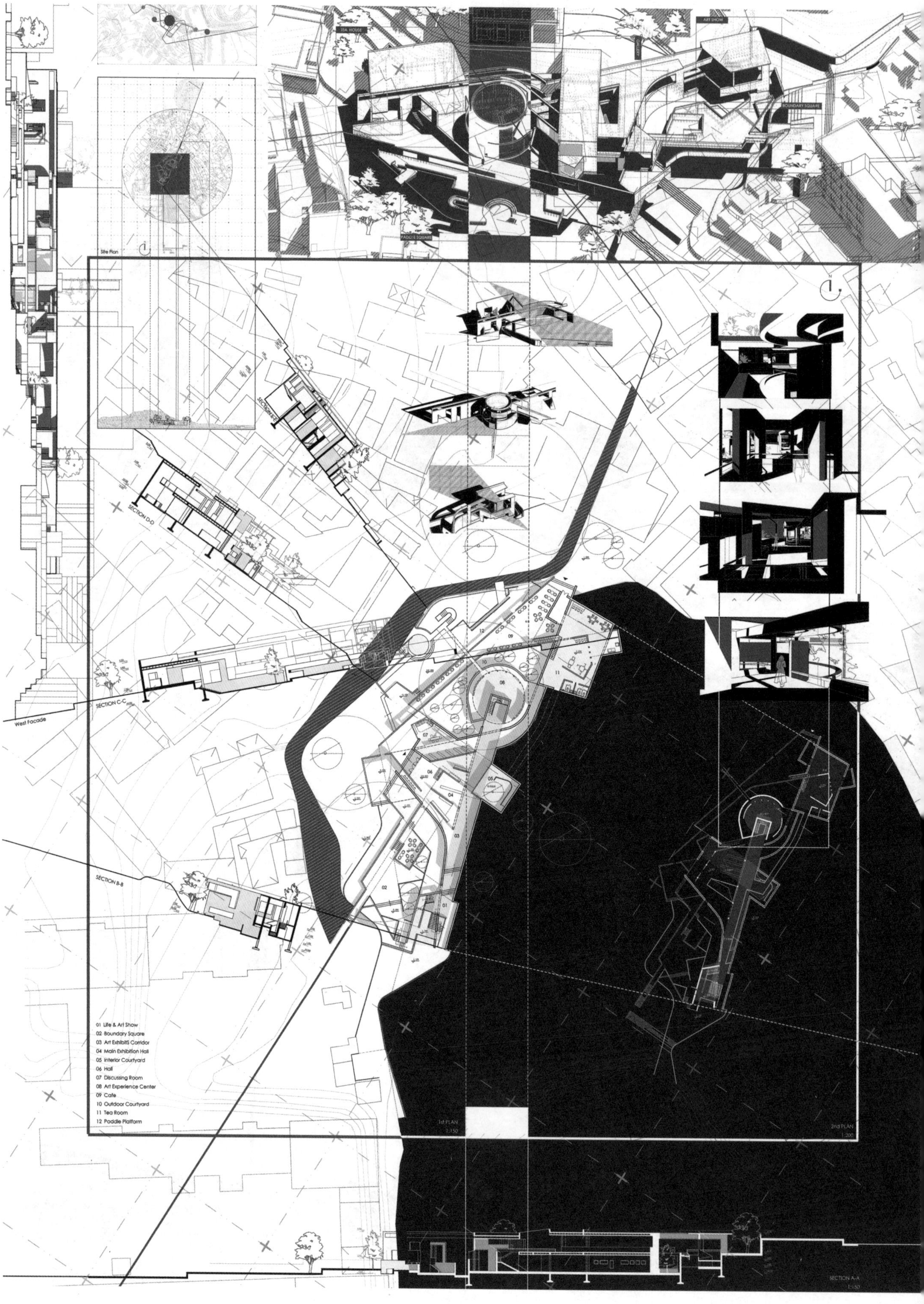
TEA HOUSE
ART SHOW
BOUNDARY SQUARE
PADDLE SQUARE
Site Plan
SECTION E-E
SECTION D-D
SECTION C-C
West Facade
SECTION B-B
01 Life & Art Show
02 Boundary Square
03 Art ExhibitS Corridor
04 Main Exhibition Hall
05 Interior Courtyard
06 Hall
07 Discussing Room
08 Art Experience Center
09 Cafe
10 Outdoor Courtyard
11 Tea Room
12 Paddle Platform
1st PLAN
1:150
2nd PLAN
1:200
SECTION A-A
1:150

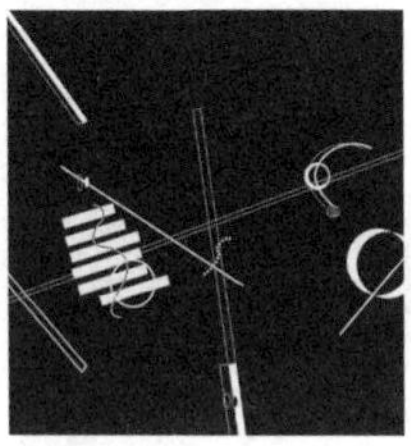

鼓浪屿变奏曲
Gulangyu Variations

天津大学
设计：邓德锺/申子安/燕钊
指导：许蓁/张昕楠/胡一可/辛善超

场地分析

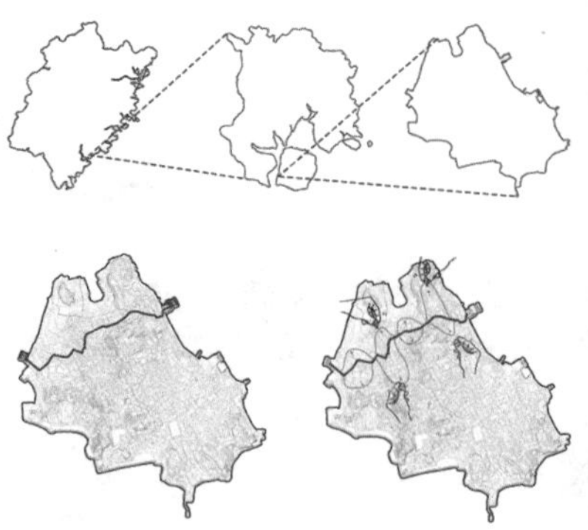

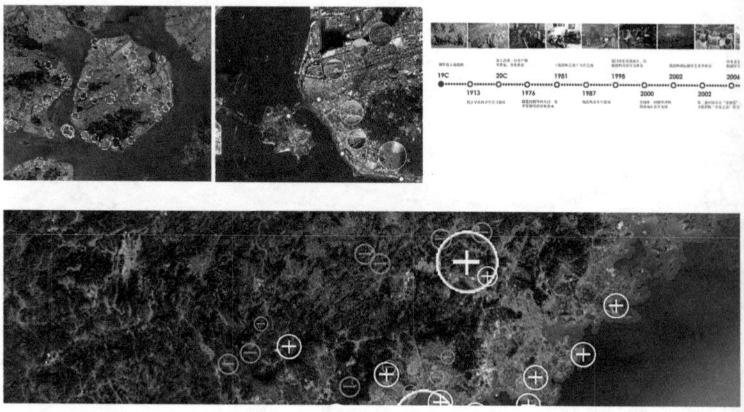

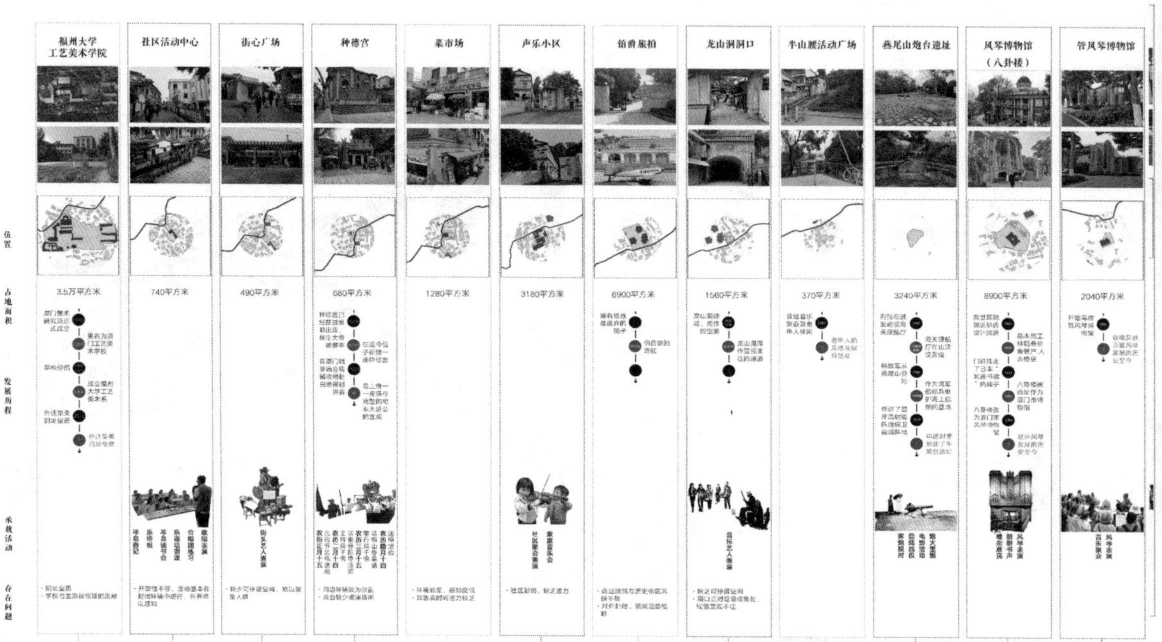

方案介绍：

通过调研，我们发现鼓浪屿的社区面临着严重的文化传承困难和被低端商业侵蚀的问题。我们着眼于"琴岛"的音乐文化，利用原有的音乐基因和区位优势，通过引入音乐文创产业，吸引音乐人士进入鼓浪屿，实现鼓浪屿的产业升级和人群的良性更替，在鼓浪屿上创造新的"音乐日常"。为了将鼓浪屿与厦门市域范围内的文创产业连接起来，选地定在当前还缺少开发的岛屿北部。通过在场地上筛选可承载音乐活动的空间节点，并构建与音乐主题相关联的景观系统、道路系统、公共空间系统，我们构建了一个包括展览、售卖、创业、演出等在内的音乐产业区，为鼓浪屿的社区复兴提供动力。在建筑设计阶段，我们分别设计了音乐体验馆、音乐旅社、音乐主题公园，并在其中探讨了音乐演奏与体验、音乐人士交流与琴房更新、音乐产业与社区结合等问题。

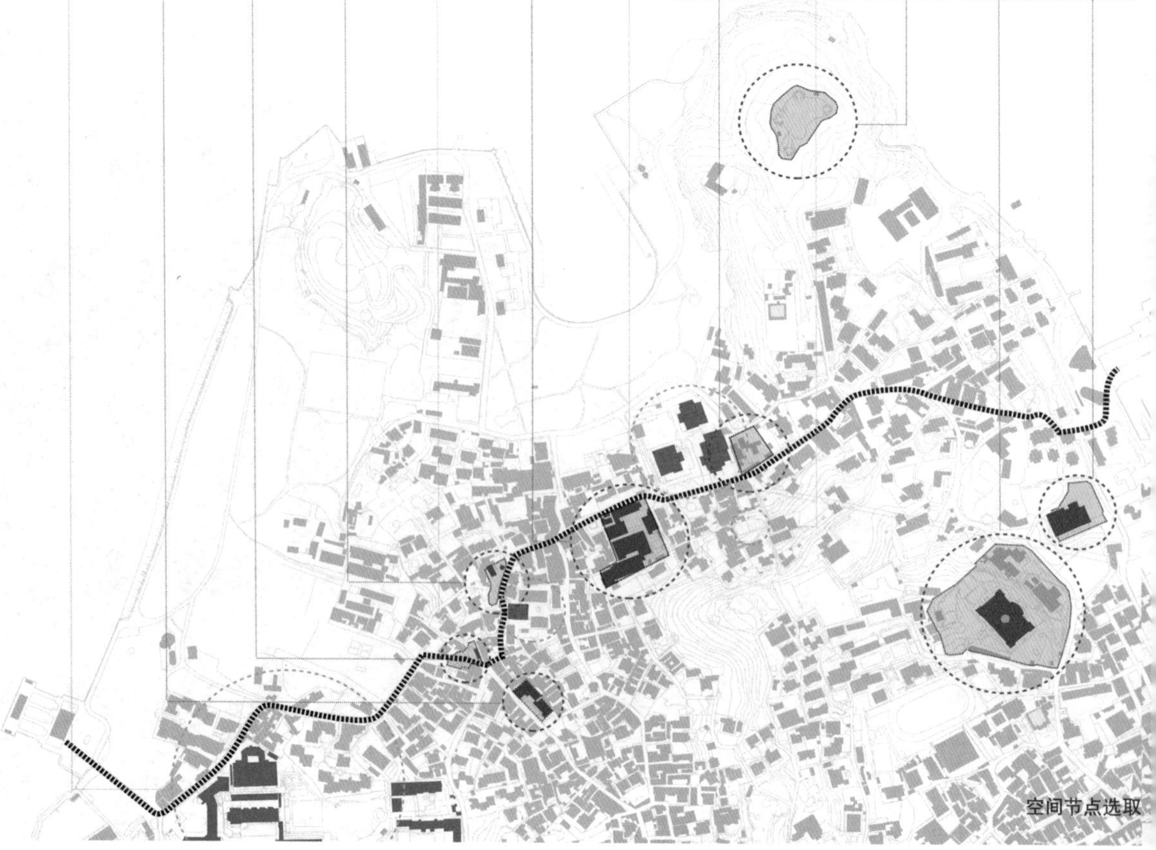

空间节点选取

业规模分析

	美国SteelStacks艺术文化园区	景德镇陶溪川陶瓷文化创意园	成都东郊记忆音乐公园	深圳华侨城创意文化园改造	北京南锣鼓巷	南京晨光1865创意产业园	北京798艺术区
卫星地图							
主要路径长度	674m	420m	520m+560m	424m	800m	1100m+760m	600~1000m
面积	7.2公顷 (674m x 108m)	13.3公顷 (420 x 310m)	14.5公顷 (590m x 300m)	15.1公顷 (424m x 188m)	/	21公顷 (680m x 250m)	60公顷 (1000m x 830m)
产业类别	音乐、戏剧、阅读及公共艺术	陶瓷设计、制作、展销及配套产业	音乐及相关配套产业	新艺术创意产业	手工艺品、创意服饰、戏剧	科技、文化、艺术、设计	艺术、设计、展示、演出
建成前环境	工业生产用地 (伯利恒钢铁厂)	工业生产用地 (宇宙瓷厂)	工业生产用地 (红光电子管厂)	工业生产用地 (东部工业区)	历史街区 (胡同)	工业生产用地 (金陵制造局原址)	工业生产用地 (北京国营电子工业厂区)
园区形态	线性	片状	片状	片状	线性	片状	片状
场地图示			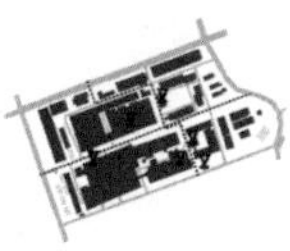			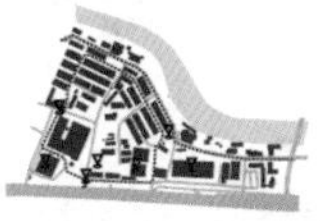	

平面图

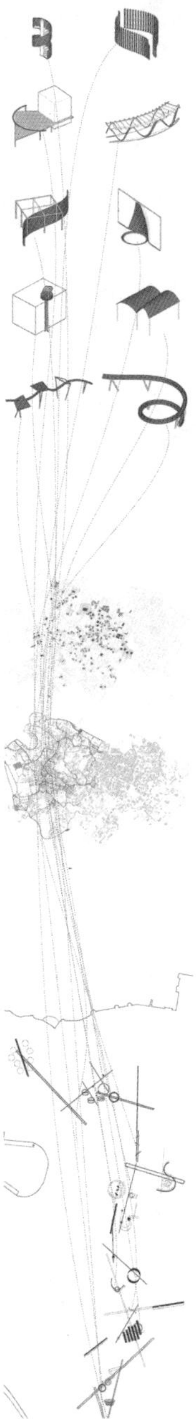

顶层设计

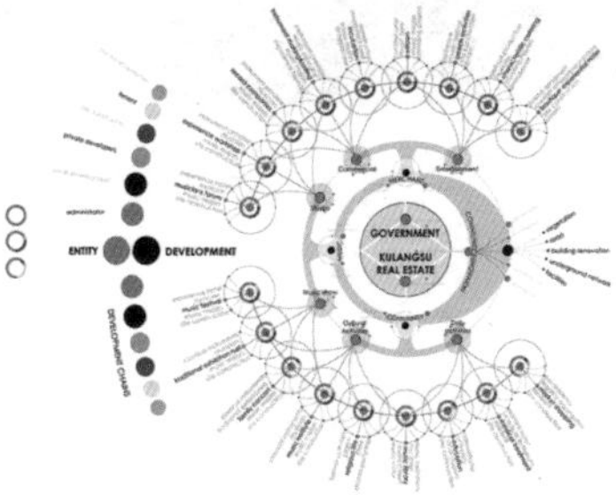

形式转译

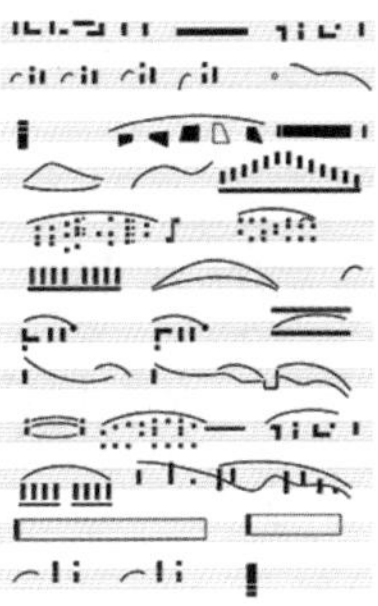

空间系统

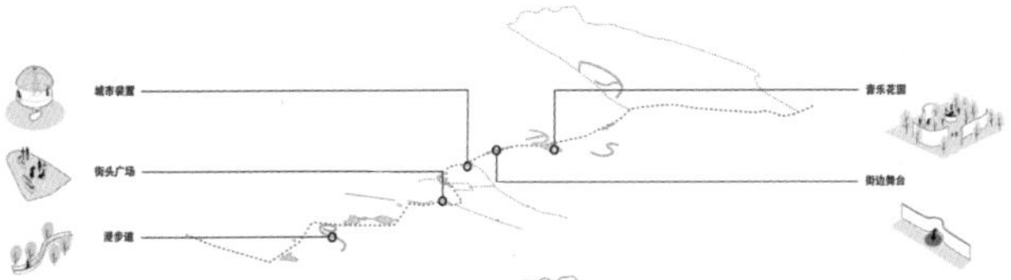

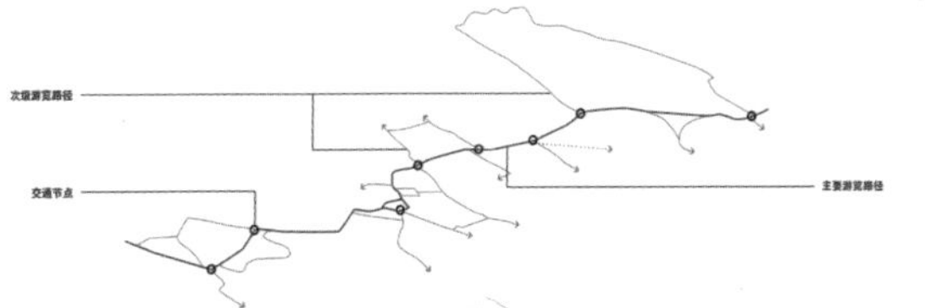

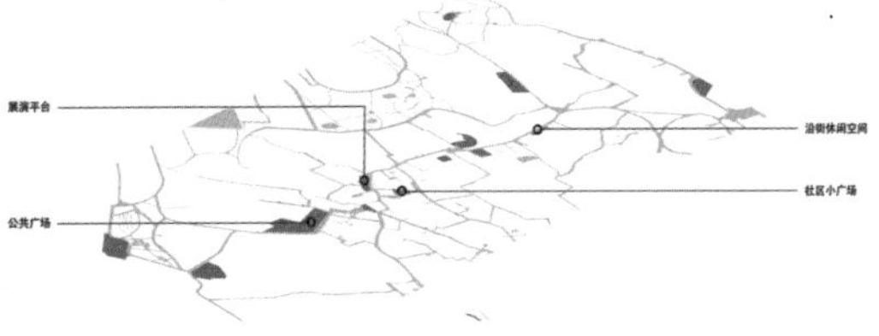

道路交通分析

音乐体验之路

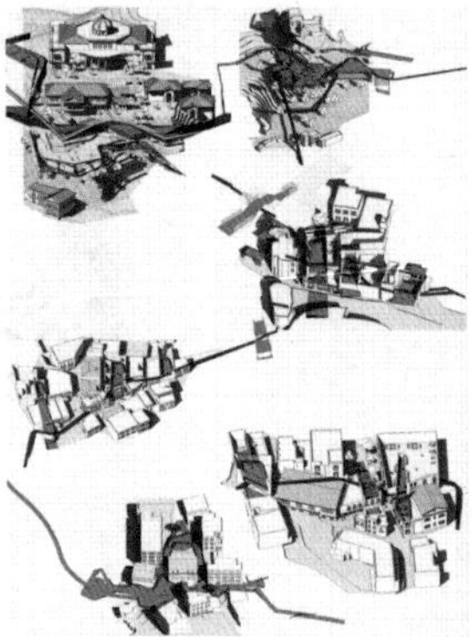

音乐元素分布

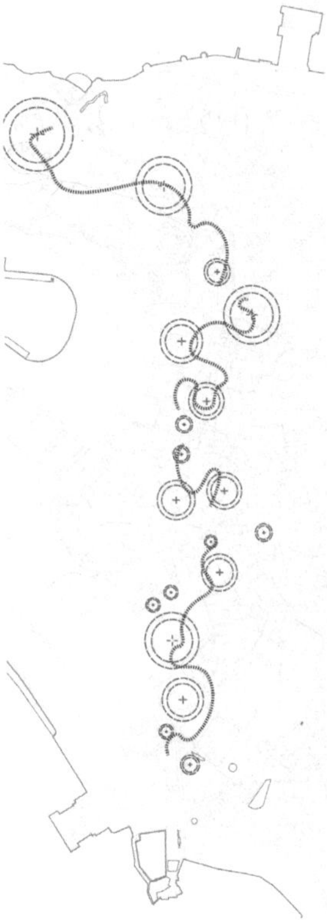

功能分布

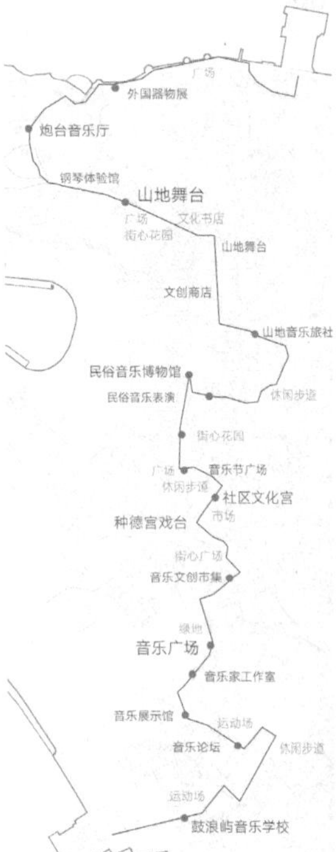

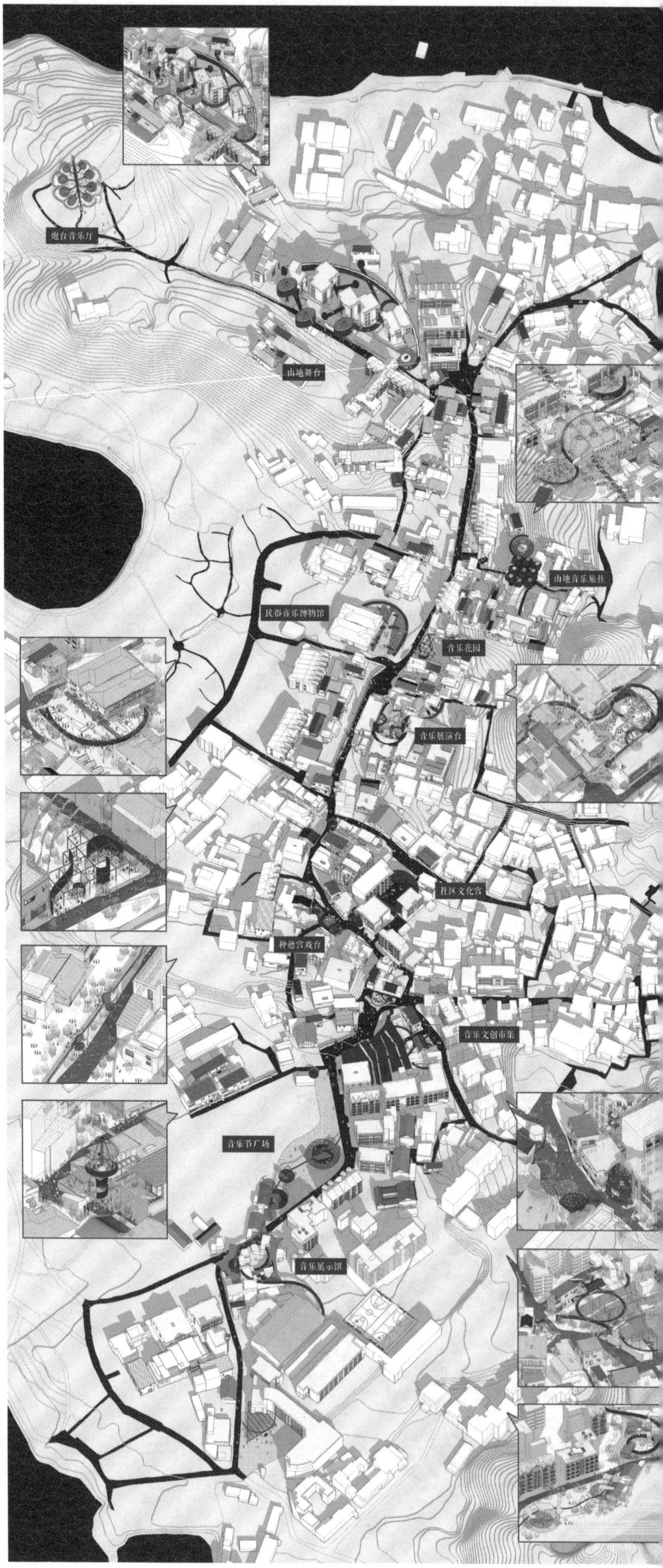

鼓浪屿计划－作为世界文化遗产的"历史国际社区"更新

鼓浪屿变奏曲

音乐体验馆设计

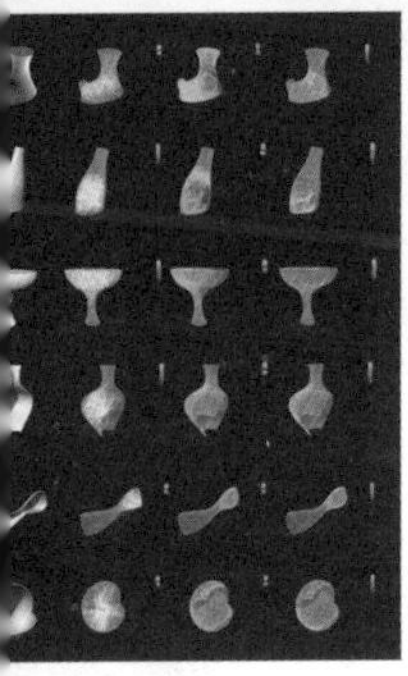

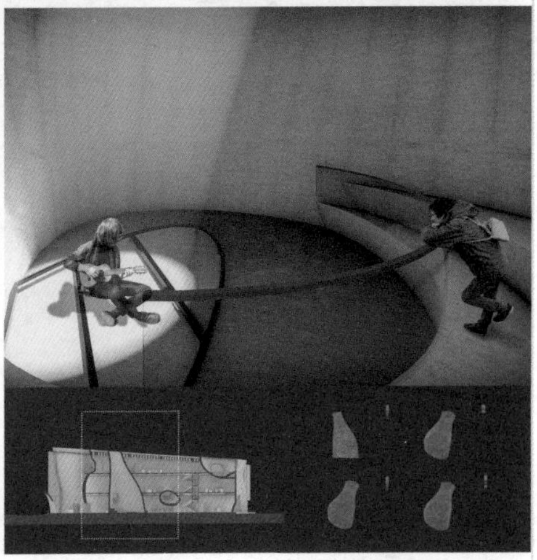

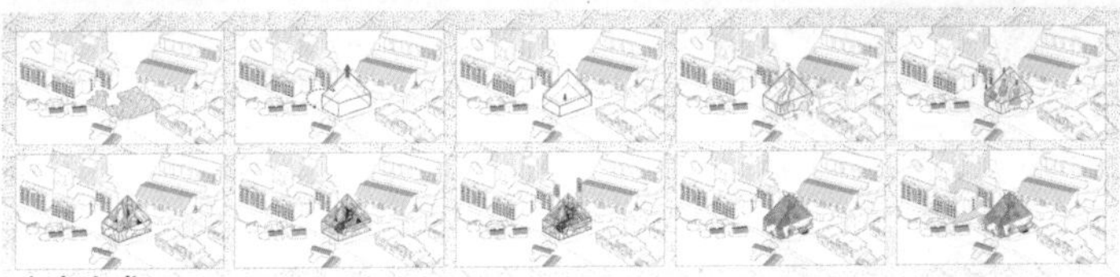

方案生成

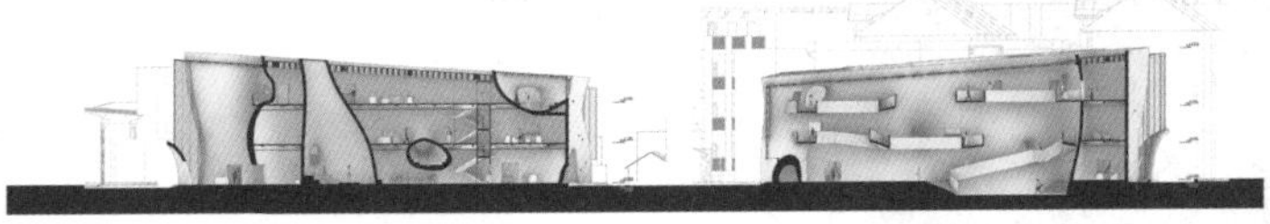

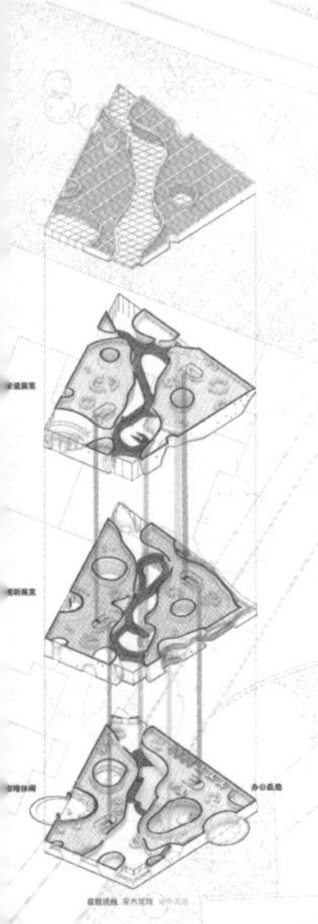

能及流线分析

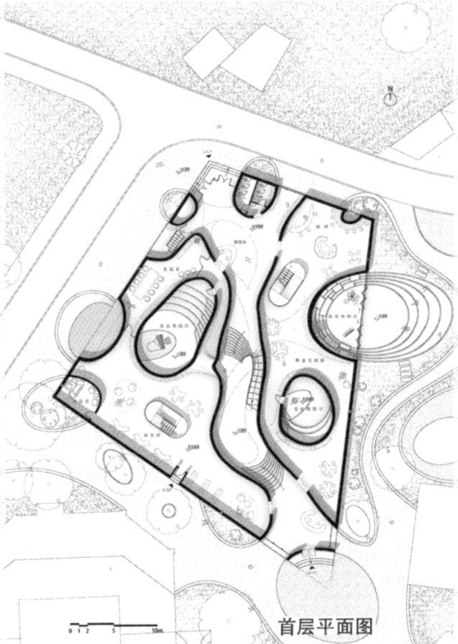

首层平面图

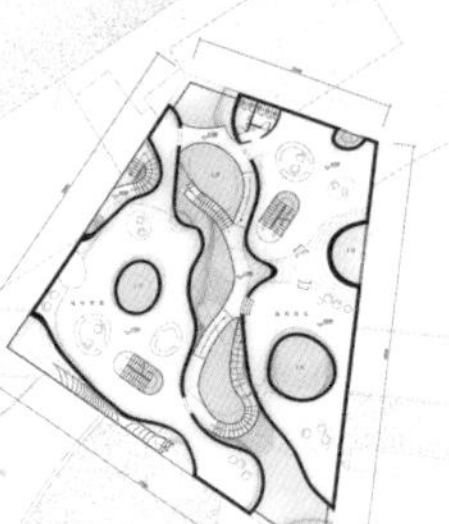

二层平面图

三层平面图

线性公园

树下集会

社区剧场

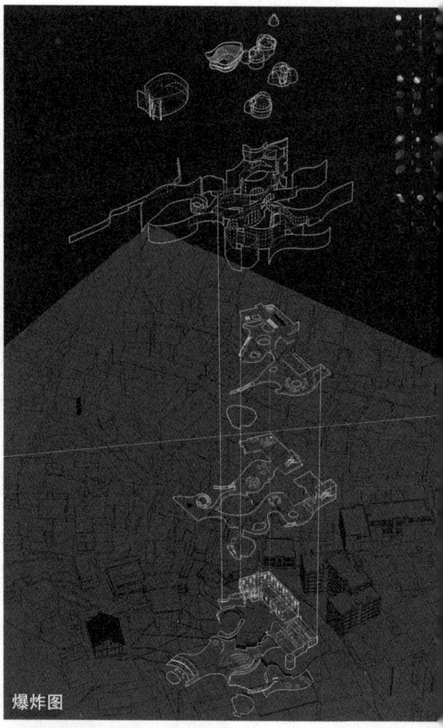

爆炸图

设计概念

将场地改造成为音乐主题公园，以音乐活动为纽带，唤醒鼓浪屿人对于“音乐之岛”的回忆，并置入音乐家工作室。使音乐人带动周边创作氛围，同时居民的日常音乐生活景象激发音乐人的创作灵感，两者相互促进，构成鼓浪屿新的音乐日常

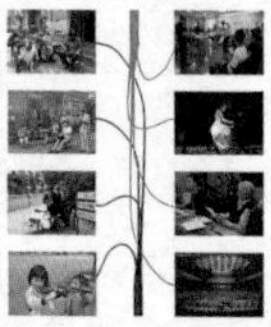

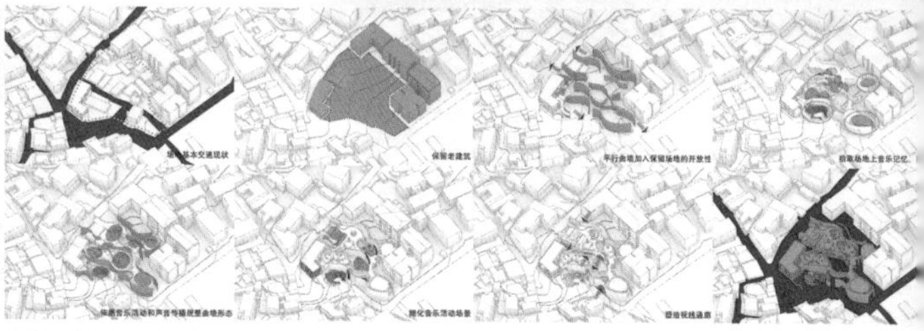

鼓浪屿计划－作为世界文化遗产的“历史国际社区”更新

鼓浪屿变奏曲

音乐主题公园设计

声学分析

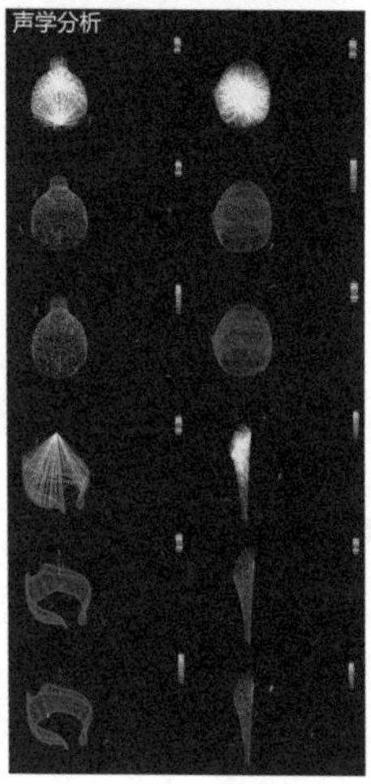

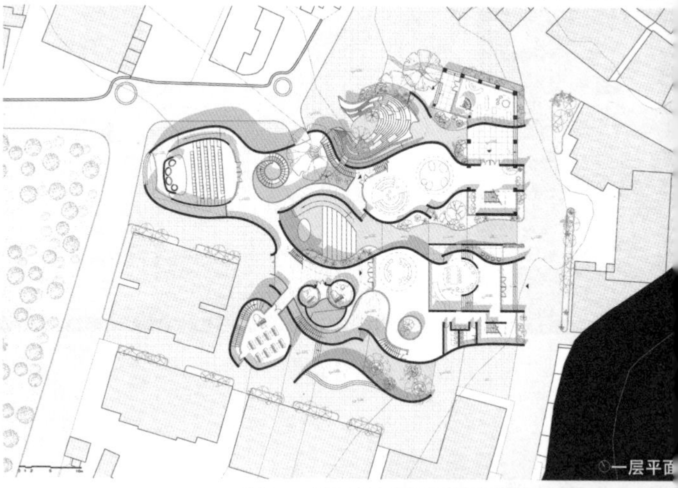

一层平面

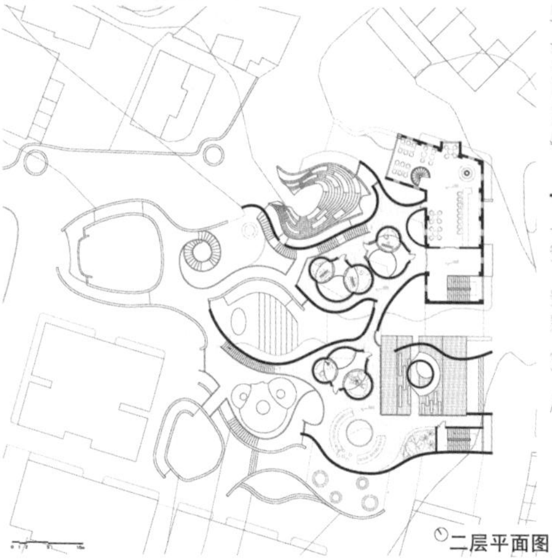

二层平面图

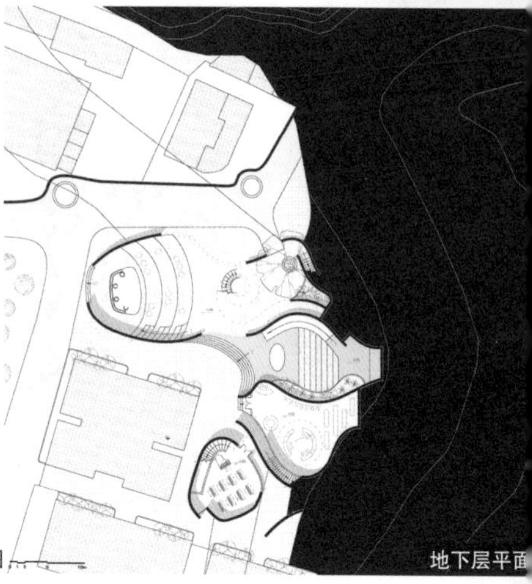

地下层平面

屿计划－作为世界文化遗产的“历史国际社区”更新

浪屿变奏曲

琴岛琴房存量更新与音乐家旅馆改造设计

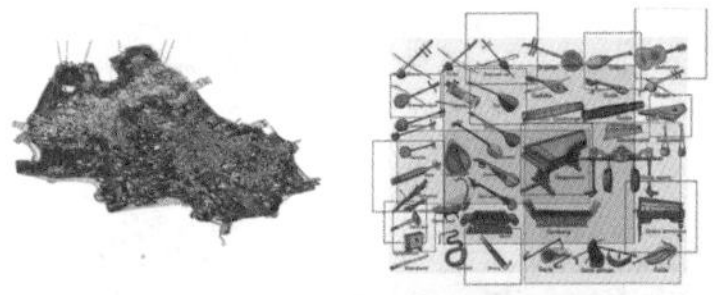

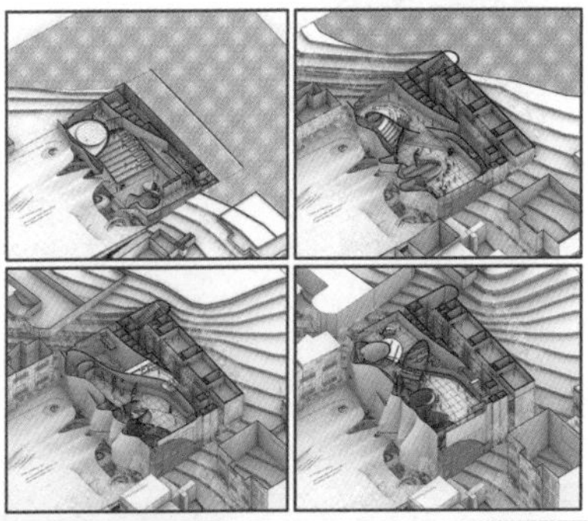

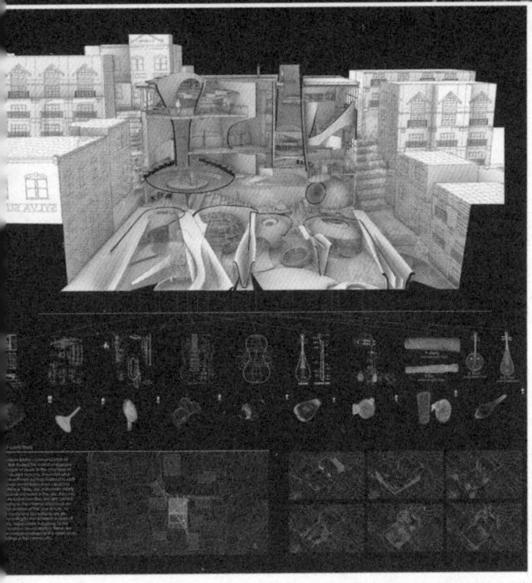

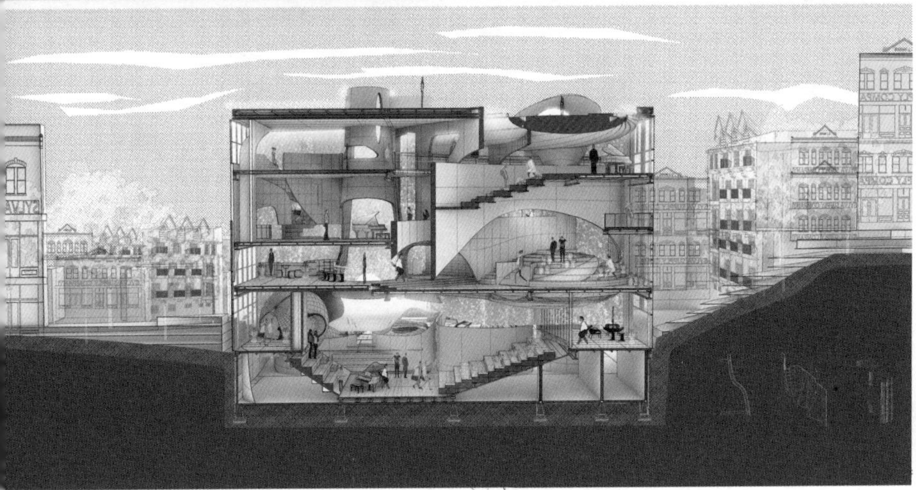

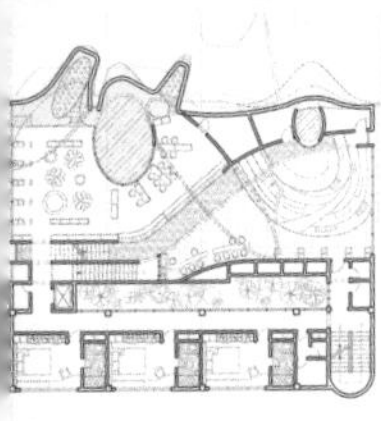

二层平面图

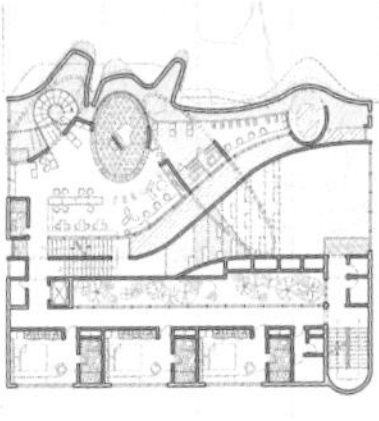

三层平面图

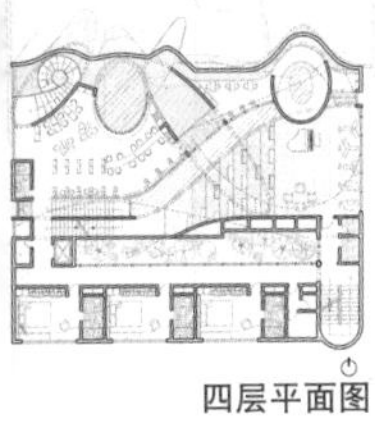

四层平面图

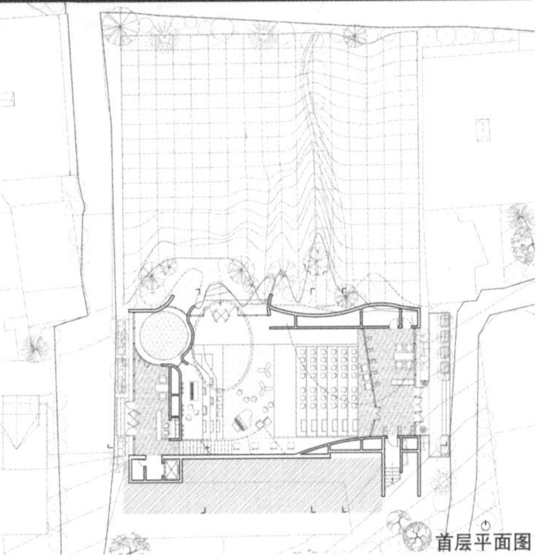

首层平面图

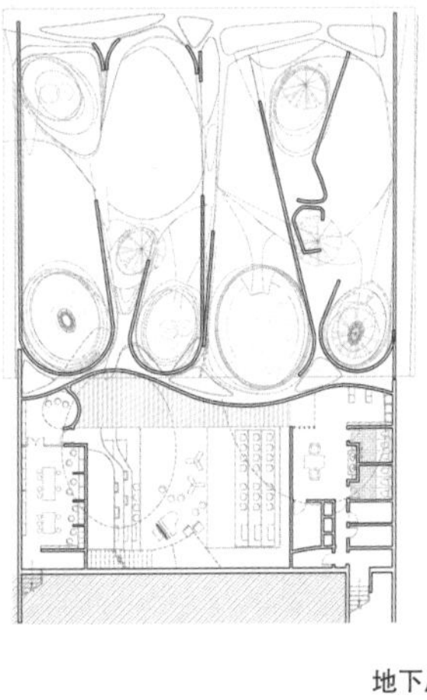

地下层平面图

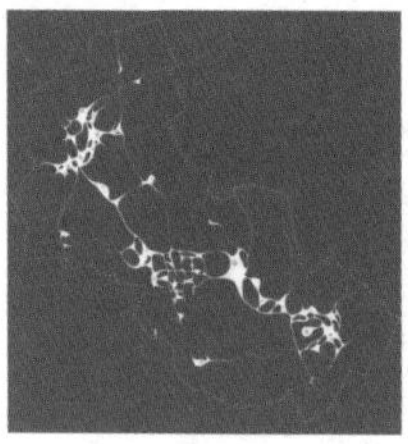

鼓浪屿社区复兴——公共活力核再生计划

Gulangyu Community Renaissance

天津大学
设计：丁雅周/王俐雯/连绪
指导：许蓁/张昕楠/胡一可/辛善超

鼓浪屿历史发展梳理

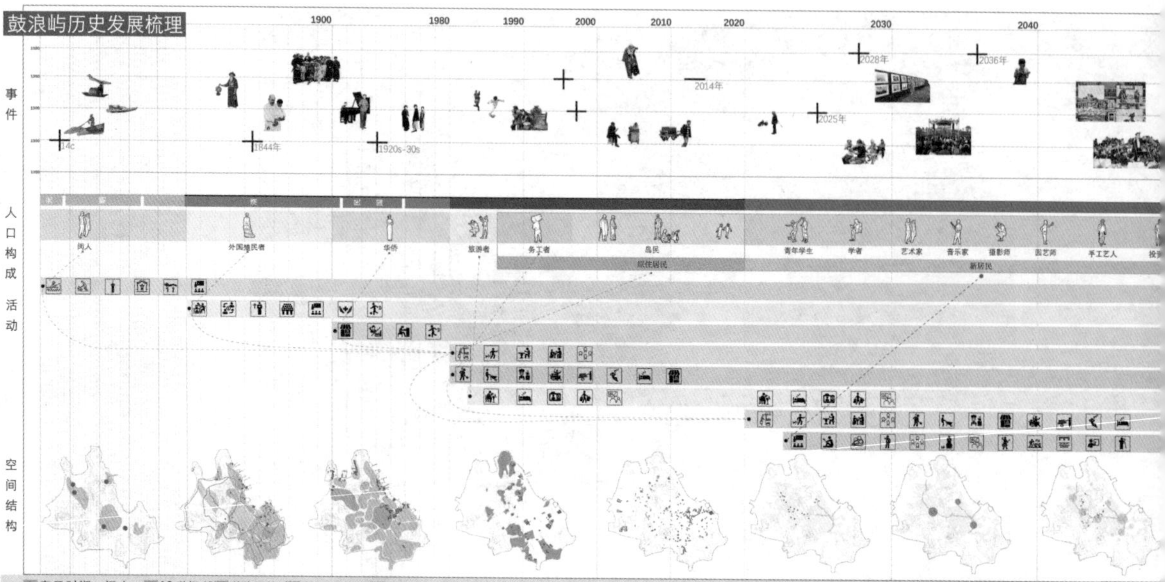

1900
1980
1990
2000
2010
2020
2030
2040
事件
14c
1844年
1920s-30s
2014年
2025年
2028年
2036年
人口构成
闽人
外国殖民者
华侨
旅游者
务工者
岛民
原住居民
青年学生
学者
艺术家
音乐家
摄影师
手工艺人
新居民
活动
空间结构

说明

1 宋元时期，闽人入岛聚居，形成宗族聚落，聚居区位于山间或背山地势平坦处。

1 19世纪60年代后，外国人的建设活动蓬勃起来。2 道路网络 3 公共设施 4 政策法规

1 华侨购置房产，打破了中外住区划分，形成混合多元住区。2 商业格局 3 工业发展

1 鼓浪屿作为风景旅游区，忽视其作为社区的发展。游客逐步增多，鼓浪屿商业空间逐步侵入居民生活空间。

2 鼓浪屿人口结构发生变化，许多本岛人迁出，大批外来务工人员伴随着旅游者而来在岛上进行生产生活。

1 增加居民多样化生活设施。居民流失减少，部分鼓浪屿居民回归，厦门市民入住。

2 举办大型艺术事件如青年艺展节、闽南音乐周等。吸引青年学生短期入住、小型艺术工作坊入驻。

3 策展团队、教育者居者入住。置换原和的旅馆民宿等建增加区域级展览馆书馆、艺术教育机构

场地现状

爱码头餐厅

旅游业单一发展，原有公共空间资源被旅游业侵占

社区公共资源削减，现有开放空间不能支持公共活动的发生

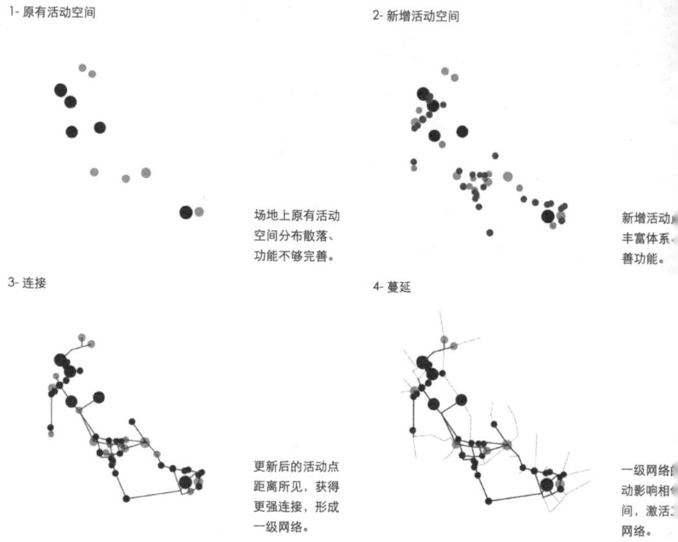

1- 原有活动空间
2- 新增活动空间
场地上原有活动空间分布散落、功能不够完善。
新增活动丰富体系善功能。
3- 连接
4- 蔓延
更新后的活动点距离所见，获得更强连接，形成一级网络。
一级网络动影响相间，激活网络。

设计依据

Herman Hertzberger
Space and Learning
The City as a Macro-School
A New Theory of Urban Design
Cities
小小地球上的城市

将现代学校中的教育从教室渗透到城市中的“学习街道”和“学习广场”。

城市设计就是要设计和建造能够激发和促进城市向周边良性的发展“基核”。同时，将其与周边城市开放空间联结起来增加“核”的激发力。

设计说明：

鼓浪屿作为世界文化遗产“历史国际社区”，却面临着社区消解的问题。

我们的策略是以社区公共活力的提升来带动鼓浪屿社区的复兴。以改变“人”为主线，将重构人与社区的共同体关系和推进实体环境的重建同步进行。

通过分析场地现状，找到并强化鼓浪屿社区公共生活主轴线，在其上构建以不同公共设施为激发点的社区“公共活力核”，将建筑内部空间与外部开放空间充分联结起来以进一步扩大“核”的影响范围。

我们希望重构的社区公共体系能成为供人“理解其所生活的时代”的基础，其内涵既包括我们时代的文化，也包括历史的积淀。

场地原有网络

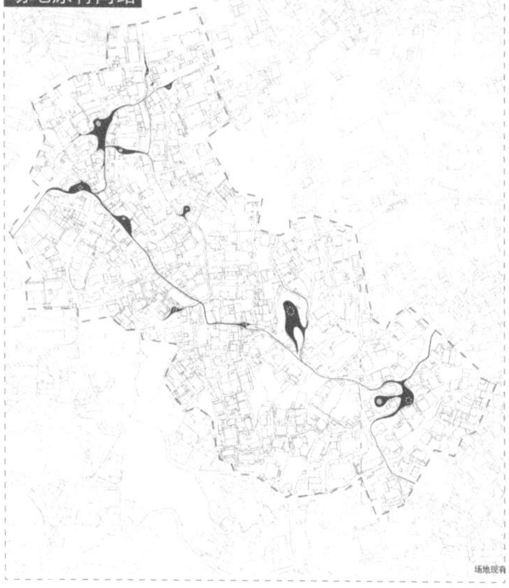

构建网络系统

社区活动中心

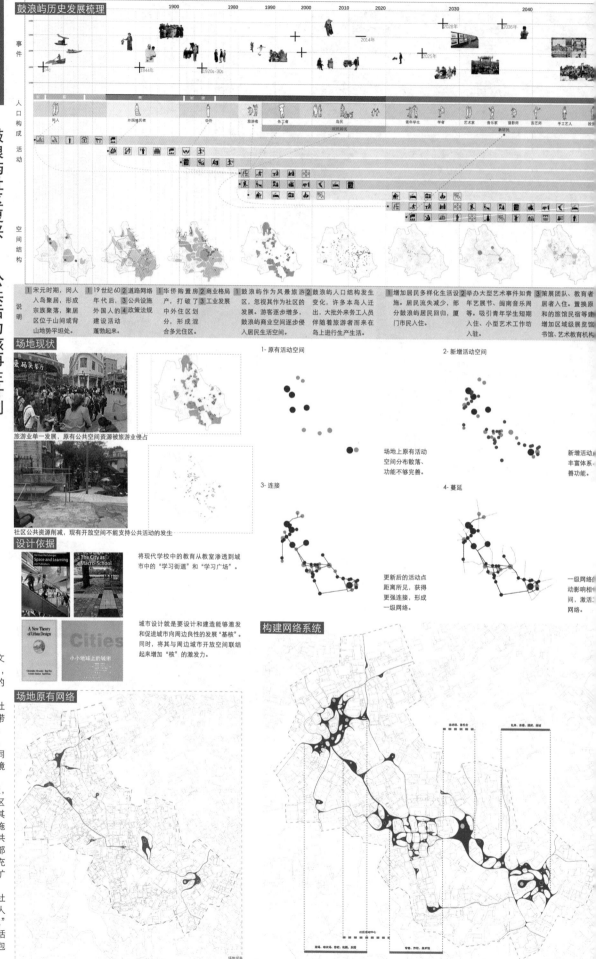

市设计组织结构设想

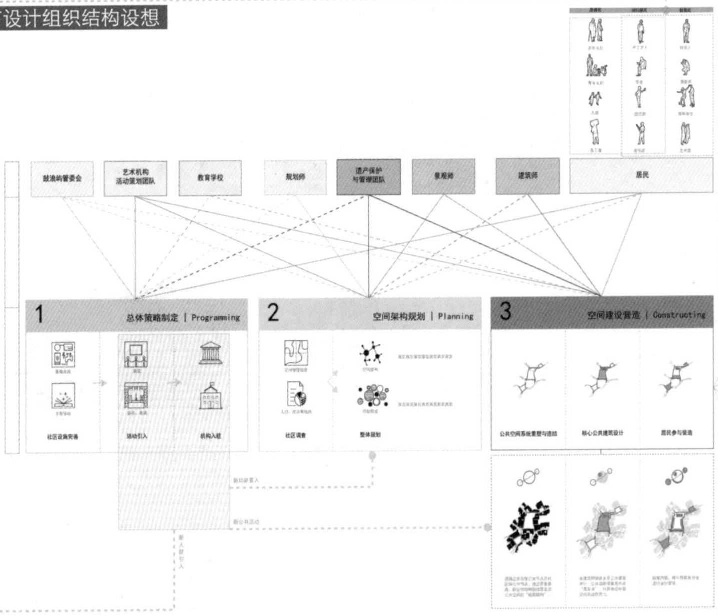

有功能设施量化分析与未来策划

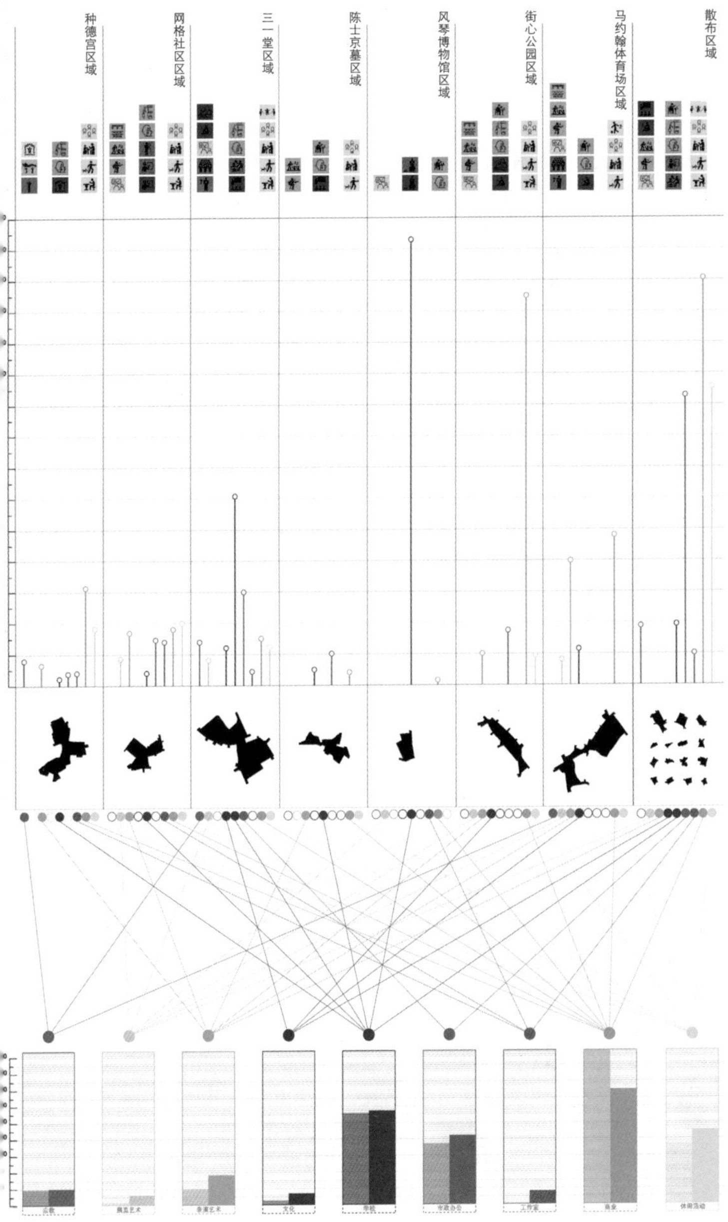

现状分析与架构提取

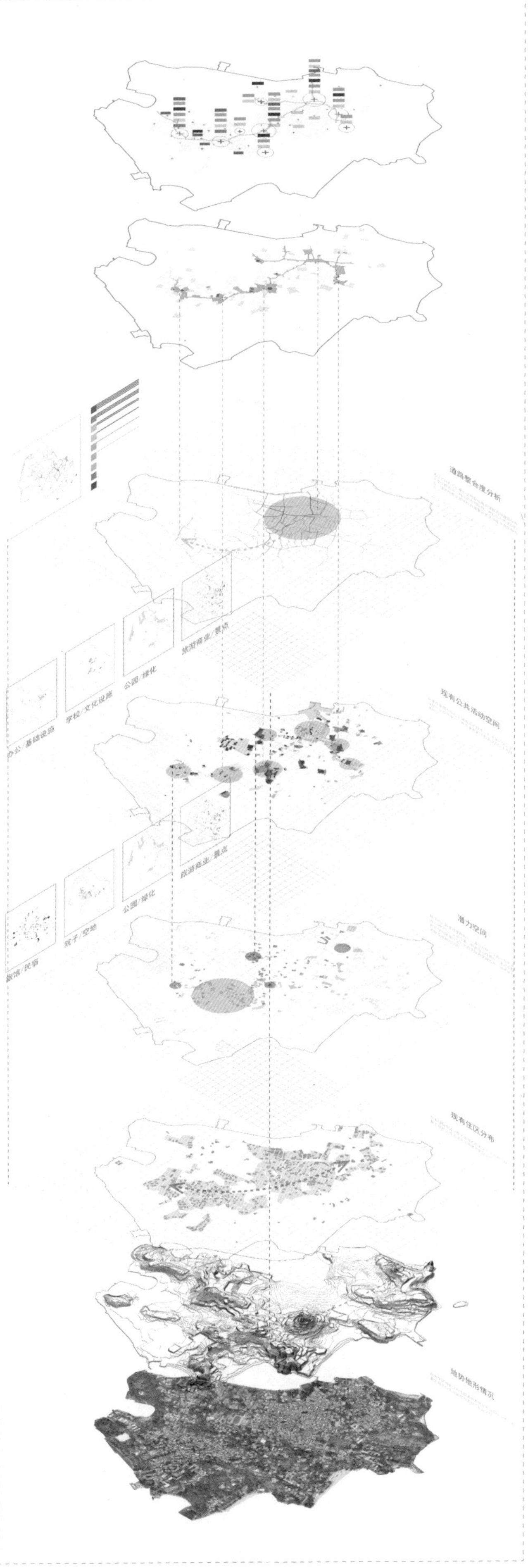

公共空间网络

通过对于鼓浪屿现有住区和现有公共活动空间分布、可建设和可置换功能的潜力空间分布，叠合空间句法的道路整合度分析，得到我们希望构建的鼓浪屿社区公共生活主轴线。

城市设计意象 - 透视图

城市设计意象 - 轴测图

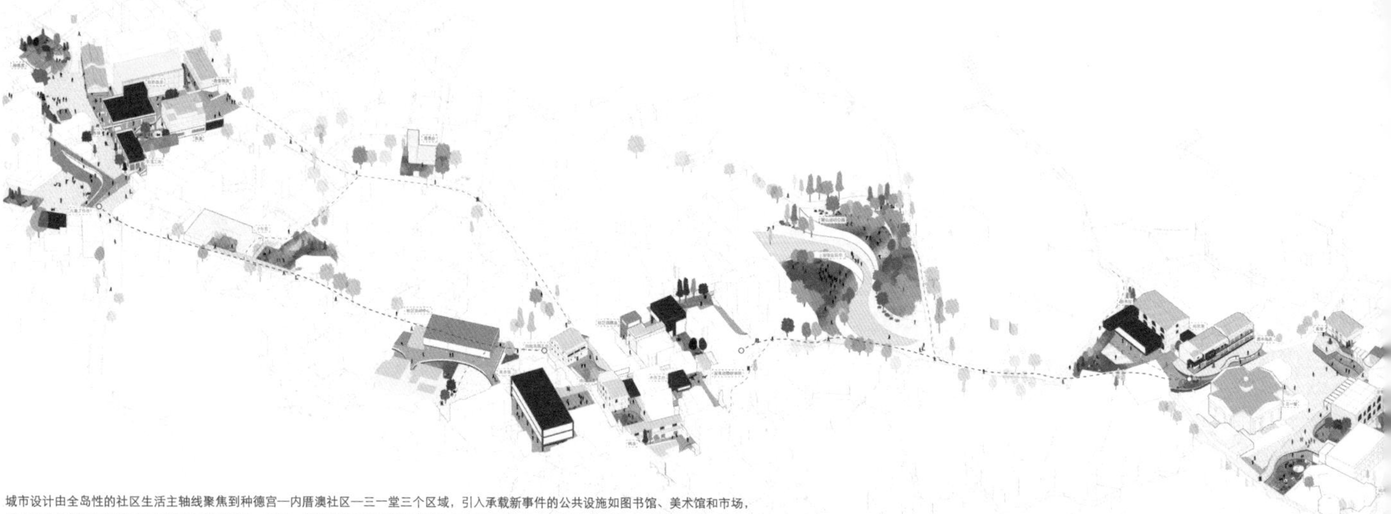

城市设计由全岛性的社区生活主轴线聚焦到种德宫—内厝澳社区—三一堂三个区域，引入承载新事件的公共设施如图书馆、美术馆和市场，增加高参与度的文化活动来恢复社区公共活力，同时，通过对外部开放空间的营造和来联结融合各类人群和活动，增加“公共活力核”的激发力，并进一步扩展其影响范围至周边社区。

主要节点改造

1- 节点原有空间

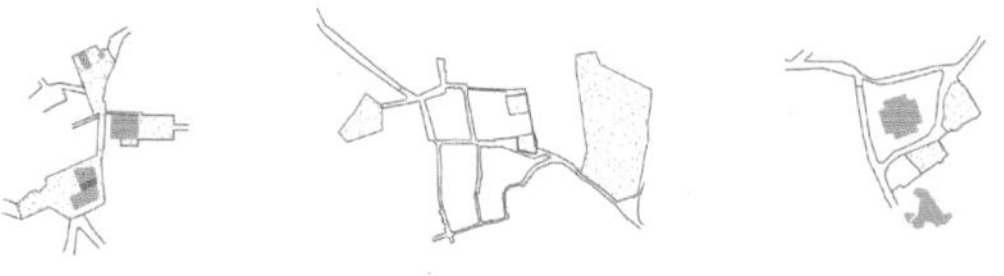

2- 功能置换

3- 建立连接

鼓浪屿面临着人口衰减、社区式微的问题，通过调研和分析，提出设计策略——以引入新活动和人群为契机，构建鼓浪屿新的公共生活网络，在重要的节点填补服务性、商业性和公共性设施，营造整体性的公共领域，以复兴鼓浪屿的社区。

设计涵盖从城市尺度到建筑尺度的一系列策略，以建筑回应城市问题。 作为一个研究性设计，基于对鼓浪屿空间和使用模式的详尽分析，寻找鼓浪屿隐含的发展脉络，重构其物质空间。

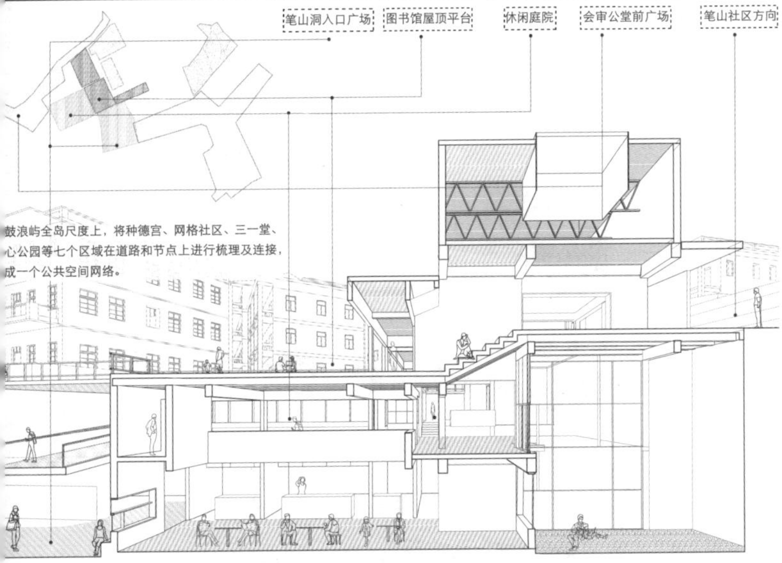

鼓浪屿全岛尺度上，将种德宫、网格社区、三一堂、心公园等七个区域在道路和节点上进行梳理及连接，成一个公共空间网络。

A-A 剖面图

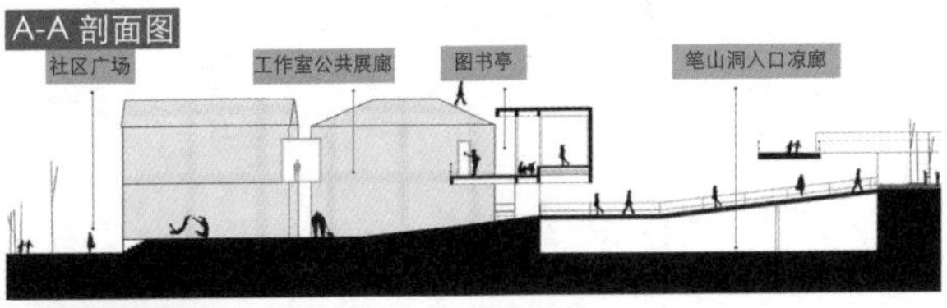

1-1 剖面图

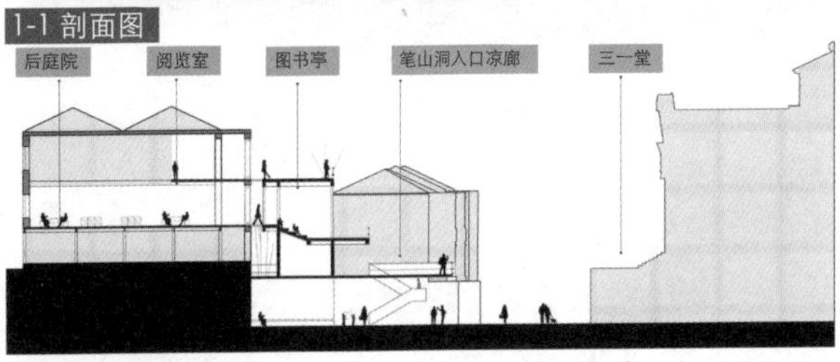

三一堂的区域尺度上，对教堂（三一堂）广场、会公堂前广场进行场地梳理，增加两个社区级公共空，以开放空间为核，结合坡地进行错落式布局，通对空间界面的围合和疏导使周围场所空间有机串联，足不同的体验与需求。

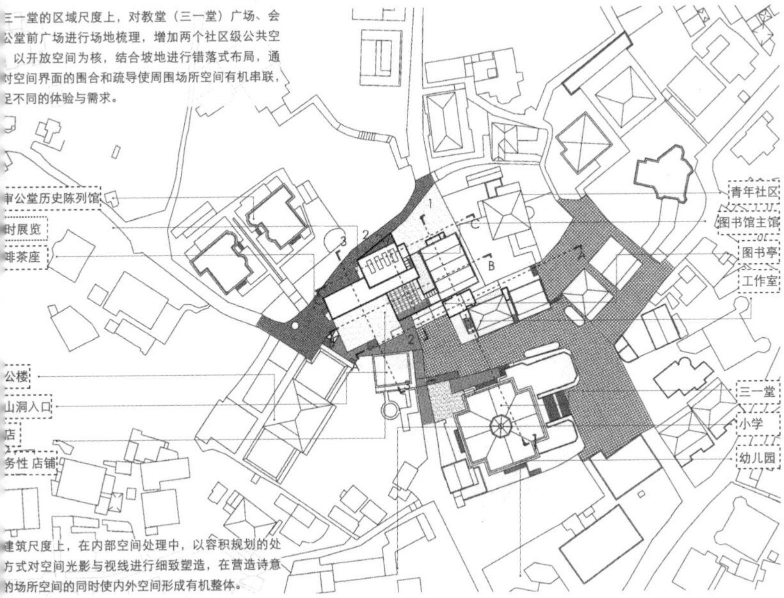

建筑尺度上，在内部空间处理中，以容积规划的处方式对空间光影与视线进行细致塑造，在营造诗意的场所空间的同时使内外空间形成有机整体。

B-B 剖面图

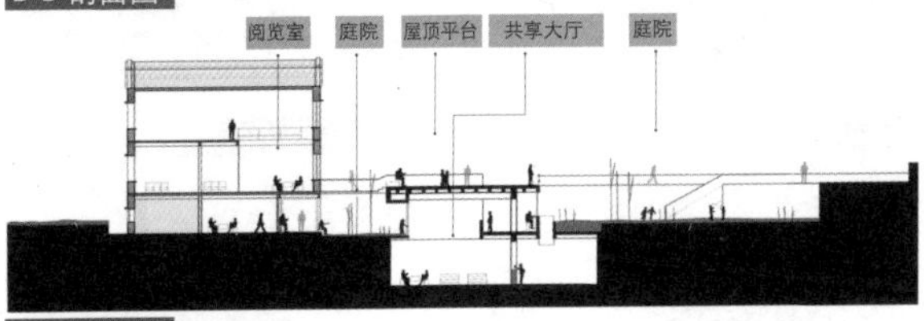

C-C 剖面图

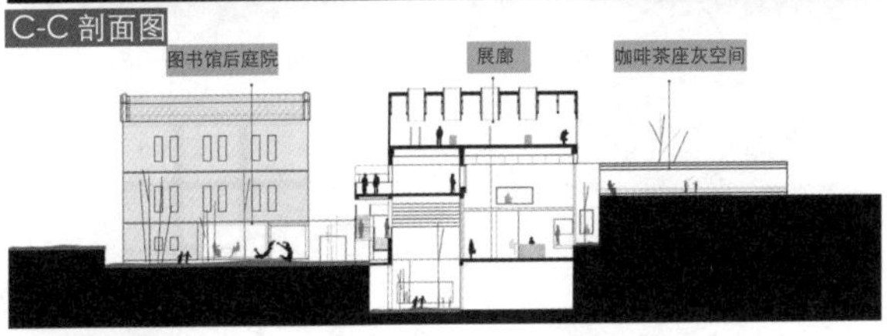

3-3 剖面图

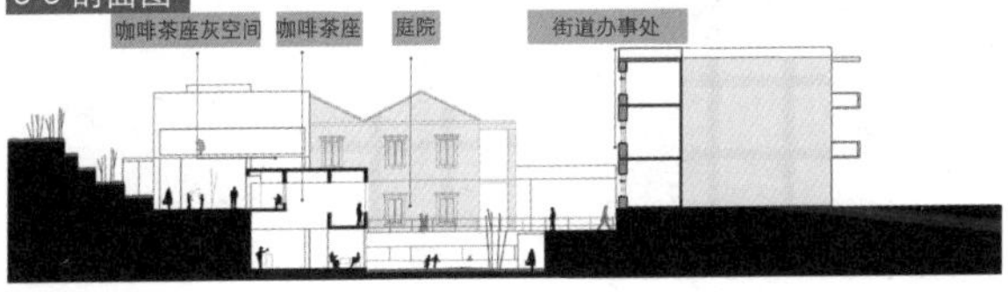

一层平面图

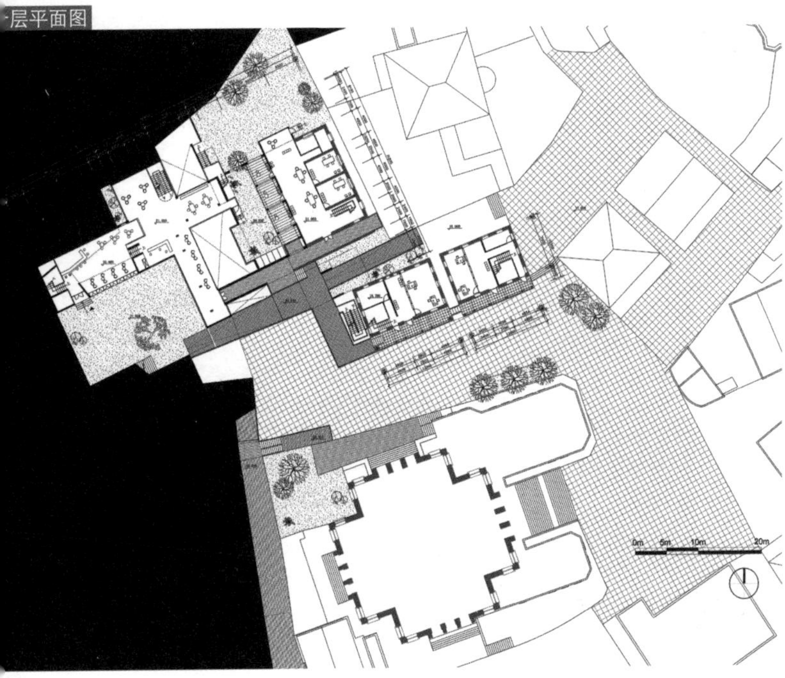

二层平面图

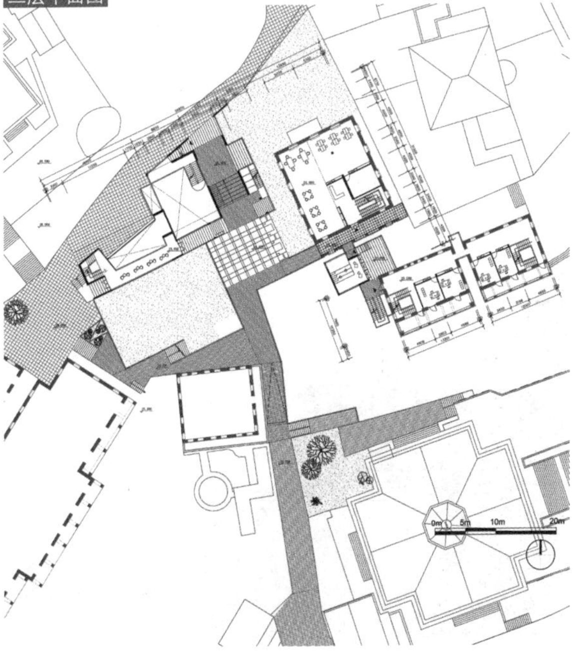

鼓浪屿社区复兴——“公共活力核”再生计划

笔山洞口 - 画廊 主入口透视图

露天广场 - 共享街道 入口透视图

共享街道 透视图

二层平面图　三层平面图

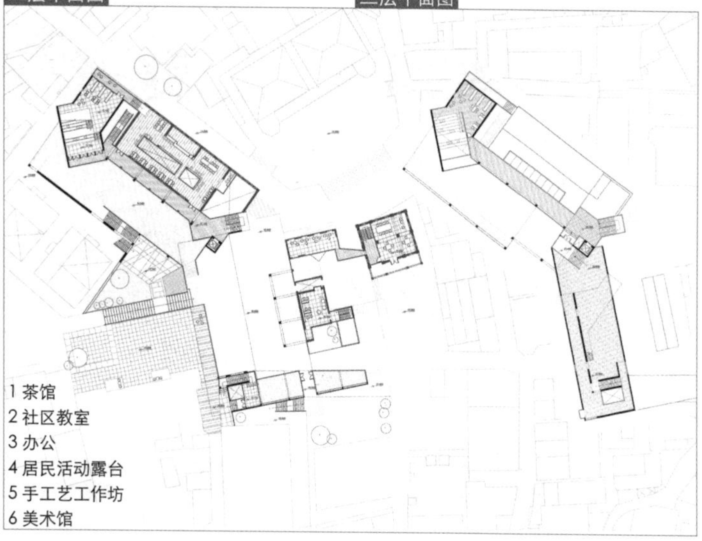

1 茶馆
2 社区教室
3 办公
4 居民活动露台
5 手工艺工作坊
6 美术馆

首层平面图

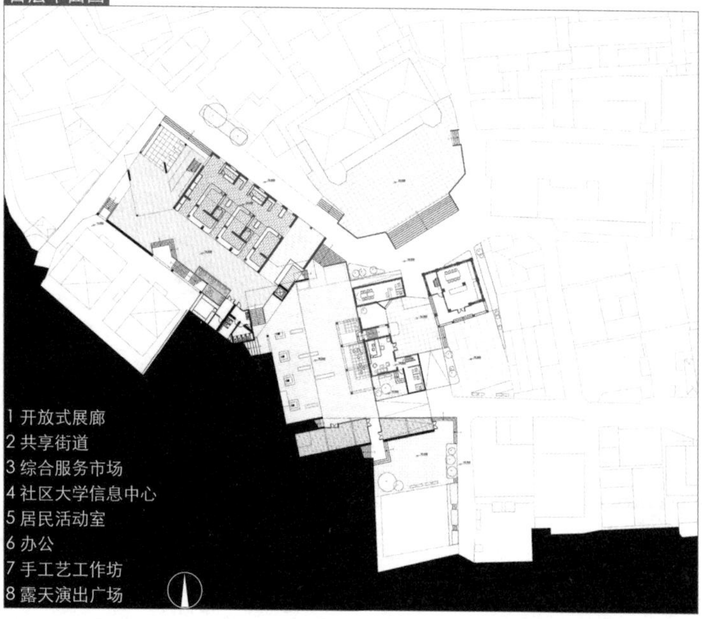

1 开放式展廊
2 共享街道
3 综合服务市场
4 社区大学信息中心
5 居民活动室
6 办公
7 手工艺工作坊
8 露天演出广场

以美术馆为激发

希望将展览和艺术教育置于浪屿该区域的公共生活和空间之中。在这里，展览、术教育与喝茶休憩、聊天等日常生活被统合在一个架构之下。

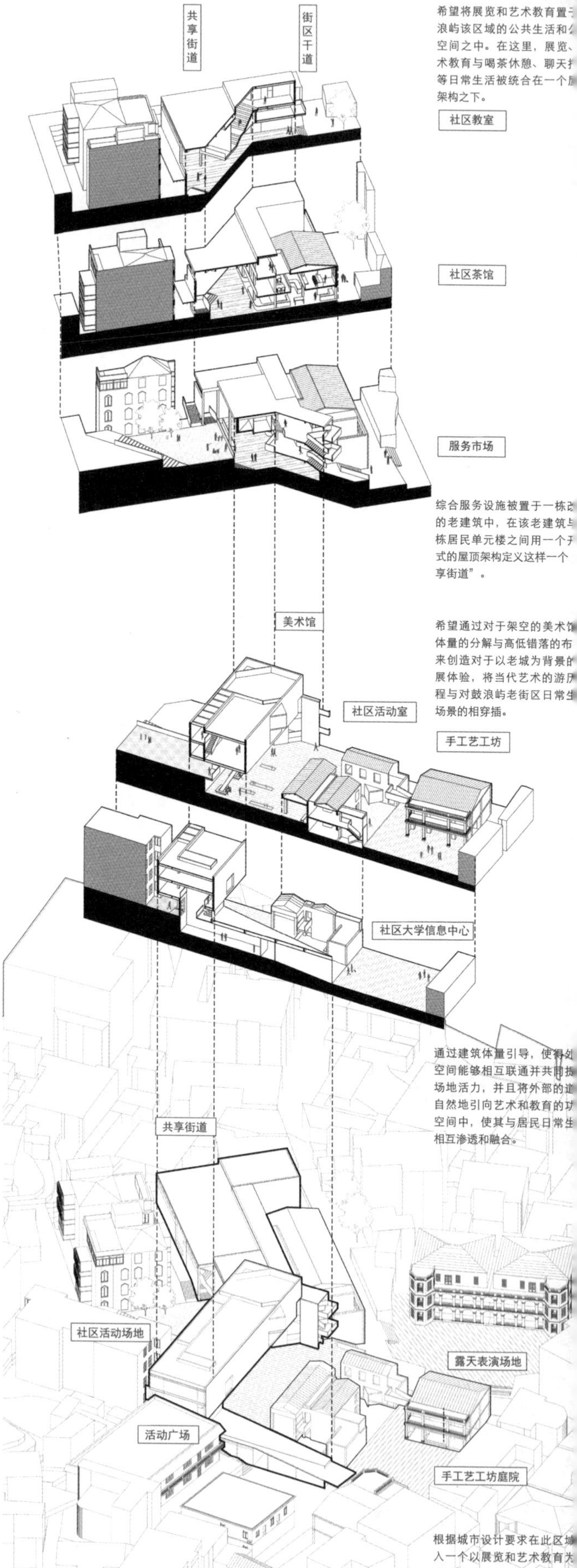
共享街道
街区干道
社区教室
社区茶馆
服务市场
美术馆
社区活动室
手工艺工坊
社区大学信息中心
共享街道
社区活动场地
露天表演场地
活动广场
手工艺工坊庭院

综合服务设施被置于一栋的老建筑中，在该老建筑栋居民单元楼之间用一个式的屋顶架构定义这样一个享街道”。

希望通过对于架空的美术体量的分解与高低错落的布来创造对于以老城为背景的展体验，将当代艺术的游程与对鼓浪屿老街区日常场景的相穿插。

通过建筑体量引导，使得空间能够相互联通并共同场地活力，并且将外部的自然地引向艺术和教育的空间中，使其与居民日常相互渗透和融合。

根据城市设计要求在此区入一个以展览和艺术教育要功能的建筑，补充社区综合服务商业设施。

鼓浪屿社区复兴——“公共活力核”再生计划

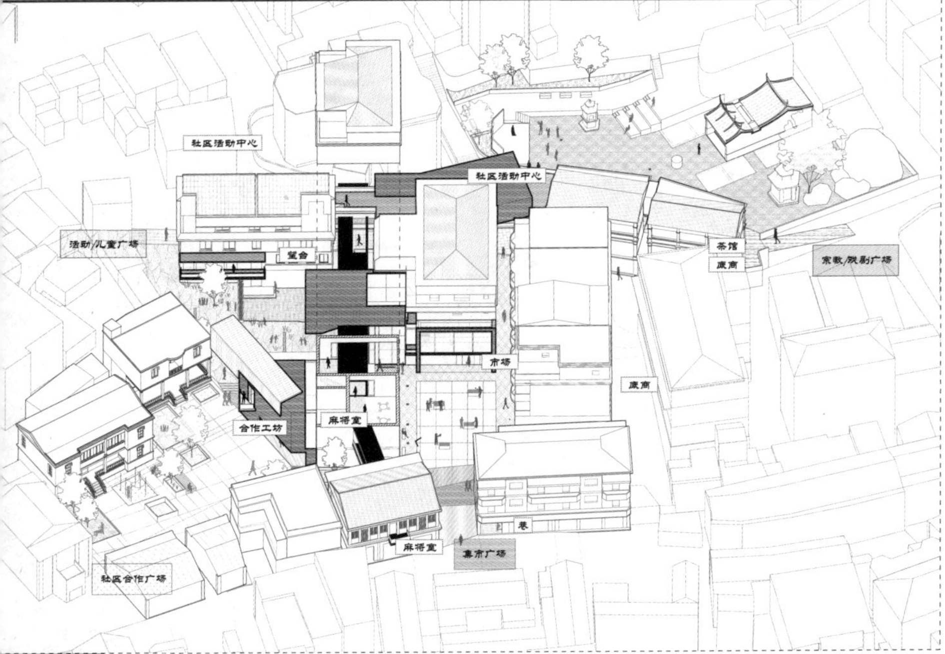
社区活动中心
社区活动中心
活动/儿童广场
茶馆
宿舍
底商
京戏/戏剧广场
市场
底商
合作工坊
麻将室
巷
麻将室
集市广场
社区合作广场

总体分析

场地位于鼓浪屿内厝澳社区的种德宫广场和社区市场所在地，以及周边两块有潜力对空地。设计结合通过重新布置该场地流线、重新定义/增加功能、改造老建筑、增加新体量、连接周边有潜力的广场来联合整个场地。使之成为一个充满活力、多元的社区主要的公共中心。其中核心的穿行空间连接着新老建筑，定义空间朝向，使之对不同广场产生影响。重塑内部空间对同时也连接、激活来了外部空间。

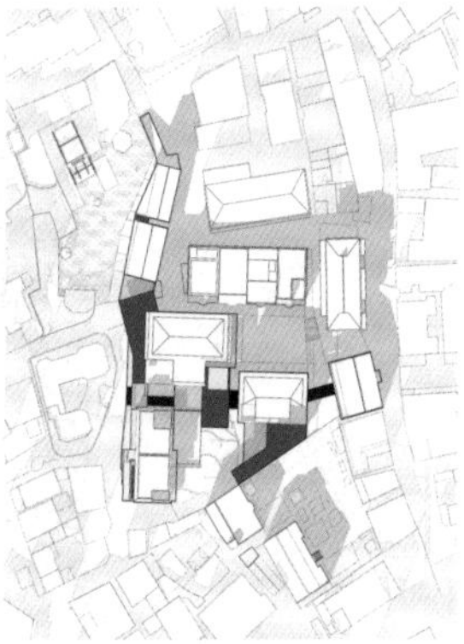

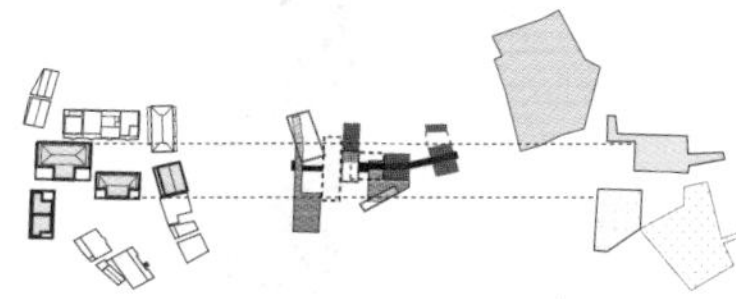

各层平面图

临时集市广场
社区合作工坊广场
儿童活动广场
种德宫广场
N
A
B
C
D
E
F

沿轴剖面图

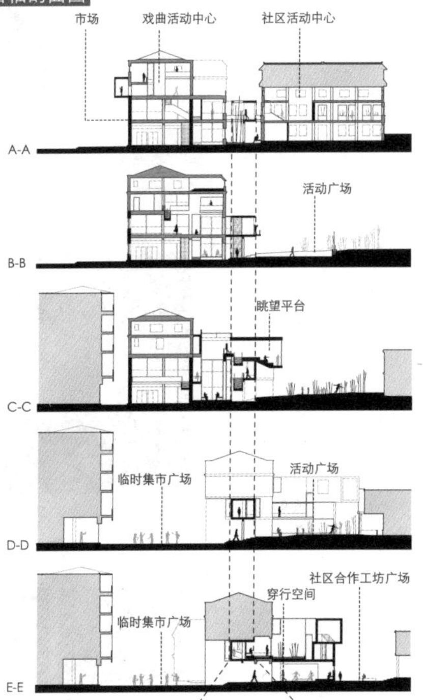
市场
戏曲活动中心
社区活动中心
A-A
活动广场
B-B
眺望平台
C-C
临时集市广场
活动广场
D-D
社区合作工坊广场
穿行空间
临时集市广场
E-E

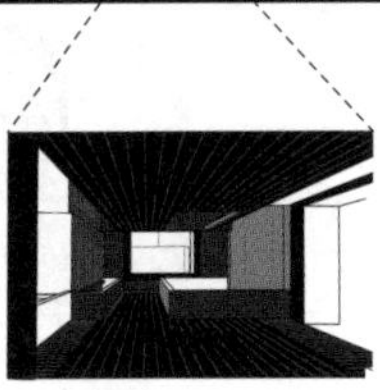

西立面图

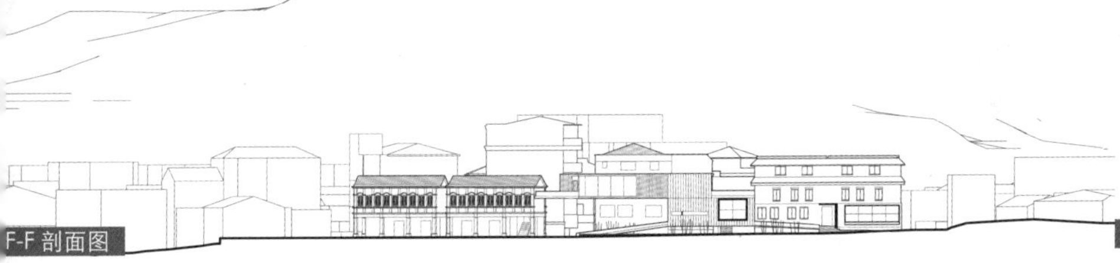

F-F 剖面图

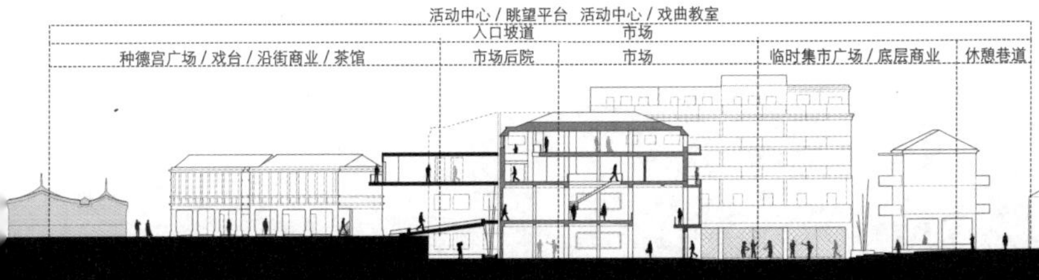
活动中心 / 眺望平台
活动中心 / 戏曲教室
入口坡道
市场
种德宫广场 / 戏台 / 沿街商业 / 茶馆
市场后院
市场
临时集市广场 / 底层商业
休憩巷道

场地入口引导

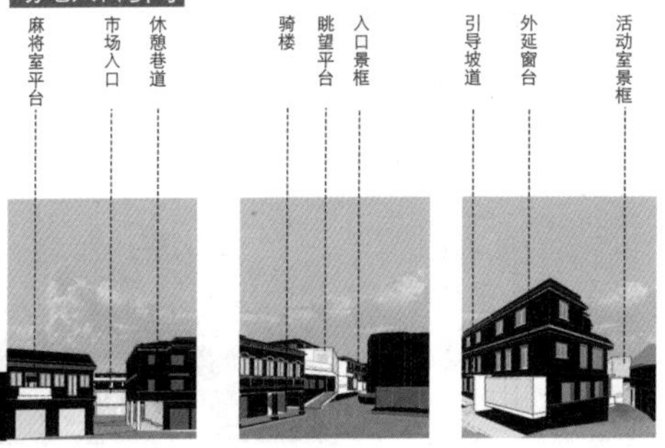
麻将室平台
市场入口
休憩巷道
骑楼
眺望平台
入口景框
引导坡道
外延窗台
活动室景框

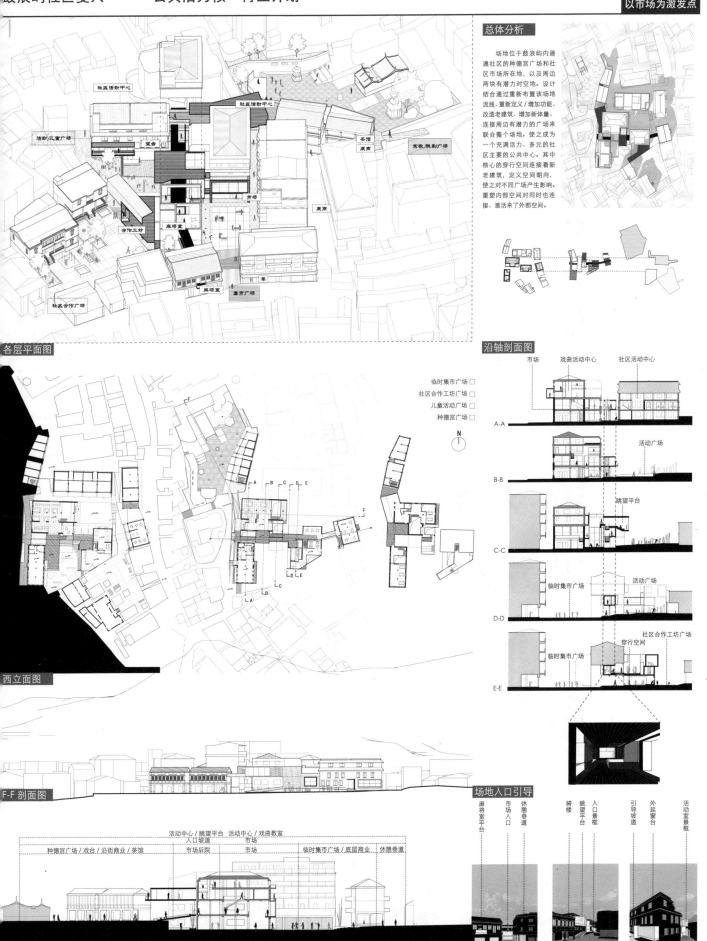

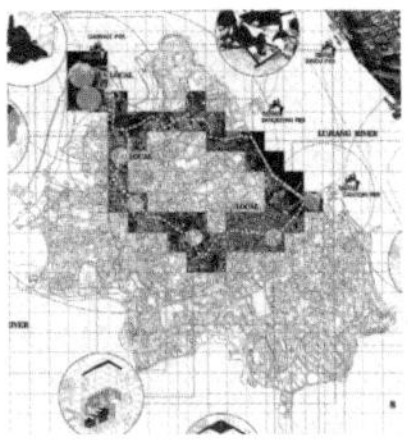

垃圾天堂

Heaven of Waste

天津大学
设计：王旨选 / 王天晓 / 吴韶集 / 徐江淮
指导：许蓁 / 张昕楠 / 胡一可 / 辛善超

总平面图

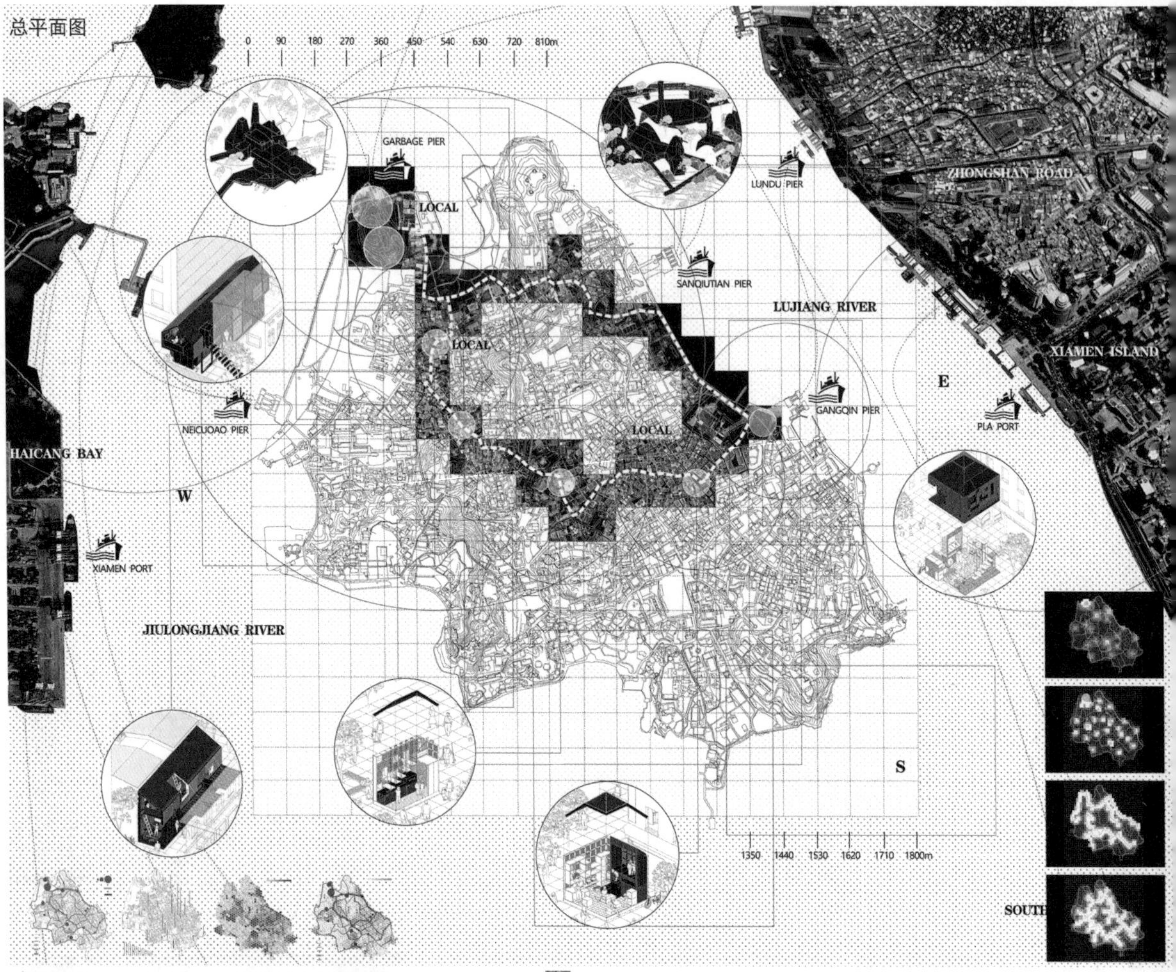

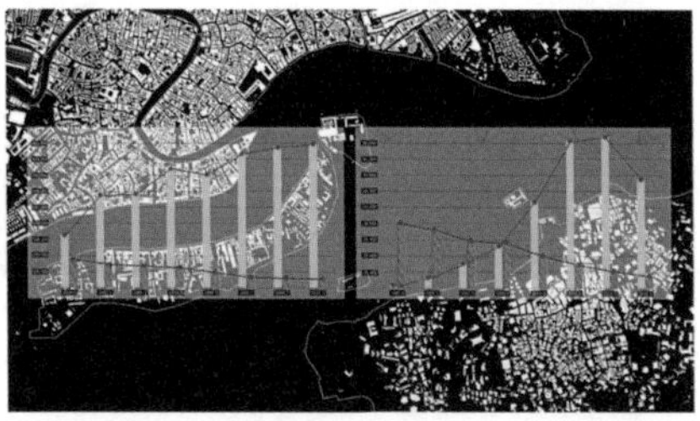

威尼斯的今天与鼓浪屿的未来——不可避免的迪士尼化

游客与居民产生垃圾对比分析

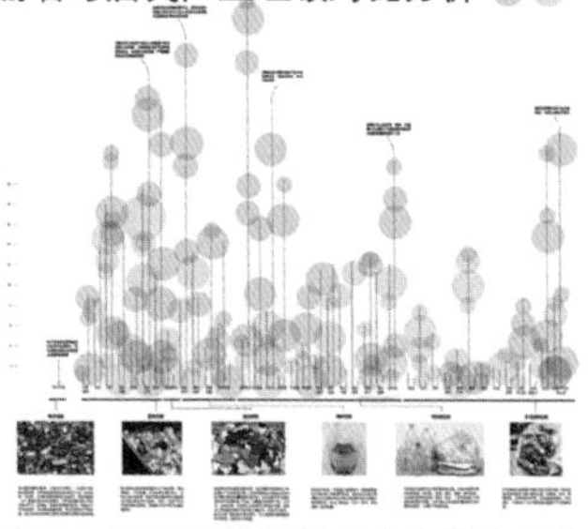

对比分析——居民的 24 小时

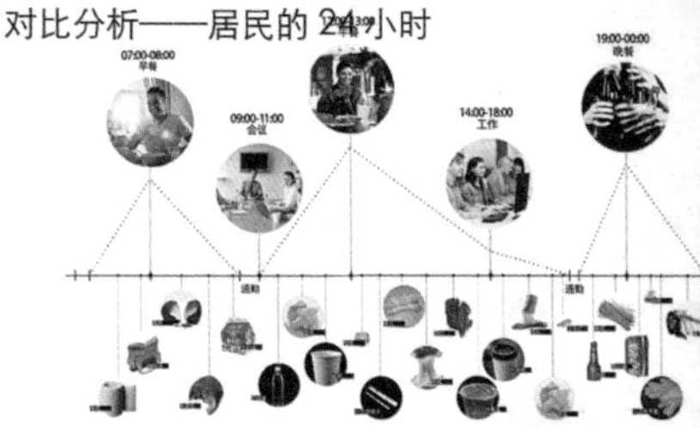

对比分析——游客的 24 小时

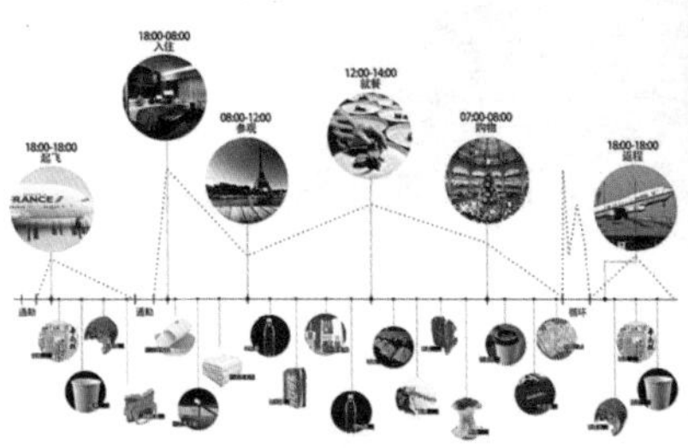

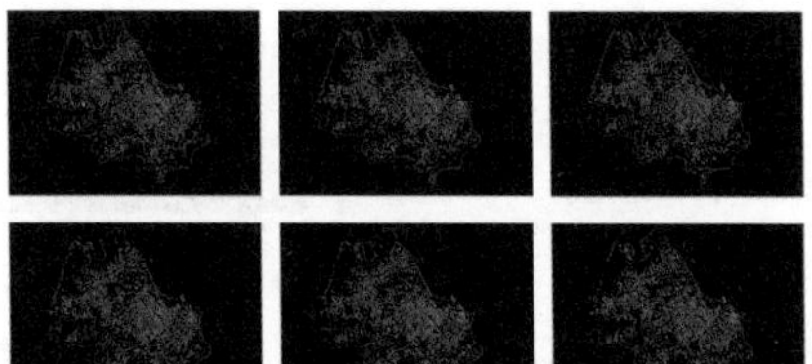

游客与居民扔垃圾的动作与附加行为

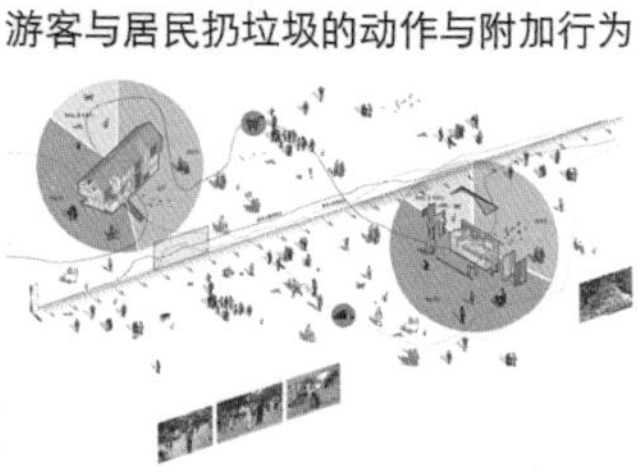

设计说明：

垃圾在人们的固有印象中总是消极且负面，肮脏且污秽，天堂则是一切美好、惬意、欢乐生活的代名词。我们希望垃圾与天堂二者的组合能够产生一种看似矛盾重重实则融为一体的独特体验。我们以厦门鼓浪屿岛上垃圾系统存在的实际问题为抓手，以其产生、收集、运输、收集的流程为线索，创造以垃圾收集点及其处理终端为核心的乐活化生活场景，将垃圾与天堂二者相互融合、化腐为金。

剖面图

游客与环卫工人 24 小时
不同活动强度随时间的
系叠合，作为兆和山内
能布局的依据

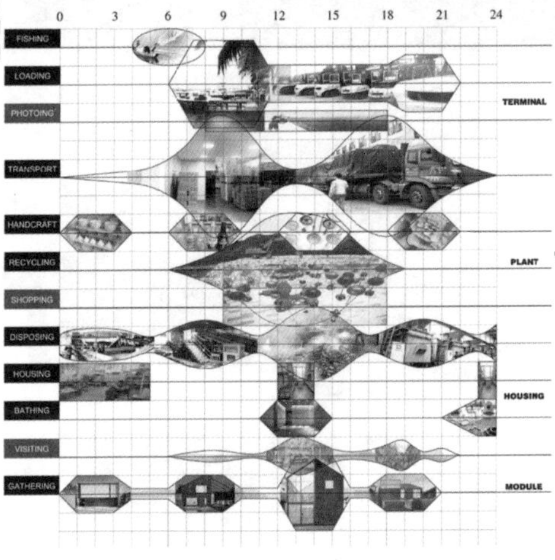

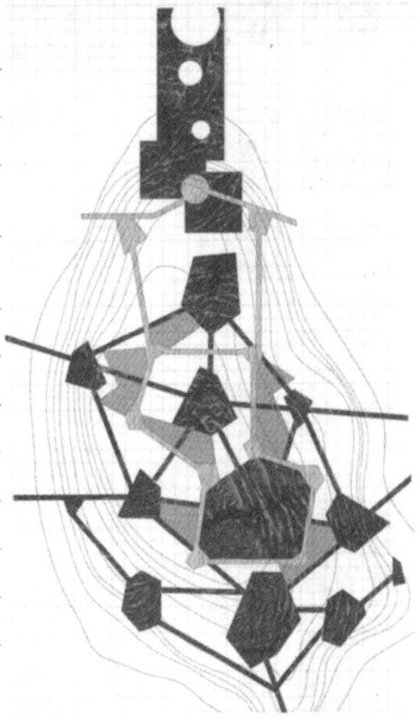

区域 1
垃圾残渣外运
精品工艺品输出
游客观光艺术体验

区域 2
垃圾分类处理
餐饮休闲店铺
回收材料重生

区域 3
环卫工人住宅
休闲公共空间
热能回收浴室

轴侧图

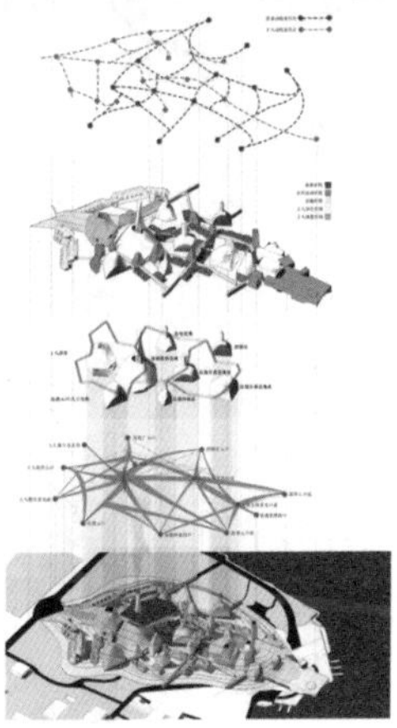

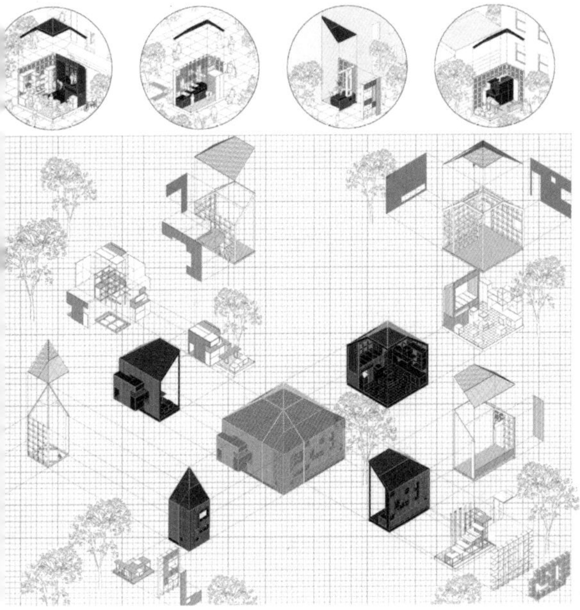

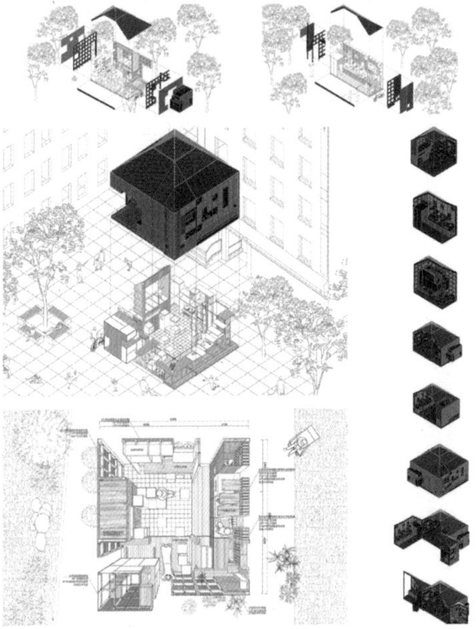

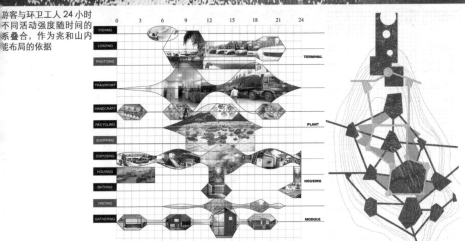

垃圾回收
工厂部分

埋入山中的垃圾回收工厂是鼓浪屿上垃圾回收系统的核心部分。在这里，我们还引入了一套商业系统和随之而来的游客穿越路径。在这里，垃圾处理设备不再是藏匿在游人视线之外的秘密，而是大胆地作为公共空间里的机械装置向游客展示。此外，我们还探索了垃圾传输设备和商业空间的几种不同关系，尝试以多种方式连接两套气质迥异的系统。

环卫工人
住宅部分

为了改善环卫工人的居住环境，我们在实地调研的基础上在兆和山南坡为他们设计了一座集合住宅。住宅以一座埋在山中的澡堂为核心，向两侧延展出居住单元，并在走廊靠山体一侧布置了公共休闲区等公共活动场所。

每一个居住单元可以容纳两人居住，面积约9㎡，每一户均拥有一个南向或西南向的阳台。

位于核心位置的澡堂共分两层，上层是入口大厅层，兼作公共活动空间，下层则是男女流线分离的公共浴室。

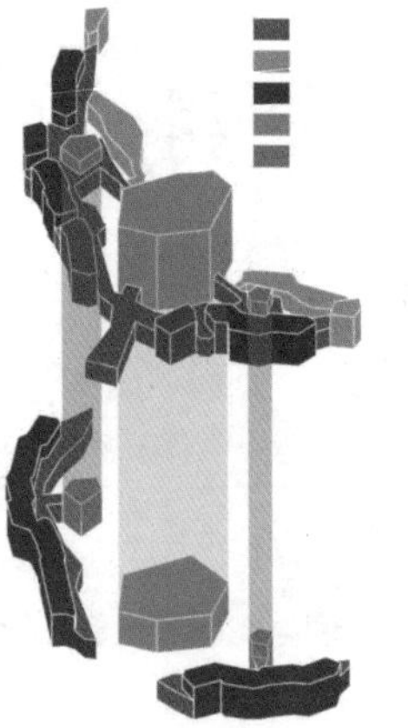

码头部分

在未来的设定中，位于兆和山北角的环卫码头将会成为一座综合垃圾转运功能与游客集散功能的综合性建筑。由于鼓浪屿上的垃圾每日主要仅有两次集中清运，故考虑设计为潮汐型使用方式，在每天早晚游客数量稀少的时候承担垃圾集中转运的功能，其余游客密集的时段则转变成为游客集散地。

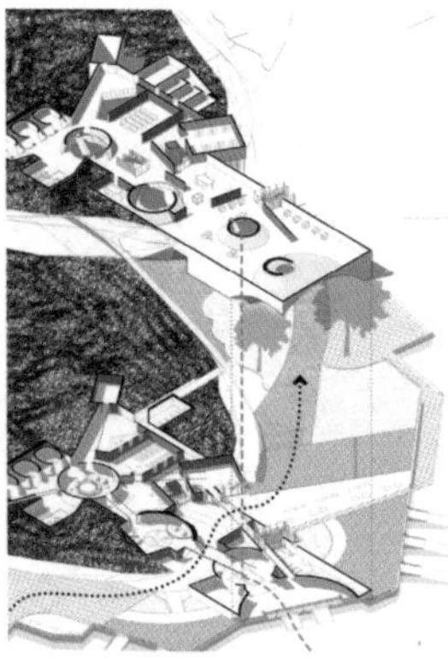

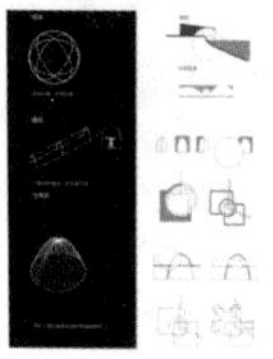

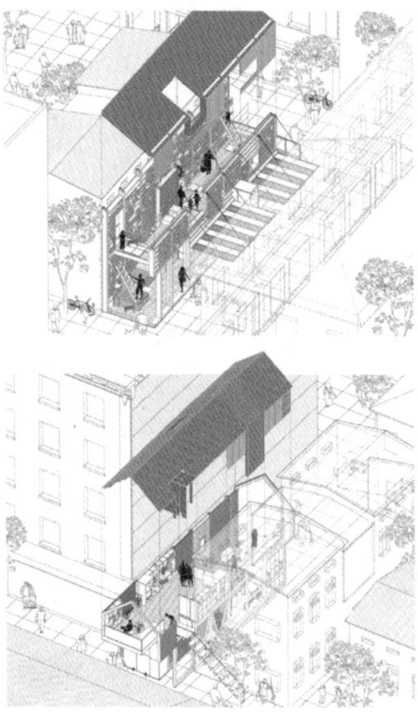

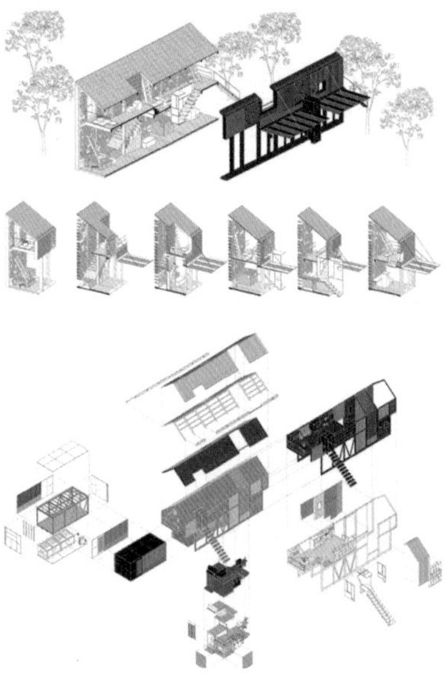

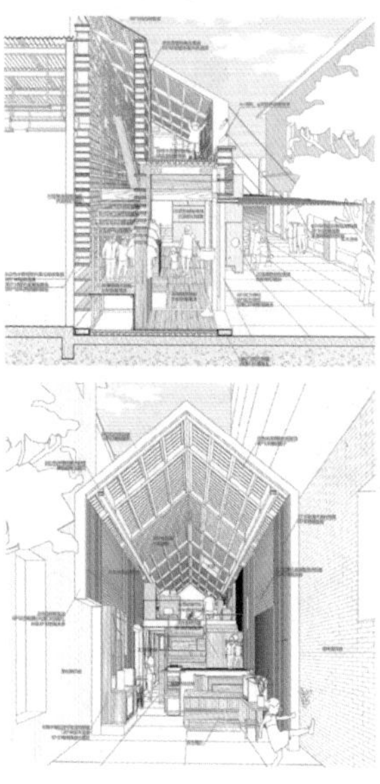

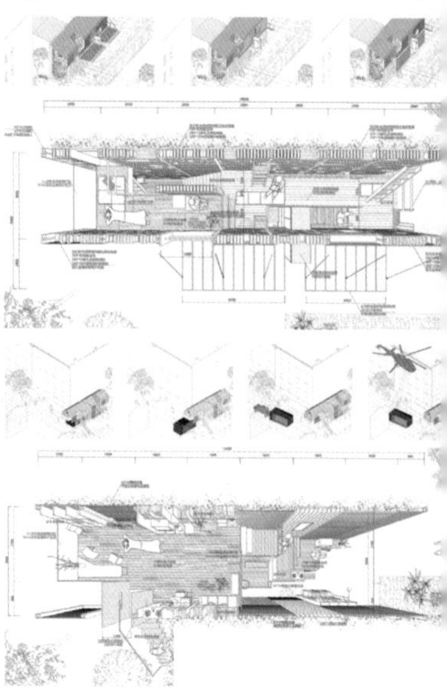

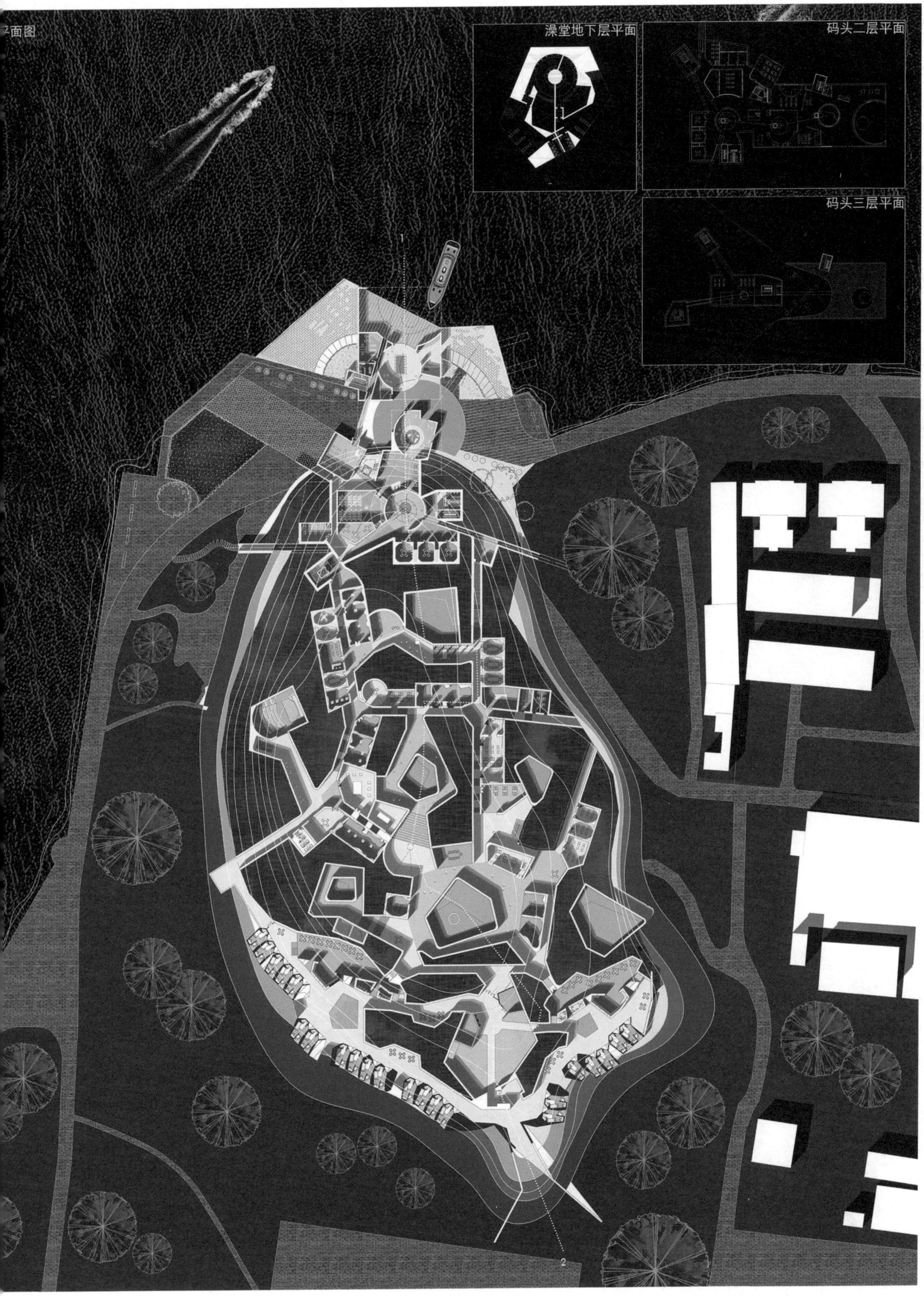
面图
澡堂地下层平面
码头二层平面
码头三层平面
1
2

CHONGQING UNIVERSITY

重庆大学

学生团队

1 细分城市 Kulansu Subdivision

通过对鼓浪屿建筑空间分类梳理并设定类型学改造导则，在有限增量的条件下大量提升空间的功能丰富性和承载能力。

2 在地生产 Local Production

在地生产情境下诉诸符号演替的世界遗产地复兴计划。

3 社区迭代 Community Iteration

鼓浪屿未来重新社区化是其发展的必经之路，因此我们提出不同阶段的社区迭代，最终实现复兴。

4 鼓浪屿重生计划 SMILE ACTION

以垃圾处理为契机的鼓浪屿重生计划。

王欣迪

鞠啸峰

胡曦钰

董紫薇

刘冰鉴

雷康迪

张政远

高逸雯

伍洲

李丹瑞

葛臻

赵晨西

指导教师

龙灏

左力

HIDDEN IN THE NATURE

LIGHT THE COMMUNITY

GROW FROM THE HISTORY

BOOM IN THE DOWNTOWN

我国快速城市化进程中的城市文化问题，一直以来都是“8+”联合毕业设计主要的选题方向。今年以“鼓浪屿计划——作为世界文化遗产的‘历史国际社区’更新 ”为题，选址厦门鼓浪屿，聚焦鼓浪屿“后申遗”时代的遗产保护和社区发展。鼓浪屿城市更新问题的复杂性、文化价值的多元性以及遗产保护的专业性着实给参与联合毕业设计的十所高校师生带来巨大的挑战，同时，岛上城市空间呈现的复合性和独特性也令联合毕业设计的参与者们感到兴奋。

鼓浪屿从文化遗产视角，她是中国第 52 项世界遗产项目；从产业发展视角，她是消费社会下，产业单一、符号泛滥，被迪斯尼化的奇幻乐园；从社区居民视角，她是人口结构老化，基础设施退化，社区公共活动空间被游客干扰和挤压的老旧社区；从城市可持续发展视角，她是亟待保护、生态脆弱，高度依赖外部资源输入的城市孤岛。历经近四个月的奋战，重庆大学的四组同学，从社区、产业以及市政基础设施等不同维度，切入鼓浪屿的城市空间更新，回应城市发展诉求，并以“细分城市”“在地生产”“社区迭代”“Smile Action”四个设计主题，带着对城市未来发展的美好畅想，勾勒出百年鼓浪屿新时期城市空间可持续发展的框架轮廓。作为毕业设计的指导教师，我已经连续参与了四期“8+”联合毕业设计，一直以为，毕业设计过程之于同学，就像一次文化洗礼，必将给他们的职业生涯打下城市印记。感谢浙江大学、厦门大学的老师和同学们给我们这些参与者带来的遗产之旅和文化之旅。

——左力

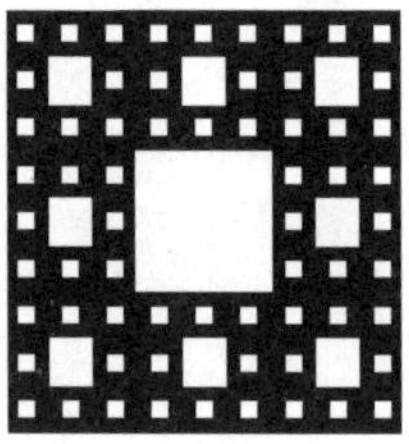

细分城市
Kulangsu Subdivision

重庆大学
设计：王欣迪/刘冰鉴/伍洲
指导：龙灏/左力

1. 真伪同存的地区承载力

鼓浪屿作为闻名遐迩的旅游胜地，其旅游流量几乎超出承载能力已经成为一种共识，而政府部门限制登岛人数的做法也加强了这一印象。然而，在我们的前期调研中发现，岛屿的旅游区内外人流量差异巨大，而旅游区也仅仅占到岛屿的五分之一左右。剩下的区域中，旅游流量非常微小。因此，我们认为鼓浪屿的地区承载力实际上是真伪同存的问题：它的确面临着承载力不足的挑战，但这并不是由于其缺乏承载空间，而是承载空间尚未完全开发、承载能力和承载模式在岛屿上的发展不均衡造成的。

这种偏心的承载模式为鼓浪屿带来了很大的问题：首先，鼓浪屿作为历史文化社区，岛上传统的社区不断的凋敝；其次，作为旅游胜地，却仅仅为游客提供了十分快节奏的观光式旅游的模式，这使得登岛游客在鼓浪屿所能感受到的现状与他们想象中的美好图景不相符，对于登岛旅游的负面印象实际也在为鼓浪屿未来的价值埋下很深隐患；最后，旅游和社区发展之间也产生了很大的冲突。

另外，鼓浪屿作为历史文化遗产，传统中的我们面对城市或地区承载力低下的方法"拆一建"就无法在这里得到实施。而旅游发展的驱动力以及政府规划中对于旅游大岛的设想却又使得岛屿的立体式发展迫在眉睫。历史文化的掣肘与内在的发展欲望于是形成了当下鼓浪屿最大的矛盾。

为了找出这一系列矛盾的解决方法，我们首先调研了鼓浪屿从1900年至今的城市发展趋势。我们发现1920~1980年，鼓浪屿的城市肌理、路网和建筑功能的演变经历了剧烈变化，而1980年之后的变化则较为微弱；而对比来看，鼓浪屿的人口则呈现完全不同的变化趋势，1980年之后鼓浪屿不仅总人口剧烈增加，同时人口构成也发生了剧烈的变化。因此，我们将视线聚焦到1980年后鼓浪屿的自发演变，探索它如何在空间变化较小的情况下，承载剧烈增长的人口与变化的社区模式。

进退两难的发展中寻求自我更新

肌理演变

路网演变

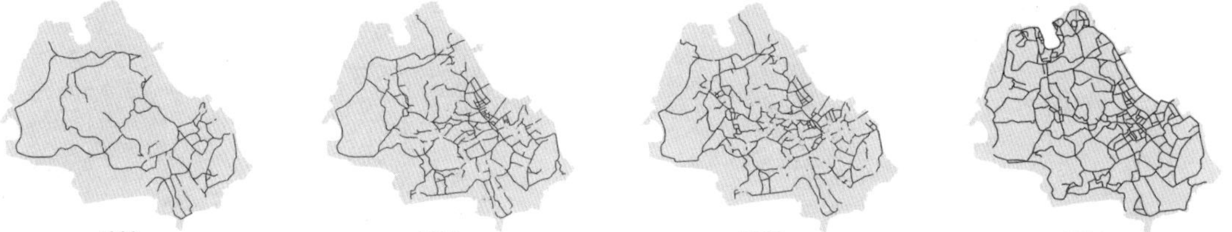

功能演变

鼓浪屿人口结构

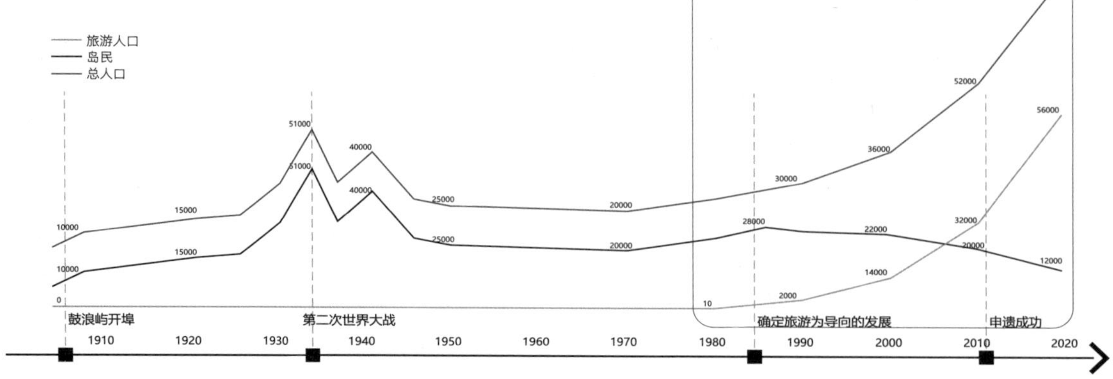

评语：

鼓浪屿在成为世界遗产以后，面临遗产的保护与社区的活化两个方面的更新需求，是增量提质？还是存量更新？这是每一个设计组会面临的方向性选择。"细分城市"方案显然选择了存量更新的设计路径。通过对鼓浪屿近30年城镇空间发展演化规律的研究，设计组提出了"从二维的横向扩张转向三维的立体化细分"的城镇空间更新策略。更新方案采用建筑类型学的方法，基于形态和功能维度，定义了鼓浪屿15种特定的建筑单体类型，以历时性视角，提出了历史街区存量空间三个时间阶段的细化结构，从而实现城镇空间的有机更新。

2. 鼓浪屿更新机制的探索

我们认为，在 20 世纪 80 年代后，鼓浪屿经历了从二维的横向扩张转向了三维的立体化细分。正是这些空间，在城市停止横向拓展之后，不断地重新配置城市资源，为游客提供消费场所，为居民提供生活功能，在一定程度上缓解了鼓浪屿自身在功能层面上承载力的问题。

但这样的细分仍然是不完善的，这种自发性的空间分型仅仅被局限于了岛屿的少数区域。

建筑细分程度演变

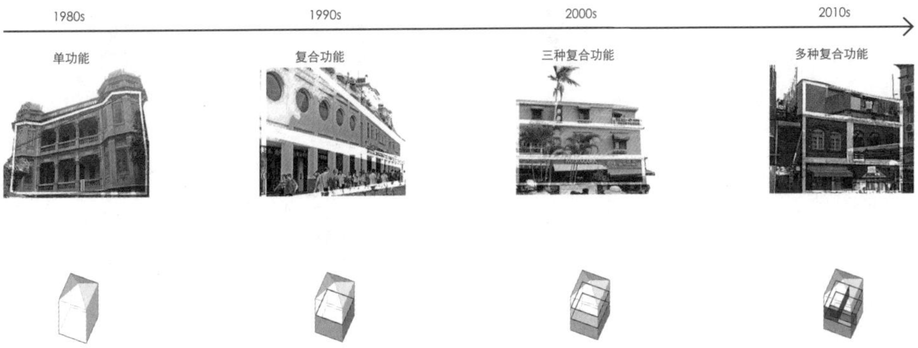

鼓浪屿建筑特征类型分布

鼓浪屿建筑特征类型与细分程度分布

鼓浪屿建筑细分程度分布

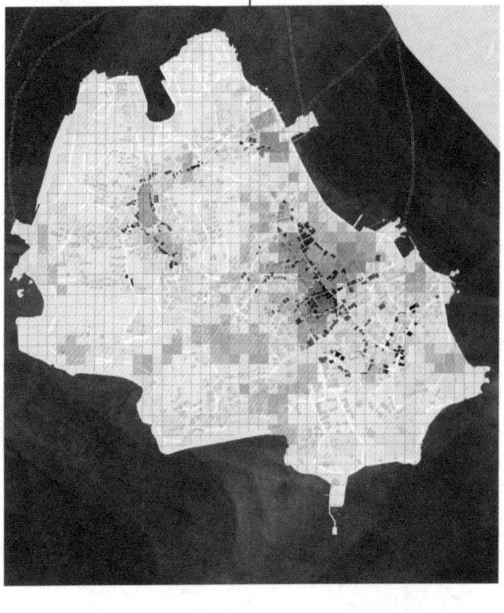

（上）鼓浪屿细分程度分布与人群密度热力图叠合
（左）鼓浪屿建筑特征类型分布

我们通过统计全岛的建筑功能细分图与 GIS 数据绘制的热力图叠合得到了如下结论：

1. 建筑功能的细分程度与旅游产业的发达程度正相关
2. 当前建筑功能的细分程度在鼓浪屿呈现明确的聚集趋势

因此，我们认为，应该根据现有建筑空间特点进行导则设计，通过强化细分程度的方式，引导岛屿城市空间进行更加有效的空间功能划分，增加各区域的接待能力和容量。并最终提高城市功能层面的承载力，调和旅游与居民的矛盾点。

3. 细分导则设计

3.1 建筑空间类型

我们把岛上的建筑依据其建筑层数的高低，投影面积的大小，建筑形状的聚合性，以及其是否带有院落分为了 15 种特征类型，并进行标号和在全岛范围内分类。

标号的逻辑是第一位的数字 1 为低层，2 为中层，3 为高层；第二位传统建筑为 T，现代建筑为 M，没有标注则说明没有明显的现代和传统界限；第三位点状建筑为 D，条状为 L；第四位为建筑规模，s 为小型，m 为中型，l 为大型；第五位为有无院落，有 y 则为有院落，无 y 则为无院落。分类之后，各类建筑对应的细分情况得以反应在鼓浪屿建筑特征类型分布图中（见上页）。

■ 独特风貌建筑
T
这类建筑历史悠久，建筑风格独特，是鼓浪屿世界文化遗产的重要组成部分和见证者，有重要的旅游和文化价值，在改造中应有独特的改造手法和功能。

■ 现当代点状大型
MDL
这类建筑多为现代住宅和战前大型基建设施，有较大的空间和改造灵活性，楼与楼之间也可以添加连接，实现社区活动或旅游活动在二层上的串通。

■ 低层传统点状中型院落
1TDMY
这类建筑曾是岛民的住宅，有较强的历史文化特征，且有院落，改造方向多样，同时作为世界文化遗产的重要部分也需要良好的保护，

■ 低层点状中型
2DMy
这类建筑多为历史国际社区中的住宅，小巧精致，在旅游区分布较多，利用现状多为上住下商或闲置，少数仍保留居住功能，可细分加入和置换功能。

■ 低层条状小型
1LSy
这类建筑多为历史国际社区中的住宅，小巧精致，在旅游区分布较多，利用现状多为上住下商或闲置，少数仍保留居住功能，可细分加入和置换功能。

■ 低层点状小型
1DSy
这类建筑多为前渔民住宅，大部分现状荒废，利用难度高，细分程度低。可拆除或单双功能利用。

■ 中层点状中型带院 2DMY
这类建筑风格独特，建造精良，有前院，存在于鼓浪屿独特的街巷空间中，现状多用于旅馆私人住宅。有较大的旅游价值和文化价值。

■ 低层点状小型带院
1DSY
这类建筑现状大多为私人住宅，保存状况中等，生活气息浓厚。

■ 高层大型带院街区式组合 3DLY
这类建筑多为曾公共建筑，规模大空间多样，且有院落空间，环境优美，改造潜能大，旅游价值，文化价值和社区价值都很高。

■ 高层条状大型
3LLy
这类建筑多为现代住宅楼，分布在居民区，有较高的社区改造价值。是居民区细分孵化的首要目标。

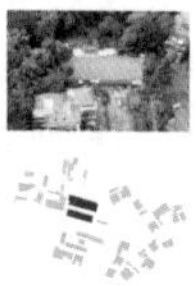

■ 低层条状移动式板房
1LMy
这类建筑多为建造遗留的板房，有些仍有人居住，建筑安全指数低，对岛上风貌有影响，生活环境差，应仅作临时居所使用。影响风貌时应拆除。

■ 低层条状工业厂房
1LLy
这类建筑多为曾经的工业遗迹，有厂房独有的大孔件，改造价值强，可作为体验式工坊或大空间的改造目标。

■ 中层条状中小型
2LMy
这类建筑多为曾经的公共建筑，现状闲置，空间灵活，有较高的改造价值。

■ 低层传统小型点状独立坡屋顶民居 1TDSy
这类建筑风貌传统，多为闲置或私人住宅，也有已经被改造作为茶馆等商业用途，是世界文化遗产的重要组成部分。

■ 高层点状大型
3DLy
这类建筑多为曾公共建筑，规模大空间多样，且有院落空间，环境优美，改造潜能大，旅游价值，文化价值和社区价值都很高。

3.2 方案实施步骤

根据叠合图和建筑特征分布中呈现的特点，我们将岛屿分为旅游区、混合区、居民区三个区域进行导则的制定。首先，我们提出了三种潜在的空间功能性驱动力，即文化价值驱动，旅游价值驱动以及社区价值驱动。并以此为坐标设定每个区域的类型学导则；其次，实施步骤由建设周期与建设的经济性共同决定，确保各方利益得到保障。

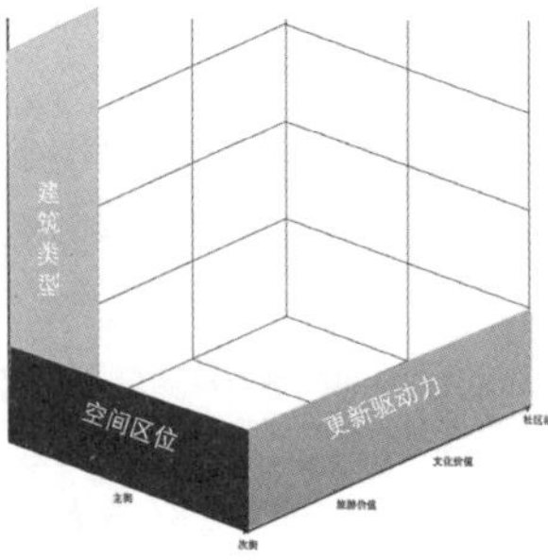

驱动力坐标

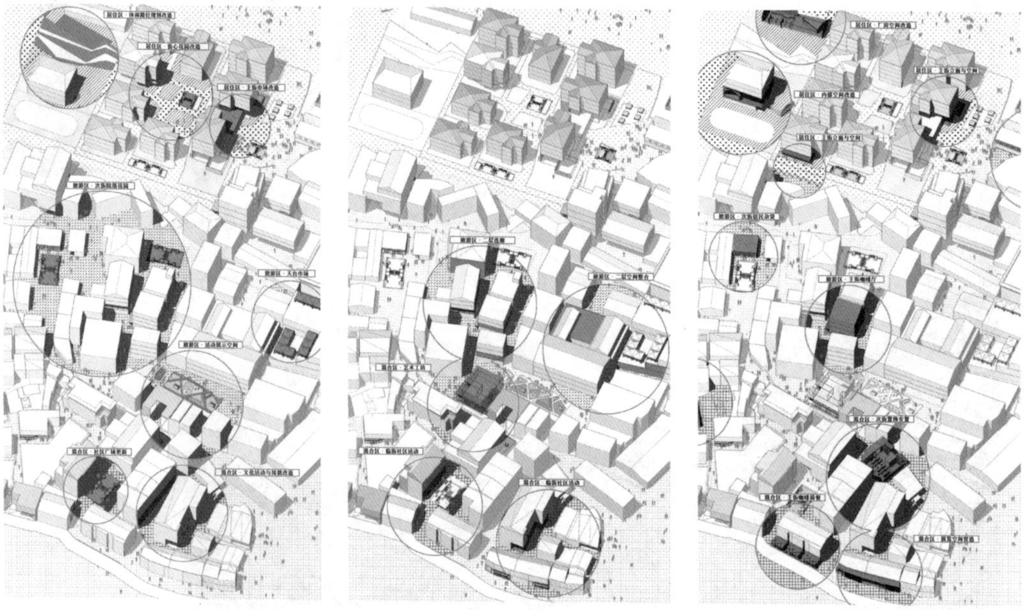

方案实施步骤

4. 分区发展导则

4.1 游客集中区细化设计

在旅游区方案的设计目标是内向化商业空间，完善社区功能。在具体的建筑改造中，选取了旅游区最有代表性的历史保护建筑延平戏院，和已经有一定细分程度的居民楼。延平戏院一度成为鼓浪屿最热闹的区域且也很好地体现了鼓浪屿自身的细分更新机制，现在由于没有很好的利用，整个建筑呈现了空置的状态，并受损严重。居民楼楼建筑也已经有了一定的细分。

在设计中，第一阶段拆除了居民楼天台搭建建筑和延平剧院前院的院落分隔，营造街心花园。第二阶段，建造天台市场和改造延平戏院一楼的鼓浪屿市场等商业空间。第三阶段向形成展览空间，修复延平戏院。串联戏院，天台市场，鼓浪屿市场和逆向做法向下扩建的地下展览空间形成整个小型的公共综合体，更好地引导游客和居民使用展览空间，深度旅游，关注文化和历史，展示居民的生活，营造社区凝聚力。居民离开旅游区很大原因是生活配套设施的缺失，所以在内街部分复苏和置入市场功能完善旅游区缺失的社区功能。

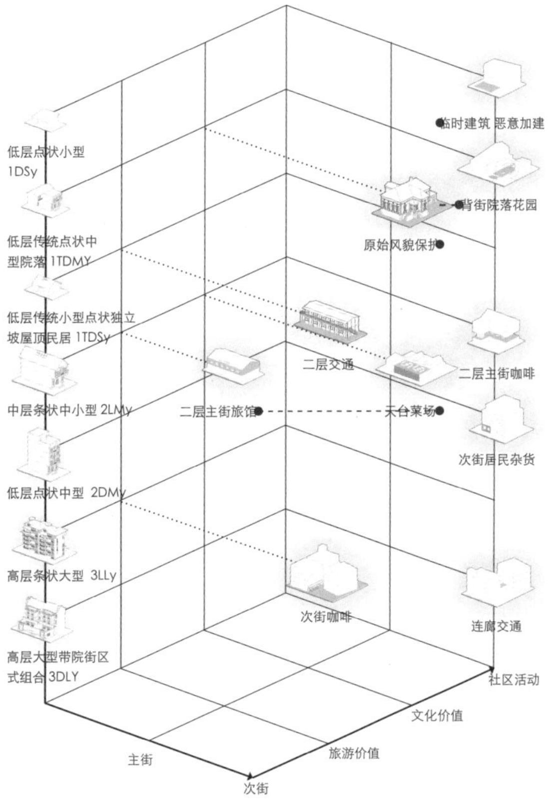

低层点状小型 1DSy
低层传统点状中型院落 1TDMY
低层传统小型点状独立坡屋顶民居 1TDSy
中层条状中小型 2LMy
低层点状中型 2DMy
高层条状大型 3LLy
高层大型带院街区式组合 3DLY
临时建筑 恶意加建
背街院落花园
原始风貌保护
二层交通
二层主街咖啡
二层主街旅馆
天台菜场
次街居民杂货
次街咖啡
连廊交通
社区活动
文化价值
旅游价值
主街
次街

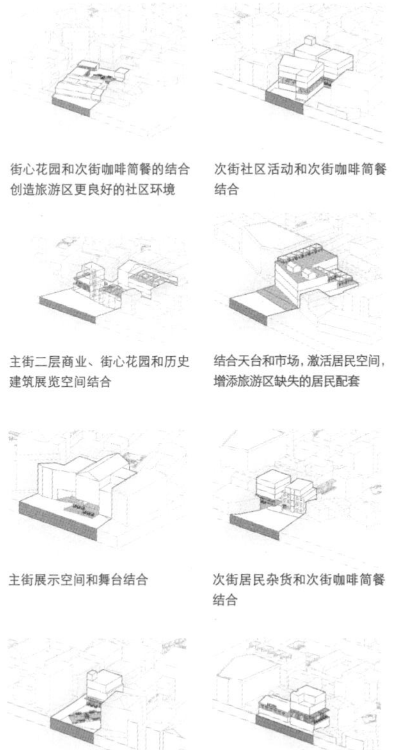

街心花园和次街咖啡简餐的结合创造旅游区更良好的社区环境

次街社区活动和次街咖啡简餐结合

主街二层商业、街心花园和历史建筑展览空间结合

结合天台和市场，激活居民空间，增添旅游区缺失的居民配套

主街展示空间和舞台结合

次街居民杂货和次街咖啡简餐结合

居民活动中心和街心花园结合完善社区环境，加强社区凝聚力

主街二层旅馆和主街二层商业结合

龙头路
画廊旅馆
海坛路
居民楼
门厅枢纽
公路客栈
延平戏院
街心花园
泉州路
闽南书局
黄氏小宗

总平面图

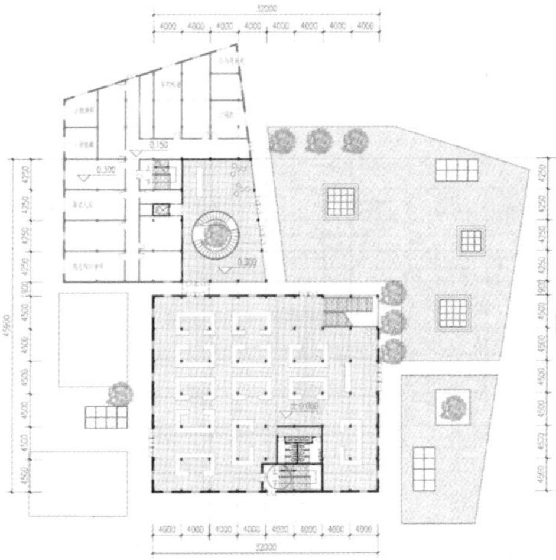

一层平面图

空间效果图

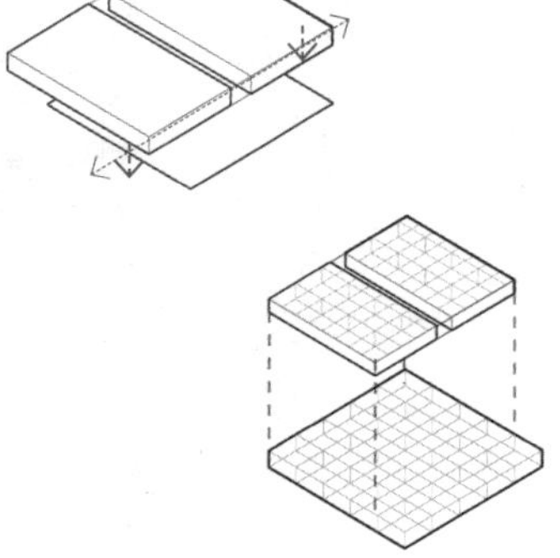

4.2 混合区细化设计

在鼓浪屿钟德宫附近地块，由多个多层居民楼组成的小社区中，存在游客与居民混杂、活动空间小、社区配套缺失、商铺违章建设的问题。本方案通过分步骤改造的方式，进行功能的再分配，增加商业面积，同时疏通地面交通，强化区域的垂直细分程度。最终实现在尽量不改变城市面貌的状态下，提升空间容纳能力，增强旅游接待力，丰富社区文化生活的效果。

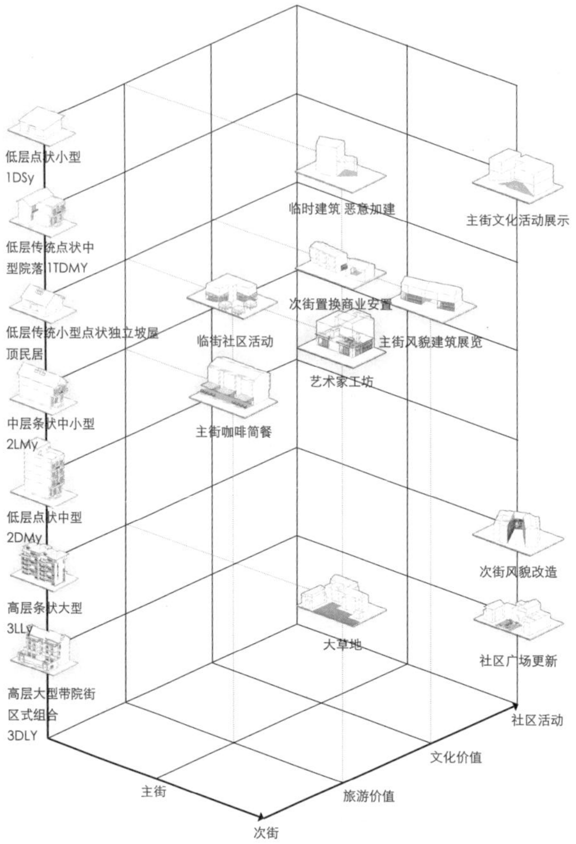
低层点状小型
1DSy
低层传统点状中型院落 1TDMY
低层传统小型点状独立坡屋顶民居
中层条状中小型
2LMy
低层点状中型
2DMy
高层条状大型
3LLy
高层大型带院街区式组合
3DLY
临时建筑 恶意加建
主街文化活动展示
次街置换商业安置
临街社区活动
主街风貌建筑展览
艺术家工坊
主街咖啡简餐
次街风貌改造
大草地
社区广场更新
社区活动
文化价值
旅游价值
主街
次街

主街文化展示和大草地
营造良好的生态环境，缓解拥挤状况，引入文化活动，营造琴岛氛围。

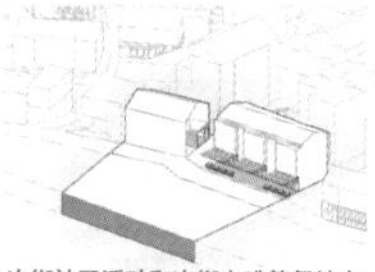

次街社区活动和次街咖啡简餐结合
引入居民活动加强旅游区社区凝聚力，引入社区商业，维持社区运作。

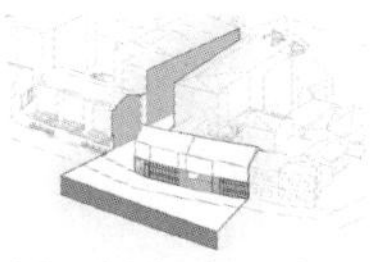

次街风貌改造和主街风貌建筑展览

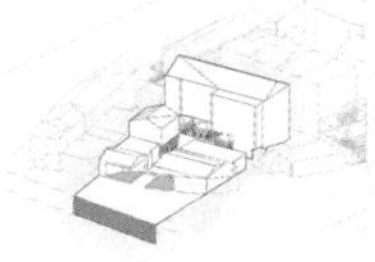

临街社区活动，次街商业置换和街心花园

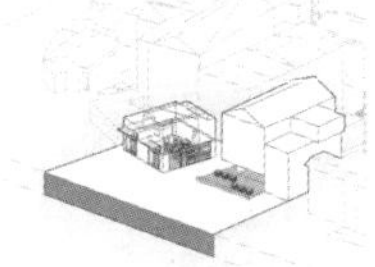

艺术家工坊和主街咖啡店
引入艺术家工坊，为鼓浪屿注入艺术的血液，让游客可以深度体验鼓浪屿。

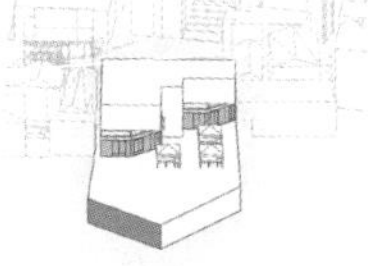

临街社区活动和商业结合
用商业活动为社区活动带来商机，让游客有机会参加到社区市场中来。

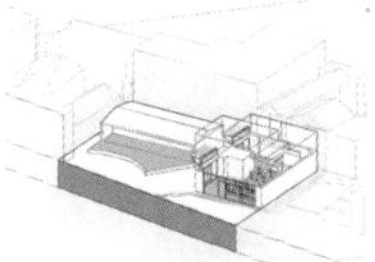

主街文化活动舞台和艺术家工坊结合

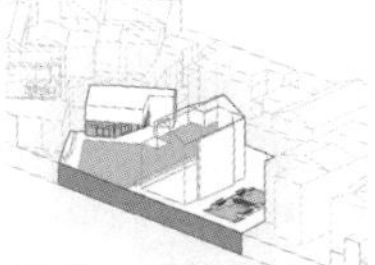

街心花园，拆除临时建筑和大绿地

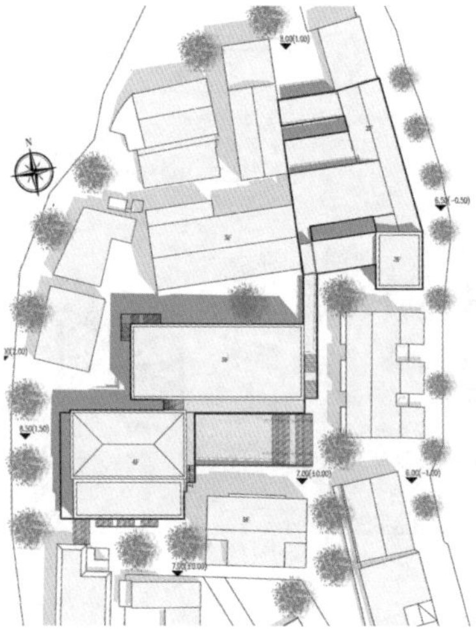

总平面图

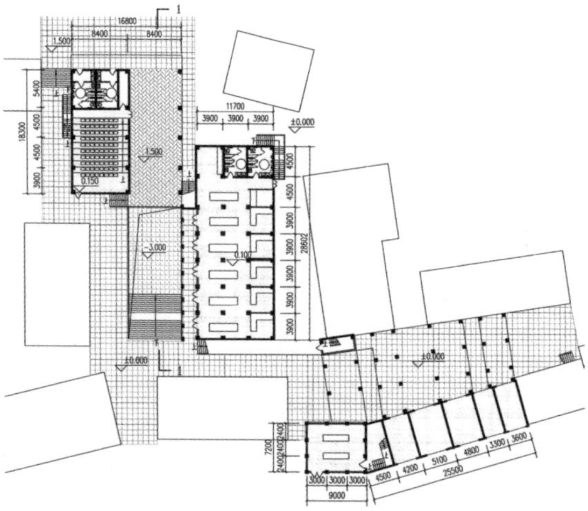

一层平面图

1、居委会建筑改造，新增地下一层的商业空间，同时一层部分架空形成通廊疏导游客。

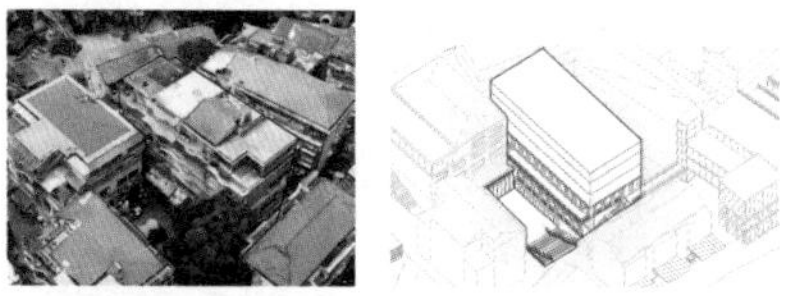

2、居民楼菜场改造，并增设下沉广场商业。便民市场的整体空间扩大，同时交通进一步得到解决。

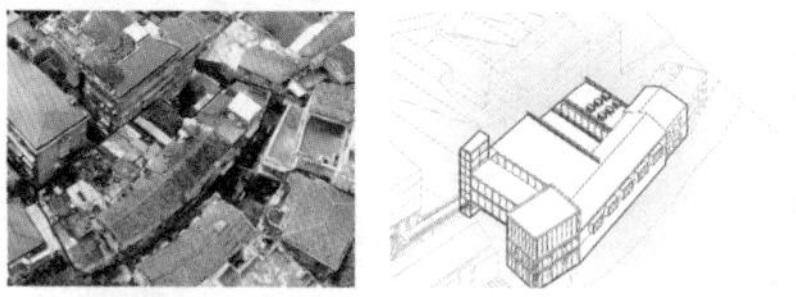

3、违章建筑的拆除工作，及文化展览厅的建设。

分步实施过程

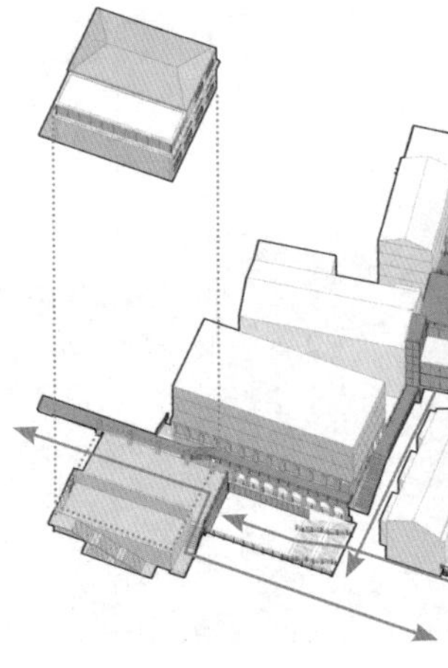

广场表现

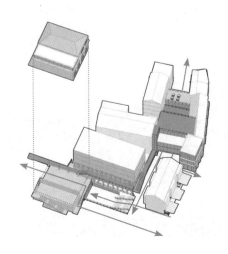

4.3 居民区细化设计

在前期分析中发现，居民区所面临的城市功能承载力不足的问题主要源自于较为闭塞的步行交通流线，较为单一的建筑形式，较为单一的建筑功能划分，以及土地产权所带来的建筑细化开发动力不足。

居民区的改造分为两个特征性主题，一是为居民区作为一个住区社区置入当前所缺乏的居民日常所需的功能性场所，如菜市场，老年活动室，居民广场等；二是为该区域作为未来潜在的旅游发展空间置入初级的服务于游客的功能性场所，如区域展示空间、咖啡店、书店等。改造旨在通过较为统一的操作手法以达到上述目的，主要进行现有建筑空间的修缮与改造，两个部分的联通区域进行少部分的扩张加建。

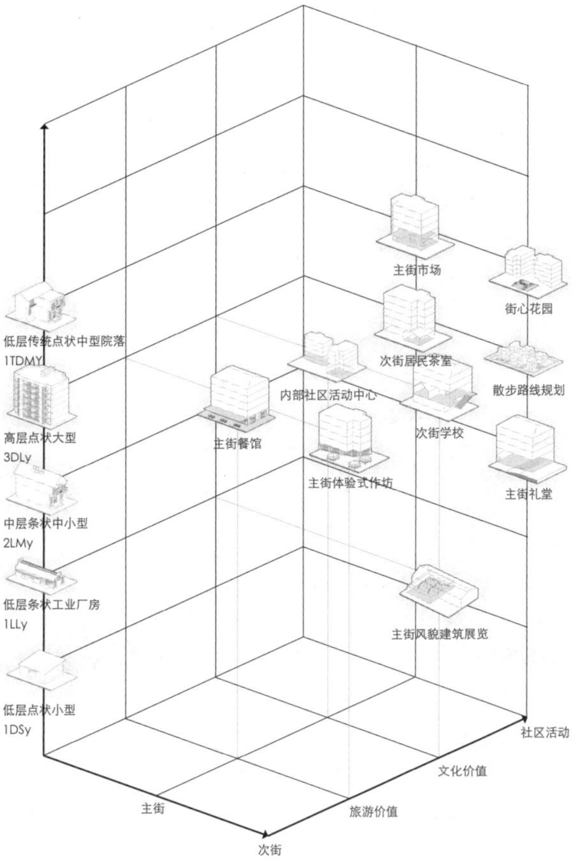

低层传统点状中型院落
1TDMY
高层点状大型
3DLy
中层条状中小型
2LMy
低层条状工业厂房
1LLy
低层点状小型
1DSy
主街市场
街心花园
次街居民茶室
散步路线规划
内部社区活动中心
次街学校
主街餐馆
主街体验式作坊
主街礼堂
主街风貌建筑展览
主街
次街
旅游价值
文化价值
社区活动

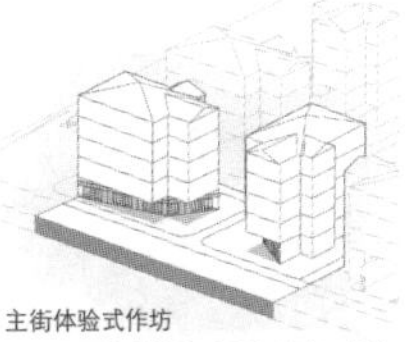
主街体验式作坊
用让居民获益的方式引入游客，孵化居民区建筑空间细分。

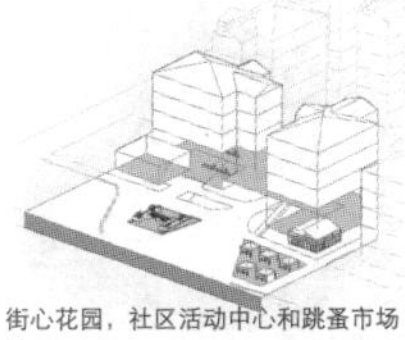
街心花园，社区活动中心和跳蚤市场结合
活化社区，凝聚社区，创造良好环境。

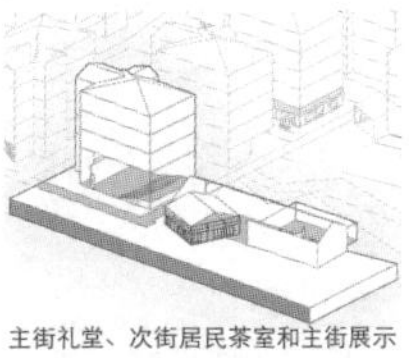
主街礼堂、次街居民茶室和主街展示空间结合
提升文化价值，填补居民游客文化需求缺失。

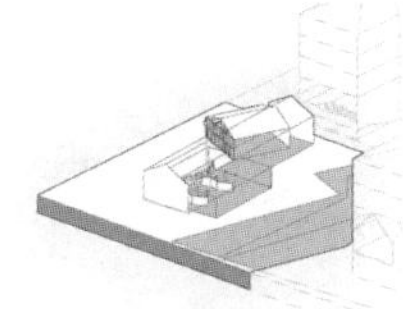
风貌建筑展览和商业
风貌建筑保护性改造，居住区文化价值提升，参观配套商业完善。

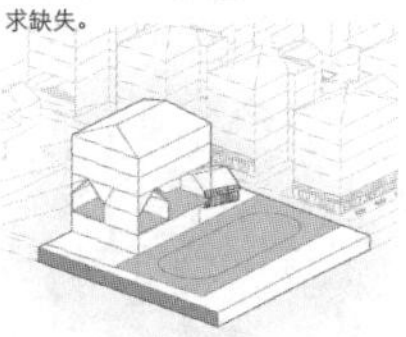
学校与居民茶室
将学校空间置入居民区，解决居民人数上升后居民配套缺失的问题。

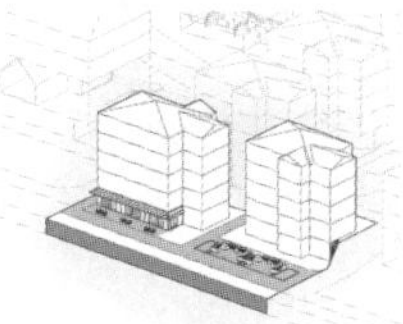
街心花园和主街咖啡简餐
提升街区环境，引入配套商业，孵化居住区功能细分。

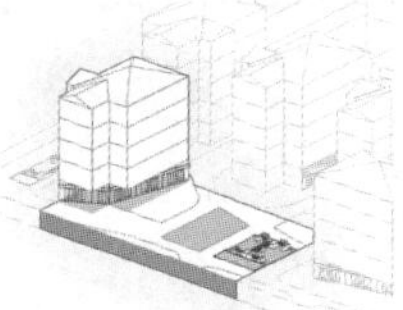
主街体验式作坊和街心花园结合
引入和社区居民生活相关商业，为居民带来就业机会，同时提升社区环境。

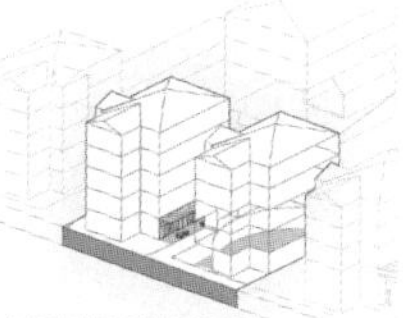
次街商业和低层界面改造
拓宽视野，规划良好的散步路线，创造和谐社区氛围。

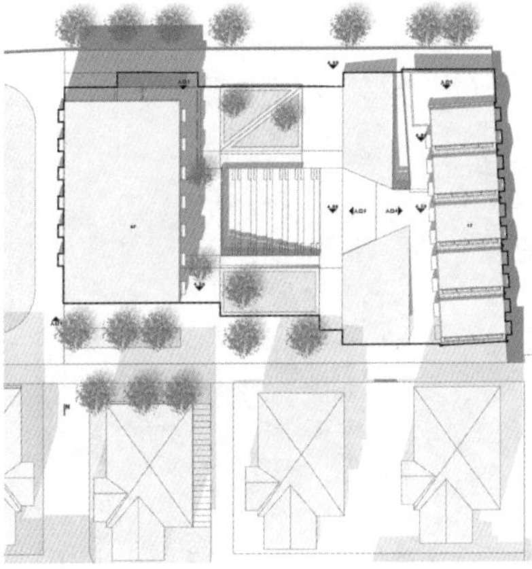
总平面图

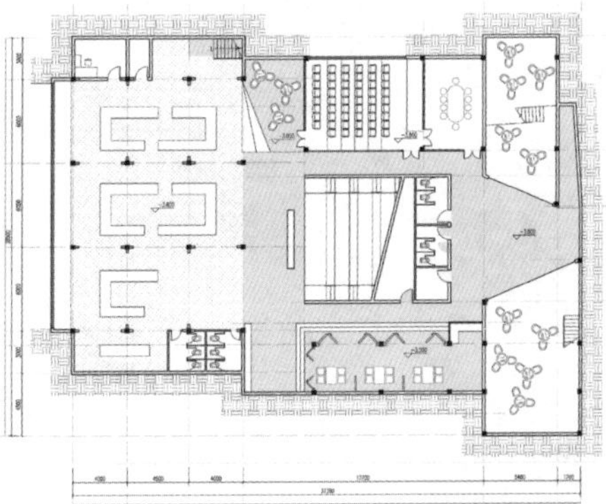
一层平面图

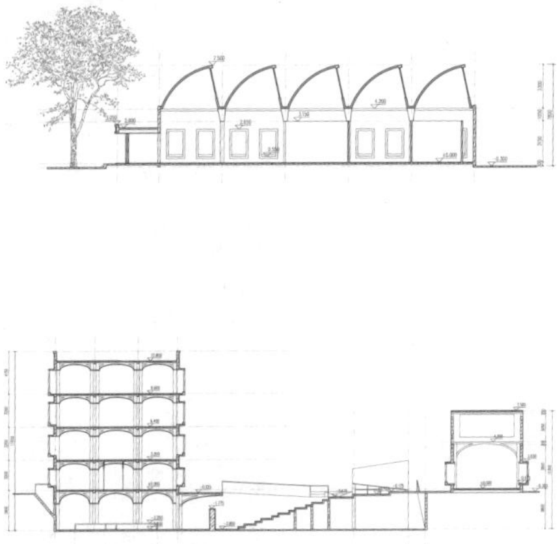
剖面图

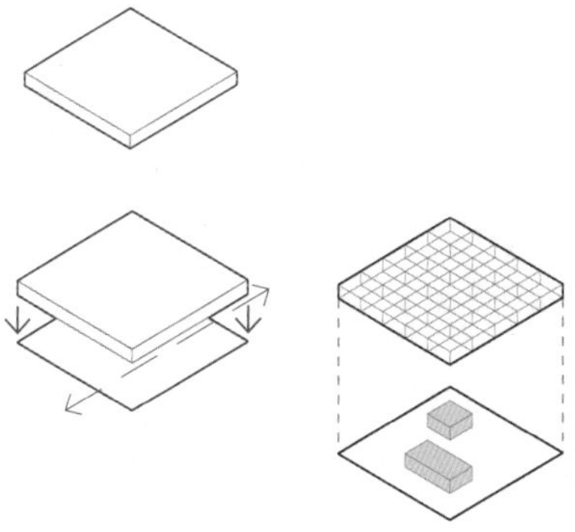

在地生产
Local Production

重庆大学
设计：鞠啸峰/雷康迪/李丹瑞
指导：龙灏/左力

全岛重要空间要素索引
1. 燕尾山游艇造船码头
2. 生产者联盟广场
3. 生产作坊景观
4. 工艺美术研习所
5. 渔业科普体验中心
6. 浪荡山森林营地
7. 果木引种园观赏基地
8. 泉州路花砖主题步道
9. 日光岩寺民俗文化宫
10. 苑香居黄家花园餐厅
11. 万国俱乐部花田酒庄
12. 船政海防博览园
13. 工艺美术展览馆
14. 鼓浪屿馅饼一号店
15. 片仔癀博物馆
16. 汇丰银行钱币收藏馆
17. 三丘田招牌设计陈列馆
18. 故宫博物院钟表机械馆
19. 燕尾山演艺中心
20. 龙山洞产业历史画廊
21. 龙头路老字号街
22. 延平戏院鼓浪屿市场
23. 新供销专卖社
24. 山海百年喷泉广场
25. 电话公司印务馆
26. 钢琴码头露天市集
N
S
W
E
0 100 200 400 M

评语：

近年来，鼓浪屿快速的商业发展模式导致了消费符号泛滥、社区总体资产流失和社区公共服务质量下降，鼓浪屿独有的文化遗产价值被淹没在快速消费的资本洪流中。针对以上问题的反思，设计方案以“体验性在地生产”为主题，将抽象的发展目标转化为鼓浪屿建成环境的更新改造，通过对鼓浪屿历史在地产业的研究，挖掘鼓浪屿传统制造业产品生产过程的历史价值，借助在地性符号建构具有独特性的生产空间和生产景观，重构鼓浪屿产业文化价值的生产体系，丰富鼓浪屿的文化空间体验，同时为青年群体提供文化创意空间和就业机会。

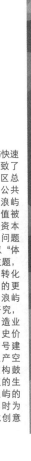

在地生产 LOCAL PRODUCTION
世界遗产蒙尘的价值
产业驱离
资本符号 CAPITAL SYMBOLS
外来廉价符号泛滥
资方
加盟总公司
供应经销商
外来务工者
留守原住民
游客
流动资本
本地社区 PLACE COMMUNITY
社区产业配套衰退
诗人舒婷:
岛民小巴:
老商户美莲姨:
空心化
发展模式 DEVELOPMENT MODE
快消旅游不可持续
同质化
在地生产 LOCAL PRODUCTION
文脉复兴
LEVEL 1: 边缘生产
CAPITAL
CULTURE
LEVEL 2: 向心生产
CAPITAL
CULTURE
LEVEL 3: 核心生产
CULTURE
内生活力
资本符号 CAPITAL SYMBOLS
符号演替
PHASE 1: 解构
PHASE 2: 建构
PHASE 3: 悬置
在地语汇
本地社区 PLACE COMMUNITY
社区修补
VISION 1: 分散的总体所有制
VISION 2: 日常生活的回归
VISION 3: 延续生活方式
重建生活
发展模式 DEVELOPMENT MODE
可持续保育
生产性服务业
体验型旅游业
RESILIENT
韧性驱动
可持续遗产
保育机制
韧性自决

概念框架

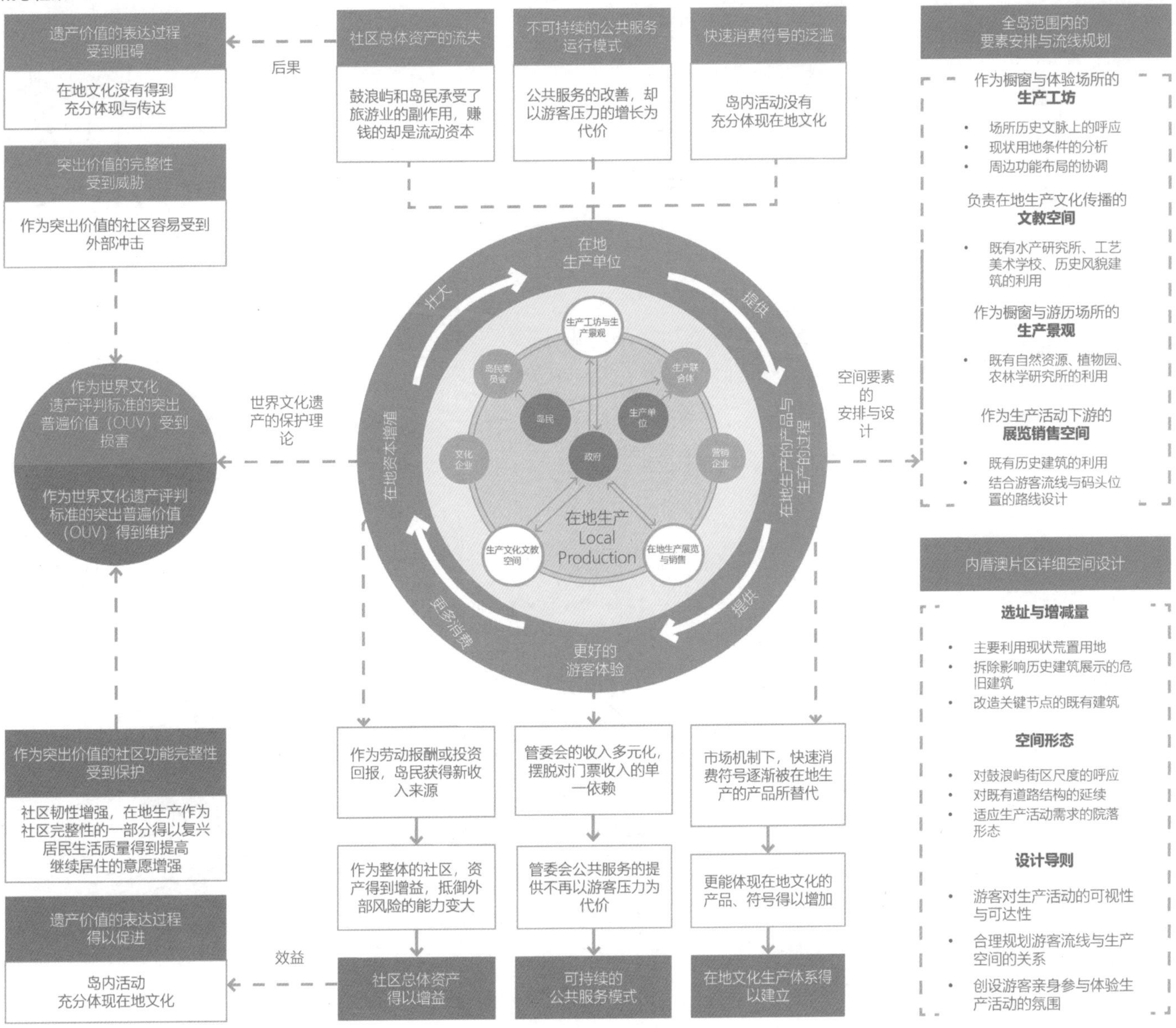
遗产价值的表达过程
受到阻碍
在地文化没有得到
充分体现与传达
后果
社区总体资产的流失
鼓浪屿和岛民承受了
旅游业的副作用，赚
钱的却是流动资本
不可持续的公共服务
运行模式
公共服务的改善，却
以游客压力的增长为
代价
快速消费符号的泛滥
岛内活动没有
充分体现在地文化
全岛范围内的
要素安排与流线规划
作为橱窗与体验场所的
生产工坊
场所历史文脉上的呼应
现状用地条件的分析
周边功能布局的协调
负责在地生产文化传播的
文教空间
既有水产研究所、工艺
美术学校、历史风貌建
筑的利用
作为橱窗与游历场所的
生产景观
既有自然资源、植物园、
农林学研究所的利用
作为生产活动下游的
展览销售空间
既有历史建筑的利用
结合游客流线与码头位
置的路线设计
突出价值的完整性
受到威胁
作为突出价值的社区容易受到
外部冲击
作为世界文化
遗产评判标准的突出
普遍价值（OUV）受到
损害
作为世界文化遗产评判
标准的突出普遍价值
（OUV）得到维护
世界文化遗
产的保护理
论
在地
生产单位
壮大
提供
在地生产的产品与
生产的过程
提供
更多消费
更好的
游客体验
在地资本增殖
生产工坊与生
产景观
岛民委
员会
生产联
合体
岛民
生产单
位
政府
文化
企业
营销
企业
生产文化教
空间
在地生产
Local
Production
在地生产展览
与销售
空间要素
的
安排与设
计
内厝澳片区详细空间设计
选址与增减量
主要利用现状荒置用地
拆除影响历史建筑展示的危
旧建筑
改造关键节点的既有建筑
空间形态
对鼓浪屿街区尺度的呼应
对既有道路结构的延续
适应生产活动需求的院落
形态
设计导则
游客对生产活动的可视性
与可达性
合理规划游客流线与生产
空间的关系
创设游客亲身参与体验生
产活动的氛围
作为劳动报酬或投资
回报，岛民获得新收
入来源
管委会的收入多元化，
摆脱对门票收入的单
一依赖
市场机制下，快速消
费符号逐渐被在地生
产的产品所替代
作为整体的社区，资
产得到增益，抵御外
部风险的能力变大
管委会公共服务的提
供不再以游客压力为
代价
更能体现在地文化的
产品、符号得以增加
作为突出价值的社区功能完整性
受到保护
社区韧性增强，在地生产作为
社区完整性的一部分得以复兴
居民生活质量得到提高
继续居住的意愿增强
遗产价值的表达过程
得以促进
岛内活动
充分体现在地文化
效益
社区总体资产
得以增益
可持续的
公共服务模式
在地文化生产体系得
以建立

片区风貌

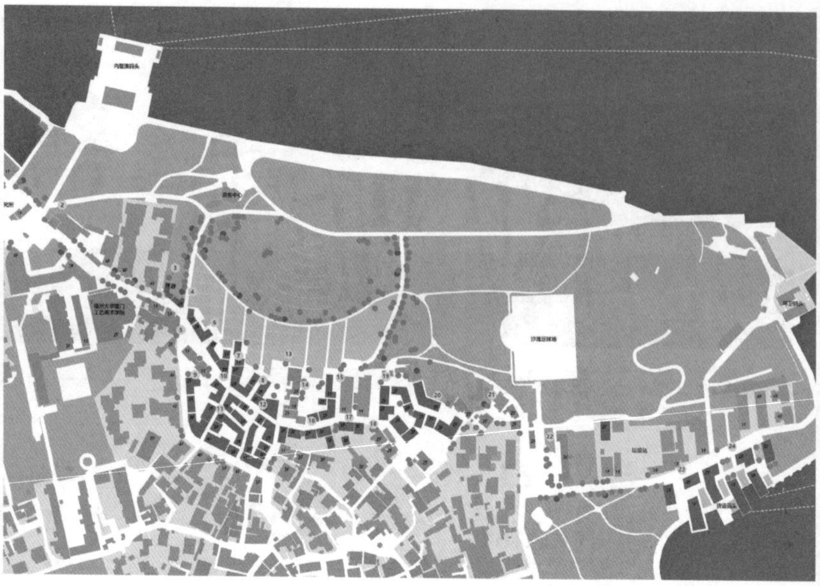

控制政策

新建或改造建筑必须满足的控制条件，但诱导政策的条件满足时，部分控制条件的指标会发生变化。

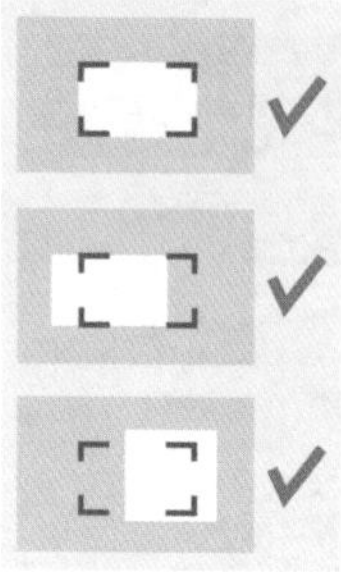

最小院落面积控制

建筑内部的院落形状可以随功能需求和设计要求而改变，但是面积需不少于面积控制线划定的面积。

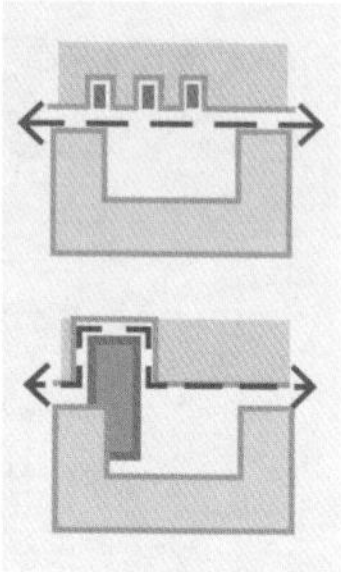

最大外摆面积控制

可在规定的外摆区中改变外部场地边界，但面积不超过外摆区基准范围的一半。可以改变行人的流线，但必须保证行人可以自由通过。

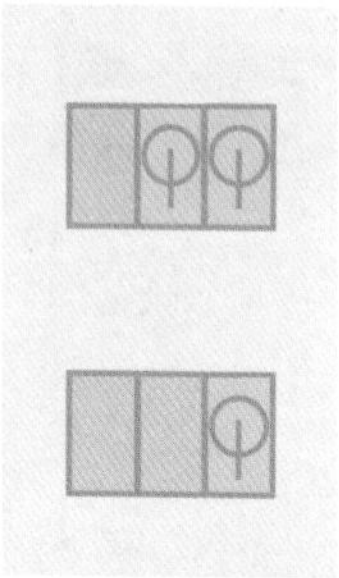

最大生产景观面积控制

生产景观的用地按需改造，未开发面积维持绿地状态，生产景观总用地不超过划定基准区的一半。

片区更新导则

- Boundary Line
- Build-to Line
- Courtyard Area
- Visual Permeability on the First Floor
- Arcade
- Passage on the First Floor
- Lettable Outdoor Area
- Plaza
- No higher than 8m
- No higher than 12m
- No higher than 15m
- Heritage

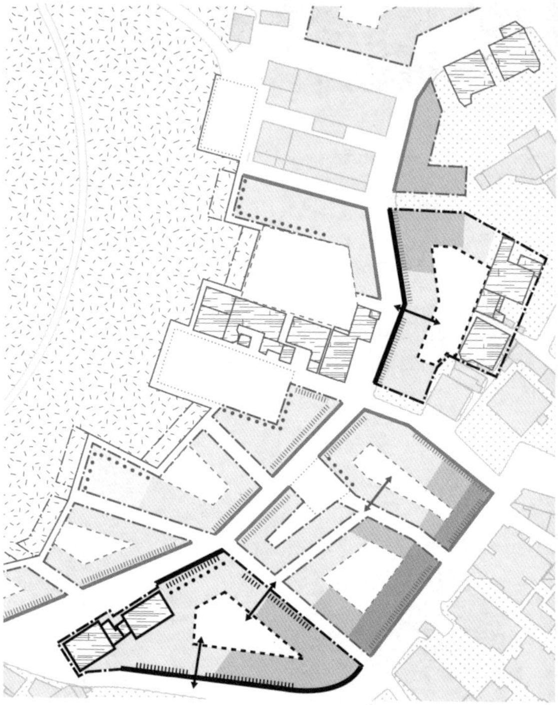

诱导政策

当新建或改建建筑满足一下诱导条件时，会触发相应控制指标的变化。但是一个基地只能最多享受两个诱导条件的优惠。

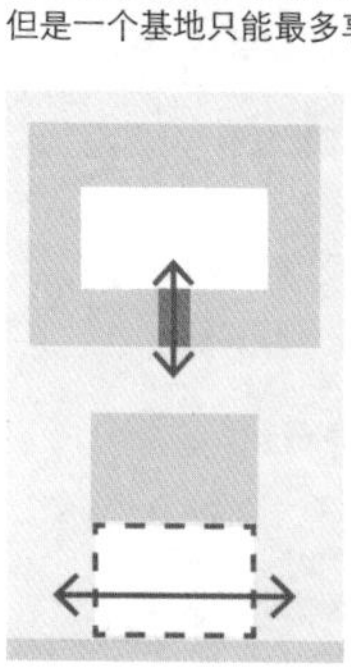

建筑穿行通道

建筑需在标注位置上，留出至少 2m 宽，3.5m 高的步行通道，并保证通道至少在经营时间敞开。满足要求的建筑，院落面积可减少 10%

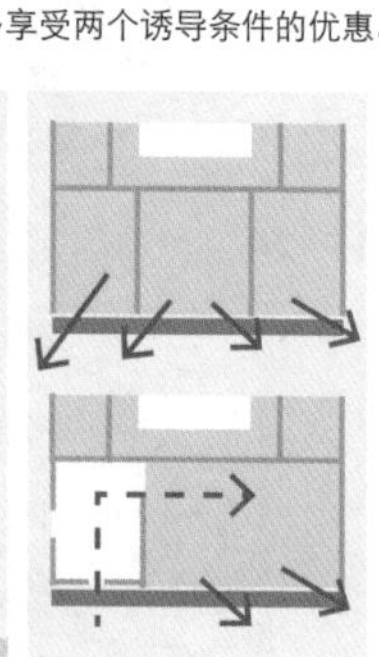

底层界面展示

建筑在标注界面内，至少 60% 长度的界面是可视或可达的，或是有屋顶遮蔽的半开敞空间。满足要求的建筑，院落面积可减少 10%

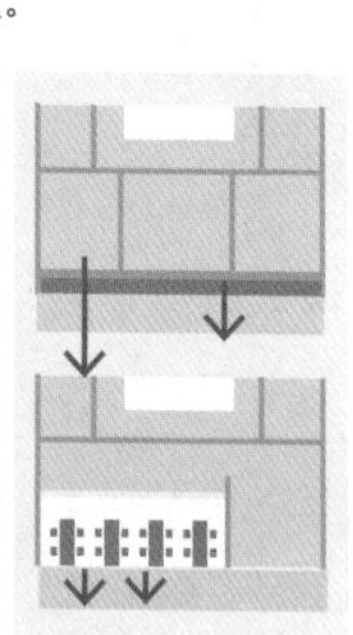

广场周边建筑界面控制

建筑临近广场的界面，需在建筑修建范围内提供座椅或休息区。可以用邻近广场的开放式餐饮空间代替。

1. Visual Penetration
2. Compulsory Visitor Entry
3. Boundary Line for Outdoor Space Design

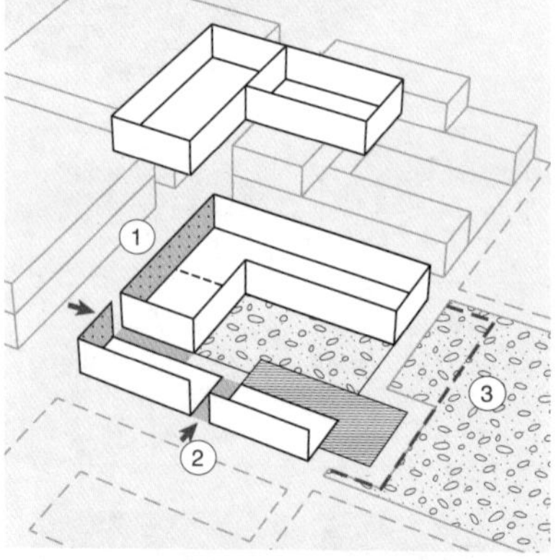

在导则控制下，建筑的可视界面、游客穿行通道和外部空间改造都被限定出来。

1. Accommodation
2. Office & Service
3. Workplace
4. Workshop
5. Exhibition Space
6. Courtyard
7. Cafe

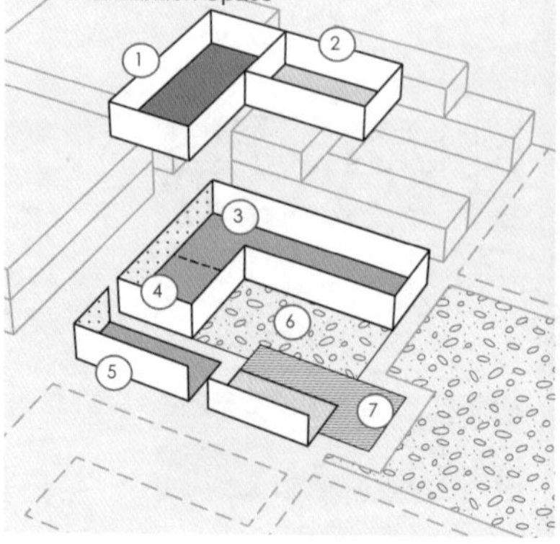

建筑功能顺应导则控制，设置了访客在视线可达、步行可达、亲身参与三个层面上的体验空间。

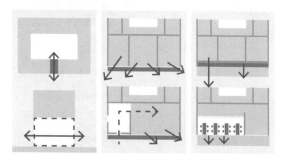

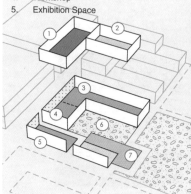

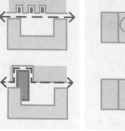

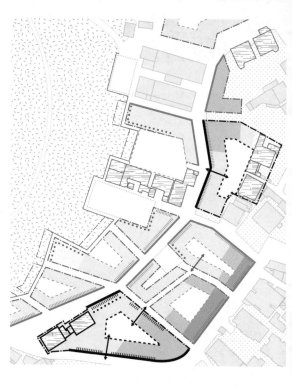

筑单体设计：
五芳斋”海鲜餐馆

筑设计为一所展示海洋文化的海鲜餐馆。设计定位和“历史国际社区”，在通商口岸时期，各国侨民带其不同的饮食文化。为了让人们重新领略多元并存海洋饮食文化，设计一所注重参与和展示的餐馆。

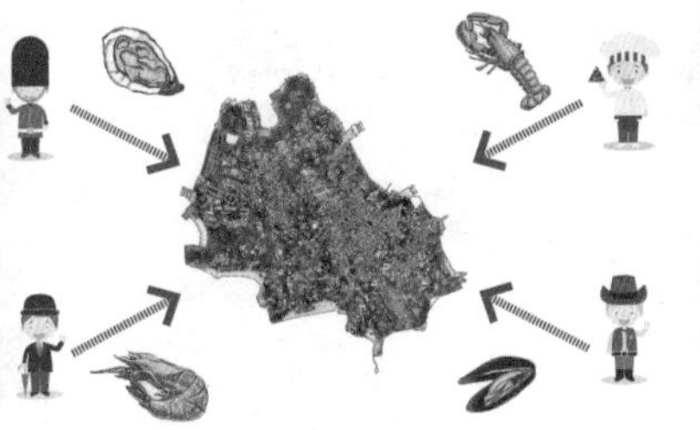

筑的基地选取在内厝澳片区的城市设计范围内，基中包含两栋历史风貌建筑，同时毗邻一条主要的游游览路径，新建建筑面积2132m^2，改造建筑面积8m^2。设计策略考虑以内院的方式结合新老建筑，史上鼓浪屿的建筑通常以围墙围合起单体建筑周边区域以产生私密空间，在此设计中仍然引入墙体规建筑的秩序；首先置入三片正交的墙体切割场地，减建筑的体量并产生院子，在墙体两侧组织垂直交，以环形展览流线串联起新老建筑，最后设计坡顶，制建筑高度，使用骑楼、拱外廊要素进行建筑细节风貌的调整。最终形成的总平面图建筑肌理与城市区吻合。

终，处理好新与旧的关系，注入在地生产功能的同时，筑设计形态达到保持自身特色且与整体风貌一致的果。

计策略

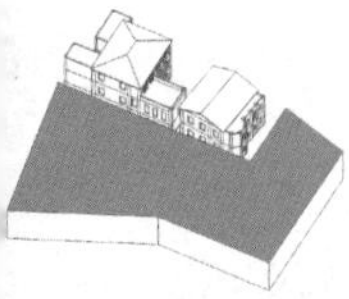

新增建筑体量

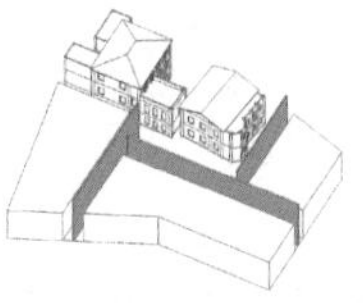

引入墙体，规定建筑秩序，产生院子

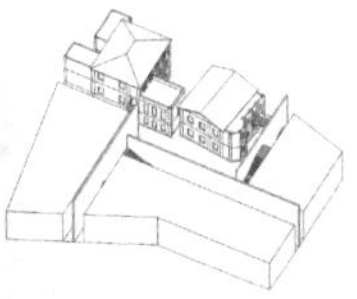

组织新旧建筑的交通流线

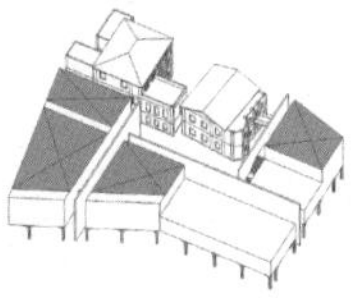

建筑高度、坡屋顶、骑楼等要素调整

平面图

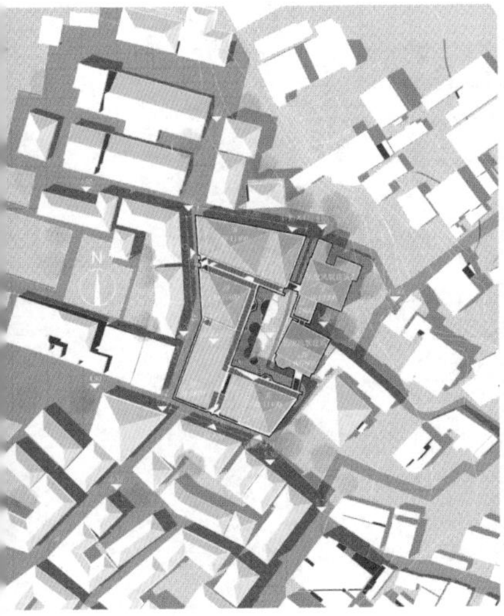

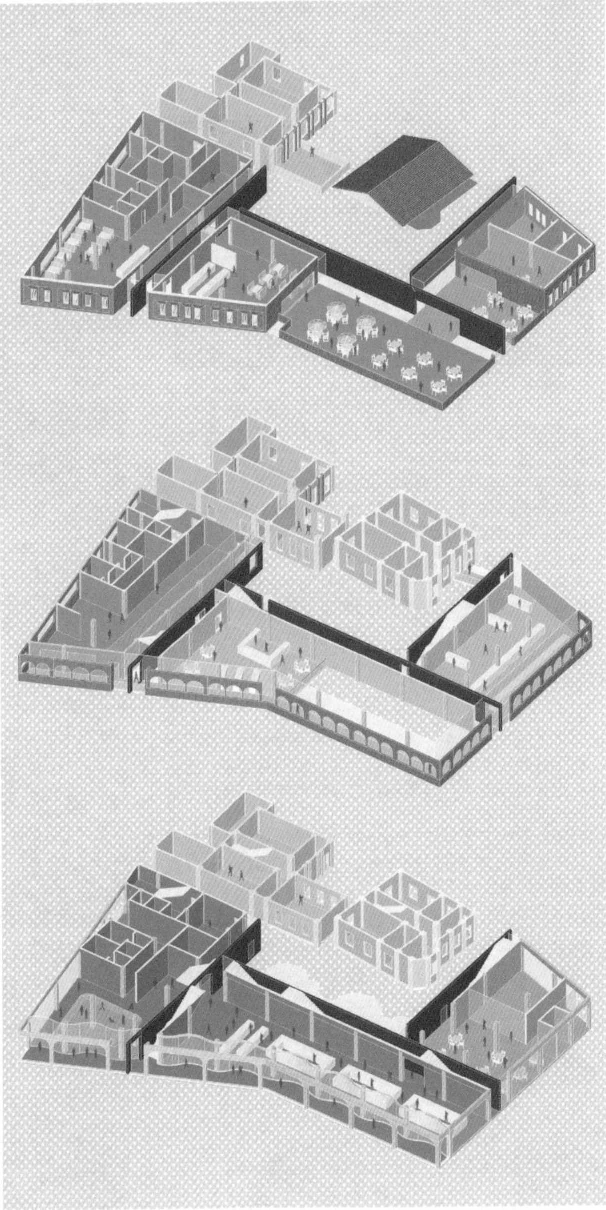

建筑单体设计：
“见南花”花砖生产展示单元

什么是鼓浪屿花砖？

THE NEW NANCHOW CO. LTD.
BRICK
SAMPLE
廠磚花洲南新
本
樣
No. 94 THAY TIONG ROAD, AMOY-CHINA, TEL: 1299
KONG TAY OEAH WESTROAD, KULANGSU, TEL: No. 116

“中华民国”8 年，印尼华侨陈森炎先生集资 14 万银圆，在厦门鼓浪屿康泰路 12 号创办南洲有限公司花砖厂，民国 10 年投产。

由于产品质量好、色泽鲜艳、图案美观，又正逢厦门大建设时期，公司经营得法，故“南洲花砖”誉满南国，驰名东南亚。

一位美国牧师在其 1910 年成书的《厦门方志》中，描述了这样的情形：在其所见当时的厦门士绅住宅中“这些纯东方的家庭中没有地毯，只盛行花砖铺地”。

文献资料显示，花砖在鼓浪屿老别墅的广泛运用，始于 20 世纪 20~30 年代由南洋华侨主导的一场轰轰烈烈的厦门旧城近代改造运动。在这次运动中，南洋华侨逐渐取代洋人成为鼓浪屿“万国建筑”的建设主角。

花砖的生产流程

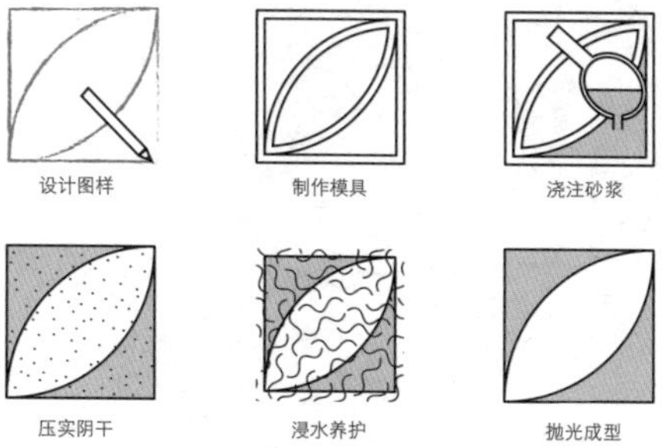
设计图样
制作模具
浇注砂浆
压实阴干
浸水养护
抛光成型

值得注意的是，花砖的生产流程为湿法工艺，不需要像普通黏土砖一样进行烧制。

具体步骤为：设计、焊接花砖图案骨架，注入白水泥与颜料调配后的色浆，再以普通水泥砂浆作为结合层和底层、压、脱模养护后即可成品。

不难发现，花砖的生产工艺的大多数步骤中并不需要操控大型设备，也不需要极高的职业技巧，上手难度低。

而这恰恰为游客对于生产流程的参与式体验提供了机会。

概念生成

综合考虑城市设计在功能安排上的复合型要求，在形态设计上的露天院落、视线可达、穿行廊道的要求。本设计决定化用花砖生产过程中，由模具框定的彩色水泥被水泥灰覆盖的意象。

由活跃多变的游客体验空间作为建筑的底层，静态的展览、住宿空间作为建筑的上层，并在材料选择、空间氛围上进一步强化对花砖生产本身的隐喻。

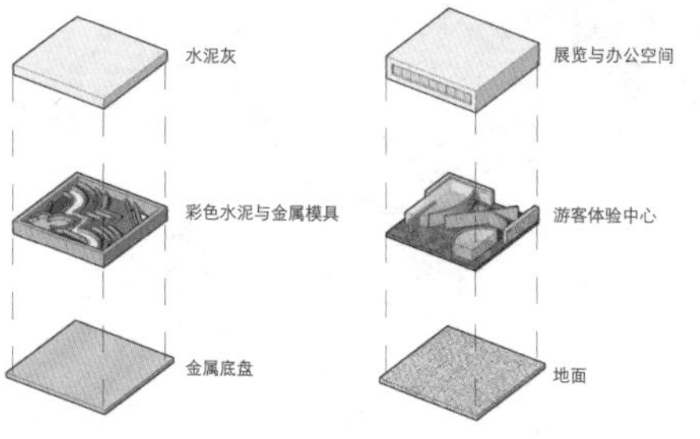
水泥灰
彩色水泥与金属模具
金属底盘
展览与办公空间
游客体验中心
地面

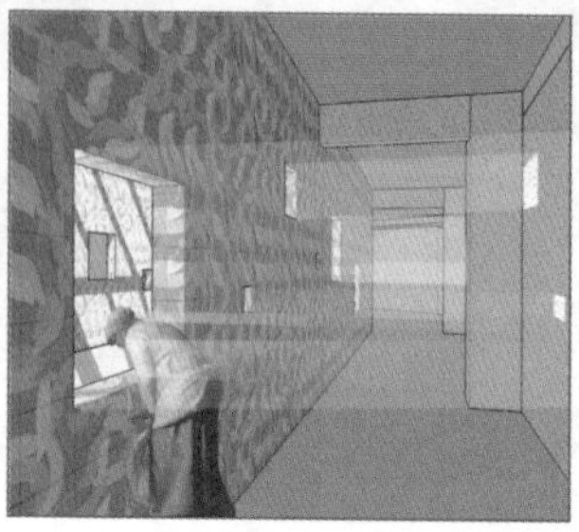

符号演替的一处芽孢

在地符号缺席导致失真的鼓浪屿城镇历史景观：脱离传统字招工艺，注定伪“城市立面规划家”们永远不可能在鼓浪屿上重现“正确”的历史建成环境。

2035 年，全岛空间生产要素部署完毕，鹭潮工艺印制所应运而生——在地文字生产的回归为廉价符号景观的瓦解提供突破口。

物化符号的生产原型

厦门传统的招牌制作行当包括灯笼旗幡字、白手书法字、金漆雕刻字及金属字、霓虹字等。这些生产场景可以被整合进不同的生产原型中，并通过特定的工艺流程协同完成的符号的物化工作。

将其组织进现有的场地文脉中，得到的空间结果是一处充满符号刺激和沉浸式体验的后生产景观。

全景敞视主义的生产情境

设计选址厦门工艺美术学院大礼堂以利用岛内工艺生产资源，修缮历史建筑康泰路 139、141 号传统作坊，拆改违建作为招牌布景的片墙得以部分保留。

内街将印制所划分为五个生产单元、五个再生产单元和一个控制单元，形成一个公众参与及时反馈的、全景敞视主义的符号生产监控情境。

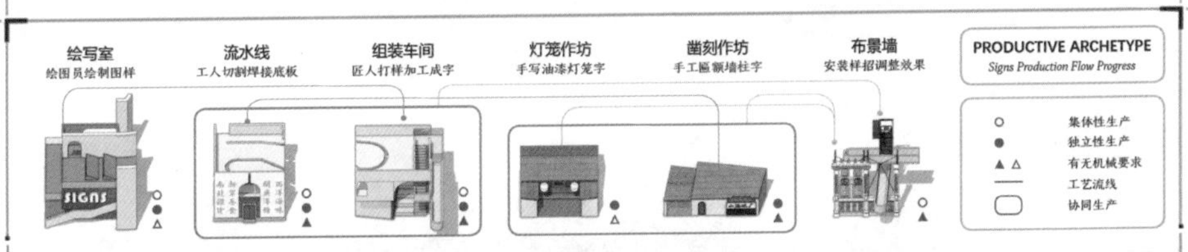

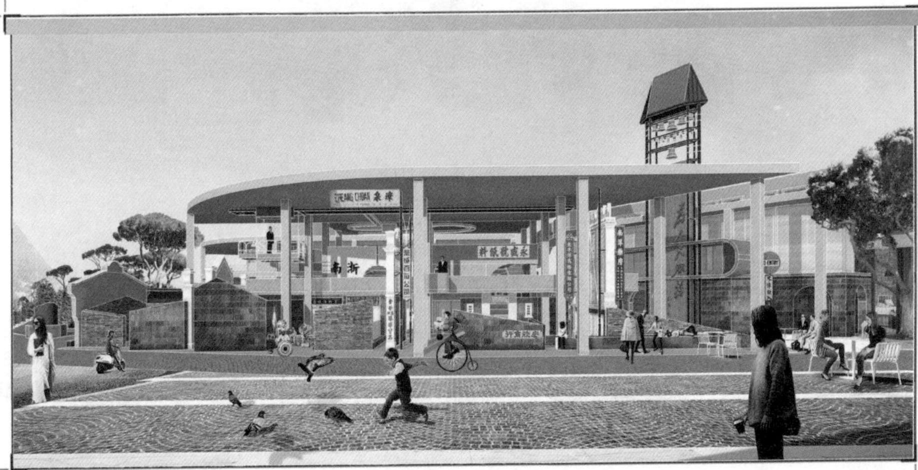

鹭潮工艺印制所

KULANGSU AMOY

「要像爱惜生命一样保护好历史文化遗产，要像抓党建一样抓新时代审美工作。」
「自我表述将发生在建立起内生发展动力的时刻，届时那些曾经的碎片才会转化成坚固的语法。」

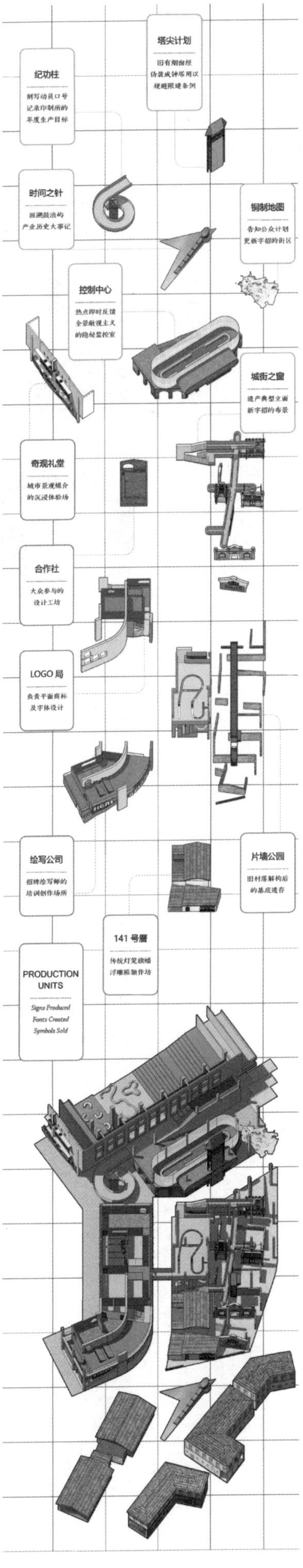

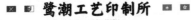

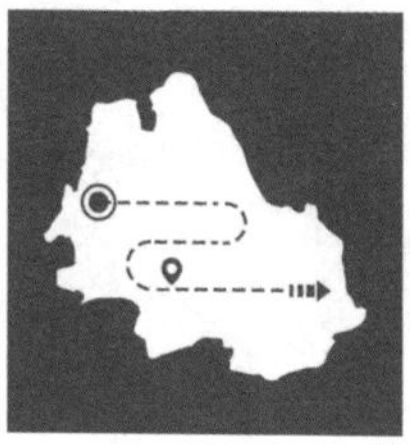

社区迭代 Community Iteration

重庆大学
设计：胡曦钰／张政远／葛臻
指导：左力／龙灏

社区现状

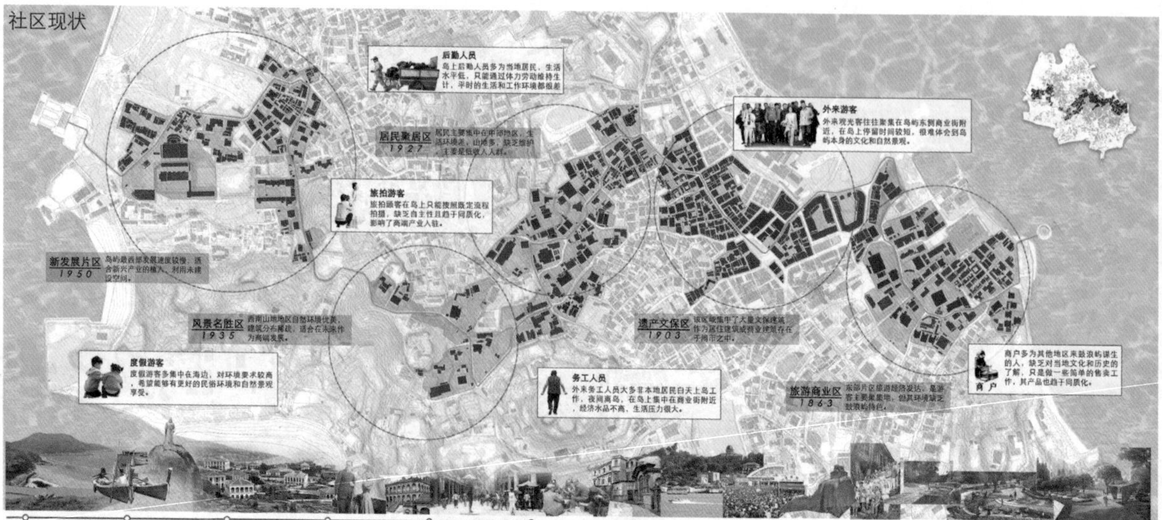
社区现状
后勤人员
外来游客
居民聚居区
1927
旅拍游客
新发展片区
1950
风景名胜区
1935
遗产文保区
1903
度假游客
务工人员
旅游商业区
1863
商户

唐：史有记载　元：有渔民定居　1840：多元文化公共社区　1903：公共租界富人社区　1941：日据时期华人外迭　1949：普通社区服务民众　1978：风景名胜人口疏解　1978：规划调整旅保并重　2009：世界遗产人文回归　2017：分级保护可持续发展　未来：历史国际社区社区迭代发展

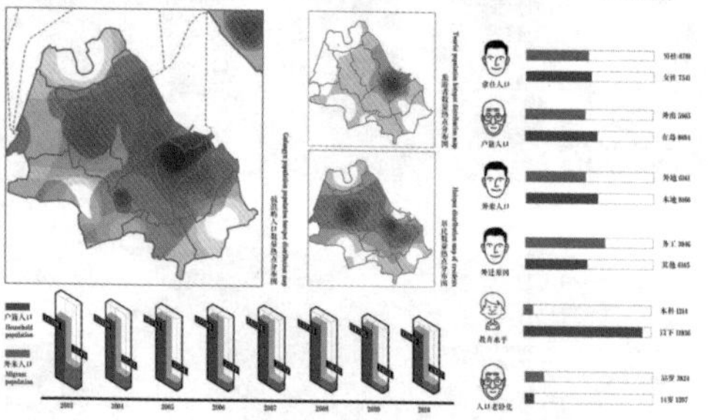

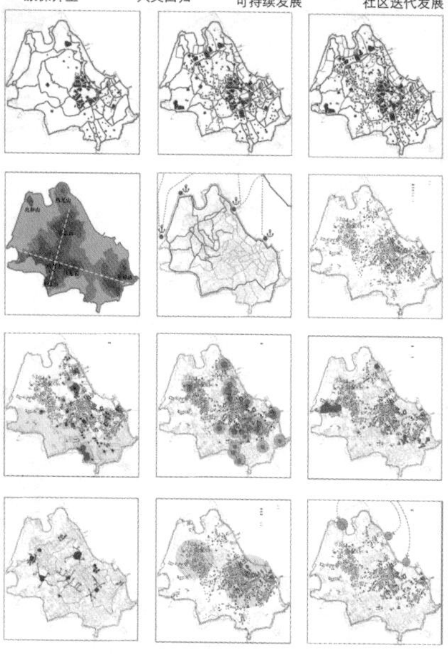

鼓浪屿的问题不一而足，我们针对其进行了多角度的分析及总结，发现当下鼓浪屿社区的问题主要表现在产业低端、社区品质低下、居民游客互扰三个方面。

我们认为，相比于鼓浪屿现在呈现的景区化状态，鼓浪屿的社区价值更需要在未来得到彰显——这既是鼓浪屿历史常态的一种回归，也是作为世界文化遗产的保护发展要求，同时也是其旅游产业未来走向高端和文化深度的核心竞争力发展要求，因此我们提出，鼓浪屿未来需要“反景区化”，并将社区的迭代发展作为其未来重中之重。

总体策略

因此，我们提出的对应性的核心策略如下——即文创产业介入、社区生活品质提升和旅游模式的升级以实现社区迭代——即通过利用岛上现有的文化底蕴和高校资源引入高附加值的文创产业，打破单一的旅游产业，进而吸引高素质人才入住，逐步改善社区人口结构；通过基础设施、公共空间、文化氛围的改善，提升社区生活品质；以及第三步，通过一种“弱景区化”的手段，强调鼓浪屿的社区价值，包括对登岛人数的限制，从现在日均3万的流量进行下调，鼓励旅住联动，即旅客的上岛住宿，促进游客“社区化”的状态，进而增加游客过夜总人次，促进岛上消费，促进居民对家庭旅馆的发展；并通过旅住联动的游客社区化将游客在短时间内转变成社区的一分子，有利于其深度体验鼓浪屿社区文化价值，更好的深度展示鼓浪屿遗产价值，协调景区与社区关系。

引入社区文创产业

利用校园资源
提升社区文化体验
增设文创工坊
吸引高素质文化人

改善社区生活品质

将人才与社区建立关联，增强文化的在地性
设置社区活动中心
满足现代社区需求
优化公共空间体系
提升社区文化氛围

升级现有旅游模式

将游客与社区生活相关联，体验地道文化
优化交通，分流游客
合理控制游客数量
增设西部滨水休闲区

评语：

鼓浪屿的岛民是空间更新主体，设计方案回应了“鼓浪屿：历史国际社区”这一主题，思考鼓浪屿“历史国际社区”世界文化遗产的保护、更新和活化背景下，岛民居住空间的更新与发展问题。借助对鼓浪屿的历史地图的分析，设计组梳理出一条自东向西、曲折延展、贯通全岛的历史空间序列，从而定义了不同历史时期，鼓浪屿居住空间的历史演化特征。设计方案基于居住空间的历史演化规律与当下社区居民的更新需求，以社区公共空间及配套设施升级模式建立社区迭代的1.0、2.0和3.0框架目标，逐步实现鼓浪屿居住空间的可持续发展和动态更新。

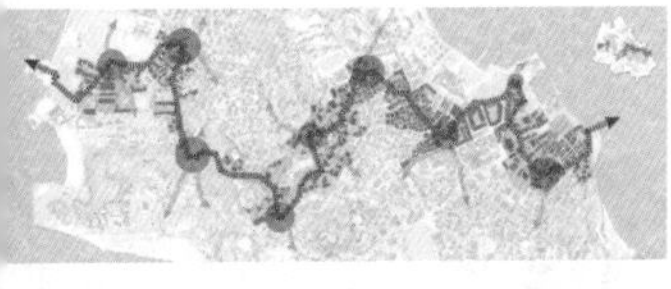

区迭代的终极目标为全岛复兴，我们希望通以小带大的设计理念介入局部空间设计，并导其他片区自我更新。

此，我们选取了一片一线作为设计对象：

片——鼓浪屿西部片区（可建设范围）

线——西起内厝澳码头，东至海洋监测站，联福州大学工艺美术学院、内厝澳社区等余处鼓浪屿社区标志性空间。

线索承载鼓浪屿历史发展脉络，并贯穿全岛种类型社区空间，位置居中，具有较大影响射范围。正是基于该线路的历史性、典型性辐射性，以及西部片区的空间建设潜力，我希望通过这一片一线的更新介入，形成鱼骨射状态，以线及面，实现片区渐进更新。

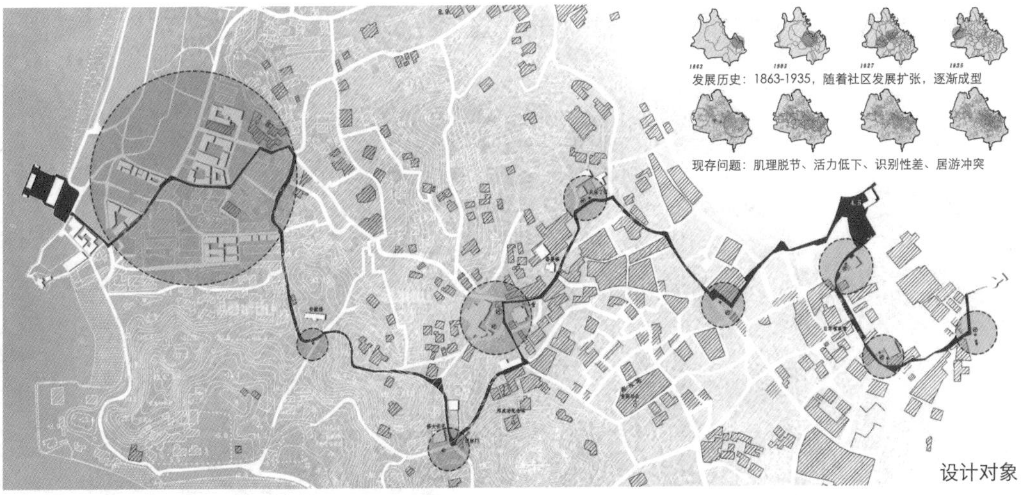
发展历史：1863-1935，随着社区发展扩张，逐渐成型
现存问题：肌理脱节、活力低下、识别性差、居游冲突

设计对象

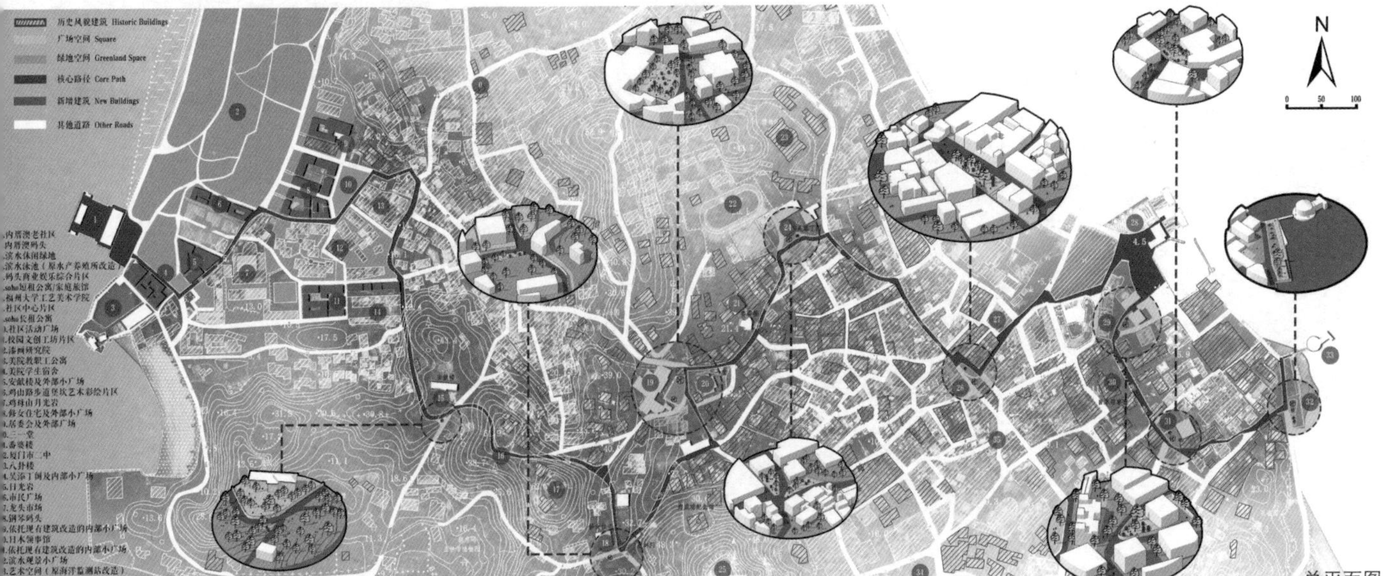
历史风貌建筑 Historic Buildings
广场空间 Square
绿地空间 Greenland Space
核心路径 Core Path
新增建筑 New Buildings
其他道路 Other Roads
N
0 50 100

总平面图

平面图上，希望通过“一片”的西部片区增的介入和“一线”的中、东部存量更新介入，承载社区迭代的核心策略——文创产业介、提升社区生活品质、旅游模式升级

采取了如下总体空间策略进行回应——

一，以西部新建片区增量介入为先导，通过合居民聚居地设置社区中心，结合工艺美术院设置文创工坊，结合内厝澳码头设置滨水乐休闲区，以带动西部片区活力，改善西部区人口及产业结构，进而渐进带动东部存量化——并以此形成了先进行西部片区的新建入，再完成东部节点空间及线路优化的建设序，并以此形成社区迭代的若干阶段。

二，设置路径沿线活力节点，结合历史路与道路转折处设置沿途活力节点，鼓励其m 半径内历史风貌建筑发展为社区功能及动性空间共同构成沿线重要社区生活空间，200m 步行可达半径覆盖线路，优化沿线人布局，强化历史路径可识别性。

三，鼓励依托活力节点沿线空间自我更新，三丘田、钢琴、内厝澳码头客流限流（旅住动旅客不限），减少总体客流量，鼓励活力节周边空间建筑自我更新活化利用，鼓励沿途史风貌建筑发展家庭旅馆，促进游客住户化；结合文创产业发展情况，进行产业空间置入，为文创展销等场所或结合周边功能需求进行应功能置换。

四，强化线路可识别性，对历史路径中部登步道结合两侧堡坎进行艺术彩绘设计，强化段文化性，以衔接西部文创工坊区及东部历风貌区，强化线路的文化可识别性。

空间策略

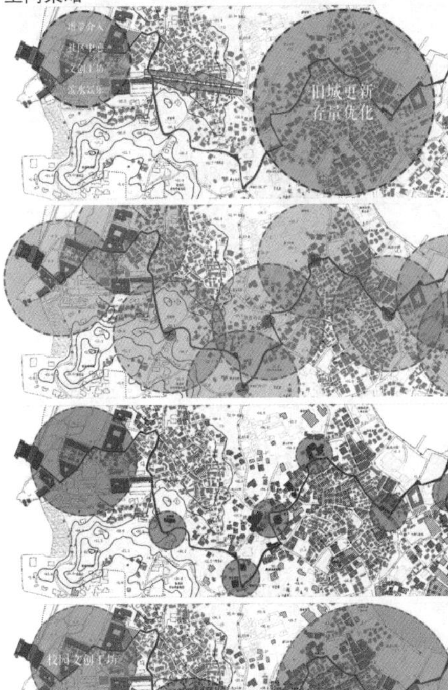
旧城更新
存量优化

建设时序

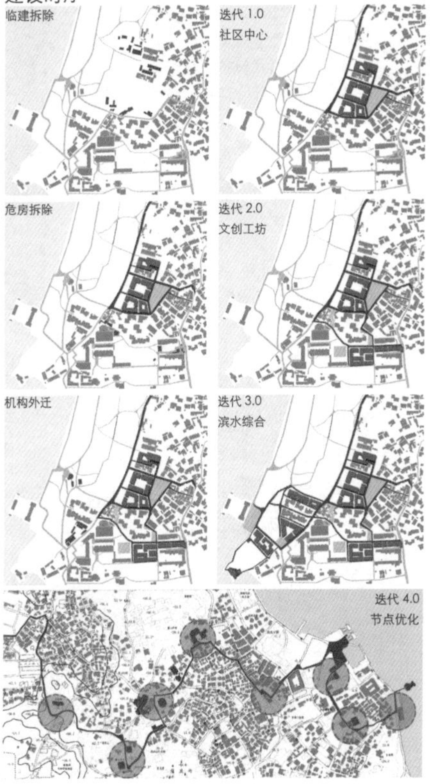
临建拆除
迭代 1.0
社区中心
危房拆除
迭代 2.0
文创工坊
机构外迁
迭代 3.0
滨水综合
迭代 4.0
节点优化

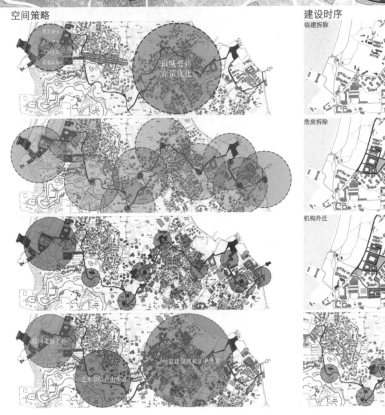

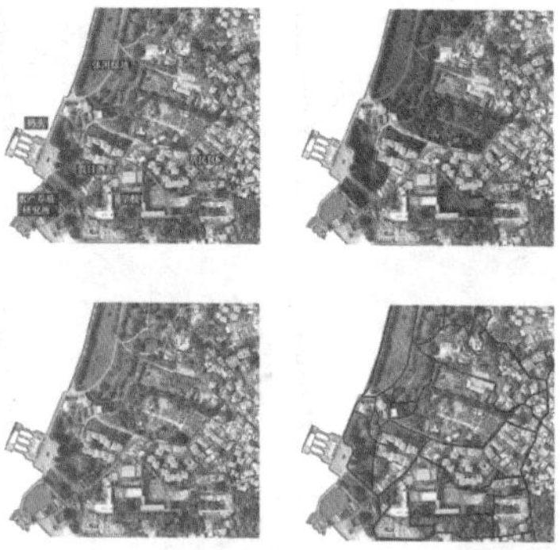

西部作为鼓浪屿新兴的发展片区，由于过去几十年的一些历史因素，呈现了如下现状——尽管毗邻内厝奥居民区，但是其现状功能上以游客商业及机构设施为主，与社区居民关系不强；闲置用地及临时建筑众多；道路关系和建筑肌理也不协调。

因此我们针对性地对改片区进行了临建拆除、路网优化、建筑重置、广场绿化设置等设计介入措施，形成了如下西部总平面图。以期实现以西部新建片区活力提升，西部片区人口及产业结构的改善。

为了实现西部新建片区活力提升，西部片区人口及产业结构的改善，我们对于西部片区进行了三种功能组团的划分，并作为空间设计介入的入手点，通过对空间的逐步操作实现社区空间品质的提升以及社区居民生活品质提升，打破单一旅游产业的产业结构，结合福州大学厦门工艺美术学院发展文化创意产业，并进一步吸引相关从业人员入住鼓浪屿，逐步改善西部片区人口结构，实现社区迭代逐步复兴。

社区迭代 1.0——社区中心

社区中心作为社区生活的必备空间，应涵盖居民的日产生活功能，丰富公共空间活动，填补现有社区功能的缺失，并且为岛上居民提供合适的文化集会空间，设置相应的演艺场所，提升居民自身的文化自觉性，为岛上的音乐发展提供良好的契机。

社区迭代 2.0——文创工坊

文创产业集中在学校附近，有利于产业的传承与发展，同时结合教育与展示功能，可以吸引更多海内外艺术大师来此进行学术交流，举办大型文艺展览，进而逐渐摆脱对于低端经济的依赖，打造属于鼓浪屿的社区艺术文化，塑造鼓浪屿独特的城市名片。

社区迭代 3.0——码头综合片区

码头综合片区作为交通枢纽，同时承载了购物娱乐和休闲放松的多重功能，是一个可以将游客与本地居民进行友好融合的空间。作为鼓浪屿登岛门户片区，希望通过空间设计优化居民空间体验，创造滨水户外活动空间，打造文化地标，进一步吸引相关产业人才落户。

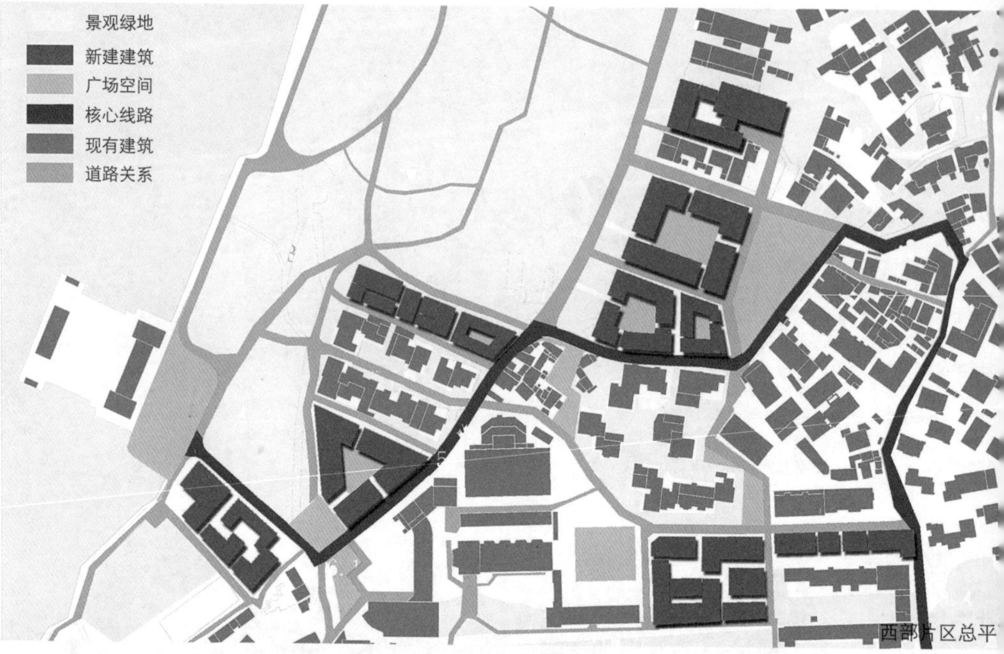

景观绿地
新建建筑
广场空间
核心线路
现有建筑
道路关系
西部片区总平

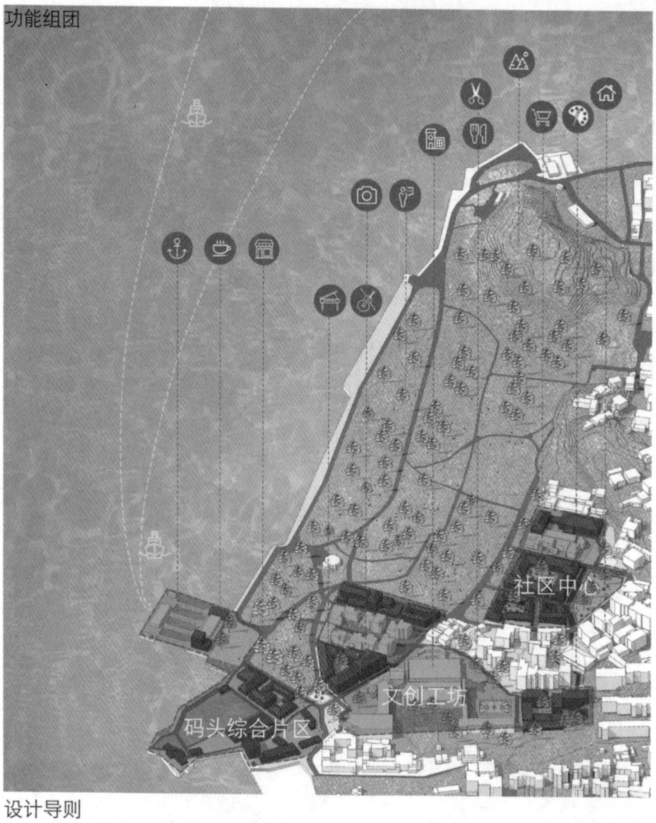

功能组团
社区中心
文创工坊
码头综合片区

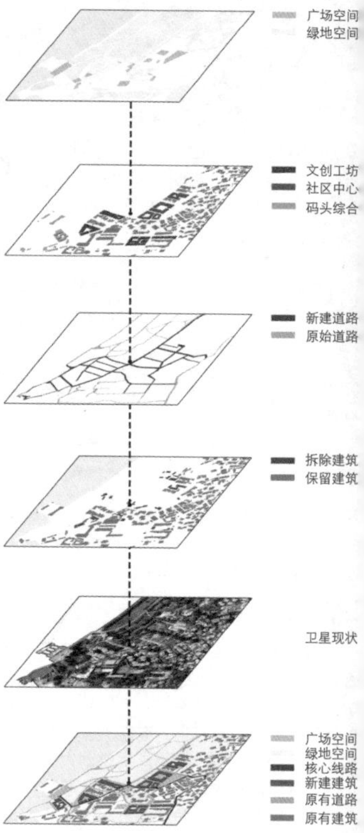

广场空间
绿地空间
文创工坊
社区中心
码头综合
新建道路
原始道路
拆除建筑
保留建筑
卫星现状
广场空间
绿地空间
核心线路
新建建筑
原有道路
原有建筑

面积管控

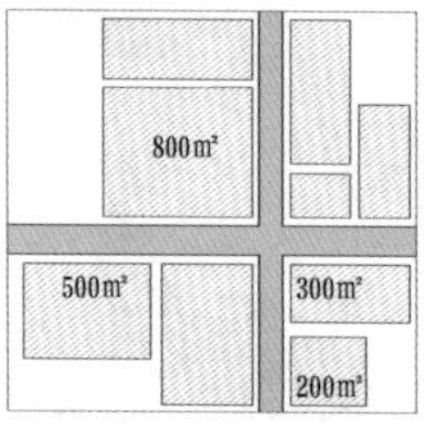

800㎡
500㎡
300㎡
200㎡

旧建筑更新改造模式有如下建议——面积在 300 ㎡以下的传统风貌建筑，建议保留原功能。
建筑面积在 300-500 ㎡之间的风貌建筑，可根据具体要求改商业、艺术工作室等等。
建筑面积在 800 ㎡以上，可作为艺术表演、展览、小型会议和度假旅游。

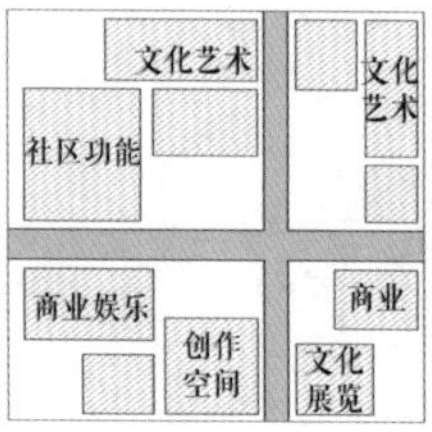

文化艺术
文化艺术
社区功能
商业娱乐
创作空间
商业
文化展览

而对于西部片区未来空间建设，为保证功能落实，应对新建建筑面积进行指标管控，具体要求为——西部片区增建面积指标定义：
文化艺术空间≥ 30%
功能性空间≥ 10%
商业娱乐空间≥ 30%
创作性空间≥ 20%

设计导则

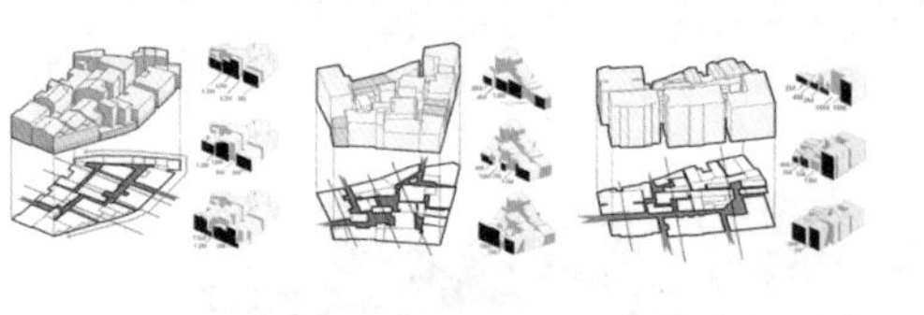

通过对核心道路沿线典型性街区要素的提取，对其进行平面布局、人流组织、高度控制、对外关系、屋面形制等方面的分析，并将分析结果整理汇总指导新建片区导则生成。

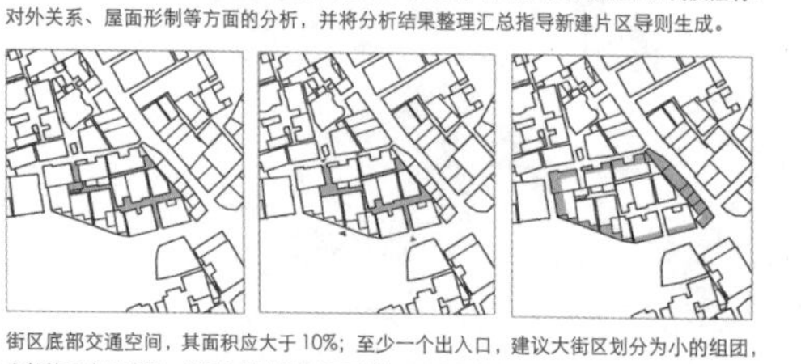

街区底部交通空间，其面积应大于 10%；至少一个出入口，建议大街区划分为小的组团，方便接区内外连接；外部临街空间应设置为社区公共服务与商业空间，满足社区的需求。

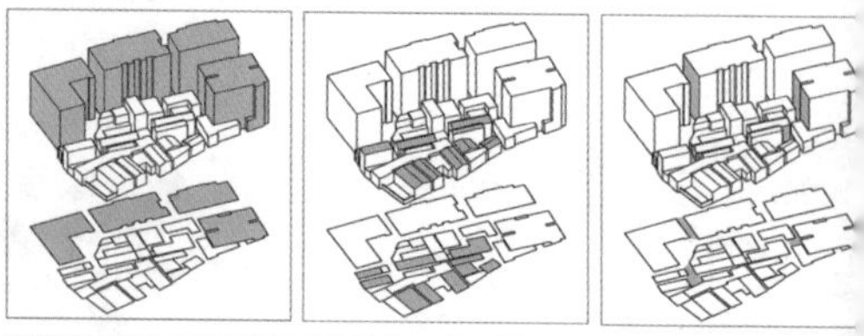

建筑高度应控制，建筑最高点不得超过 18m；街区内的 D/H 比值应控制在 1/4~1/1；街区坡屋顶建筑应保留在 40% 以上，保存原有建筑风格，尽量减少新元素植入。

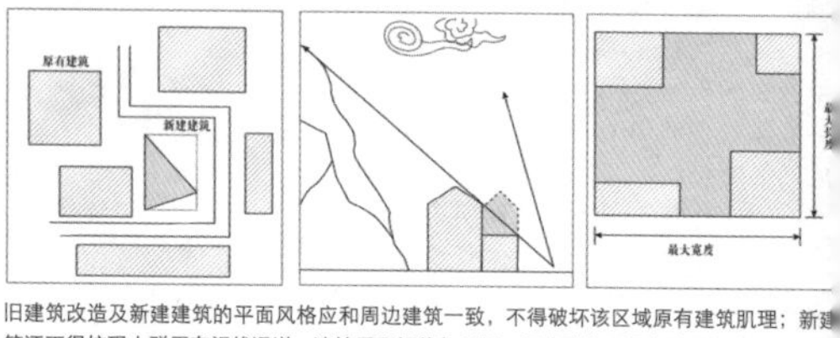

原有建筑
新建建筑
最大宽度

旧建筑改造及新建建筑的平面风格应和周边建筑一致，不得破坏该区域原有建筑肌理；新建筑还不得妨碍人群原有视线通道，遮挡重要视线与风景；旧建改造不得突破原有建筑用地范

区迭代 1.0

——社区中心

区中心是社区迭代的第一步。
块位于内厝澳社区入口，内凹、闲置的菜地。
西侧是拥有一线海景的公园绿地，环境优美。
邻内厝澳码头、工艺美术学校，紧临内厝澳
区。
厝澳社区业态缺失严重，重旅游轻社区的情
非常严重。居民生活受旅游影响大，社区归
感流失。
过人口组成模式和旅游业来相互促进，形成
性循环。一起构成常住人口，提高社区服务、
活的质量。
幅意向图分别代表了音乐，艺术，万国建筑，
屿，这些都是鼓浪屿特有的文化、历史、元素、
理环境。我想在现代城市更新中新旧融合，
续并发展融入鼓浪屿特色元素的同时，填补
有社区功能的缺失，丰富公共空间活动。
时，社区中心的公共性必不可少。新建的社
中心能给居民提供社交、活动的场所，并且
于到达，让人感觉舒适。

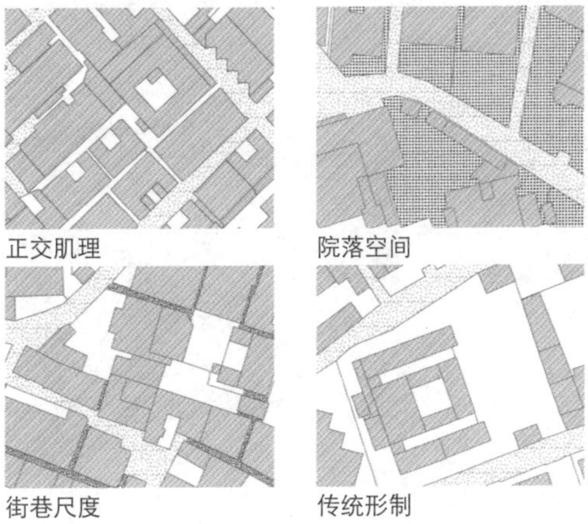

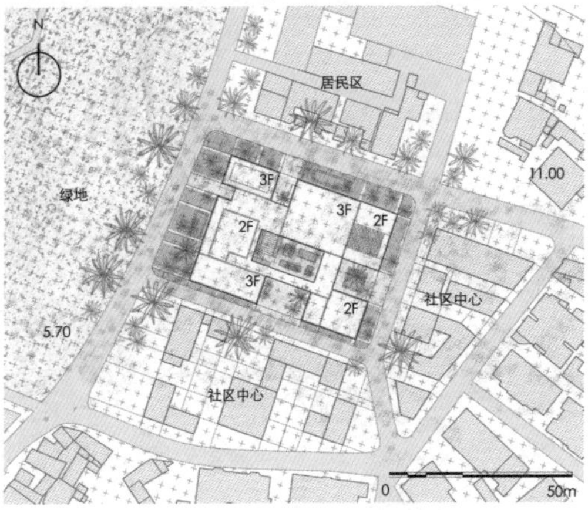

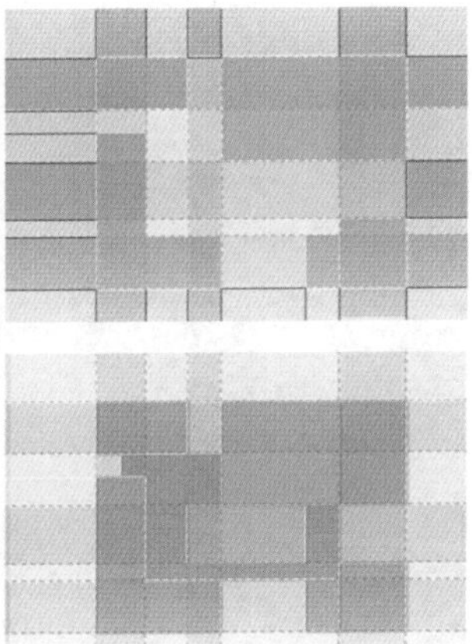

察鼓浪屿的城市肌理，发现在地势平稳
地区多是正交肌理，方块建筑；
栋建筑都有临街前院，或内院；
实地考察的时候建筑之间的夹缝也很有
色；
筑单体的尺寸小至 5m，大至 30m；
统的四落大厝中轴对称，有内院、侧廊。

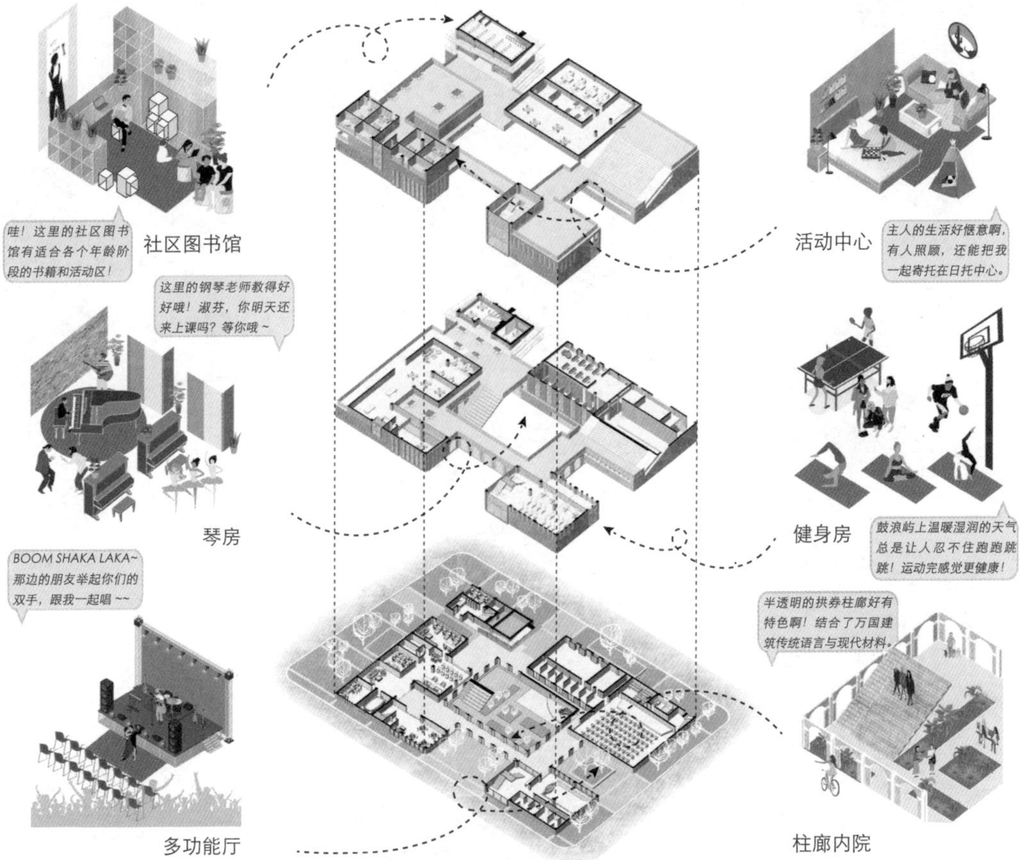

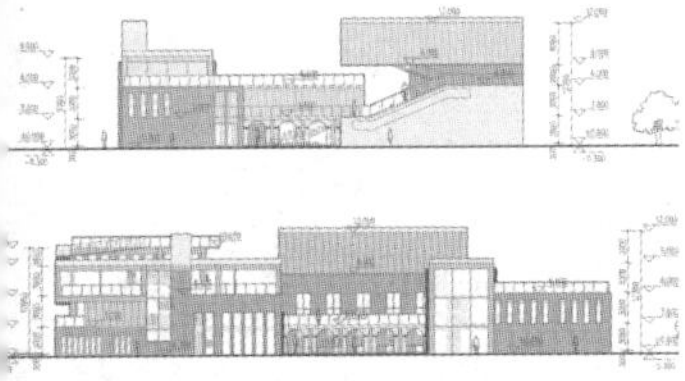

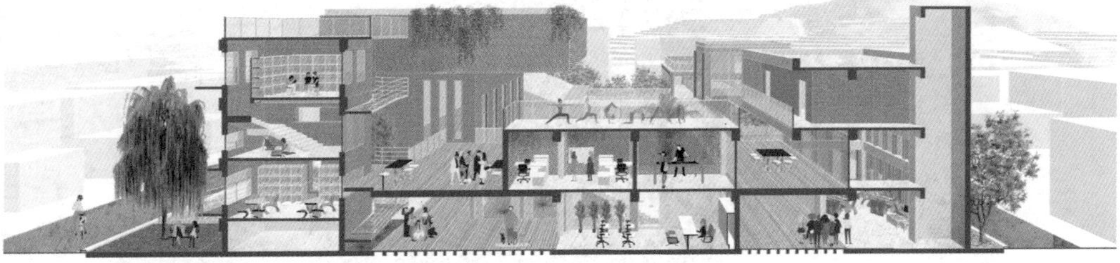

来发展进程中，仍旧保留海景绿地，其余三
可作为社区中心的弹性扩建用地。
了提高公众参与度，我们增设了街道办事处、
委会，还有多功能厅、琴房、舞厅、多媒体
可供居民娱乐、休闲、学习。
区中心的活动保留了社区的文化记忆和生活
忆，例如作为钢琴之岛的鼓浪屿，有家庭演
会，社区中心提供踏人演奏的琴房和表演的
功能厅，既满足社区功能，又延续历史特征，
增加了公共空间。

社区迭代 2.0

——文创工坊

鼓浪屿的文化是什么？什么是历史为鼓浪屿遗留下来的东西？游客在鼓浪屿行进的过程中，大多数是走在历史风貌街区内的，我们也不例外。鼓浪屿本身像是一个建筑博物馆其外立面设计是我们获得的最直观的视觉冲击，而其内部空间种种其实并没有为我们、为游客留下很深刻的印象。再者，起伏的街巷空间，时断时续的琴声，也是鼓浪屿给我的再一印象。所以我选取了这三个要素，作为我的设计核心元素。

墙——鼓浪屿展示界面和留给世人的主要印象

巷——鼓浪屿社区文化的根基与复兴的基础

物——鼓浪屿记忆的传承点和文化的展示窗口

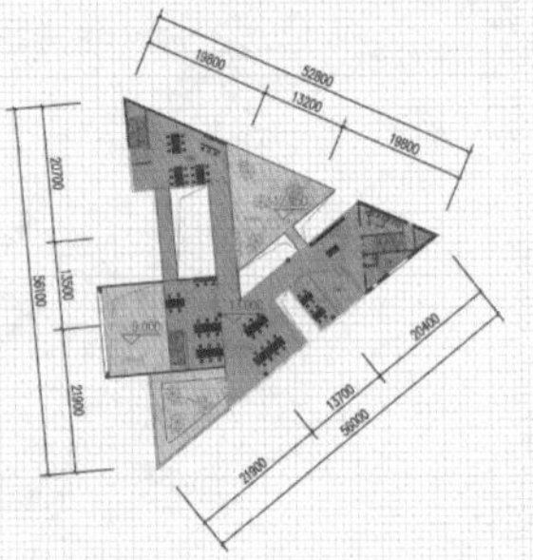

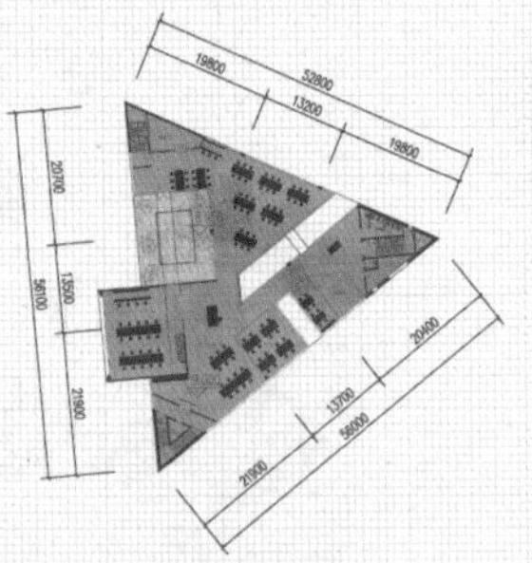

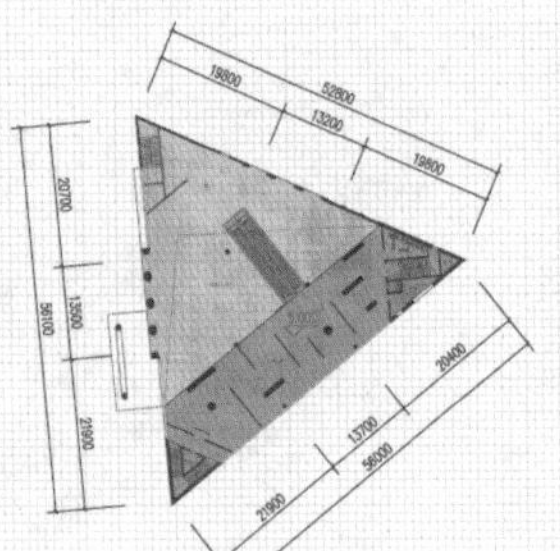

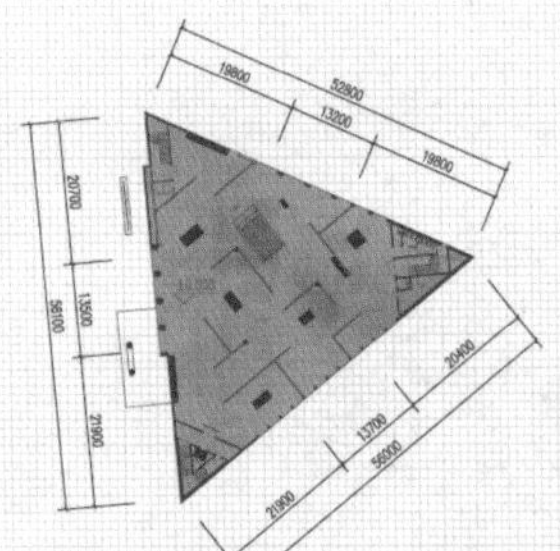

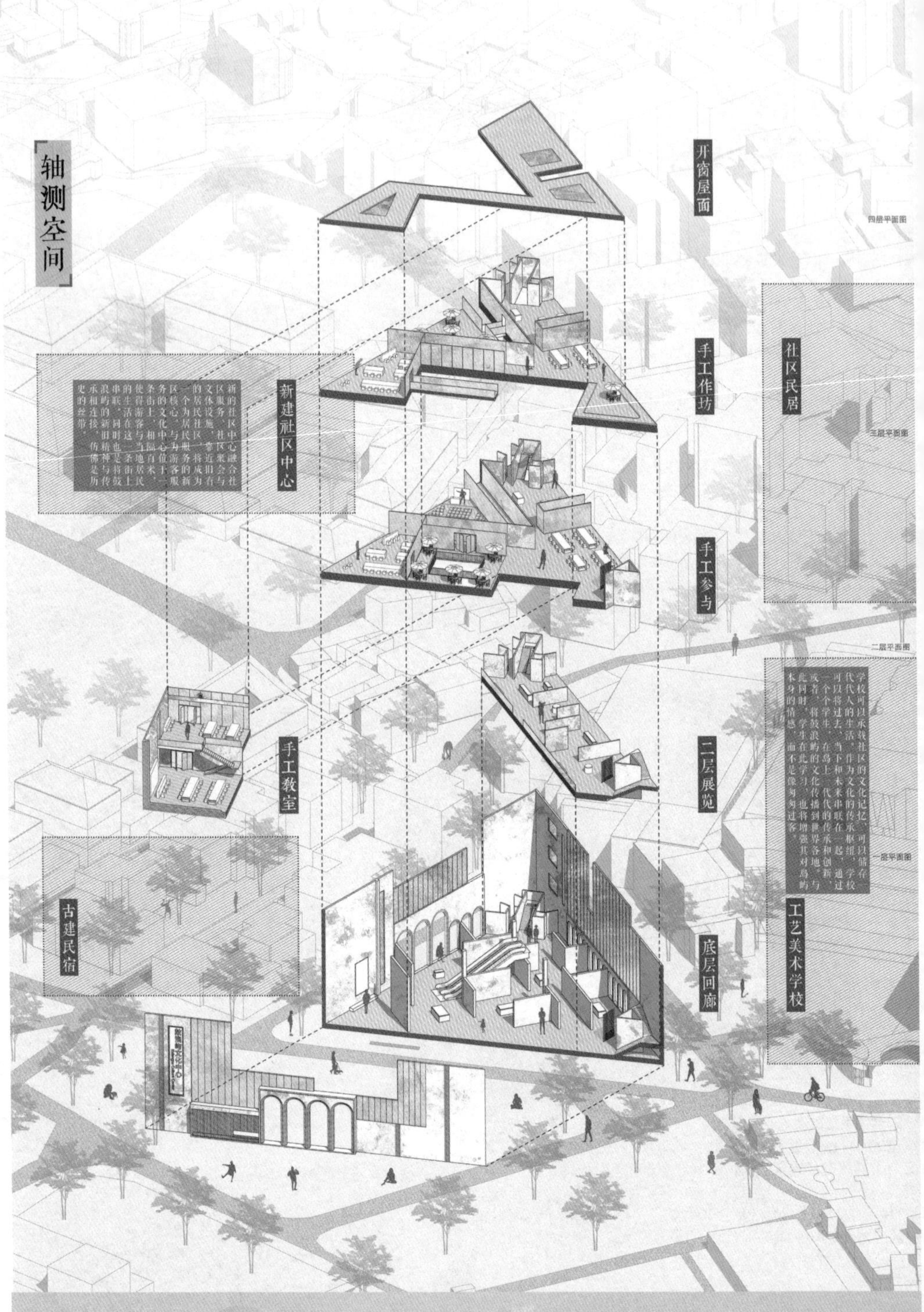

轴测空间
开窗屋面
四层平面图
手工作坊
社区民居
三层平面图
新建社区中心
新的社区中心融合社区服务、社区文体设施，靠近旧有的居民社区，将成为一个为居民服务的新区核心，与为游客服务的文化中心位于一条街上，相隔百米，使得游客与当地居民的生活在这一条街上串联，同时也是将鼓浪屿的新旧精神与传承相连接，仿佛是历史的丝带。
手工参与
二层平面图
手工教室
二层展览
学校可以承载社区的文化记忆，可以储存一代代人的生活，作为文化的传承枢纽，学校可以将过去、当下和未来串联在一起，通过一个个学生，在岛上一代代的传承和创新，或者，将鼓浪屿的文化传播到世界各地，与此同时，学生在此学习，也将增强其对岛屿本身的情感，而不是像匆匆过客。
一层平面图
古建民宿
底层回廊
工艺美术学校

区迭代 3.0

——码头综合片区之主题书店

十说明：在城市设计体系中，该方案属于头综合片区一部分，其对应社区迭代 3.0 阶——即通过滨水娱乐休闲空间的置入，进一提升社区居民生活品质，从而进一步提升社寸于高素质人才的吸引力，从而引发社区人结构、产业结构进一步升级换代。方案选址厦门市水厂养殖研究所旧址，对其周边进行体化整合性设计，形成以主题书店为核心，合餐饮、民宿、交通换乘、室外活动场地等一体的码头综合片区，打造未来高素质青年体文化地标。其中主题书店作为主要设计对，对既有鱼塘空间进行改造，同时结合地形造设计覆土建筑，新旧空间结合，共同构成间主体。同时突出外部空间活力，强化场地达性与公共性，是社区居民提供良好公共活空间。

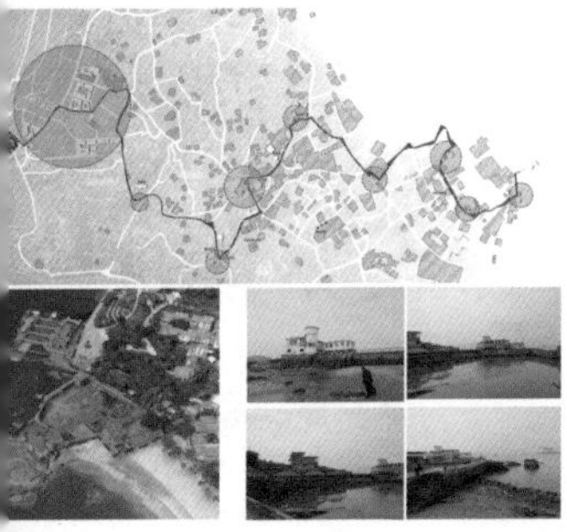

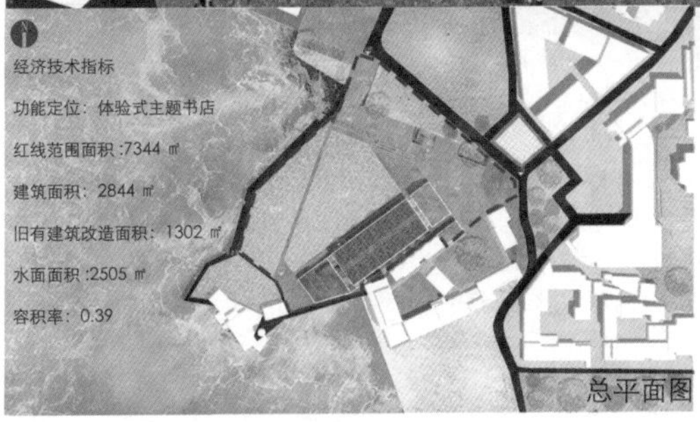
经济技术指标
功能定位：体验式主题书店
红线范围面积 :7344 ㎡
建筑面积：2844 ㎡
旧有建筑改造面积：1302 ㎡
水面面积 :2505 ㎡
容积率：0.39

总平面图

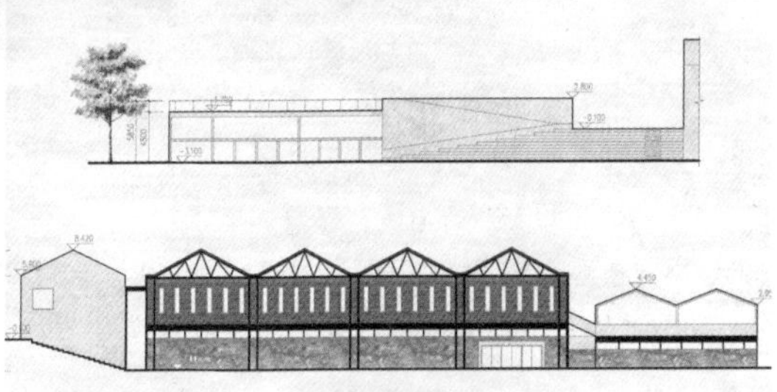

立面图

案选址于“一片一线”整体空间终端，靠近香澳码头，场地包括厦门市水产养殖研究所址及周边滨水绿地，具体包括研究所旧有办用房，研究所水厂养殖池、防波堤、研究所海洋监测站等具有较高改造价值的构建筑。基于对既有建筑空间的充分利用及对原有市肌理的顺应与延续。我们希望整体方案以建筑空间改造为出发点，针对主题书店设计，过对于现有研究所养殖池的加建改造带动新空间的介入，并实现社区品质提升。

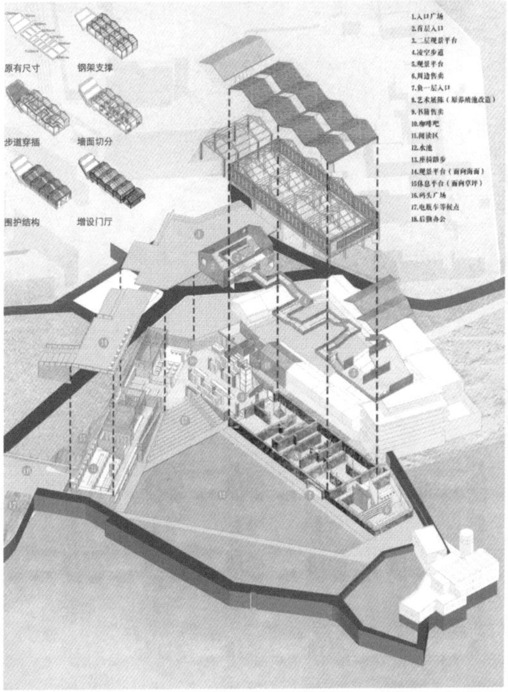
原有尺寸
钢架支撑
步道穿插
墙面切分
围护结构
增设门厅
1.入口广场
2.首层入口
3.二层观景平台
4.凌空步道
5.观景平台
6.周边售卖
7.负一层入口
8.艺术展陈（原养殖池改造）
9.书籍售卖
10.咖啡吧
11.阅读区
12.水池
13.座椅踏步
14.观景平台（面向海面）
15.休息平台（面向草坪）
16.码头广场
17.电瓶车等候点
18.后勤办公

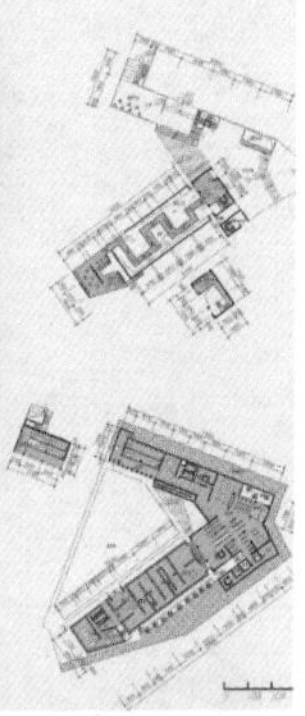

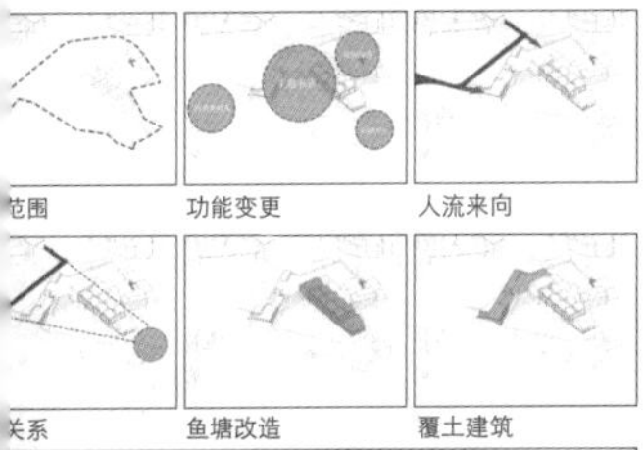
范围
功能变更
人流来向
关系
鱼塘改造
覆土建筑

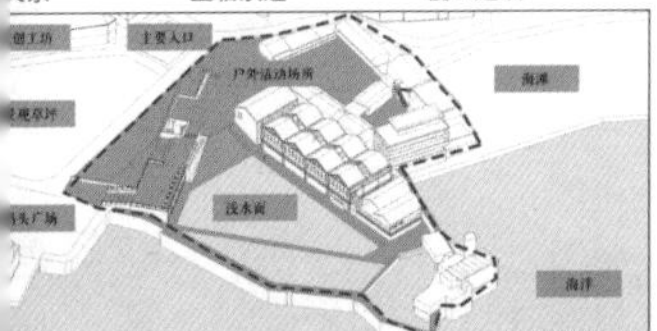

场地关系

对码头综合片区，我们对其进行场地一体化体设计——将原有办公用房改造为民宿院，滨水海洋监测站改造为滨海餐厅，并结合心路径流线关系，明确场地主要人流来向，主入口关系及平面几何秩序，对旧有鱼塘内进行改造，通过对新建建筑部分的覆土设计，场地进行公共活动空间营造，创造社区居民滨水户外休闲娱乐场所。

殖池采用钢架置入、步道穿插、红砖围护、厅增设等手法，新旧融合，突出文化特质。

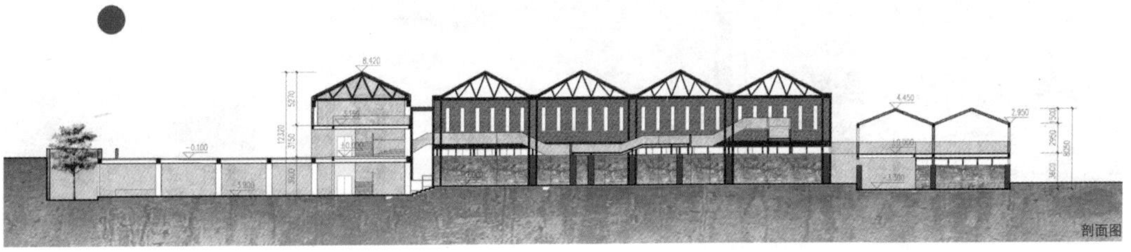

剖面图

鼓浪屿重生计划

SMILE ACTION

重庆大学
设计：董紫薇 / 高逸雯 / 赵晨西
指导：龙灏 / 左力

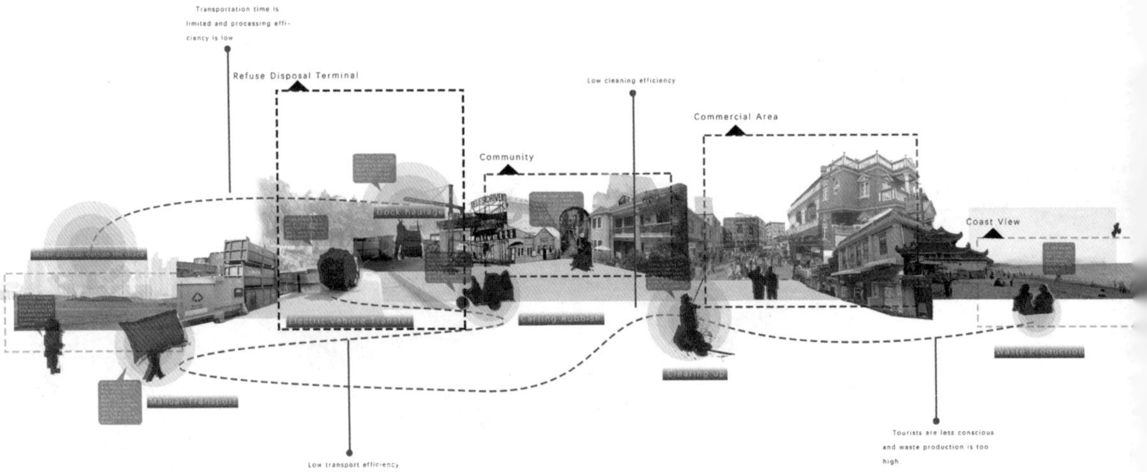
Transportation time is limited and processing efficiency is low
Refuse Disposal Terminal
Low cleaning efficiency
Commercial Area
Community
Coast View
Manual Transport
Clearing Up
Waste Production
Low transport efficiency
Tourists are less conscious and waste production is too high.

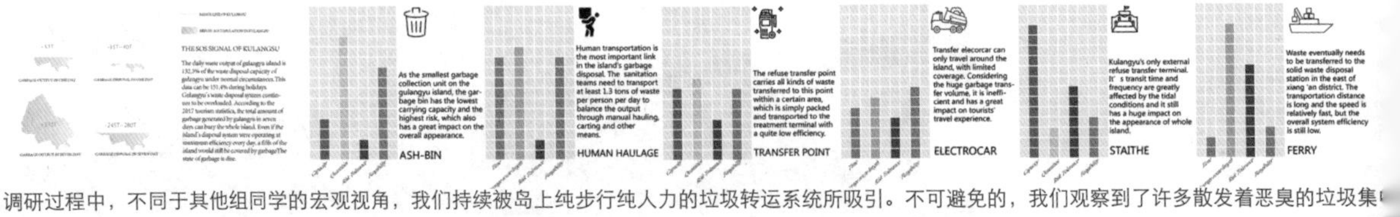
As the smallest garbage collection unit on the gulangyu island, the garbage bin has the lowest carrying capacity and the highest risk, which also has a great impact on the overall appearance.
ASH-BIN
Human transportation is the most important link in the island's garbage disposal. The sanitation teams need to transport at least 1.3 tons of waste per person per day to balance the output through manual hauling, carting and other means.
HUMAN HAULAGE
The refuse transfer point carries all kinds of waste transferred to this point within a certain area, which is simply packed and transported to the treatment terminal with a quite low efficiency.
TRANSFER POINT
Transfer elecorcar can only travel around the island, with limited coverage. Considering the huge garbage transfer volume, it is inefficient and has a great impact on tourists' travel experience.
ELECTROCAR
Kulangyu's only external refuse transfer terminal. It' s transit time and frequency are greatly affected by the tidal conditions and it still has a huge impact on the appearance of whole island.
STAITHE
Waste eventually needs to be transferred to the solid waste disposal station in the east of xiang 'an district. The transportation distance is long and the speed is relatively fast, but the overall system efficiency is still low.
FERRY

调研过程中，不同于其他组同学的宏观视角，我们持续被岛上纯步行纯人力的垃圾转运系统所吸引。不可避免的，我们观察到了许多散发着恶臭的垃圾集中堆放地，这样的景象对于鼓浪屿作为世界文化遗产而言是毁灭性的存在。经过研究，鼓浪屿目前的垃圾处理流程为普遍的“收集—转运—处理”，受旅游模式的影响，岛上的垃圾产量高居不下。究其原因，主要是因为在收集与转运过程中极大的依赖人力，且岛上不能行车，效率受到极大的限制。而处理的过程主要依赖岛上唯一的垃圾运输码头，输送至厦门本岛的翔安区东部固废处理厂进行集中处理，而码头输送的时间也受到涨潮落潮的限制，因此整个系统的效率难以大幅提升。

通过对鼓浪屿上每个垃圾处理环节中所用工具的容量、数量、风险承载力与可替代性这四个方面进行评估后发现，整个系统呈现出“系统容纳量小”“耐风险性弱”与“可替代性强”三个主要的特质。

SMILE ACTION

Small	BINS
Medium	POINT
Large	STATION

在对从 19 世纪以来垃圾处理流程中所用到的工具历史进行梳理之后，设计在收集、转运、处理阶段分别选择了不用的模式进行组合，构建了一套基于 SML 的 SMILE ACTION 垃圾处理系统，选用先进的真空管道处理系统来进行鼓浪屿岛上垃圾的收集与运输流程，并期待为这套新的系统赋予更多的鼓浪屿特色与自身的垃圾处理能力。

同时，鼓浪屿作为世界文化遗产，其长久的历史进程不容忽略。我们对鼓浪屿从宋末以来的历史进程进行了一定的梳理，并提取了不同历史时期鼓浪屿的特质符号进行集中的表达。

纵向对比后我们发现，从自然生态到历史城镇到艺术圣地到网红经济，鼓浪屿长久的历史进程中持续体现出生态性、历史性、社区性与商业性四种层面上的特质。

因此我们希望从这四方面出发，在思考 SML 系统在地性的同时，期望为岛上当下明显存在的文化生活缺失、商业同质化等问题的解决提供载体。

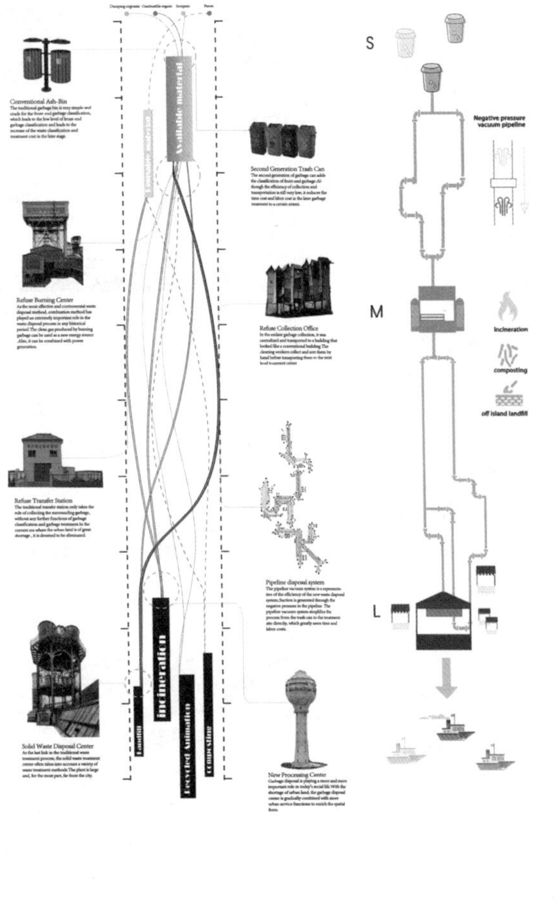
Conventional Ash-Bin
Second Generation Trash Can
Refuse Burning Center
Refuse Collection Office
Refuse Transfer Station
Pipeline disposal system
Solid Waste Disposal Center
New Processing Center
S
M
L
Negative pressure vacuum pipeline
incineration
composting
off island landfill

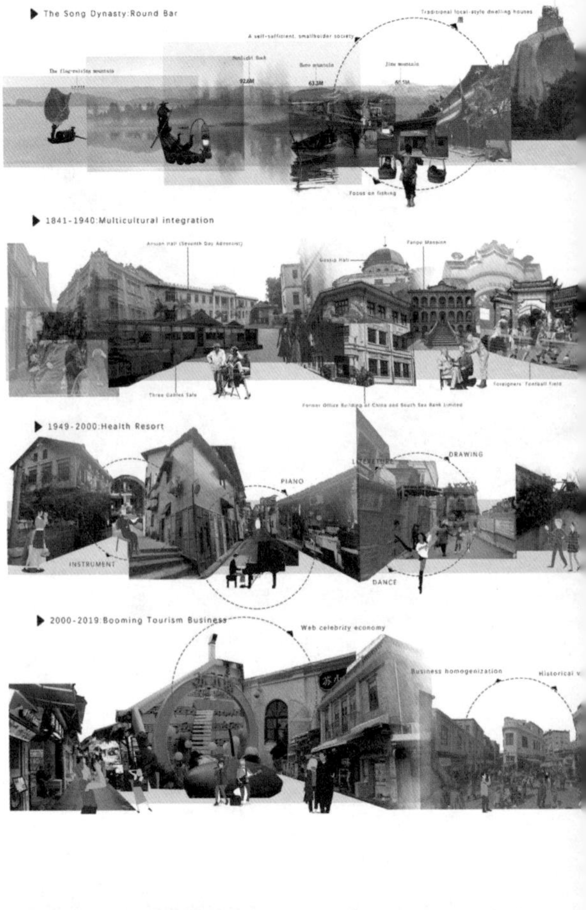
The Song Dynasty:Round Bar
1841-1940:Multicultural integration
1949-2000:Health Resort
PIANO
DRAWING
INSTRUMENT
DANCE
2000-2019:Booming Tourism Business
Web celebrity economy
Business homogenization

评语：

城市的垃圾回收处置系统是支撑城市运转的重要基础设施，是城市市政工程系统的重要组成部分。由于鼓浪屿的岛屿特征，使得垃圾回收处置系统相对独立，该系统经过漫长的历史演化，逐渐呈现出特有的文化特征。设计方案从鼓浪屿岛上的日常垃圾处理系统入手，聚焦系统的文化价值与工程属性，基于空间维度建立了 S、M、L 不同尺度层级的城市垃圾回收处置设施。更新方案重点通过对 M 层级垃圾回收处置设施的建设，介入到鼓浪屿的社区和历史文化空间，在提升系统处理效率的基础上，对鼓浪屿的文化、经济、遗产保护等方面做出的回应。

01

riginal Space Typology

门首先对鼓浪屿现有的垃圾理体系进行梳理，发现其最显的问题在于，承担中转站能的仅仅是大一些的垃圾，只有收集转运功能，是鼓屿形象展示的背面。我们希新系统的中转站空间能成为动鼓浪屿发展的积极因素，比定性分析了旧有中转站的务人数、旅游展示价值、空开敞程度，对其空间参考价进行评估。

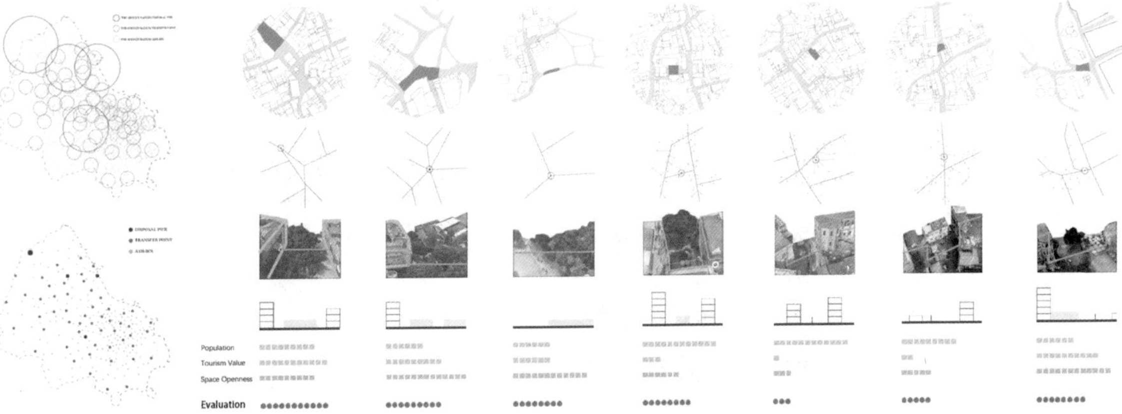
Population
Tourism Value
Space Openness
Evaluation

02

uantitative Data

定 SML 在岛上的理论服务围。对于 S，我们结合现行范和鼓浪屿空间功能，分别商业街区、社区道路和景观道设置了不同的服务半径；于 M，我们分析得到焚烧、堆肥法等垃圾处理方法可地处理的垃圾相对均值，将作为最终每个 M 日处理的均垃圾量以确定其服务半；对于 L，我们希望能对鼓屿西北角现有的垃圾码头进垃圾处理、垃圾转运、休闲观、旅游教育等功能升级。

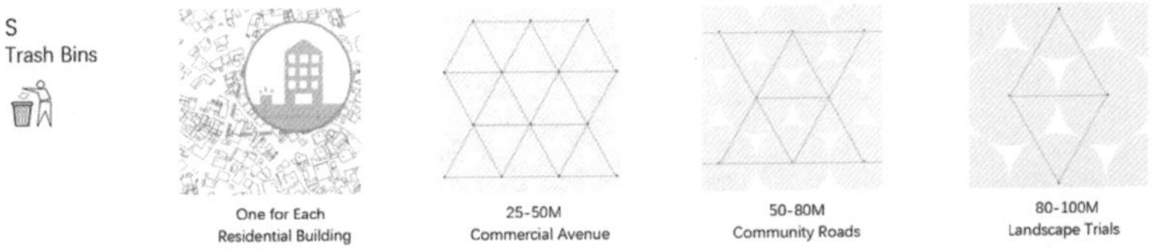
S
Trash Bins
One for Each
Residential Building
25-50M
Commercial Avenue
50-80M
Community Roads
80-100M
Landscape Trials

M
Transfer Points
40-45T
10-15T
1× 5-25KG/Day
1× 10-50KG/Day
1× 0.3-0.4KG/Day
Kitchen Waste
Besides Kitchen Waste
Garbage output/Day
Incineration
0.7-1.2T/Day
Composting
< 1T/Day
Landfill
off island
In-situ garbage treatment
Off island landfill
Ideal Disposal Methods
1T
1T
Each circle output 1T
garbage per day

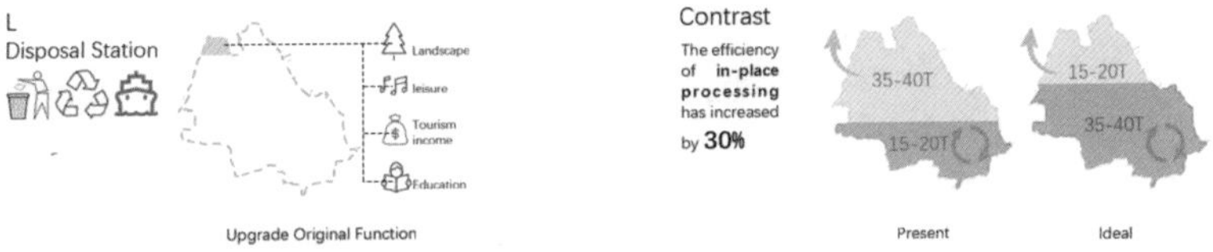
L
Disposal Station
Landscape
leisure
Tourism income
Education
Upgrade Original Function
Contrast
The efficiency of in-place processing has increased by 30%
35-40T
15-20T
Present
15-20T
35-40T
Ideal

03

djusting Points

以上定性分析与定量分析的果相结合，从鼓浪屿空间结与规划服务半径两方面出，综合确定 SML 每一量级空间位置与数量，得到如下示的空间布点系统。在这个盖全岛的系统中，垃圾从岛每一处的 S 通过真空负压管运送至 M，部分通过堆肥、烧等方法就地处理，部分被运至 L 进行最终的统一处理岛外转运。

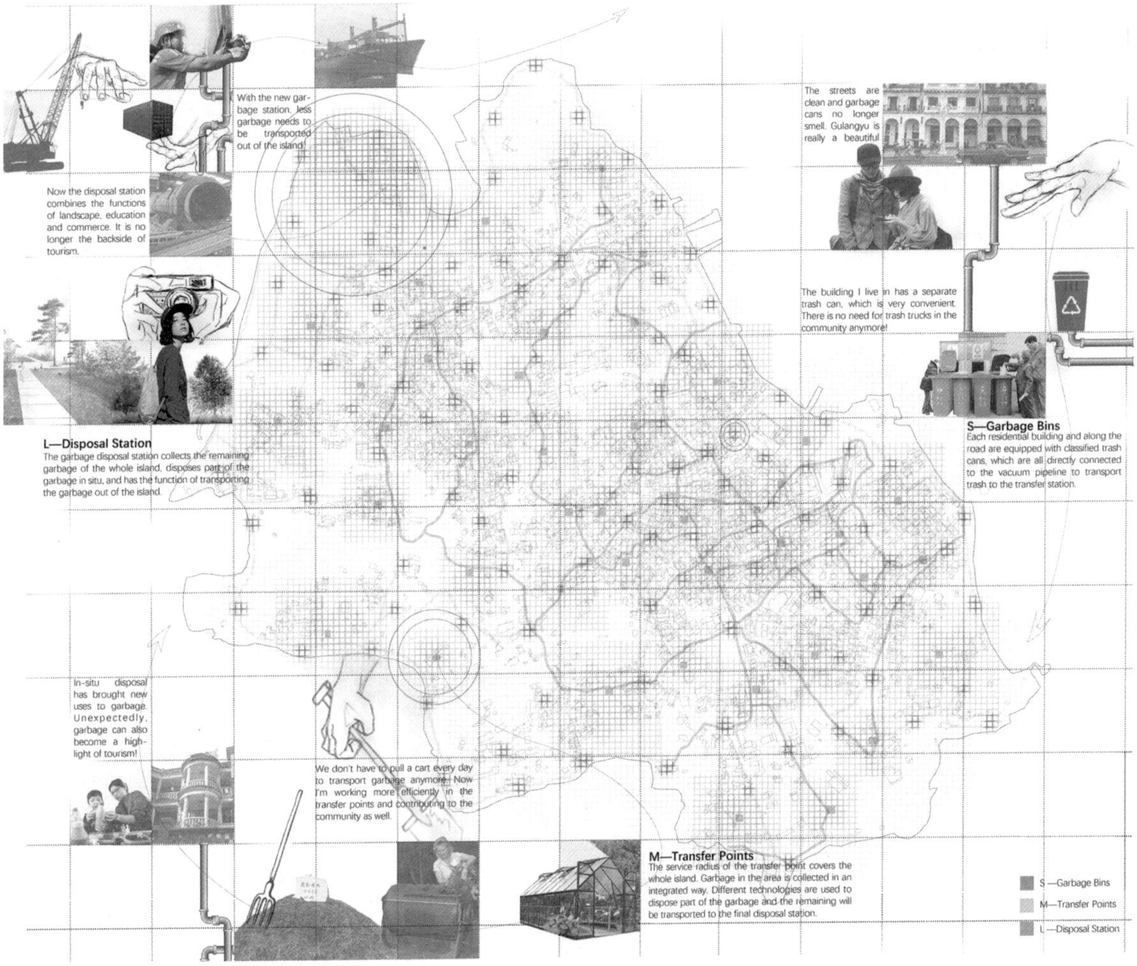
With the new garbage station, less garbage needs to be transported out of the island.
Now the disposal station combines the functions of landscape, education and commerce. It is no longer the backside of tourism.
L—Disposal Station
The garbage disposal station collects the remaining garbage of the whole island, disposes part of the garbage in situ, and has the function of transporting the garbage out of the island.
The streets are clean and garbage cans no longer smell. Gulangyu is really a beautiful
The building I live in has a separate trash can, which is very convenient. There is no need for trash trucks in the community anymore!
S—Garbage Bins
Each residential building and along the road are equipped with classified trash cans, which are all directly connected to the vacuum pipeline to transport trash to the transfer station.
In-situ disposal has brought new uses to garbage. Unexpectedly, garbage can also become a highlight of tourism!
We don't have to pull a cart every day to transport garbage anymore. Now I'm working more efficiently in the transfer points and contributing to the community as well.
M—Transfer Points
The service radius of the transfer point covers the whole island. Garbage in the area is collected in an integrated way. Different technologies are used to dispose part of the garbage and the remaining will be transported to the final disposal station.
S—Garbage Bins
M—Transfer Points
L—Disposal Station

01

Analyze and Define Its Core Elements

在 SML 系统中，其中，M 由于兼具运输与就地处理的双重功能，其空间规模与数量为多样化设计提供了基础。因此我们希望每一处的 M，都是鼓浪屿特定空间位置上正好需要的空间。为此，我们对其在空间属性上的在地性进行了如下三步的探索：

第一步，通过对鼓浪屿历史发展的梳理，我们提取了岛上一系列符号，并将这些明显分类的符号归结为生态性、历史性、社区性、商业性四个大类。

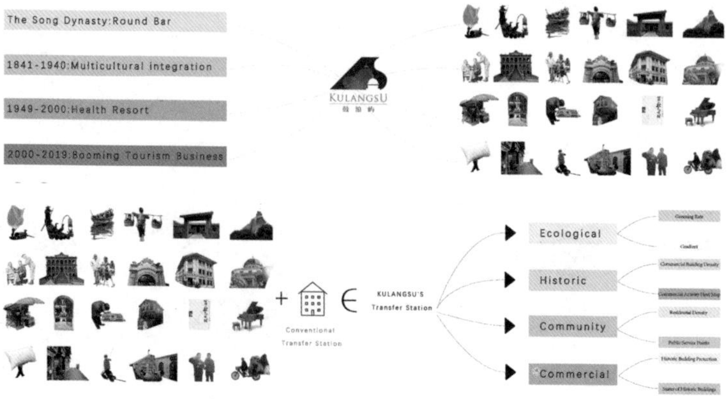
The Song Dynasty:Round Bar
1841-1940:Multicultural integration
1949-2000:Health Resort
2000-2019:Booming Tourism Business
KULANGSU
Conventional Transfer Station
KULANGSU'S Transfer Station
Ecological
Historic
Community
Commercial

02

Thermodynamic Analysis

第二步，将四大特质继续细分为绿化率、遗产保护情况、公共服务设施等具体指标进行热力图分析，明确这些属性在空间分布上的特点。

最后，将之叠加来明确鼓浪屿具体空间位置中每一处的要素占比情况，从而确定每一处 M 的空间属性。

在后期的空间设计中，我们将分别选择 4 个模式的 M 与 L STATION 进行细化设计。

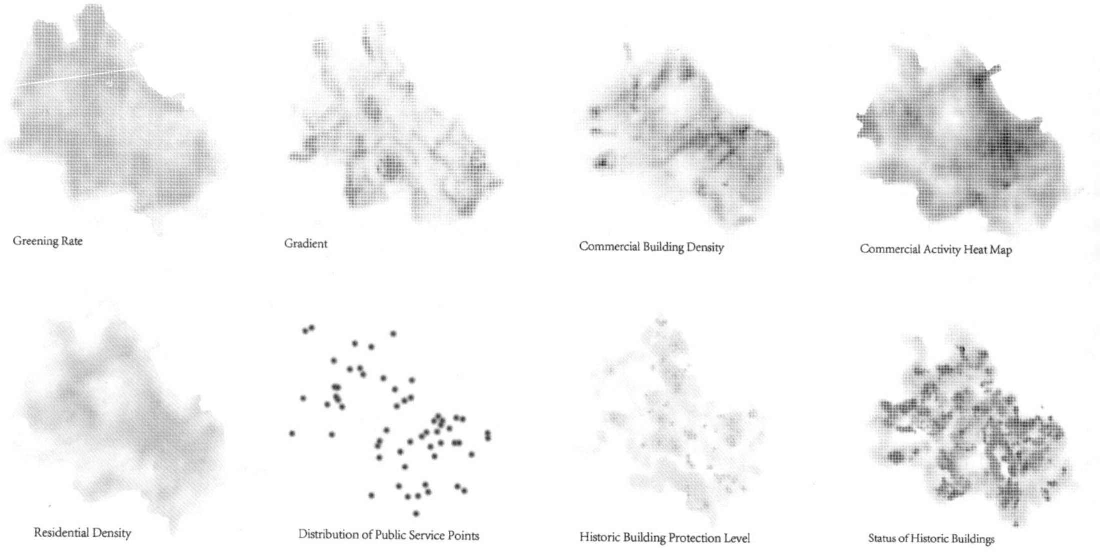
Greening Rate
Gradient
Commercial Building Density
Commercial Activity Heat Map
Residential Density
Distribution of Public Service Points
Historic Building Protection Level
Status of Historic Buildings

03

Overlay Analysis

第三步，将之叠加来明确鼓浪屿具体空间位置中每一处的要素占比情况，从而确定每一处 M 的空间属性。在后期的空间设计中，我们将分别选择 4 个模式的 M 进行细化设计。

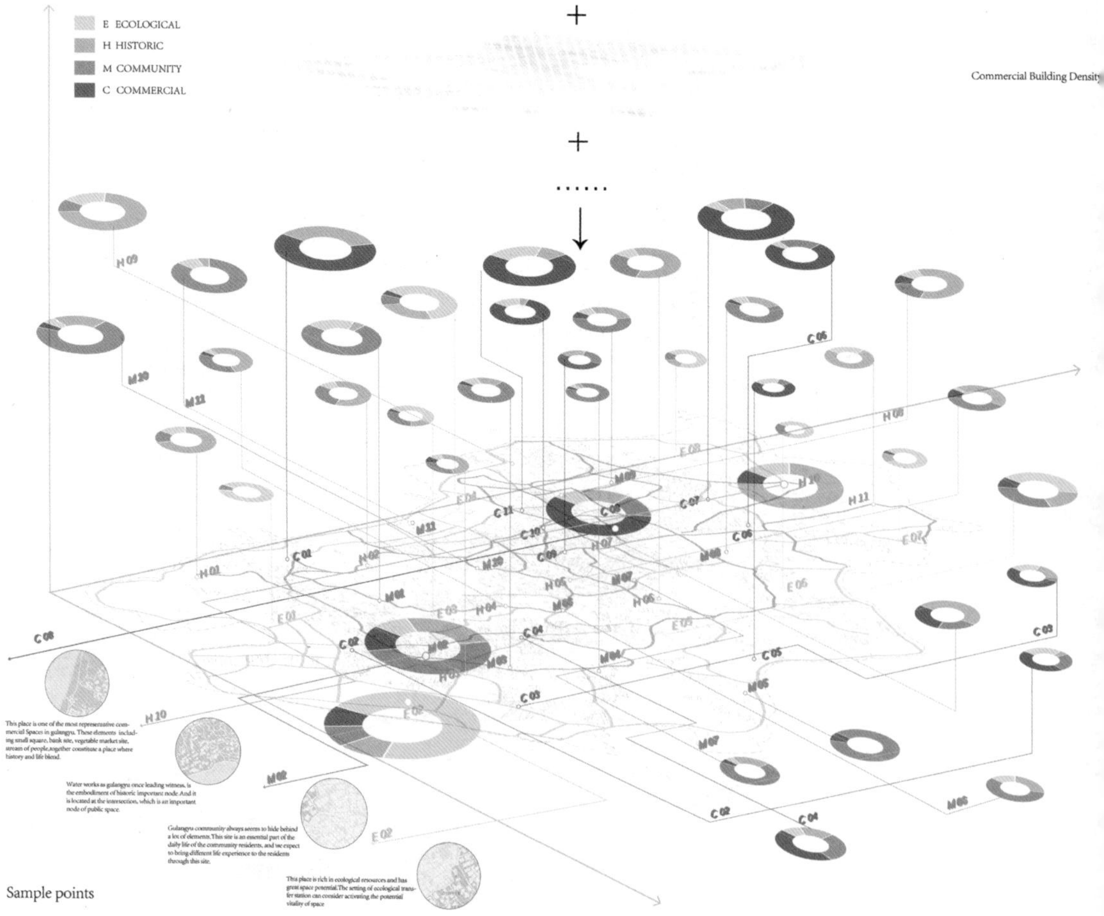
E ECOLOGICAL
H HISTORIC
M COMMUNITY
C COMMERCIAL
Commercial Building Density
Sample points

PATTERN EVOLUTION

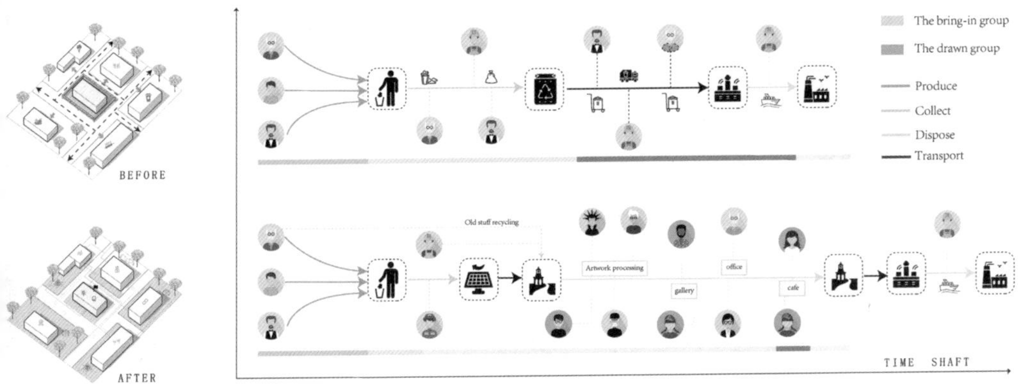
BEFORE
AFTER
The original group
The bring-in group
The drawn group
Produce
Collect
Dispose
Transport
Old stuff recycling
Artwork processing
office
gallery
cafe
TIME SHAFT

SPATIAL USAGE FREQUENCY GRAPH

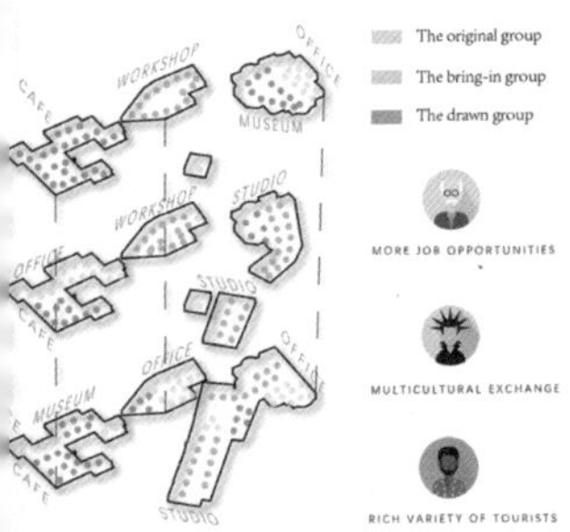
WORKSHOP
OFFICE
MUSEUM
STUDIO
CAFE
The original group
The bring-in group
The drawn group
MORE JOB OPPORTUNITIES
MULTICULTURAL EXCHANGE
RICH VARIETY OF TOURISTS

FROM "GARBAGE" TO "MATERIAL"

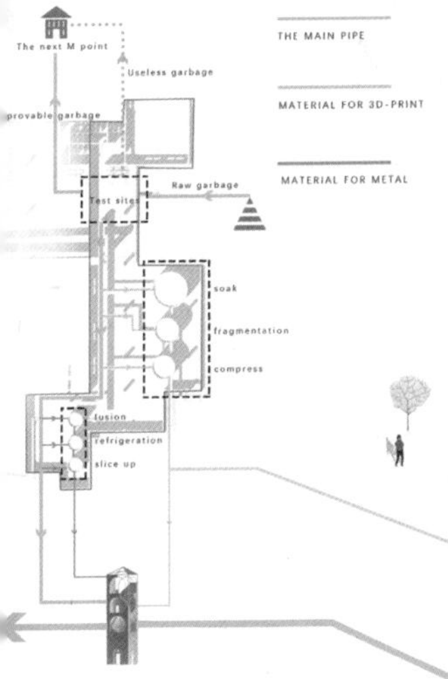
The next M point
Useless garbage
Raw garbage
Test site
soak
fragmentation
compress
fusion
refrigeration
slice up
THE MAIN PIPE
MATERIAL FOR 3D-PRINT
MATERIAL FOR METAL

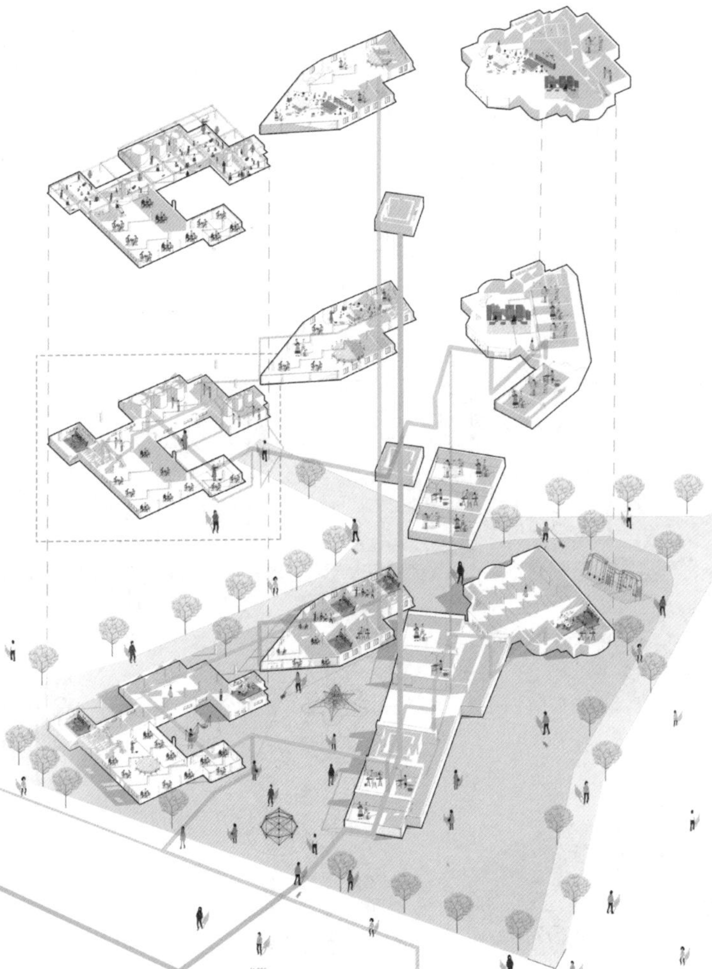

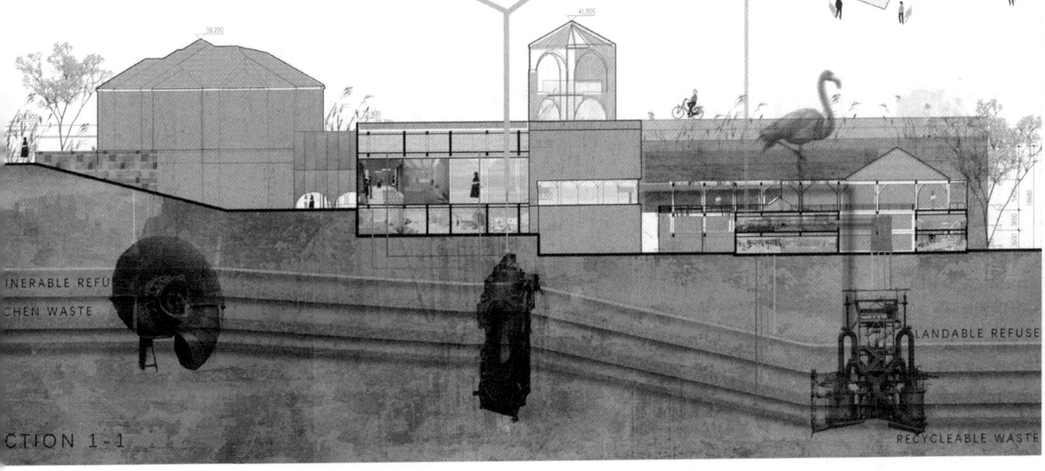
RECYCLEABLE WASTE
CTION 1-1

OUT-IN
GROW FROM THE HISTORY

设计说明

在鼓浪屿，历史建筑长久以来一直被隔离式保护，其价值在静默中不断湮灭。在真空管道垃圾处理体系的背景下，本设计希望将历史建筑作为旧物回收与垃圾再利用的中心场所，为其创造新的利用语境，在减轻鼓浪屿垃圾压力的同时，为鼓浪屿带来更多的工作岗位与旅游卖点。

以管道作为运输载体，设计希望通过赋予 M point 一定的垃圾处理再回收的能力，将历史建筑从原有的旁观者变为实实在在的 C 位，落实到系统设计上则为强化在地处理。设计创造“回收利用 + 工艺品制作 + 艺术工坊 + 展览 + 拍卖”回收处理产业链，引入新人群，创造工作机会。

具体的设计首先从消化原场地 18m 高差开始，增强场地可进入性；其次与文化公园连通，导入人流；产业链置入，从功能与空间两个层次打造中心庭院活动空间；最后结合管道设计完善相关建筑设计。

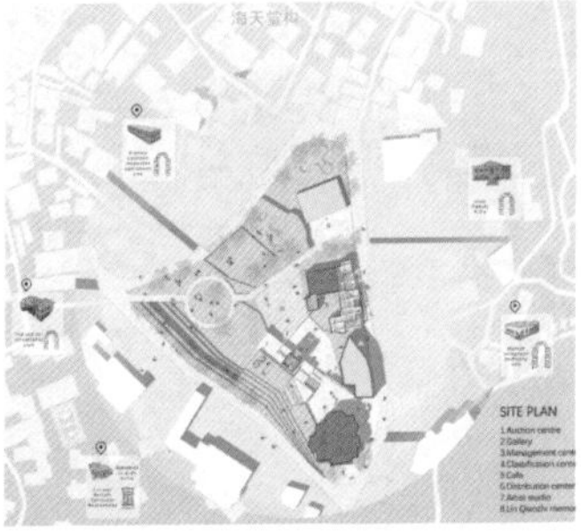
SITE PLAN

设计完整的保留了历史园区内的肌理，新建的建筑空间主要逆向向下生长，用于消化高差并对历史建筑的地下空间进行连接。

两个一般历史保护建筑主要进行了结构的加固和内部功能重组，主要进行 3D 打印材料再生与金属材料再生的流程，重点设计空间与管道的穿插关系，带来老房子中的新体验；

自来水厂的办公楼部分进行了地下加建，形成光影展厅等空间，因此除了原有结构加固之外也关注了基础之下再建地下室的相关构造。

自来水厂的水塔原造型纯粹为了功能存在的方形体量，与周边的历史建筑相比而言稍显逊色，因此设计保留水塔的主体结构，利用拱形元素对其进行外立面改造与地下加建，主要作为再生材料通过管道输送往各个艺术工坊的控制中心存在。

总之，设计希望历史点的 M point 能够通过承担垃圾回收工艺品化的产业链，在减轻鼓浪屿垃圾处理压力的同时为历史建筑的利用提供新的模式，也为鼓浪屿在旅游经济等方面的可持续发展带来新的契机。

BOOM IN THE DOWNTOWN

位于商业区的 m-point，它的关键词是 boom in the downtown。在这里，将 boom in the downtown 解读为 boom on the ground 和 boom under the ground 的一体化设计。所选场地是鼓浪屿商业区的重要节点，是位于东部的一个三角小广场，是一重要的公共空间，周边有为旅馆，商铺，餐厅，咖啡厅等多种商业功能。基于此，在这里的 M-station 不仅需要处理多种垃圾，同时承担着创造鼓浪屿活力公共空间的责任，并且为普及垃圾分类教育创造了契机。M-STATION 定为一个活动综合体，为交流、展示、娱乐与教育提供空间。

系统的地上部分 BOOM “ON” THE GROUND 通过三个步骤：即收集，转运，处理来设计流线。第一步，垃圾收集站进行垃圾分类与投递，垃圾被分成三类：可回收垃圾、厨余垃圾、其他垃圾。第二步，收集垃圾的管道穿过中心水池广场。第三，厨余垃圾来到堆肥小花园和咖啡馆，厨余垃圾为小花园提供养料，通过厨余垃圾净化得来的水可制成咖啡，饮料等饮品。第四，其他垃圾来到焚烧法处理垃圾中心点，由垃圾集中空间和垃圾焚烧空间组成。

BOOM “UNDER” THE GROUND 的主要特点是，通过将管道与垃圾处理设施外露或与建筑空间结合，从而提供垃圾管道设备的新可能，并丰富活动空间。

BOOM IN THE STATION 通过场地，建筑，管道系统的一体化设计，将垃圾分类处理的前端操作与游客扔垃圾的行为结合。以一种惊喜，缤纷的姿态打破了同质化的商业空间现状。

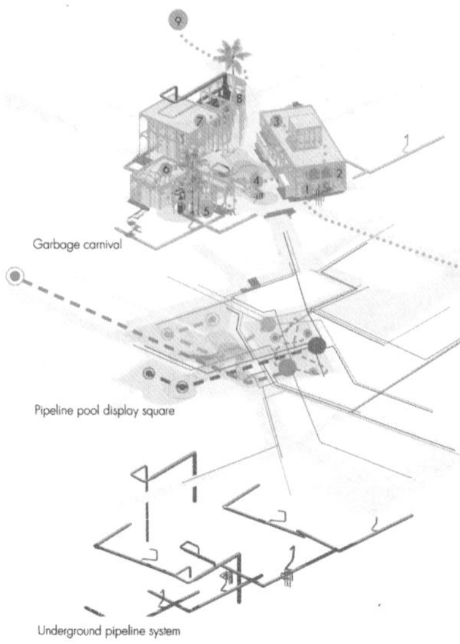
Garbage carnival
Pipeline pool display square
Underground pipeline system

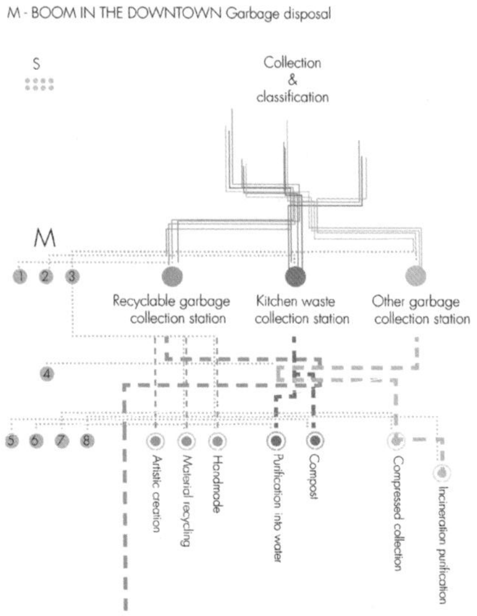
M - BOOM IN THE DOWNTOWN Garbage disposal
S
Collection & classification
M
Recyclable garbage collection station
Kitchen waste collection station
Other garbage collection station
Artistic creation
Material recycling
Handmade
Purification into water
Compost
Compressed collection
Incineration purification

From M - Kitchen waste collection station To M - Compost garden
From M station To L station
To L station
M - Compost garden
Pipeline Pool Exhibition Plaza
M - station

GHT THE LIFE
GHT THE COMMUNITY

论是“浪漫琴岛”还是“海上花园”，可说惬意的人居环境一直是鼓浪屿想要打造旅游名片。然而在岛上两个社区内，均存很明显的两个问题：一是缺失集中活动的区场所，二是以垃圾处理为首的基础设施设滞后，为居民生活带来诸多不便。此，对于社区型 M POINT 的设计，希望够以垃圾处理为触媒，以“前端分类收集一下堆肥处理设施一地上自动施肥灌溉”这一套完整的生态系统，来同时提升历史社的生存质量和生活乐趣。

ESIGN STRATEGY

计场地选择在鼓浪屿内厝社区中，是一片若干一般历史风貌建筑环绕的闲置庭院。地北侧紧邻内厝社区居委会和内厝综合市，是整个社区人流集聚的中心。设计希望够向社区打开原本封闭的闲置庭院，向居提供社区教育、公共种植等新的交往空间。体的设计首先从打开场地东南侧的入口开，作为引入人流的主入口，并且延续场地侧原本风貌建筑的街区肌理，做原始建筑造和局部扩建。同时，用轻盈的钢结构在筑群西立面增建一条外廊空间，呼应厦门饰风格中的特色外廊空间，作为该建筑群的入口界面和公共交往空间。最后，将原空置的广场作景观和功能的划分，纳入公种植空间，与改造后建筑群、外廊空间和套堆肥处理 - 施肥灌溉系统共同形成完整社区活动空间。

GHT INTERVENTION
LIGHT LIFESTYLE

于街区最初的一般历史风貌建筑，采用的微介入轻改造的处理方式，通过对街角局空间、建筑之间间隙、建筑屋面等局部区的更新改造，延续历史国际社区的风貌要，提升公共空间的舒适感与体验感。史国际社区作为一个活态遗产，绝非停留静止的历史中，而需要与时俱进。创造性引入“前端分类收集一地下堆肥处理设一地上自动施肥灌溉”这样一套系统，为区引入垃圾分类教育、公共堆肥种植、手作坊、社区集市等新的活动与空间，不仅对于居民生存质量的显著提升，也为新的筑形态、建筑材料、建筑空间在传统空间出现提供了可能性。

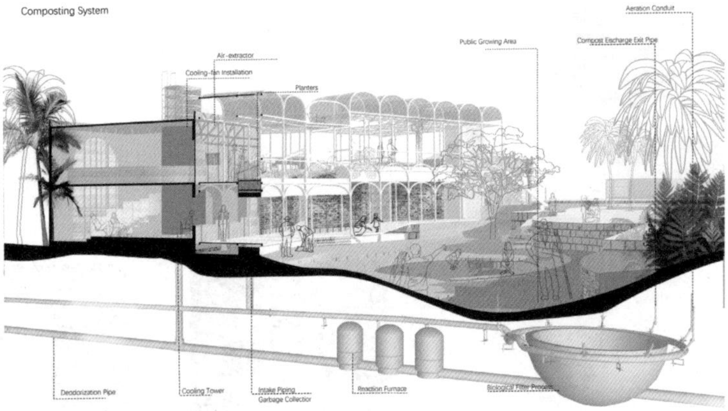
Composting System
Aeration Conduit
Public Growing Area
Compost Exchange Exit Pipe
Air-extractor
Cooling-fan Installation
Planters
Deodorization Pipe
Cooling Tower
Intake Piping
Garbage Collector
Reaction Furnace
Biological Filter Process

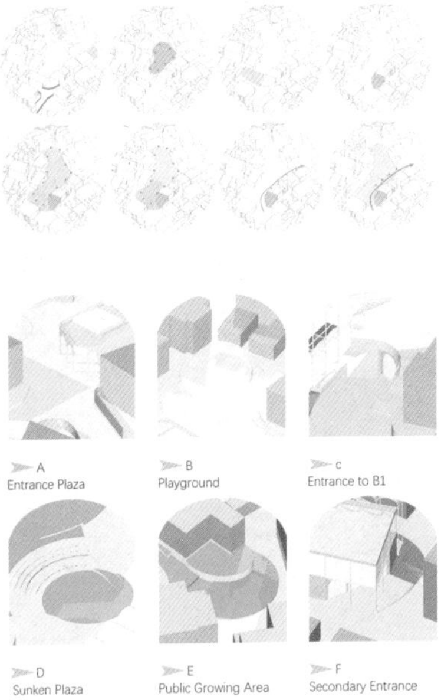
A
Entrance Plaza
B
Playground
C
Entrance to B1
D
Sunken Plaza
E
Public Growing Area
F
Secondary Entrance

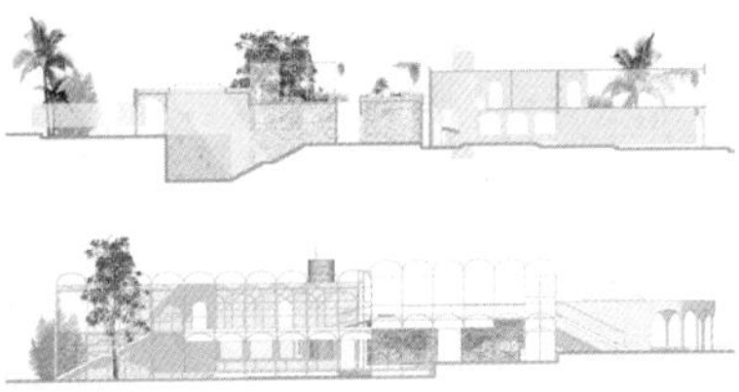

Exposwed Framing Glass Roof
Metal Mesh Frame
Railing
Point-supported Construction
浇水管
Metal Mesh Frame
Surface Covering
Planting Layer
Filter Drainage Layer
Internal Pressure
Fertilization Pipeline
Fiber Reinforced Polymer/Plastic(FRP)
Metal Supporting Ring
Motor
Point-supported Construction
Garden Garbage Recyle Bin
White Hollow Metal Sheet

北京建筑大学

BEIJING UNIVERSITY of Civil Engineering and Architecture

1 音域互联
Acupuncture

2 鼓浪屿复兴计划—公共空间设计
Gulangyu regenerate project Public space design

3 垃圾转运系统更新
Ein Project zur Erneuerung der Muelltransfersysteme

4 朝宗宫的再生 重开厦港
Resume the Amoy Harbour Reborn of Chaozong Palace

学生团队

涂睿钊

石悦开

蔡丰

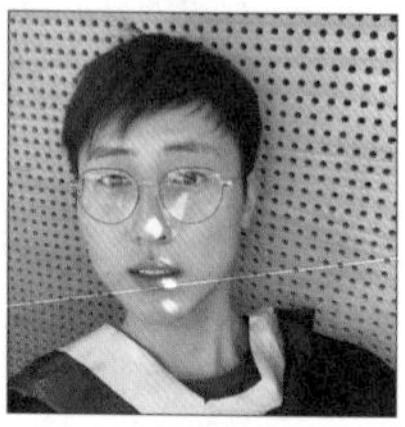

杨自卓

马泽媛

张佳智

吕浩

李鑫然

谢天

张聪惠

指导教师

马英

晁军

2019 年度全国高校建筑学专业“8+”联合毕业设计已成功落下帷幕，这是北京建筑大学师生连续参加的第 13 次联合毕业设计盛会。对于我们教师而言，深深体会到了“年年岁岁花相似，岁岁年年人不同”的感受。

今年的联合毕业设计的承办方是浙江大学和厦门大学，设计选址于风景秀丽的厦门鼓浪屿与厦港两处基地，课题主旨是探讨其作为世界文化遗产的“历史国际社区”更新问题。这个课题对五年级的本科生而言是巨大的挑战，既要考虑文化遗产地段的建筑保护与更新；也要结合实际情况了解当地居民的生活状况和需求；同时，还要与经济发展同步，做到社会、经济和生态的整体可持续发展。经过半年多的努力，同学们圆满完成了学习任务，都交出了一份满意的答卷。

在此，由衷地感谢主办方浙江大学与厦门大学从课题选择到结题答辩周到细致的安排！为全体参与师生创造了无缝交流、互相学习的机会。十校师生济济一堂，热烈探讨、激扬论辩，开启了思想交流的大门，培养了学术研究的种子。这个经历是一份厚重的厚礼，会伴随学生走出校门，走向社会，成为未来社会发展的一份动力。

下一届“8+”联合设计，将由我们北京建筑大学与西南交通大学联合主办，我们会继续努力，做到更好！我们期待着明年的盛会，期待着明天会更好……

——北京建筑大学毕业设计指导教师：晁军，马英

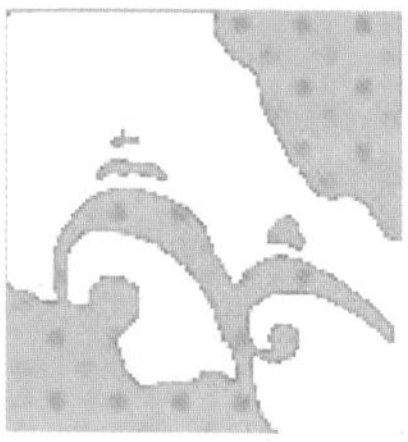

音域互联 ACUPUNCTURE

北京建筑大学
设计：涂睿钊 / 马泽媛 / 李鑫然 / 张聪惠
指导：马英 / 晁军

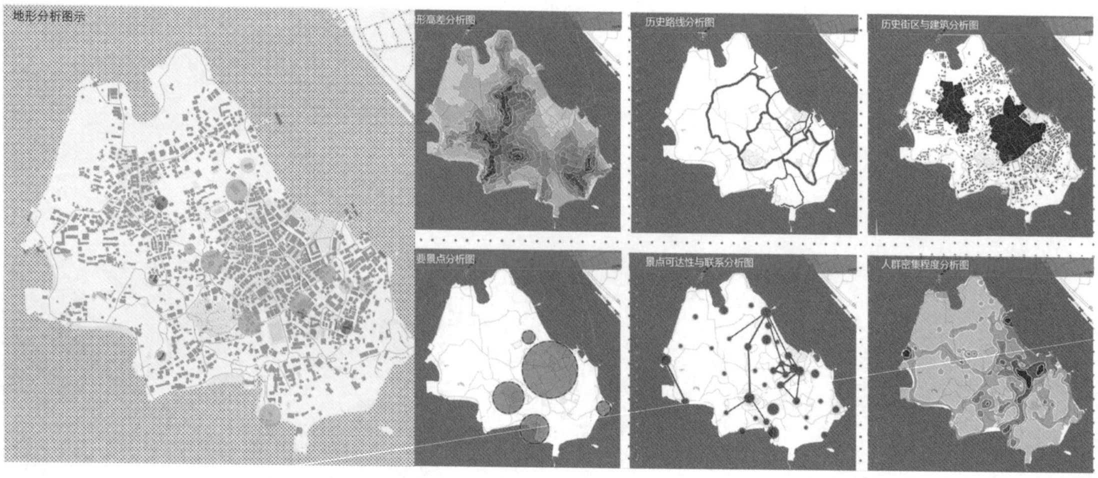
地形分析图示
历史路线分析图
历史街区与建筑分析图
景点可达性与联系分析图
人群密集程度分析图

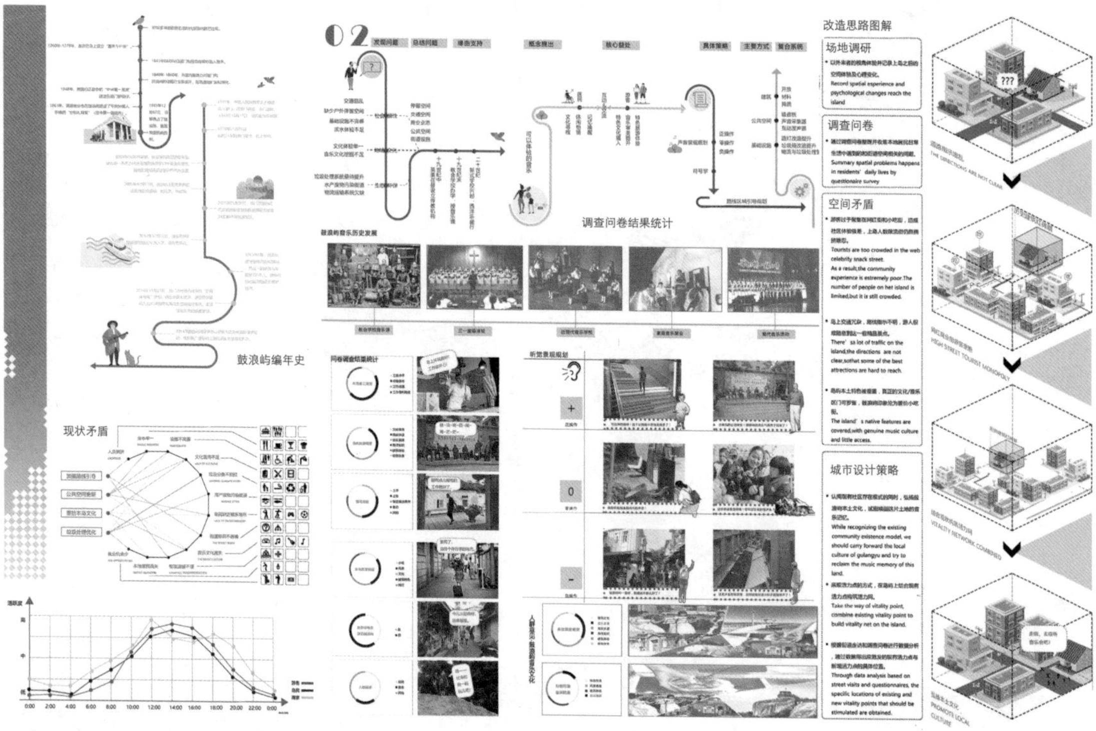
鼓浪屿编年史
现状矛盾
02
调查问卷结果统计
鼓浪屿音乐历史发展
改造思路图解
场地调研
调查问卷
空间矛盾
城市设计策略

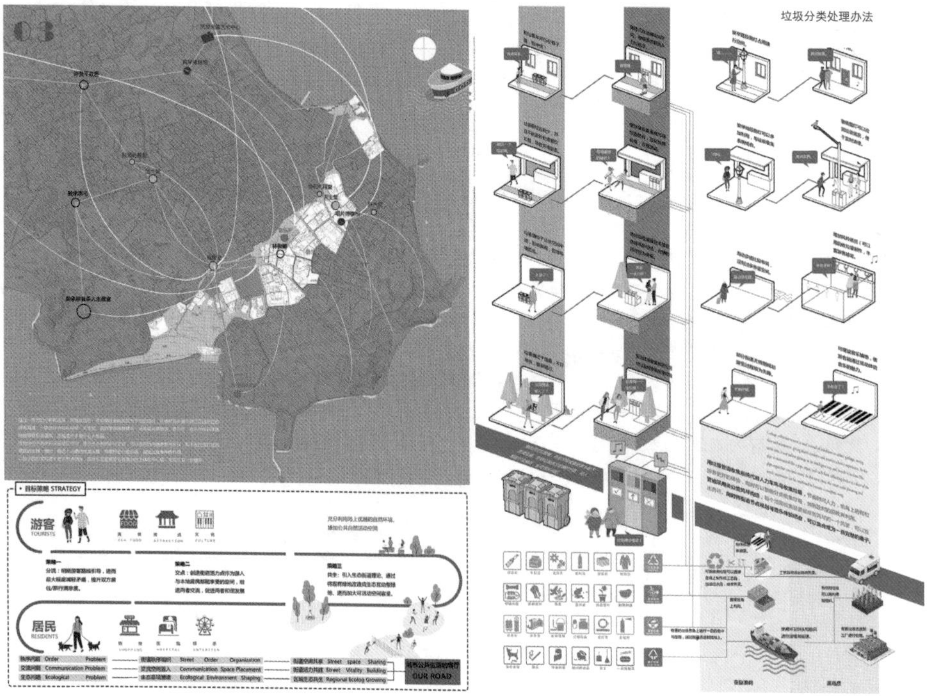
03
垃圾分类处理办法
游客
居民
OUR ROAD

评语：

“音乐”是鼓浪屿一个永恒而富有地域特征的艺术主题。如何以音乐为线索与灵感进行城市设计是本工作小组的工作重点。

该组同学经过现场的深入挖掘和研究之后，分别选定了 4 个特征音乐植入区域，围绕这些特征区域的城市设计方案。

在有效解决各种城市与建筑问题的同时又紧密的呈现出在地的音乐特征与形式，既有较为踏实的落地内容，又呈现出鼓浪屿的特殊情怀。

鼓浪屿（Kulangsu），福建省厦门市思明区的一个小岛，是著名的风景区。原鼓浪屿区后被撤销行政区并入思明区管辖，位于厦门岛西南隅，与厦门岛隔海相望。原名圆沙洲、圆洲仔，因海西南有海蚀洞受浪潮冲击，声如擂鼓，明朝雅化为今名。

此地有“万国建筑博览”之称。龙头路商业街诸多火热商铺都有贩卖各种厦门特色小吃，钢琴拥有密度居全国之冠，又得美名“钢琴之岛”“音乐之乡”，是一个非常浪漫的旅游景点。有乡贤林承强题联赞曰：鼓浪悬帆今胜昔，堆金积玉慨而慷。2017 年 7 月 8 日申遗成功，成为中国第 52 项世界遗产项目。

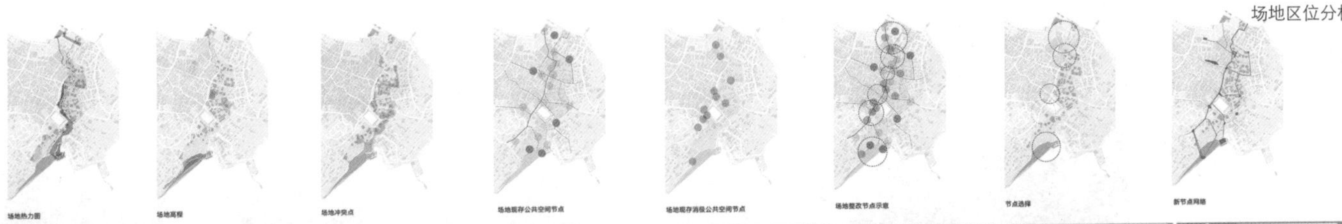
场地热力图
场地高程
场地冲突点
场地现存公共空间节点
场地现存消极公共空间节点
场地整改节点示意
节点选择
新节点网络

四个节点改造

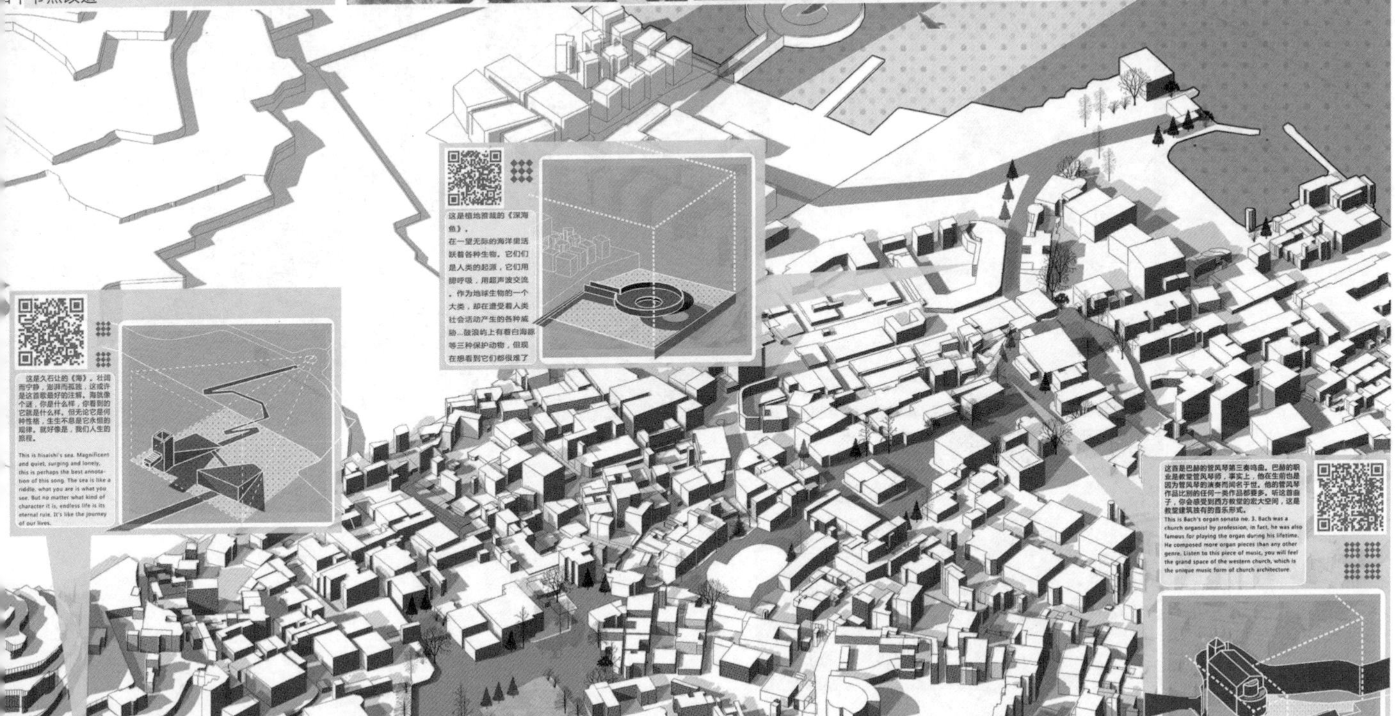
这是植地雅哉的《深海鱼》。
在一望无际的海洋里活跃着各种生物。它们们是人类的起源，它们用鳃呼吸，用超声波交流，作为地球生物的一个大类，却在遭受着人类社会活动产生的各种威胁...鼓浪屿上有着白海豚等三种保护动物，但现在想看到它们都很难了
这是久石让的《海》，壮阔而宁静，澎湃而孤独，这或许是这首歌最好的注解。海就像个谜，你是什么样，你看到的它就是什么样。但无论它是何种性格，生生不息是它永恒的规律。就好像是，我们人生的旅程。
This is hisaishi's sea. Magnificent and quiet, surging and lonely, this is perhaps the best annotation of this song. The sea is like a riddle, what you are is what you see. But no matter what kind of character it is, endless life is its eternal rule. It's like the journey of our lives.
这首是巴赫的管风琴第三奏鸣曲。巴赫的职业是教堂管风琴师，事实上，他在生前也是因为管风琴的演奏而闻名于世。他的管风琴作品比别的任何一类作品都要多。听这首曲子，你会感受到西方教堂的宏大空间，这是教堂建筑独有的音乐形式。
This is Bach's organ sonata no. 3. Bach was a church organist by profession, in fact, he was also famous for playing the organ during his lifetime. He composed more organ pieces than any other genre. Listen to this piece of music, you will feel the grand space of the western church, which is the unique music form of church architecture.
这是MT1990的《海岛之声》。鼓浪屿作为一个海岛，有别于内陆和临海地区，它四面环海，岛民的一切生活起居和对外联系都和海洋紧紧相连。轮渡的汽笛，阵阵的海风，板车与地面的摩擦声...不绝于耳，由于这种地理因素，鼓浪屿岛民有些小富即安的状态，乐观的接受着周遭的一切，享受着亚热带的舒适生活。

海上音乐厅 LEVITAN

北京建筑大学
设计：涂睿钊
指导：马英/晁军

2019年“8+1+1”联合毕业设计课题
鼓浪屿——作为世界文化遗产的“历史国际社区”更新
GULANGYU "HISTORICAL INTERNATIONAL COMMUNITY" AS A WORLD CULTURAL HERITAGE
空间思维脑图
灵感生成概念
模型照片
总平面图
剖面实验
鼓浪屿风向及全年温湿度图
声与光的空间
混响时间表
声音记忆博物馆
Sound memory museum
海上音乐厅
Sea concert hall
Underwater promenade
沙滩景观
Beach landscape

水下漫游回廊
Underwater gallery

平面以下4.00米，阳光穿过斑驳的海平面投射到长廊中变成光的海洋。其中海水的颜色会随季节温度与海洋生物繁衍周期而变化，微型水生藻类繁衍的时期长廊可以看见海水变成美丽的蓝绿色。

The color of seawater varies with seasonal temperature and the cycle of marine life reproduction. The corridors of micro-aquatic algae can be seen to turn into beautiful blue-green.

室内小透视图 Indoor perspective

海上日出观景台
Sea viewing platform

海上音乐广场均等高度位于海平面以上4.00m处，作为一处公共性更强，游客参与方式更加丰富的开放性空间，这里的设计更加突出自由性和趣味性。

The sea music plaza is located at an altitude of 4.00m above sea level. It is an open space with more publicity and more tourists' participation. The design here is more liberal and interesting.

PLAN a
用密集沙丘化解土方
Deconstructing earthwork with dense sand dunes
PLAN b
不均等高度中型沙丘化解
Unequal height medium-sized dune solution
PLAN c
均等高度中型沙丘化解
Equal height medium-sized dune solution
PLAN d
新建单一沙丘进行土方化解
Create a single dune for earthwork

● 场地塑造可能性的探讨

设计说明 Design Notes

本设计露出海面的部分为成片的岩石滩涂，仿佛礁石中空，用人体尺度的空间更衬托出海浪拍击在建筑上的声音——就如同鼓浪屿得名“水击礁石空洞，其音声如擂鼓”。建筑主体埋藏在海面之下，镶嵌在滩涂中，仿佛搁浅的海中巨兽（这里取鲸鱼骨骼的意向）。因而得名“利维坦”。

在主要的分析研究设计内容上，复合式展演类建筑在功能复杂且复合的前提下，如何保证每一项展演都能够保证其最佳混响时间。经过数据梳理和数学模型归纳最终得出结论，在吸声量固定的条件下，混响时间长短只与房间体积有关，故设计者通过控制空间组合来达到房间体积变化，从而完成复合式展演类建筑的声学设计。

形体拆解图 Shape disassembly diagram

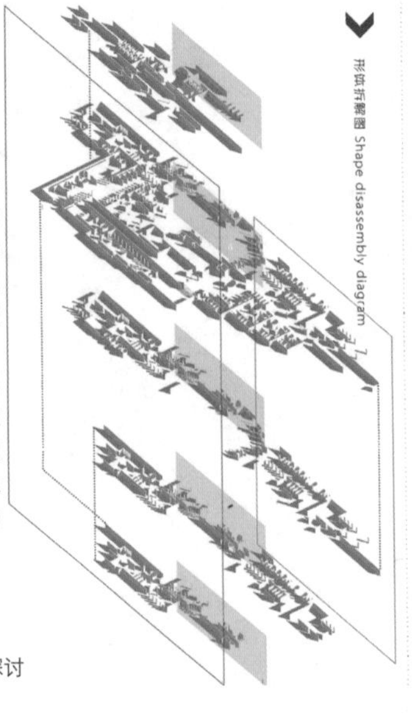

评语：

选址位于海岸之处，以音乐复合式的展演为功能主题，试图打造一处消隐于山海的音乐圣地，并且巧妙借用鼓浪屿地名之出处。

内部空间以大型观演剧场为核心，与其他附属空间整合成具有丰富体验感与寓意感的场所，建筑整体的组织也体现出一种逻辑必然性。

“山海、水音、消隐、逻辑”是其方案的突出特征，体现出“感性与理性”“真实与空幻”的互补交织。

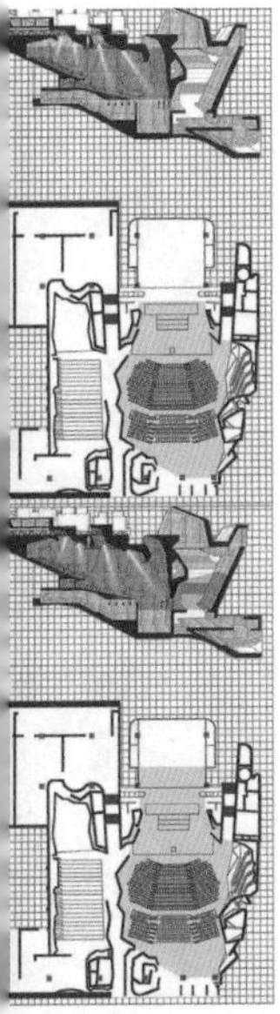

SYMPHONY ORCHESTRA CONFIGURATION

「交响乐组合」

当500赫兹条件下，最佳混响时间为0.8s时，对应房间容积为800-1200㎡
交响乐（不等同交响曲，交响乐与交响曲有区别也可以通用）是包含多个乐章的大型管弦乐曲，一般是为管弦乐团创作。交响乐就是大型管弦乐套曲，从意大利歌剧序曲演变而成。

Symphony (not equal to symphony, symphony and symphony can be used in common) is a large orchestral piece with multiple movements, usually for orchestras. The symphony is a large orchestral set that evolved from the Italian opera

CENTRAL SCENE CONFIGURATION

「风琴组合」

当500赫兹条件下，最佳混响时间为0.8s时，对应房间容积为1200-5000㎡

管风琴（pipe organ），流传于欧洲的历史悠久的大型键盘乐器，距今已有2200余年的历史（至2019年），且从未中断过，管风琴音量洪大，气势雄伟，音色优美，庄重，并有多样化对比，能模仿管弦乐器效果，能演奏丰富的和声。

The pipe organ. the momentum is majestic, the tone is beautiful and solemn, and there are diversified contrasts, which can imitate the effect of orchestral instruments

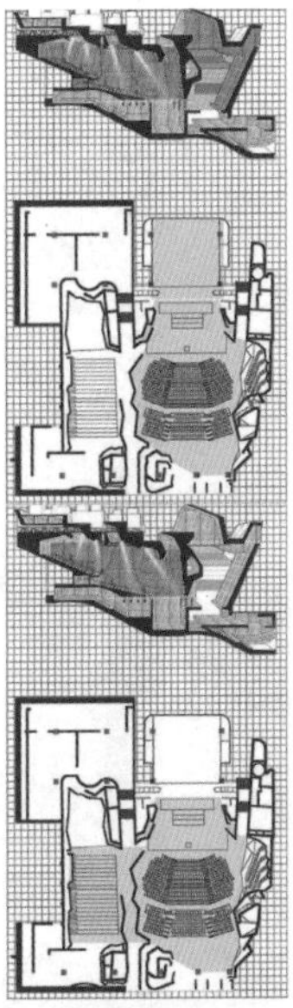

OPERA CONFIGURATION

「歌剧组合」

当500赫兹条件下，最佳混响时间为0.8s时，对应房间容积为3000-10000㎡

歌剧（意大利语：opera，opere为复数形）是一门西方舞台表演艺术，简单而言就是主要或完全以歌唱和音乐来交代和表达剧情的戏剧（是唱出来而不是说出来的戏剧）。

Opera (Italian: opera, opera is plural) is a Western stage performing arts, in simple terms a drama that is mainly or completely sung and expresses the story (singing rather than speaking).

CONCERT HALL CENTRAL SCENE CONFIGURATION

「演唱会」

当500赫兹条件下，最佳混响时间为0.8s时，对应房间容积为1000-5000㎡

演唱会（Concert）是指在观众前的现场表演，通常是音乐的表演。音乐可以是由单独的音乐人所表演或是音乐的集体演出，歌手通常是在舞台上表演。

A concert is a live performance in front of an audience, usually a musical performance. Music can be performed by a single musician or a collective performance of music, and singers usually perform on stage.

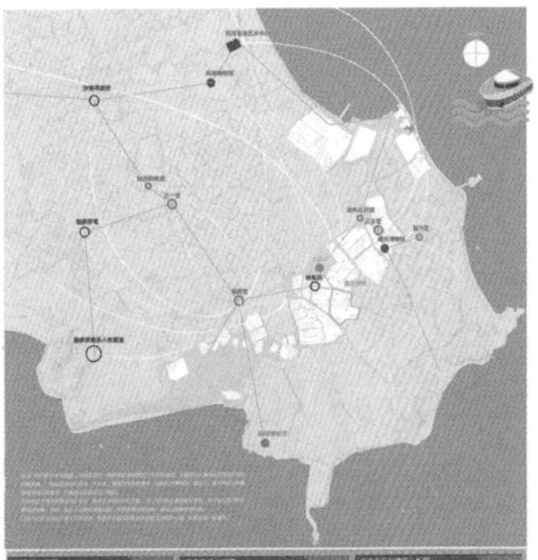

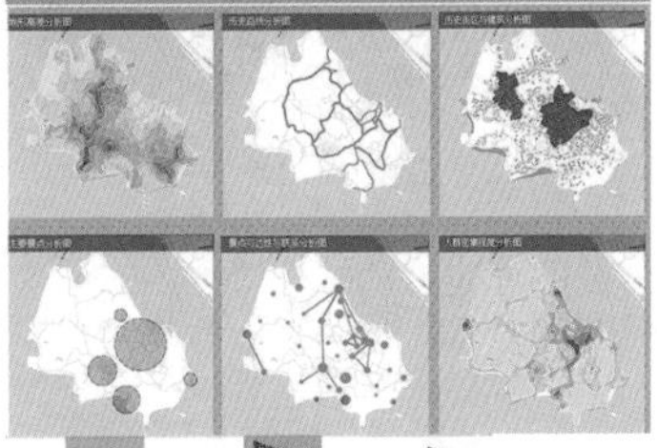

城市设计区位分析

场地冲突点

场地现存公共空间节点

场地现存消极公共空间节点

场地整改节点示意

节点选择

新节点网络

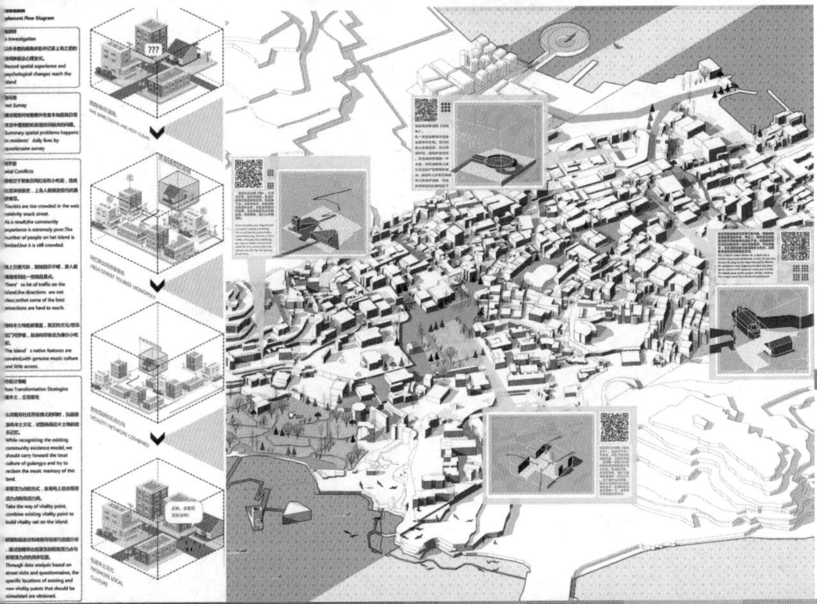

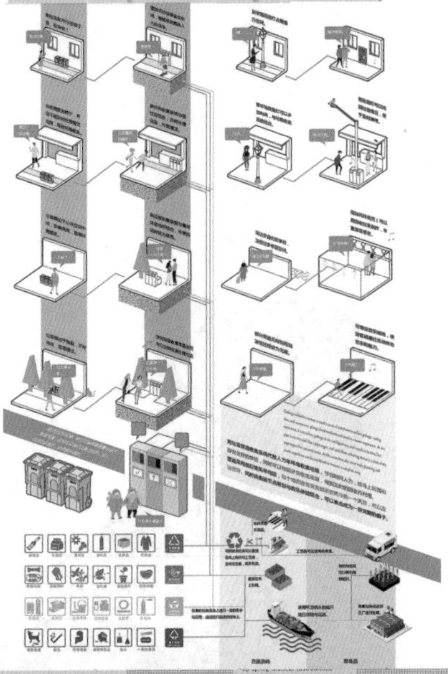

2019年“8+1+1”联合毕业设计课题
鼓浪屿——作为世界文化遗产的“历史国际社区”更新
GULANGYU "HISTORICAL INTERNATIONAL COMMUNITY" AS A WORLD CULTURAL HERITAGE

梦乐仙踪

Paradise of Dream & Music

北京建筑大学
设计：马泽媛
指导：马英/晁军

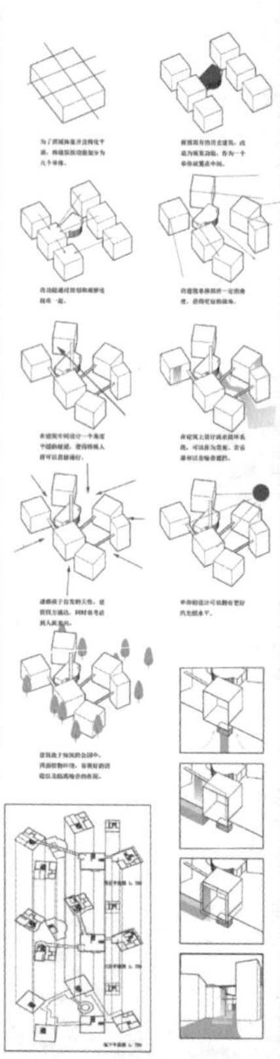

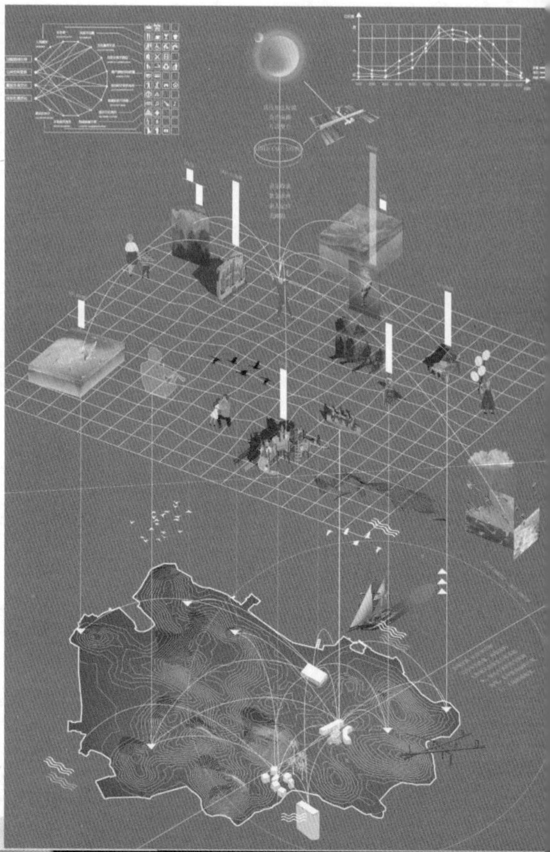

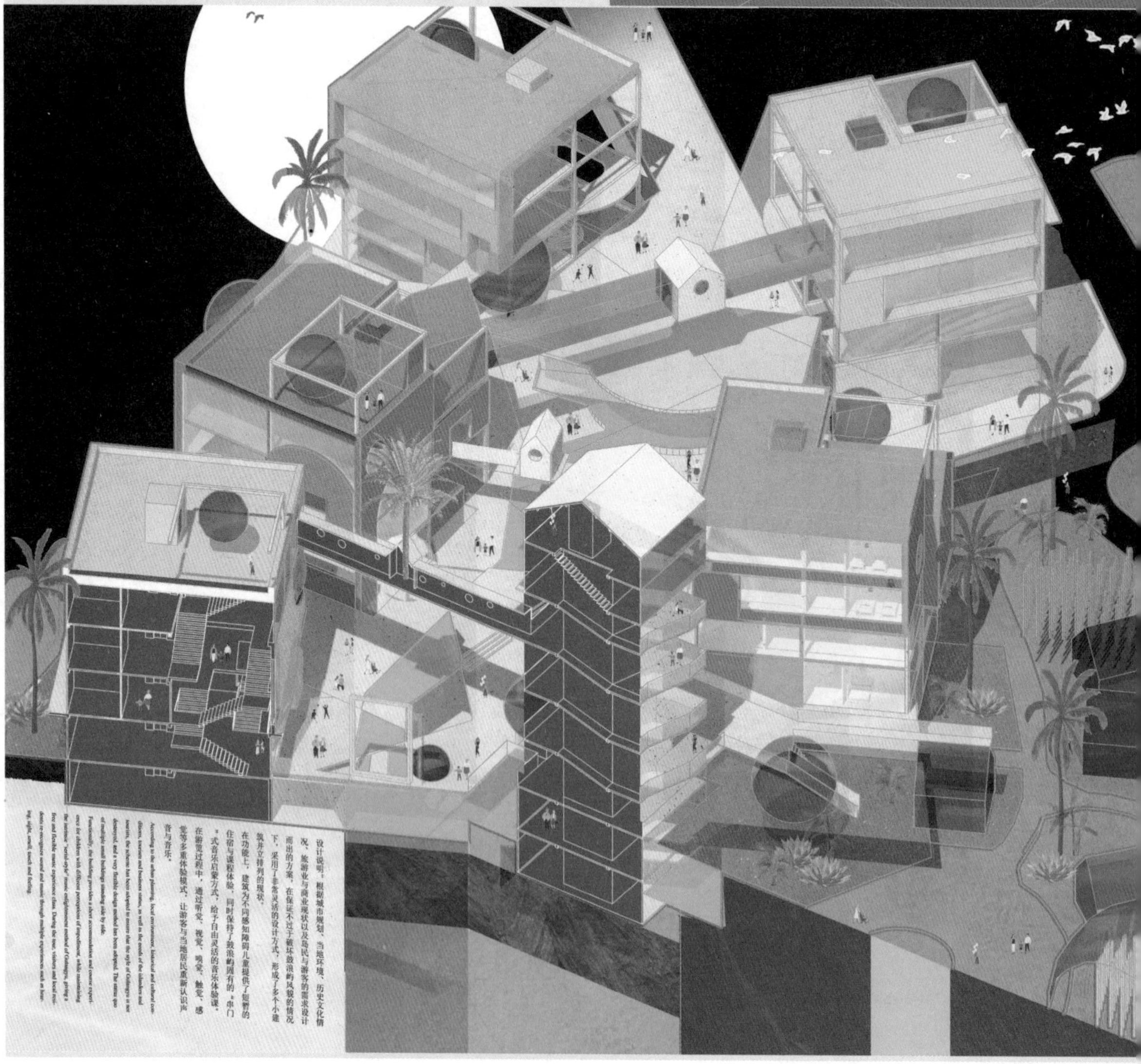

评语：

选址位于近海岸之处，以试图解决感知智障儿童的行为提升为主题，试图于特殊区域建构一处解决智障儿童听觉、视觉、嗅觉、触觉等感知系统的康复环境。

内部空间与体块的灵活组织展现出富有人情味道的建筑丰富性，色彩的多样性与鲜明性有效标志出该建筑的特殊属性。

“聚合、交织、灵活、体验、丰富”是其方案的突出特征，体现出音乐与建筑空间对特定使用对象的弥合康复作用。

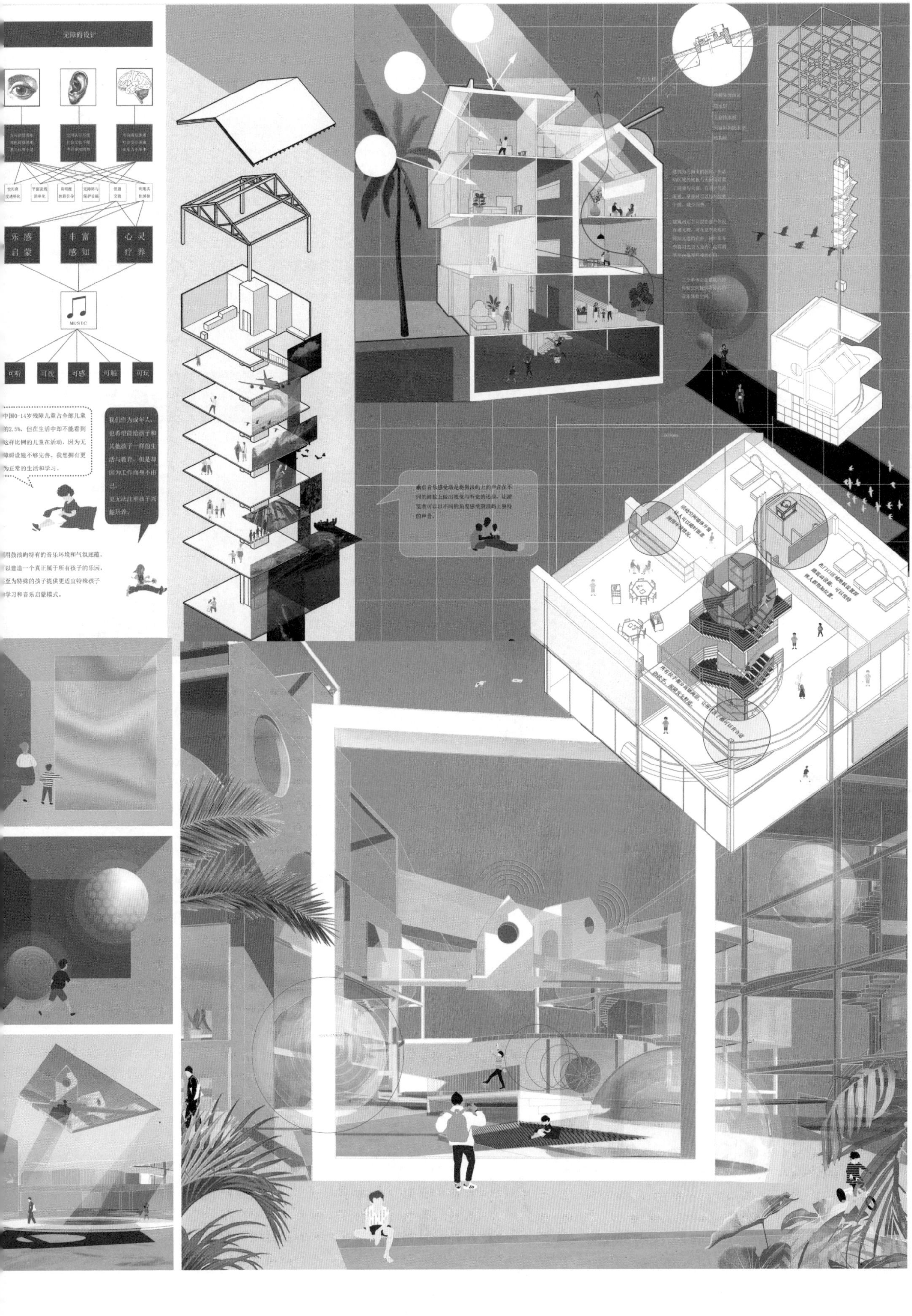

无障碍设计
空间高度透明化
平面流线简单化
高明度色彩引导
无障碍与保护设施
促进交流
利用其他感知
乐感启蒙
丰富感知
心灵疗养
MUSIC
可听
可视
可感
可触
可玩
中国0-14岁残障儿童占全部儿童的2.5%，但在生活中却不能看到这样比例的儿童在活动，因为无障碍设施不够完善。我想拥有更为正常的生活和学习。
我们作为成年人，也希望能给孩子和其他孩子一样的生活与教育，但是却因为工作而身不由己。更无法注重孩子兴趣培养。
用鼓浪屿特有的音乐环境和气氛底蕴，以建造一个真正属于所有孩子的乐园，至为特殊的孩子提供更适宜特殊孩子学习和音乐启蒙模式。
垂直音乐感受塔地将鼓浪屿上的声音在不同的场景上做出视觉与听觉的还原，让游览者可以以不同的角度感受鼓浪屿上独特的声音。

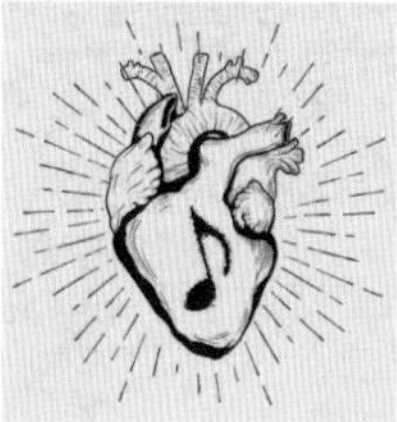

遇乐圈
A Center of Inspiron

北京建筑大学
设计：李鑫然
指导：马英/晁军

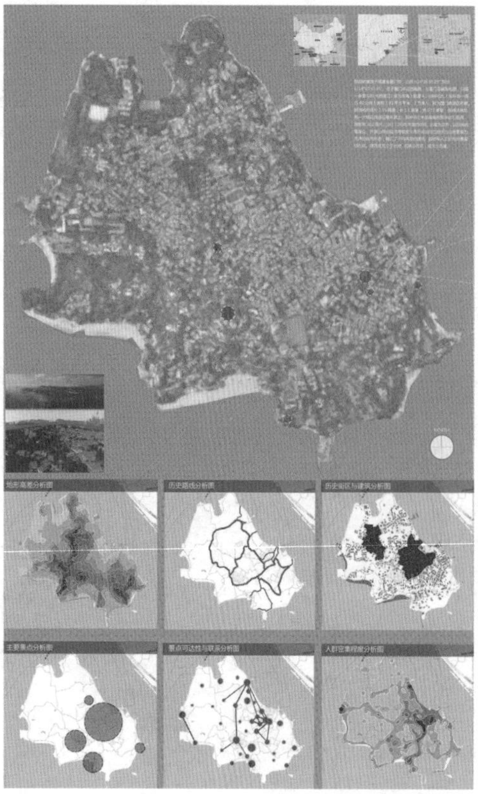

鼓浪屿，一个念起来仿佛能听到海浪声的名字，从古至今都跟音乐有着丝丝缕缕的联系。从 19 世纪中期，洋人在教会学校教授音乐课到现今岛上经常举办钢琴比赛和管风琴展演，音乐一直是岛上重要的文化脉络。

但是，随着申遗的进行，岛上的文化渐渐没落，没有了处处能听到的钢琴声，反倒多了游客的喧哗声，没有了处处莺歌燕舞，反倒多了无特色小吃的吆喝叫卖。

在后申遗时代的鼓浪屿，文化作为旅游发展重要模块，音乐在其中起到了不可或缺的作用。而我们，正想利用这条声音的线索，将鼓浪屿的前世今生复苏和激活，让鼓浪屿吸引具有文化气质的人群，进行特色线路的游览和音乐交流，同时也让岛上居民回到记忆中的氛围里，增强在地感和邻里关系，让音乐成为生活中娱乐与休闲的不二选择。

问题调查统计比例

音乐历史脉络

听景规划

问题归纳

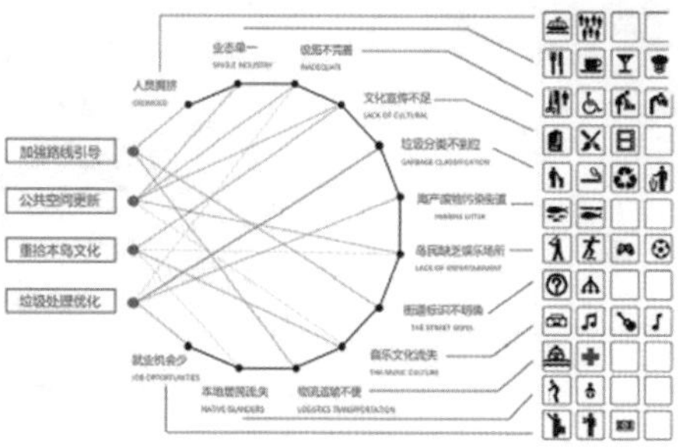

设计思路

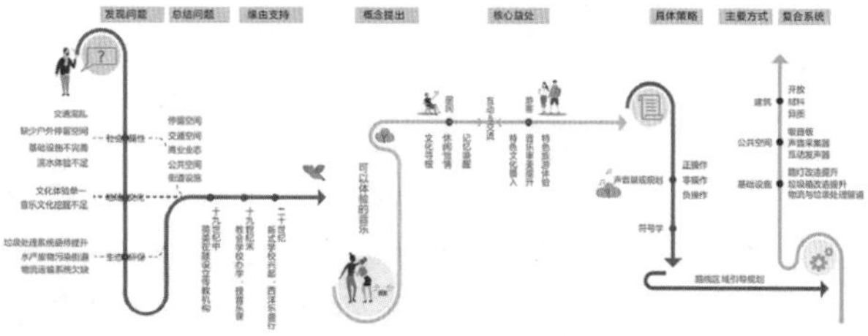

路径区域规划——重要节点选择

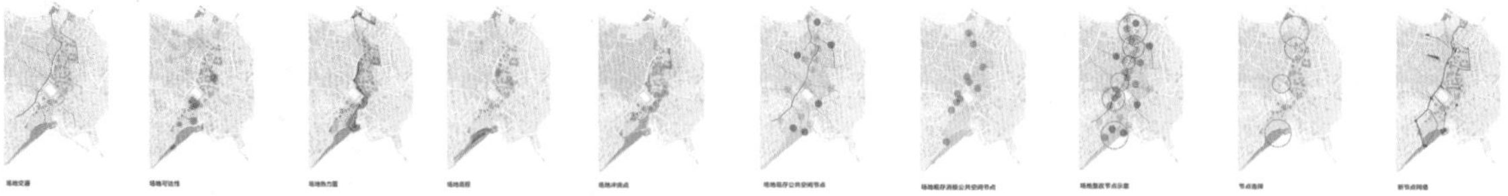

设计概念

唱片博物馆，钢琴博物馆，管风琴博物馆……除了参观博物馆，获得历史知识外，我们还能如何认识音乐？
体验！而且是多元的体验！
而最好的体验是参与，对于音乐来说，莫过于学习。

依托场地的音乐厅和学校，引入驻地音乐家。因为音乐家与音乐学院之间存在长期的合作关系，并且时常在鼓有表演安排，一方面能满足音乐家的工作需求，另一方面还能教授居民和游客音乐课，以延续鼓浪屿的音乐文化。

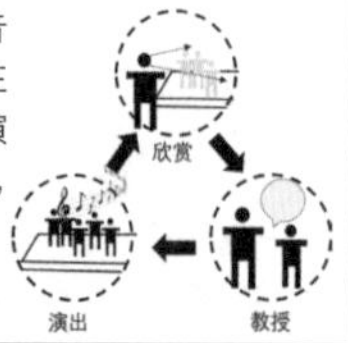

引入音乐家人群的意义

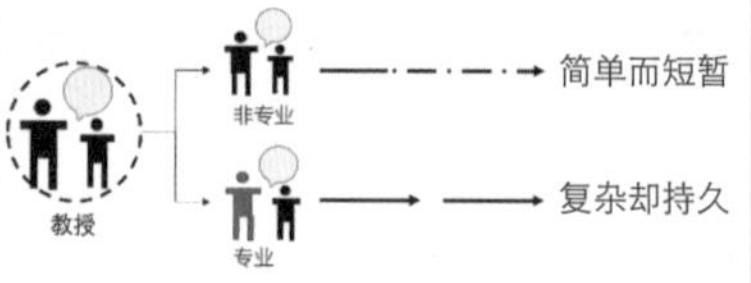

音乐产业意向图

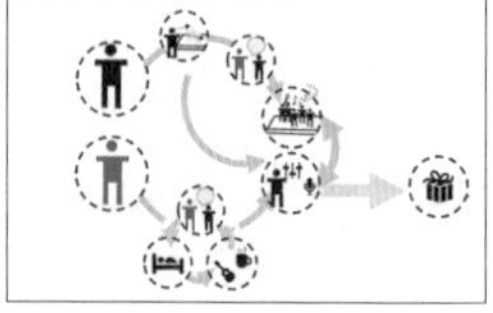

评语：

选址位于鼓浪屿音乐厅片区之处，以围绕现有音乐厅打造音乐家驻地为主题，展现音乐文化体验馆的复合功能片区与促进音乐产业链的形成，试图引入驻地音乐家这一特殊使用群体，对音乐进行多元的体验与感受，形成“教”与“学”的音乐互动。

空间与体块的组织通过特色鲜明的廊道进行组织，结合地形的高差，形成富有活力的整体建筑环境。

“链接、新旧、混合、互动”是其方案的突出特征，体现建筑与环境对驻地音乐家与受众群体的协同共生作用。

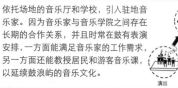

1. 在城市设计的区域里
选择地块
2. 在地块里挑选主要建筑
建立关联
3. 明确地块范围
4. 设计建筑
ZHONGSHA
LUJIANG
500 m
1k m

设计是对鼓浪屿音乐厅片区的改造提升。本设计场地位于鼓浪屿东南部，部龙头路商业街以及城市设计场地中央，基地坐落着重要的景观节点和文或体——鼓浪屿音乐厅以及厦门音乐学校。设计概念定位在围绕现有音乐丁造音乐家驻地和音乐文化体验馆的复合功能片区。

低品质纪念品
低品质餐饮

室内外音乐表演

音乐文化复兴
驻地音乐家
在地居民
游客
SOHO
音乐体验空间

录音棚
音乐体验课

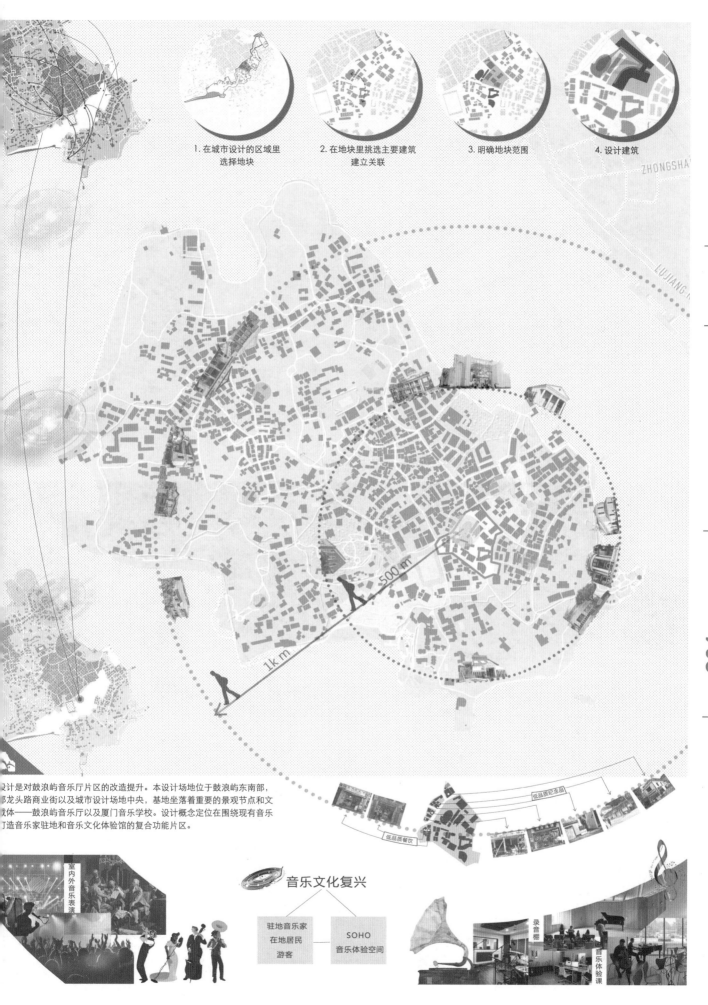

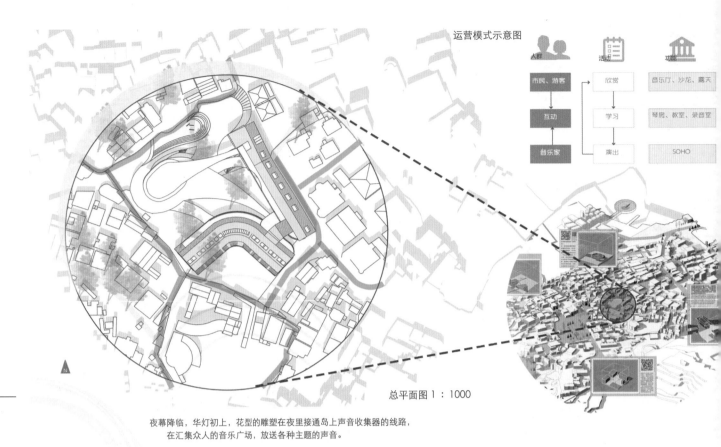

运营模式示意图

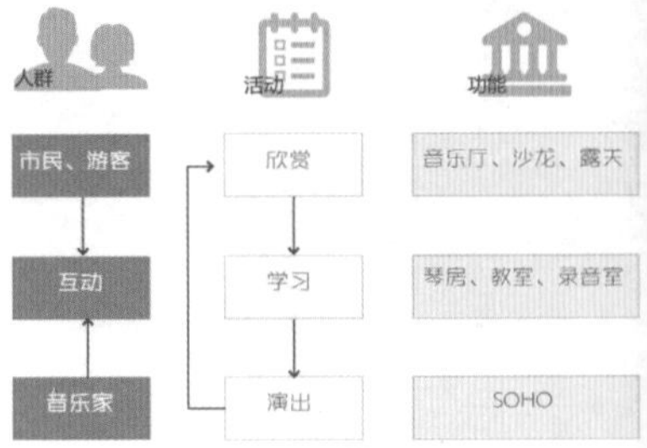

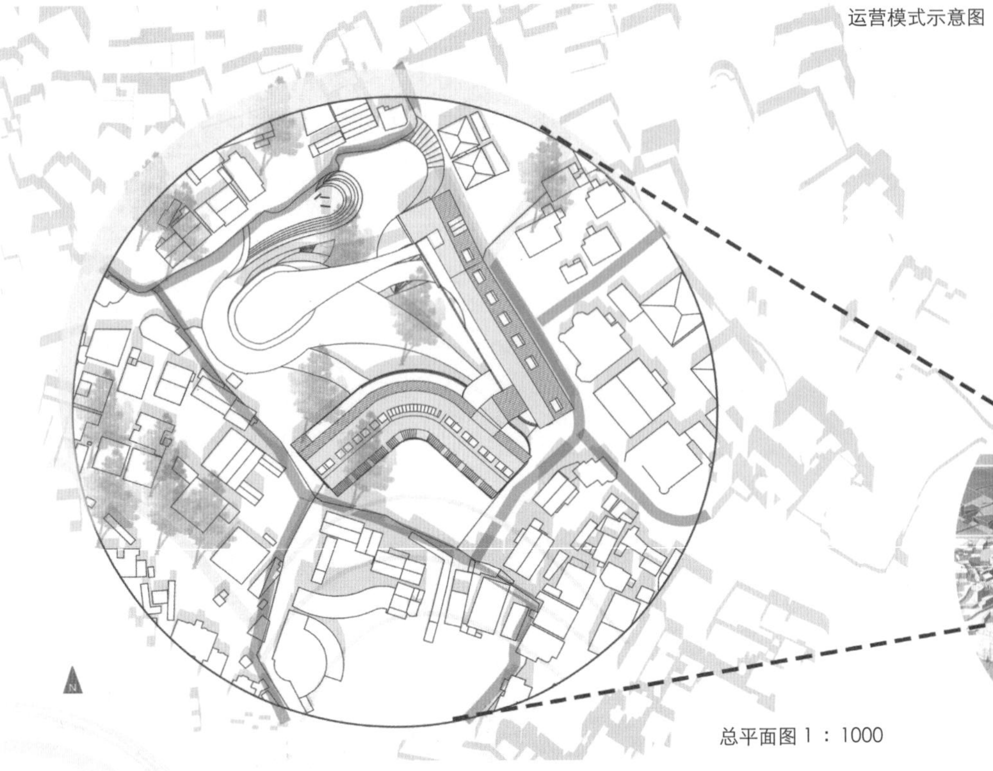

总平面图 1：1000

夜幕降临，华灯初上，花型的雕塑在夜里接通岛上声音收集器的线路，
在汇集众人的音乐广场，放送各种主题的声音。

这些平日里被忽视的声音，在这个时刻，成为这里的主题。
不论是孩子还是大人，不论男女或是老少，都能这里找寻到遗失的美好。

鸟瞰效果图

形体生成示意图

建筑设计上，利用先天地势拾阶而上，功能从开放到私密，两座与周围房屋相呼应的坡顶建筑与音乐厅逐层相接，在走势上形成旋涡状图案，塑造了一个流动的音乐集散地。希望激发音乐文化的活力，延续鼓浪屿的声音记忆。

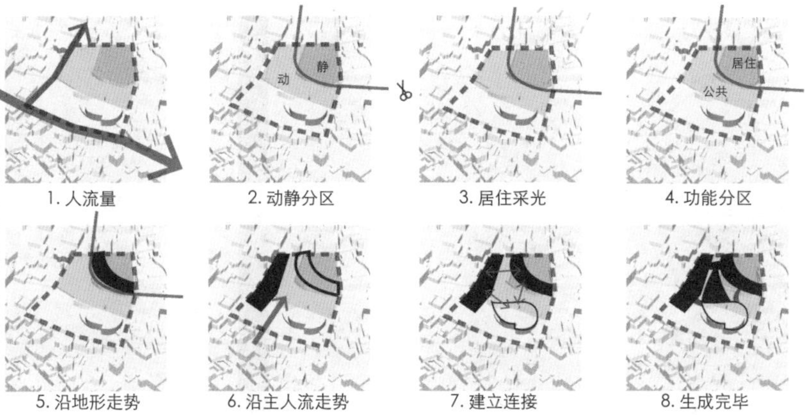

1. 人流量　2. 动静分区　3. 居住采光　4. 功能分区
5. 沿地形走势　6. 沿主人流走势　7. 建立连接　8. 生成完毕

室内透视图

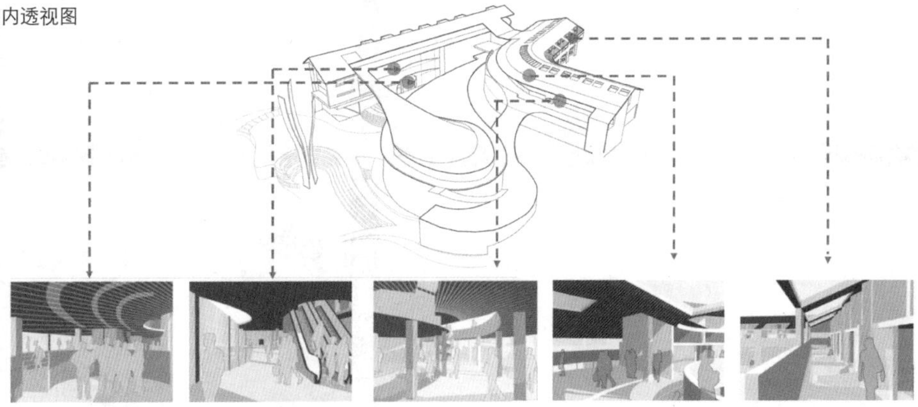

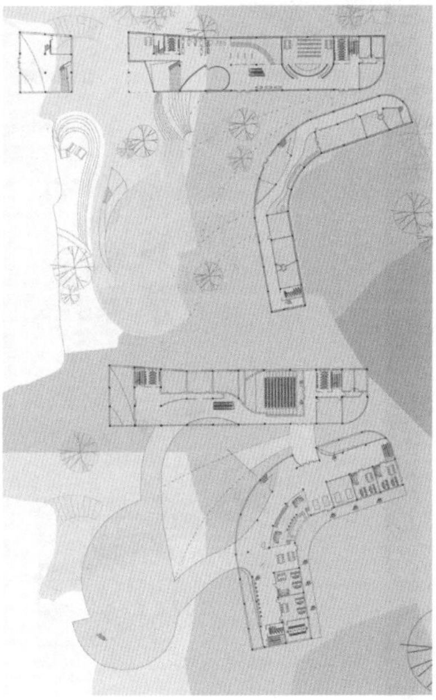
首层平面图
二层平面图

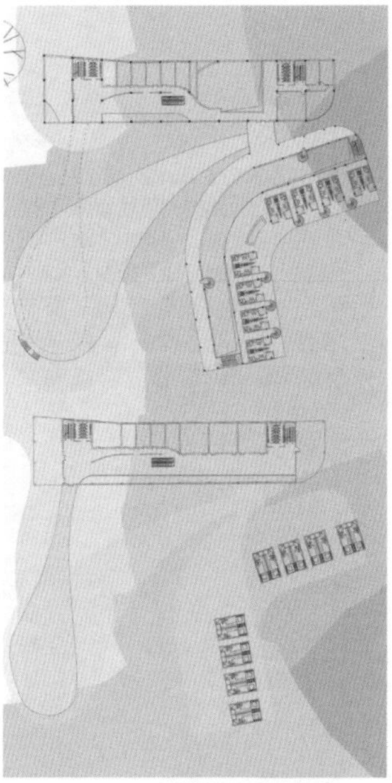
三层平面图
四层平面图

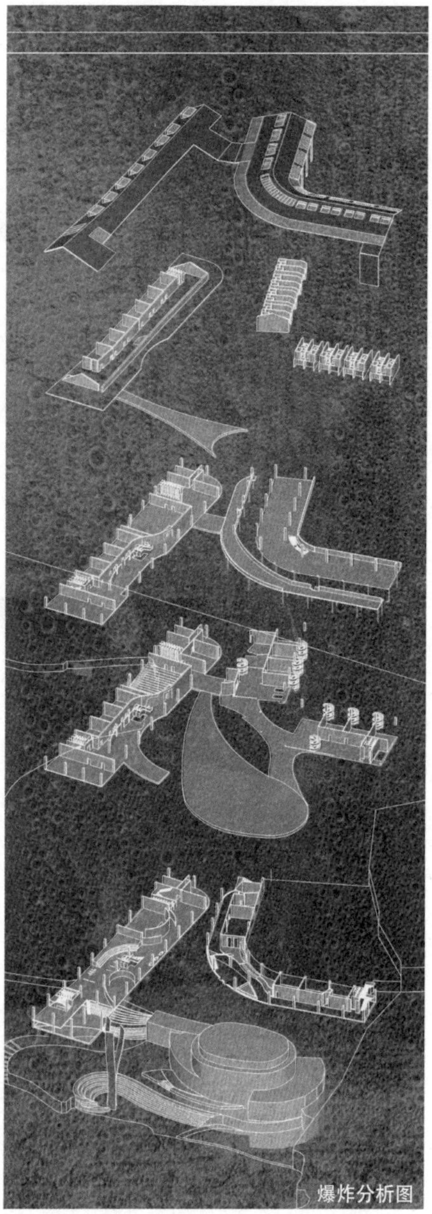
爆炸分析图

为了满足音乐家的工作以及差旅需求，为四个类别的音乐家提供SOHO，面积在50m² 左右。SOHO 为复式户型，在一层可以满足日常待客和工作的需求，二层则用于居住。

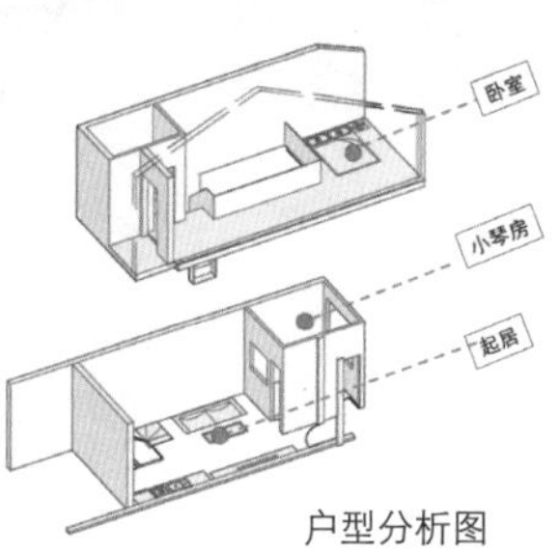

户型分析图

剖透视效果图

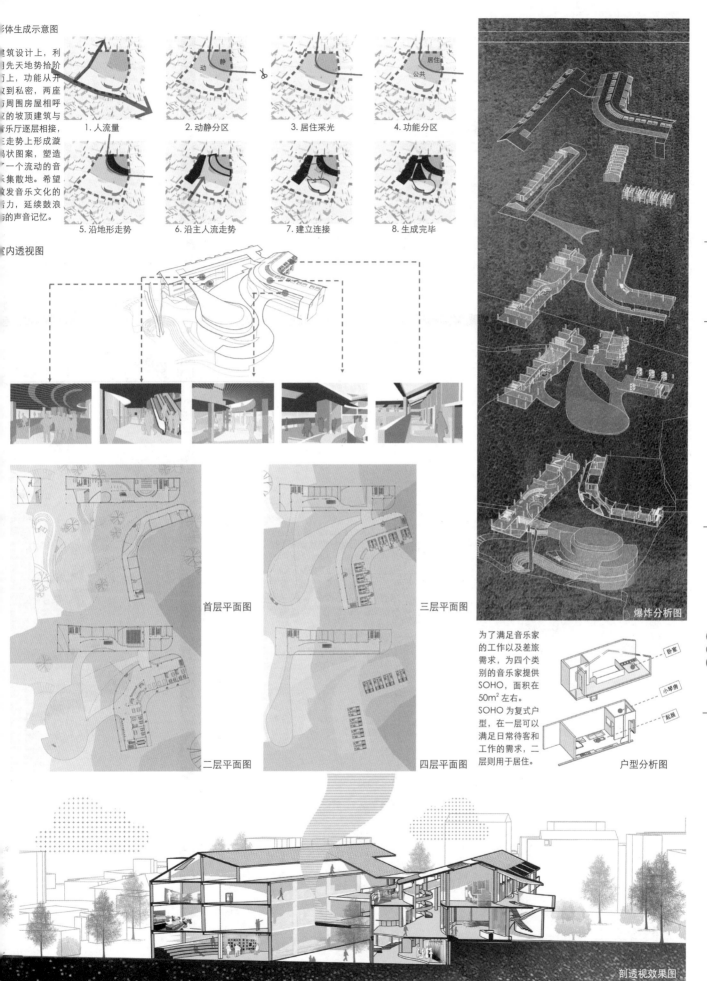

海洋之歌——鼓浪屿厦门海底世界更新设计

Song of the Sea – Gulangyu, Xiamen Aquarium Design

北京建筑大学
设计：张聪惠
指导：马英 / 晁军

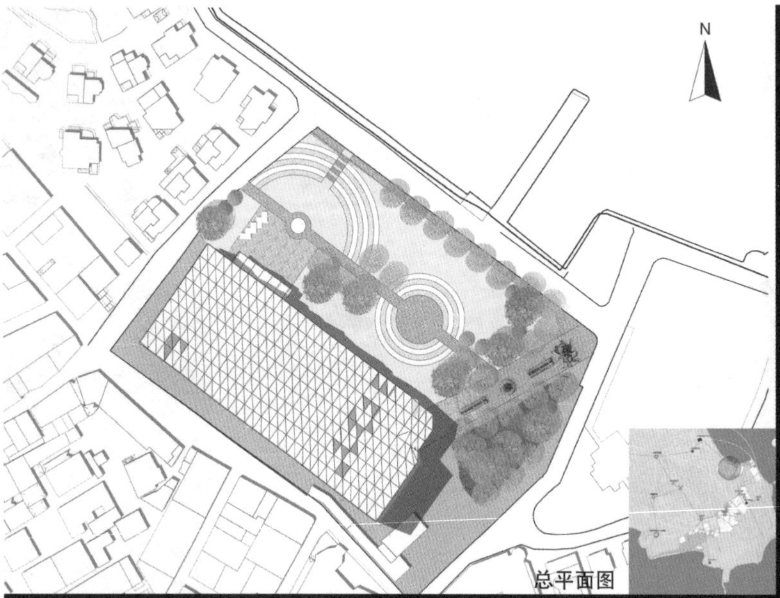
N

总平面图

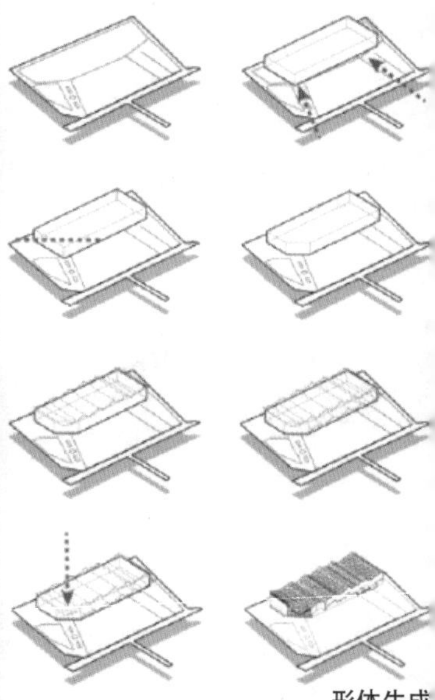

形体生成

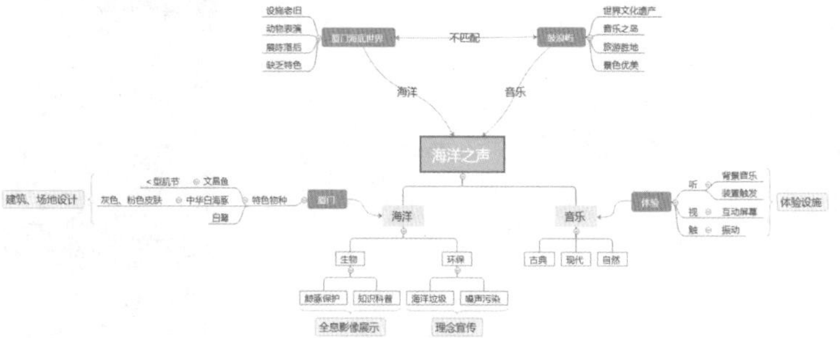
设施老旧
动物表演
展陈落后
缺乏特色
不匹配
世界文化遗产
音乐之岛
旅游胜地
景色优美
海洋
音乐
海洋之声
建筑、场地设计
文昌鱼
灰色、粉色皮肤
中华白海豚
白鹭
特色物种
海洋
音乐
听
背景音乐
装置触发
视
互动屏幕
触
振动
体验设施
生物
环保
古典
现代
自然
鲸豚保护
知识科普
海洋垃圾
噪声污染
全息影像展示
理念宣传

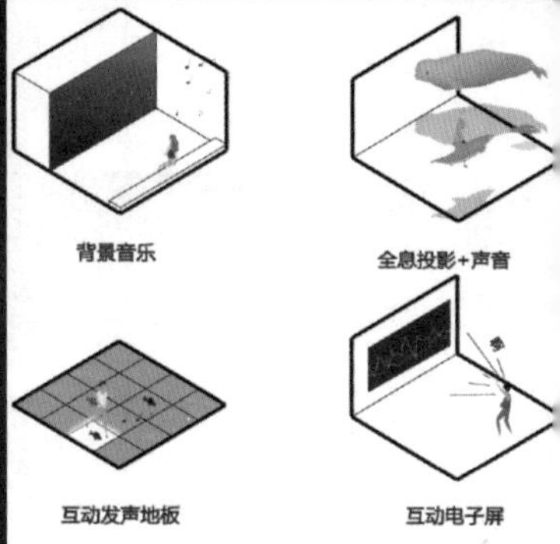
背景音乐
全息投影+声音
互动发声地板
互动电子屏

互动装置

设计说明：

本方案为鼓浪屿——厦门海底世界重建方案。

原海底世界位于所选城市设计地块的东北部，市民码头附近，该地人流量众多，需要宽阔空间进行游客疏散导流。考虑到现有海底世界存在诸多问题，如票价高昂、设施陈旧、建筑老旧、存在动物表演等不良展示手段，因此选择对海底世界进行原地重建，建立一座相对现代化的海底世界，同时引入全息影像等技术增强游客体验。

建筑整体规模与原建筑相仿。地上两层，为主要展示空间，局部三层，为饲养员等工作人员用房，地下一层为设备用房。配有两个小型影厅，用于播放海洋相关科教类影片，同时可根据群众需要，在海洋馆闭馆期间提供商业影片播放服务，丰富岛民生活。

本次海底世界更新改造主要目的是增强鼓浪屿的科普科教作用，加大海洋相关文化知识宣传力度，使其作为从鼓浪屿向民众宣传先进海洋保护理念、海洋生物知识、本土物种的重要窗口。

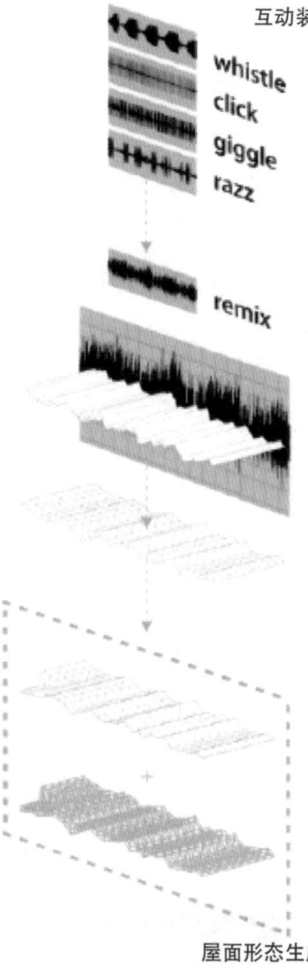
whistle
click
giggle
razz
remix

屋面形态生成

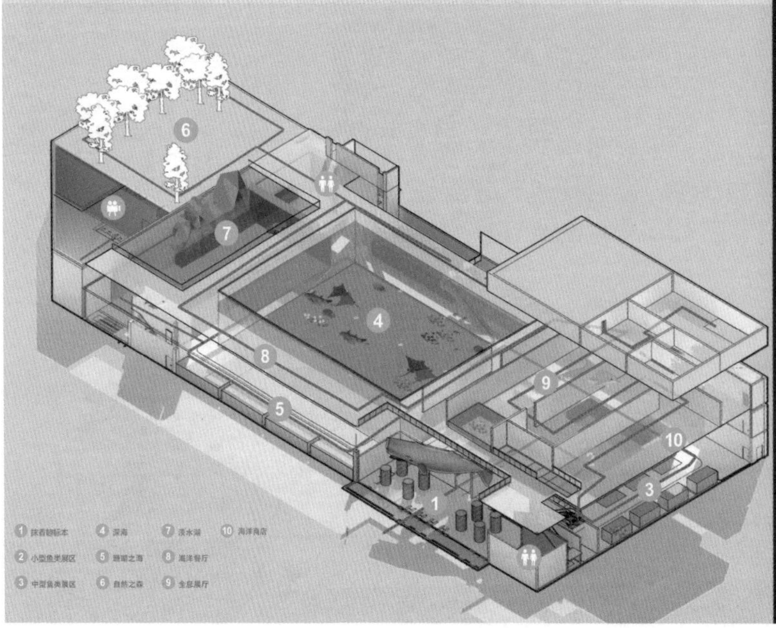
1
2
3
4
5
6
7
8
9
10
2 小型鱼类展区
3 中型鱼类展区
4 深海
5 珊瑚之海
6 自然之森
7 淡水湖
8 海洋餐厅
9 全息展厅
10 海洋商店

评语：

选址位于鼓浪屿市民码头区域，针对现有空间环境及人流量及海底世界的问题调查与研究，重新梳理周边空间环境，尤其对海底世界既有建筑进行更新改造。

引入现代技术进行全新展示设计，增强游客的体验感并使之成为一个公共性更强的开放城市空间。

建筑空间组织较好，形体较为大气并富有海洋和音乐特征，形成一处凝聚力较强的特殊活力区域。

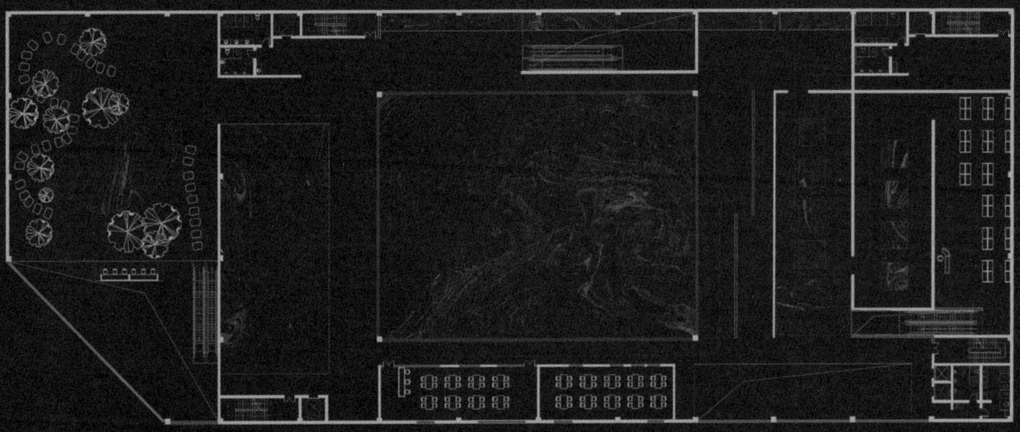

二层平面图

首层平面图

鼓浪屿复兴计划——公共空间设计

Gulangyu regenerate project Public space design

北京建筑大学
设计：石悦开 / 张佳智
指导：马英 / 晁军

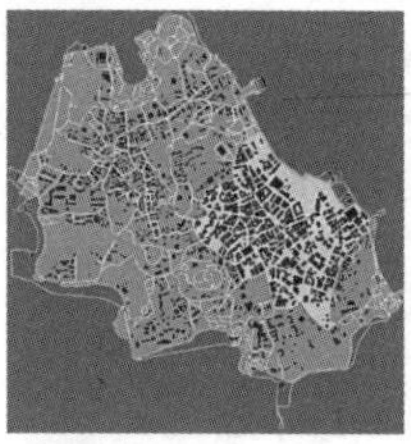

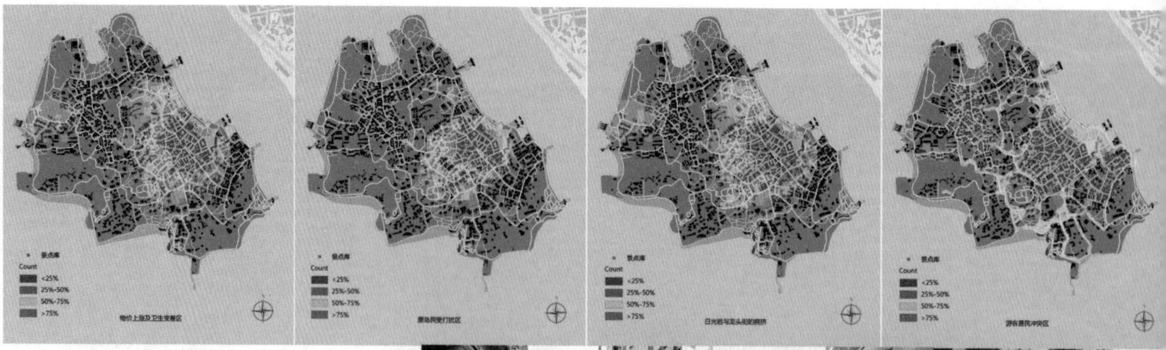

城市设计场地的选择

道路变化少，缺少停顿节点　人集中在流动的交通空间　院墙阻隔，缺少沟通

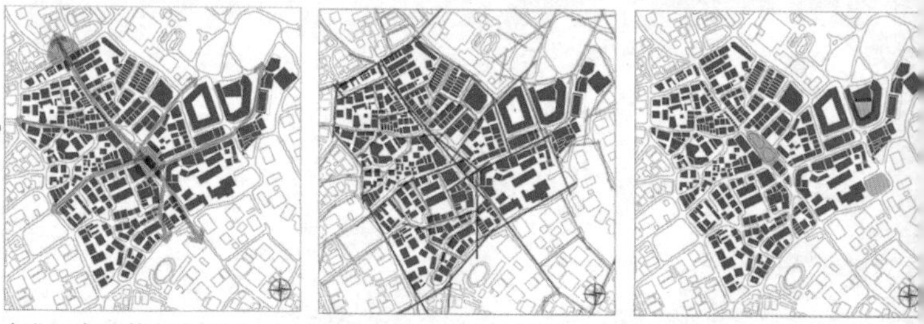

商业区交通节点分析图　商业区空间句法分析图　商业区公共空间分析图

公共空间分布　功能分布—商业中心，古建外环　重点历史风貌建筑分布　历史保护道路分布

鼓浪屿调研数据图表汇总

节点位于古建中心　节点相距不超过 500m

路径基于历史道路　形成环路

外区包围内区　外区连接内区

评语：

激活历史地段的活力是一个艰巨的挑战。表面上看，历史地段魅力十足，洞悉内部深层生活，往往会发现时代迈过历史的模糊脚印。

这组方案提出了鼓浪屿的文化与商业复兴计划，分离文化游览与商业流线，力图恢复历史地段的真实风貌同时，发展旅游来激活历史地段公共空间的时代活力。公共空间框架良好地保持了历史文化与商业发展的平衡，空间节点布设合理，建筑风格特色鲜明。

方案的不足之处是对基地现状的一些层面缺少深入了解，改造和新建的建筑体量与地段不甚协调。

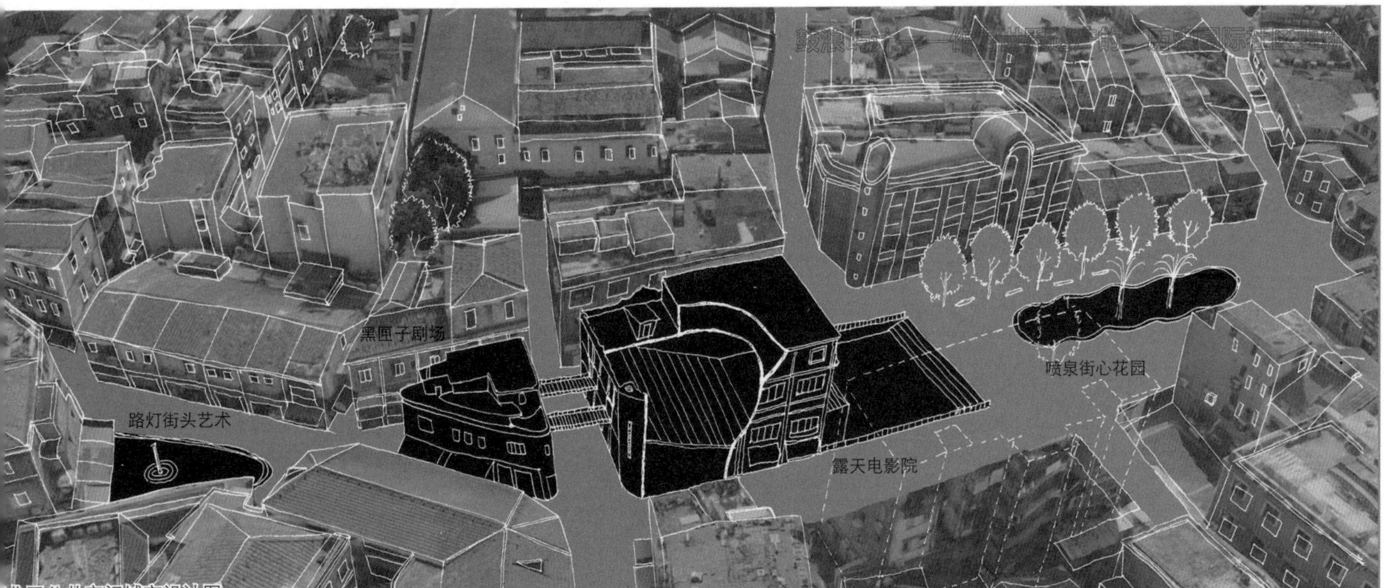

业区公共空间城市设计图

路灯街头艺术

黑匣子剧场

露天电影院

喷泉街心花园

地内圈外圈分区图

业区商业分布图

所选地段历史建筑分布图

重点保护建筑
历史保护建筑
拟定风貌建筑
一般性建筑

日本领事馆旧址
天主堂
黄家岔红
海关宝钩
四原大楼
转语堂加盛

路灯街头艺术

黑匣子剧场互动

露天电影院

喷泉街心花园

历史建筑保护区

选地段城市设计

海市蜃楼——未来数字游廊设计

The Mirage – future digital veranda

北京建筑大学
设计：石悦开
指导：马英／晁军

公共空间节点鸟瞰图

基于城市设计的成果，选择一个公共空间节点进行单体设计。
场地选址在外区环路上，周边有众多重点历史风貌建筑（海
堂构、黄荣远堂、日本领事馆），单体设计目的是提供公共
间，同时带动激活周边的重点风貌建筑，将未来与历史相结合

场地现状：流线不通　依据人流重新组织流线　空间有限引入廊桥概念

通过树木寻求廊桥定位　廊桥贴近周边古建轮廓　廊桥设置交通和观察点

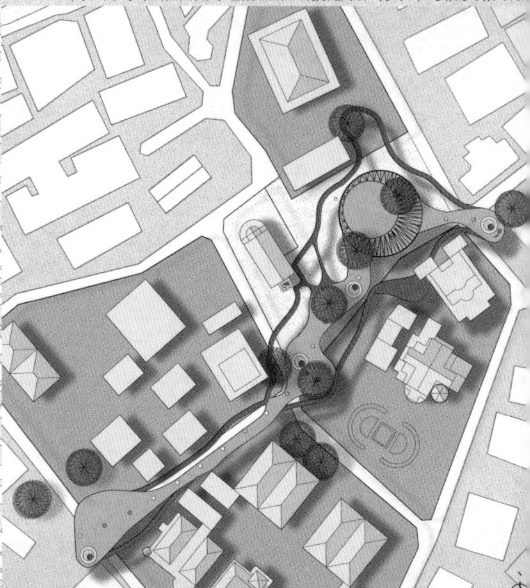

总平面图

评语：

历史建筑是历史文化的重要载体，但仅仅依靠脱离历史环境的历史建筑是很难引起游客文化共鸣的。该方案给出了一种解决方法——通过新媒体展示历史故事，增加文化带入感，唤醒游客认知。

在方案设计中，游客步道系统围绕基地中的几棵大树展开空间序列，通过类流体的形态强调空间的流动感。但从细部设计手法上看，还存在一些不足，技术设计上也不够深入。

黄昏之时——东北立面效果图

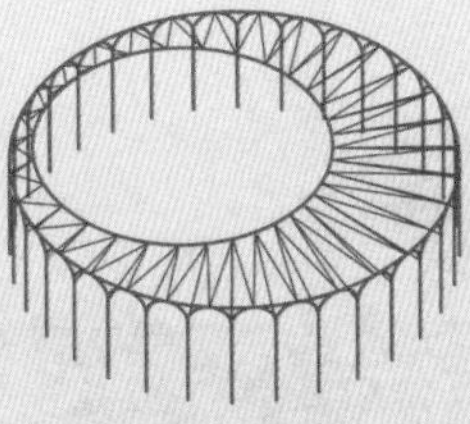

拱廊立体三角桁架

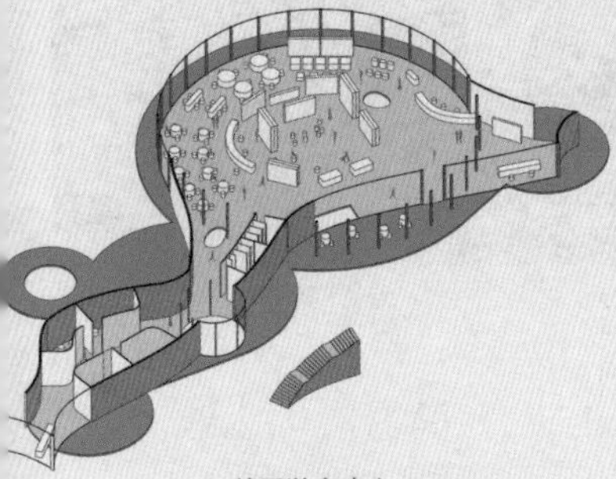

首层游客中心

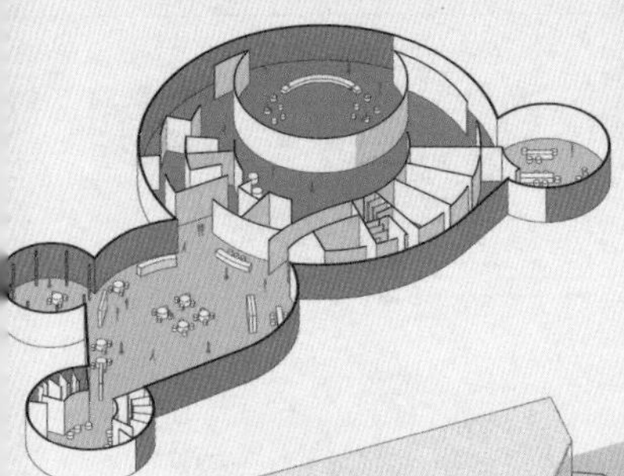

地下一层展厅

测爆炸分析图

日间效果一月之厅

日间效果一廊桥上下

夜间效果一百鬼夜行 全息投影

夜间效果一平面投影光影表演

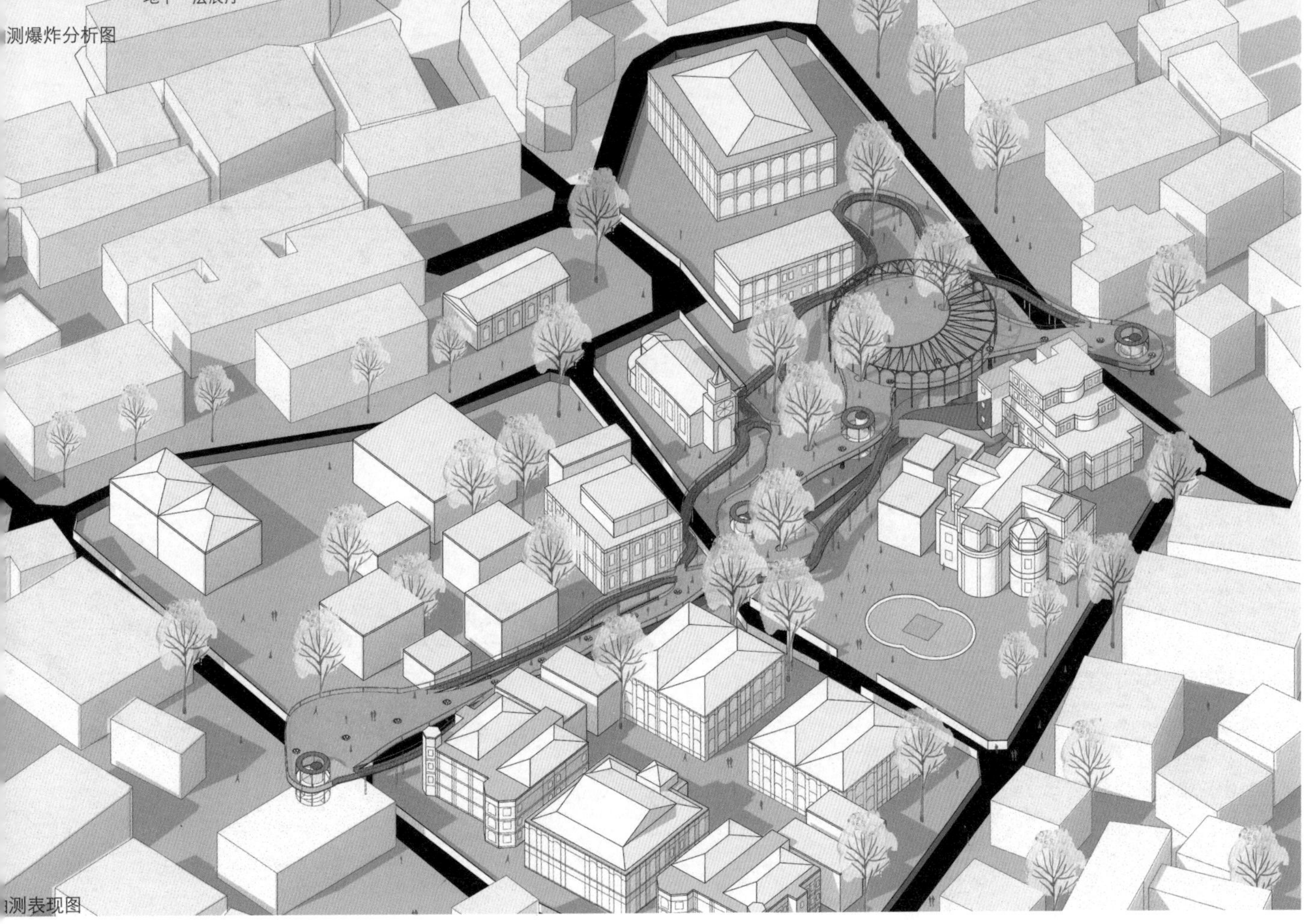

测表现图

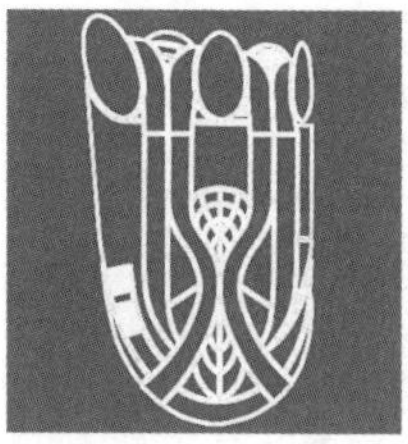

曲瓦片美术馆

Tiile Gallery

北京建筑大学
设计：张佳智
指导：马英/晁军

剖透视

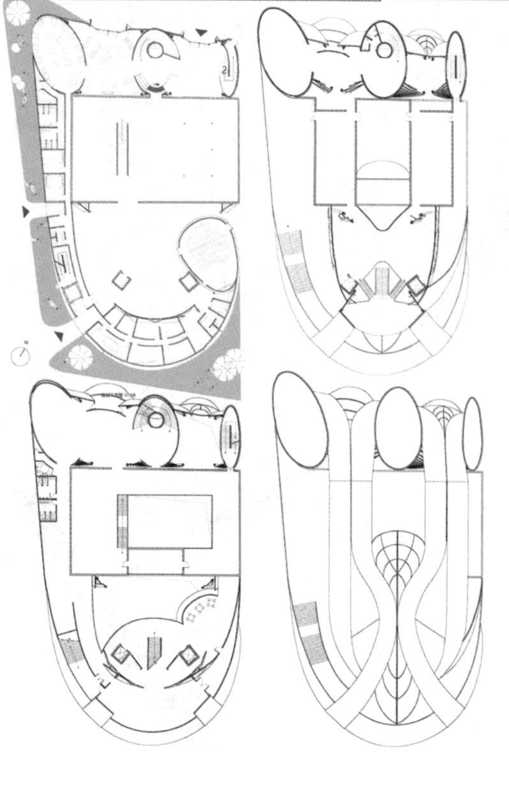

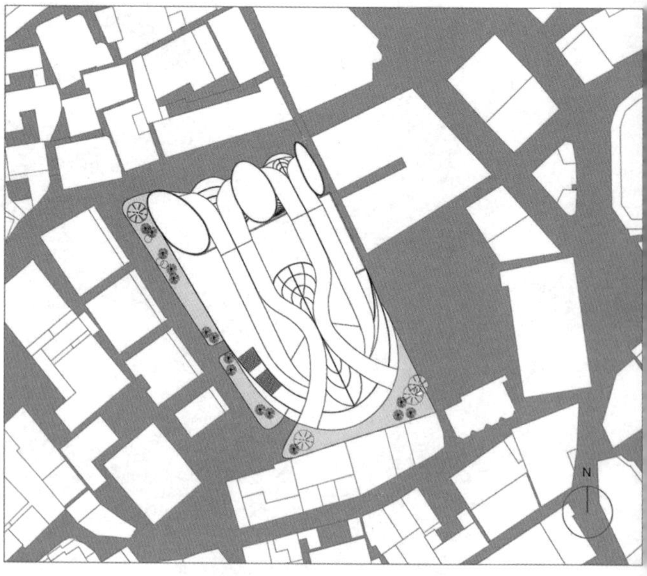

首层平面图　二层平面图

三层平面图　屋顶平面图

总平面图

评语：

这是一个有创新精神的美术馆，并利用了原有建筑作为一部分展示空间。新老建筑的穿插融合也形成了富有趣味的展示空间形式。方案的流线设计与空间界面充分考虑了美术展品的布设要求。

建筑形态既突出了新旧建筑的有机结合，又不失个性特征，通过暴露的空间结构渲染了建筑的艺术氛围。方案特征鲜明，别具一格。不足之处是建筑形体的不确定性过多，模糊的形象容易引发多重暗示，造成一定解读分歧。图面效果也有待进一步加强。

大透视图

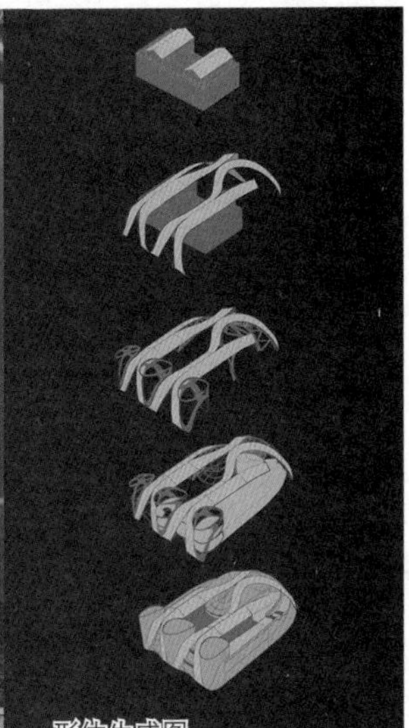

形体生成图

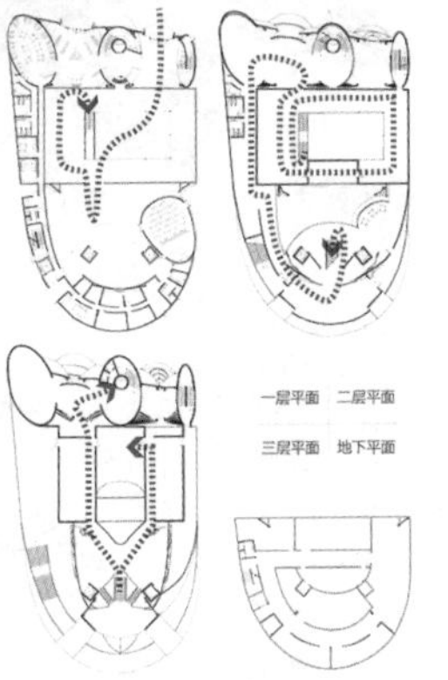

一层平面　二层平面
三层平面　地下平面

游客流线分析图

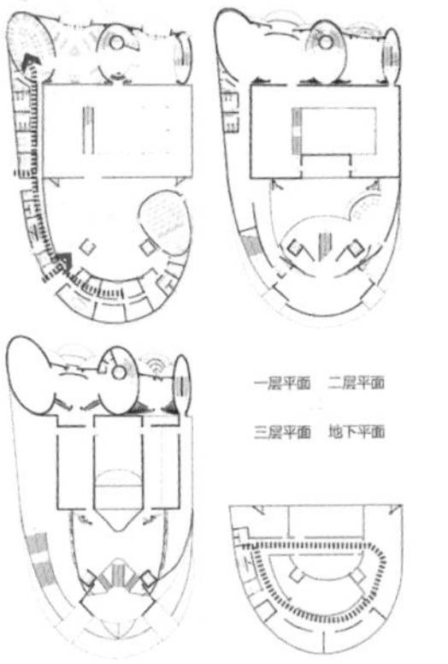

一层平面　二层平面
三层平面　地下平面

工作人员流线分析图

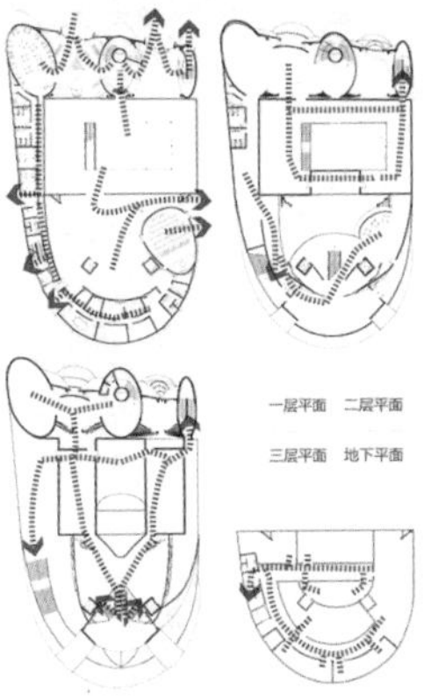

一层平面　二层平面
三层平面　地下平面

消防疏散分析图

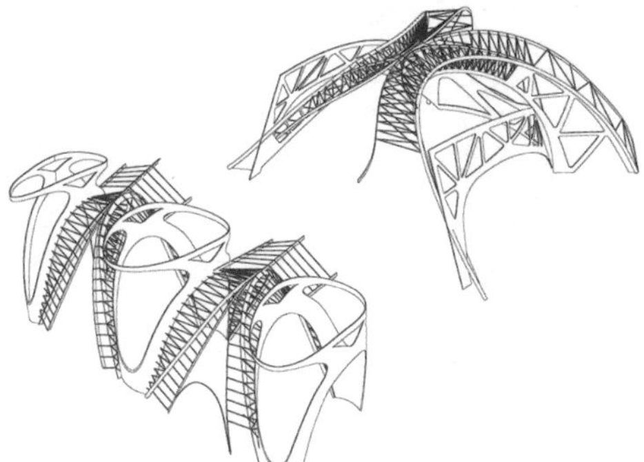

竖向受力结构展示图

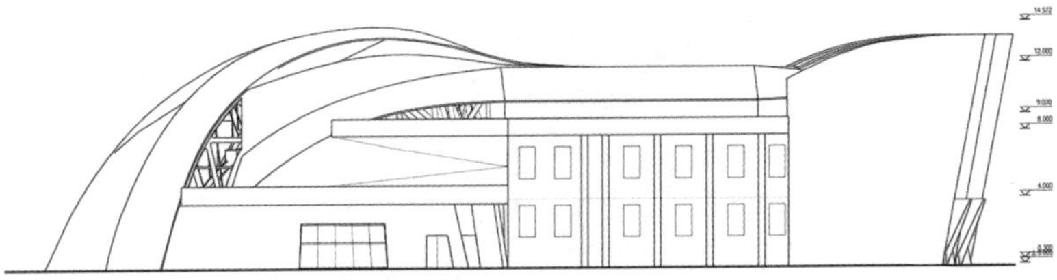

侧立面图

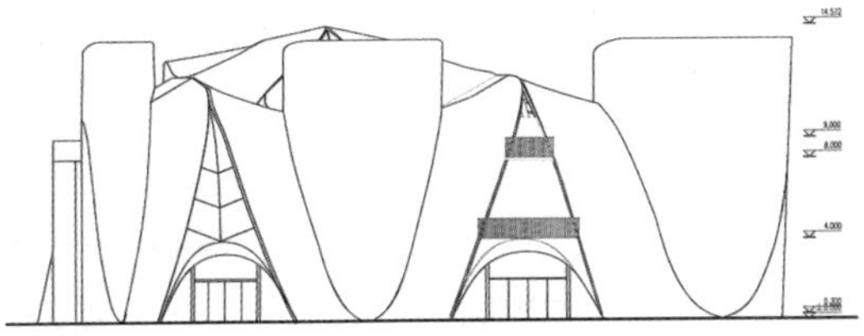

正立面图

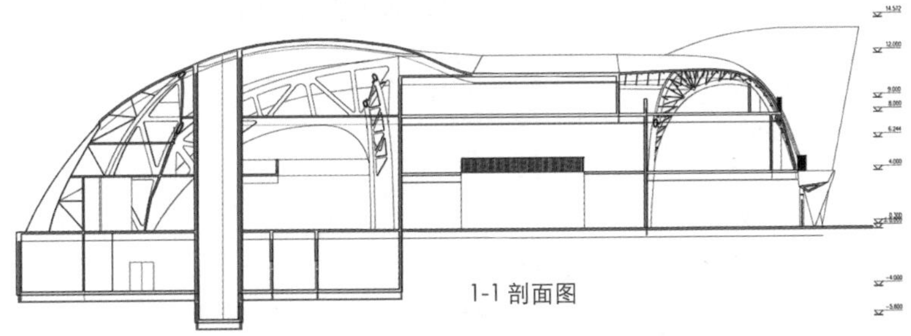

1-1 剖面图

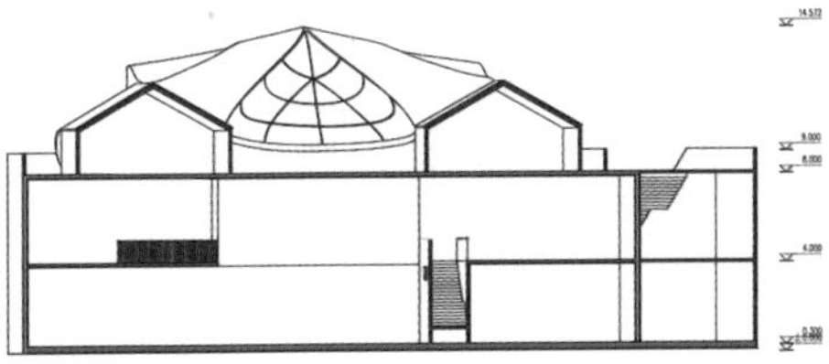

2-2 剖面图

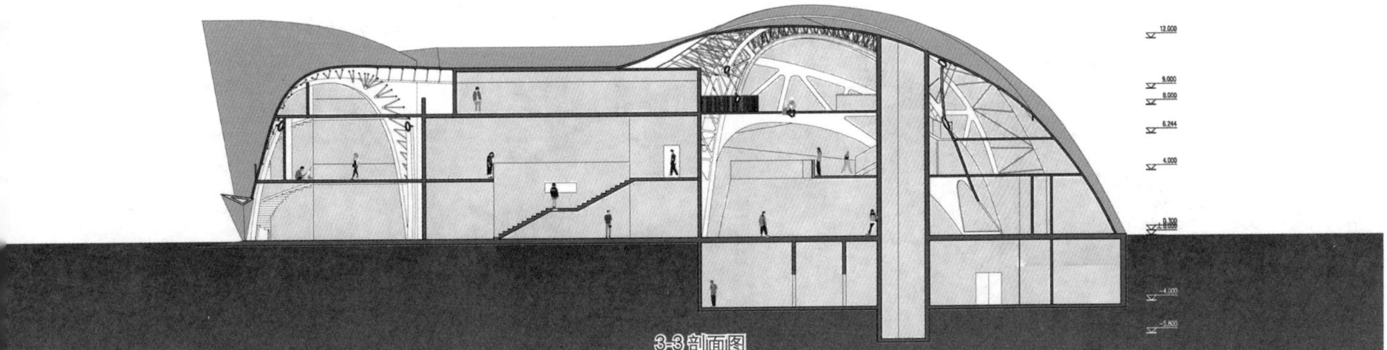

3-3 剖面图

:re

垃圾转运系统更新

Ein Projekt zur Erneuerung der Muelltransfer systeme

北京建筑大学
设计：蔡丰
指导：马英／晁军

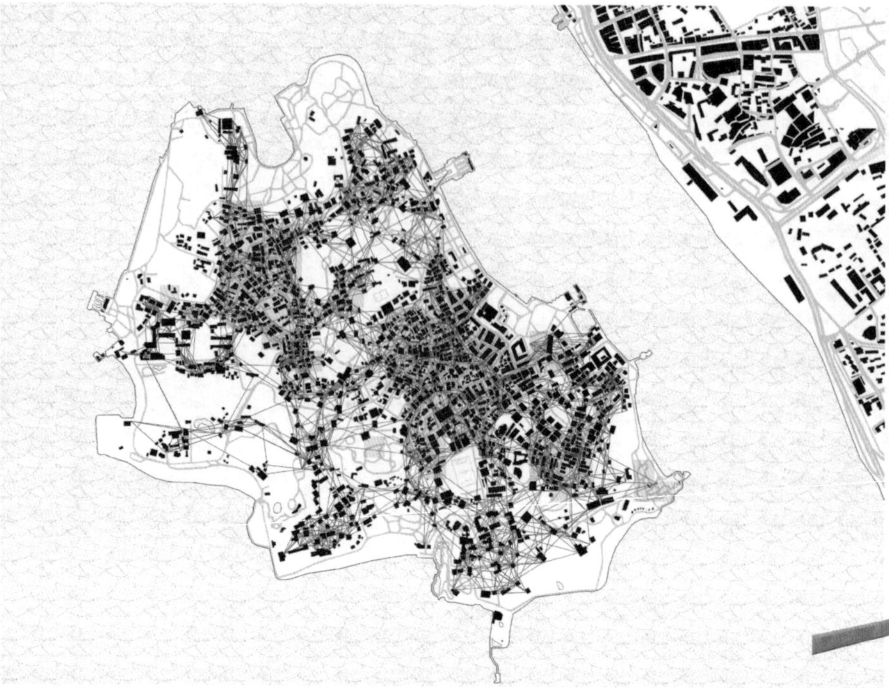

破坏街容
路窄坡陡
环卫车容量小
卫生问题
垃圾积存

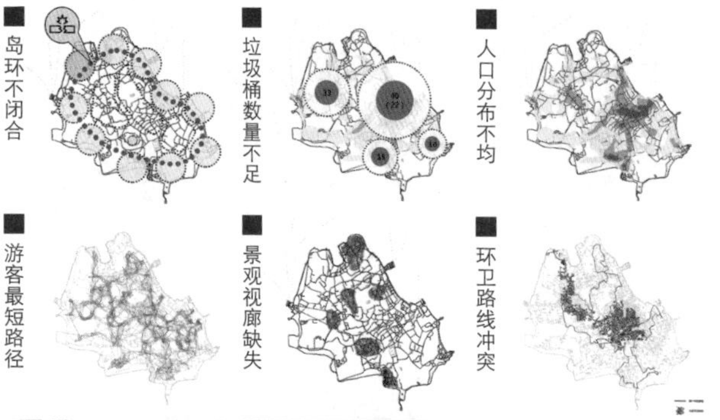
岛环不闭合
垃圾桶数量不足
人口分布不均
游客最短路径
景观视廊缺失
环卫路线冲突

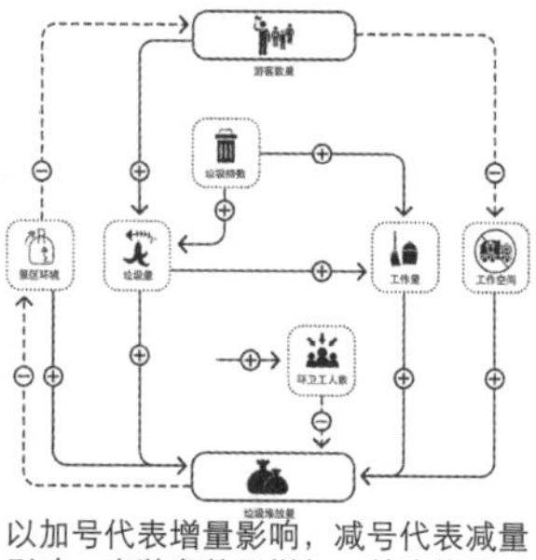

以加号代表增量影响，减号代表减量影响。当游客数量增加，鼓浪屿环卫能力得到严峻考验。

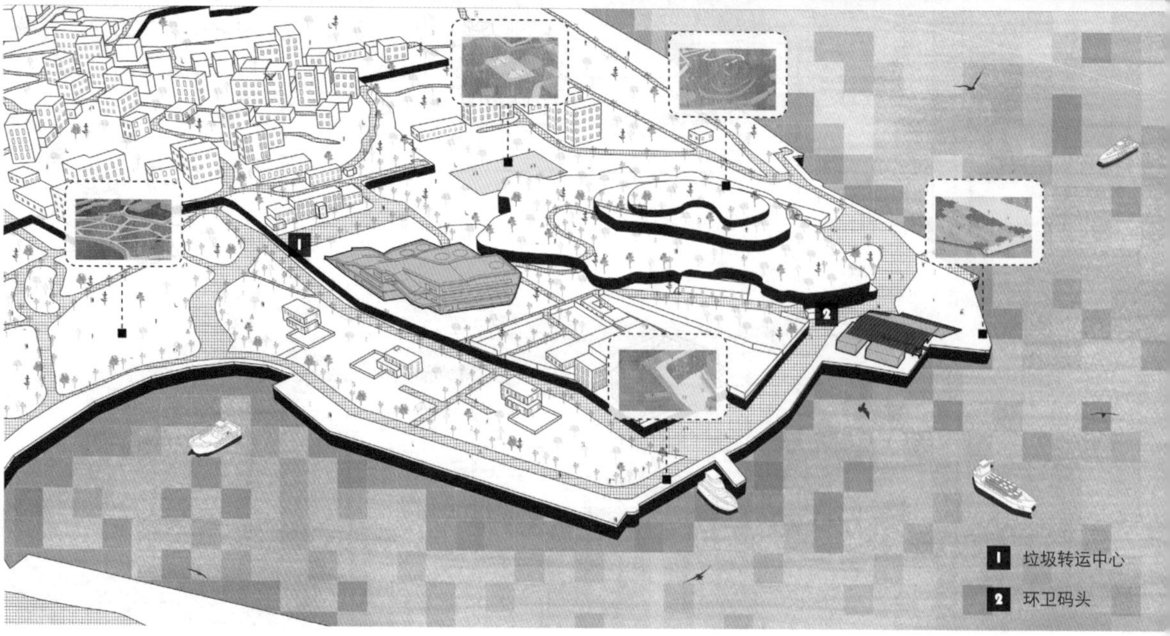
1 垃圾转运中心
2 环卫码头

评语：

垃圾问题是一个看似渺小却又重要的普遍问题，如何在鼓浪屿这个特殊的自然、历史、人文环境中重构垃圾之道是一个积极的城市设计问题，该同学在深入研究既有垃圾收集、运输、转运的基础之上提出了自己独特的分散与集中的垃圾转运系统的更新处理体系，较好地解决了实际问题。

选址位于鼓浪屿北部的垃圾转运站，建筑方案不仅重新构筑了码头的物质空间环境，并且重新定义了垃圾转运中心的内涵，使该中心不仅具有实际解决垃圾处理的必须工艺与流程的功能，更将对公众提供一个开放参观的体验环境，增进人们对垃圾处理的认识。空间的组织较为流畅，退台的建筑造型提供给人们不同空间体验，并成功化解了建筑的体量，“整合、融合、化解、重构”是该设计突出的特征。

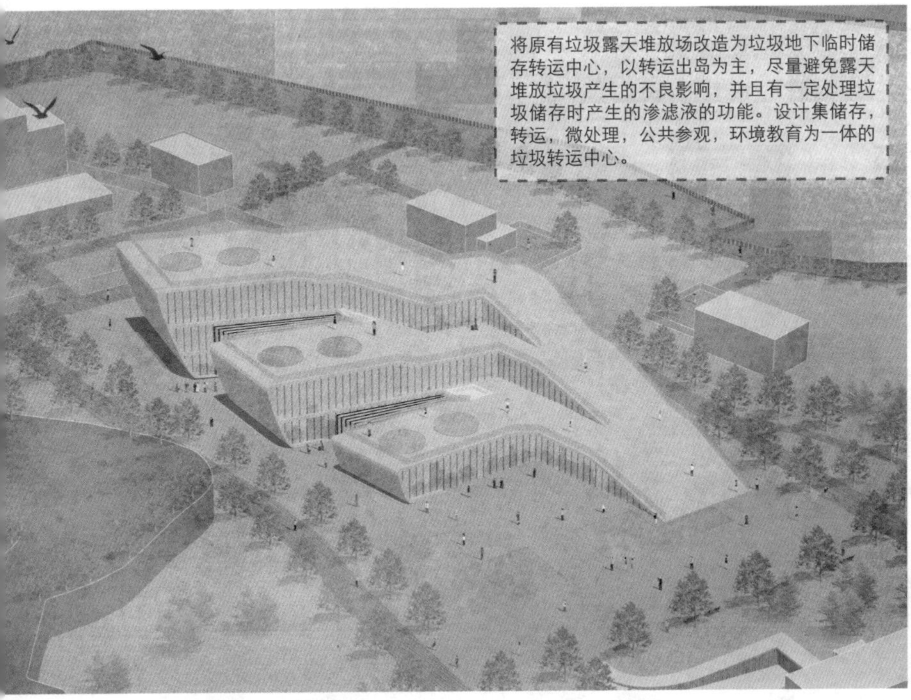
将原有垃圾露天堆放场改造为垃圾地下临时储存转运中心，以转运出岛为主，尽量避免露天堆放垃圾产生的不良影响，并且有一定处理垃圾储存时产生的渗滤液的功能。设计集储存，转运，微处理，公共参观，环境教育为一体的垃圾转运中心。

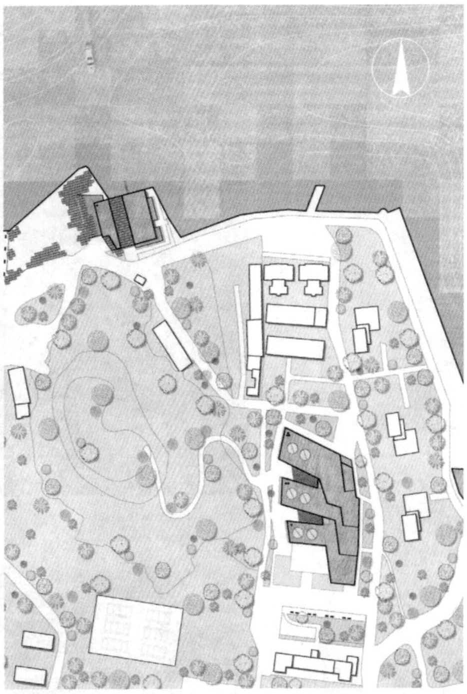

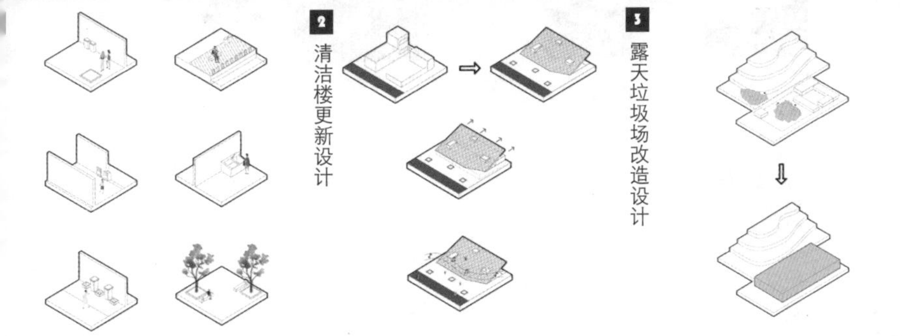
2
清洁楼更新设计
3
露天垃圾场改造设计

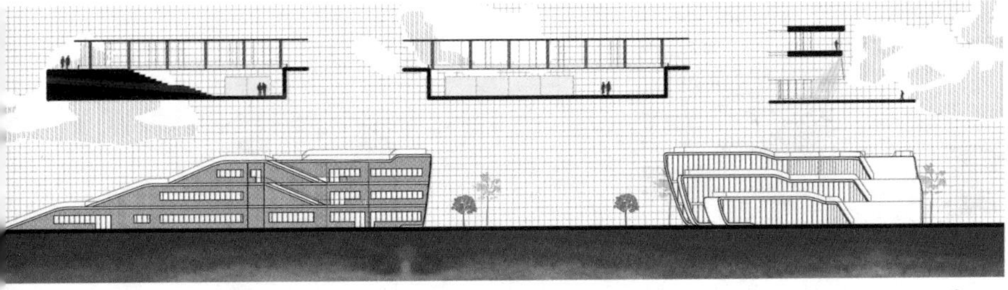

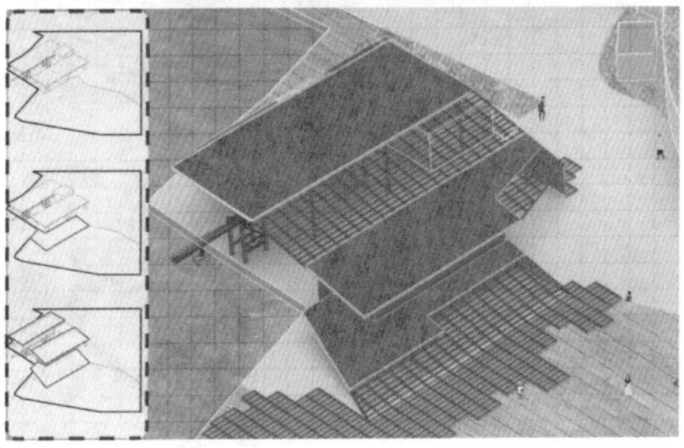

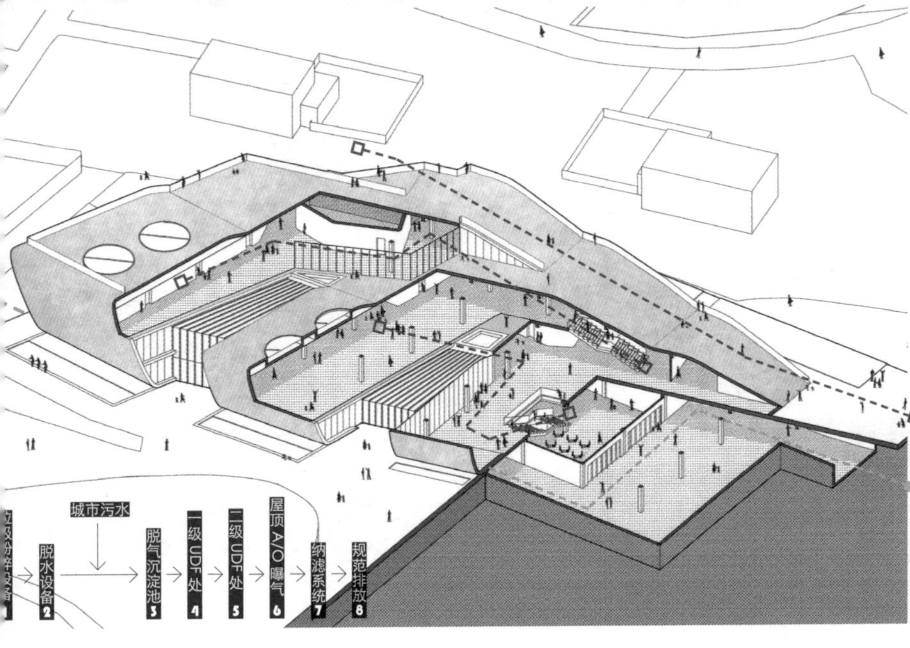
城市污水
脱水设备 2
脱气沉淀池 3
一级UDF处 4
二级UDF处 5
屋顶A/O曝气 6
纳滤系统 7
规范排放 8

垃圾转运中心 首层平面图

重开厦港——朝宗宫的再生

Resume the Amoy Harbour——Reborn of Chaozong Palace

北京建筑大学
设计：杨自卓
指导：马英/晁军

朝宗宫应始建于清代雍正年间，1723-1735年间，为一座三进双边有护厝的庙宇建筑
所以，到咸丰元年（1851）左右，朝宗宫除了三进结构外，又增加了斗母楼。
民国廿九年（1940）由宗守禅师代为筹款重修"一间朝宗宫，此时的朝宗宫面积仅66平方米，完全不能和清代的相媲美
此时这里已成了"厦港渔民集会之所"
1959年的12级台风袭扰厦门后，朝宗宫（俗称的龙王宫）毁坏，后，妈祖、龙王等神像流落原的家中。
2001年农历十一月初八，现朝宗宫竣工
新建的妈祖龙王宫（朝宗宫）设立在厦门港（现为渔港）湾边，为三开间的两层楼建筑，座西朝东，前有一埕，楼上为供奉神明的庙堂，楼下为处理各种日常事务的办公室、厨房等。庙堂的大门上悬挂"龙王宫"的门匾，左边小门上悬挂着乾隆题写给朝宗宫的匾额"恬澜贻贶"（镜框）。
2014年，妈祖龙王宫获准恢复朝宗宫的名称，朝宗宫的宫名匾由前全国政协副主席张克辉题写。
1723-1735
1787
1851
1931
1940
1941
1959
1999
2001
2013
2014
耕文斋刻石的碑记，其曰：厦门港玉沙波（坡）周环一带有朝宗宫，盖古刹地也。前殿供奉天上圣母，后殿供奉三宝佛暨诸神宝像，声灵赫濯，由来旧矣。
乾隆五十二年，1787年，对朝宗宫进行修缮。御赐给厦门港海口的天后宫的匾额为"恬澜贻贶"
民国廿一年，1931年，围海造鹭江道、民族路等的工程中，确把以前的朝宗宫、斗母楼、龙神庙、风神庙拆除了。
1941年，在沙坡头只剩下一座庙宇，即朝宗宫，面积大约"66平方米"，风神庙、龙神庙已不存在，以致风神庙与龙神庙的神灵也都集中供奉在朝宗宫内。
阮碰花女士等在1999年商议选择民族路130号后门处的厦门港湾边重建朝宗宫（当时俗称龙王宫）
2013年，在厦门地方文人的提倡下，妈祖龙王宫在宫庙前修了牌坊，其对联由前厦门文化局长彭一万撰文，其曰："圣德昭彰安海宁，母仪祥瑞耀人寰。

区域位置

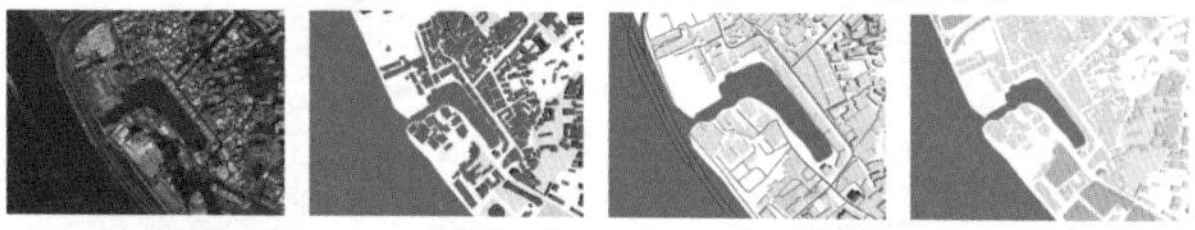

实地环境　场地肌理　交通现状　公共空间

设计说明：

朝宗宫坐落于美丽的鹭江之滨，肇祀于南明永历十六年，主奉"天上圣母"。经历时光的沧桑，朝宗宫依旧矗立于港口之畔，是当地居民的精神圣地。

本方案以"港口复兴"为根本设计理念，通过分析沙坡尾港口所存在的问题，发掘当地传统海洋性信仰的价值，以朝宗宫这一关键节点为切入点，希望运用设计给这片文化底蕴深厚有着独特精神文明的港口地域带去新的活力与生机，使得文化与现代建筑的交融通过建筑的语言表达给人，传递给城市。

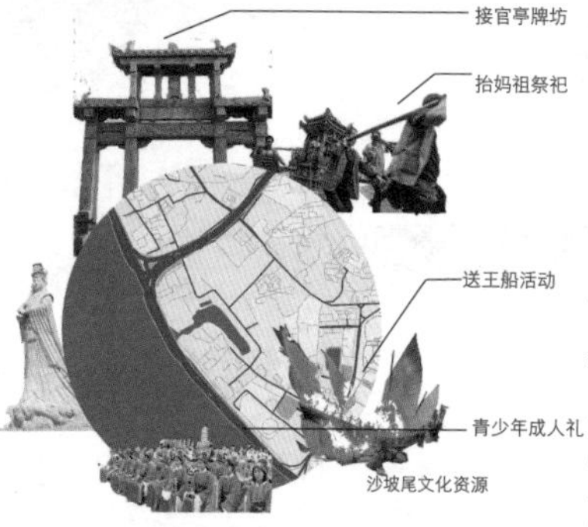
接官亭牌坊
抬妈祖祭祀
送王船活动
青少年成人礼
沙坡尾文化资源

原有渔港功能退出历史舞台后，社会生产关系发生重大变革，当地出现人口老龄化，社区条件落后衰败的情况。当地海洋性精神文化失去了传承载体，致使沙坡尾的传统文化生态氛围被淡化。

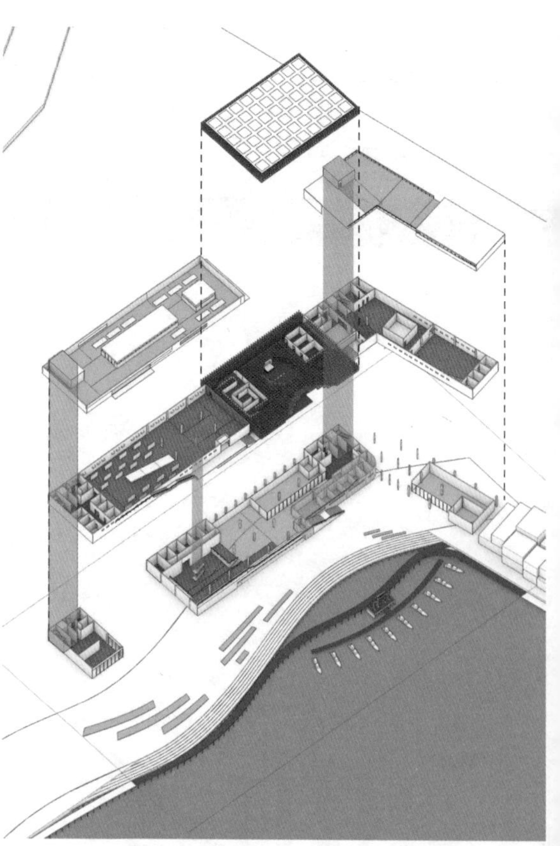

文化活动空间
展览空间
公共商业及绿地
交通后勤空间

评语：

设计者主要针对避风坞北岸"妈祖庙"和周边公共空间的改造，提出了有参考价值的方案。宗教活动对常年出海的渔民算得上是一个历史传统，寄托了渔民对出海安全的渴望与期盼。建筑形体通过方格框架组合而成，并通过框架的虚实变化形成传统建筑的历史轮廓。公共空间的设计也有明确的功能分区，并考虑了微气候影响。

方案的不足之处是对宗教空间的理解有点简化了，对民间习俗、宗教礼仪等方面考虑不足。

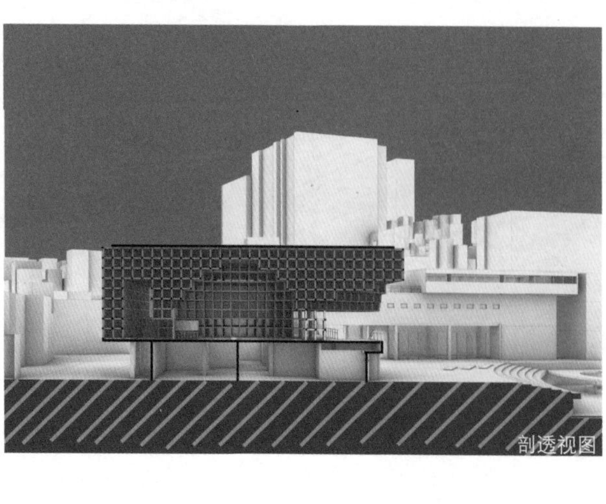

剖透视图

模型成果

地选址

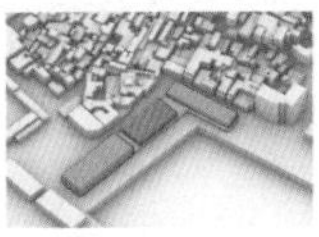

根据需求放置功能体量

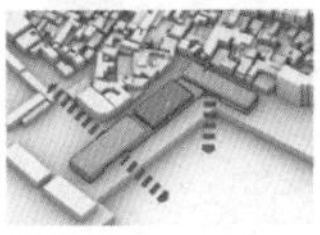

打通视线通道，组织交通

室外台阶逐级而上，通向各空间

为获得具有场所感的宗教空间，用木架结构将庙宇分割为一个个立方体

用不同形式的几何体量，切割木结构，获得所需空间形式

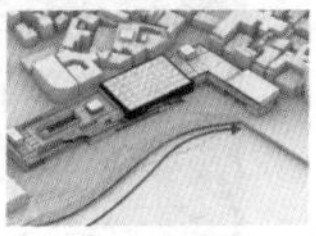

调整岸线，创造景观与仪式用的广场空间

调整接官亭碑坊位置，结合栈道与小型码头，创造活态的文化环境

解构朝宗宫视觉元素，重新组合以获取更具吸引力，能够宣扬文化独特性的空间。

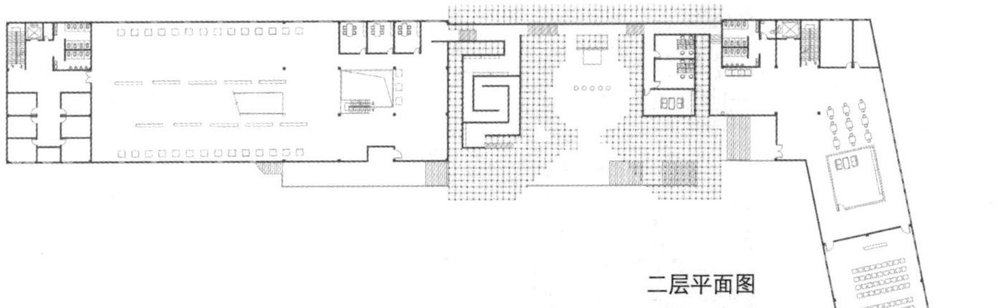

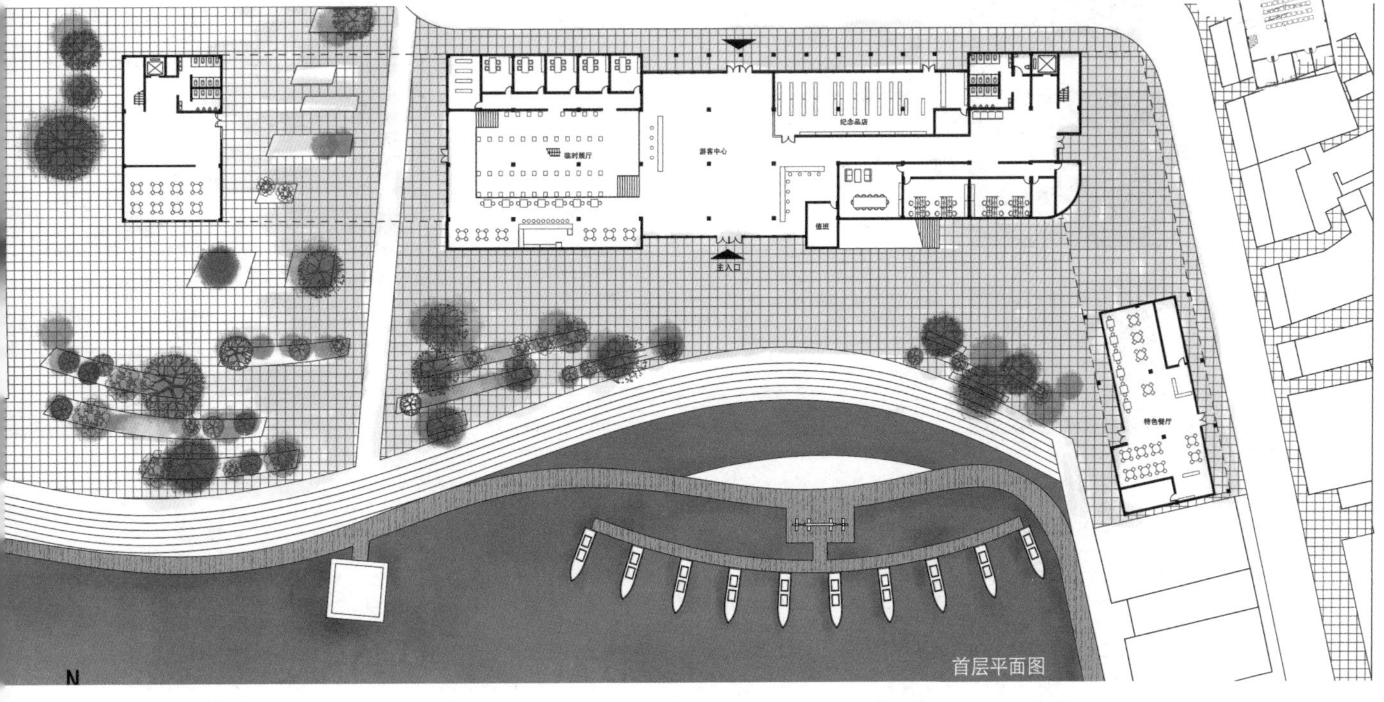

二层平面图

首层平面图

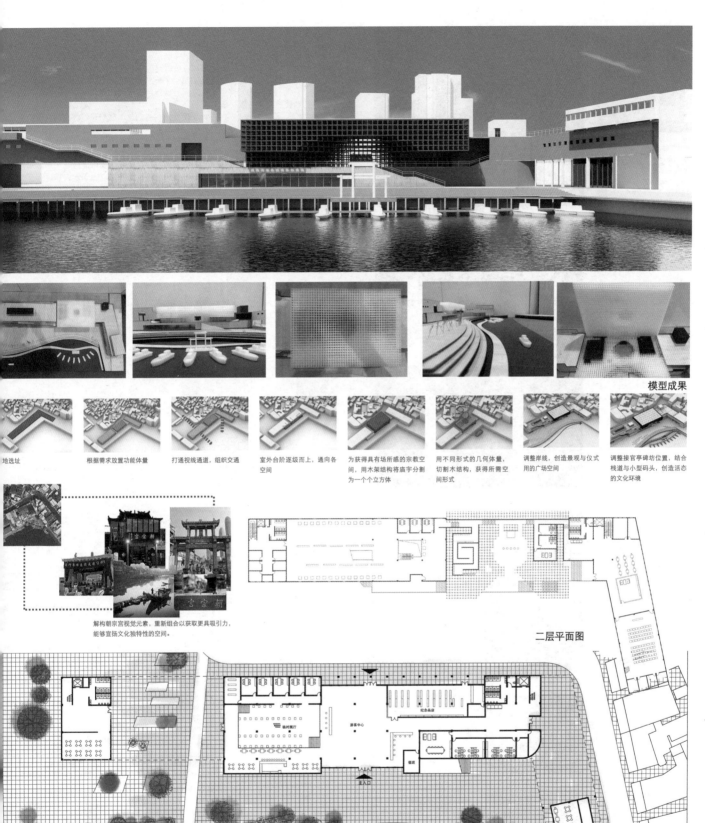

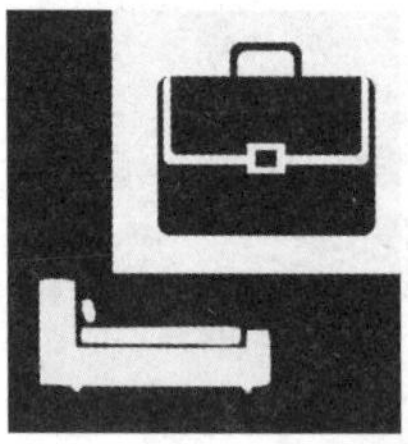

重开厦港——艺术西区综合服务中心

Resume the Amoy Harbour——integrated service centre of Shapowei Art Zone

北京建筑大学
设计：吕浩
指导：马英/晁军

此次课题的选址在厦港地区，厦港位于厦门岛南端，是厦门港的简称，有着600年历史，是厦门城市的发源地之一。其中最有特色的就是已被划入“历史风貌街区”的沙坡尾社区，其名来源是因为这是一大段沙滩的最末端，而且各处的沙子都会流到这里来。历史上，沙坡尾作为厦门闹市区唯一的避风坞，以内湾为中心形成了极具特色的渔港社区。以这个避风港为核心的厦门港片区在最繁盛的时期曾容纳过4000条渔船，人口达到近两万人。在这一时期，渔民在海湾内侧修建了整齐而极具特色的房屋。避风坞特殊的封闭形态造就了这些房屋相对连续完整的带状结构。

在20世纪90年代之后，厦门推行了产业结构的调整，驻扎在沙坡尾的大量由渔业支撑的造船厂等等工厂不得不关闭或者外迁，加上厦门兴建环岛路，在避风坞的出海口修建了演武大桥，导致大型渔船无法进出避风坞，这一系列因素不可避免地导致整个沙坡尾渔业的衰落。

而此次了课题旨在研究鼓浪屿作为“历史国际社区”更新的可能性，而沙坡尾作为昔日鼓浪屿的翻版，如今需要更急迫的保护。与鼓浪屿不同的是，由于沙坡尾还存在着原住民与独特的在地文化，与鼓浪屿相比成为活的历史文化遗产。所以我们选择了矛盾更为突出的沙坡尾地区作为研究对象，希望从中一窥沙坡尾以至于鼓浪屿的更新与复兴。

办公楼结构上保留原有的柱网，局部依照实际情况做抗震加固处理；楼梯间、电梯井保持原位置不动，原则上对原建筑做出尽量小的改动。底层使用玻璃幕墙，形成类似镜面反射的效果与周遭的建筑与环境融合，削弱了体量感。

由于原有6.6m的柱跨过于小，所以打断首二层中间一跨的梁，设扶梯以增加底层商铺的可达性，激发商业活力。

东南方向使用小方窗，外设铝合金穿孔板水平遮阳板，进一步遮挡阳光；渐变的蓝色陶瓷锦砖图案象征着与沙坡尾息息相关的大海，也尊重了建筑原有的蓝色立面。西南向设置落地窗，外挂可旋转的竖向遮阳板，保证大楼充分采光的同时达到良好的遮阳效果；通过遮阳板角度的不同在建筑外立面上形成富有韵律与动感的表皮，象征着碧蓝的海浪。

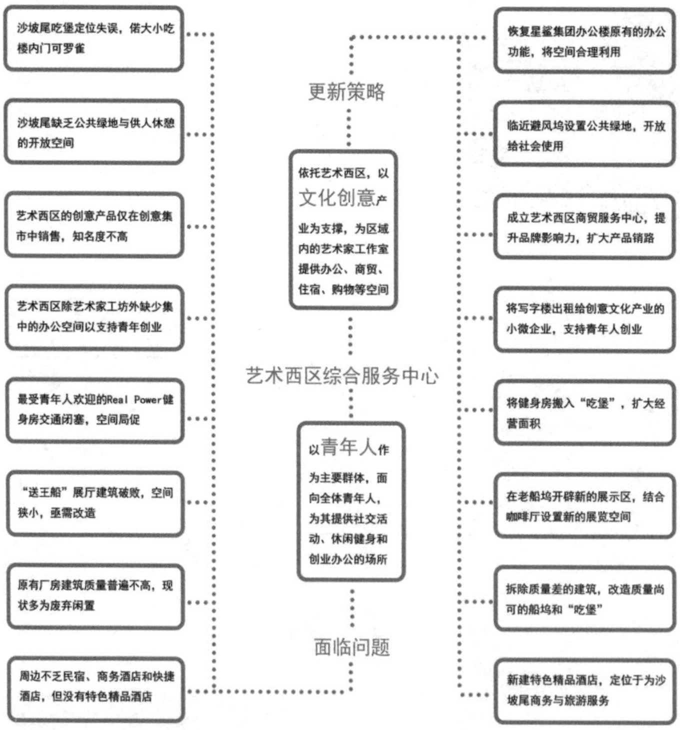
沙坡尾吃堡定位失误，偌大小吃楼内门可罗雀
沙坡尾缺乏公共绿地与供人休憩的开放空间
艺术西区的创意产品仅在创意集市中销售，知名度不高
艺术西区除艺术家工坊外缺少集中的办公空间以支持青年创业
最受青年人欢迎的Real Power健身房交通闭塞，空间局促
“送王船”展厅建筑破败，空间狭小，亟需改造
原有厂房建筑质量普遍不高，现状多为废弃闲置
周边不乏民宿、商务酒店和快捷酒店，但没有特色精品酒店
更新策略
依托艺术西区，以文化创意产业为支撑，为区域内的艺术家工作室提供办公、商贸、住宿、购物等空间
艺术西区综合服务中心
以青年人作为主要群体，面向全体青年人，为其提供社交活动、休闲健身和创业办公的场所
面临问题
恢复星鲨集团办公楼原有的办公功能，将空间合理利用
临近避风坞设置公共绿地，开放给社会使用
成立艺术西区商贸服务中心，提升品牌影响力，扩大产品销路
将写字楼出租给创意文化产业的小微企业，支持青年人创业
将健身房搬入“吃堡”，扩大经营面积
在老船坞开辟新的展示区，结合咖啡厅设置新的展览空间
拆除质量差的建筑，改造质量尚可的船坞和“吃堡”
新建特色精品酒店，定位于为沙坡尾商务与旅游服务

在现场调研中，我们发现2017年才新开业的沙坡尾“吃堡”门可罗雀，偌大的小吃城内并没有几个人落座，完全比不上大学路和演武路上餐厅的火爆场面。据我们所了解，因为艺术西区地理位置偏僻，又由原先的5个厂区分隔，所以地块内边界明显，用地不规则，导致游客数量不如避风坞。所以我重新规划了此地区的产业定位，将旧有的建筑加以拆除、改建，这对我们此次课题的要求进一步提升。

我们还发现虽然艺术西区的年轻文化艺术园区定位没有问题，但是新创立的年轻小众品牌的影响力毕竟有限，通过调研了解，不管是艺术西区的艺术家工作室还是创意集市近些年来都有人群固定，产品单调等衰败的现象，不如刚开设的时候人气高。所以我们深挖根本原因，是由于各个商铺规模不够大，入住率也不是很高，又没有一个统一的管理经营方统筹兼顾导致的；虽然这种高度自由的经营环境在前期激发了地区活力，促进了旧城的更新，但是若想进一步扩大成果，必须设立一个为整个产业园区提供商贸、咨询等服务的机构，并将产业规模扩大，产业等级提高，进一步整合业态，明确客户群体，发掘优良品牌，扩大自身的影响力，才能吸引更多的年轻人来创业、工作，才能充分的利用原有价值，为城市更新做出贡献。

评语：

这个方案将沙坡尾地段标志性建筑——“吃堡”改建为综合办公楼是一种可行的思路，加之周边新建一所假日酒店，在区域内形成会议、交流、商务中心是本方案的特色。整个建筑群功能布局合理，交通组织顺畅，建筑风格简洁现代，又不失地方特色。

方案的不足之处是办公建筑与酒店建筑缺少呼应，如果能对办公建筑底部立面做局部调整，与酒店建筑风格加以协调，将更有利于强化建筑群的整体性。

保留建筑

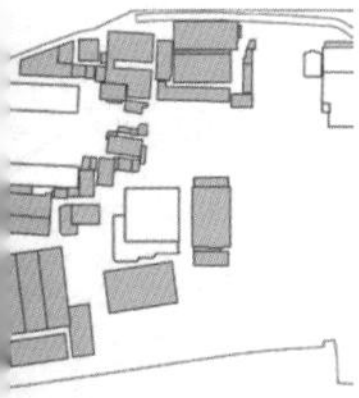

拆除建筑

总平面的布局上保留了原鱼肝油厂的办公楼和船舶修理厂的船坞，拆除了其余质量不高、没有特色的厂房和公寓楼。场地空间内全部归还给行人，机动车由入口处直接驶入地下停车库，既解决了原有场地的停车问题，也为行人营造了宜人的步行空间，彰显设计中的人文关怀。

在建筑设计中，除了办公楼采用现代化的立面以外其余建筑立面均是汲取了厦门原有的骑楼建筑、嘉庚式建筑和工业建筑的基本元素，与避风坞对岸的沙坡尾社区相得益彰，保留了历史风貌街区的文化与风格。在具体手法上，使用闽南红砖、骑楼和拱券等当地特有的元素，同时简化了檐口线脚等装饰，使用红白或灰白配色，呼应嘉庚式建筑与工业建筑。

在建筑平面的设计中尽量考虑到实际需求，在首层扩大商业面积，增加经济效益；将后勤用房与设备用房置于地下一层与地下二层，利用垂直交通与地上部分相连，既有效地组织了不同的功能分区之间的交通，又区分了不同人员在建筑内部的流线。

同时在避风坞一侧新开辟了一片绿地，解决了场地原有绿地率不足的问题，也为人们提供了一个可以驻足休憩的空间，为避风坞南侧增加了新的开放空间。

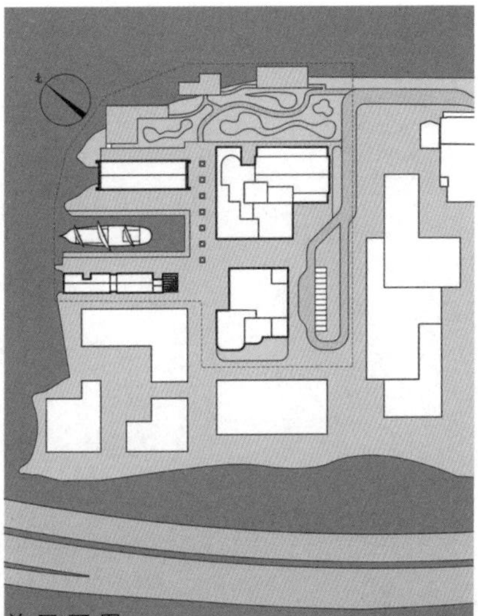

总平面图

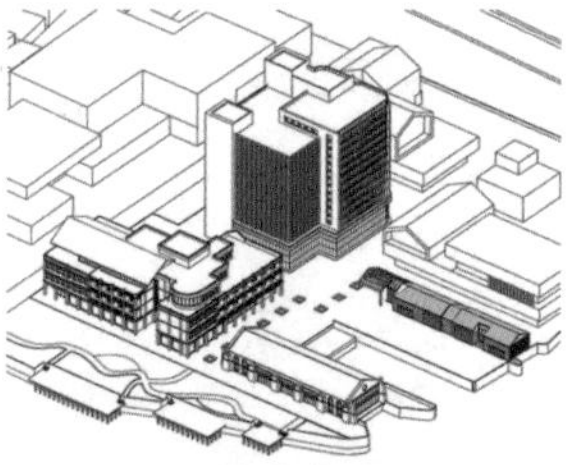

特色书店

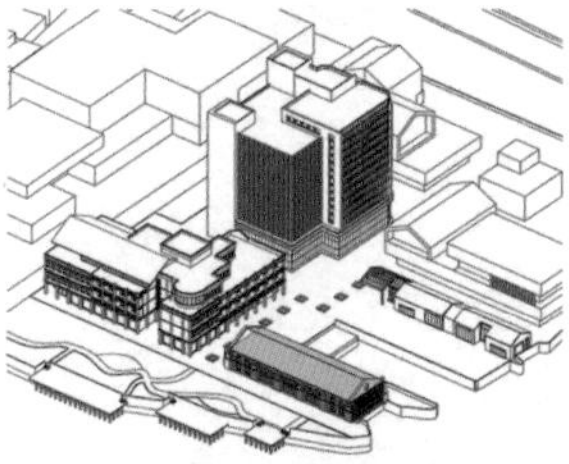

展厅、咖啡厅

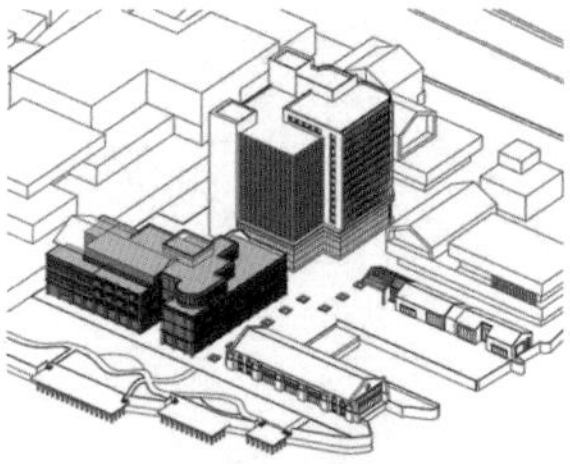

精品酒店

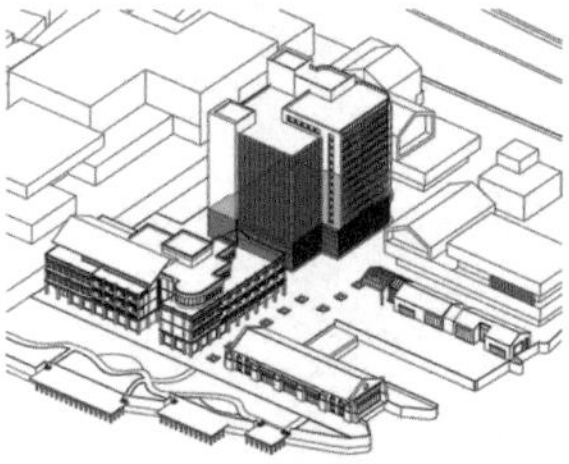

底层商业

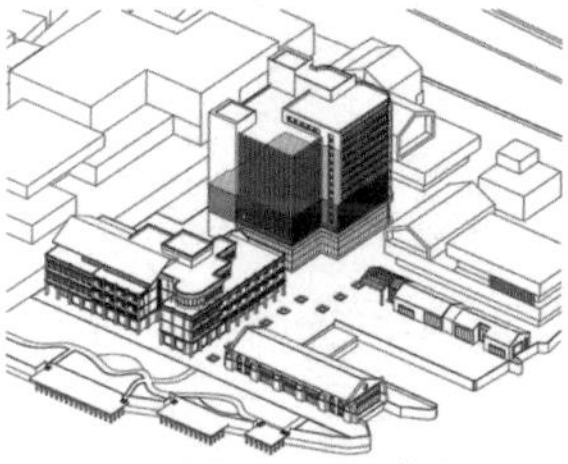

Real Power 运动公园

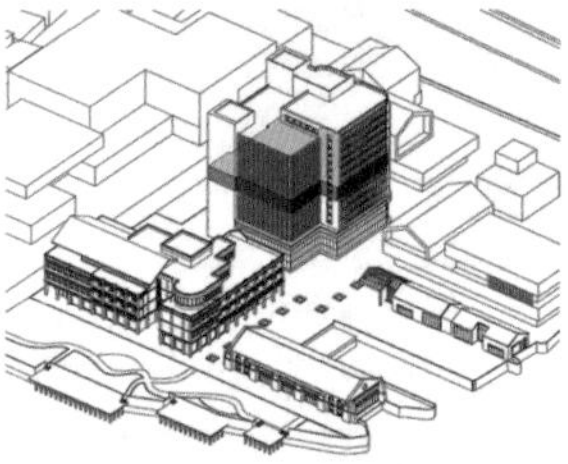

艺术西区综合服务中心

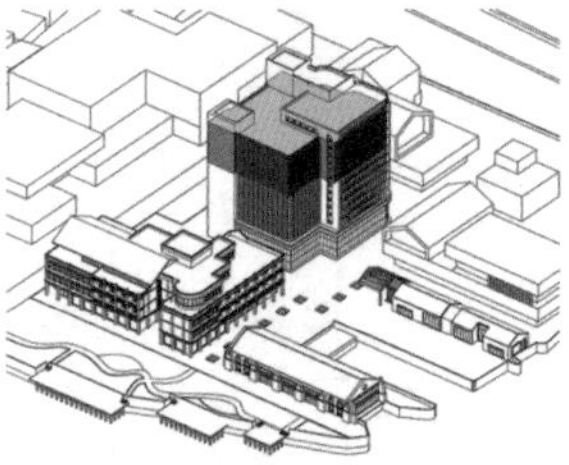

沙坡尾创意办公区

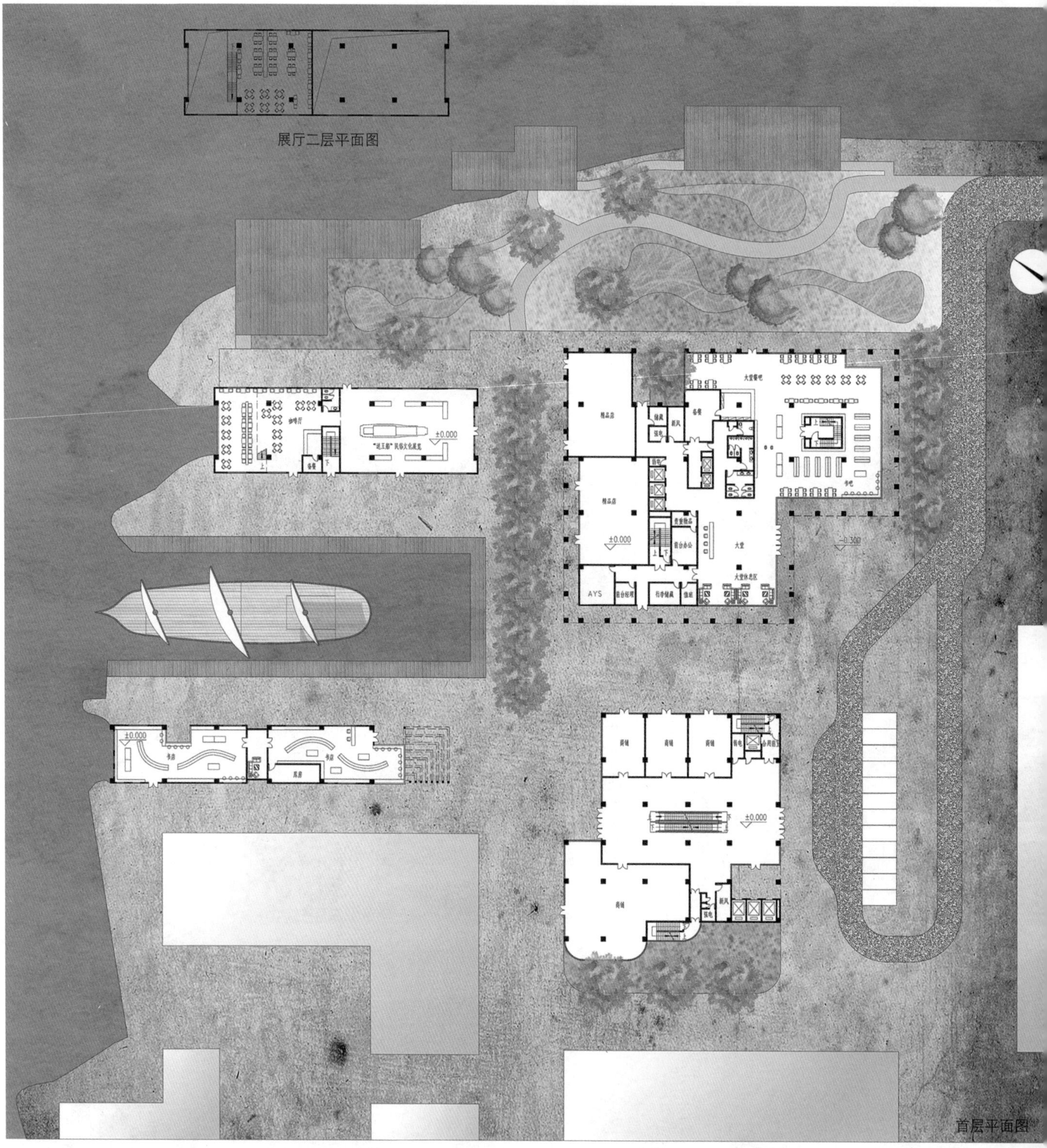

展厅二层平面图

首层平面图

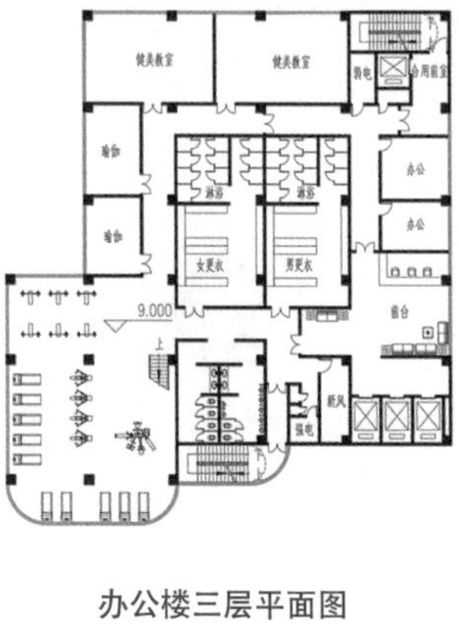

办公楼三层平面图

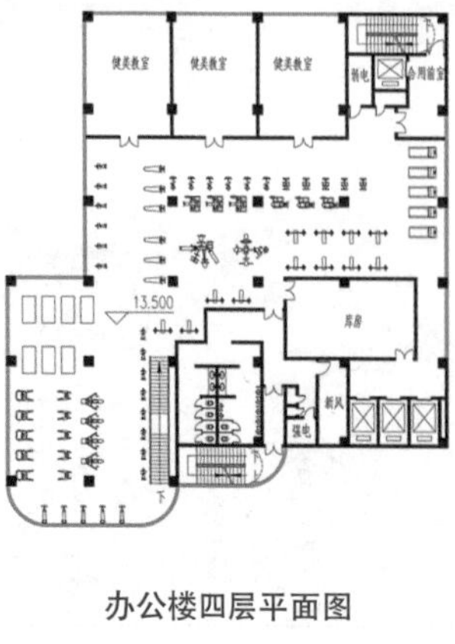

办公楼四层平面图

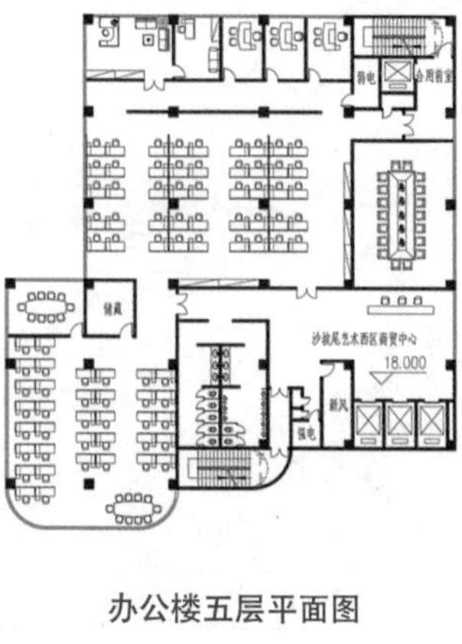

办公楼五层平面图

办公楼标准层平面图

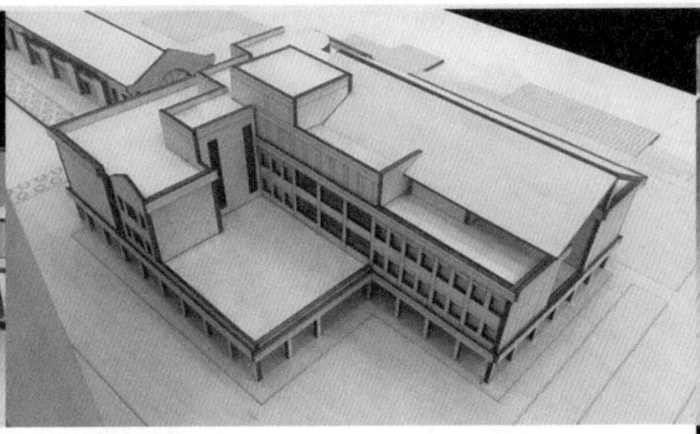

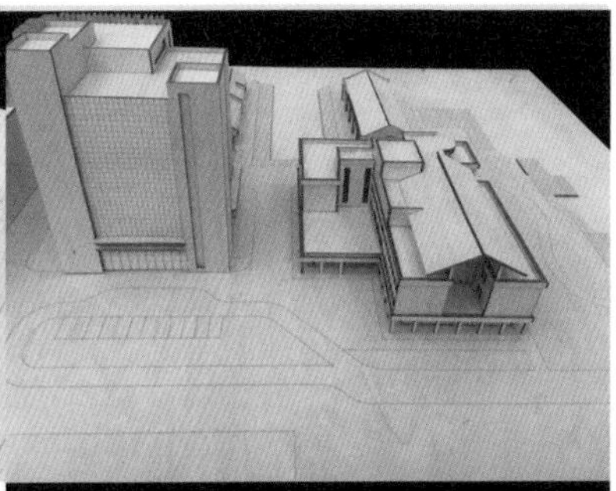

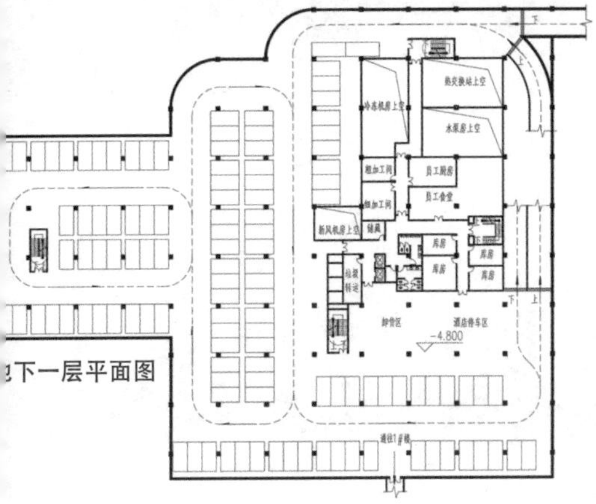

地下一层平面图

酒店标准层平面图

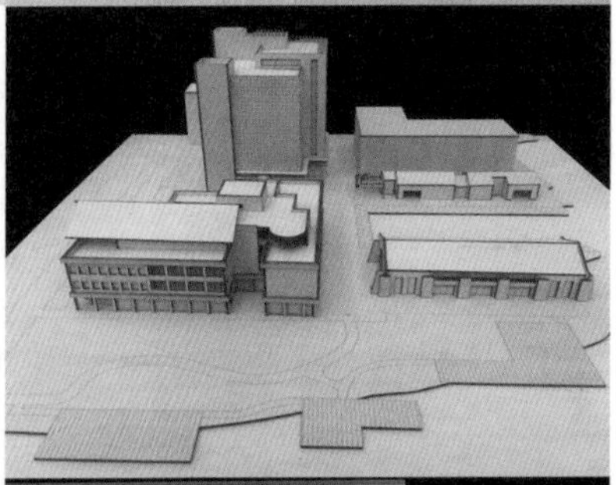

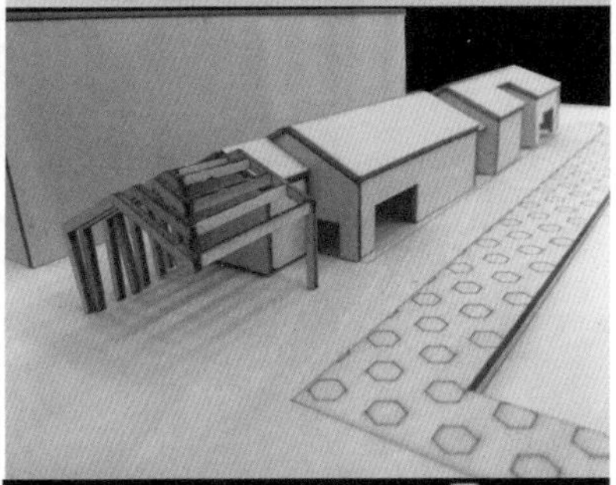

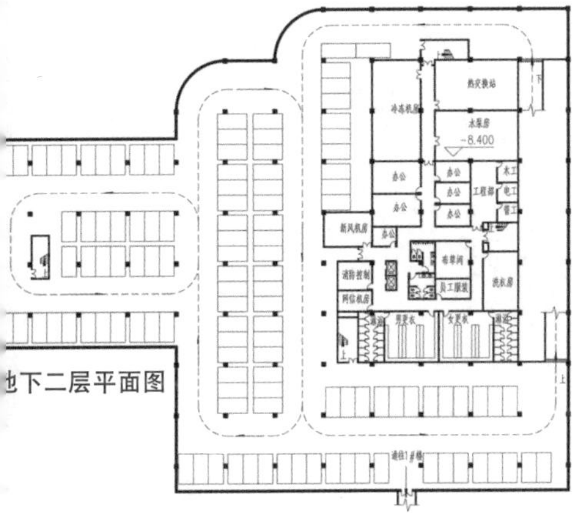

地下二层平面图

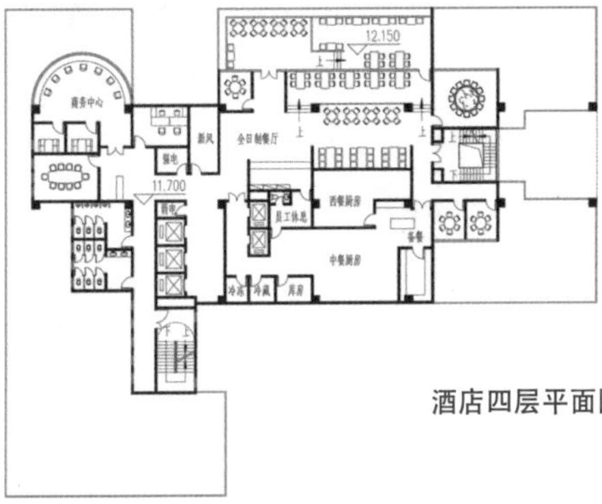

酒店四层平面图

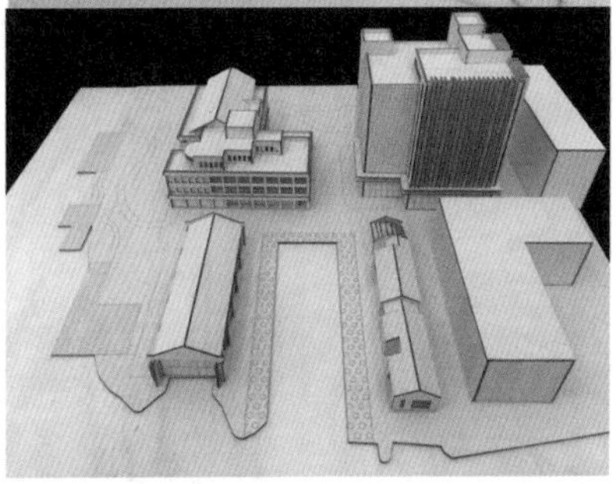

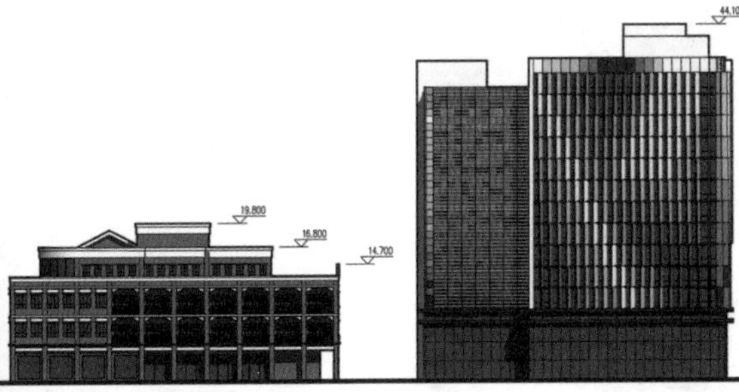

东立面图

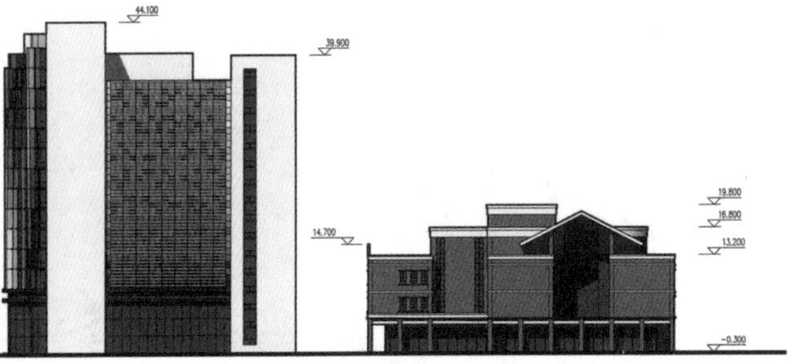

西立面图

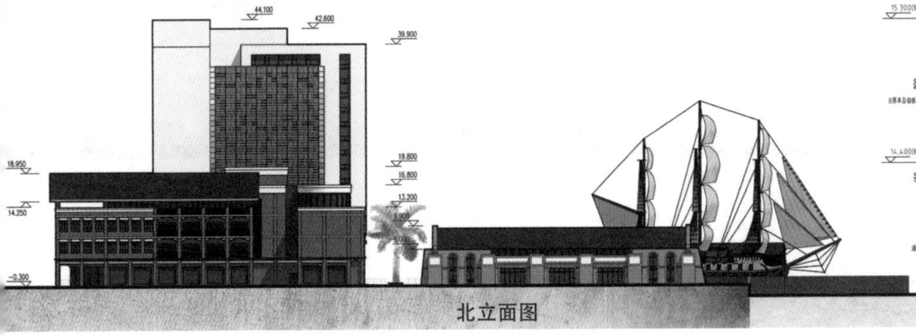

北立面图

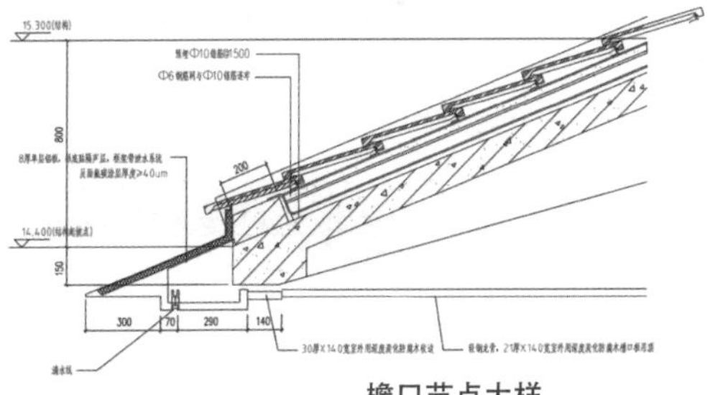

檐口节点大样

重开厦港——沙坡尾展览馆+避风坞船宿酒店

Resume the Amoy Harbour——Exhibition Center of Shapowei + Haven Boat hotel

北京建筑大学
设计：谢天
指导：马英/晁军

设计说明：

对厦门市沙坡尾地段的避风坞和艺术西区，进行规划重建。开凿新入海口，形成环岛；修建入海栈道，联通与鼓浪屿的海上航线，恢复地段地区的生态活力。以疍民文化和艺术西区的既有产业为基础新建体验式船宿与沙尾展览馆。对疍民文化进行旅游体验式传承；对艺术西区产业进行集中展示。以实现地区长期发展与鼓浪屿互利共生的愿景。

全景照片

总平面图

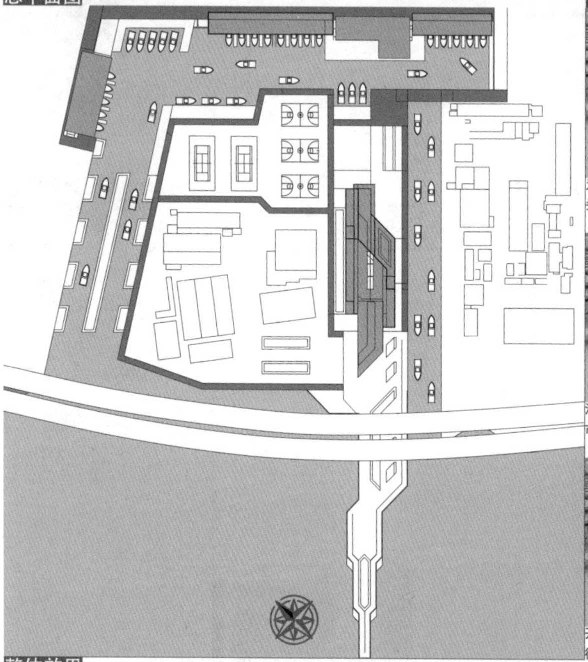

区域策略

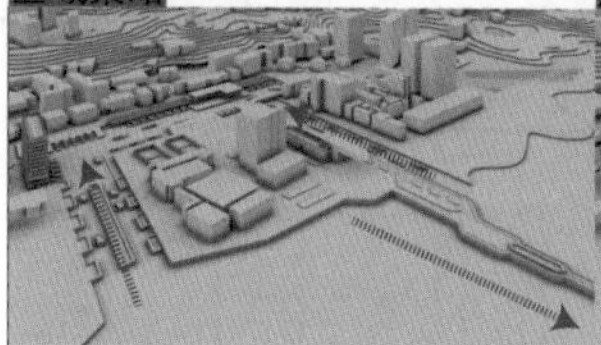

为避风坞开凿新的入海口，向外延伸陆地建设厦港码头与入海栈道，同时种植以红树林改善水质与环境。

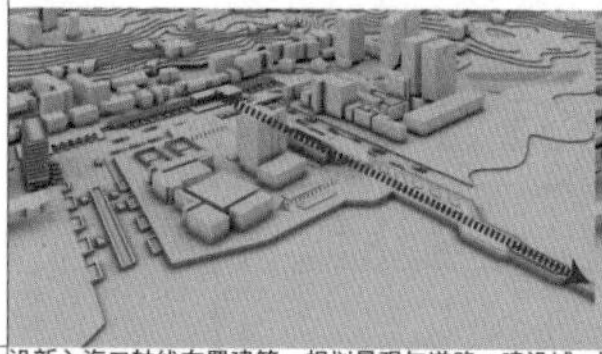

沿新入海口轴线布置建筑，规划景观与道路，建设城市地区景观。

开凿入海口后岛内形成水路环路，可供小型观光船通行。建设的厦港码头也可以接纳鼓浪屿方向的来船。

局部策略

将部分艺术西区区域规划改建为市民运动公园，为相对缺少开放空间的艺术西区内部提供集中活动场所。

规划建设经济型酒店，以提供相较于体验式船宿酒店相比更多的客房和更经济的长期投资回报。

在避风坞内湾出加设摆渡观光船的泊位，提供水上的短途交通功能，兼具旅游与文化体验性质。

整体效果

西立面图

北立面图

评语：

这个方案的最大特点是对地形做了改造整理，打通了避风坞的第二出海口，形成中心岛和环岛水域，目的其一是激活避风坞的商业活力，形成流动水域空间。在滨水区建设了特色船宿酒店，补充了旅游住宿空间，也为年轻的艺术家提供了一个灵活的工作坊。

此外，该方案也重塑了港口，增设了驳船空间。在码头区设计了一个反映渔业发展的展览馆。展馆的空间搭配合理，空间富有变化，符合时代发展特征。

该方案的不足之处是展馆的形态设计特征性不强，整体图面表达也不够鲜明、突出。

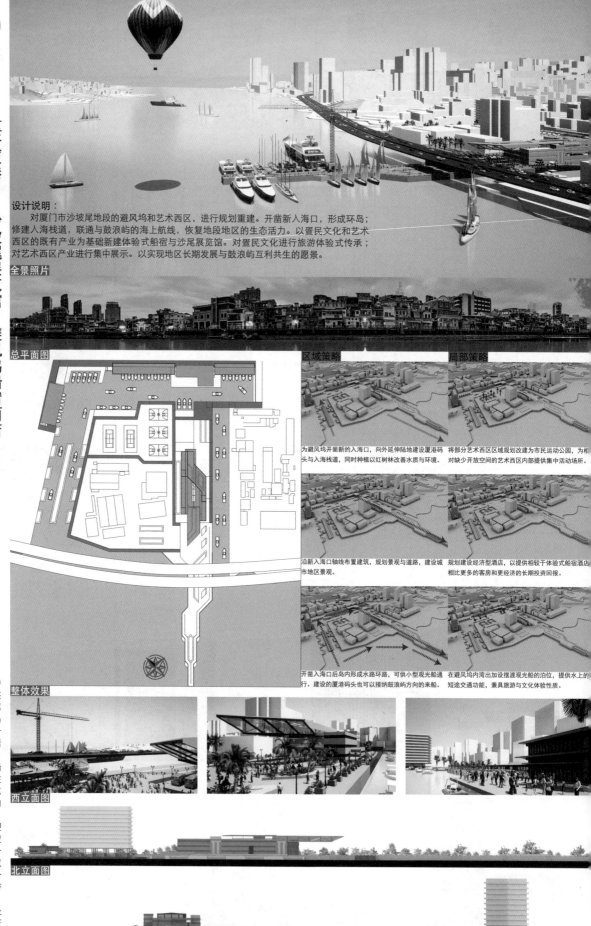

宿区大堂平面图

宿客房平面图

展览馆首层平面

展览馆二层平面

测分解图

景观绿化

屋顶结构

钢架结构

外部表皮

船宿布置

玻璃幕墙

钢架结构

内外墙体

内港道路

道路交通

各层楼板

周边建筑

柱网布置

建筑分解

内部环廊

内港底层

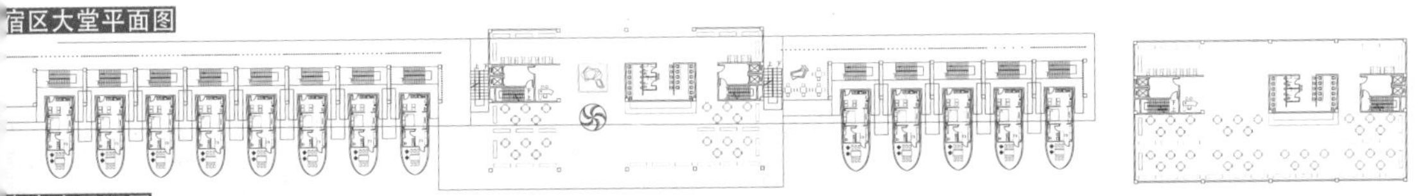

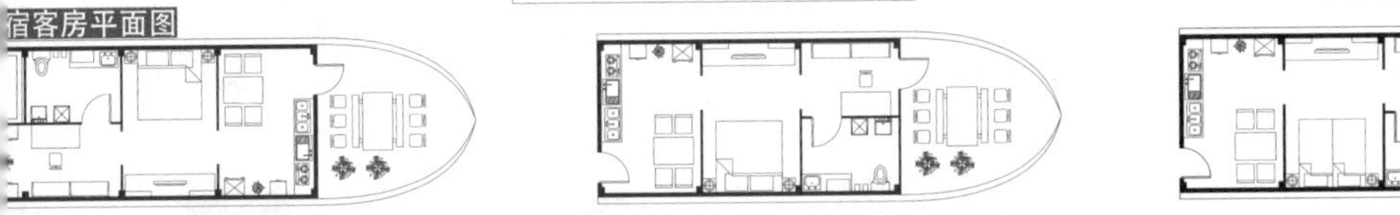

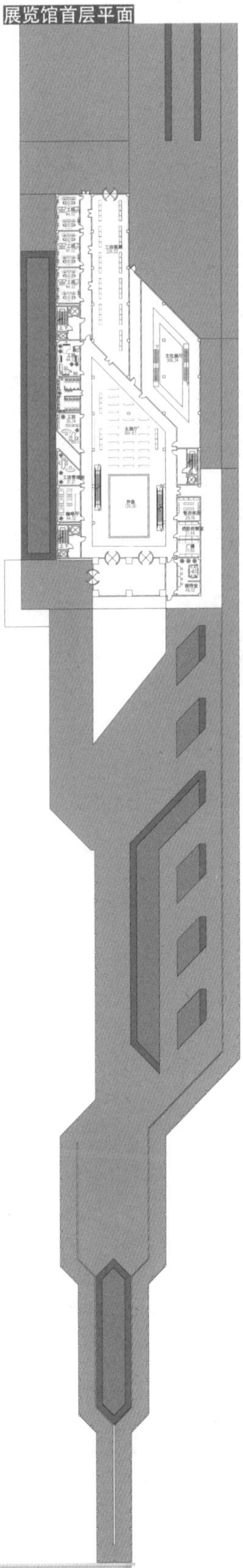

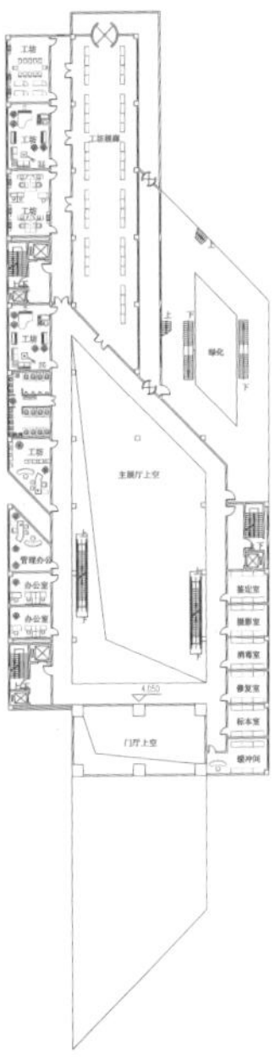

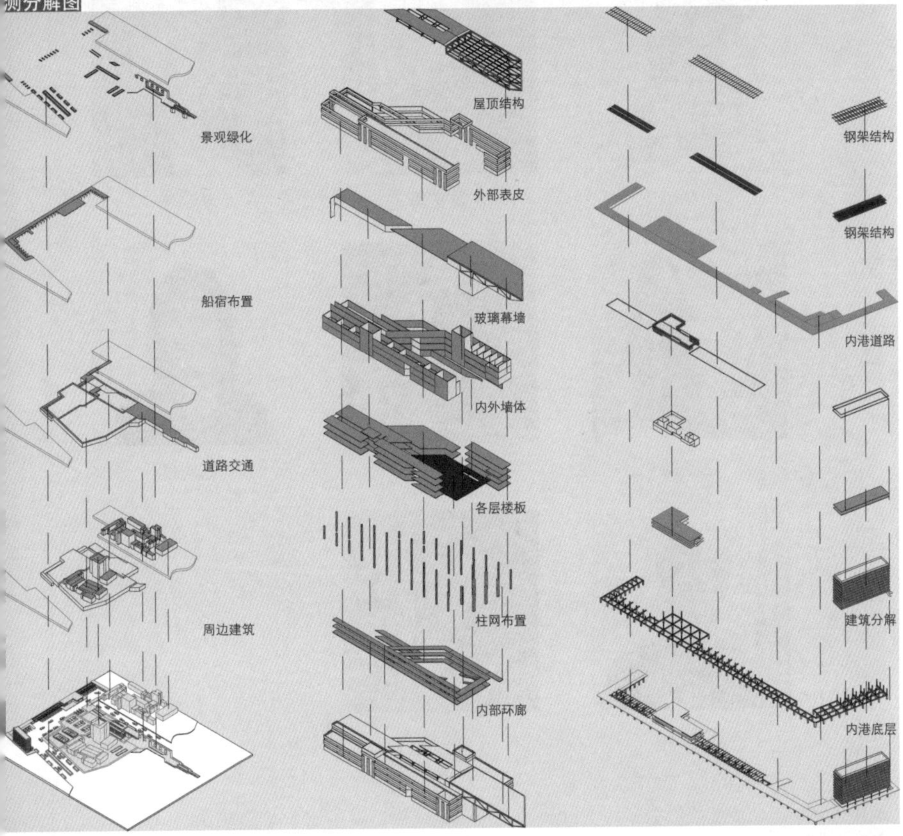

展览馆二层平面

立面图

立面图

Central Academy of Fine Arts

中央美术学院

学生团队

1 第九工作室

黄士林

陈钊铭

张雨晴

王丁同

李佳政

罗润可

谢雨帆

曾文涛

夏亚琴

2 二十工作室

赵冬雨

张染青

史皓月

3 第八工作室

武煜人

赵宁

指导教师

周宇舫

何崴

王环宇

王文栋

王子耕

钟予

程启明

刘文豹

苏勇

刘焉陈

周宇舫老师：

库伯联盟学院的戴安娜·阿古雷斯特（Diana Agrest）教授在她为斯坦·艾伦（Stan Allen）的书《实践：建筑、技术与表现》写的引言中把“建筑生产”（architectural production）解释为“理论和实践衔接的表达方式”。写作、绘画、装置和模型制作都可以看作是一种建筑生产，具有成为“建筑”的“潜力”。作为知识生产和传播的一种形式，建筑并不一定要有一个最终产品，“结果”可能是一个模型，或者是一幅画，甚至是一个计划。

卡尔维诺的《看不见的城市》是一本小说，对我们而言，建构的是一座城市。在卡尔维诺笔下的种种城市，是各种现象、系统和叙事的叠合，让我们相信有那样一座城市曾经存在，并依然存在。

在我们看来，利用建筑语言，去构建了一种“情境叙事”，在建筑表达和表现的范围内，用情境或场所进行“实验”，是对另一种建筑方法的探索。视觉不是最终的目的，甚至不是呈现的形式，而是从一种想象的潜力中发展出来建筑、或者是空间创造。对于建筑来说，未知的探索过程永远不会是一个理想的状态，因为这种探索的本质是基于假设的研究，从而必然具有风险，历史上那些标注为未来主义的假想，确实都没有具体实现。但这并不能就说冒这个风险是无意义的，设问之一，就是能否在传统建筑生产的界限内创造非传统的建筑作品，使用一种大胆的想象，尝试一下突破建筑学的边界。

另一个假设就是，能否在一个具象的环境下，在图纸和其他媒介中而不是建筑实体中，使建筑能够真正地呈现，同时不受制于物质条件的束缚。例如鼓浪屿，在这样的现实场景之中，我们所虚构的建筑是否会比真正的建筑实体更加纯粹和真实？这或许有些费解，但我们想说的是，没有一部小说不存在于一个背景中，但不必是真实的故事。鼓浪屿，本身已经失去了其真实性，或者说它今天的景象也不过是基于曾经的叙事背景的虚构。

所以，我们基于“鼓浪屿”建构的这个“情境叙事”只发生在此时此刻此地——在这个展场。

何崴老师、钟予老师、陈龙老师、赵卓然老师：

第一次作为辅导老师参与“8+”联合毕业设计，既激动又忐忑。今年的题目是“鼓浪屿计划”。鼓浪屿本就是一个复杂的所在，在申遗成功以后更是如此，如何在尊重历史、保护历史的前提下给出鼓浪屿面向未来的策略是本次联合毕业设计希望回答的命题。

面对这个复杂的命题，二十工作室的三位同学——赵冬雨、张染青、史皓月，并没有简单的把目光直接锁定在鼓浪屿本体上，而将视野放大到与鼓浪屿一水相隔的厦门岛，他们希望从区域的角度思考问题，以“围魏救赵”的模式解决困扰鼓浪屿的保护与发展问题。经过仔细的调研和思考，厦港—沙坡尾地区成为解决问题的焦点。三位同学从历史、交通、文化和旅游等多个层面分析了鼓浪屿和厦港—沙坡尾的共生关系，最终得出结论：鼓浪屿计划 = 厦港计划！

面对同样复杂的厦港—沙坡尾地区，三位同学从感性入手，选择打动自我的对象和命题：赵冬雨同学的“疍民与新疍民”，张染青同学的“渔民与烧王船”，史皓月同学的“本地市场与事场”都是基于敏锐观察力的决定。在这之后是理性分析，设计与求解，是对命题、现场与建筑物本体的解读，以及作者对客体的自我诠释……在最终的呈现层面，三位同学延续了央美建筑的传统，将艺术性、叙事性和自我感情适时融入理性的工程学表达中，虽然不是很完善，但富于情感，物中见我。

毕业设计的过程本就是一次自我思考，自我回答的历程，虽然不长，但意义重大。对于学生来说，毕业设计及展览是五年学习的一次完美收官，其仪式性意义大于成绩本身；对于老师乃至各校的建筑教育来说，联合毕业设计无疑是一种彼此的对话与碰撞，而建筑学在后工业的当下该如何发展，也许在这些对话和碰撞中可以管中窥豹，仁者见仁。

最后，再次祝贺三位同学，愿你们在新的旅程中继续发现自我。

程启明老师：

时间过得真快，一晃就过去了。对于参加“8+”的同学而言，这一学期过得并不寻常，每一个人都不可回避地要去应对许多问题，好在大家都非常出色地完成了任务。在祝贺之际，还是想就建筑设计说几句话。建筑其实是有生命的，所谓的设计只不过是一种顺势而为，一是要顺文化之势，使建筑具有品格；二是要顺艺术之势，使建筑具有品味。

刘文豹老师：

祝贺全体同学顺利完成了“8+”课题，衷心感谢程启明老师、苏勇老师、刘焉陈老师在教学上的支持！

苏勇老师：

首先恭喜同学们圆满完成厦门鼓浪屿课题，新的旅程已在不远的前方等待着你们。但不用担心，这就是人生，过了这山还有那山，只要你能坚持，终究会站在山巅。建筑师是个辛苦的职业，要付出无数的艰辛才能有所收获，如果你心情浮躁，希望一日成名，那就很难成为一个好的建筑师，所以沉住气、静下心、多读书、勤思考、多实践这就我给你们的一点建议。

刘焉陈老师：

毕业将是一个新的开始，不管未来你将从事何种职业，追求何种事业，你在这里所经历的一切将决定你如何思考、如何行事。相信建筑学习的复杂性与矛盾性可以匹敌你未来将要面对的许多新挑战，愿你们始终坚持自我，追求完美！

中央美術學院
Central Academy of Fine Arts
CAFA

海镜舞台
The mirror stage

中央美术学院
设计：黄士林
指导：周宇舫／王环宇／王文栋／王子耕

厦门市区
现状
参考理论：镜像阶段
——雅克·拉康
第一阶段：比喻为婴儿初次见到镜中的自己，此时因为主体无法在自己和他人之间做出区隔，这种表现就是无法区别何者为他人，何者为自己。
第二阶段：镜中的物体只不过是影像，而不是实体。
第三阶段：孩童确定该影像就是自己的影像。
镜像阶段拓展：
「想象」是镜像阶段的产物，镜中的影像不是自己，而单纯只是镜中的影像，是「他者」。主体建构过程正是把自我想象为他人，把他人指认为自我的过程。
「象征系统」真实本身是完整的，亦完整而无法理解的整体；人为了理解，才需使其产生裂隙，
进而使用象征系统填补。
「真实」是用以解释在想象和象征系统之外、完全无法触及的存在。
鼓浪屿
历史
厦门市区
历史
与游客“恋爱”中的鼓浪屿，拉康意义上的自我寓言：
鼓浪屿：婴儿
游客：恋人
游客的目光：镜子
是自我确认过程中恋人看到的那个自己是某种终于完整了的理想自我的镜像，就自恋而言，没有比恋人的目光更好的镜子了。所以，鼓浪屿在树立一个游客眼中期盼的形象，而这个形象并非真正的鼓浪屿。

设计说明：

以鼓浪屿的“标签化”作为思考的方向。象征系统下所表达的鼓浪屿有着天然的不完整性。一环一环的象征如同一个一个的小舞台，每位表演者在自己的小舞台上表演着。离远望去，分散的舞台在镜中被串联起来构成了一个精彩绝伦的大舞台，这正是完整的鼓浪屿。而被一江所隔得厦门市，也与鼓浪屿紧密的联系着，以水为墙，去诉说海岸两边的历史。

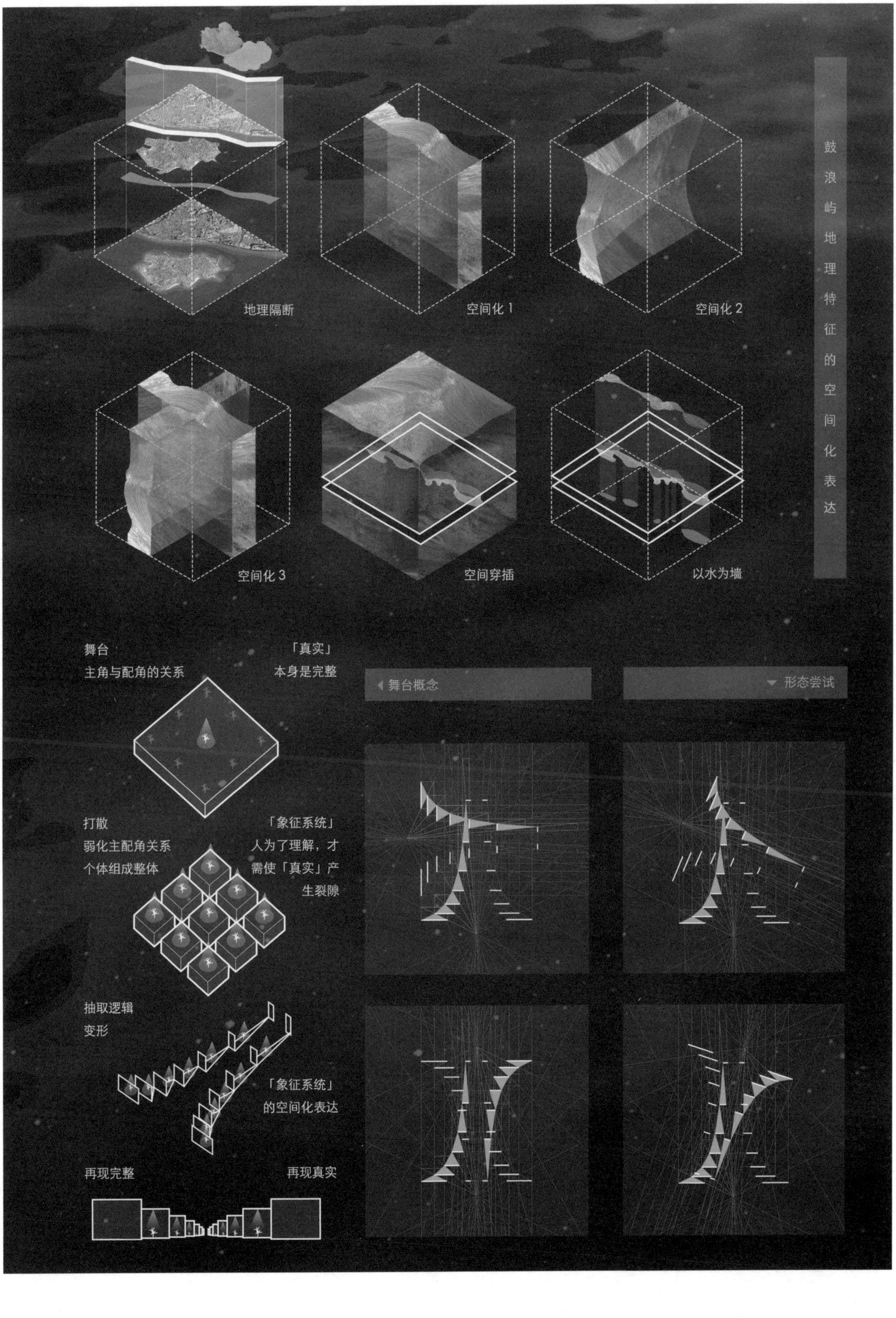
鼓浪屿地理特征的空间化表达
地理隔断
空间化 1
空间化 2
空间化 3
空间穿插
以水为墙
舞台
主角与配角的关系
「真实」
本身是完整
打散
弱化主配角关系
个体组成整体
「象征系统」
人为了理解，才需使「真实」产生裂隙
抽取逻辑
变形
「象征系统」
的空间化表达
再现完整
再现真实
舞台概念
形态尝试

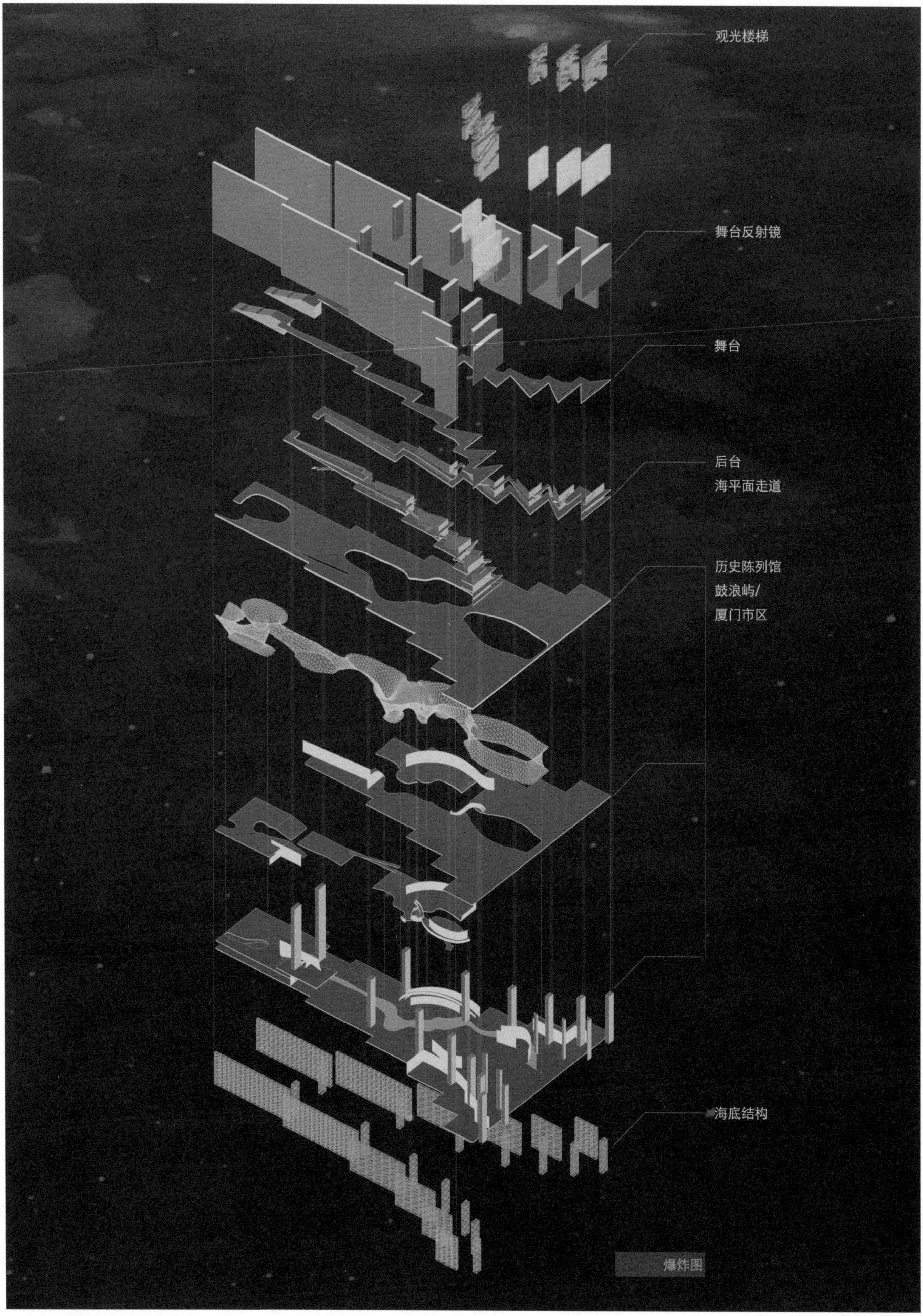
观光楼梯
舞台反射镜
舞台
后台
海平面走道
历史陈列馆
鼓浪屿/
厦门市区
海底结构
爆炸图

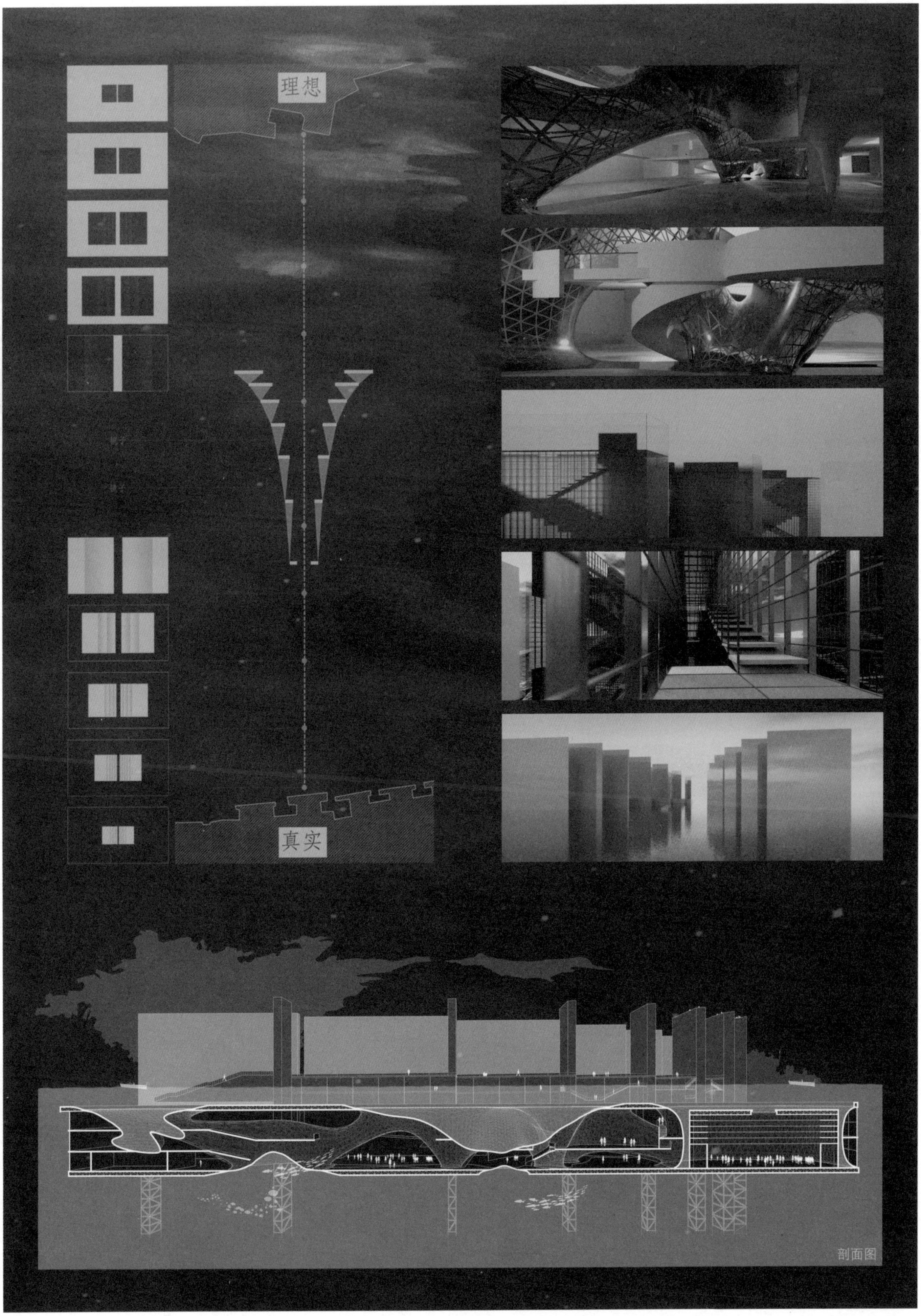
理想
真实
剖面图

中央美術學院
Central Academy of Fine Arts

CAFA

蝶屿——一座承载鼓浪屿美好记忆的子屿

Butterfly island

中央美术学院
设计：陈钊铭
指导：周宇舫/王环宇/王文栋/王子耕

设计说明：

纵观鼓浪屿的历史，万国博物馆的称号使得鼓浪屿成为令人瞩目的世界岛屿，是属于中国独一无二的遗产，他仅存的历史是值得人们回首和瞻望的。然而，现在的鼓浪屿仅存的记忆变成微微浅露沙滩或是岸边的旧码头的残址，或者是建筑的部分的残骸做成现在供游客观赏的“博物馆”，还是被“扭曲”形象的鼓浪屿原住民，怎么封存这些美好的记忆让人们记得曾经辉煌的鼓浪屿和作为根深华侨文化独树一帜的岛屿成为现代我们应该去思考的问题。

作品主要从岛屿本身的含义和我上岛时的所闻所见所感所和遇到的潮汐情况出发，构成一个对鼓浪屿记忆呈现的新型子屿。根据岛屿的含义，涨潮时和大陆或岛相离，落潮时和大陆或岛相连，像母亲身边的孩子，时而离开母亲身边，时而回到怀抱。蝶屿就像鼓浪屿的孩子一样，在落潮时，人们脚踏鼓浪屿被海水淹没的曾经的码头基地，会想起曾经那一段辉煌的鼓浪屿历史么？

作为世界文化遗产的“历史国际社区”

海上花园　“万国建筑博览会”　“钢琴之岛”

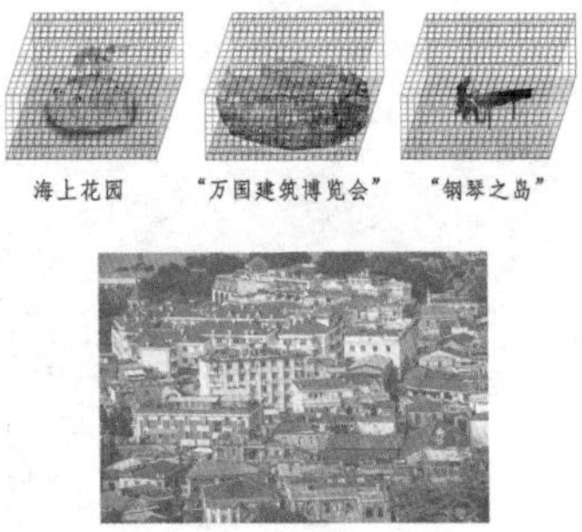

多样性文化欢聚一堂

消失和逐步整合的海岸线

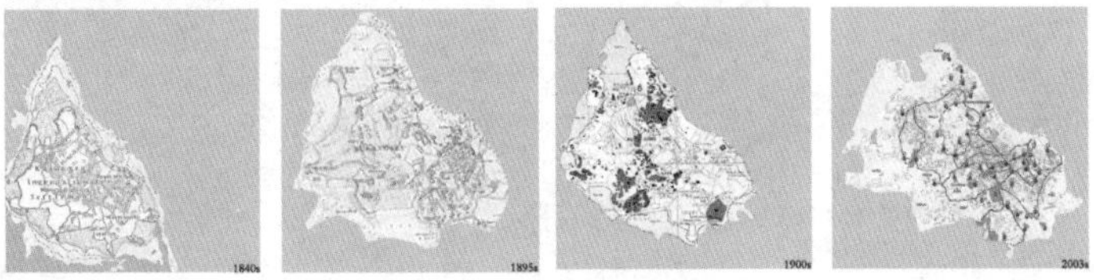

海域构想

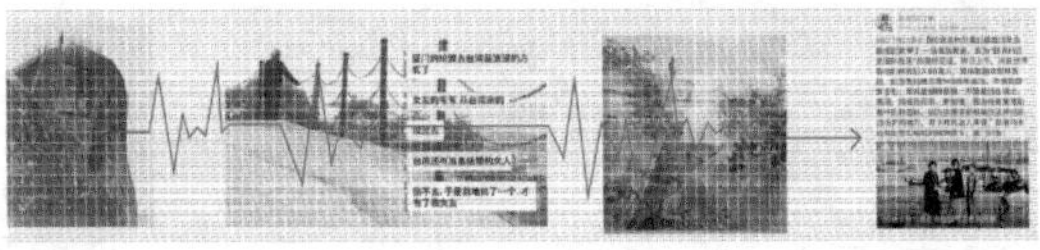

历史场景的照片　现状对应历史场景　画家的构想与描绘　新闻的实际报道

历史与现状同一片海域亲人离别历史场所假想再现

构想展示——记忆中的美好的鼓浪屿文化重现

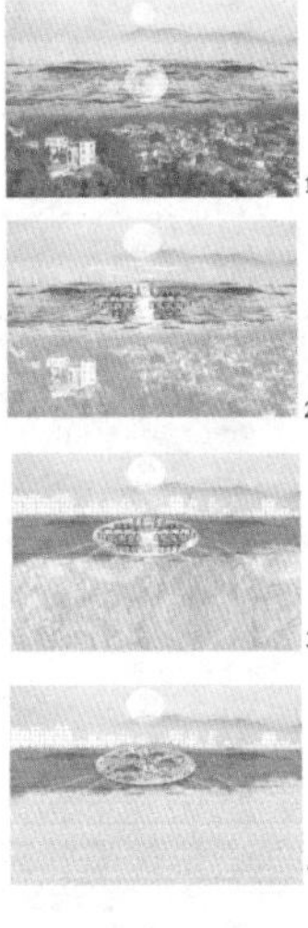

1.映月

2.蜃楼

3.架构

4.筑岛

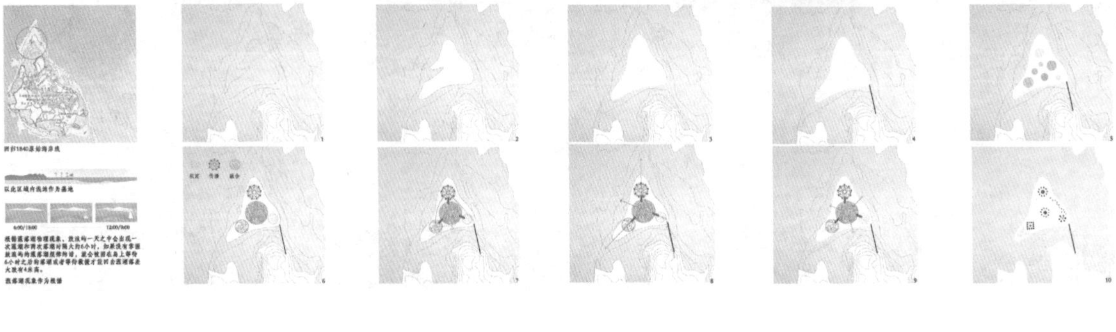

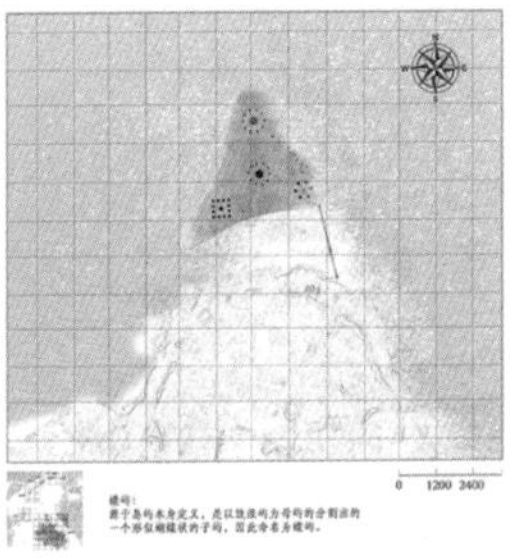

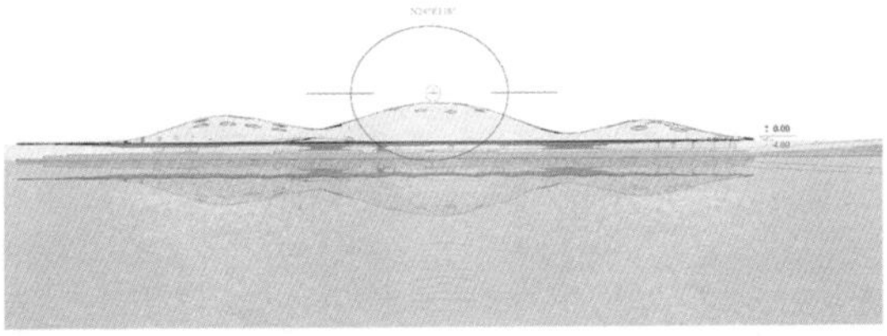

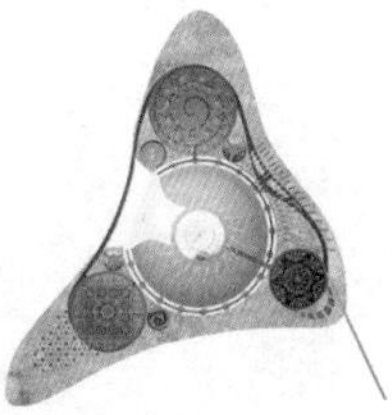

叙事空间的场景顺序表达

本土文化积淀期

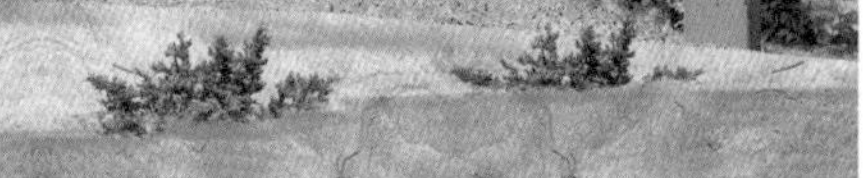

外来文化传播期

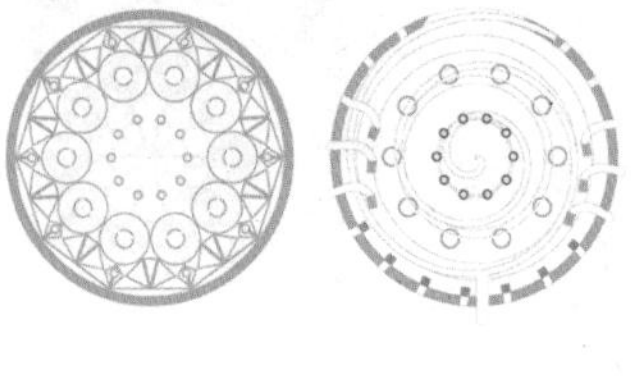
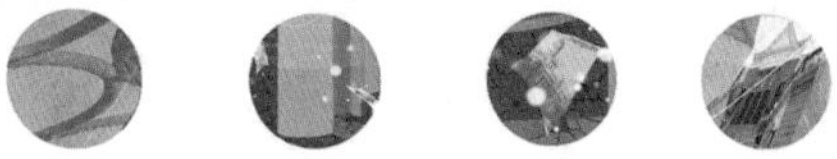

多元文化融合期

剧场——历史记忆的虚拟重现

中央美術學院
Central Academy of Fine Arts

CAFA

鼓浪屿计划——印斗漫游

Nomadic Yin Dou

中央美术学院
设计：张雨晴
指导：周宇舫 / 王环宇 / 王文栋 / 王子耕

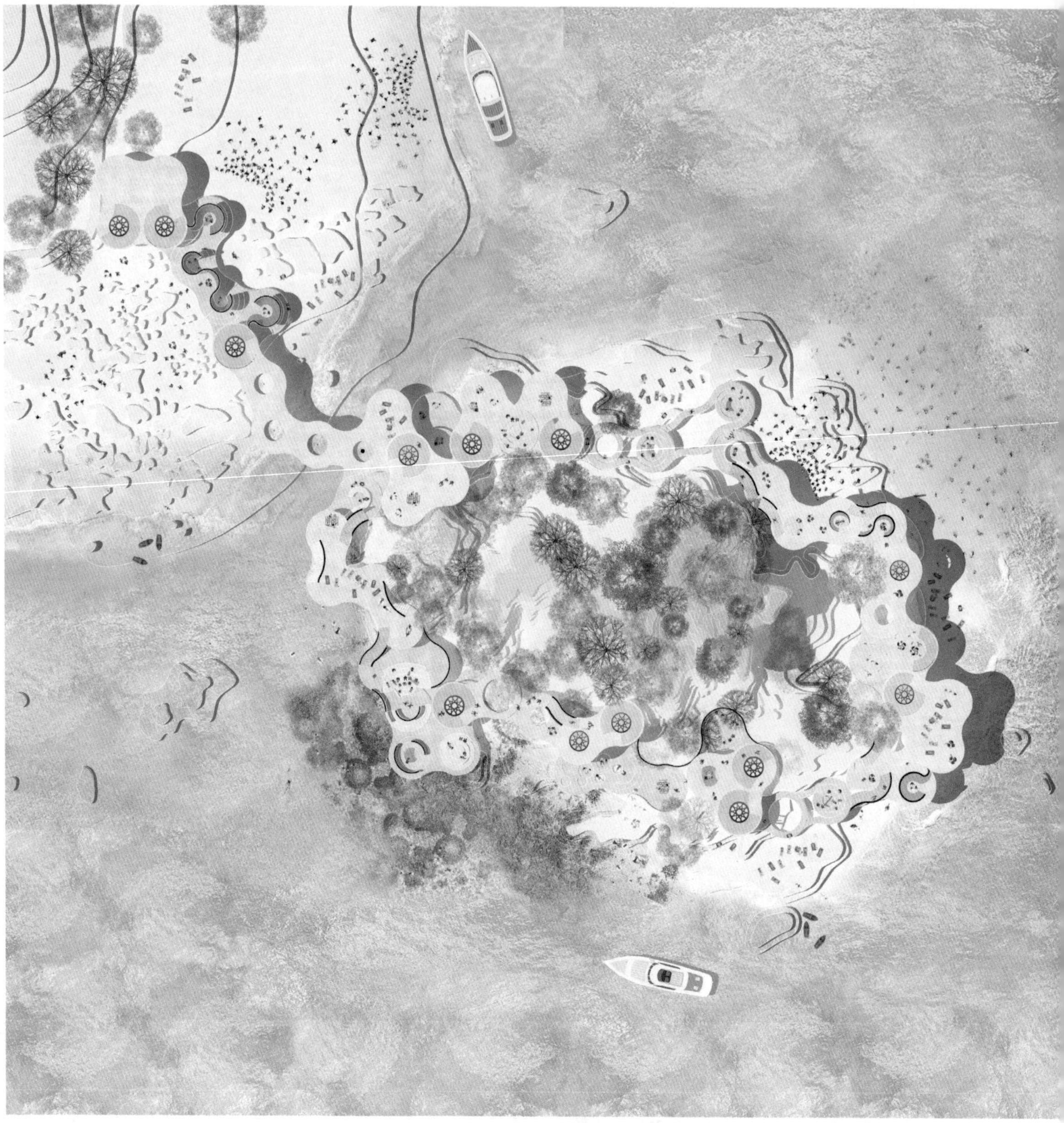

设计说明：

本设计通过研究鼓浪屿社区的精神内核，对其旅游商业化日益严重的现状提出空间解决方案。印斗石周围连续的、漂移的景观平台被赋予缺失的公共服务和活动场所，促进社区生活的回归，实现鼓浪屿功能意义上的再生。

建筑群的二层有一部分面向鼓浪屿东面海域的连续平台，与夏港艺术区和世贸大厦隔海相望，为居民和游客提供更好的海岛体验。

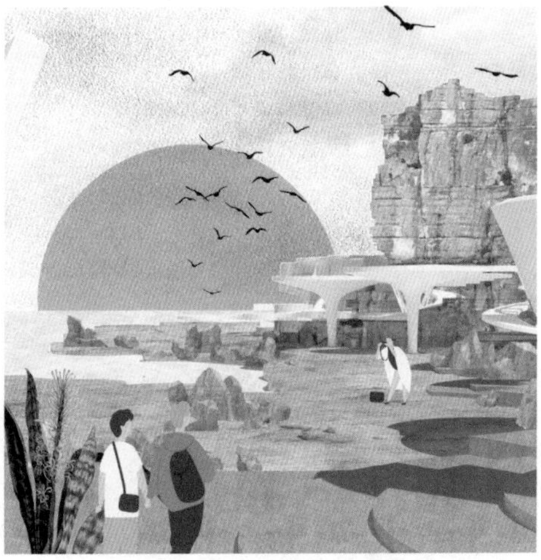

通过下沉走道和平台来到滨水的滩涂，可以看到富有高差变化、顺应印斗石地形的景观建筑群。

滩涂上的遮阳空间形成一组景观空间，将触摸礁石、海边运动等变得可能，成为新的社区活动空间和游客体验场所。

建筑群的二层有一部分面向鼓浪屿东面海域的连续平台，与夏港艺术区和世贸大厦隔海相望，为居民和游客提供更好的海岛体验。

鼓浪屿上熙熙攘攘的街道和公共空间的缺乏使得居民和游客无法在道路上停滞。底层平台提供了休憩的场所和咖啡店用来短暂休息、野餐、小型聚会等活动。

剧场空间挖掘鼓浪屿独特的社区文化，依托音乐和美术这两种艺术形式，借助原有的钢琴学校、美术学校和音乐厅资源，形成新的文化空间和社区活动。

鼓浪屿的沙滩和礁石滩涂都通过现有的步道与游人隔离开。通过逐渐下降进入沙滩的步道，使经营这些沙滩和海边的活动变得可行。

能够遮阳和休息的公共空间对于游客来说极为重要。位于鼓浪屿岛一侧的滩涂上提供了滩涂上的遮阳空间，形成一组景观空间，以补充游客的休闲体验。

高低错落的连续平台形成局部的室内空间，用于补充现在社区残缺的基础建设，使鼓浪屿岛上有较为完整的公共服务设施，以吸引居民继续居住。

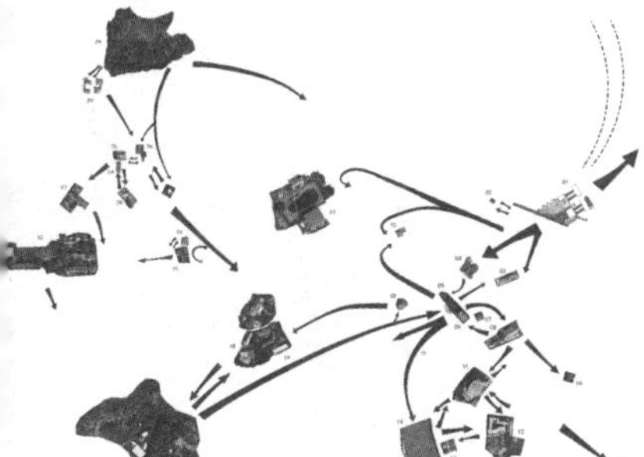

漂移概念的应用

对于鼓浪屿社区居民来说，旅游商业化对鼓浪屿公共空间和服务设施的压缩，使得他们在碎片化的生活社区中的活动是一种漂移的状态，由此产生的对鼓浪屿物理空间的认知也产生变化，形成独特的心理地图；对于鼓浪屿残缺的社区基础设施来说，补充必要的公共空间是一种空间上的拼贴，组块化的公共空间可以形成无限蔓延的道路网络，帮助瓦解和重组岛上过度商业化的空间，形成居民和游客可以共同参与的不同于以往的公共空间体验。因此，我将漂移作为空间的主题进行“历史国际社区”更新计划的创作中。

路网结构与方案生成

鼓浪屿岛上的道路多为用于步行的短而窄的巷道，通过少量道路汇合处的广场和几条主路连结形成路网；路口的节点以丁字、三岔和十字为主；道路顺着岛上的丘陵高低起伏，同一条主干道的高差可达近80米。我的漂移式空间通过模仿鼓浪屿的这种路网结构，形成围绕着印斗石而建立的公共平台组团。组团由三种不同的平台组件一分别由二、三、四个节点的平台串联而成，顺应印斗石的空间特点蔓延；节点间通过柱网固定，上下交叠的部分成为室内空间或是楼梯，从而组合成为富有高差变化、顺应印斗石地形的景观建筑群。

中央美術學院
Central Academy of Fine Arts

CAFA

鼓浪屿计划——过去#现在#未来

Kulangyu- "when"

中央美术学院
设计：王丁同
指导：周宇舫/王文栋/王环宇/王子耕

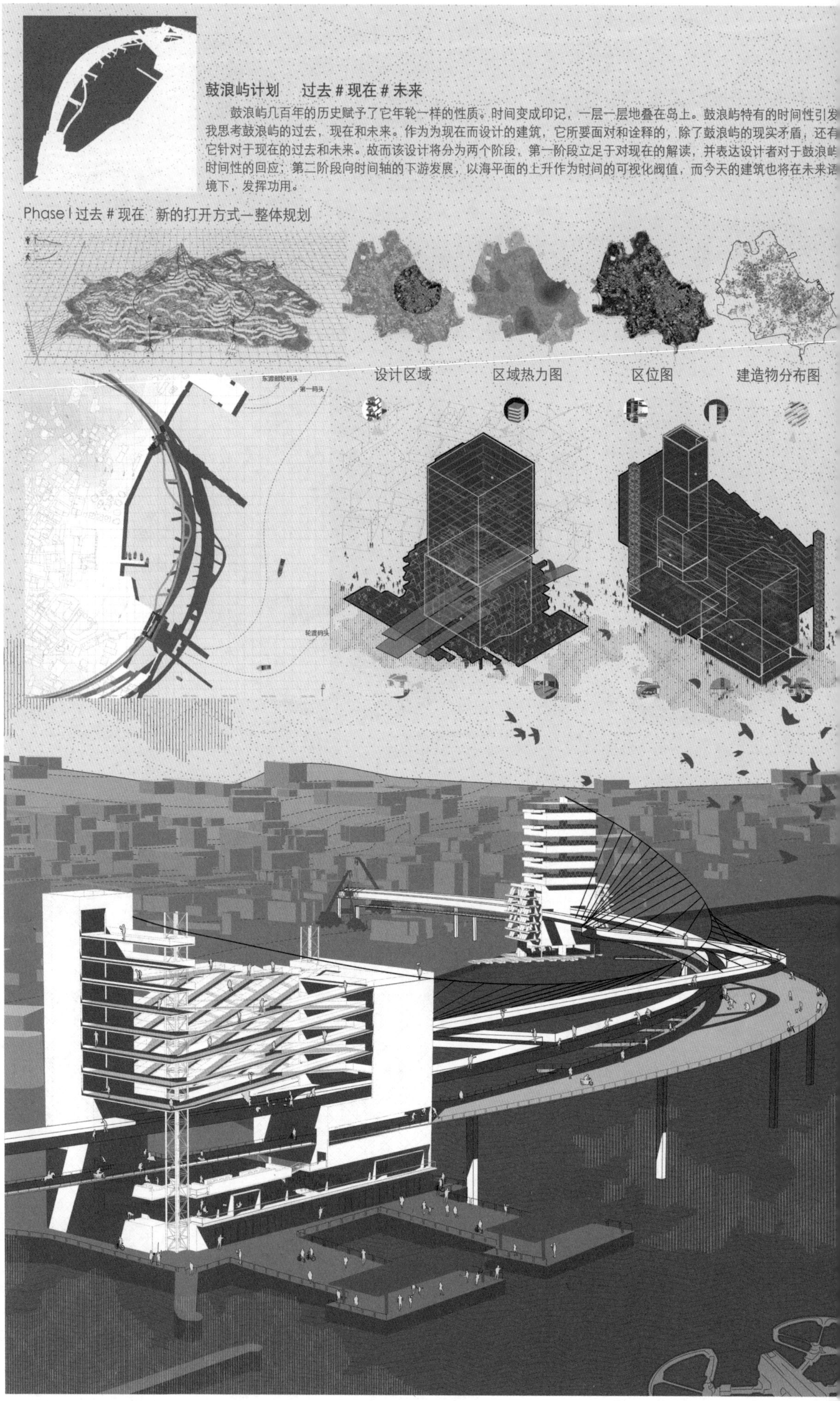
鼓浪屿计划 过去#现在#未来
鼓浪屿几百年的历史赋予了它年轮一样的性质。时间变成印记，一层一层地叠在岛上。鼓浪屿特有的时间性引发
我思考鼓浪屿的过去，现在和未来。作为为现在而设计的建筑，它所要面对和诠释的，除了鼓浪屿的现实矛盾，还有
它针对于现在的过去和未来。故而该设计将分为两个阶段，第一阶段立足于对现在的解读，并表达设计者对于鼓浪屿
时间性的回应；第二阶段向时间轴的下游发展，以海平面的上升作为时间的可视化阀值，而今天的建筑也将在未来语
境下，发挥功用。
Phase I 过去#现在 新的打开方式一整体规划
设计区域
区域热力图
区位图
建造物分布图

设计说明：

鼓浪屿几百年的历史赋予了它年轮一样的性质。时间变成印记，一层一层地叠在岛上。鼓浪屿特有的时间性引发我思考鼓浪屿的过去，现在和未来。作为为现在而设计的建筑，它所要面对和诠释的，除了鼓浪屿的现实矛盾，还有它针对于现在的过去和未来。故而该设计将分为两个阶段，第一阶段立足于对现在的解读，并表达设计者对于鼓浪屿时间性的回应；第二阶段向时间轴的下游发展，以海平面的上升作为时间的可视化阀值，而今天的建筑也将在未来语境下，发挥功用。

hase II 现在 # 未来 情境

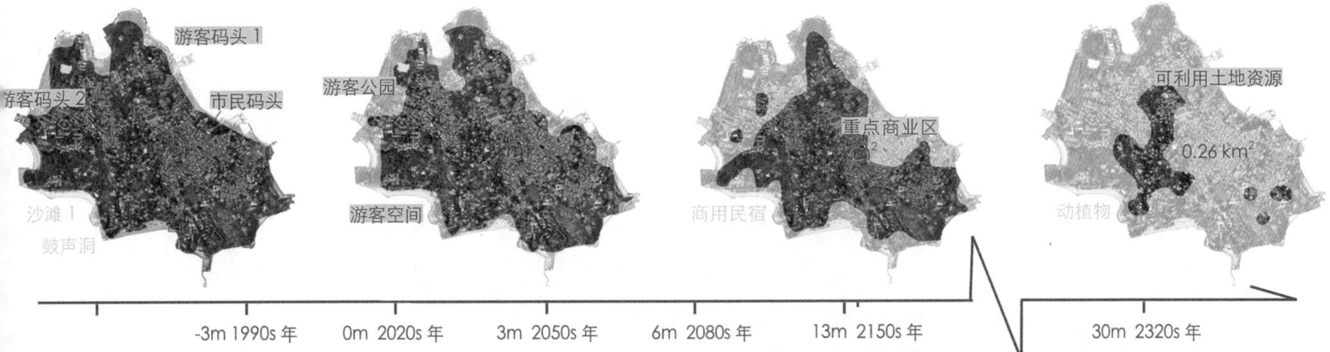
游客码头 1
游客码头 2
市民码头
沙滩 1
鼓声洞
游客公园
游客空间
商用民宿
重点商业区
可利用土地资源
0.26 km²
动植物
-3m 1990s 年
0m 2020s 年
3m 2050s 年
6m 2080s 年
13m 2150s 年
30m 2320s 年

从 13m 开始，与鼓浪屿矛盾，文化，一切热点最相关的地方将开始进入水中。

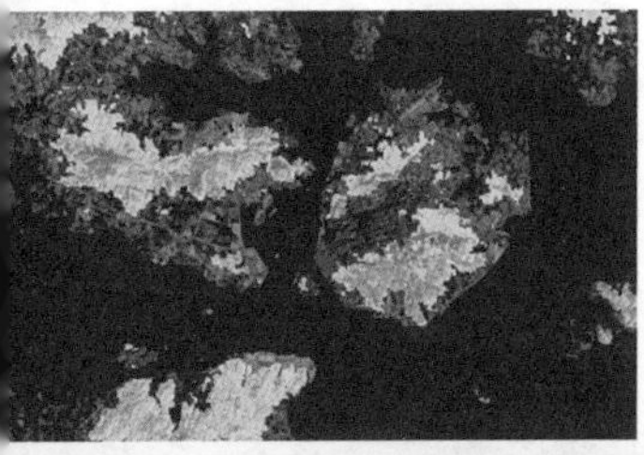

对于鼓浪屿的未来来说，它的过去包含所谓“现在和过去”。当我们把海平面的上升看作时间轴时，在海平面上升 13m 这个时间点，我们需要重新定义鼓浪屿。所欲现在用来形容鼓浪屿的词都将失效。

我的模型想示意的情境，是通过带有倾斜角度的镜面来反射元点建筑，让建筑在镜像中形成一个不断重复的，无限的环，示意未来新城市的生长。当陆地被淹没，人类开始创造新的生存空间，今天的建筑就可以作为新世界的元点，作为种子和藤架，由此生长。

在我设置的情境中，时间映射在海平面的高度上。当未来的某一刻，海平面淹过 13m，我所关注的洼地消失，鼓浪屿的现在和过去所存在的情境，即是我第二阶段的创作。

我想要叙述一种情境，在这种情境里，今天和过去共处在了时间的上游，人再也无法随着时间而上升，我们一起跌进时间中，与过去和现在的鼓浪屿共存。

而今是我们赋予了鼓浪屿如此多的定义，所以我们也会随着鼓浪屿的时间轴从现在鼓浪屿上的人，变成过去的鼓浪屿上的人。

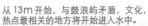

中央美術學院
Central Academy of Fine Arts

CAFA

鼓浪屿计划——感官博物馆
The Organ Museum

中央美术学院
设计：李佳政
指导：周宇舫／王文栋／王环宇／王子耕

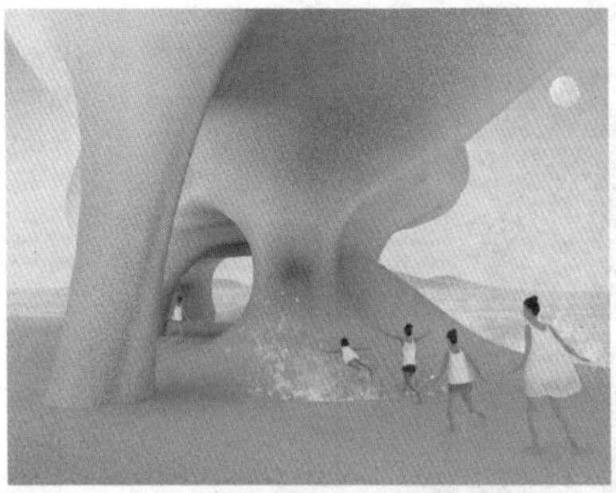

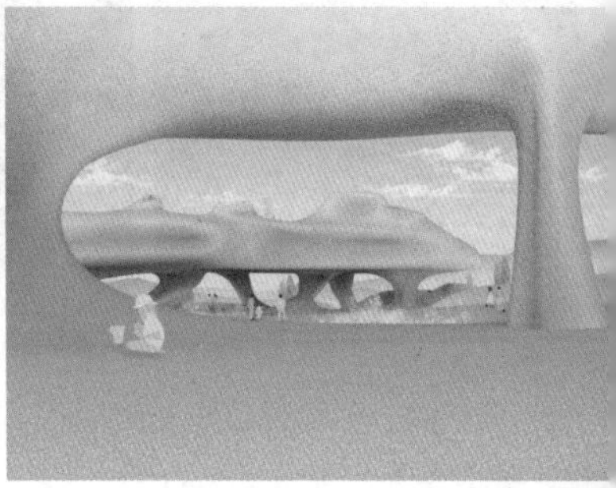

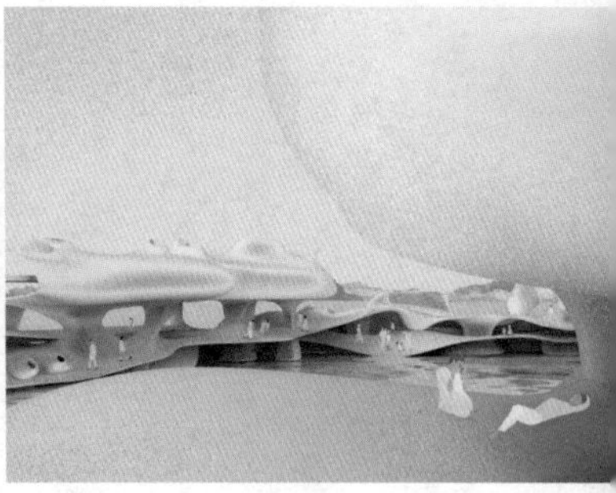

设计说明：

全感官的体验会被大量的信息掩埋，所以我尝试把多感官（声、目、嗅、触、味）转换成两种感官的体验。讨论建筑空间与人感官之间的联系。在设计过程中，我选择了听觉和视觉两种感官进行深入研究，选取鼓浪屿北部的海湾进行空间讨论，把属于这里的风声和海浪声进行量化和重组，使人们在博物馆中体验到平时所忽略的自然的形态、强度、大小以及和建筑空间的共鸣。

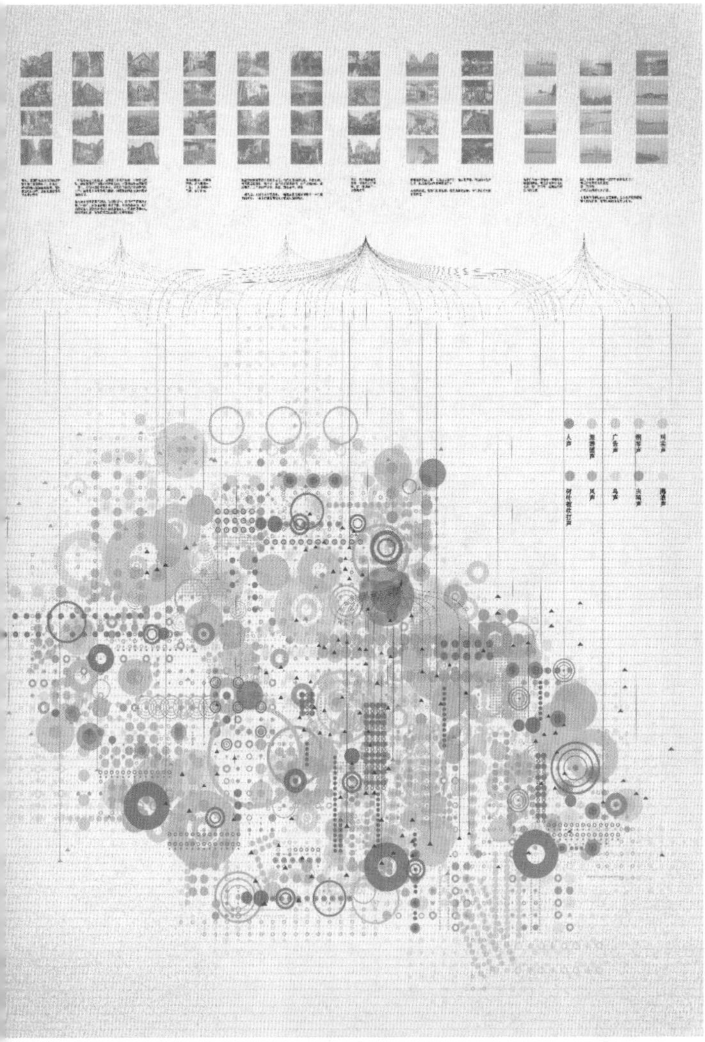

感官博物馆
——鼓浪屿计划

鼓浪屿早、中、晚、夜的切换，使它成为了一种特殊的存在，不同身份的人在这个岛屿上像舞台剧一样换场表演，在这场表演中，游览作为环境中的一部分无法全面的体验鼓浪屿的每一种性格。

这种全感官的体验反而会被大量的信息淹埋，所以我尝试把多感官（声、目、嗅、触、味）转换成一到两种感官的体验，讨论建筑空间与人感官之间的联系。在设计过程中，我选择了听觉和视觉两种感官进行研究，选取鼓浪屿北部的海滩进行空间设计，把属于这里的风声和海浪声进行强化和重组，使人们在博物馆中体验到平时忽略的自然的形态、强度、大小，以及和建筑空间的共鸣。

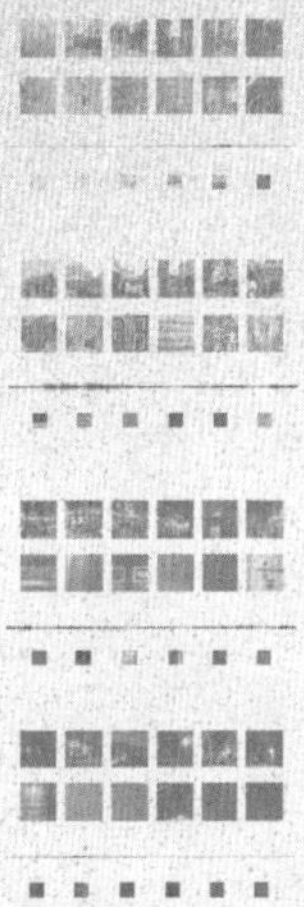

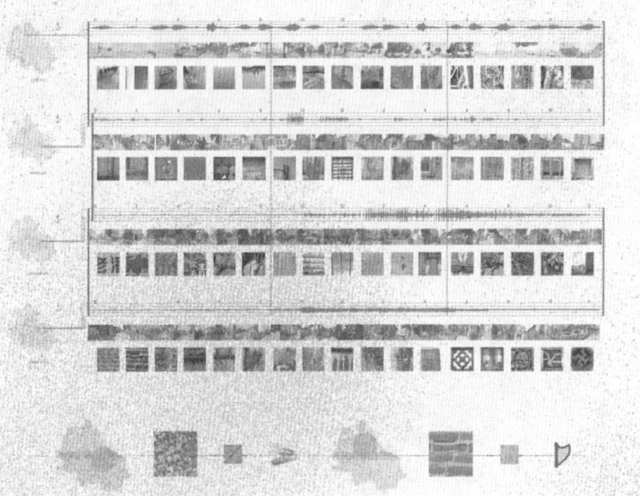

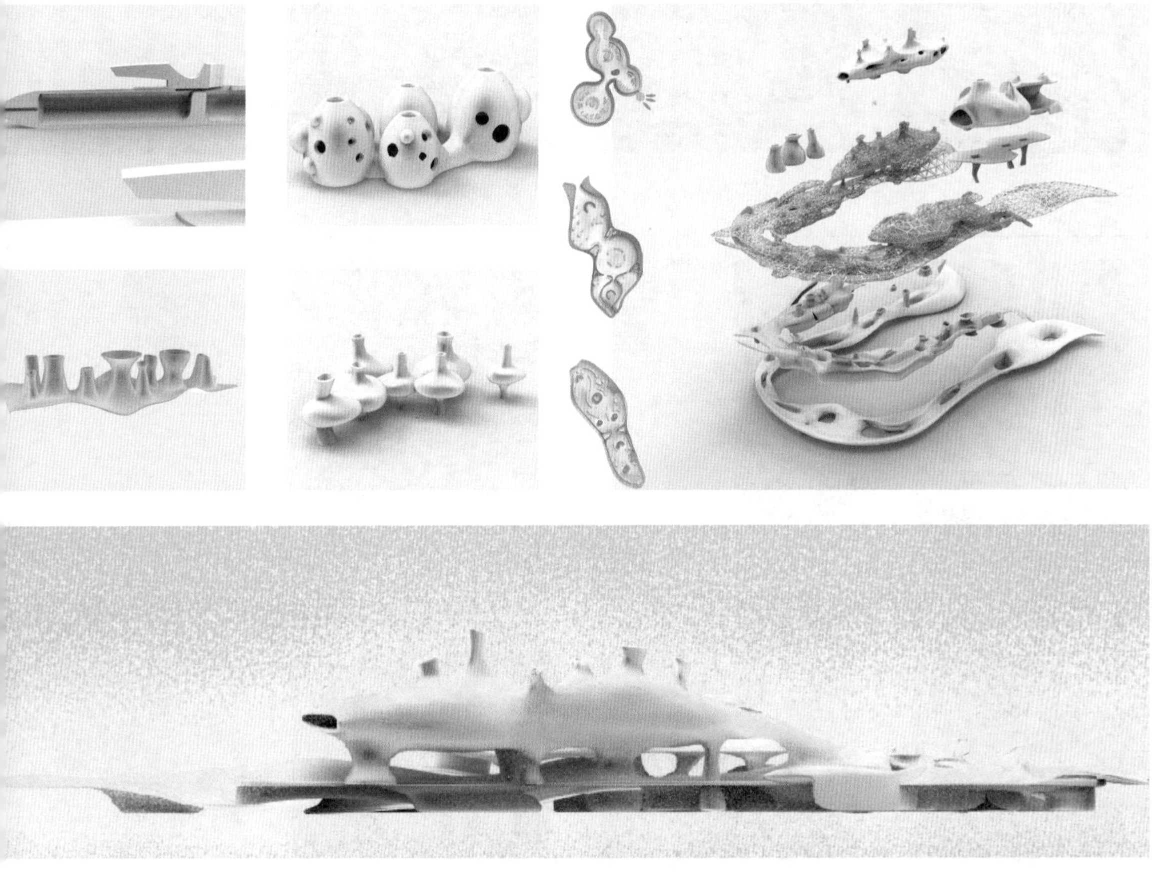

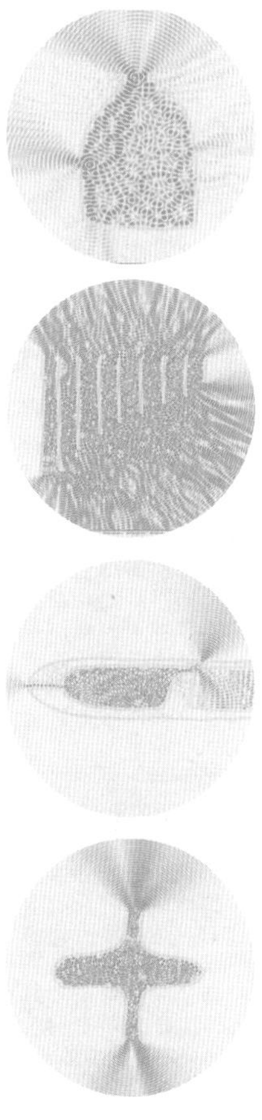

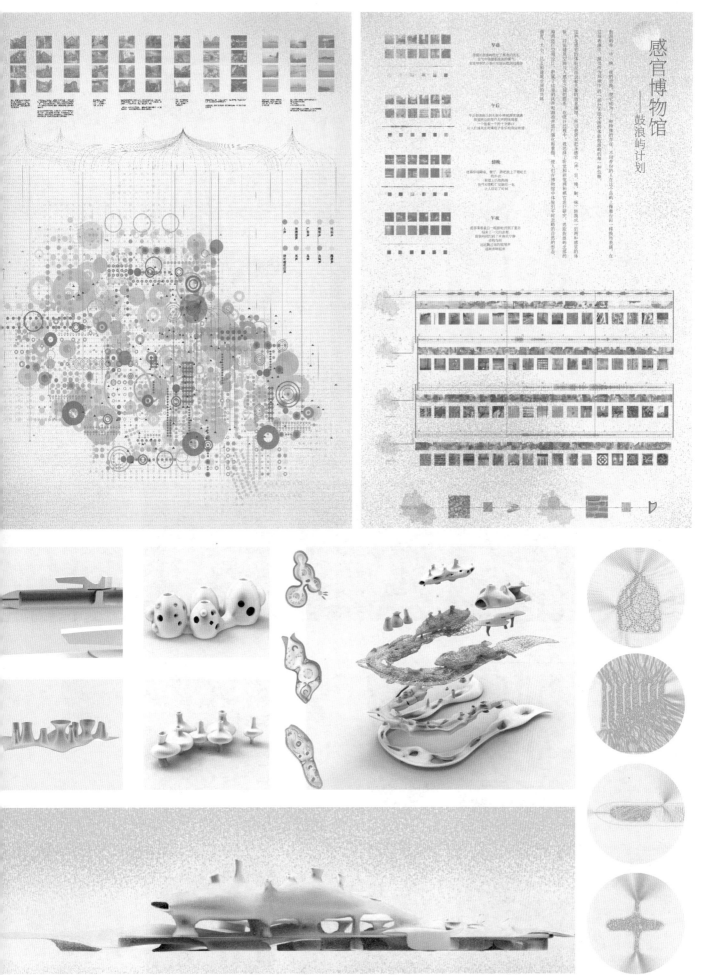

中央美術學院
Central Academy of Fine Arts

CAFA

看不见的鼓浪屿
Invisible Kulangyu

中央美术学院
设计：罗润可
指导：周宇舫 / 王文栋 / 王环宇 / 王子耕

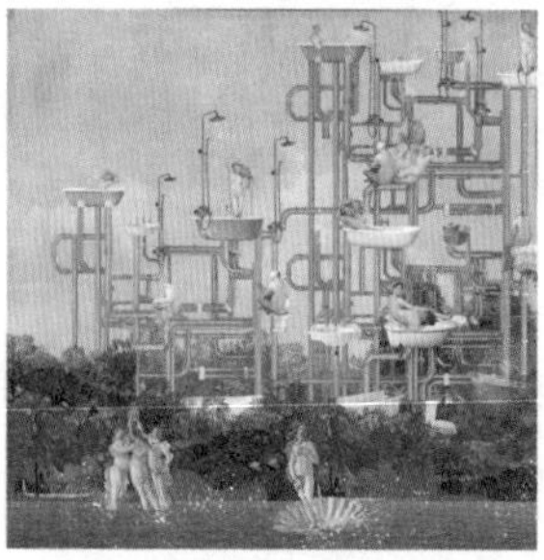

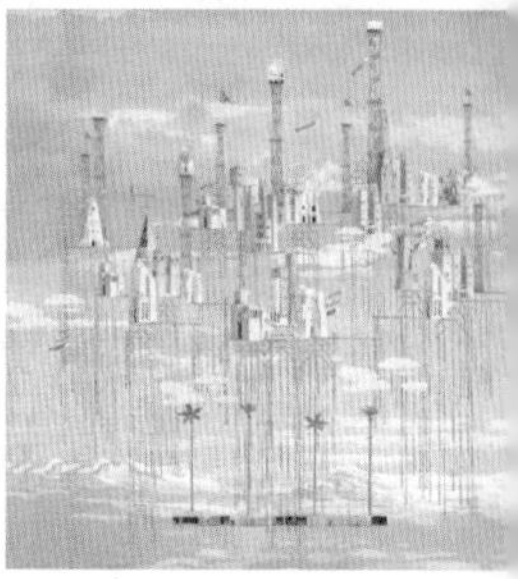

设计说明：

设计由卡尔维诺的小说《看不见的城市》研究开始。小说是旅行者马可波罗对忽必烈做的一系列旅行汇报。描述了55个以各不相同奇诡模式生长的乌托邦城市。在阅读的过程中我的脑海中不断浮现出这些乌托邦城市的具体景象，于是我以图像的叙事手段将小说语言转译为空间，并将继续探索运用它在鼓浪屿上再创作的可能性。我提取一些鼓浪屿上的记忆碎片，将它们扩写城卡尔维诺式的小说语言，并且分别用建筑空间将它们承托出来。这是我虚构的鼓浪屿，是我的威尼斯，更有趣的是，每个人对鼓浪屿都有不同的想象，它们是看不见的鼓浪屿，始终是它的一部分。

鼓浪屿记忆符号提取

01. 钢琴学校

02. 海洋俱乐部

03. 万国建筑博物馆装
04. 物资工作坊

01. 钢琴学校

文本中描述了一座钢琴巴别塔，钢琴室岛上居民交流的媒介，琴声是居民唯一的共同语言。琴技越高超就能占领月高处的琴房。具体空间我选取了菽庄花园高处，现钢琴博物馆作为基地。我设计了一座垂直的钢琴学校。如水中气泡一般自由漂浮的球体内部是私密的琴房小教室，外部是公共空间。同时，这也是一座动态钢琴博物馆，行走在其中，是可以听得到琴声的。

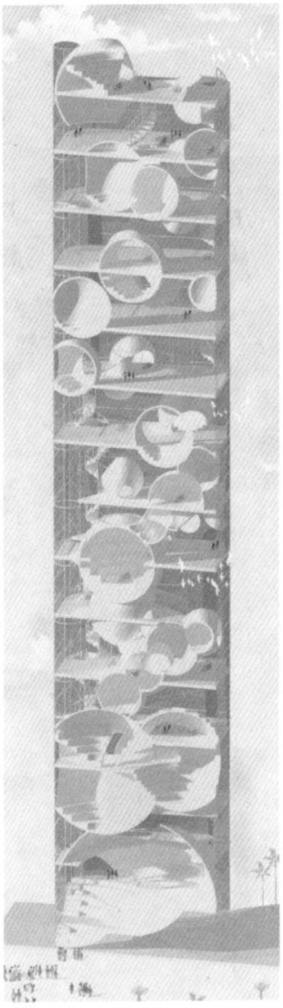

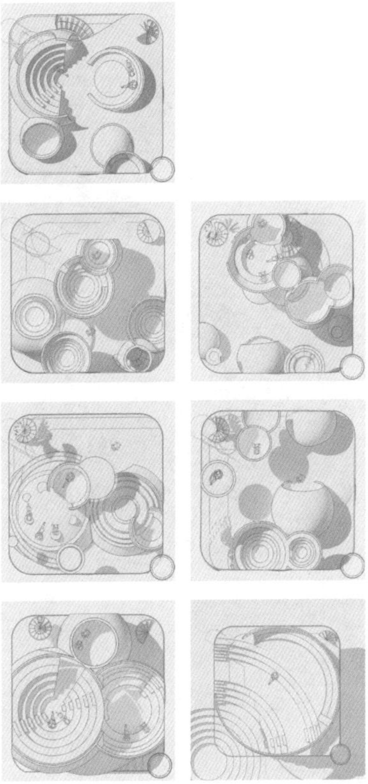

02. 护城廊

护城廊是一种与陆地城邦的护城河相对应的设施。它是岛屿城市之间的屏障，廊道拱形的尺寸限制了不同尺寸船只进出岛屿的方位，它也是岛屿城市的城际缓冲，是岛屿居民相聚别离的情感寄托。具体空间我选址在岛屿北部的浅滩。这座环形的长廊本身是一个进出岛屿大大小小船只的港湾，廊上缓坡平台是观景玉垂钓平台，室内部分是休闲餐吧，淋浴设施，服务于岛上居民与游客。我希望用护城廊的想象承托人与海洋亲密关系的回忆。

03. 万国建筑博物馆

第三部分的创作描述的是寻找万国邦的场景。万国邦主是热衷于将城邦各处建筑采样制作成模型首次陈列在珍宝屋中的领袖。相似的，鼓浪屿也是一座万国建筑博物馆。杂的历史文化发展阶段为这个小岛带来了各式风格的建筑。我重点讨论了 13 个不同风格的历史建筑，并将它们用 3d 模型的方式记录下来：包括 厦门传统民居四落大厝；殖民外廊风格的美国使馆，日本使馆，三一堂，巴西利卡式的协和礼拜堂，哥特式的天主教堂；受华侨影响的折中主义，厦门装饰主义风格的一些私宅。我将这些历史建筑的建筑素拆解重构以组成新的空间。我重点提取了三种建筑元素：屋顶，台阶，立面进行了第三种尝试，生成符合儿童身体尺度的游乐装置，使人们能够真正直观的游历在鼓浪屿这王国建筑博物馆之中。三种元素重构为三种空间：由屋顶元素构成的游乐装置，台阶元素生成的看台，源于立面元素的矮墙群组。他们被分别置入鼓浪屿街心公园，马约翰体广场，北部的滨水绿地。

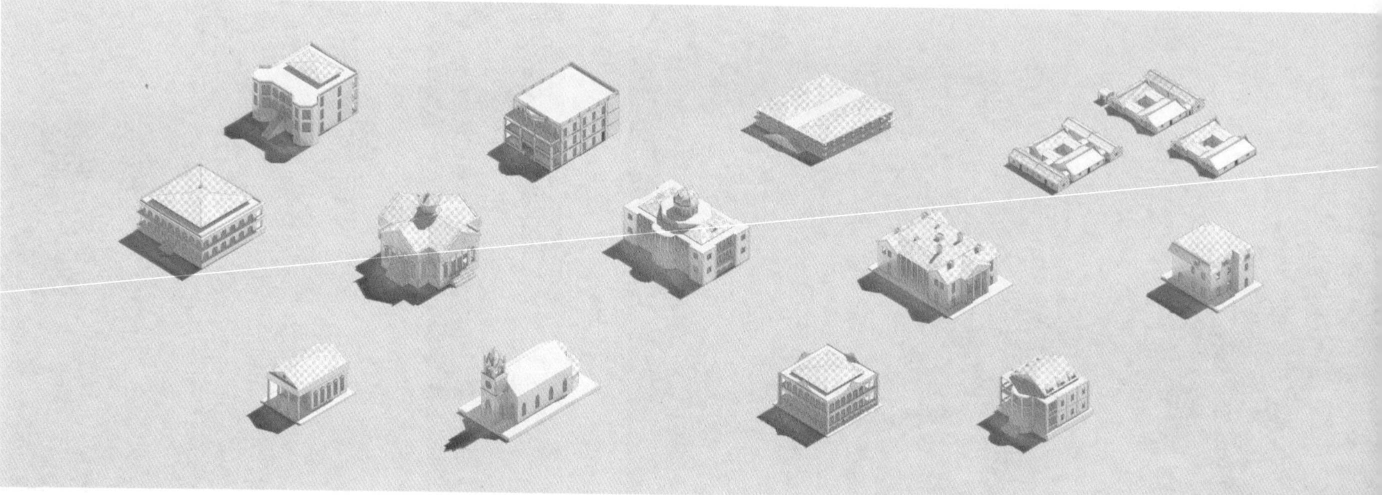

A. 屋顶元素 — 街心公园游乐装置

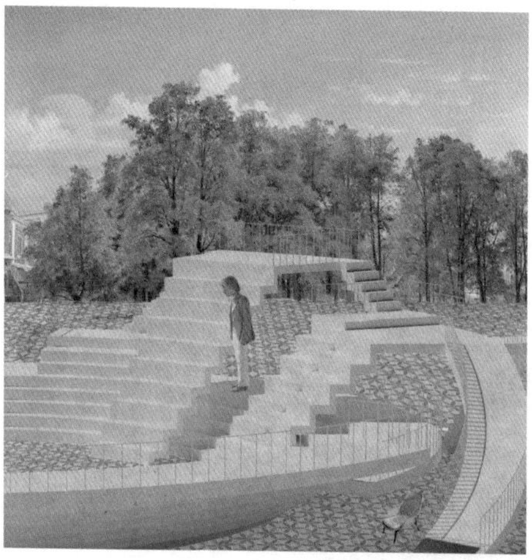

B. 台阶元素 — 体育广场看台

C. 立面元素 — 滨水绿地游乐装置

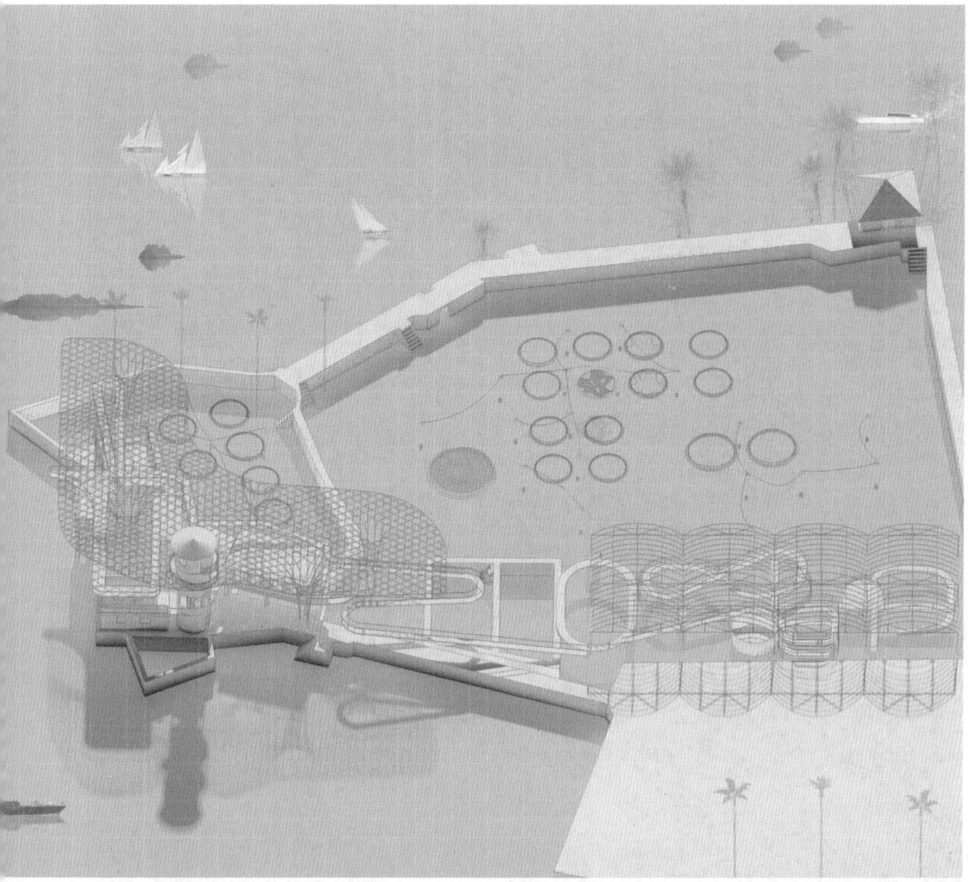

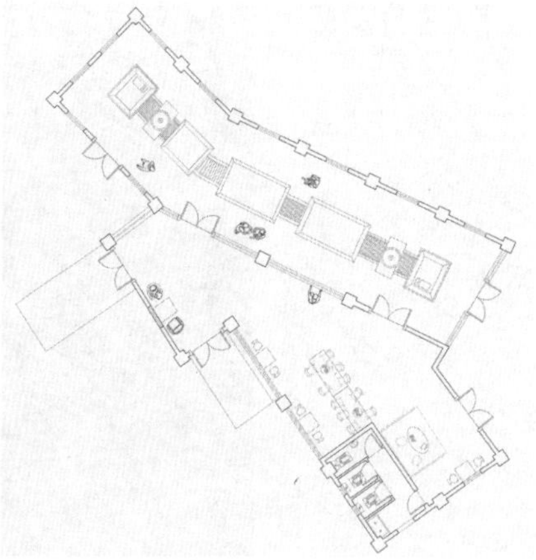

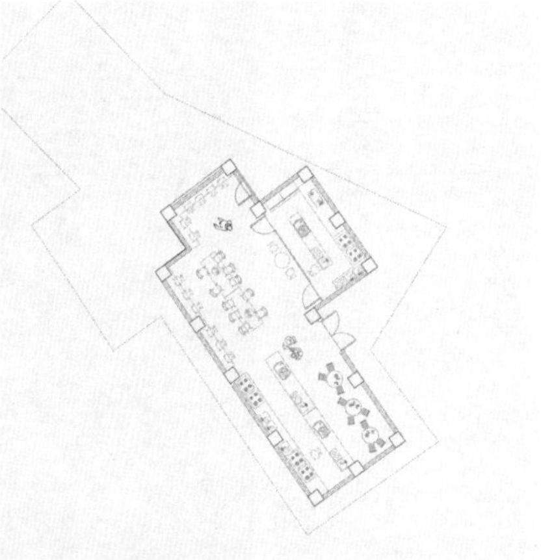

中央美術學院
Central Academy of Fine Arts

CAFA

鼓浪屿计划——『夹缝+』混合声音的构筑物

『Gap+』an Architecture of Sound

中央美术学院
设计：谢雨帆
指导：周宇舫/王文栋/王环宇/王子耕

设计说明：

我在本次议题中尝试探讨听觉空间的混合机制，从游走鼓浪屿的个人感受出发，抽离了夹缝这一原型。以电子音乐 LiveSet 当中“情境（Scene）”的架构来解构鼓浪屿上声音空间的组合方式。最终通过数字手段重构，生成混合声音的空间——“夹缝+”与“夹缝-”从而产生被转化的感官体验，这种空间与感官的机制是多样而广义的。它既可以作为一种建筑而存在，也可以作为一种装置而存在。对我而言，建筑正是这样一个复合系统与生产过程。它们都游离于鼓浪屿本体之外，观者直接通过与它们的互动，直接与鼓浪屿上的声音发生情感联系。夹缝对声音的混合不仅发生在内部，也发生在此地与彼地。

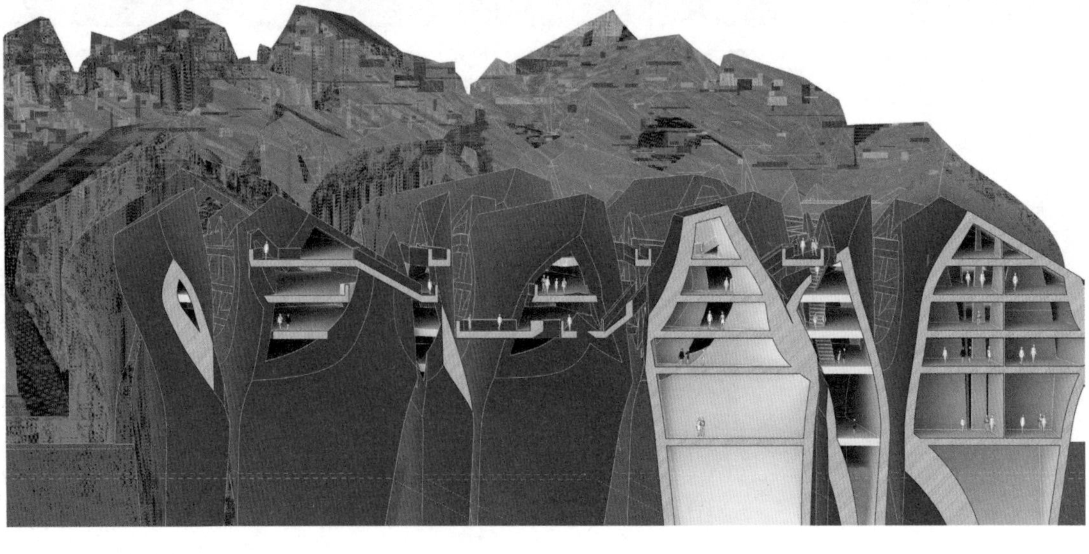

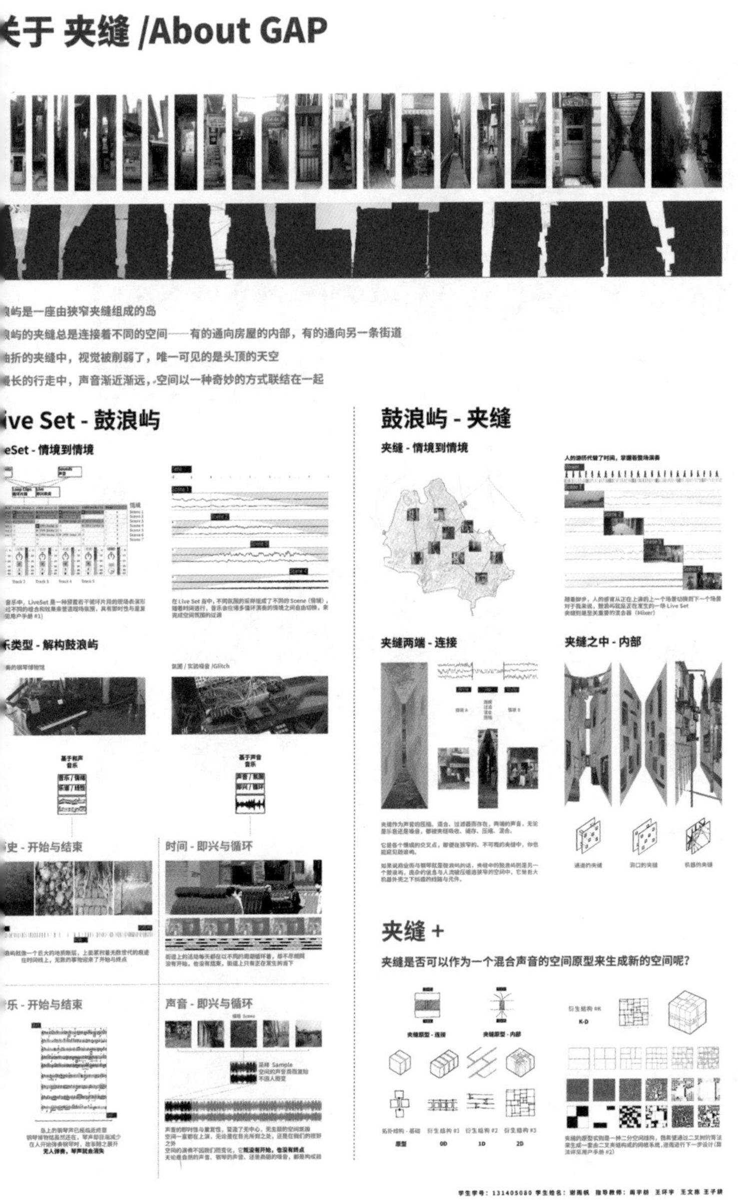
关于 夹缝 /About GAP
浪屿是一座由狭窄夹缝组成的岛
浪屿的夹缝总是连接着不同的空间——有的通向房屋的内部，有的通向另一条街道
曲折的夹缝中，视觉被削弱了，唯一可见的是头顶的天空
漫长的行走中，声音渐近渐远，空间以一种奇妙的方式联结在一起
ive Set - 鼓浪屿
eSet - 情境到情境
鼓浪屿 - 夹缝
夹缝 - 情境到情境
夹缝两端 - 连接
夹缝之中 - 内部
夹缝 +
夹缝是否可以作为一个混合声音的空间原型来生成新的空间呢？

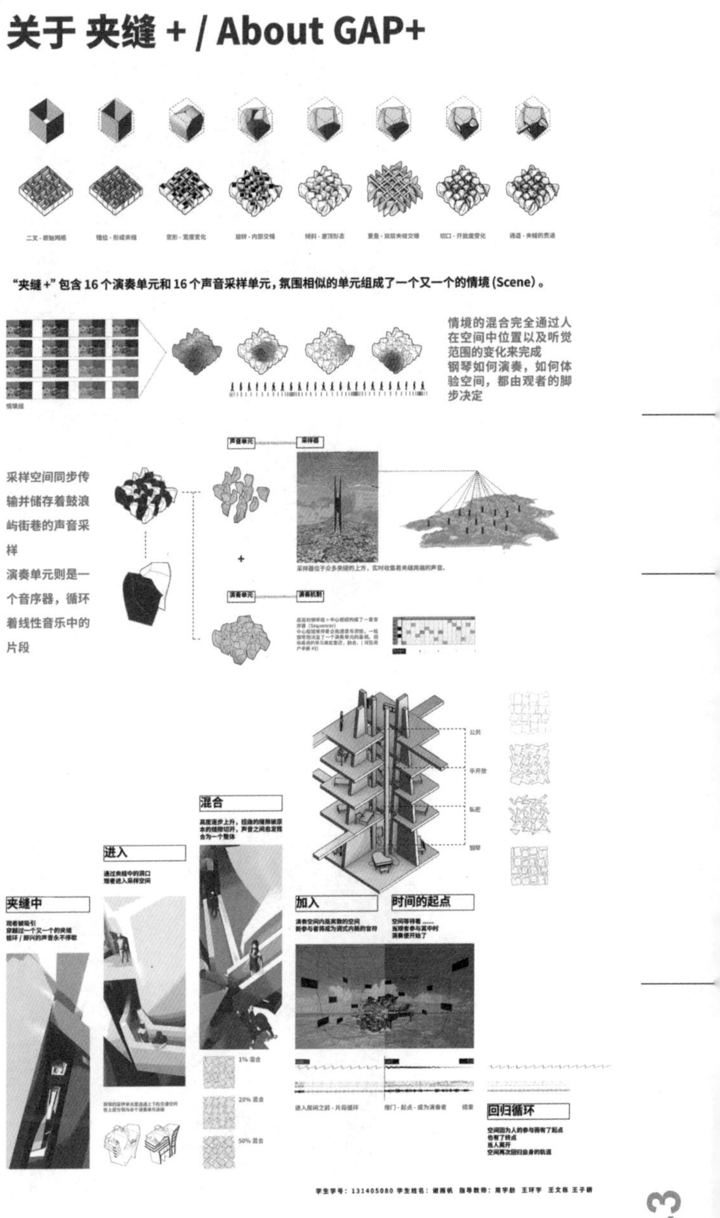
关于 夹缝 + / About GAP+
二叉 - 原始网格
错位 - 形成夹缝
变形 - 宽度变化
旋转 - 内部交错
倾斜 - 屋顶形态
重叠 - 双层夹缝交错
切口 - 开放度变化
通道 - 夹缝的贯通
"夹缝 +" 包含 16 个演奏单元和 16 个声音采样单元，氛围相似的单元组成了一个又一个的情境 (Scene)。
情境组
情境的混合完全通过人在空间中位置以及听觉范围的变化来完成
钢琴如何演奏，如何体验空间，都由观者的脚步决定
采样空间同步传输并储存着鼓浪屿街巷的声音采样
演奏单元则是一个音序器，循环着线性音乐中的片段
声音单元
采样器
演奏单元
演奏机制
混合
进入
夹缝中
加入
时间的起点
回归循环

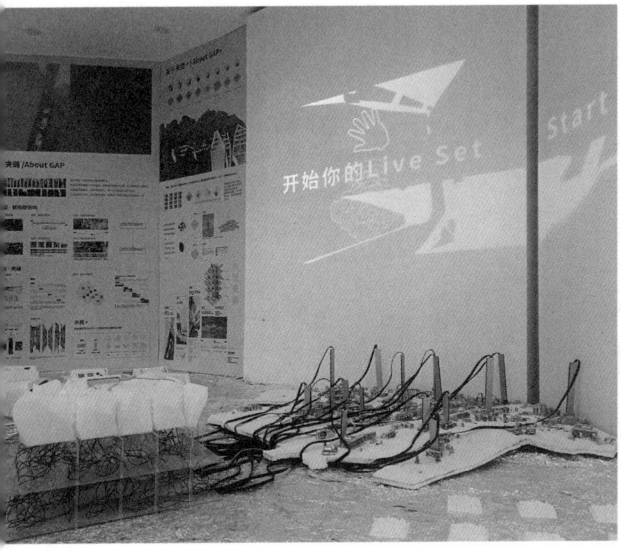
开始你的Live Set
Start

中央美術學院
Central Academy of Fine Arts

CAFA

鼓浪屿码头计划
Wharf Renewal Project

中央美术学院
设计：曾文涛
指导：周宇舫 / 王环宇 / 王文栋 / 王子耕

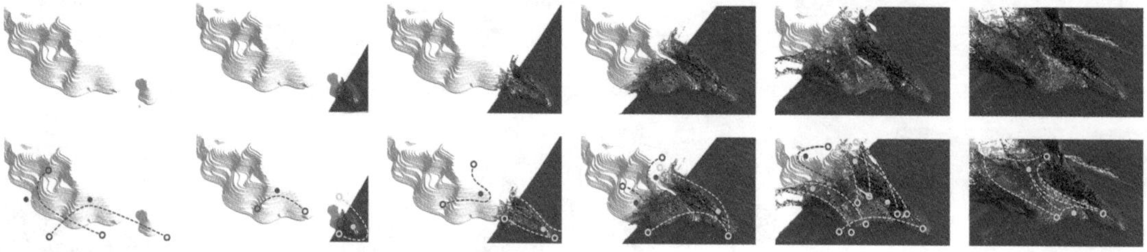

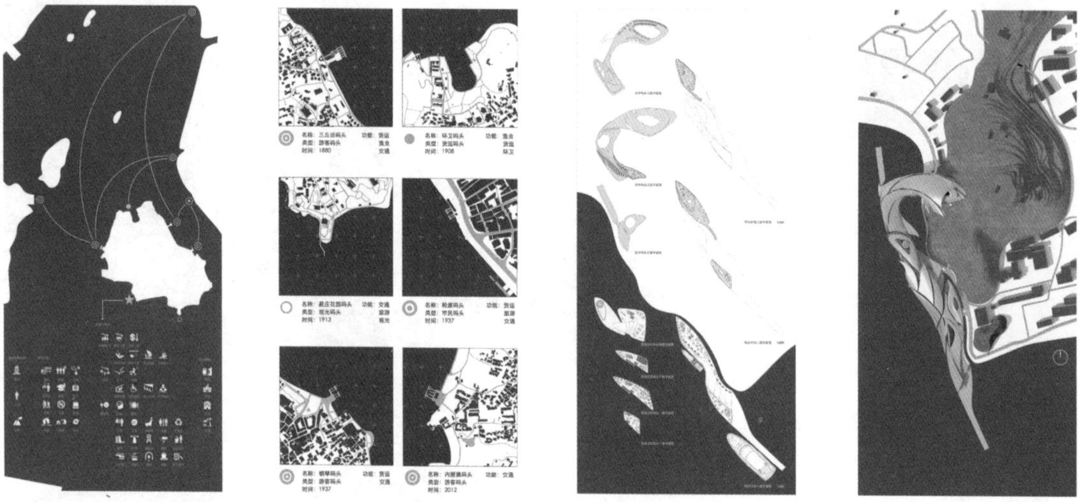

设计说明：

本作品聚焦于鼓浪屿，探索其作为世界文化遗产的“历史国际社区”更新问题。鼓浪屿申遗的关键意义在于“保护”，申遗后的关键问题在于协调遗产保护与社区发展的需求。作品通过对鼓浪屿码头与场地的分析，进行部分的扩建与改造，码头作为交通枢纽承载了几代人的故事，亦可以作为容器去贮藏人们的记忆。作品着眼于未来，通过记忆码头去解决场地矛盾与问题，激活社区，表达人们对鼓浪屿的情感。

中央美術學院
Central Academy of Fine Arts

CAFA

『漂』与『定』——游人码头
The Visitor Wharf

中央美术学院
设计：赵冬雨
指导：何崴 / 钟予

课题"鼓浪屿计划"重点在于解决鼓浪屿"保护"与"更新"之间的矛盾。想要解决这一矛盾首先要解决鼓浪屿过多的客流压力。现有的解决方式是直接限制人流，而我们认为，通过发展疍港区域，提高沙坡尾地区的吸引力，侧面疏散鼓浪屿集中的客流，是更值得发展的一个思路。
整体规划上，通过在海上开放鼓浪屿南端及沙坡尾区域的港口，引流游客，在陆上加强沙坡尾与周边已有景区的联系，将游客引入内陆。

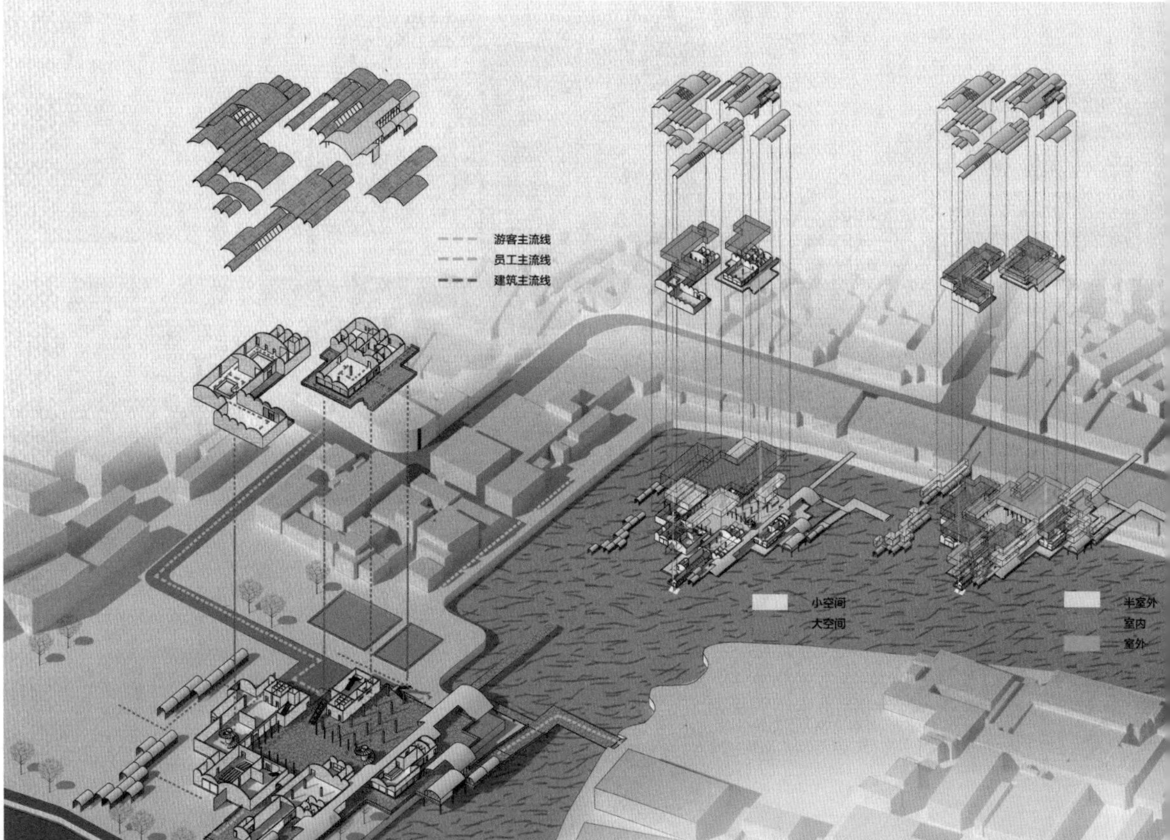
游客主流线
员工主流线
建筑主流线
小空间
大空间
半室外
室内
室外
海上疍民——过去厦港的一种特殊人群，一生漂泊在海上，向往稳定生活，曾对厦港的发展有着重大贡献。现如今，由于城市的更新与滨海路的修建，他们已经被驱逐，消失。同时，新一批与疍民相似的群体大量出现 —— 游客。
他们同疍民一样，来自不同地方，是带动区域发展的主力，同时也是漂泊着的一群人。而与疍民不同的是，游客选择主动"漂泊"，他们更想去感受安逸生活中没有的刺激。所以游客作为精神上的新疍民，成为使沙坡尾复活的重要力量。

A–A 剖面图 1: 150

评语：

"批判了历史，因为高架桥还有高楼都对沙坡尾尺度有破坏，方案采取小尺度是对的。"

"利用疍民连家船船篷是个很好的研究方向，但目前只是一个拼贴的状态，没有在建构的部分下功夫。"

"可以选一个更具有挑战性的题目来做，比如游人如何跨越高架桥，这样会有更多新的想法出来，不一定就一定是保护。"

"沙坡尾难度远远大于鼓浪屿，方案就像传统武术，一种是套路，自己表演，很像舞蹈。另一种是对练，花拳绣腿，假想敌，行云流水。而你们是自由搏击，面对真实敌人，敌人太强大，花拳绣腿和套路是不管用的，需要的是一招制敌。"

1 常设展厅
2 临时展厅
3 多功能厅
4 管理用房
5 门卫室
6 候船厅
7 售票厅
8 卫生间
9 仓库
10 更衣室
11 冷饮区

一层平面图 1：300

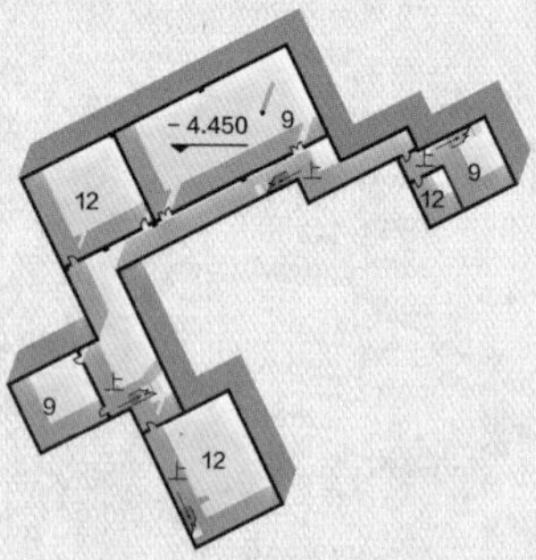

9 仓库
12 设备用房

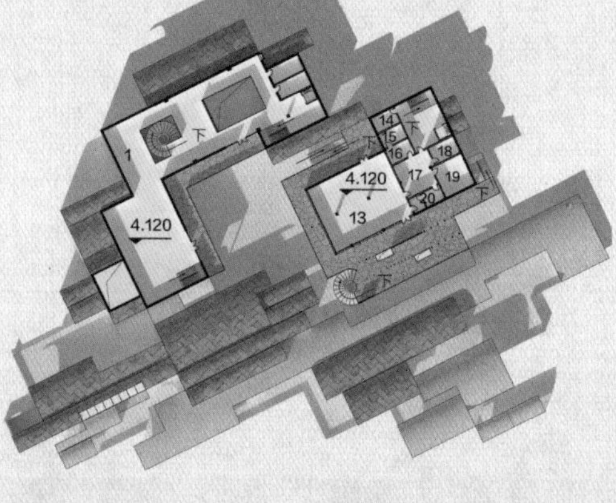

1 常设展厅
13 餐厅
14 休息室
15 冷冻库
16 冷藏库
17 烹饪区
18 蔬果粗加工
19 生肉粗加工
20 餐具间

北立面图 1：300

南立面图 1：300

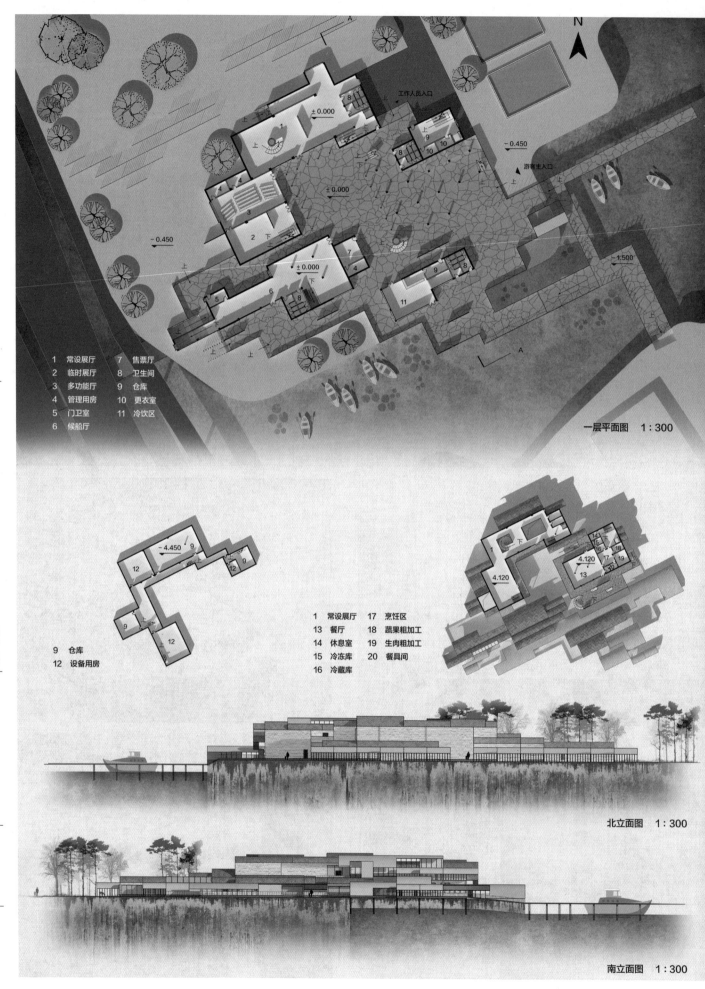

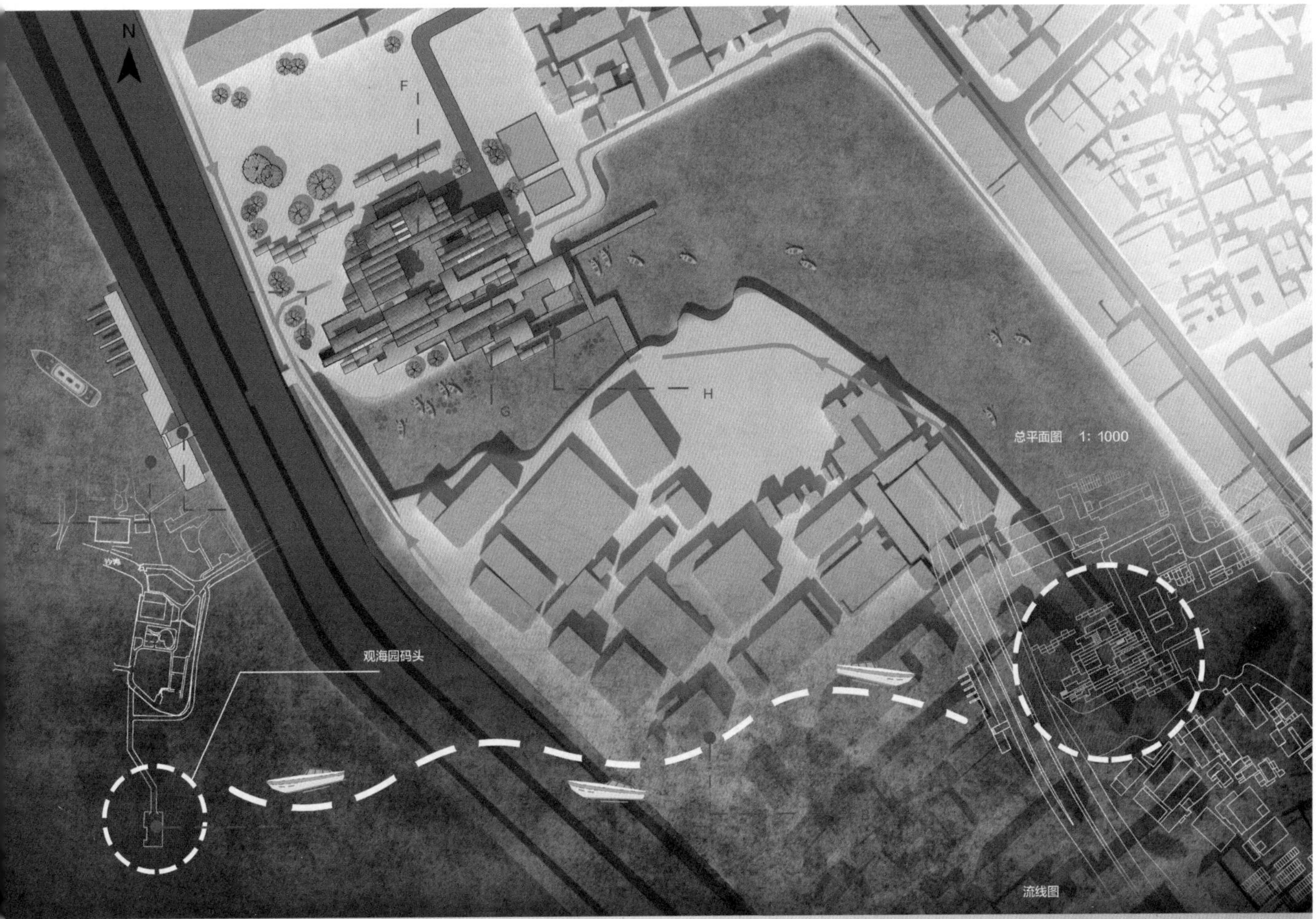
N
F
G
H
总平面图　1：1000
观海园码头
流线图

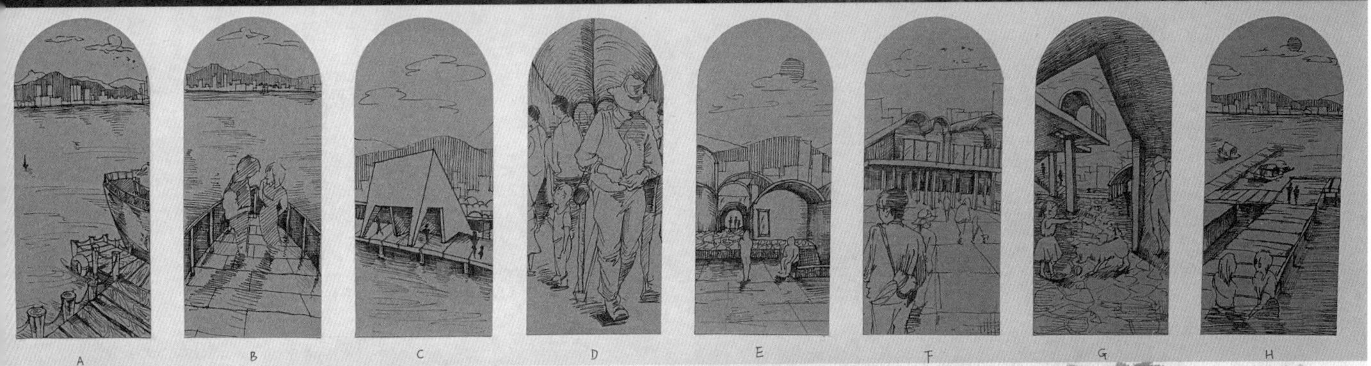
A
B
C
D
E
F
G
H

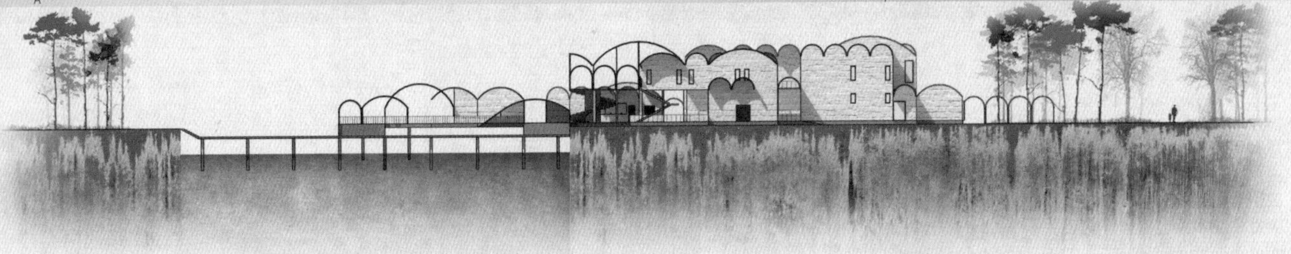

东立面图　1：300

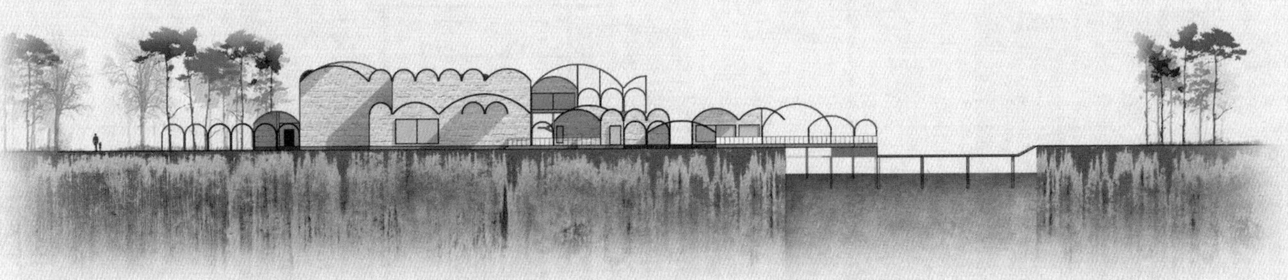

西立面图　1：300

中央美術學院
Central Academy of Fine Arts
CAFA

"烧王船"文化纪念中心

庙/祭祀/王船、海水与茶戏

烧王船文化纪念中心
The memorial of burning ship

中央美术学院
设计：张染青
指导：何崴/钟予

评语：

"增加烧王船的叙事性在建筑的设计当中会使设计更完整并更具有深度。"

"在形式上可以有更深入的变化，体块之间的关系可以更加丰富，并可以做一些类似景观地形的设计，以强化两种形态的对比。"

"面对河岸的一面可以做得更加美观一些，广场的设计有些大而空。"

"沙坡尾地形上存在一些改造上的难度，水下有 8m 深的淤泥，做水下景观有一定的难度。对于实际情况的考量还需更深入一些。"

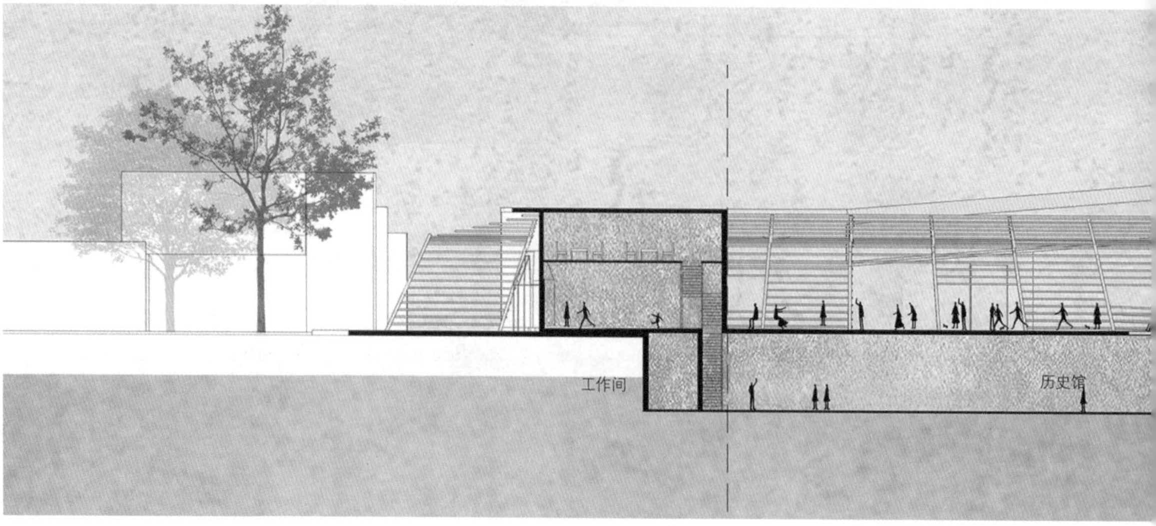

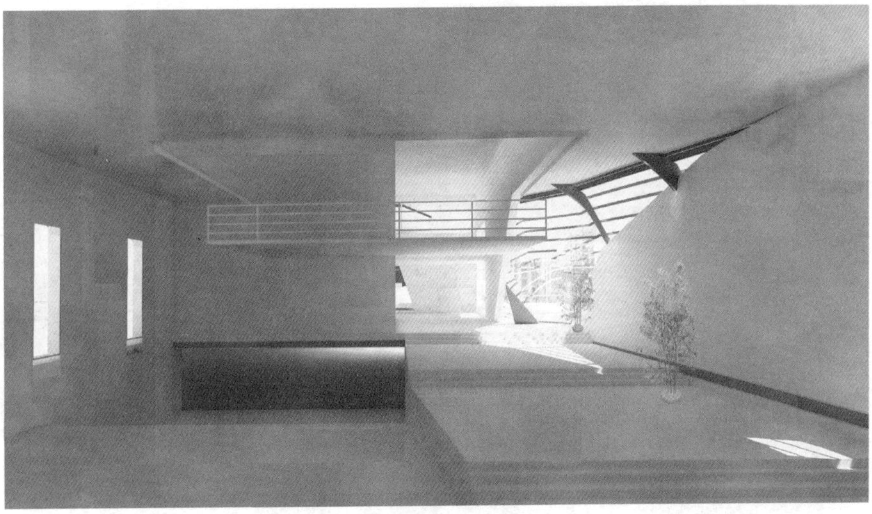

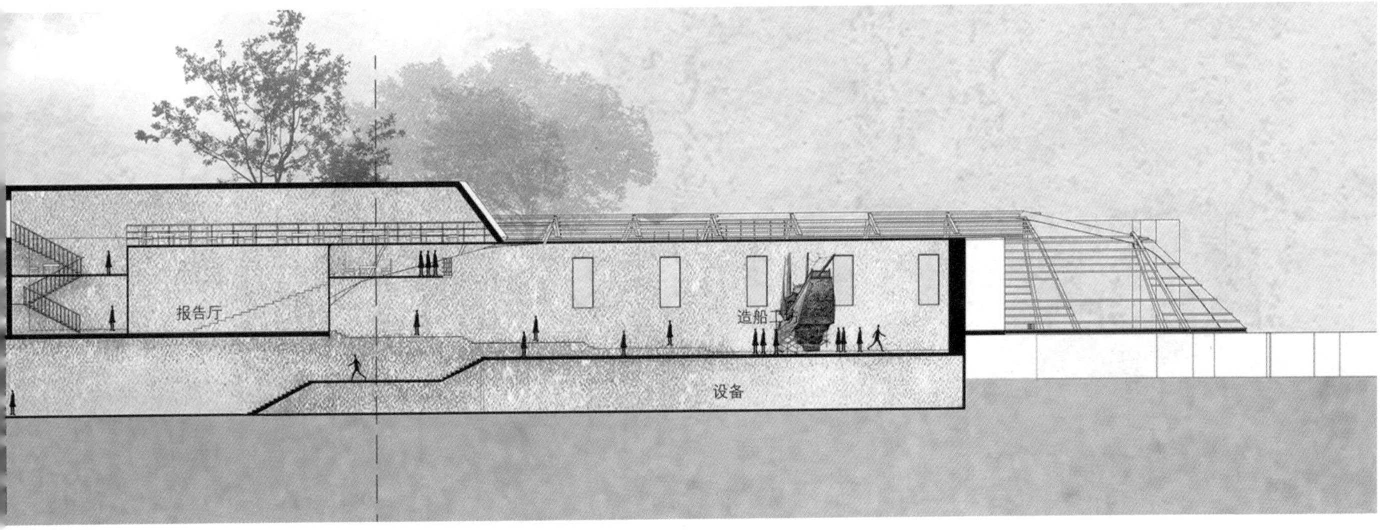
报告厅
造船工
设备

「事」场——沙坡尾市场 2.0 计划

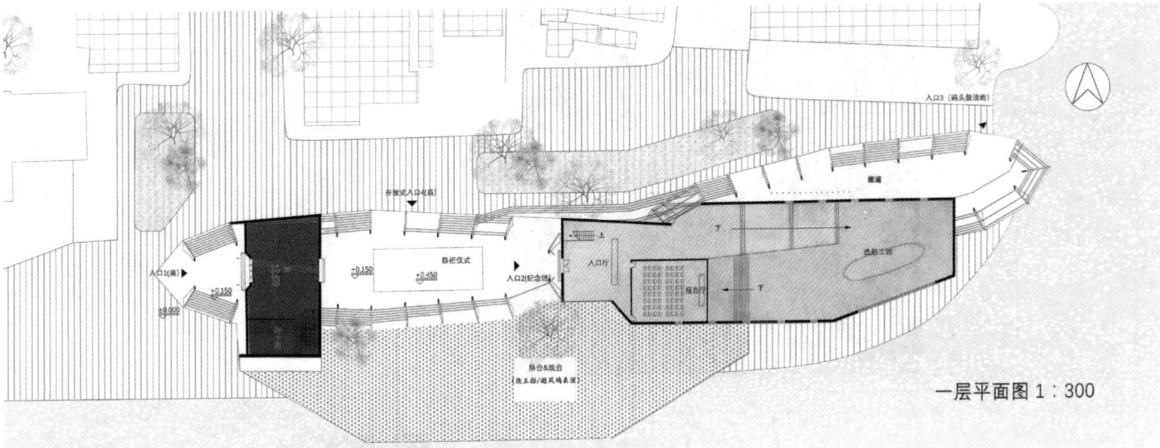

一层平面图 1：300

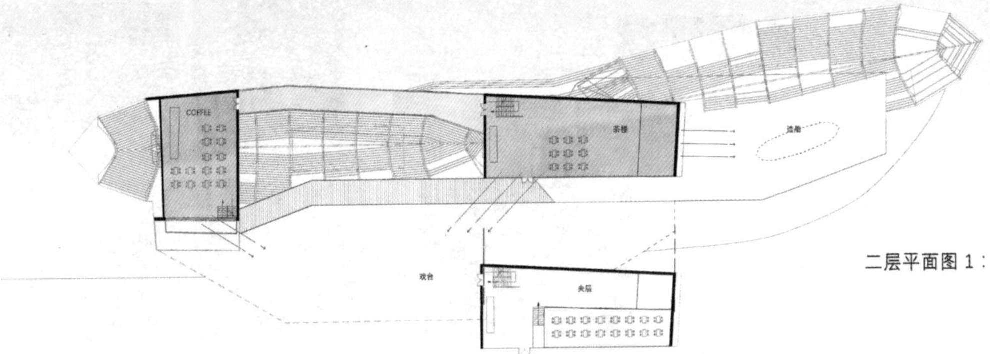

二层平面图 1：300

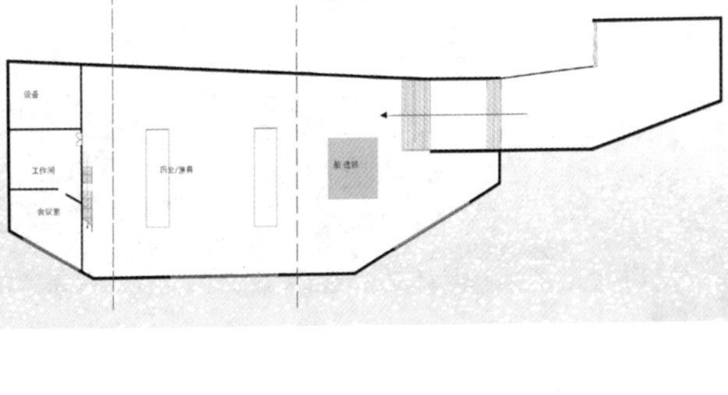

负一层平面图 1：300

中央美術學院
Central Academy of Fine Arts
CAFA

「事」场——沙坡尾市场 2.0 计划
Where stories take place

中央美术学院
设计：史皓月
指导：何崴 / 钟予

明清时期
区域建设由民间自我管理，受风水民俗、趋吉观念、营造模式等“约定俗成”的因素影响，无统一规划。内部“自律性”。
自发建设
“中华民国”时期
统一规划建设现代化道路及两侧骑楼（层数、层高、形制都有严格规定），但骑楼背面自由发展，与传统街区结合或内部滋长自发建设。
中华人民共和国成立后
在政府鼓励下，外地居民开垦山地，自发建设独栋住宅。街巷向山地发展。
自发性
改革开放后
由于人口增加、宗族分家、房产变动、老宅翻新等因素，沙坡尾区域开始第一次自发民居改建更新。增加大量毛细路和尽端路。
21世纪初
受厦港旧城改造及大量的开发刺激，厦港居民自发对住宅进行第二轮改造加建。
自发改造
场景化
本地生活场景

市场现状

空间不足（展示、储存、通行、垃圾回收）
室内光线不足

设计说明：

市场亦是“事”场，是买卖发生的场所，也是事件发生的场所。位于厦门沙坡尾地区的市场正有这种双重性：既是社区居民的公共服务空间，也是游客体验市井生活的游赏空间。居民与游客之间的事件将在此“场”中发生。为了给整个市场及社区带来活力，我用分层的方式把生活与消费划分开，把带来活力的游客群体插入建筑中。建筑的内部组织上延续了沙坡尾区域场景化的特点，营造出市场场景，阅读场景，观看场景及生活场景。

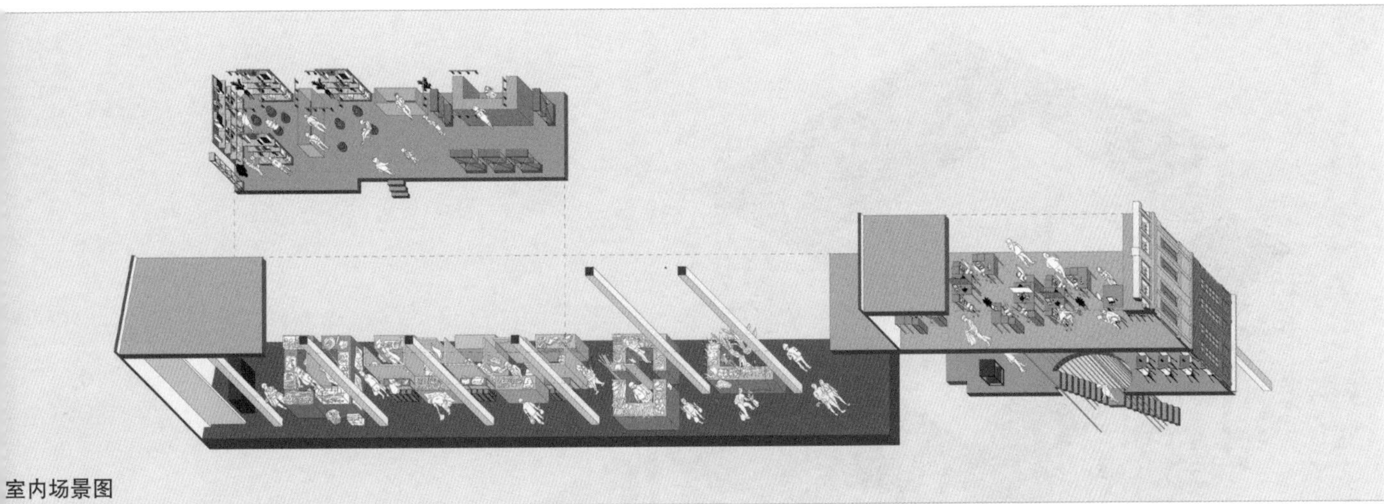
室内场景图

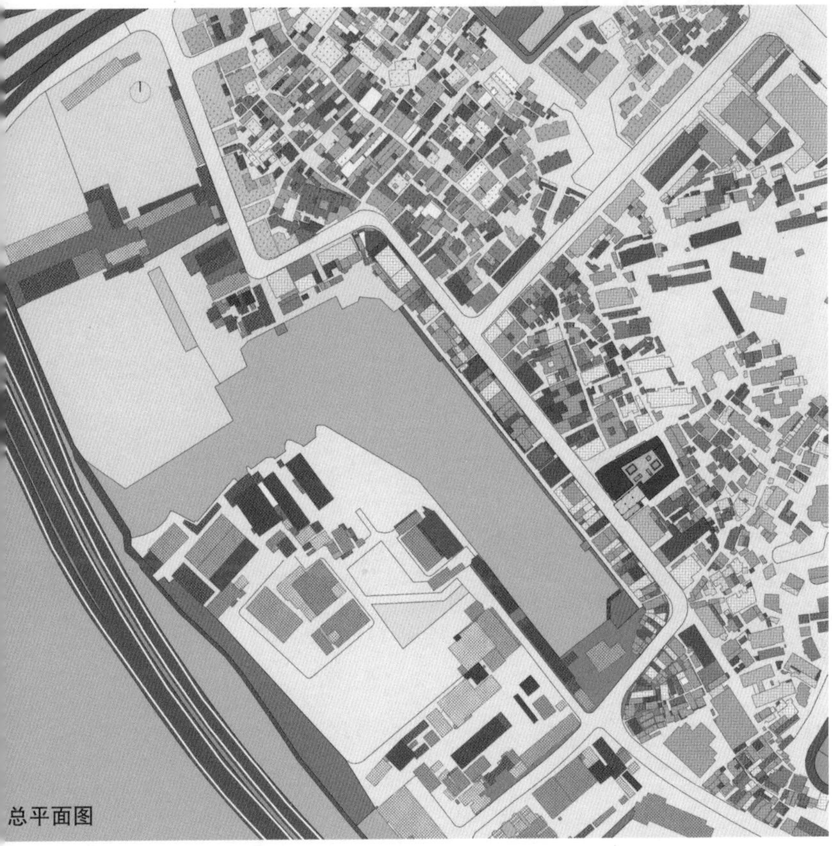
总平面图

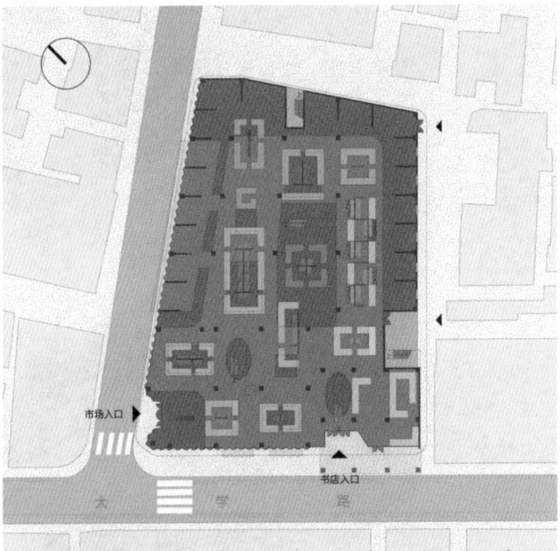

一层平面图

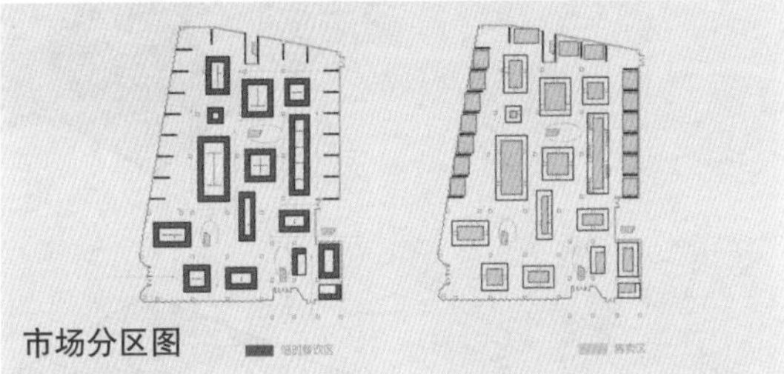
市场分区图

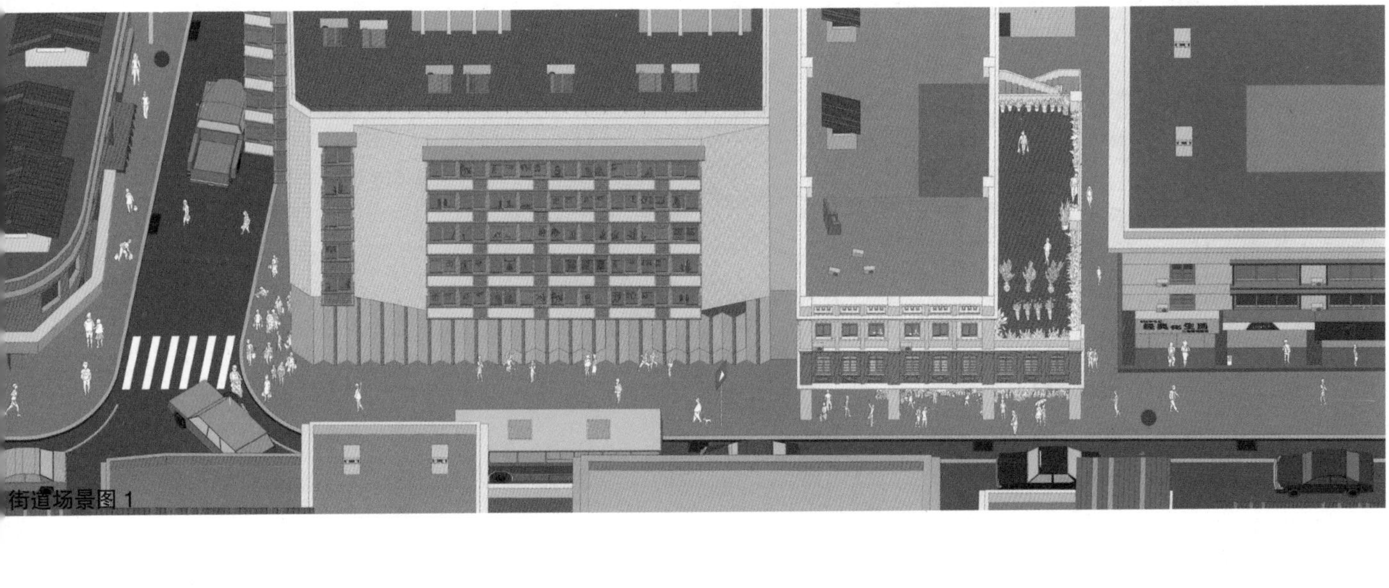
街道场景图 1

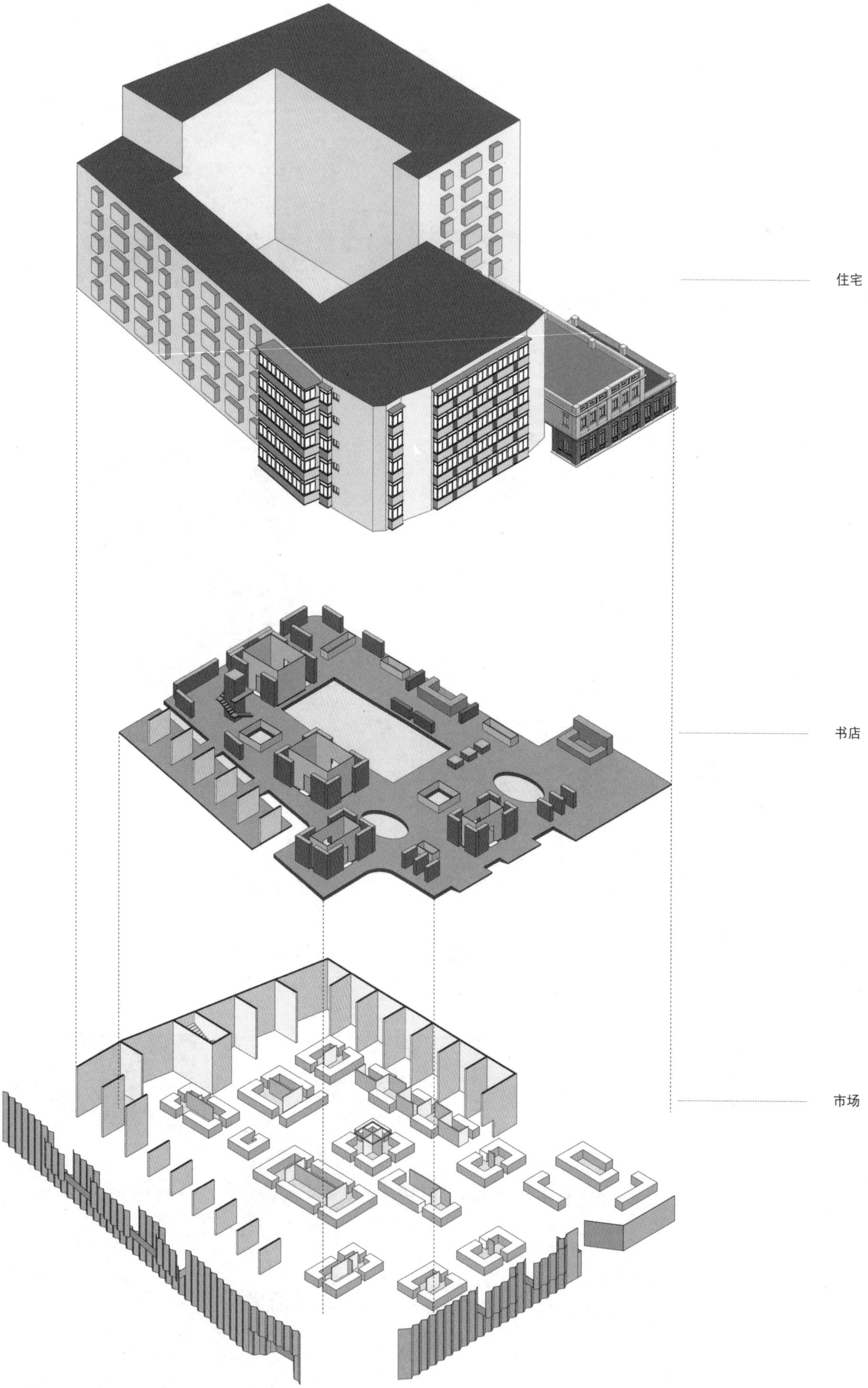
住宅
书店
市场

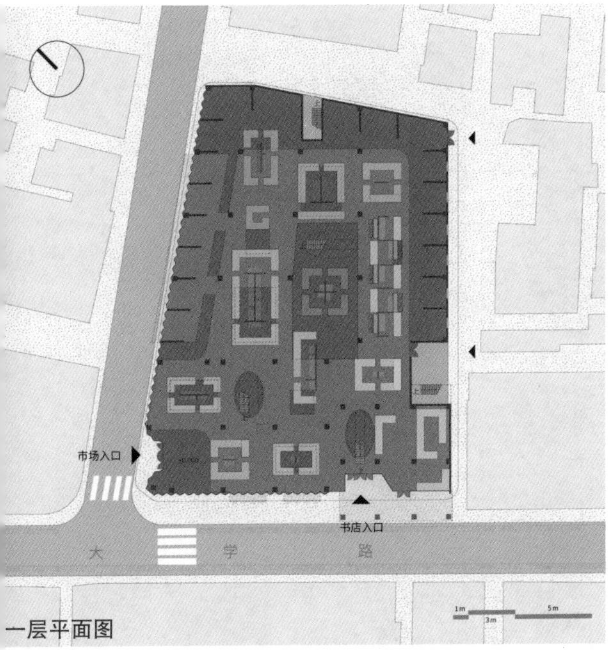

一层平面图

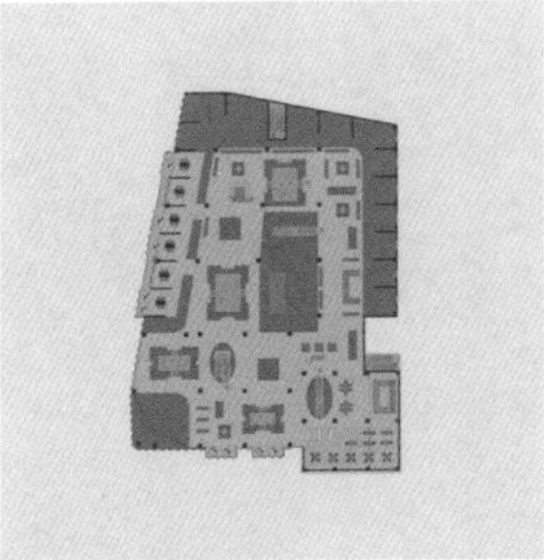
观看方式 1
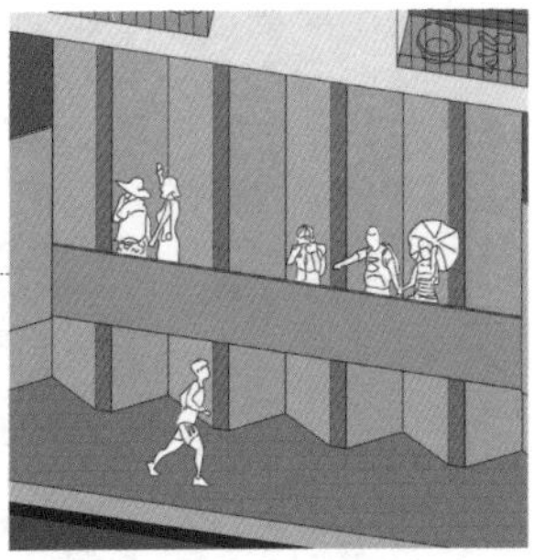

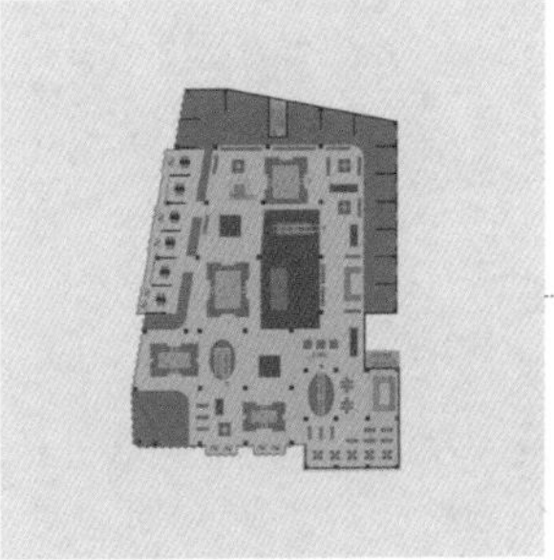
观看方式 2
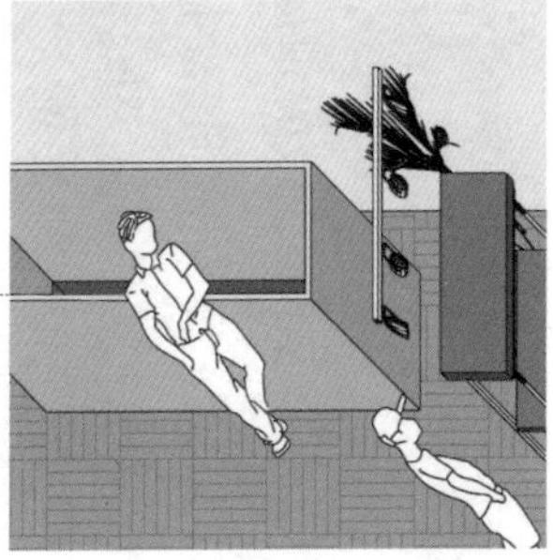

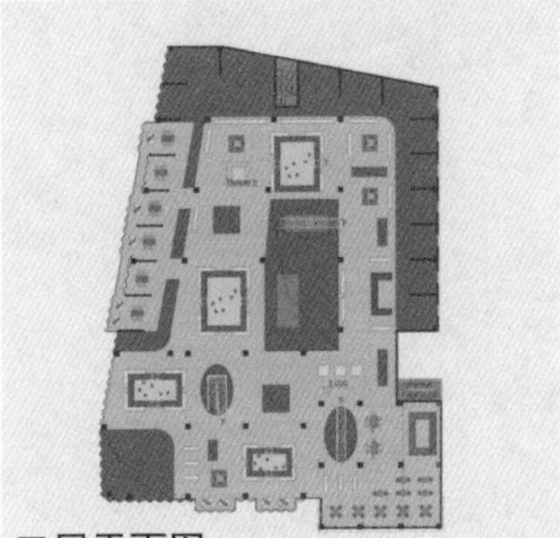
二层平面图

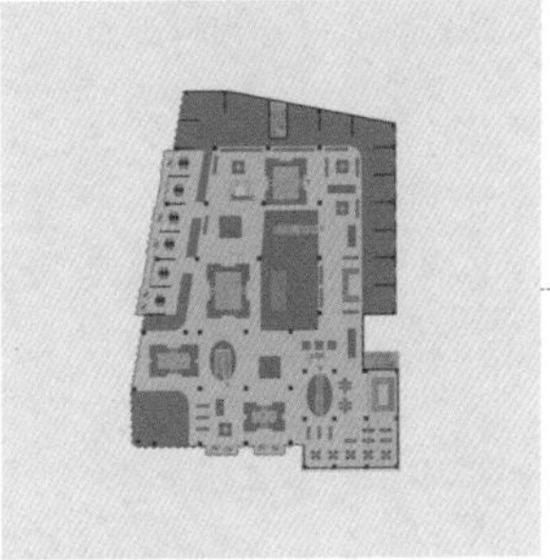
阅读方式 1
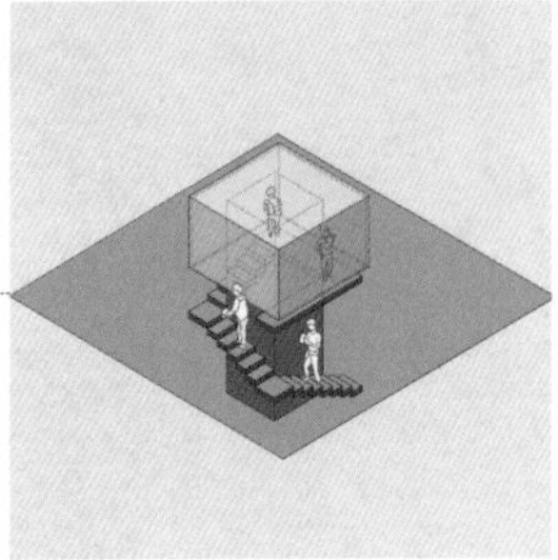

立面照片

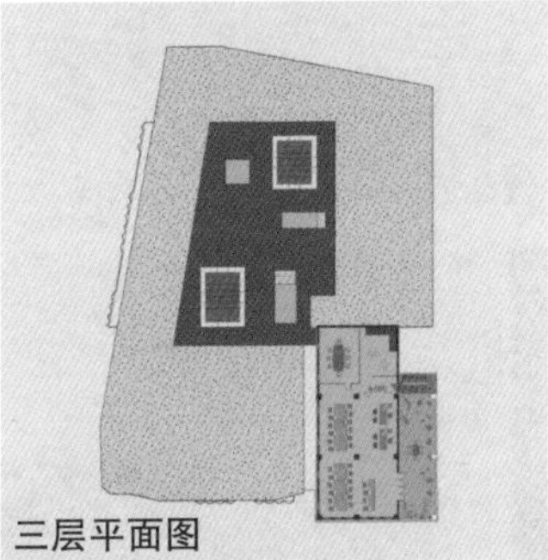
三层平面图

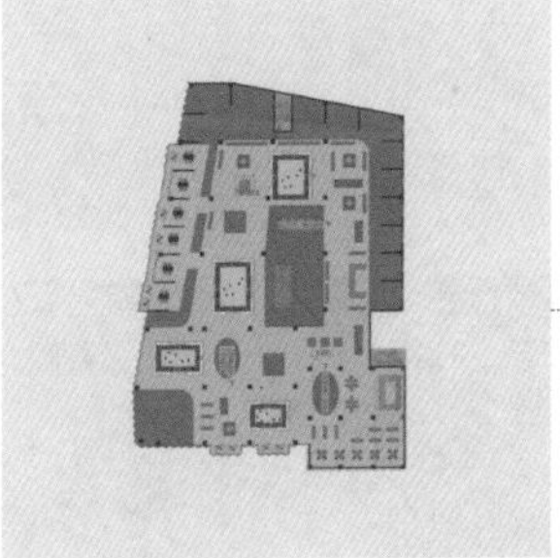
阅读方式 2
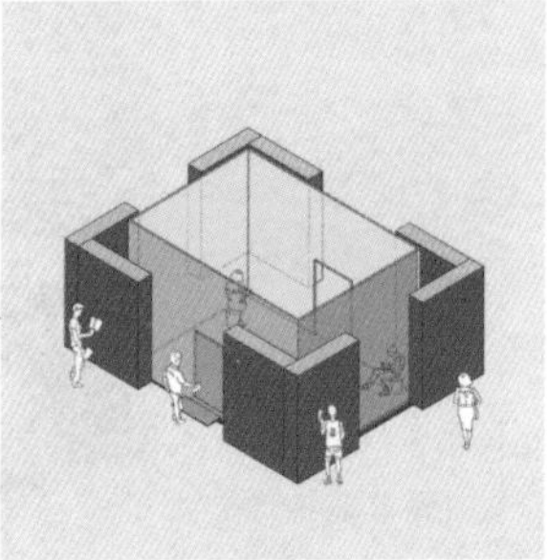

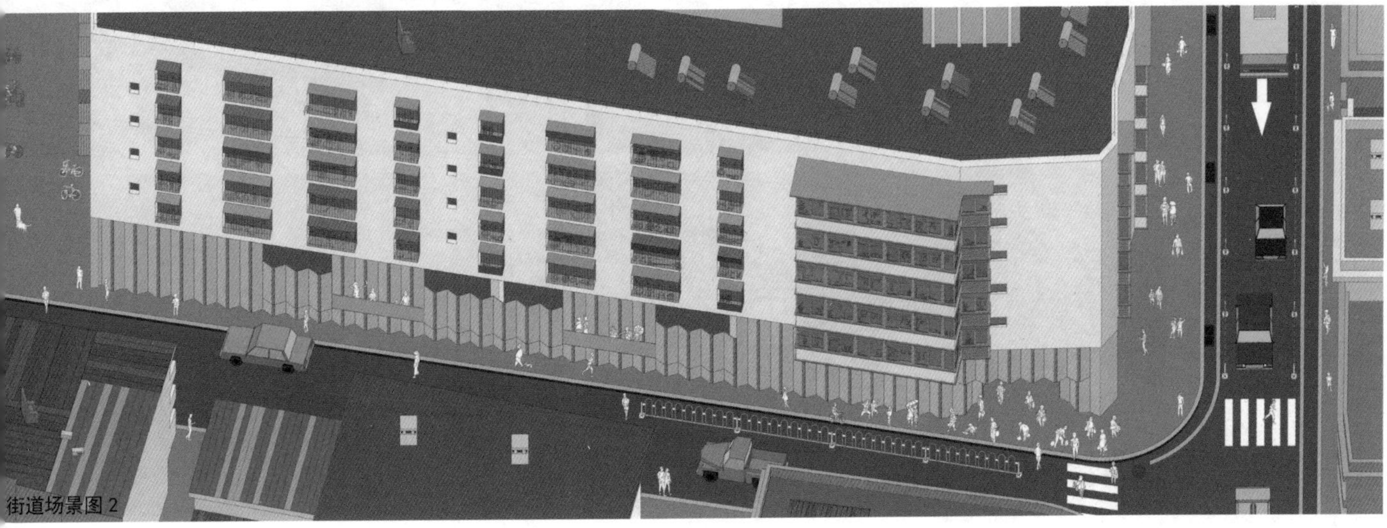
街道场景图 2

中央美術學院
Central Academy of Fine Arts

CAFA

以海洋文化再生鼓浪屿设计
Between two oceans

中央美术学院
设计：武煜人
指导：程启明/刘文豹/苏勇/刘焉陈

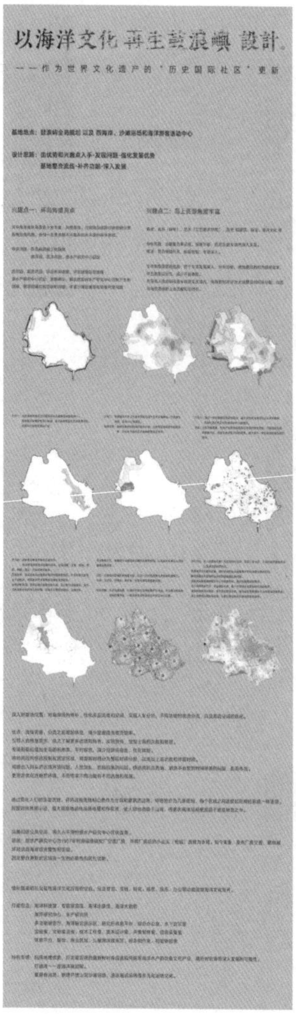
以海洋文化再生鼓浪嶼 設計。
——作为世界文化遗产的"历史国际社区"更新

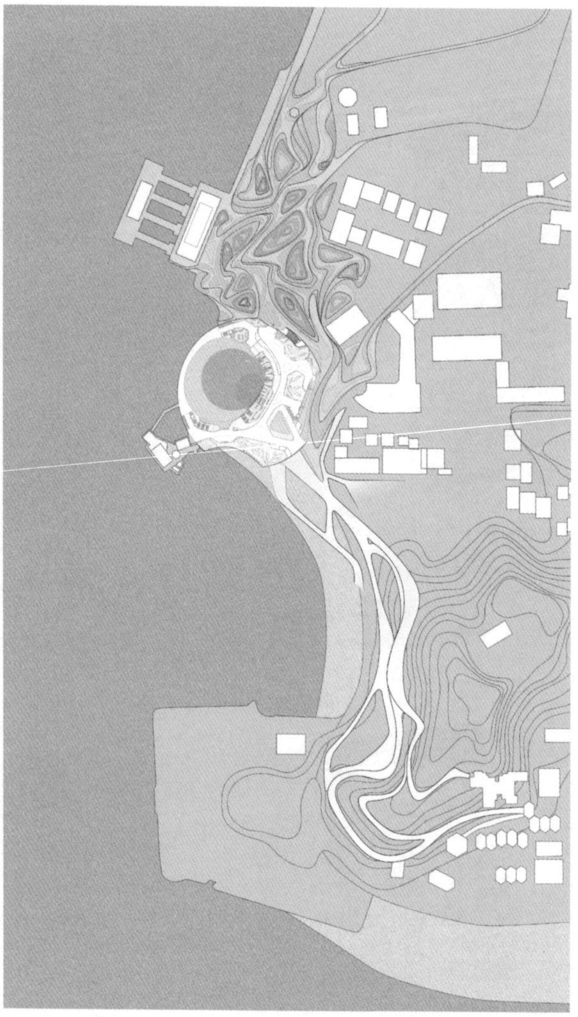

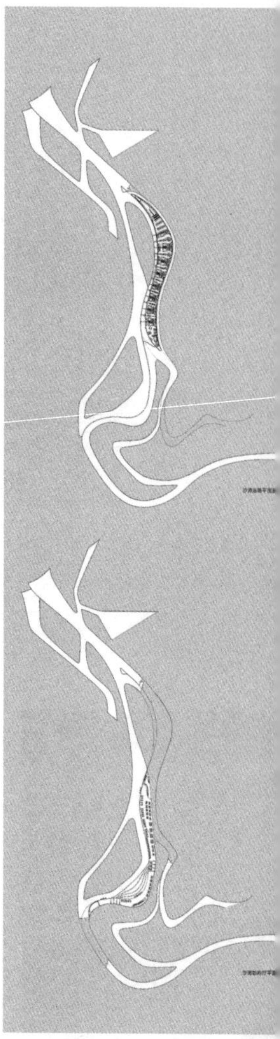

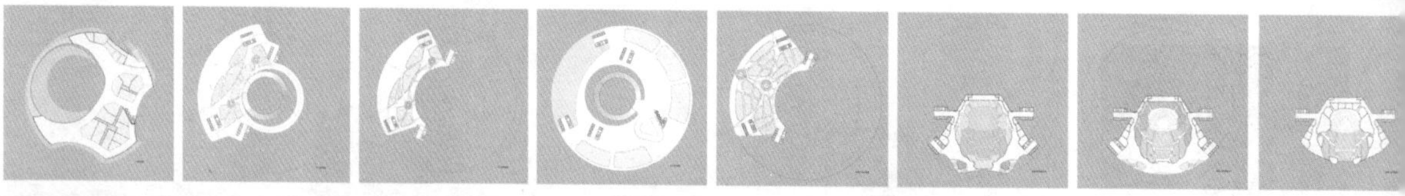

评语：

该设计以海洋文化作为切入点，探索一种设计方式，选择通过草图的方式直接勾勒出氛围感，结合Zbrush的无限制模型推敲的方式，使意向和图解思考最小损耗的找到表达的方式，不受限于实体草模和建模软件的操作局限性和逻辑局限性。试图后期创造视觉触觉等所能感受到的建筑氛围。

填补鼓浪屿在公益性海洋文化方面的空白。包含游览、实验、研究、观赏、娱乐、办公等功能围绕海洋文化展开。做到东西发展平衡，水陆深入发展，昼夜平衡发展，物质与精神平衡发展这四个角度。通过对西部的深度布控发展，疏解东部压力优化体验，同时激活对鼓浪屿新的热情。

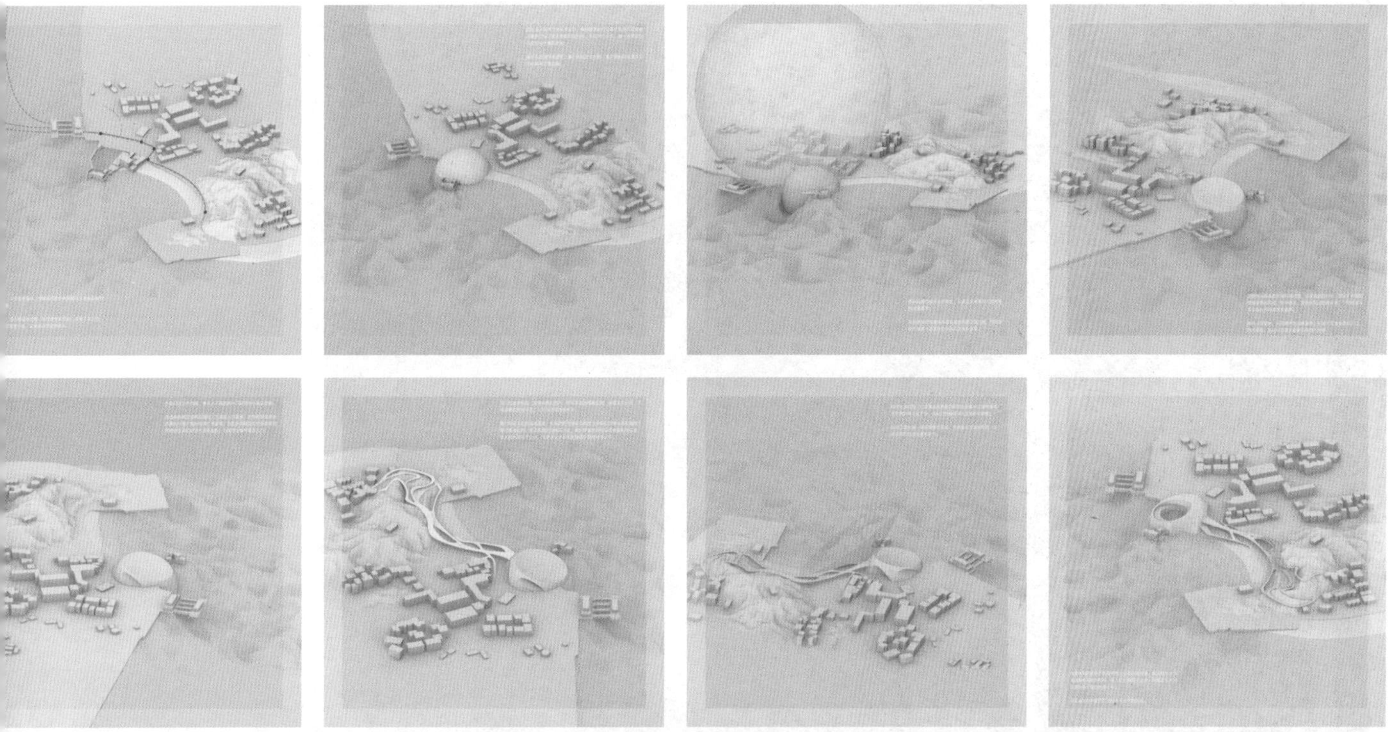

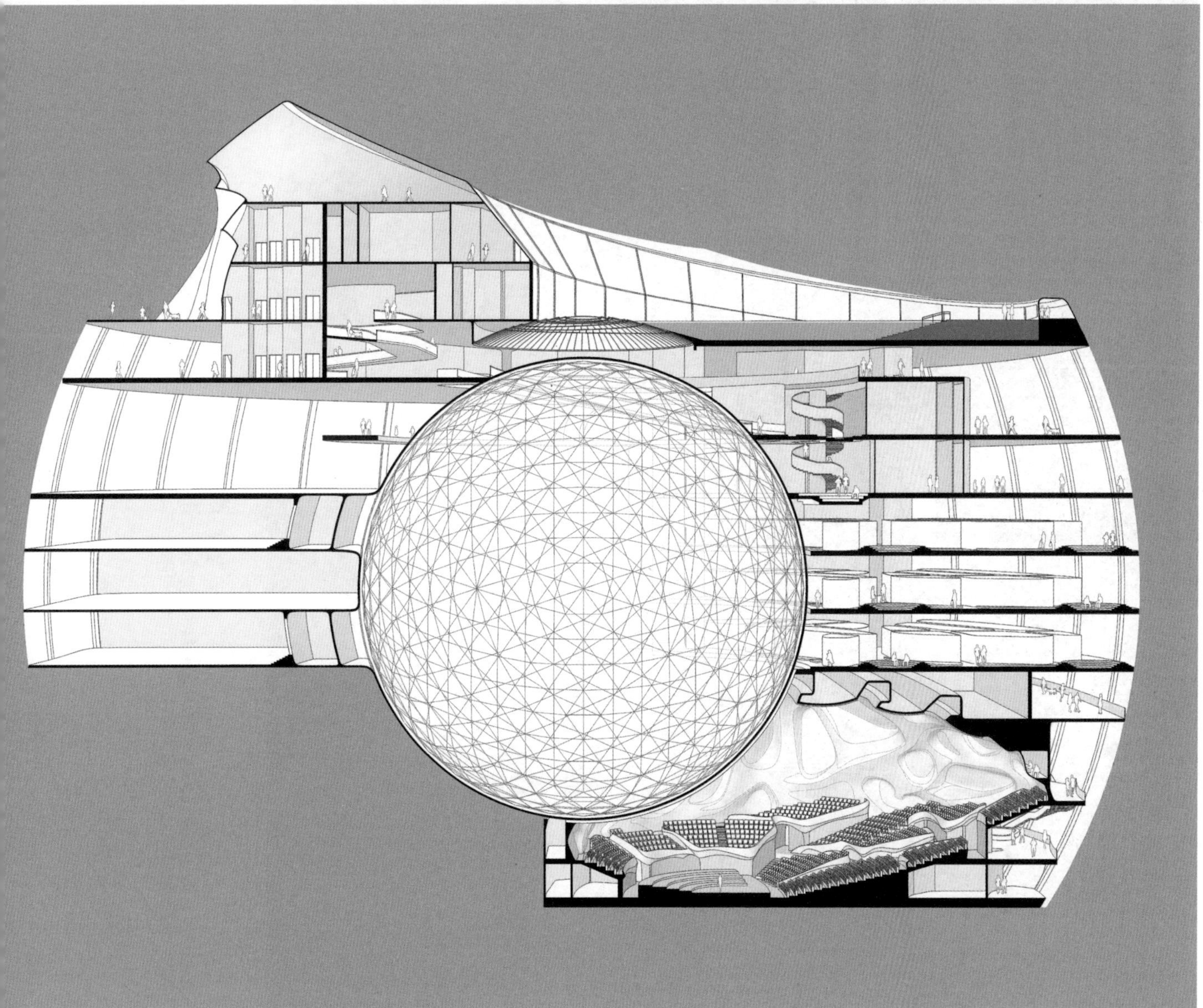

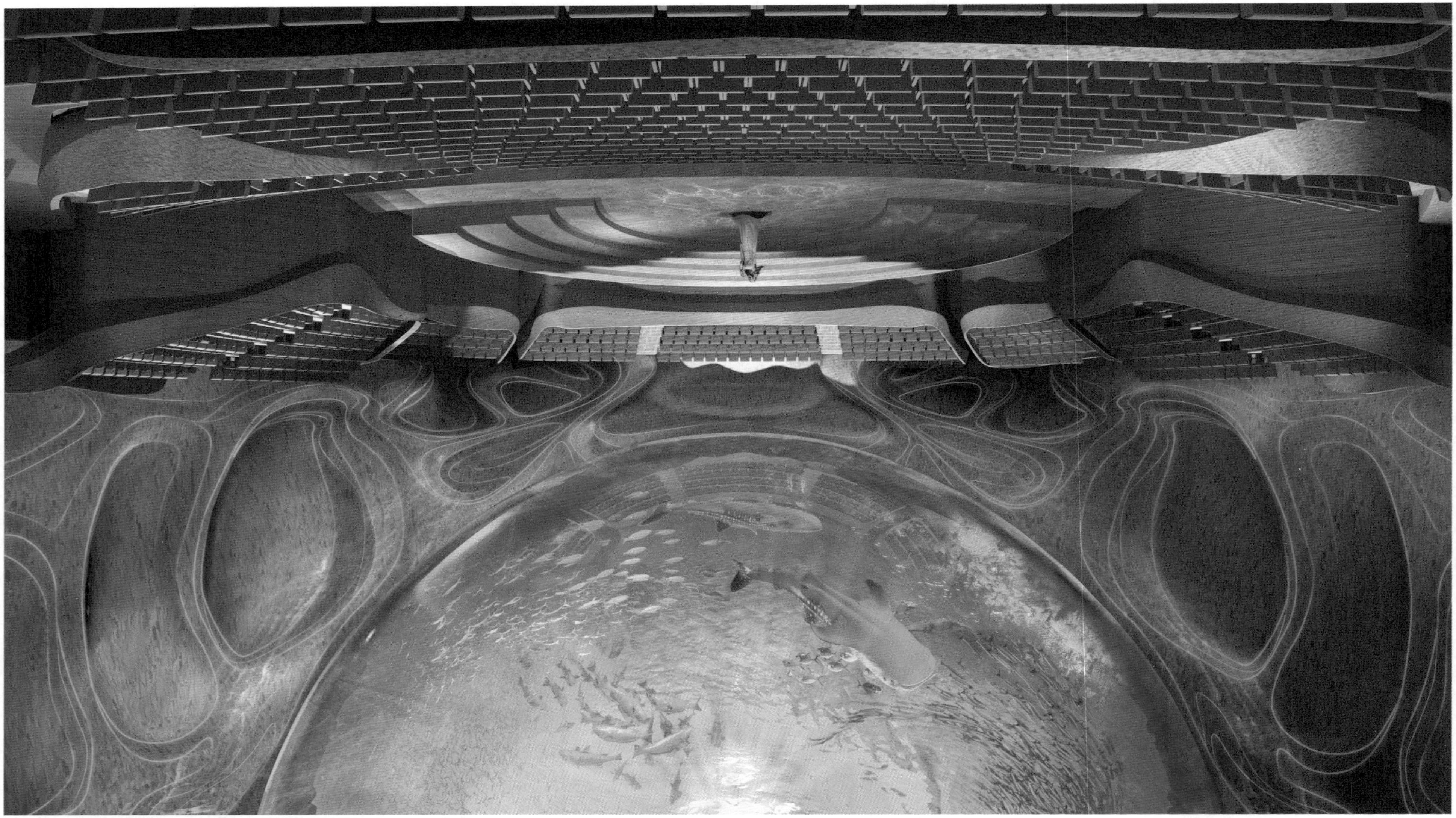

席地而坐，犹如身处异境，幻想着星河和幽暗草坡。空间余音绕梁，其势洋洋若江海。足下平地升起，身处海洋却如同浩渺星空。人们稳坐流木之中，却能体会着闪电浓云雨水骤停之势。

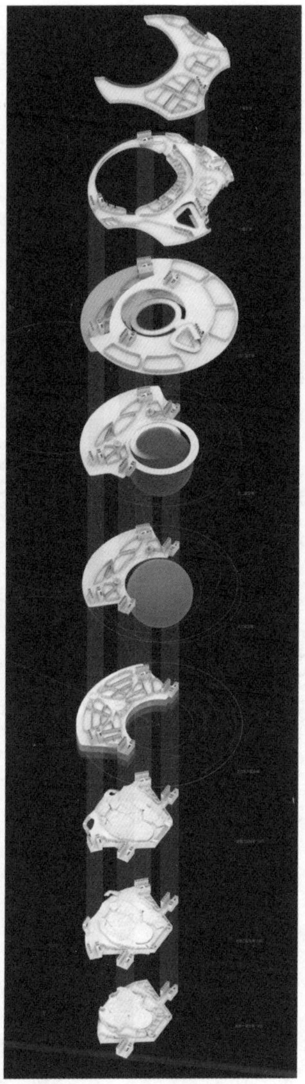

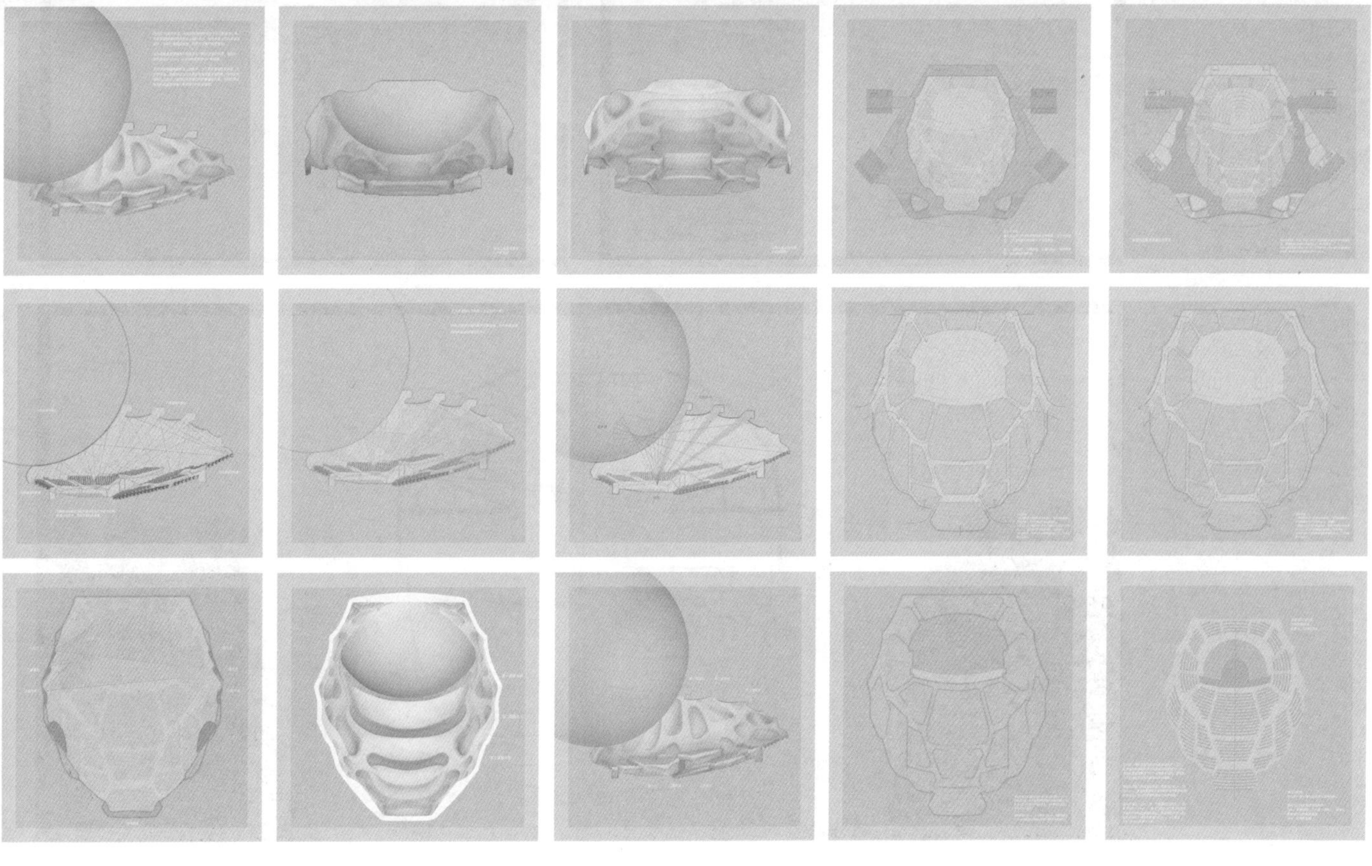

中央美術學院
Central Academy of Fine Arts

CAFA

鼓浪屿漂浮剧场设计

Kulangyu floating theatre

中央美术学院

设计：赵宁

指导：程启明/刘文豹/苏勇/刘焉陈

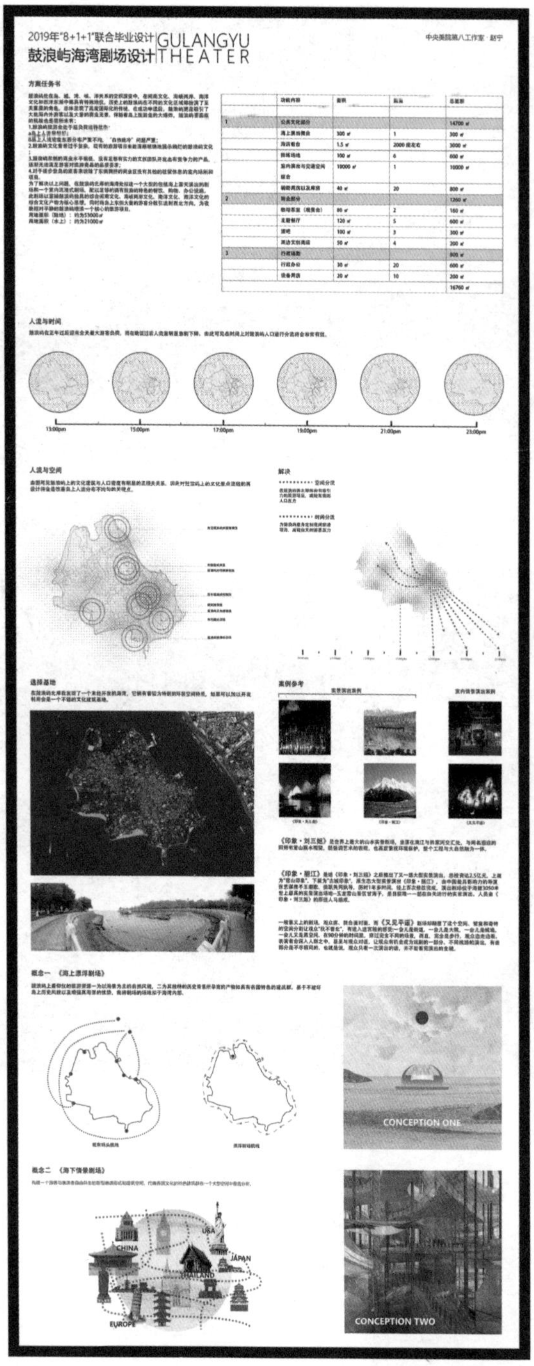

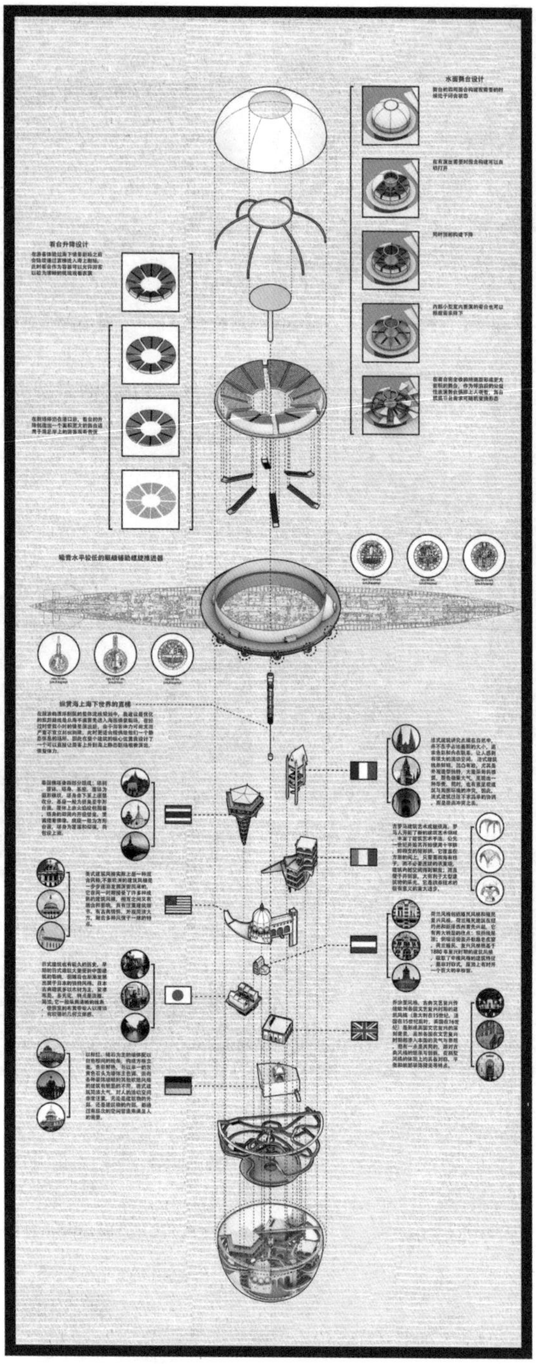

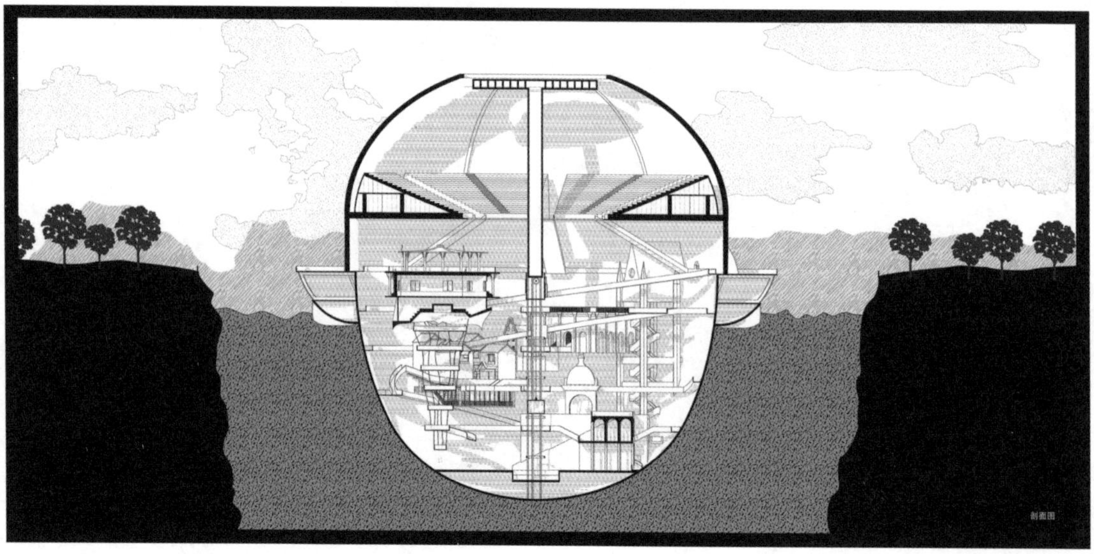

鼓浪屿处在岛、城、湾、峡、洋关系的交织演变中，在闽南文化、海峡两岸、南洋文化和西洋东渐中都具有特殊地位。历史上的鼓浪屿在不同的文化区域都扮演了至关重要的角色，总体呈现了高度国际化的传统。在成功申遗后，鼓浪屿更是吸引了大批海内外游客以及大量的商业元素。伴随着岛上旅游业的大爆炸，鼓浪屿要面临的挑战也是前所未有。

为了解决岛上现存问题，在鼓浪屿北岸的海湾处拟建一个大型的包括海上露天演出的剧场和一个室内沉浸式剧场，配以足够拥有鼓浪屿特色的餐饮、购物、办公设施。此剧场以宣扬鼓浪屿独具的综合闽南文化、海峡两岸文化、南洋文化、西洋文化的综合文化产物为核心思想，同时将岛上东侧大量的游客分散引流到西北方向，为夜晚相对平静的鼓浪屿增添一个核心的旅游项目。

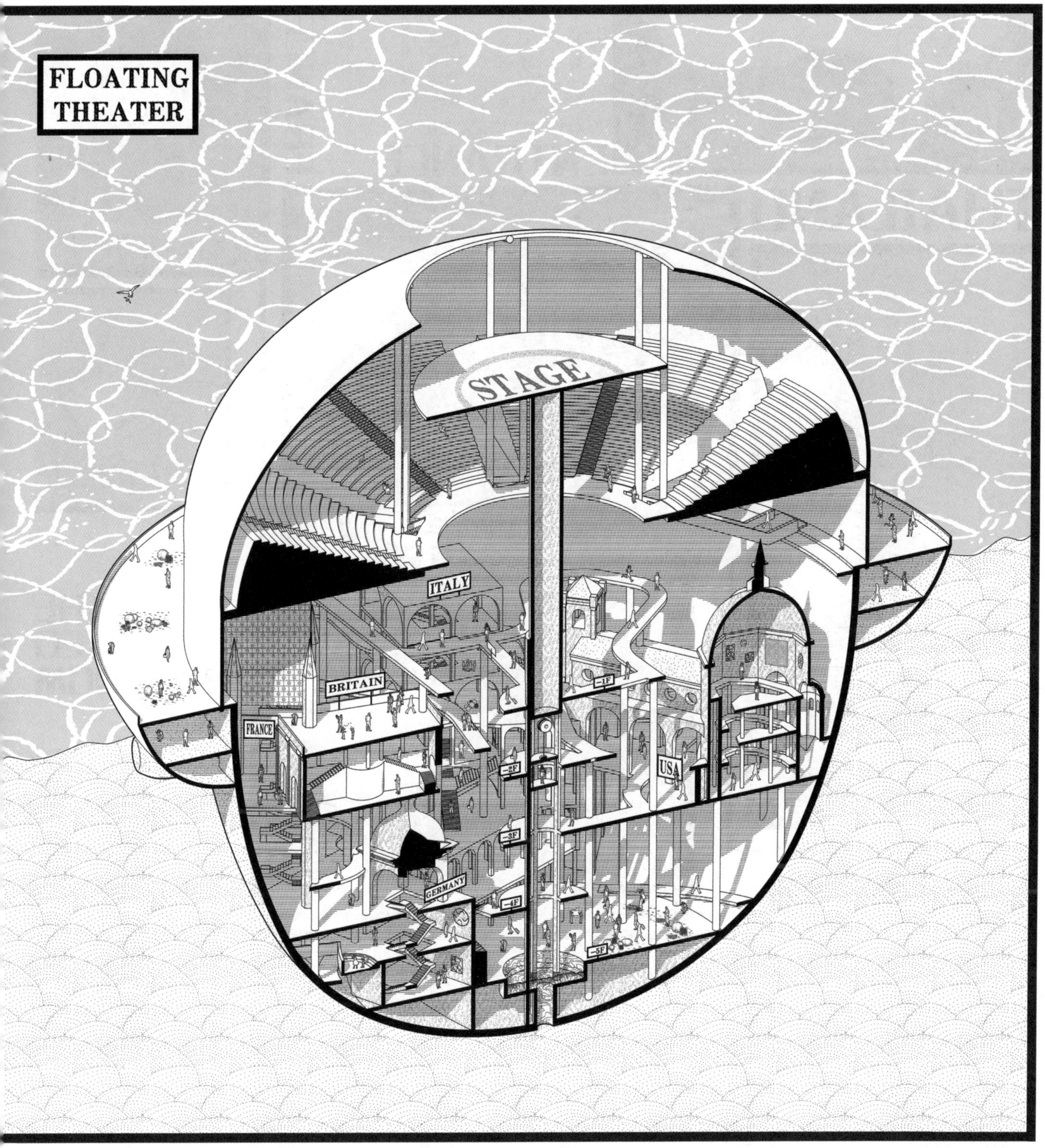
FLOATING
THEATER
STAGE
ITALY
BRITAIN
FRANCE
USA
GERMANY
-1F
-2F
-3F
-4F
-5F

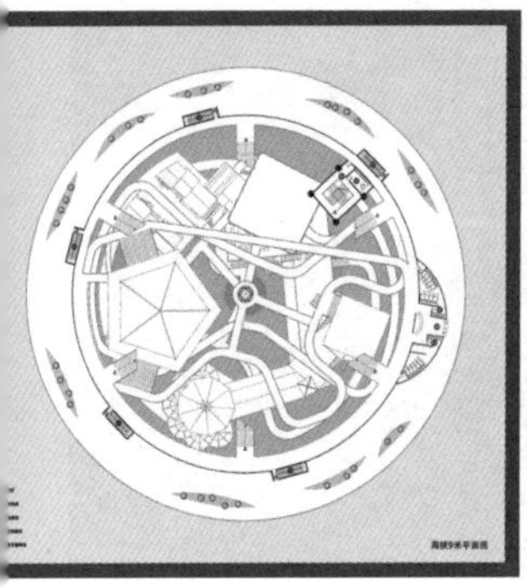

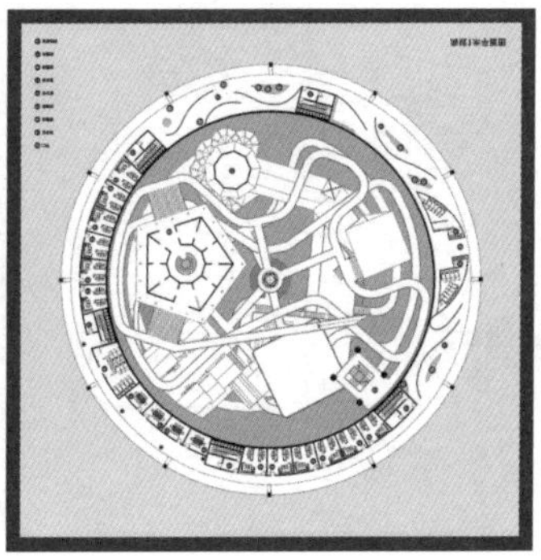

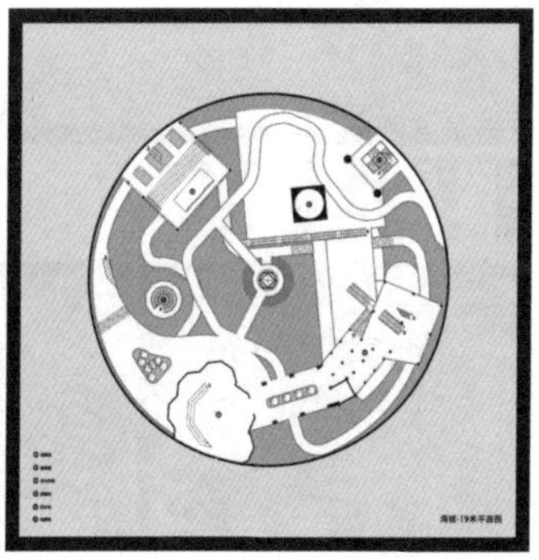

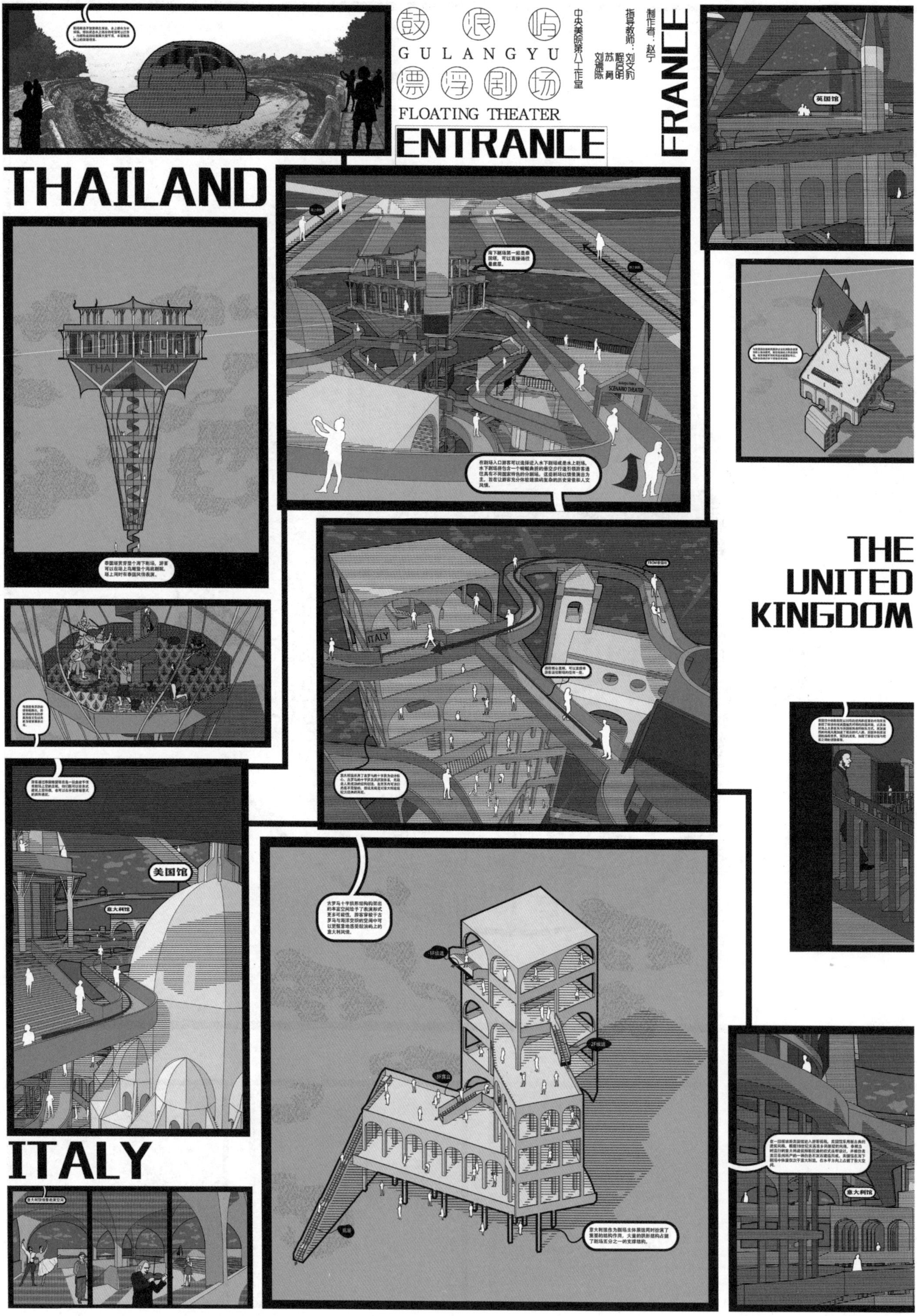

鼓浪屿
GULANGYU
漂浮剧场
FLOATING THEATER
ENTRANCE
中央美院第八工作室
指导教师：刘文豹 程启明 苏勇 刘焘 陈
制作者：赵宁
FRANCE
THAILAND
THE UNITED KINGDOM
ITALY
海下剧场第一站是泰国塔，可以直接通往最底层。
SCENARIO THEATER
在剧场入口游客可以选择进入水下剧场或是水上剧场。水下剧场将包含一个蜿蜒曲折的悬空步行道引领游客通往具有不同国家特色的分剧场。这些剧场以情景演出为主，旨在让游客充分体验鼓浪屿复杂的历史背景和人文风情。
泰国塔贯穿整个海下剧场，游客可以在塔上鸟瞰整个海底剧院，塔上同时有泰国风情表演。
英国馆
THAI
ITALY
美国馆
意大利馆
古罗马十字拱形结构构架出的丰富空间给予了表演形式更多可能性。游客穿梭于古罗马与海洋交织的空间中可以更饱满地感受鼓浪屿上的意大利风情。
意大利馆作为剧场主体展馆同时扮演了重要的结构作用，大量的拱形结构占据了剧场五分之一的支撑结构。

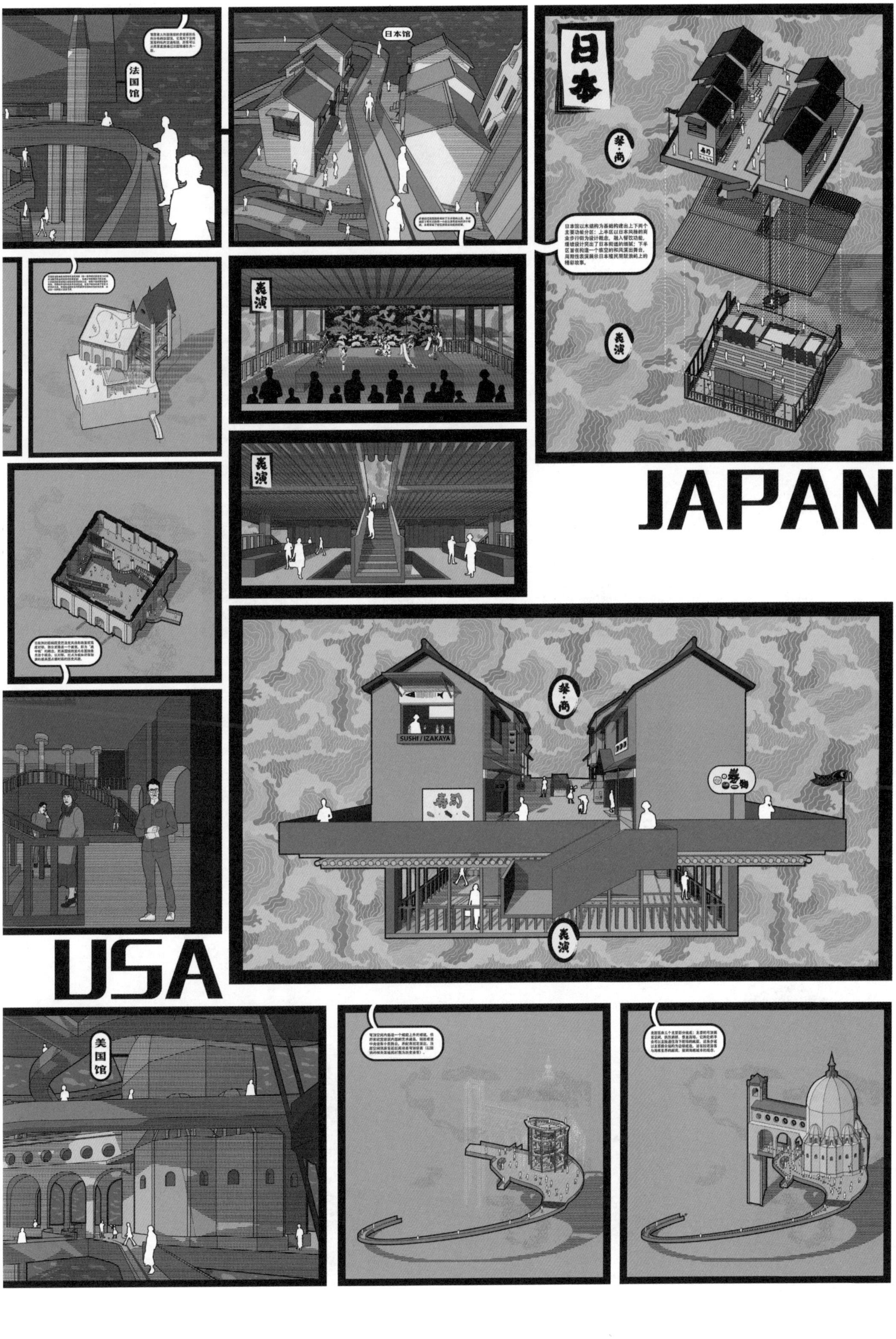
法国馆
日本馆
日本
日本馆以木结构为基础构建出上下两个主要功能分区：上半区以日本风格的商业步行街为设计概念，融入餐饮功能，墙坡设计突出了日本街道的细腻；下半区旨在构造一个临空的和风演出舞台，周期性表演展示日本殖民期鼓浪屿上的精彩故事。
表演
JAPAN
SUSHI / IZAKAYA
寿司
USA
美国馆

SICHUAN FINE ARTS INSTITUTE

四川美术学院

学生团队

1 乐音裂变场
Musical Fission Field
——基于鼓浪屿及其音乐文化的城市空间激活设计

2 记忆“Róng”器
Memory container
——基于鼓浪屿历史文脉的城市更新计划

3 阡陌
Field road
——基于鼓浪屿交通的城市更新计划

4 理想岛屿
Ideal Island
——鼓浪屿历史国际社区更新

王孟涛

娄雅欣

蔡千云

朱虹历

张悦怡

皮娟

廖誉芯

陈昱颖

李沛霖

潘博雯

杨婷霄

胡瀚

指导教师

黄耘

李勇

刘川

郭龙

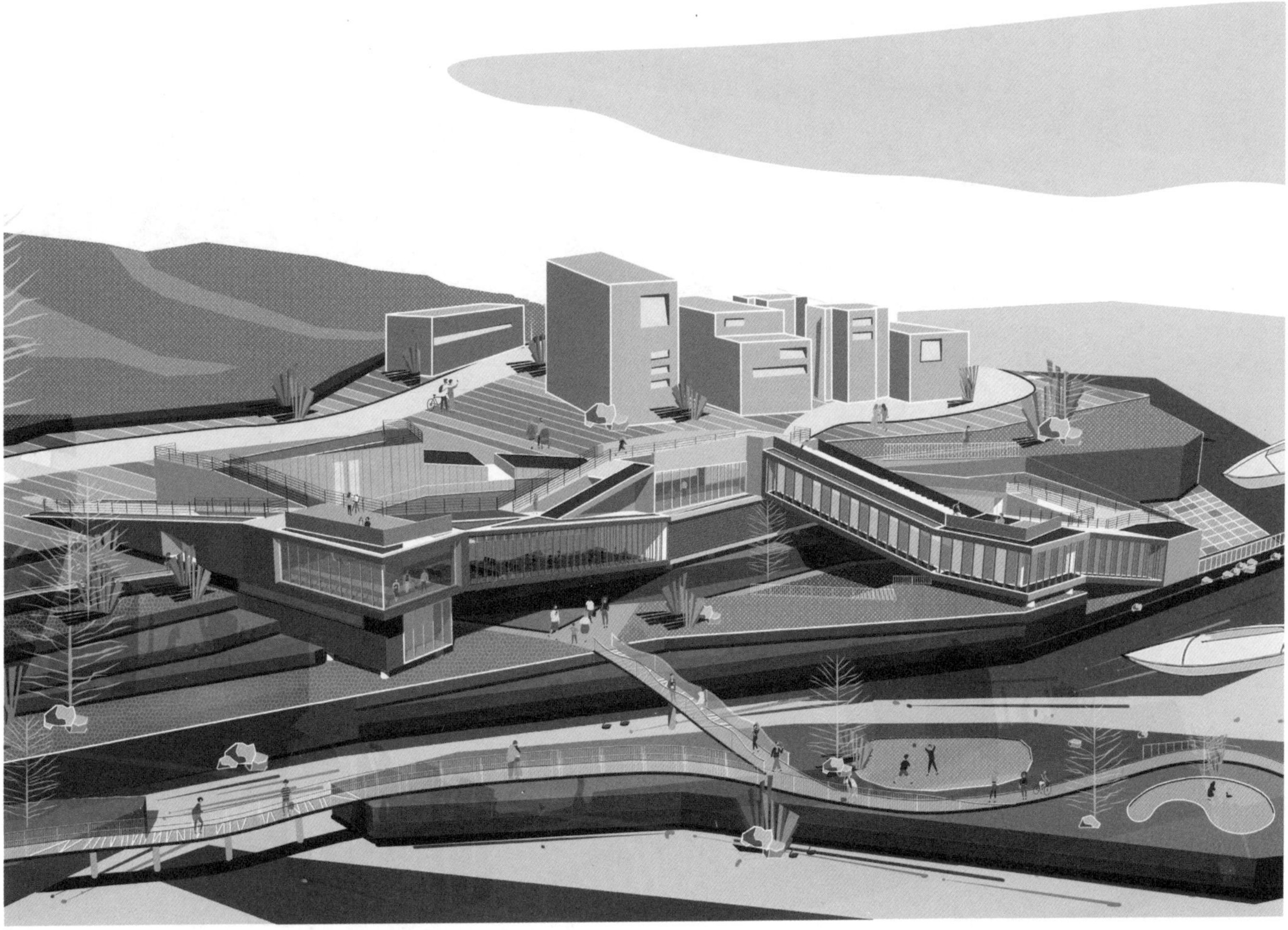

教师寄语

人类是通过记忆来认识自己的。一个人的“日常建构物”可证明其自身存在，而一群人或一个民族的建构物则可证明其智慧与群体生存关系。通过那些日积月累的建构物，他们及后人得以辨明并安享于所在时空。这是人与大地不断建立的一种契约关系，亦如史蒂文·霍尔希望通过将自己的作品“锚固”于场地之上一样，我们也需要锚固于所生存的大地。当疲倦于这个流动的世界时，无论我们在哪里都有一方可以回归的土地。通过以“鼓浪屿的保护与更新”为题的“8+”联合毕设不仅可以使得同学明白建筑的生成是对历史记忆的续写，也是个体生命的羁绊所在。希望你们也能通过自己的建构和这个世界建立联系，并成为你们回忆这个世界的锚固点……

——郭龙

乐音裂变场

Musical fission field

四川美术学院
设计：王孟涛 / 张悦怡 / 李沛霖
指导：刘川

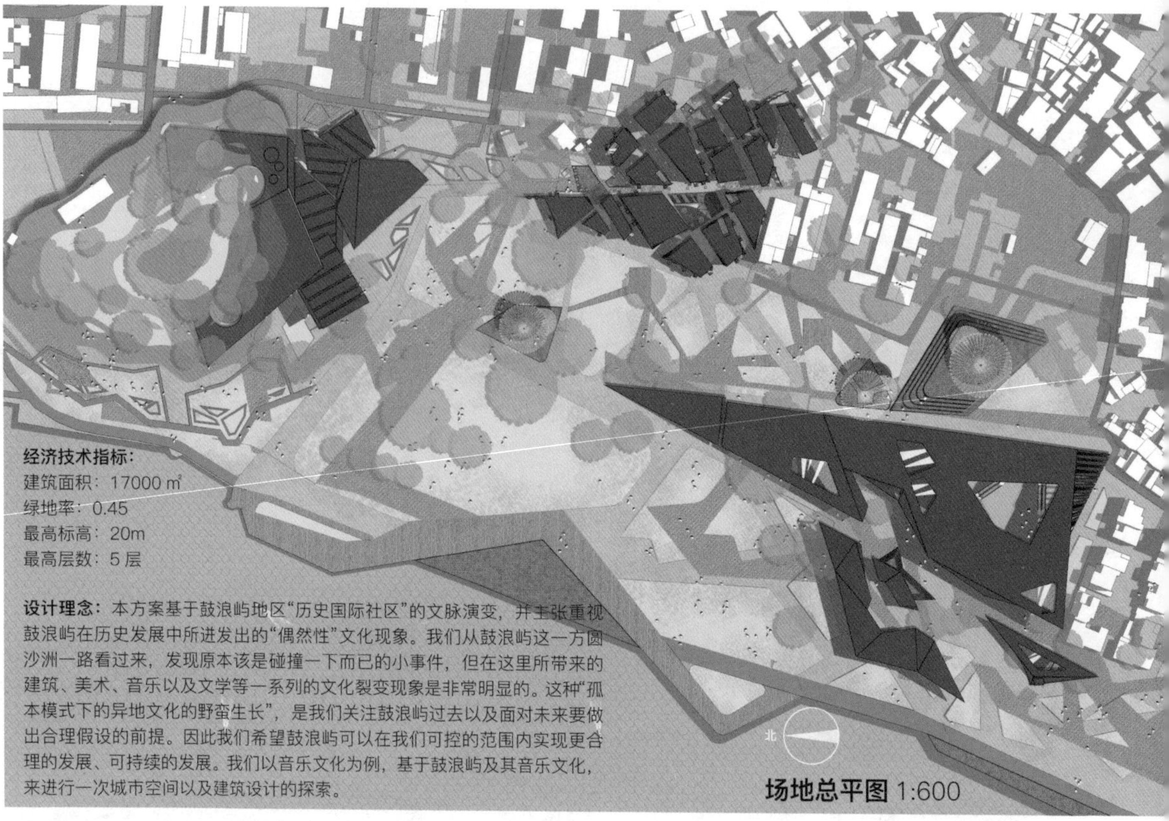
北

经济技术指标：
建筑面积：17000 m²
绿地率：0.45
最高标高：20m
最高层数：5层

设计理念：本方案基于鼓浪屿地区"历史国际社区"的文脉演变，并主张重视鼓浪屿在历史发展中所迸发出的"偶然性"文化现象。我们从鼓浪屿这一方圆沙洲一路看过来，发现原本该是碰撞一下而已的小事件，但在这里所带来的建筑、美术、音乐以及文学等一系列的文化裂变现象是非常明显的。这种"孤本模式下的异地文化的野蛮生长"，是我们关注鼓浪屿过去以及面对未来要做出合理假设的前提。因此我们希望鼓浪屿可以在我们可控的范围内实现更合理的发展、可持续的发展。我们以音乐文化为例，基于鼓浪屿及其音乐文化，来进行一次城市空间以及建筑设计的探索。

场地总平图 1:600

城市设计理念——空间由来：

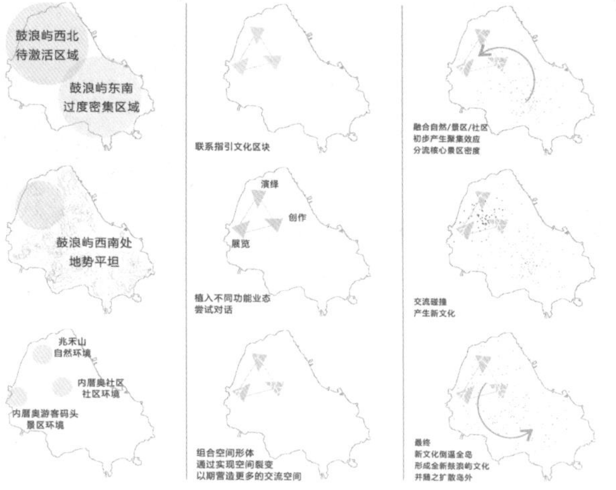
鼓浪屿西北
待激活区域
鼓浪屿东南
过度密集区域
联系指引文化区块
融合自然/景区/社区
初步产生聚集效应
分流核心景区密度
鼓浪屿西南处
地势平坦
演绎
创作
展览
植入不同功能业态
尝试对话
交流碰撞
产生新文化
兆禾山
自然环境
内厝奥社区
社区环境
内厝奥游客码头
景区环境
组合空间形体
通过实现空间裂变
以期营造更多的交流空间
最终
新文化倒逼全岛
形成全新鼓浪屿文化
并随之扩散岛外

设计阐述：在开题伊始，我们在主观上就认为对于"历史国际社区"的更新问题，我们需要做的就是紧紧抓住鼓浪屿其特殊的"三位一体"文化结构（历史、国际、社区的紧密结合）进行深入创新，而绝不能将其硬性分离，否则鼓浪屿将不复存在！

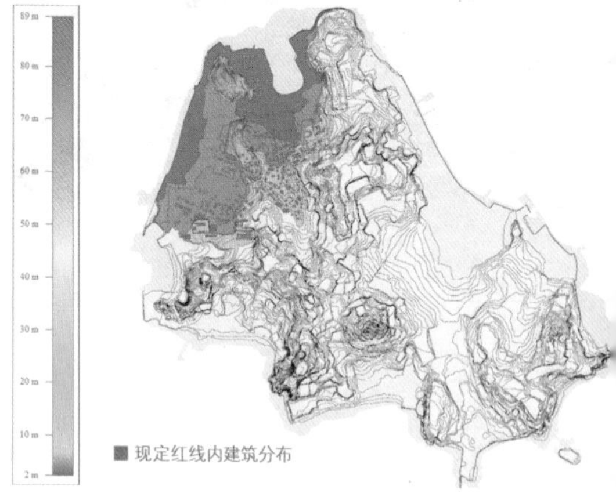
■ 现定红线内建筑分布

小组感受：

本次的设计作为大学五年学习生涯中最后一次，也是最特别的一次建筑设计，我们小组想给自己留下一个HAPPY ENDING。鼓浪屿是一个神奇的地方，它能让登岛的人们或安静，或喧嚣，或文艺，或街头，或简单，或复杂。也正是因为鼓浪屿中西高度复合的这种特殊性，我们想离开地球表面，却又被岛内的条条框框拉回到了地球表面。

所以，我们本着实事求是的原则，以发挥人的主观能动性为主要手段，选择了岛内最重要的文化符号——音乐。把音乐作为我们复兴鼓浪屿文化的一个重要载体，重塑昨天的辉煌，最终使岛内达到一种文化和商业的稳态。

城市设计理念——关键词：
自然环境 / 社区居民 / 外来人群

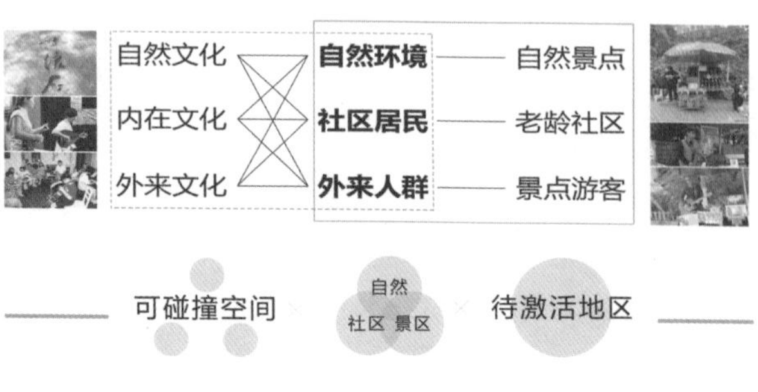
自然文化
内在文化
外来文化
自然环境
社区居民
外来人群
自然景点
老龄社区
景点游客
可碰撞空间
自然
社区 景区
待激活地区

城市设计理念——历史与现状：

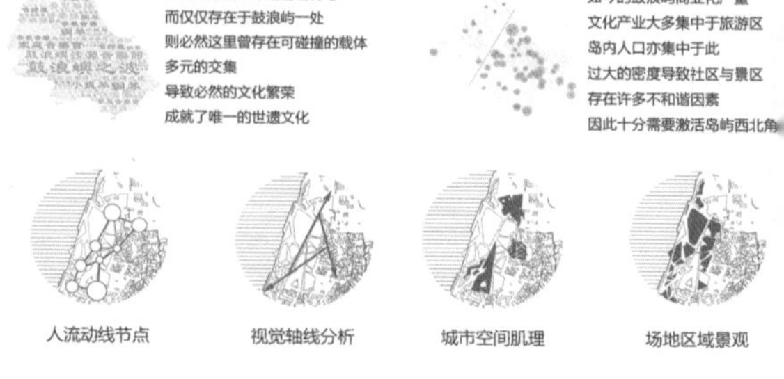
历史 多元碰撞→文化繁荣
历史国际社区不是普世符号
而仅仅存在于鼓浪屿一处
则必然这里曾存在可碰撞的载体
多元的交集
导致必然的文化繁荣
成就了唯一的世遗文化
业态集中单薄→文化衰败 现状
如今的鼓浪屿商业化严重
文化产业大多集中于旅游区
岛内人口亦集中于此
过大的密度导致社区与景区
存在许多不和谐因素
因此十分需要激活岛屿西北角
人流动线节点
视觉轴线分析
城市空间肌理
场地区域景观

城市空间设计——功能分区

城市设计形态——场地总鸟瞰

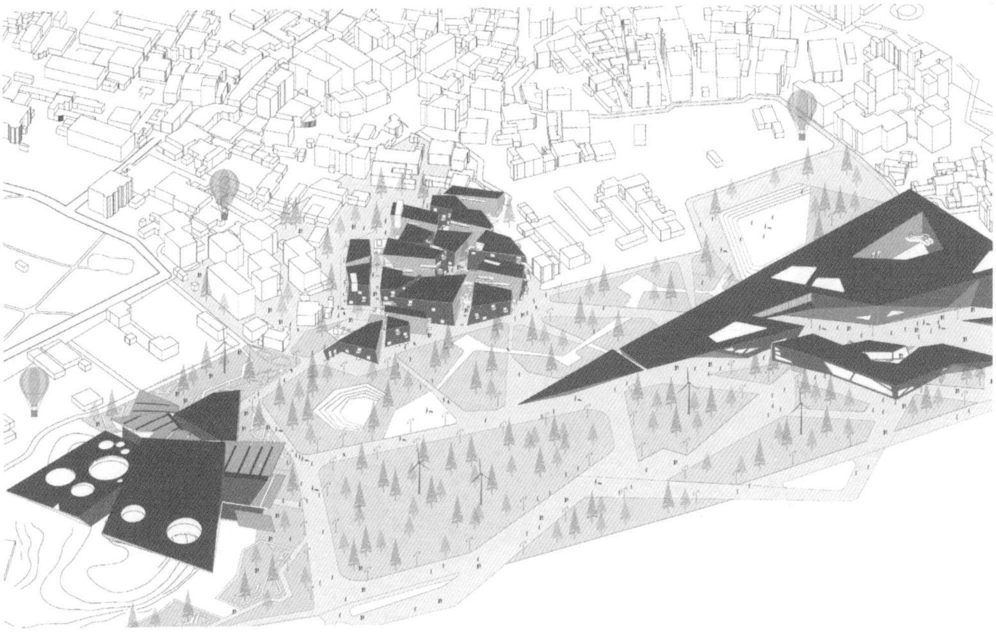

1

博物馆区域爆炸图

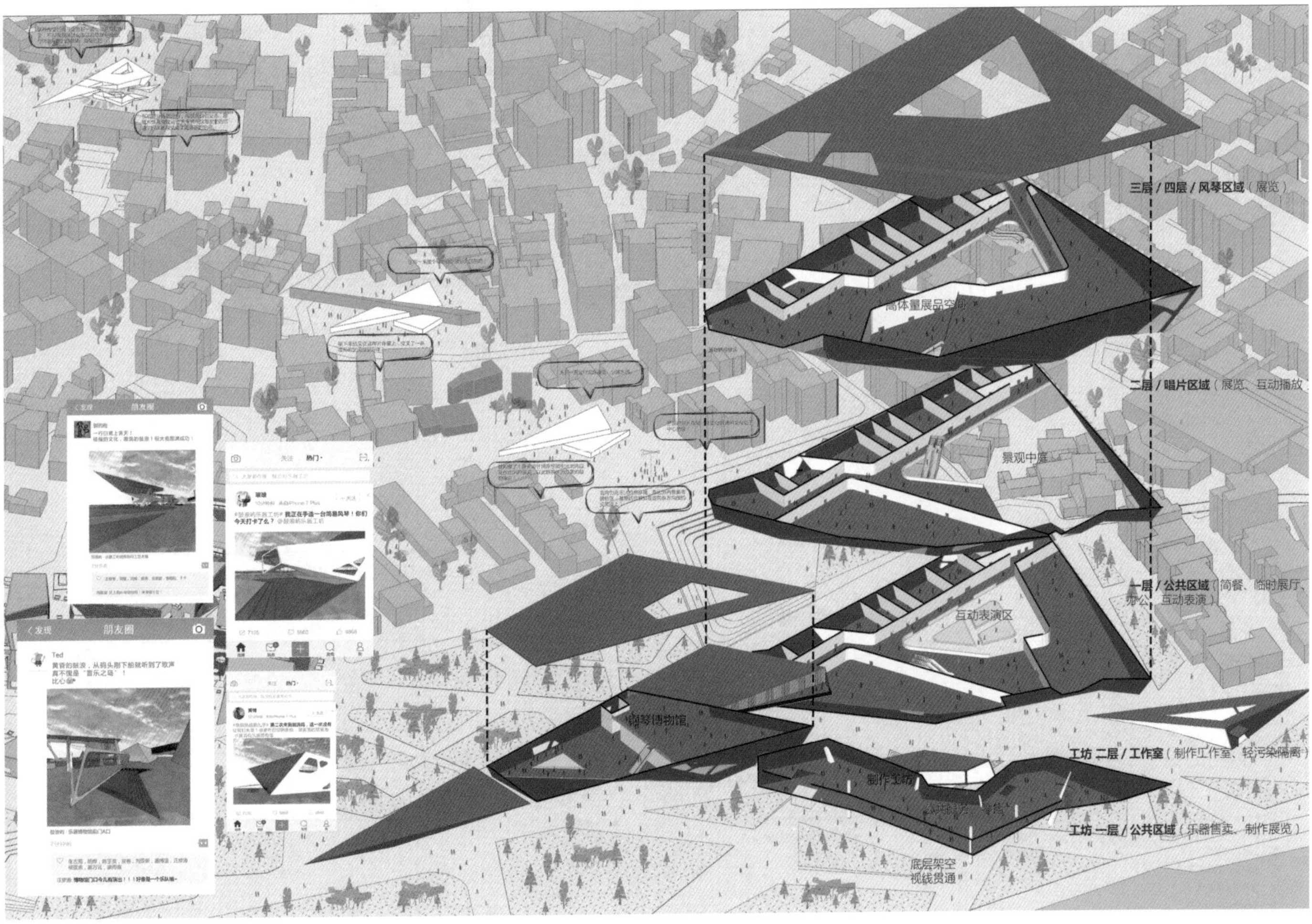

设计说明：

本方案比邻内厝游客码头，本应该是交通要道的繁荣地带，现在却成为无人玩耍的荒弃场所，我希望能利用区位所在的游客码头集散地，依次连接北部的自然山体以及东部的内厝澳社区，并植入鼓浪屿最独特的音乐形态，形成相关互动产业，从而让“文化碰撞”重登鼓浪屿，进而引发出来更多未知的裂变。

乐音裂变场

我希望本次设计可以达到的效果，以及所产生的社会效应，是从人们网络中的互动，反射到基地内建筑的本体。我本无意打造网红，时势造之。

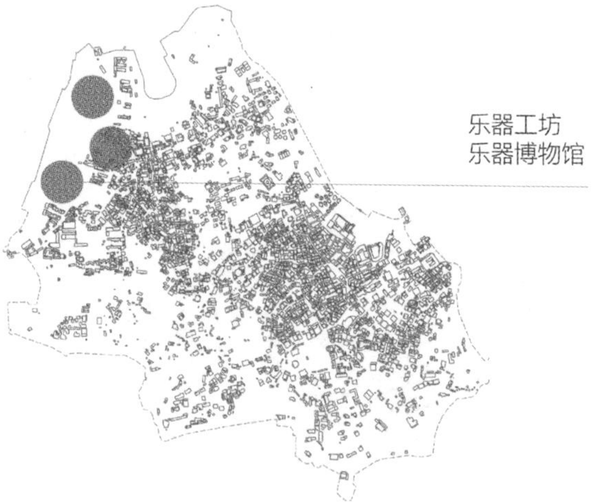

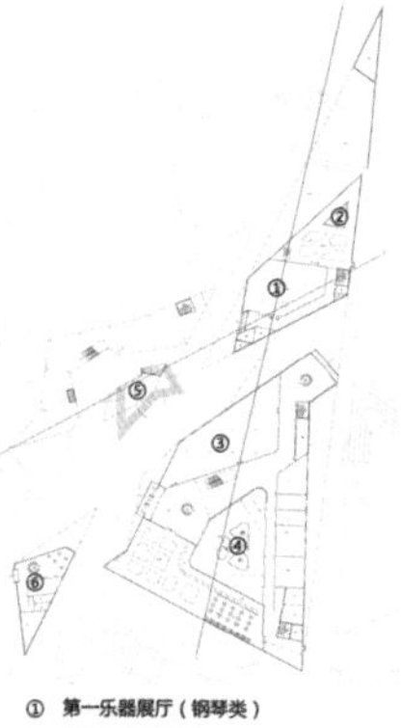

① 第一乐器展厅（钢琴类）
② 钢琴文化互动展示区
③ 公共临时展厅
④ 音乐文化互动展示区
⑤ 街头艺人表演区
⑥ 游客服务中心

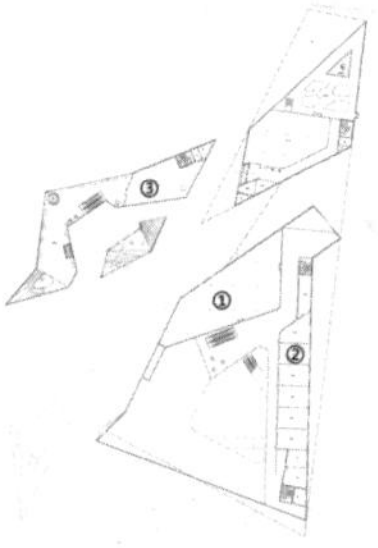

① 第二展厅（唱片类）
② 唱片播放区
③ 乐器售卖

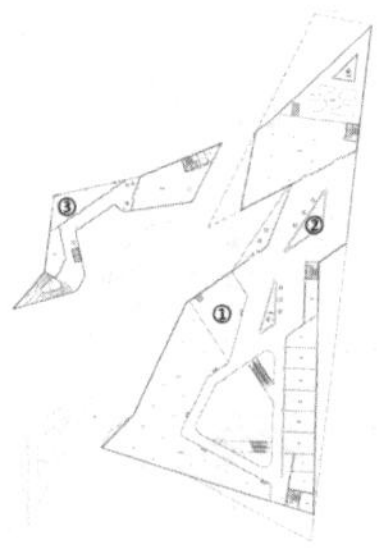

① 第三乐器展厅（风琴类）
② 音乐文化互动展示区
③ 工坊制作区

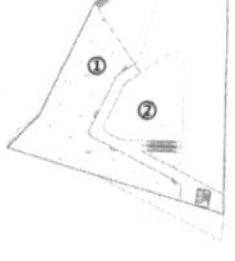

① 第三乐器展厅（风琴类）
② 景观中庭

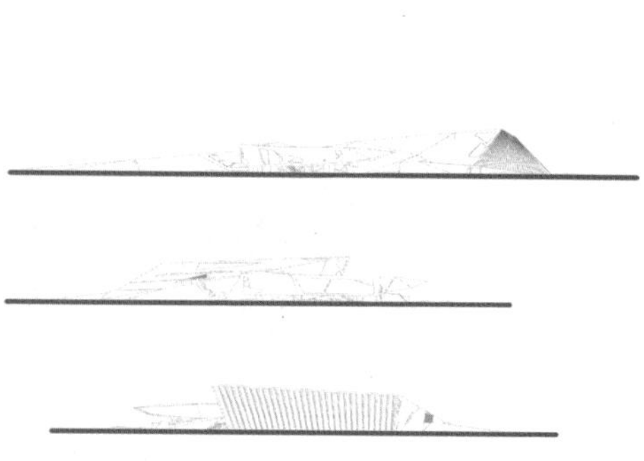

建筑群剖面图：

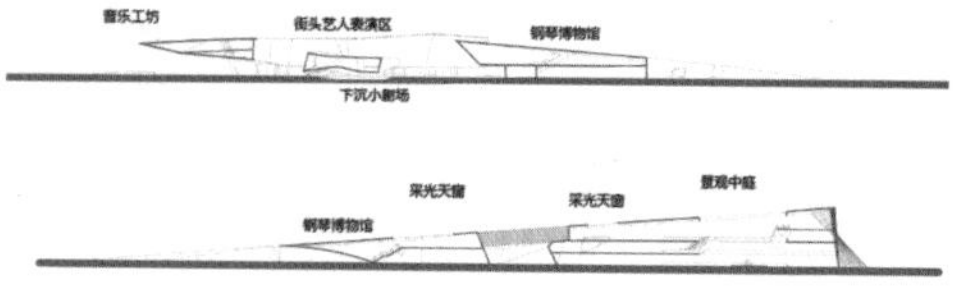

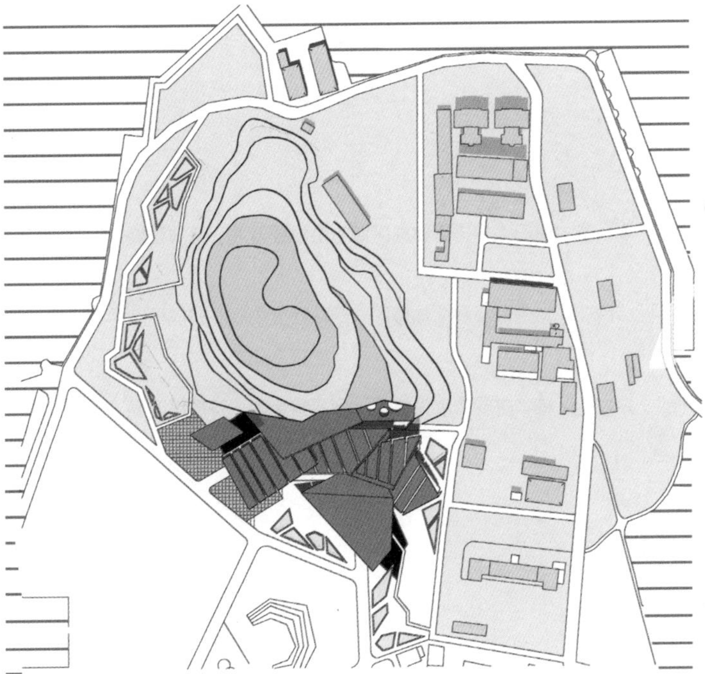

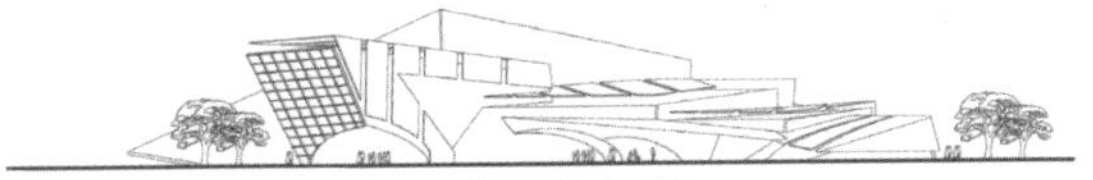

正立面图 1 : 500

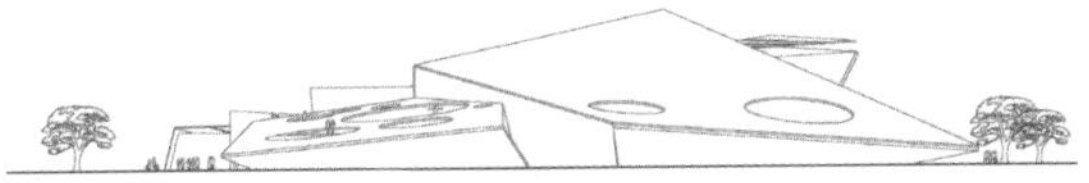

后立面图 1 : 500

左立面图 1 : 500

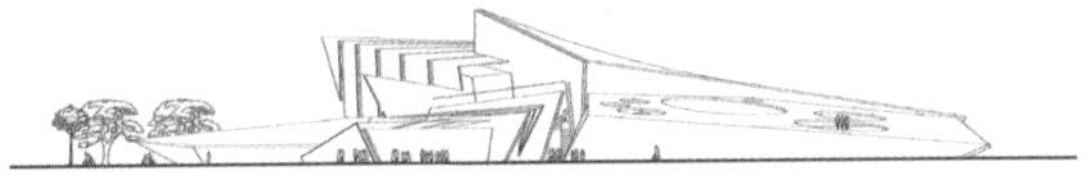

右立面图 1 : 500

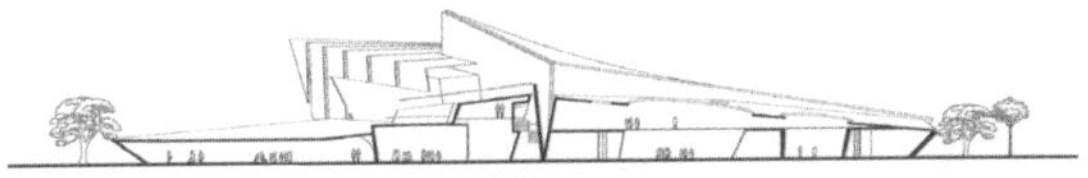

剖面图 1 : 500

2

音乐厅区域爆炸图

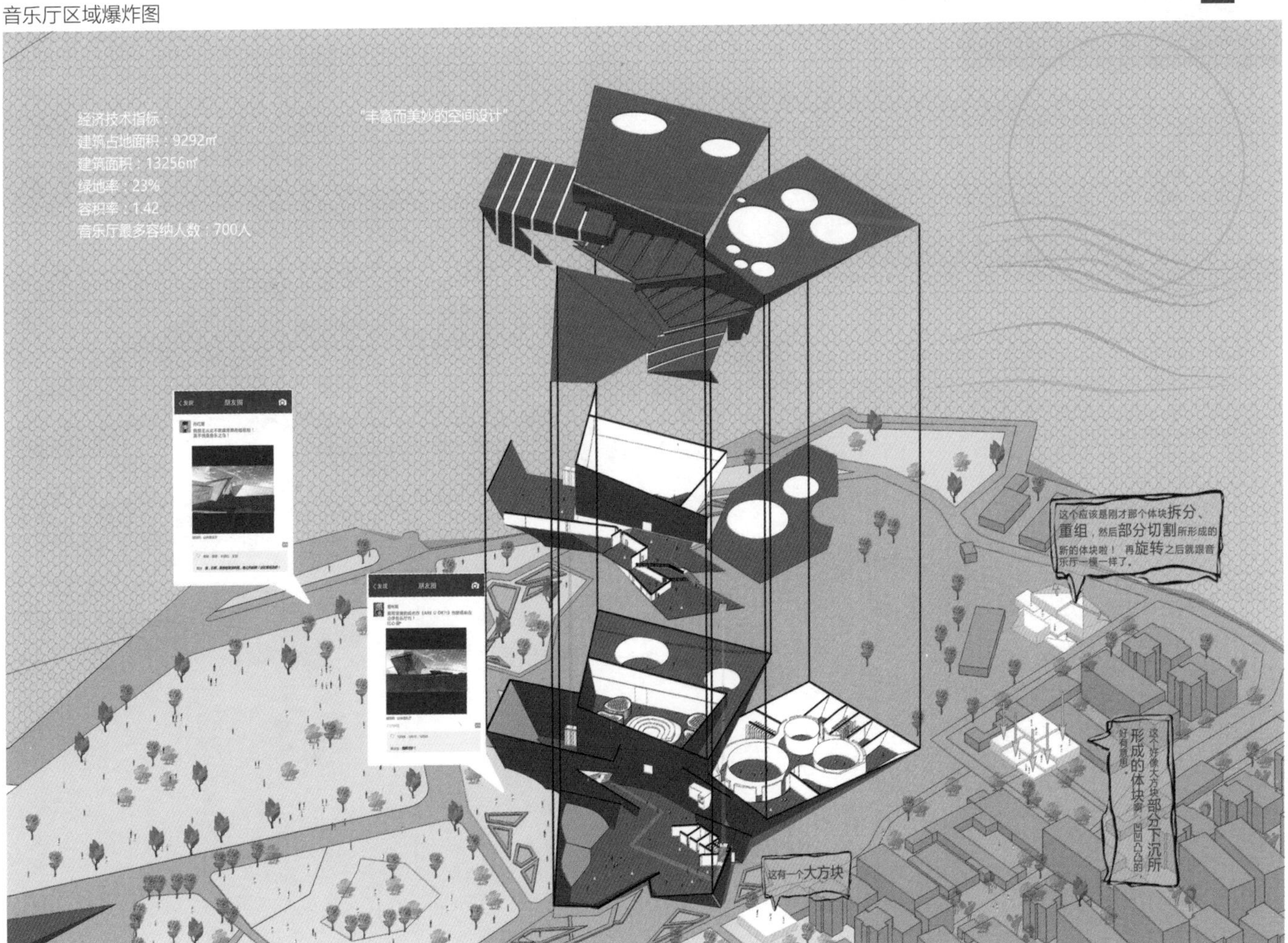
经济技术指标：
建筑占地面积：9292㎡
建筑面积：13256㎡
绿地率：23%
容积率：1.42
音乐厅最多容纳人数：700人
"丰富而美妙的空间设计"
朋友圈
这个应该是刚才那个体块拆分、重组，然后部分切割所形成的新的体块啦！ 再旋转之后就跟音乐厅一模一样了。
这个好像大方块部分下沉所形成的体块啊，凹凹凸凸的好有意思。
这有一个大方块

“内部空间划分”

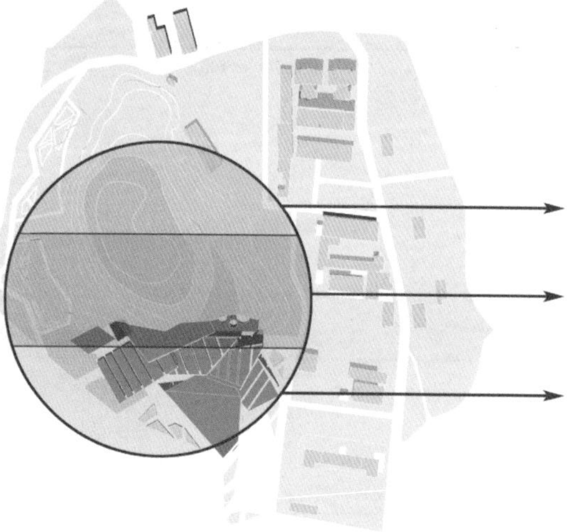

深入山体内部，多为演职人员排练休息区域，隐私程度高，开放程度低

山体与环境结合处，为办公及观众休息厅，隐私程度中等，开放程度中等

山体外部，为大厅区域，主要功能为休息、商品售卖等，开放程度高，隐私程度低

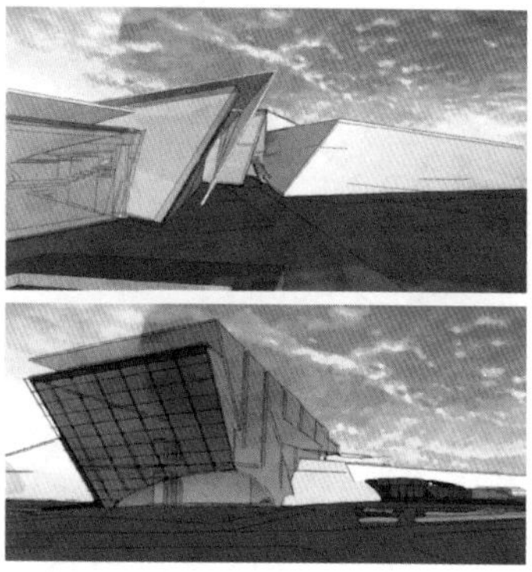

设计说明：本次设计选址为鼓浪屿西北部的兆禾山片区。设计主题为“乐音裂变场”，意图恢复鼓浪屿悠久的音乐历史。此次的音乐厅设计在符合了设计规范、保证了声学质量的同时，还具有“充满野性的外部自然景观”和“丰富而美妙的内部空间设计”两种设计手法。充满野性指的是音乐厅半掩埋于山体之内，充分与鼓浪屿自然环境结合，突出了在地性的原则。音乐厅整个形体是高低错落、相互交错的一种状态，利用了室内空间的高低标高的不同，丰富了人流动线，体现出了趣味性。

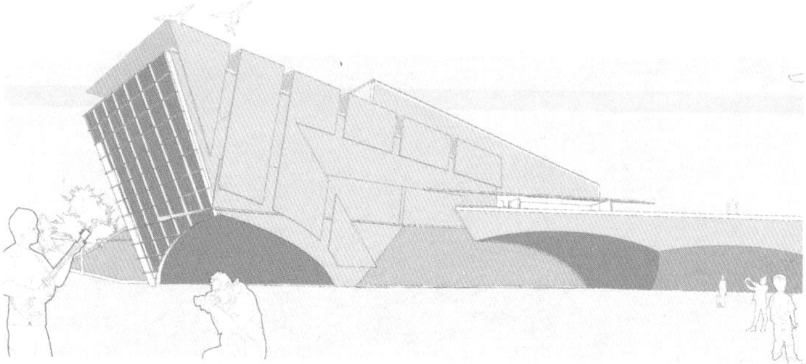

3

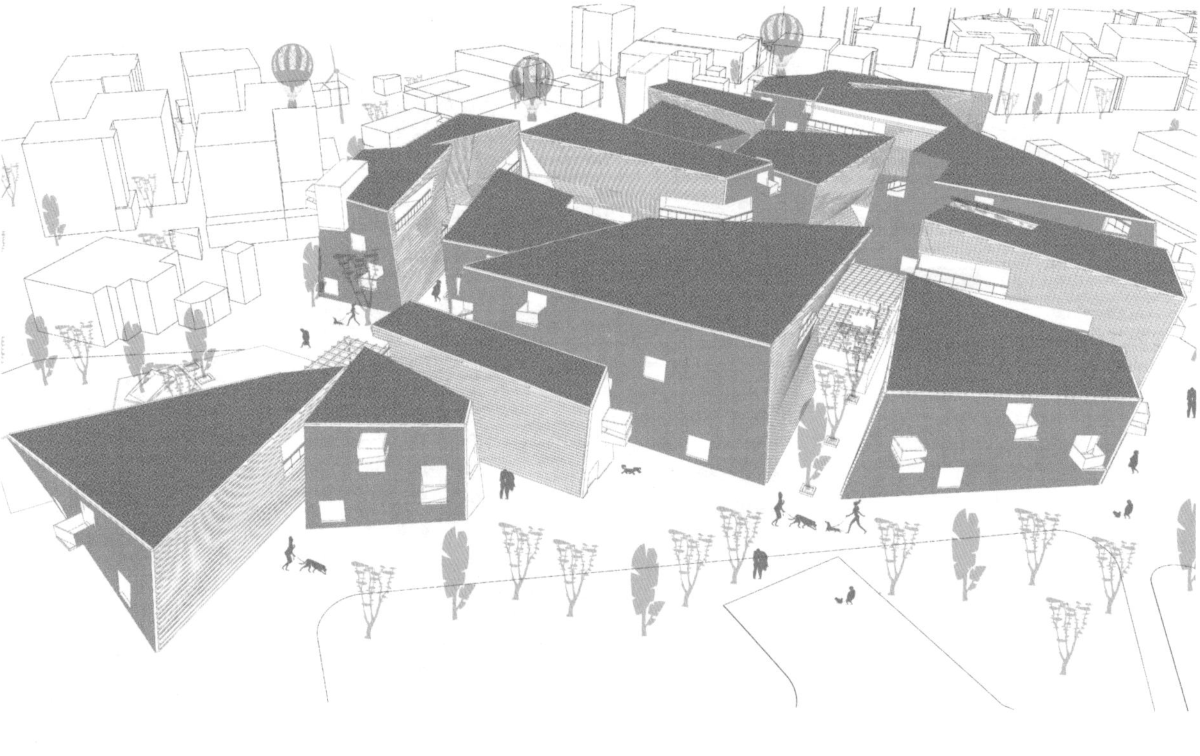

SOHO 区域鸟瞰图

这是大型工作室
这是小型工作室
这是小剧场
这是大型工作室
这是餐厅
这是排练室
这是中型工作室
人流动线将场地分割为六大块
再增加通道，进一步切割体块
留出中心广场，体块一角抬升
体块扭转，形成丰富的界面变化

SOHO 区域爆炸图

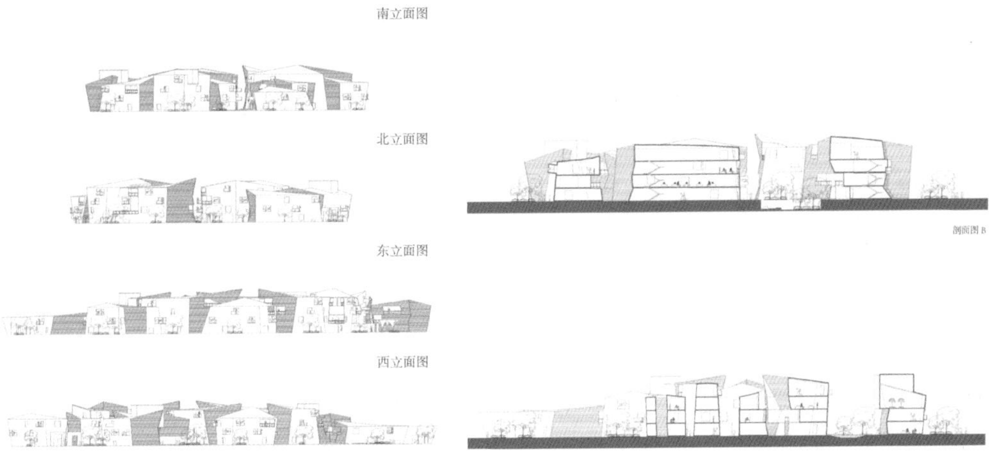
南立面图
北立面图
东立面图
西立面图
剖面图 B

设计说明：今天的鼓浪屿，一方面面对基础设施滞后，超负荷的游客承载现状，社区精神被商业性吞噬等一系列问题同时，也存在着文化振兴的可能性，其较为完备的社区结构与文化历史遗存，使其尚具备文化造血的功能。此方案位于鼓浪屿的西北角，比邻内厝奥社区，于是本方案从连接交融的角度出发，希望可以借此音乐家的工作室社群来打通社区与景区、自然景观与人文景观，同时配套服务于整体的音乐片区设计，是一个集商业、创作、演出、生活等一体的 SOHO 社群。希望同时借此方案来提升鼓浪屿的国际性、游居性、探索性、诗意性、艺术性等岛屿特质，是的鼓浪屿的文化具有向前一步演进的可能性。

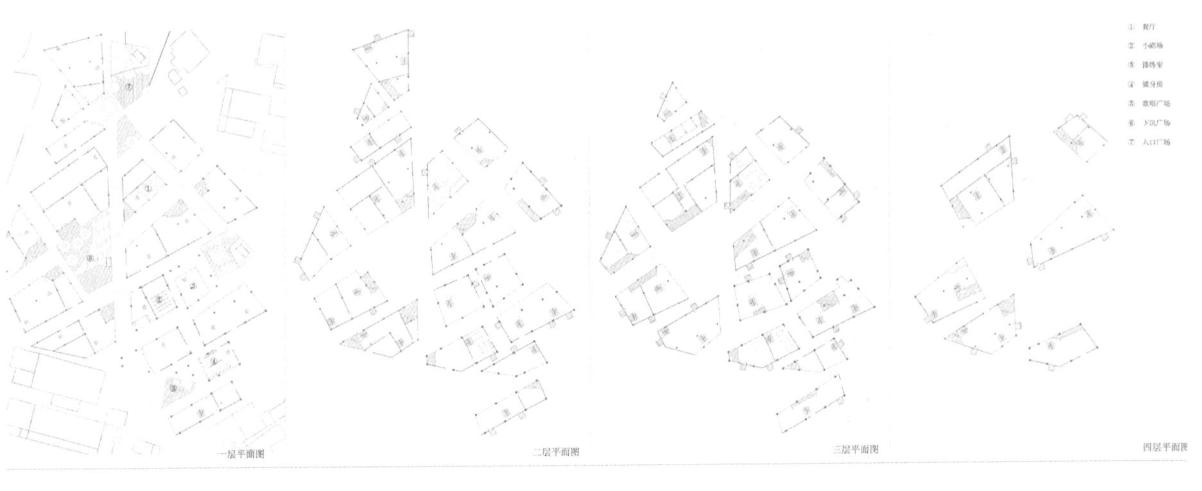
① 餐厅
② 小剧场
③ 排练室
④ 健身房
⑤ 歌唱广场
⑥ 下沉广场
⑦ 入口广场
一层平面图
二层平面图
三层平面图
四层平面图

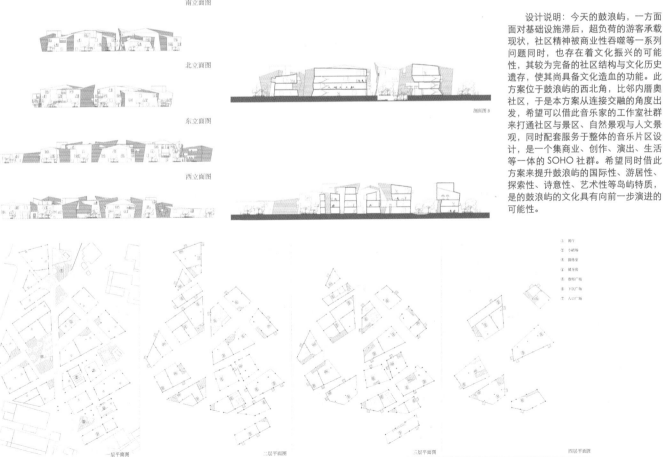

记 "Róng" 忆 器

记忆 "Róng" 器
Memory container
四川美术学院
设计：娄雅欣/皮娟/潘博雯
指导：郭龙

城市是记忆的容器——阿尔多罗西
记忆是城市的灵魂—— 第四小组

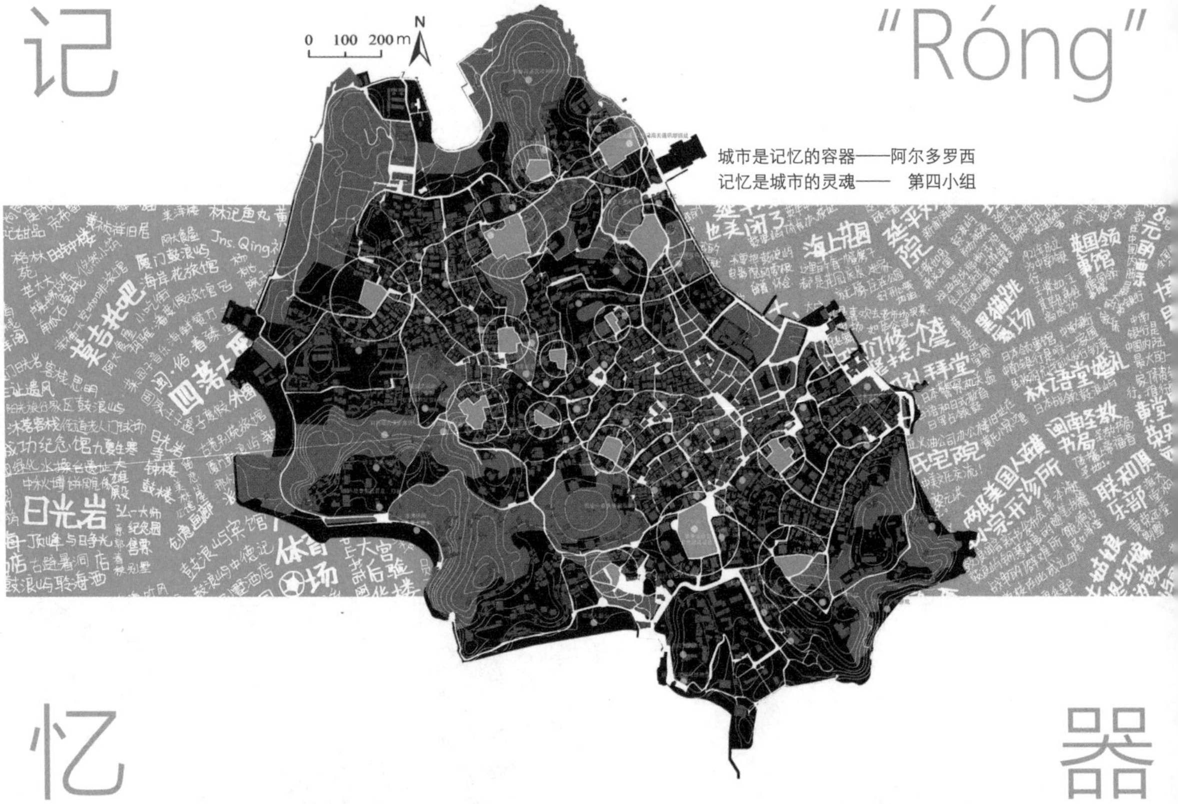

失忆鼓浪屿

冷 挤 离

深处的光亮

暖 叠 汇

无法落在地图上的记忆
家庭音乐会
卢戆章拼音普及、扫盲
家家户户都有自己的花园
对环境的保护意识
语言文化传播
用板车清理垃圾
木屐的声音
多元的建筑符号
《春天里的秋天》

需要加强的鼓浪屿的记忆

1. 记忆热力图

2. 记忆现状热度

3. 记忆价值得分

记忆 · 价值

当走进一个新的土地，会发现很难去融入当地的群体。这是因为有一个叫作集体记忆的东西，它凝聚场地的精神。虽然集体记忆随着时代的变迁会歪曲、重构、遗忘……我们的态度也需要基于当下价值的筛选，即对记忆中集体记忆和个体记忆分别判断，进行加权筛选。最终选出适合鼓浪屿发展但即将消失或已经消逝的记忆进行再续。

小组感受：

这次有幸能够参加到"8+"联合毕设鼓浪屿历史国际社区更新这一毕设选题，鼓浪屿作为世界文化遗产场地有许多特色之处，但也因此有着许多的限制和复杂性。

我们小组在导师的引导下阅读了大量书籍，看了非常多前人论述，如古希腊的记忆之术，皮埃尔 . 诺拉的《记忆之场》等，在毕业创作中学习到了许多知识，养成了多看书、认真研究理论的好习惯。我觉得这是最大的收获，因为养成一个良好的习惯胜于学习好了某个知识。其次，在记忆容器这个主题，我对人、记忆、场地有了更深刻的认识，记忆是在某个场地进行不断触发的，当人们开始去遗忘，这片土地也不再是以前的土地，文化必将发生断代，我们作为建筑师，也并不只是在造房子而已，是需要带着记忆的，需要带着文化传承的。作为建筑设计师一定要有责任感，对自己的设计负责。

记忆 · 空间

早再古希腊的时候，人们就已经发现了记忆的空间特性，并依此发展出了影响深远的“记忆的艺术”。

我们对筛选过后的记忆点还原到原空间。发现很多记忆点的原空间因为功能、产权等原因，无法再继续承载这些记忆。我们就重新回到鼓浪屿整块场地进行选点。我们对遗产保护风貌区、存在产权问题的区域进行排除。对可达性存在问题的地区和人流过热和过冷的区域、市政等重要功能用地进行加权考虑。再次与原记忆点进行叠合比较，得到15处适合作为“记忆容器”的地方。我们把在以前在附近发生过的记忆放在新选点中，作为触发记忆的背景。

1. 建筑保护区

2. 土地控制区

3. 特殊功能区

4. 记忆点分布

5. 地区可达性

6. 游客游览热力图

7. 居民活动热力图

8. 场地选址

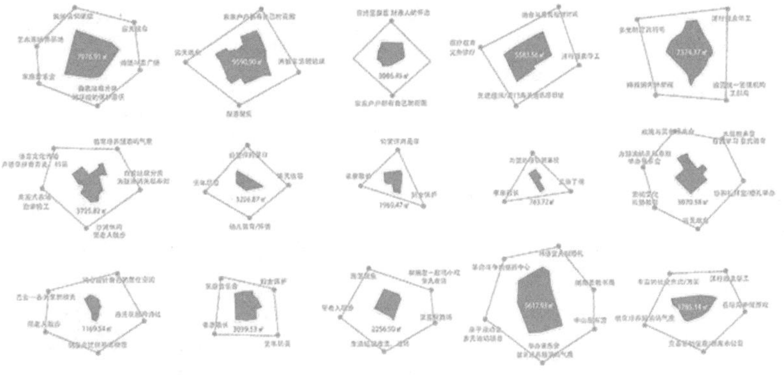
场地与记忆结合

场地总面积 $4300m^2$，位于春草堂附近，地势较为平坦，北面为高架山，四周均为两至三层居民楼，多为年轻人居住，充满朝气活力。

场地周围主要聚集春草堂、安献楼、蒙学堂、吴添丁阁等历史建筑遗产，记忆点聚集较为分散。

场地内多老人，其次小孩，青壮年较少，场地凝聚力缺乏，缺少休闲交流的公共活动空间和社交机会。

场地的历史建筑虽为世界文化遗产，但是由于时代，事件和人物的改变，遭受了记忆断层的危机，需要因时而异。

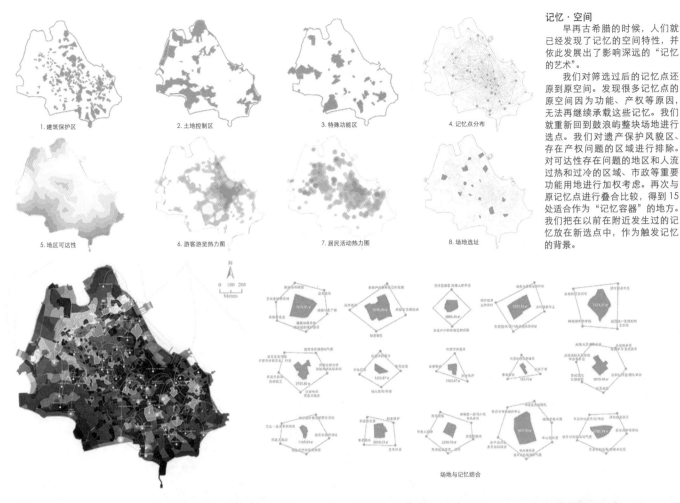

概念阐述

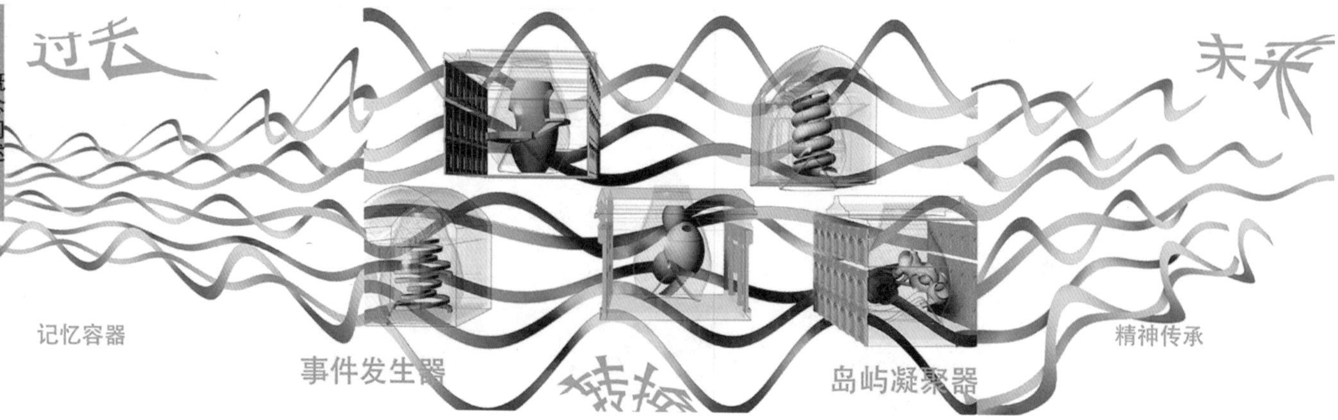

过去
未来
记忆容器
事件发生器
转换
岛屿凝聚器
精神传承

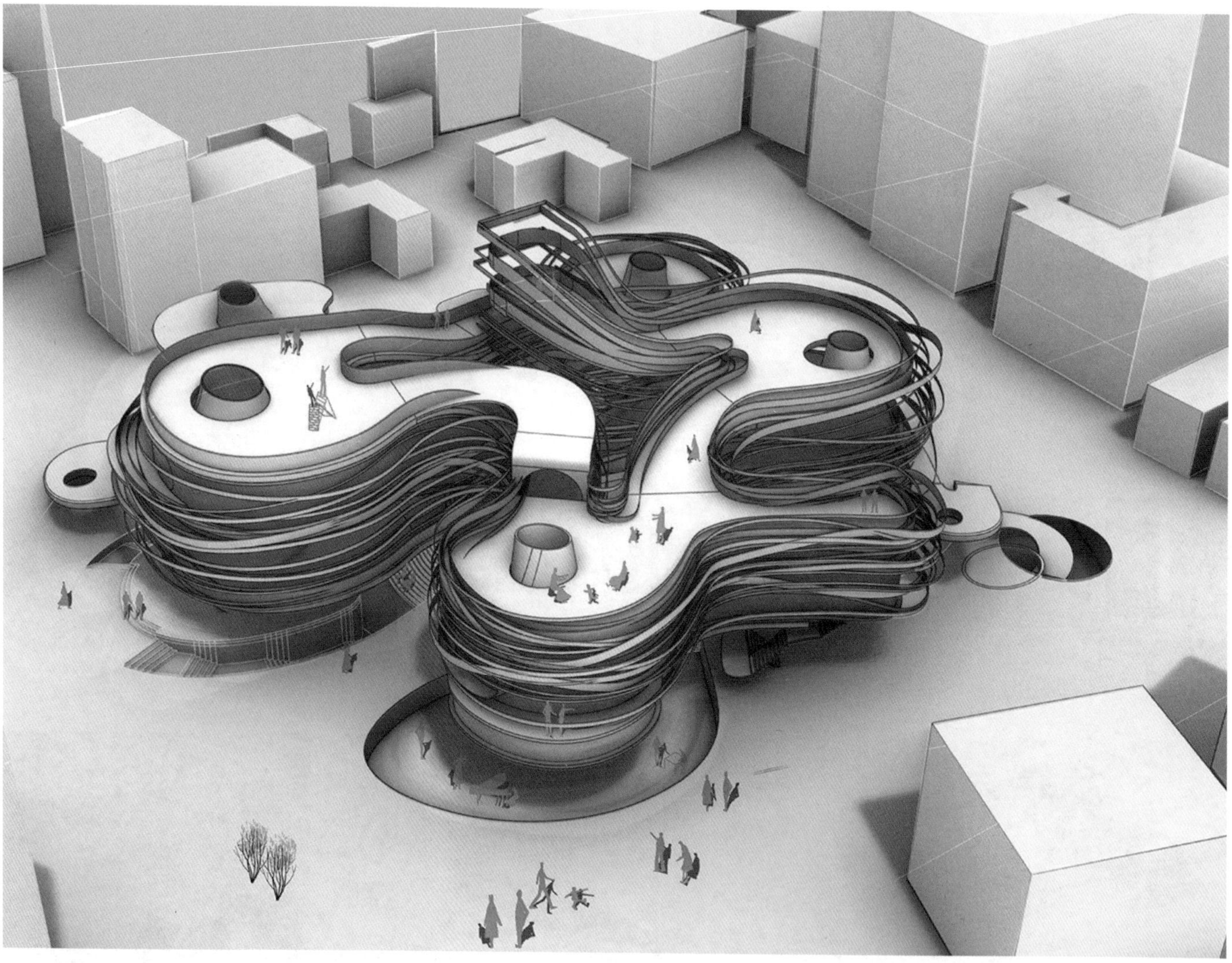

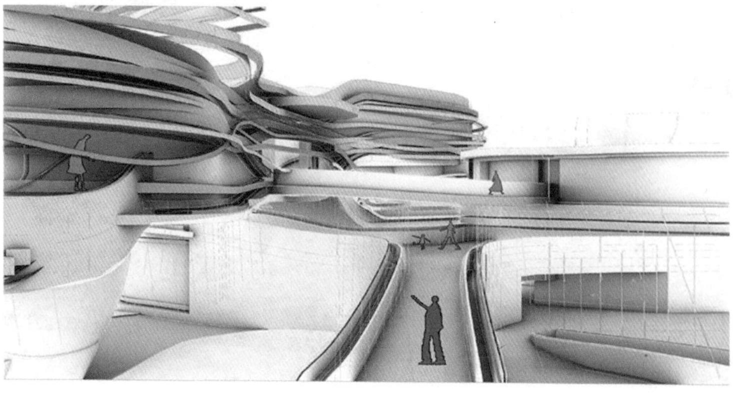

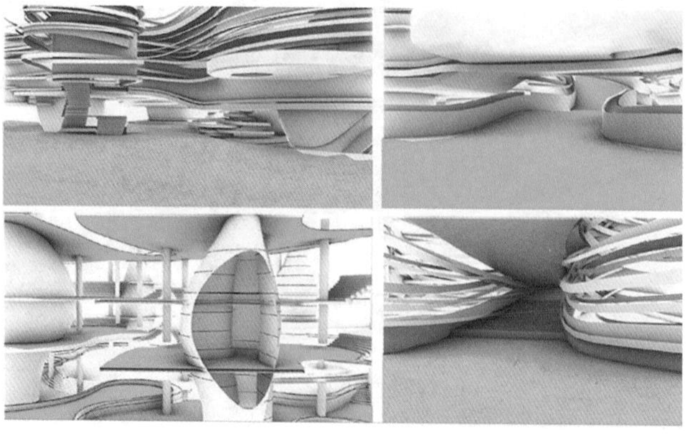

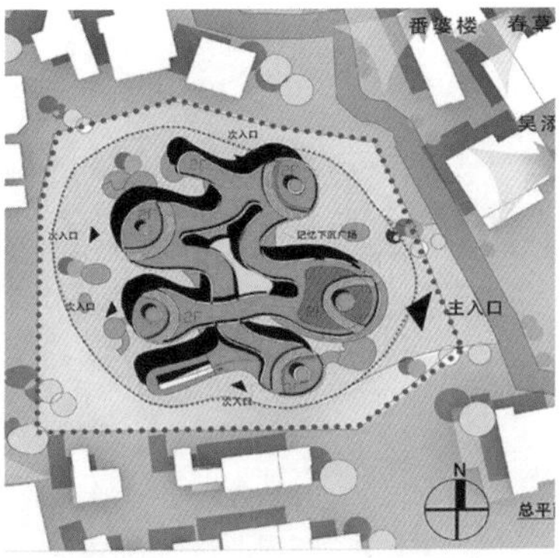
番婆楼
春草
吴添
次入口
次入口
次入口
次入口
记忆下沉广场
主入口
N
总平

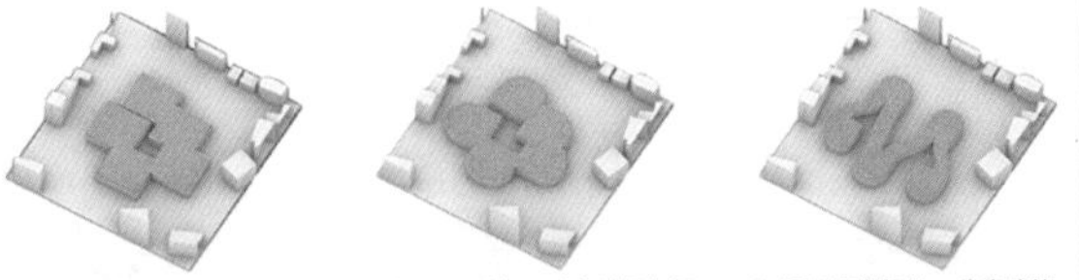

1. 分解体量，顺应鼓浪屿小肌理。

2. 柔滑形态，减少消极空间。

3. 顺应闽南气候，连廊连接。

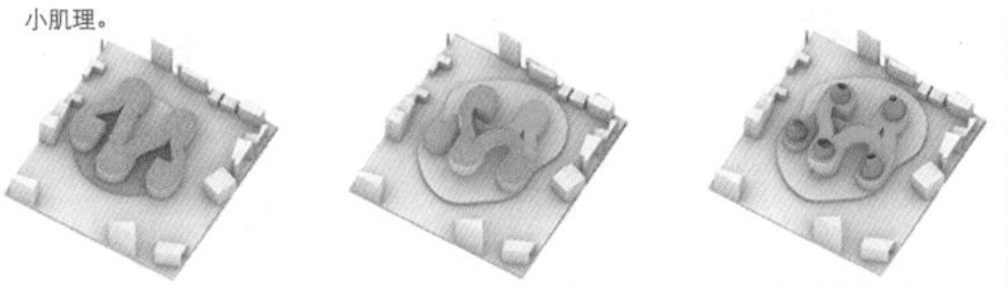

4. 底部架空，符合岛民休闲特征。

5. 层高起伏，顺应局部山地地貌。

6. 套入五个记忆节点容器。

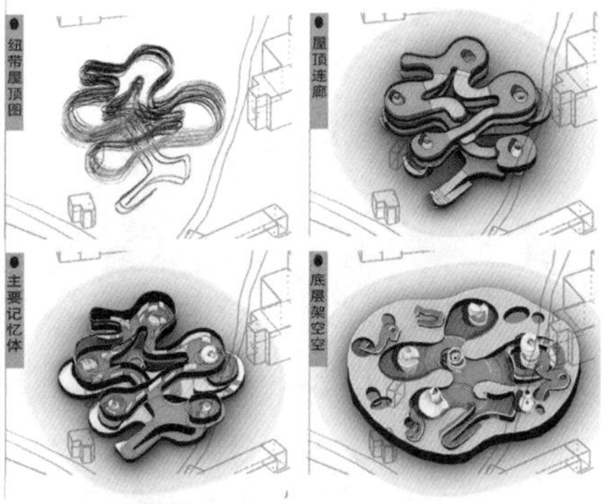
纽带屋顶面
屋顶连廊
主要记忆体
底层架空

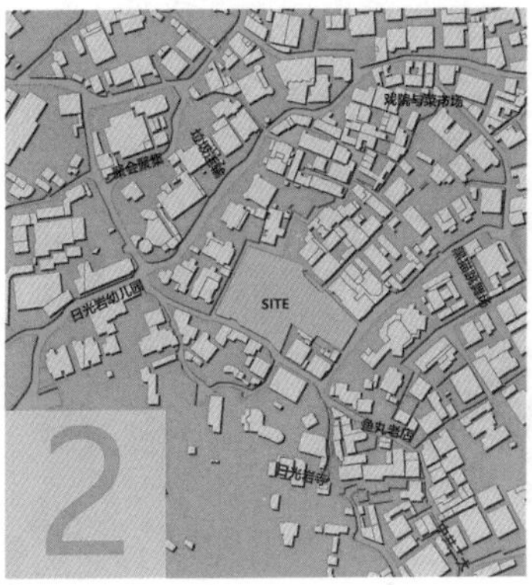
SITE
日光岩幼儿园
2

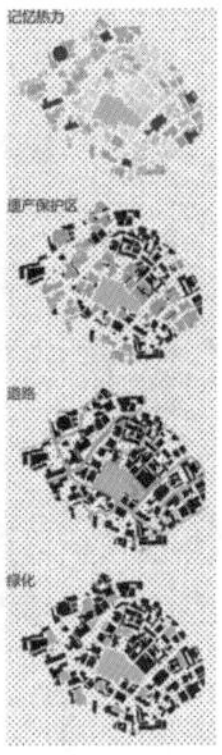

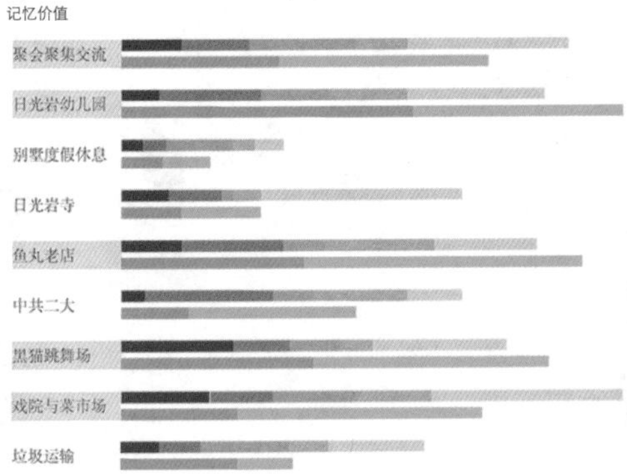
记忆价值
聚会聚集交流
日光岩幼儿园
别墅度假休息
日光岩寺
鱼丸老店
中共二大
黑猫跳舞场
戏院与菜市场
垃圾运输

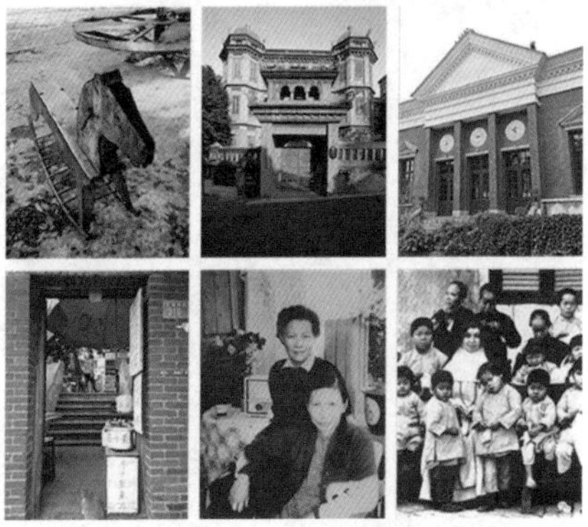

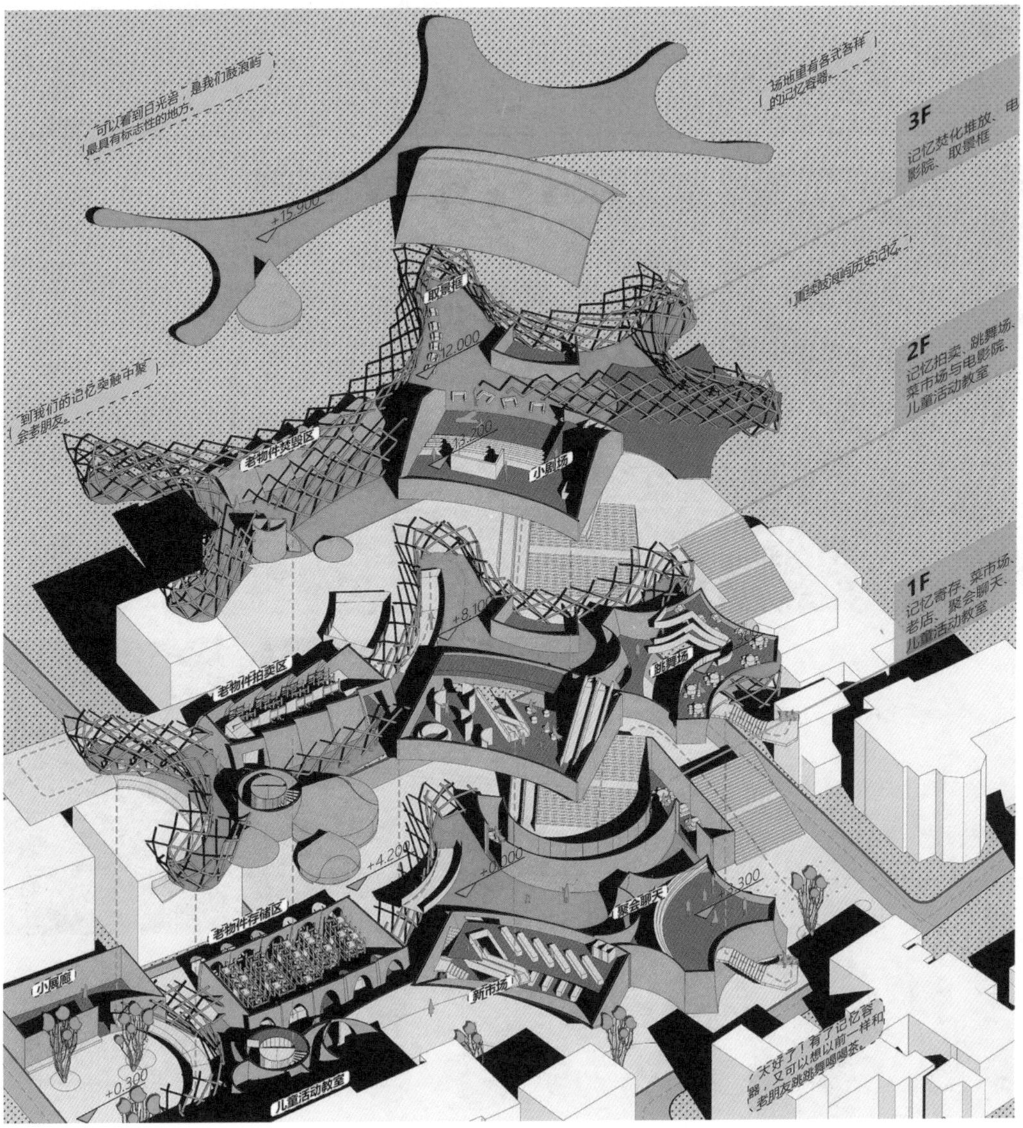
可以看到日光岩，是我们鼓浪屿最具有标志性的地方。
场地里有各式各样的记忆容器。
3F
记忆焚化堆放、电
影院、取景框
+15.900
取景框
重绘鼓浪屿历史记忆
+12.000
2F
记忆拍卖、跳舞场、
菜市场与电影院、
儿童活动教室
到我们的记忆卖融中聚会老朋友。
老物件焚毁区
小剧场
1F
记忆寄存、菜市场、
老店、聚会聊天、
儿童活动教室
+8.100
老物件拍卖区
跳舞场
+4.200
+0.000
+3.300
聚会聊天
老物件存储区
小展廊
新市场
+0.300
儿童活动教室
太好了！有了记忆容器，又可以想以前一样和老朋友跳跳舞喝喝茶。

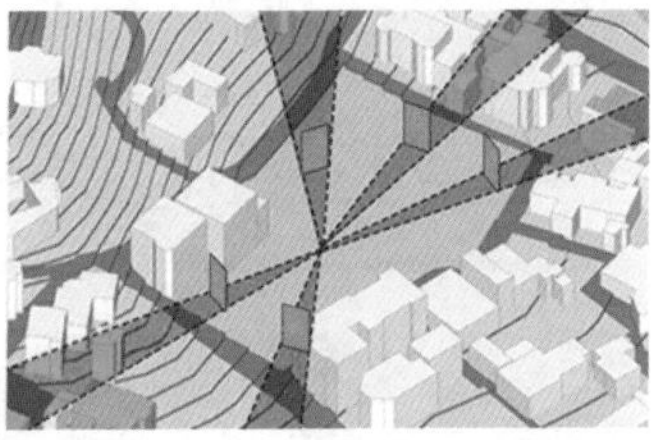

将周围的记忆点聚会聚集交流、日光岩幼儿园、鱼丸老店、黑猫跳舞场、戏院与菜市场映射到场地内部，得到五处视线的取景器。

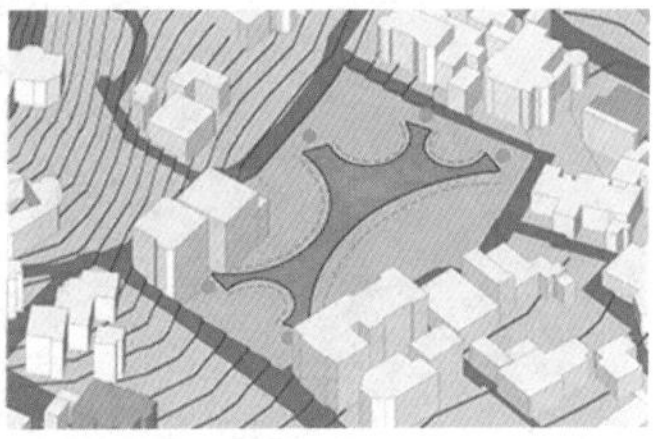

将五处取景器相连接，形成记忆突触，成为多重记忆叠合的核心。承担主要的交通功能和在记忆发生时不同记忆混合后的叠合功能。

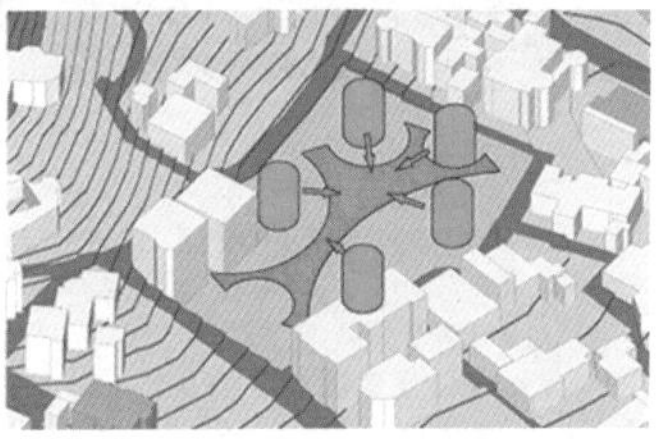

将五种不同的记忆点嵌入记忆突触，作为主要重续记忆场景的载体。将曾经发生的一些故事通过再续的手法还原再现出来。

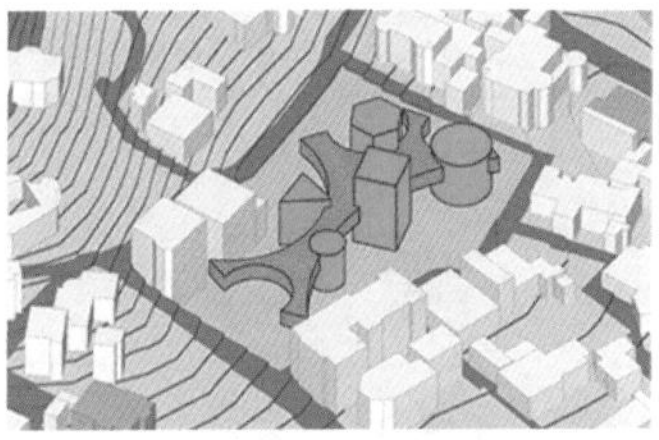

调整五处不同记忆点之间的关系，有的并置、交错、搭接、融合等不同的手法，形成具有不同特点的记忆点。

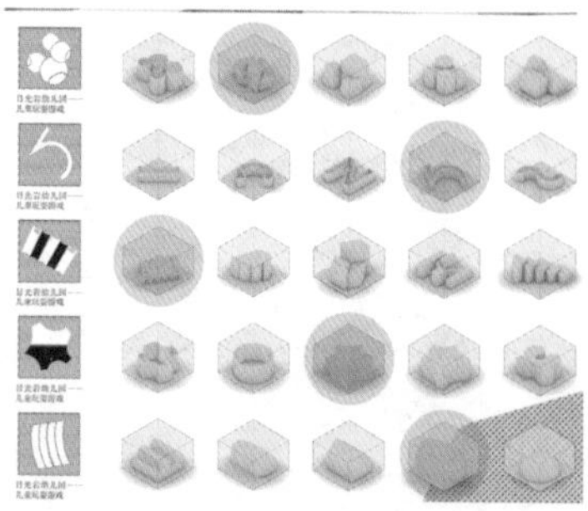

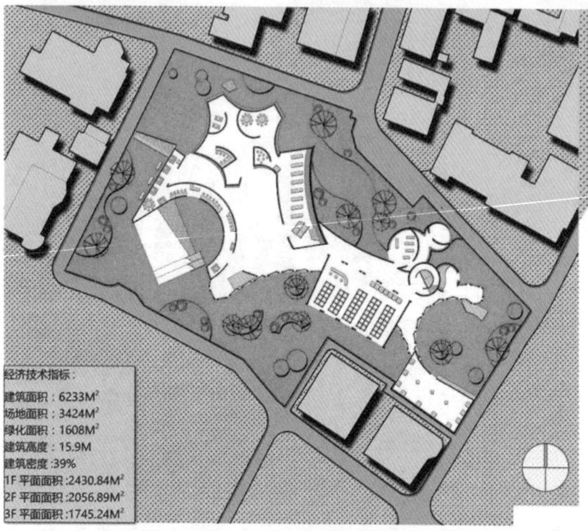

经济技术指标：
建筑面积：6233M²
场地面积：3424M²
绿化面积：1608M²
建筑高度：15.9M
建筑密度：39%
1F 平面面积：2430.84M²
2F 平面面积：2056.89M²
3F 平面面积：1745.24M²

鼓浪屿市场与戏院
黑猫跳舞场
儿童玩耍游戏
记忆老物件储存
小吃老店
结构还原
情景复现
感受再续
重续演绎
空间还原

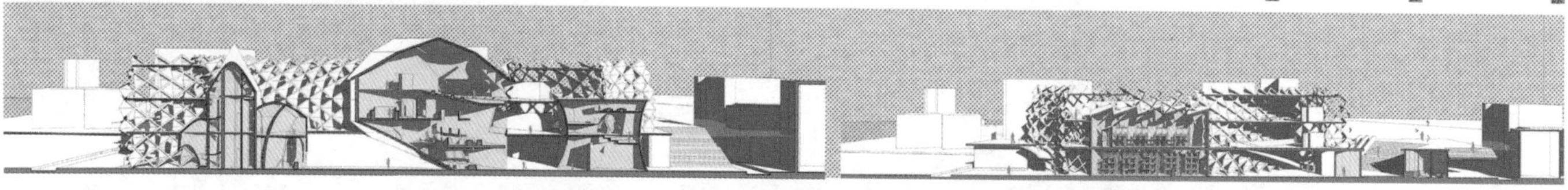

3

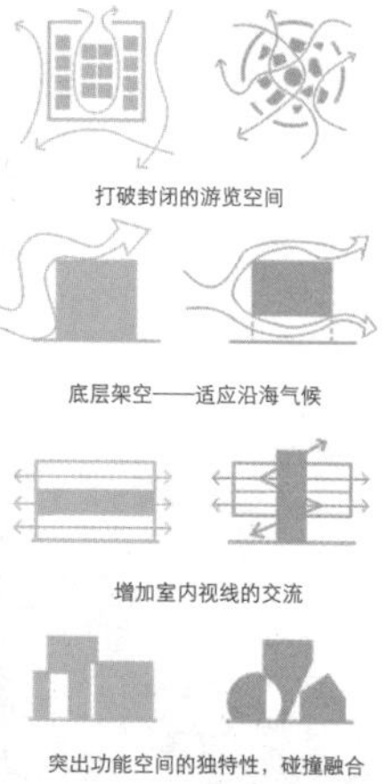

打破封闭的游览空间
底层架空——适应沿海气候
增加室内视线的交流
突出功能空间的独特性，碰撞融合

记忆 · 晶体

记忆，是我们经历过时间这个第四维度的证明，是时间对我们留下的痕迹。它像是凝结成了晶体颗粒，藏于我们的脑海，随着时间的流逝，沉入“海底”。当尘封的记忆被发现、唤起时，总会伴随着不自觉的情绪波动，从而产生感动、恐惧或是其他情绪。我们所提到的鼓浪屿需要营造场所认同感这个问题，便需要记忆这个钥匙。

我将通过场景再续、物件暗示等方式来唤起人们的记忆。这区别于将人们置身于博物馆的直接叫醒，而是更为暗示的传达，使人们自觉地被唤醒，更能融入于人们的日常活动。

晶体会因为成分的不同，会呈现不同的形态。所以记忆的容器我想也应该如此。不同的功能空间依据旧有空间进行设计，通过提取、归纳、抽象、重构后得到“写意的旧空间”——同时又是更适宜当下使用的空间。

鼓浪屿由于它的历史原因所形成的独特的建筑拼贴风格，这与我的方案思路十分的契合，新奇的建筑形态也有助于吸引人们主动前来，对记忆进行自主的挖掘探索。

提取
重构
拼合

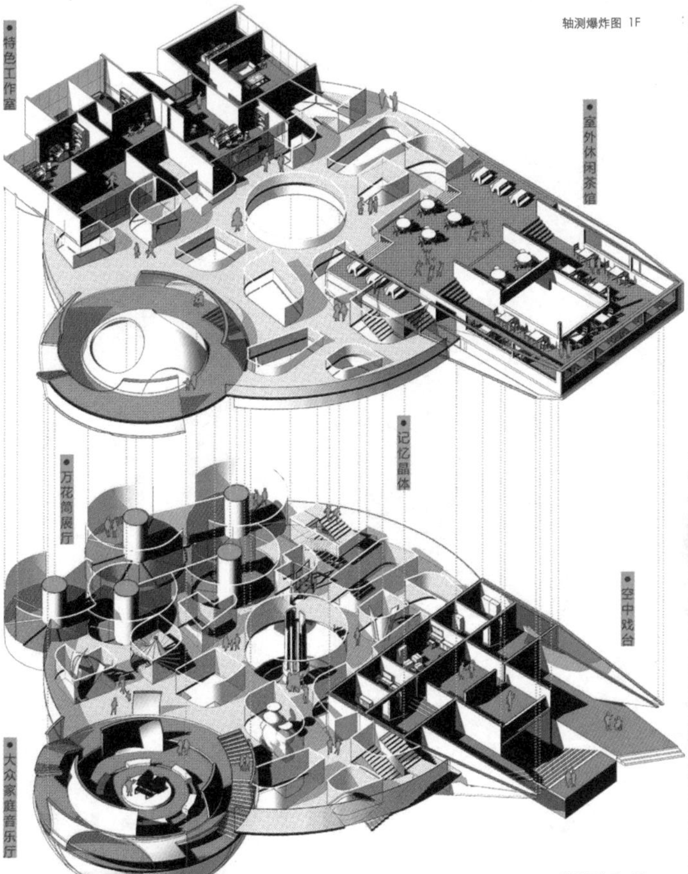

轴测爆炸图 1F
特色工作室
室外休闲茶馆
记忆展厅
万花筒展厅
空中戏台
大众家庭音乐厅
轴测爆炸图 -1F

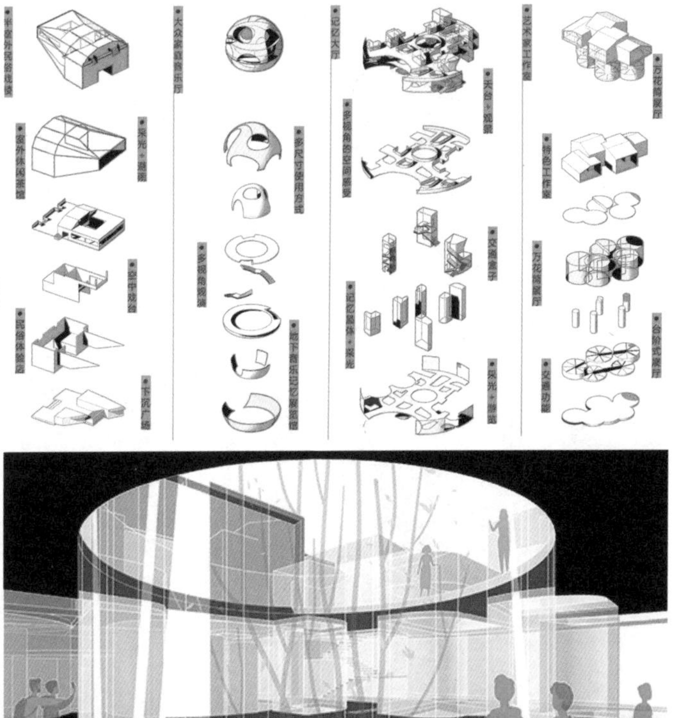

半室外民俗戏楼
采光+遮雨
室外休闲茶馆
空中戏台
民俗体验店
下沉广场
大众家庭音乐厅
多尺寸使用方式
多视角观演
地下音乐记忆展览馆
记忆大厅
天台+观景
多视角的空间感受
交通盒子
记忆展体+采光
采光+游览
艺术家工作室
万花筒展厅
特色工作室
万花筒展厅
台阶式展厅
交通功能

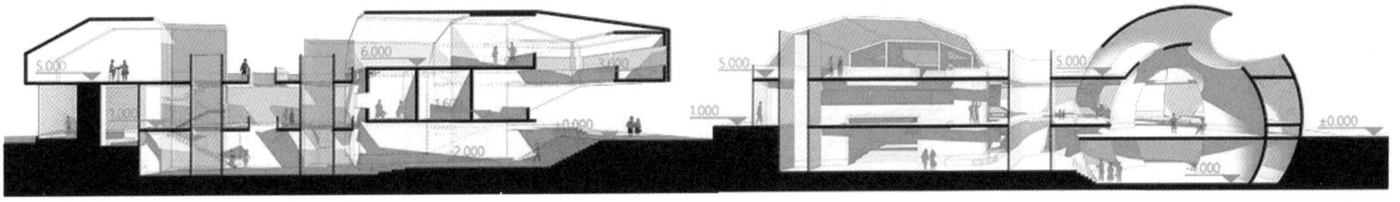

5.000
6.000
1.000
±0.000

阡陌
——以公共交通为导向介入社区生活的城市更新

阡陌
Field road

四川美术学院
设计：蔡千云 / 廖誉芯 / 杨婷霄
指导：李勇

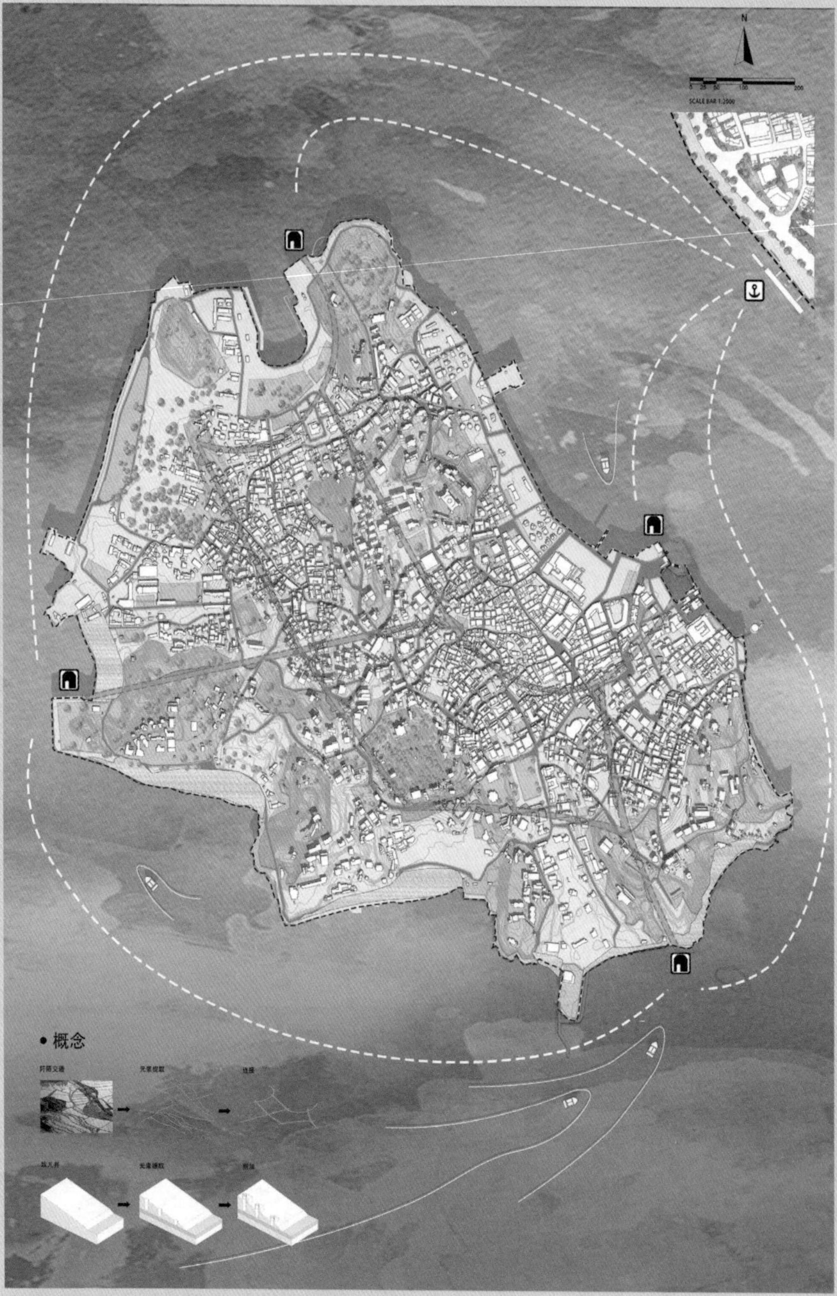

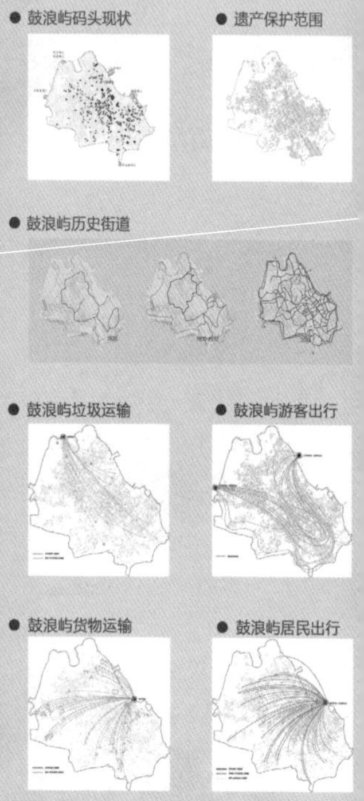

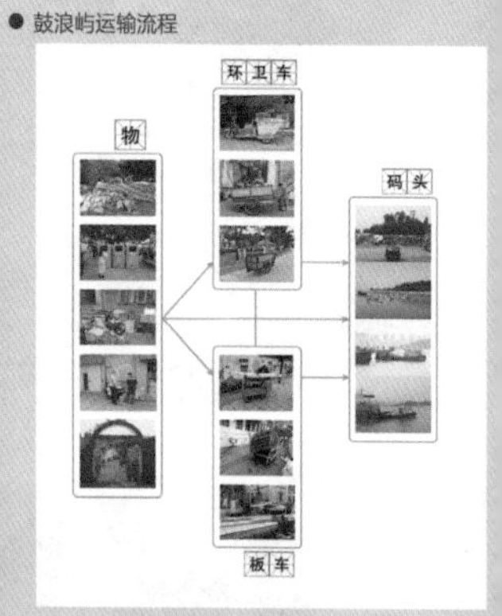

鼓浪屿物品运输包括垃圾、建材、快递和商家货物。垃圾由环保车运输到码头；货物建材一般由岛上雇佣的板车运输，分别对应建材码头和垃圾码头。运输方式单一，在鼓浪屿街道尺度上容易形成拥堵。

设计理念：

“阡陌”来自于陶渊明《桃花源记》，其中的“阡陌交通，鸡犬相闻”的描述，表达了对美好生活的向往；对于鼓浪屿这样一个世界文化遗产地来说，我们希望能通过探寻不同的交通可能性，让居民的生活能更加美好。

在手法上，我们借用了古老的“坎儿井“的形式，通过挖掘隧道，形成横向的地下水路交通系统，再通过竖井讲地面空间与地下空间相连，最终形成完整的对应关系。

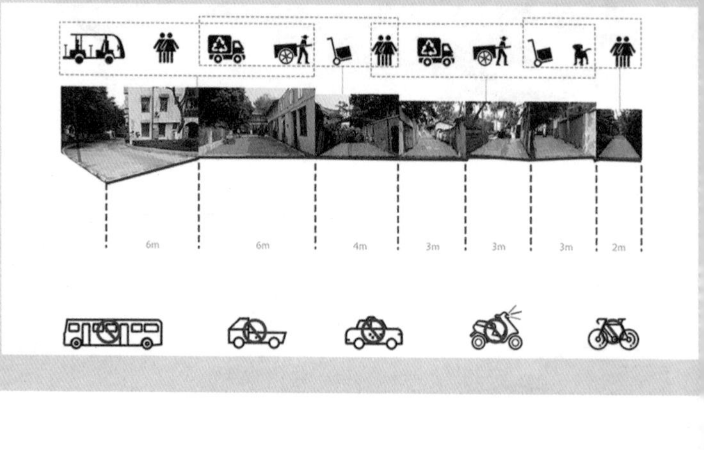

小组感受：

毕业创作的三个多月让我们觉得既充实又快乐，这一次很荣幸地参加了“8+”联合设计，在学习的同时也见识到了其他学校优秀的同龄人的风采。

在整个毕设的过程中，很感谢得到了各个同学和导师们的帮助，我们得到了非常多有用的知识和宝贵的经验。

回想这三个多月，从最初的茫然到慢慢地有灵感和想法，再到理顺思路把方案一步步推进下去，所有的努力到最后汇聚成了最让人难忘的感动和收获。作为美院的学生，一定得要敢想敢做，不是特立独行，而是另辟蹊径，勇于跳出一成不变的舒适圈，去做更多想法上的巧思和设计的尝试。

阡陌

——以公共交通为导向介入社区生活的城市更新

社区活动中心
社区图书馆 鼓浪闻音
绿地公园
社区活动
延伸空间
社区活动
中心
绿地公园

● 功能索引

策略：

A- 针对居民出行方式的更新；

1- 形成线性的地下空间，连接交通核心点；

2- 交通核心点的构建，创造复合功能的建筑体；

3- 重新激活区域的的活力。

概述：

以重新组织的交通系统为媒介，合理的构建新的交通枢纽点，以此来纾解现状存在的各种方面混乱的交通压力；同样也把作为历史国际社区的鼓浪屿中的社区生活作为关注点，通过对社区公共空间的重新组织，以此达到城市更新的愿景。

● 网格步行半径范围

● 空间联系度与拥挤度

● 生活密度

● 洞口位置

● 历史核心遗产要素

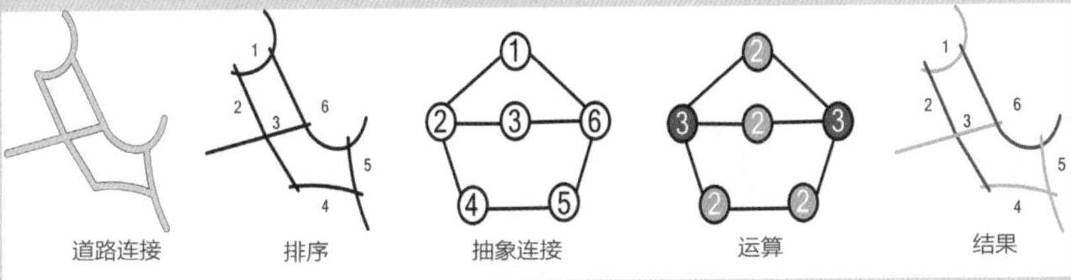

1
2
3
4
5
6
道路连接
排序
抽象连接
运算
结果

● 交通网络生成策略

我们通过网格化鼓浪屿——历史遗产核心要素——山体走向——空间之间的联系度与拥挤度——步行半径舒适度范围——等高线六图叠加，并运用空间句法分析得出最终选点。

社区活动中心
绿地公园
图书馆
音乐展廊
社区延伸空间
社区活动中心
绿地公园

● 选点周边肌理

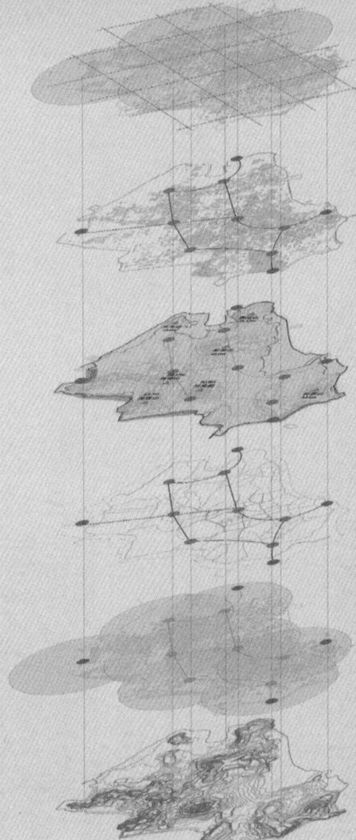

1- 将鼓浪屿划分为网格状，以交点为中心，按半径 400m 的步行舒适度覆盖整个岛屿。

2- 规避核心遗产要素保护区域。

3- 根据地形等高线避开方案不可行区域。

4- 根据空间句法，分析主要街道的空间联系度，将点靠近居民使用度高的街道。

5- 根据地形以及四个方位选择隧道洞口。

● 综合因素爆炸图

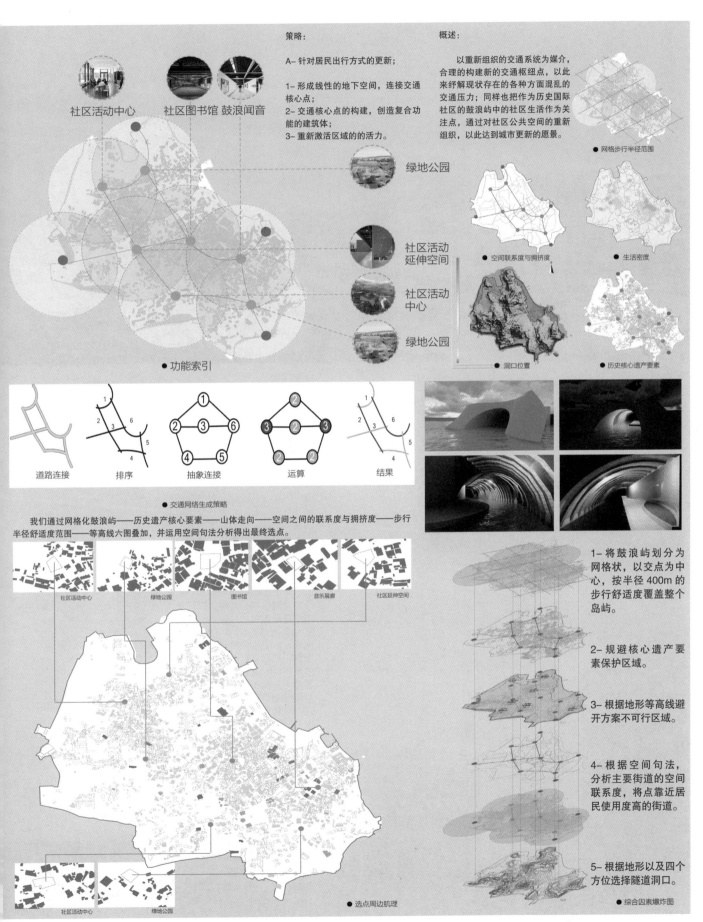

阡陌·纵与折
——交通枢纽点 × 社区活动中心的建筑设计

SITE

形体生成

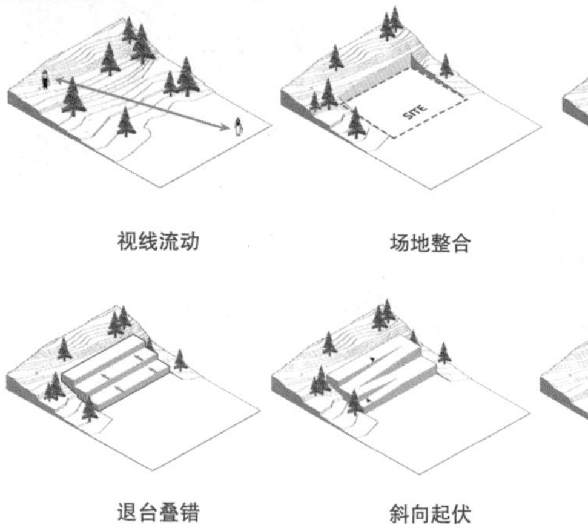
视线流动
场地整合
体块拉伸
退台叠错
斜向起伏
最终形态

概念分析

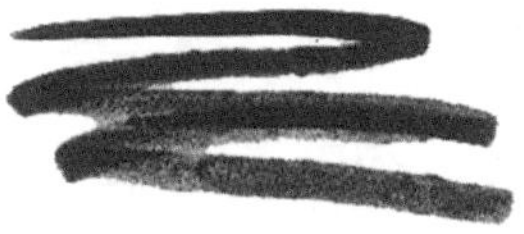

“横看成岭侧成峰，远近高低各不同”是我最初对方案的设想，对于在鼓浪屿进行局部更新的设计，我认为如果能够做出使人在不同角度所领会到建筑不同的美感的方案应该是一件特别的事情。

“纵与折”就来源于鼓浪屿的山体形态，山形起伏的流动感赋予建筑同样的律动感；由于基地周边环境的情况，折线的形式能够完美的将建筑与环境相契合。此外，折线形式屋面能够被满草覆盖，起伏的屋面上是小山一样的景观，之间铺有供人休息的长石墩，并且每一层都拥有可以瞭望海景的平台和感受山景的庭院。我希望能够将室内与室外的桎梏打破，创造出一个自由的空间，让人更加随心所欲的用。

综合分析

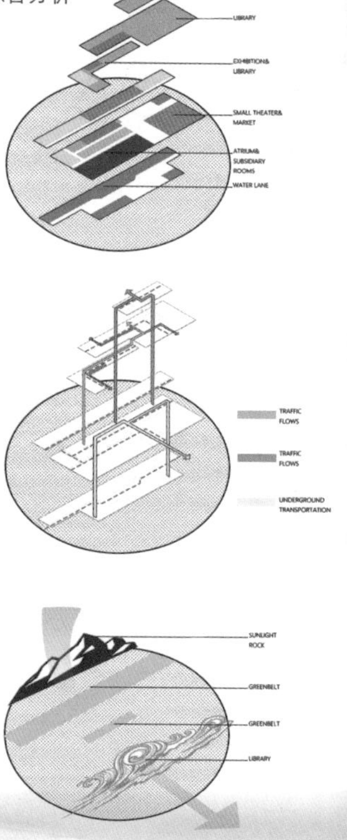
LIBRARY
EXHIBITION&
LIBRARY
SMALL THEATER&
MARKET
ATRIUM&
SUBSIDIARY
ROOMS
WATER LAKE
TRAFFIC
FLOWS
TRAFFIC
FLOWS
UNDERGROUND
TRANSPORTATION
SUNLIGHT
ROCK
GREENBELT
GREENBELT
LIBRARY

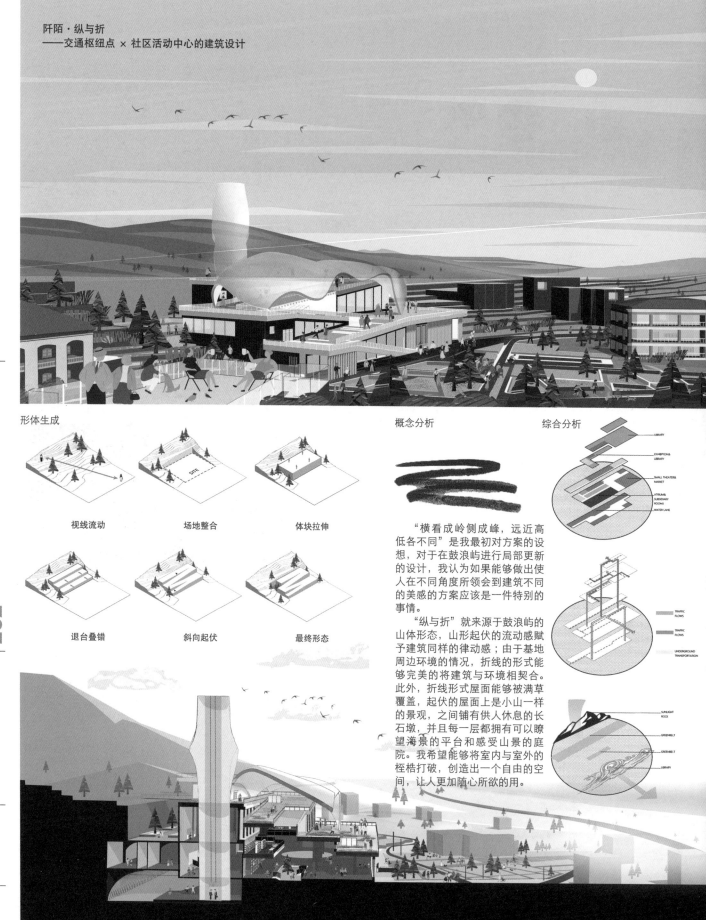

阡陌·纵与折

——交通枢纽点 × 社区活动中心的建筑设计

经济技术指标　总建筑面积（地上）5534㎡　容积率 0.7
总建筑面积（地下）1302㎡　绿地率 44%

模型实拍

展陈现场

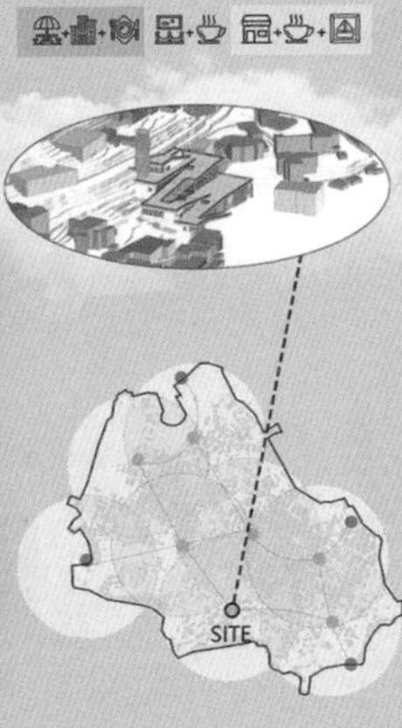
SITE

位置选点索引

地下水道场景

微剧场场景

室内中庭场景

图书阅览区场景

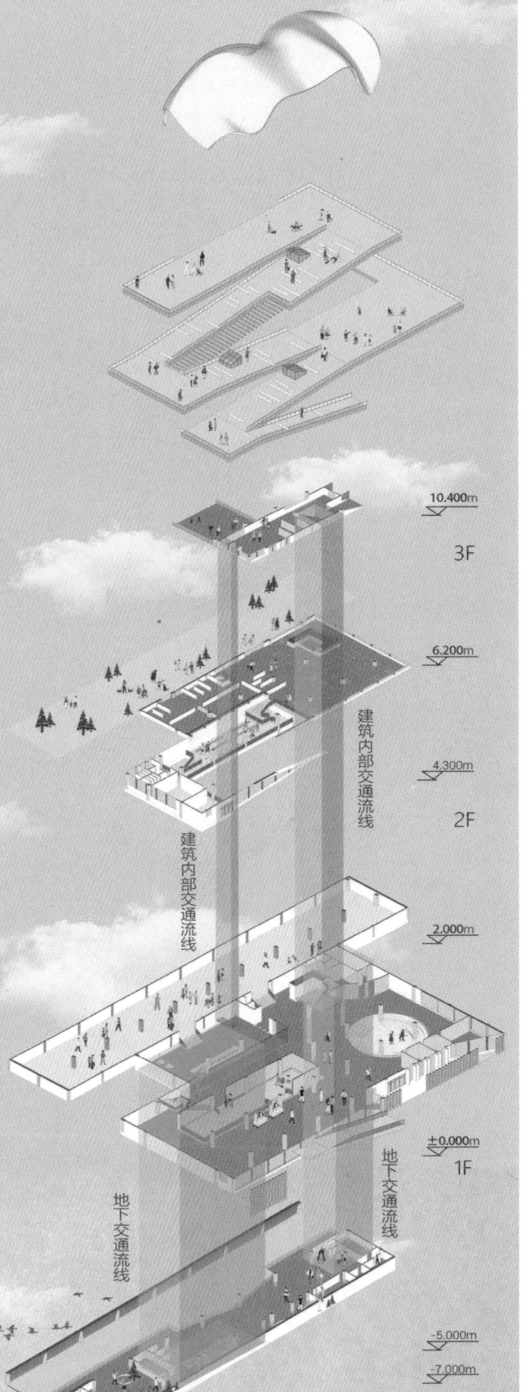
10.400m
3F
6.200m
4.300m
2F
2.000m
±0.000m
1F
-5.000m
-7.000m
-1F
建筑内部交通流线
建筑内部交通流线
地下交通流线
地下交通流线

爆炸图

阡陌·律转　交通枢纽 × 音乐交互展览的建筑设计

设计理念：该选址区域位于鼓浪屿历史国际社区中心，地面交通较为复杂，周围有很多历史建筑，是很重要的交通枢纽节点。而鼓浪屿的音乐作为历史国际社区的一种文化，并没有得到很好的体验。鼓浪屿原有音乐厅使用率并不是很高。所以在基于城市设计的基础上，设计了附带有音乐互动展览的交通枢纽，希望鼓浪屿音乐文化能有更好地参与度与认同感。

● 方案选址

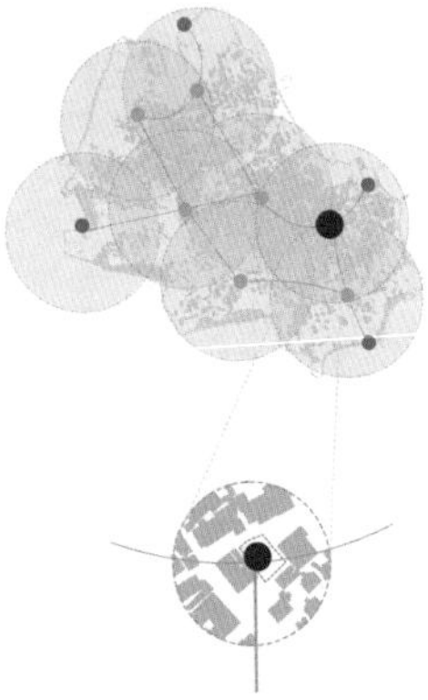

● 平面图

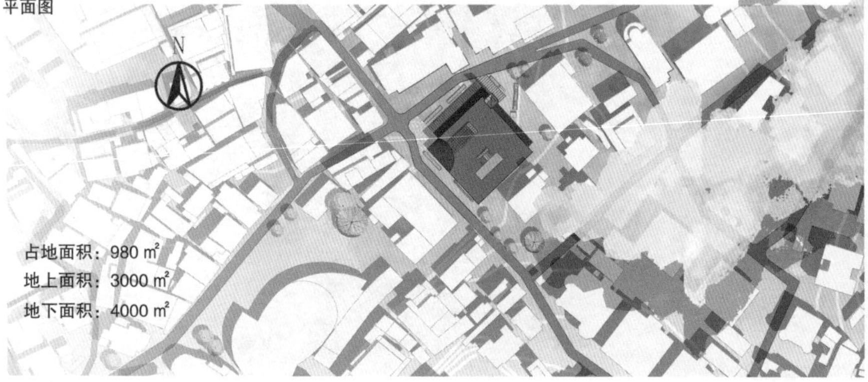
N
占地面积：980 m²
地上面积：3000 m²
地下面积：4000 m²

● 分层轴测图

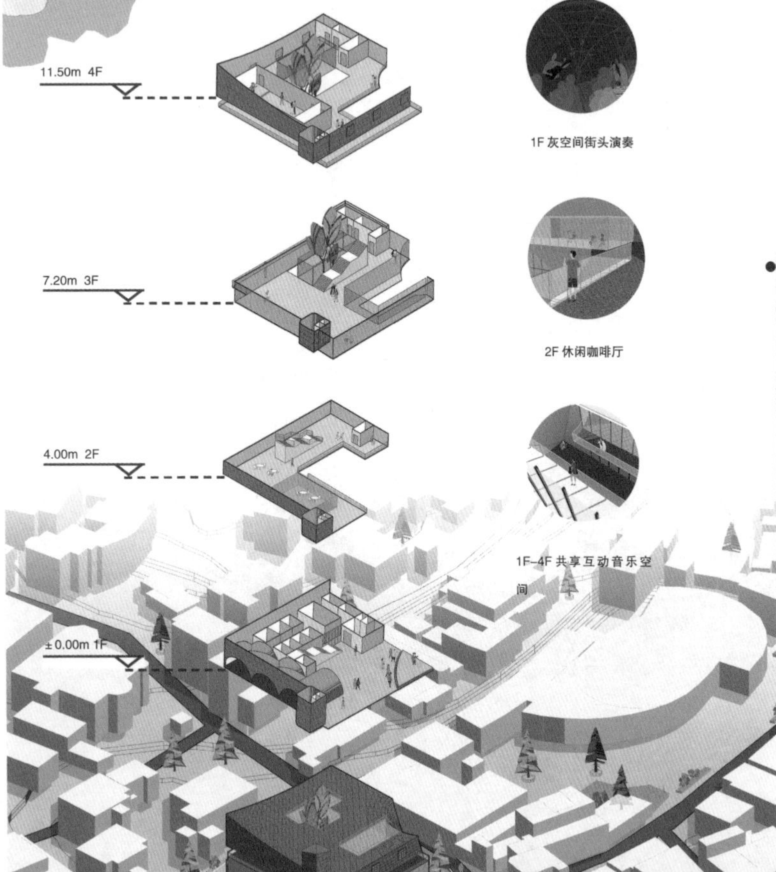
11.50m 4F
7.20m 3F
4.00m 2F
±0.00m 1F
1F 灰空间街头演奏
2F 休闲咖啡厅
1F–4F 共享互动音乐空间

● 形体生成

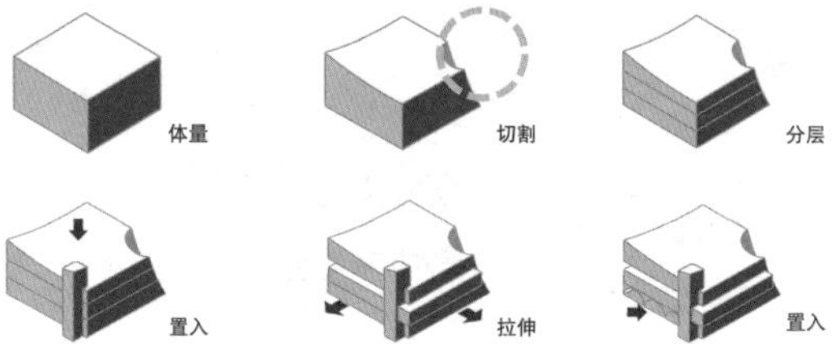
体量
切割
分层
置入
拉伸
置入

● 周边建筑

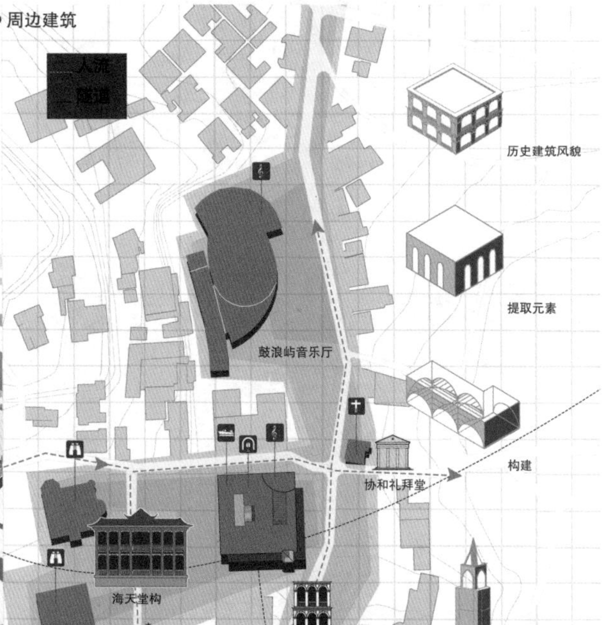
人流
隧道
鼓浪屿音乐厅
协和礼拜堂
海天堂构
天主堂
历史建筑风貌
提取元素
构建
提取元素
构建

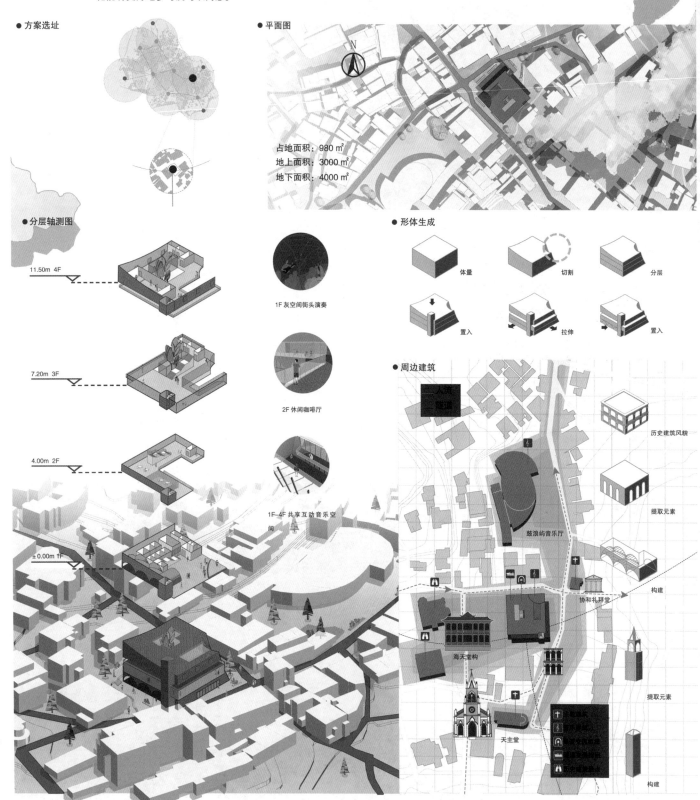

阡陌·律转　交通枢纽 × 音乐交互展览的建筑设计

“律转”一词出自“律转鸿钧佳气同，肩摩毂击乐融融”。律转鸿钧，即指岁序更新。而在这个设计中“律”为音律、旋律指鼓浪屿的音乐与音乐文化，而“转”这里指建筑功能上的更替，也至地面与地下空间的更替。

● 剖面图

南立面

东立面

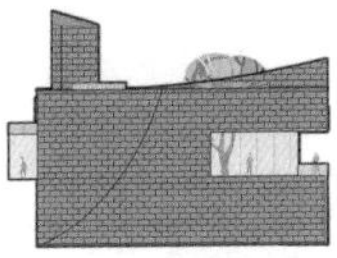
北立面

西立面

● 模型

材料：ABS 板、KT 板、亚克力板、椴木板等

地下模型设置暗箱，有小孔可以看到地下船舶交通内部，内装有照明灯，模拟隧道内部光线。

地上采用 ABS 板和亚克力，一面墙使用亚克力，使内部清晰可见。亚克力模拟 U 形玻璃的感觉。

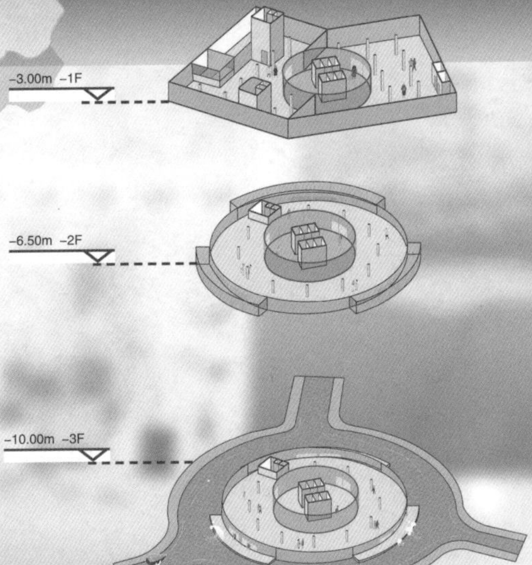

● 立面效果图

● 地下轴测图

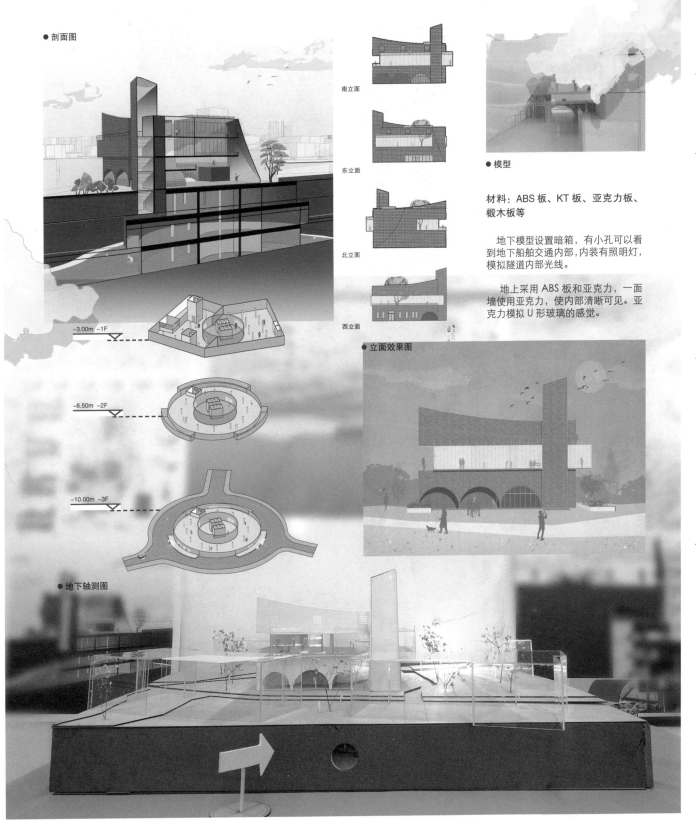

● 效果图

● 爆炸图

阡陌 · 流汇　　交通枢纽 x 社区生活延伸的建筑设计

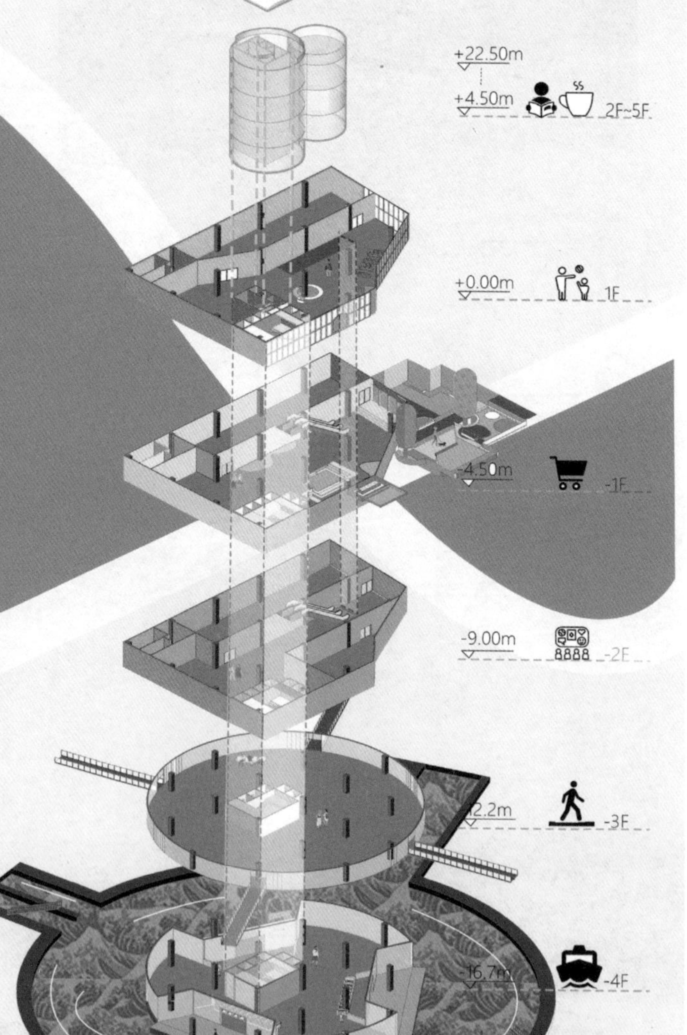
+22.50m
+4.50m
2F~5F
+0.00m
1F
-4.50m
-1F
-9.00m
-2F
-12.2m
-3F
-16.7m
-4F

● 实体模型

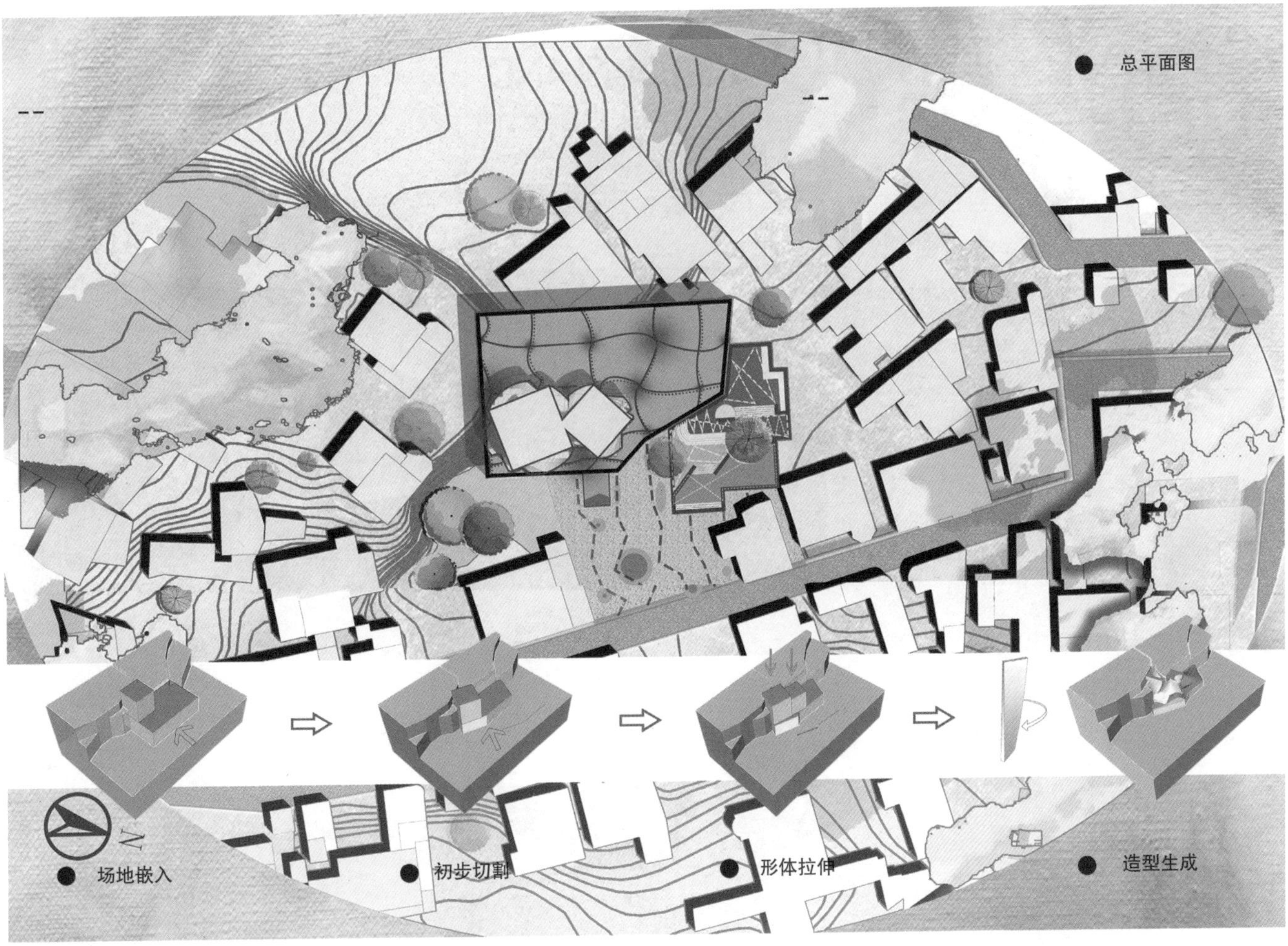
总平面图
场地嵌入
初步切割
形体拉伸
造型生成

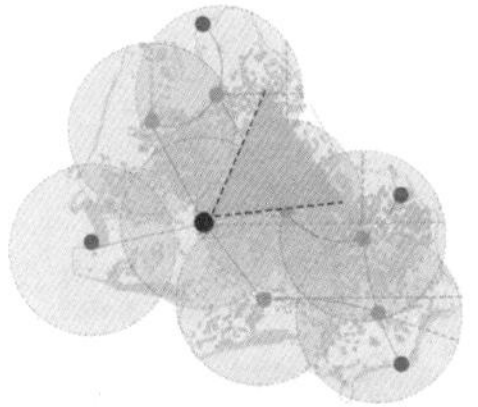

选点视角

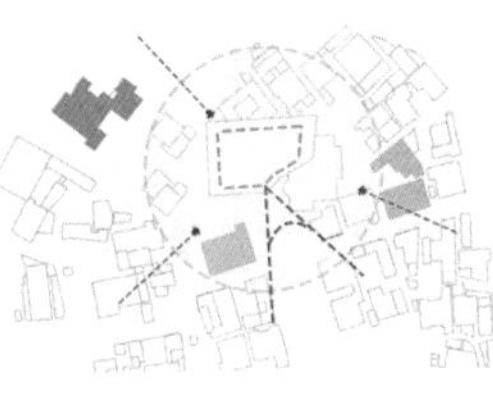

景观视廊

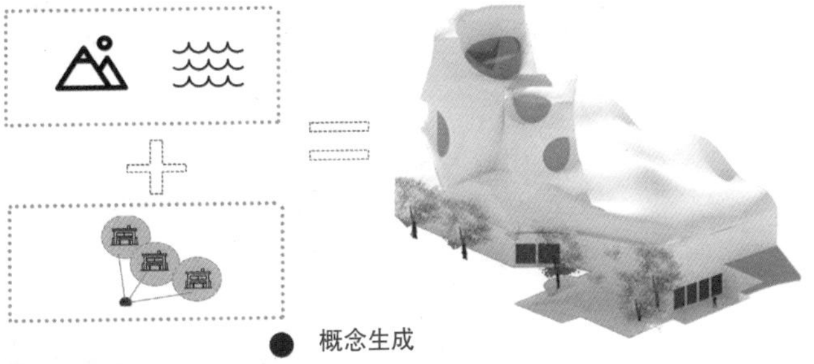

概念生成

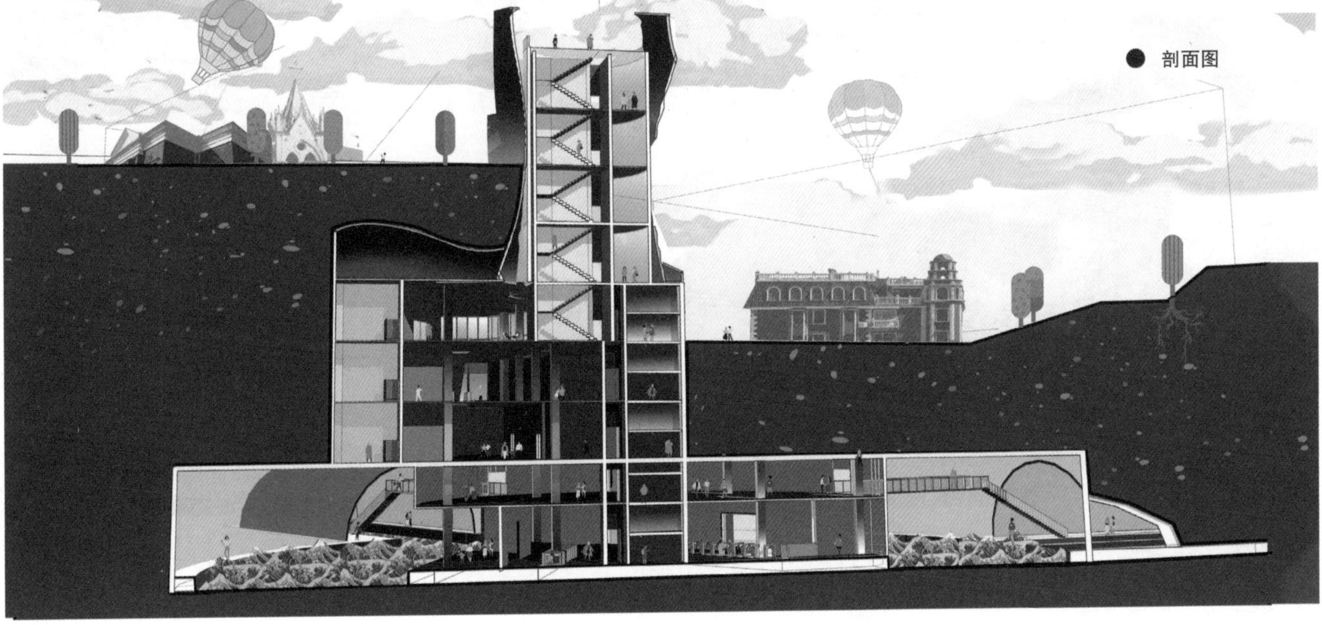
剖面图

鼓浪屿生活码头更新设计

Gulangyu Life Terminal Update

四川美术学院
设计：朱虹历
指导：黄耘

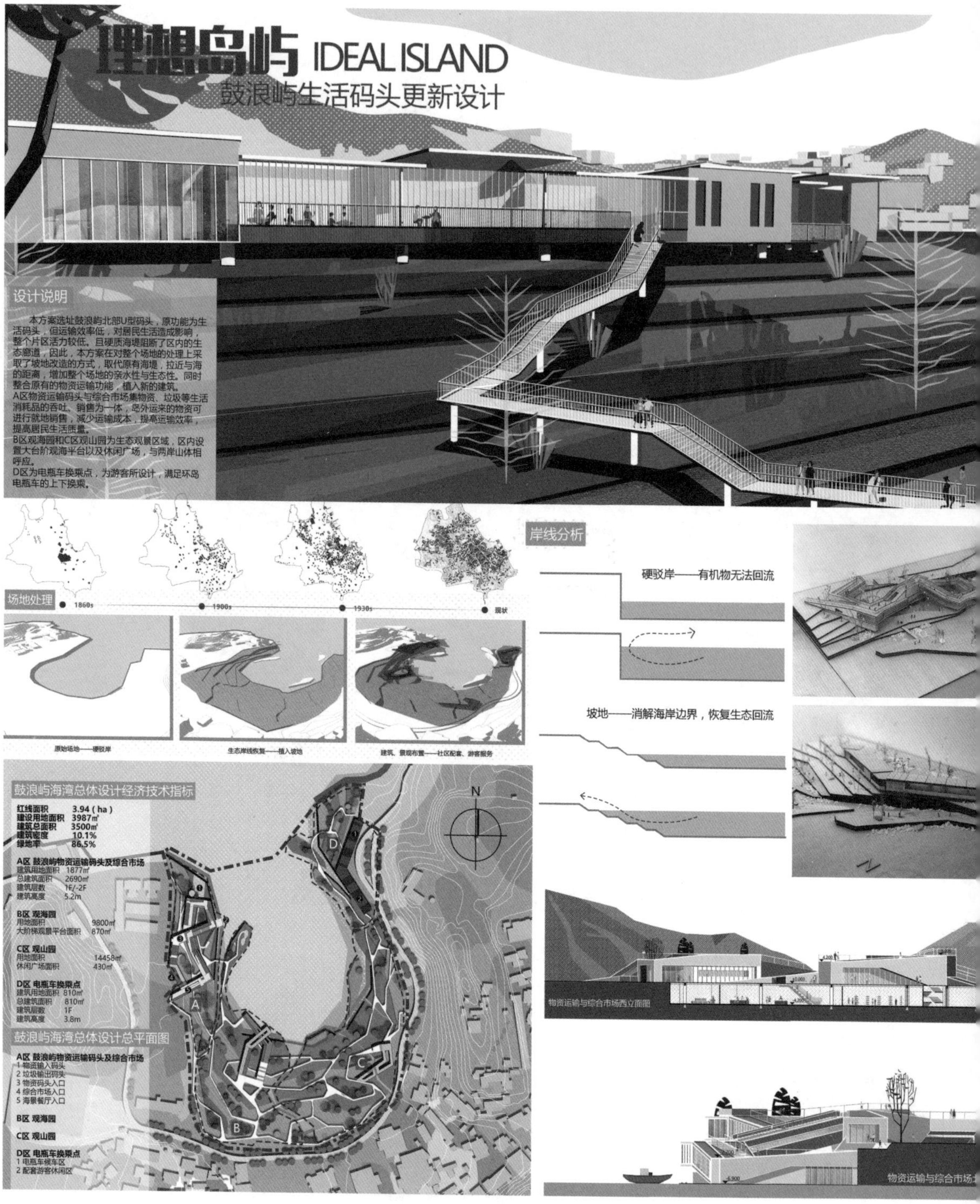
理想岛屿 IDEAL ISLAND
鼓浪屿生活码头更新设计
设计说明
本方案选址鼓浪屿北部U型码头，原功能为生活码头，但运输效率低，对居民生活造成影响，整个片区活力较低。且硬质海堤阻断了区内的生态廊道，因此，本方案在对整个场地的处理上采取了坡地改造的方式，取代原有海堤，拉近与海的距离，增加整个场地的亲水性与生态性。同时整合原有的物资运输功能，植入新的建筑。
A区物资运输码头与综合市场集物资、垃圾等生活消耗品的吞吐、销售为一体，岛外运来的物资可进行就地销售，减少运输成本，提高运输效率，提高居民生活质量。
B区观海园和C区观山园为生态观景区域，区内设置大台阶观海平台以及休闲广场，与两岸山体相呼应。
D区为电瓶车换乘点，为游客所设计，满足环岛电瓶车的上下换乘。
场地处理
原始场地——硬驳岸
生态岸线恢复——植入坡地
建筑、景观布置——社区配套、游客服务
岸线分析
硬驳岸——有机物无法回流
坡地——消解海岸边界，恢复生态回流
鼓浪屿海湾总体设计经济技术指标
红线面积 3.94（ha）
建设用地面积 3987㎡
建筑总面积 3500㎡
建筑密度 10.1%
绿地率 86.5%
A区 鼓浪屿物资运输码头及综合市场
建筑用地面积 1877㎡
总建筑面积 2690㎡
建筑层数 1F/-2F
建筑高度 5.2m
B区 观海园
用地面积 9800㎡
大阶梯观景平台面积 870㎡
C区 观山园
用地面积 14458㎡
休闲广场面积 430㎡
D区 电瓶车换乘点
建筑用地面积 810㎡
总建筑面积 810㎡
建筑层数 1F
建筑高度 3.8m
鼓浪屿海湾总体设计总平面图
A区 鼓浪屿物资运输码头及综合市场
1 物资输入码头
2 垃圾输出码头
3 物资码头入口
4 综合市场入口
5 海景餐厅入口
B区 观海园
C区 观山园
D区 电瓶车换乘点
1 电瓶车候车区
2 配套游客休闲区
物资运输与综合市场西立面图
物资运输与综合市场

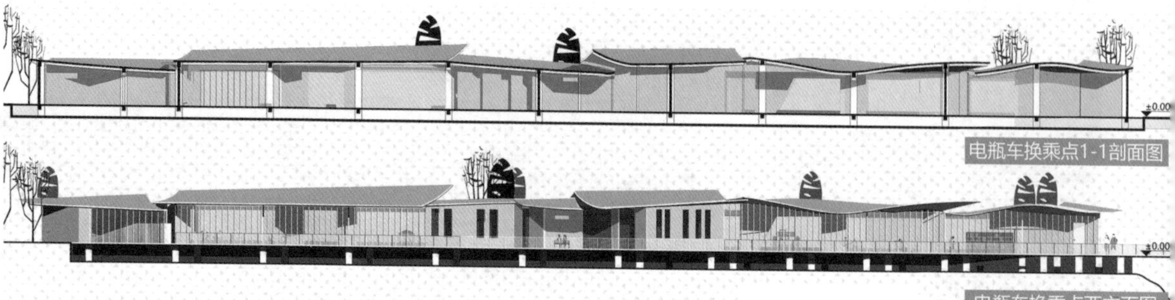
电瓶车换乘点1-1剖面图
电瓶车换乘点西立面图

评语：

朱虹历同学的选题合理，设计内容条理清晰，对主要矛盾的解决较为深入，与主题紧密结合，能较好地表现人与自然的和谐共处。毕业设计过程中态度认真，遵守纪律，收集了大量资料，能按时优质完成任务。图纸完整，构思新颖，图面表现效果好。

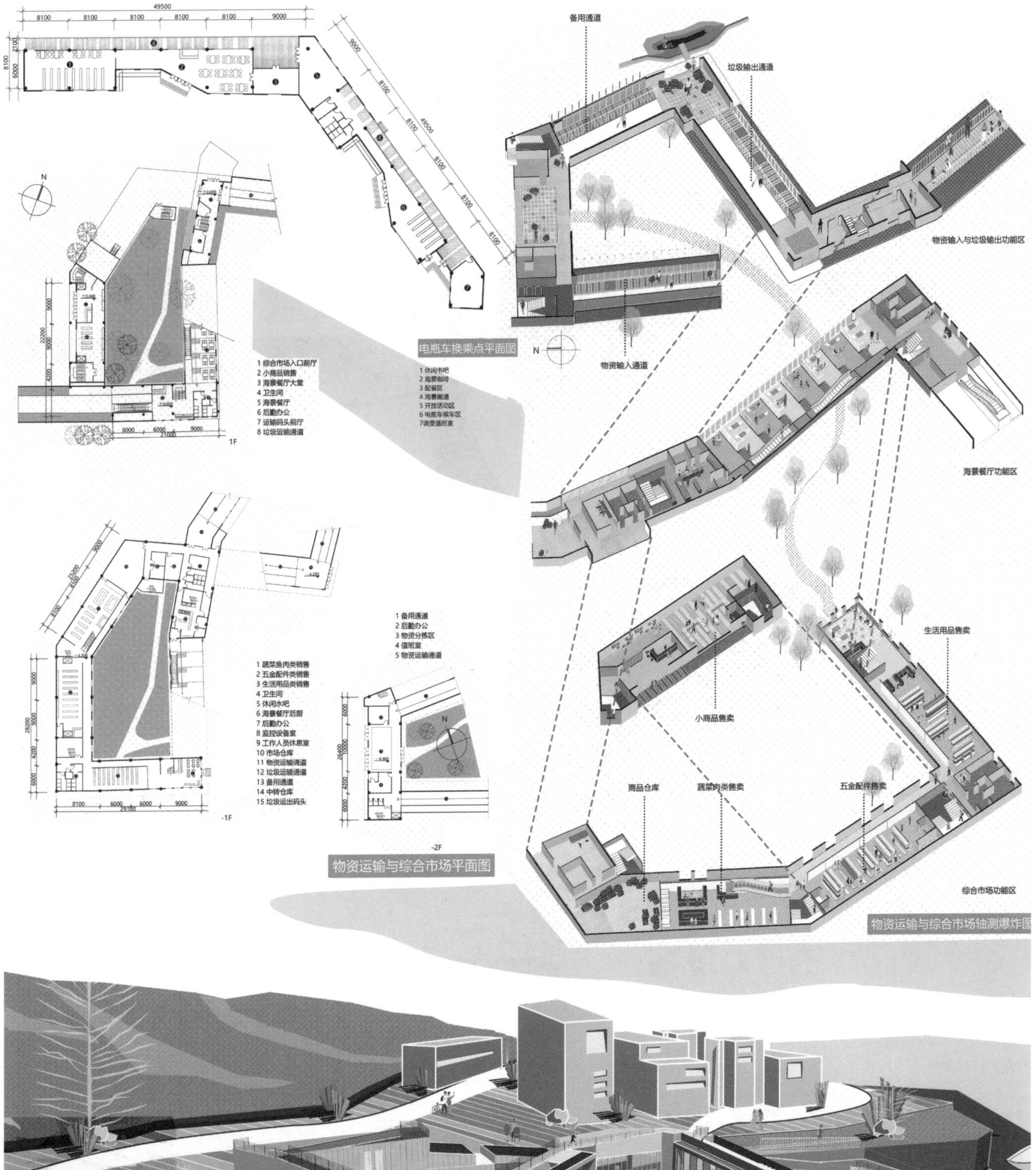

备用通道
垃圾输出通道
物资输入与垃圾输出功能区
物资输入通道
海景餐厅功能区
生活用品售卖
小商品售卖
商品仓库
蔬菜肉类售卖
五金配件售卖
综合市场功能区
1 综合市场入口前厅
2 小商品销售
3 海景餐厅大堂
4 卫生间
5 海景餐厅
6 后勤办公
7 运输码头前厅
8 垃圾运输通道
1F
1 休闲书吧
2 海景咖啡
3 配餐区
4 海景廊道
5 开放活动区
6 电瓶车候车区
7调度值班室
1 蔬菜鱼肉类销售
2 五金配件类销售
3 生活用品类销售
4 卫生间
5 休闲水吧
6 海景餐厅后厨
7 后勤办公
8 监控设备室
9 工作人员休息室
10 市场仓库
11 物资运输通道
12 垃圾运输通道
13 备用通道
14 中转仓库
15 垃圾运出码头
-1F
1 备用通道
2 后勤办公
3 物资分拣区
4 值班室
5 物资运输通道
-2F

电瓶车换乘点平面图

物资运输与综合市场平面图

物资运输与综合市场轴测爆炸图

鼓浪屿历史文化增强器

Gulangyu historical and cultural enhancer

四川美术学院
设计：陈昱颖
指导：黄耘

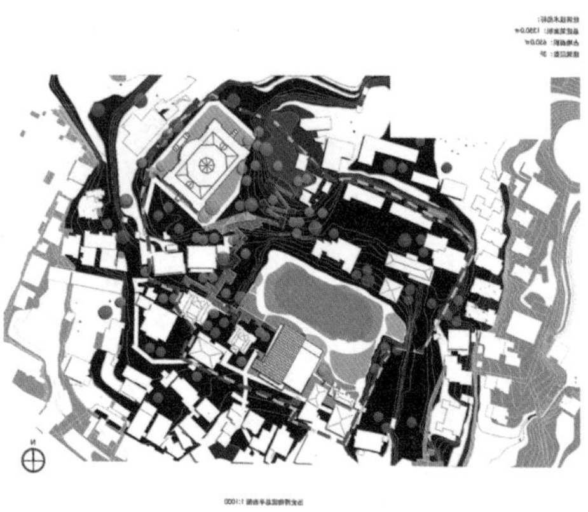

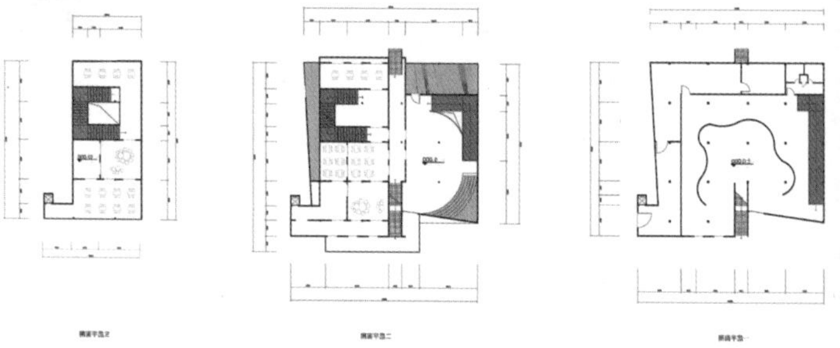

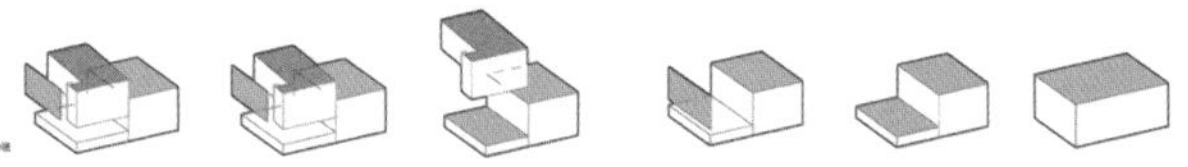

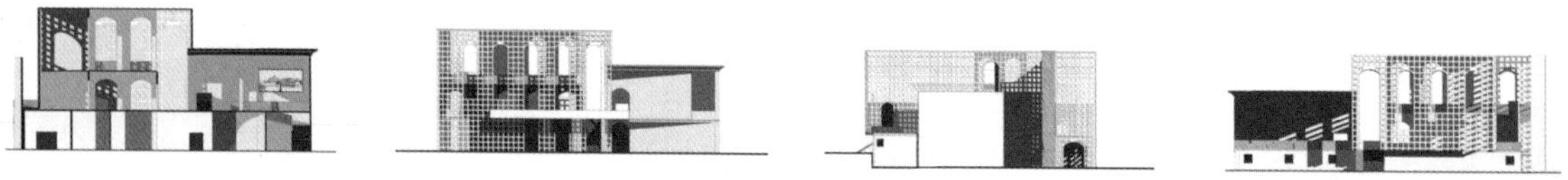

说明：

通过此次创作，我认为对于历史文化的保护与振兴，应该从未来的角度来赋予鼓浪屿历史文化新的可能和生机，找到文化振兴的可能性优势。用建筑空间的手法营造特殊的空间经验，以自然而然的空间引导，在空间体验者心理和精神层面上形成微妙的变化。在实现对历史文化的保护中，强调将人群从附加、调整的角色转变为主体、被调整的角色。强调“体验”、人与历史互动的重要性，使得建筑物能够成为“体验”和意义感的容器。同时如何做到“以人为本”的场所精神的体现，如何使用当下更加新颖独特的创意来做到对当代人的吸引与参与也是尤为重要的。

场地构筑物总平面图 1:1000

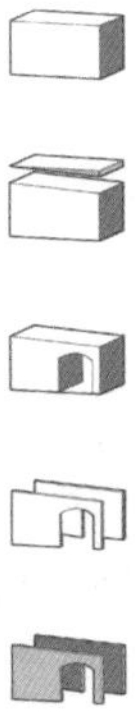

形体生成

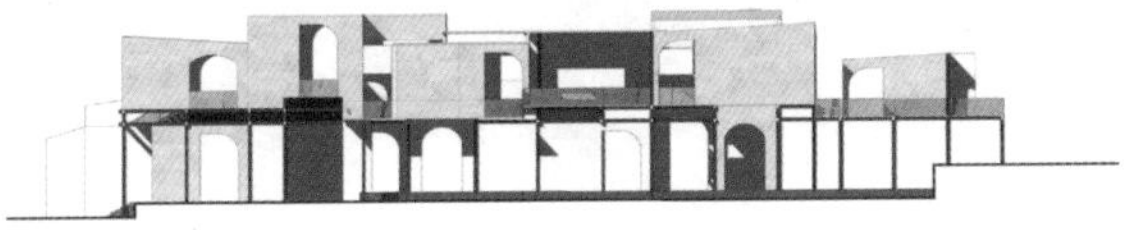

东立面图

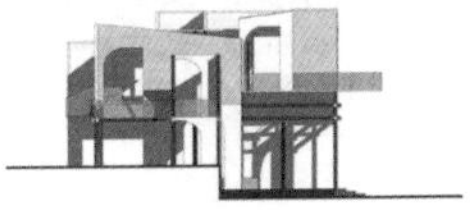

南立面图

西立面图

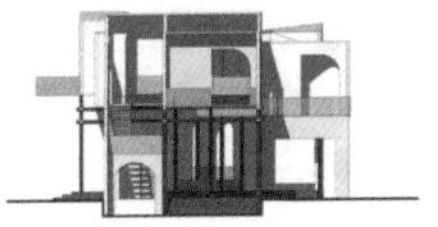

北立面图

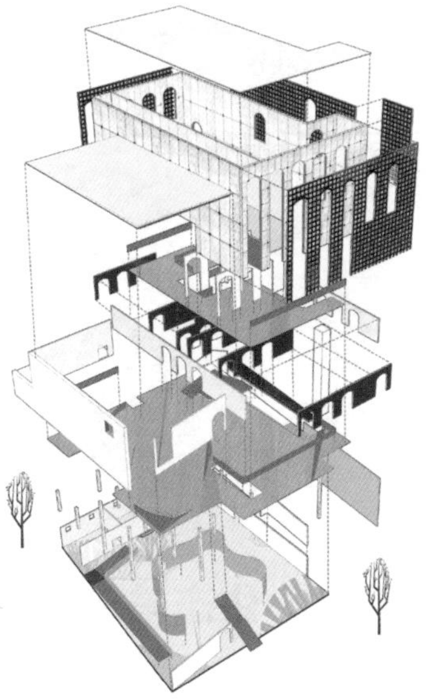

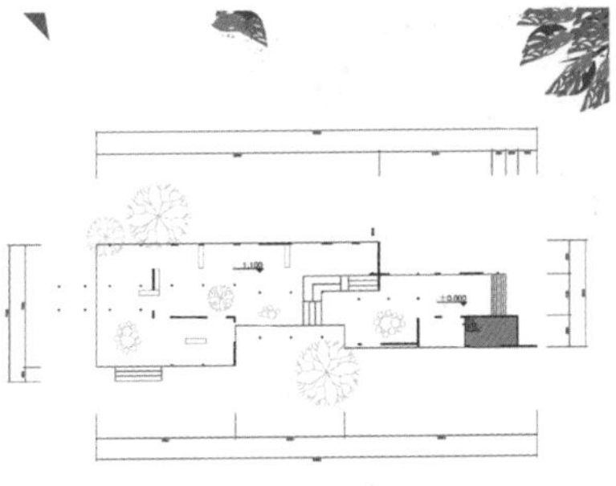

一层平面图

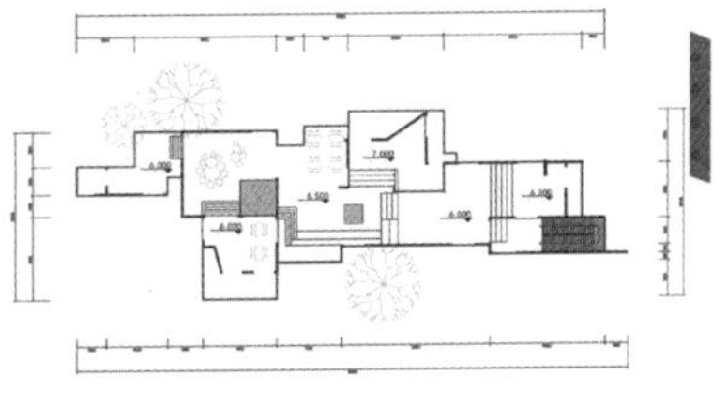

二层平面图

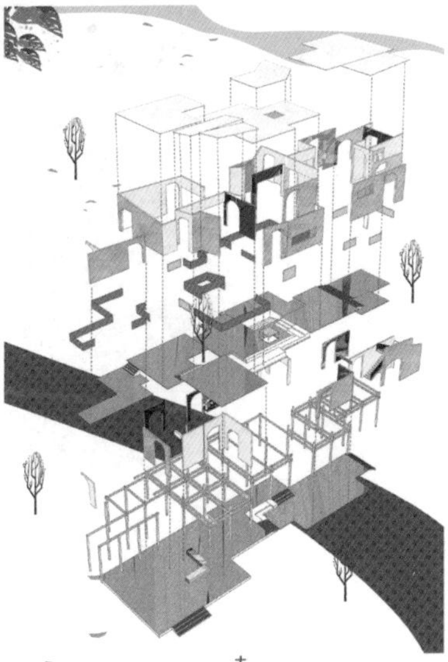

理想岛屿 IDEAL ISLAND

鼓浪屿生态海洋循环器

鼓浪屿生态海洋循环器
Ecological ocean circulator
四川美术学院
设计：胡瀚
指导：黄耘

自然生态

空间上以建筑物为骨架、以生态的自然要素为辅助，依托自然景观与建筑相互穿插的建筑装置式的设计方法，采用一种溶解性很强的、非结构化的布局方式，以点、线、面三个分离的体系重叠在整个整个岛屿上。抛弃传统的构图形式中诸于中心等级、和谐秩序和其他的一些形式美规则，通过“点”“线”“面”三个不同系统的叠合，有效地处理整个错综复杂的地段，使设计方案具有很强的伸缩性和可塑性。

分布于全岛的景观塔作为节点枢纽，通过有机疏散原街压力形成新路径，背街小巷、穿山隧洞等非主街道构成我们的次级路网。两条长廊、种有木棉花的林荫道、开满鲜花的小巷形成流线型道路组成。东西向及南北向的天路将岛内的历史建筑物联系起来，同时强调了对过载商业街的多点疏散。

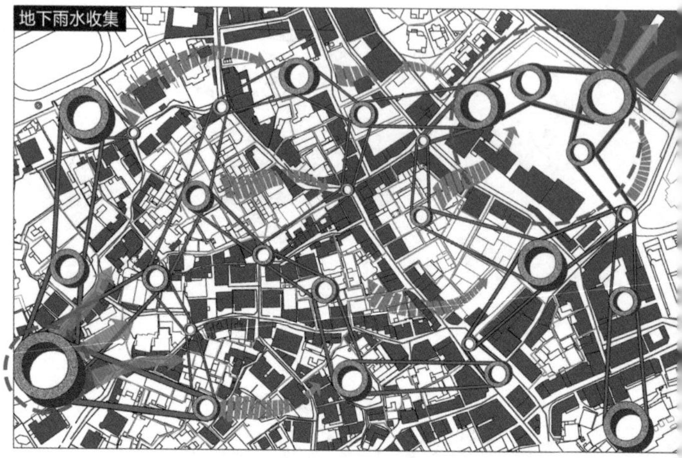

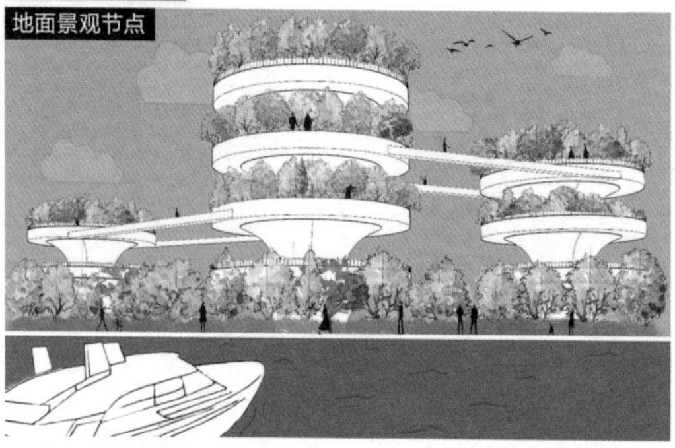

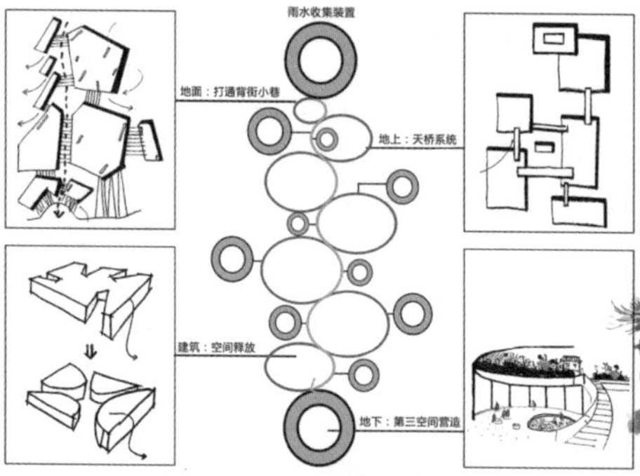

生态廊道的疏通开
恢复岛屿的鸟语花

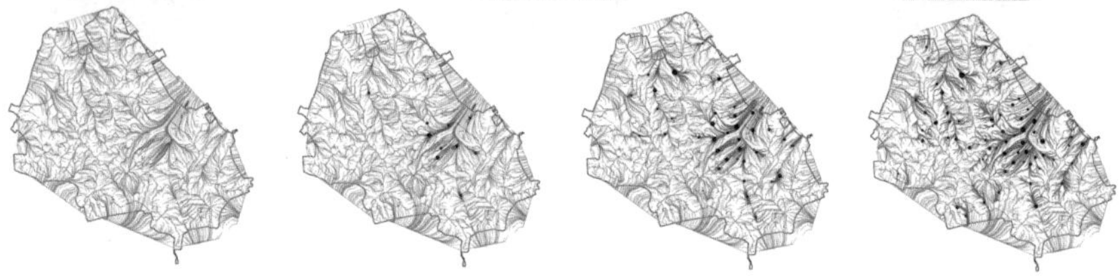

生态破坏，廊道阻

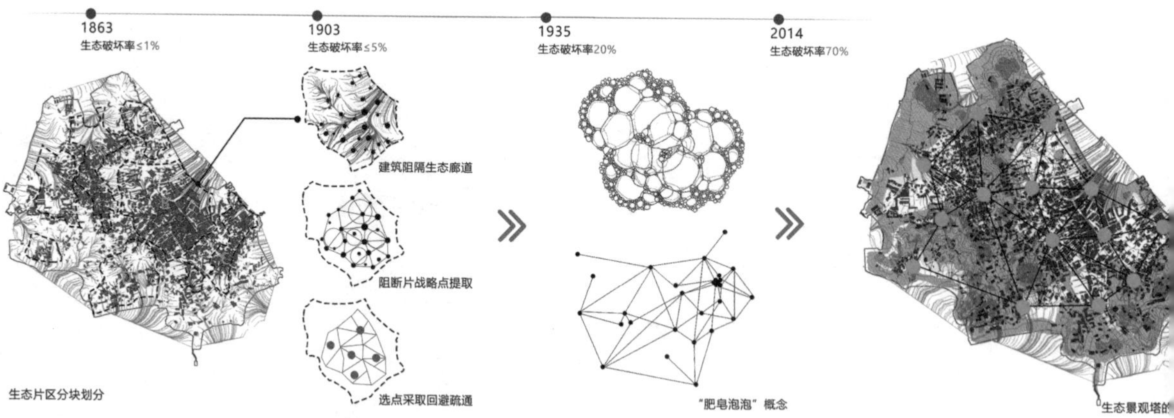

评语：

旨在借鉴海绵城市与核心边缘理论，通过雨水收集系统以及“天路”及景观点的结合，恢复生态廊道，同时对于利用率不高的建筑进行柔性介入，用局部改扩建方式让其重获生机，引导主街人流疏离到背街小巷，使主街面可以更加绿色生态，让人可以在开满鲜花的岛屿上漫步并看到海洋生物的回流路径，激发人们的生态保护意识，促进鼓浪屿生态复兴的改善，真正实现理想岛屿的复苏与绽放。

理想岛屿 IDEAL ISLAND

鼓浪屿生态海洋循环器

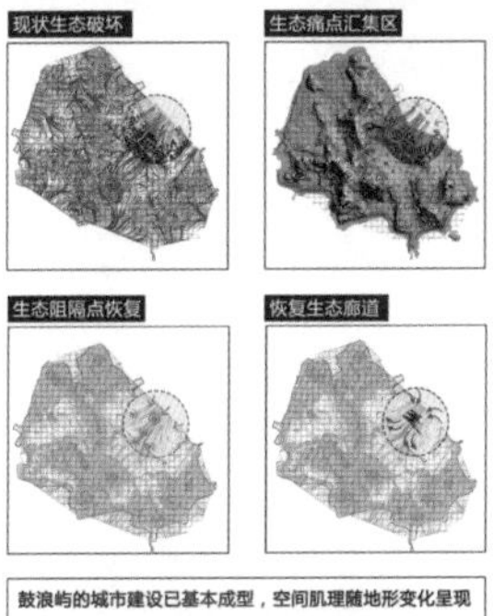

现状生态破坏
生态痛点汇集区
生态阻隔点恢复
恢复生态廊道

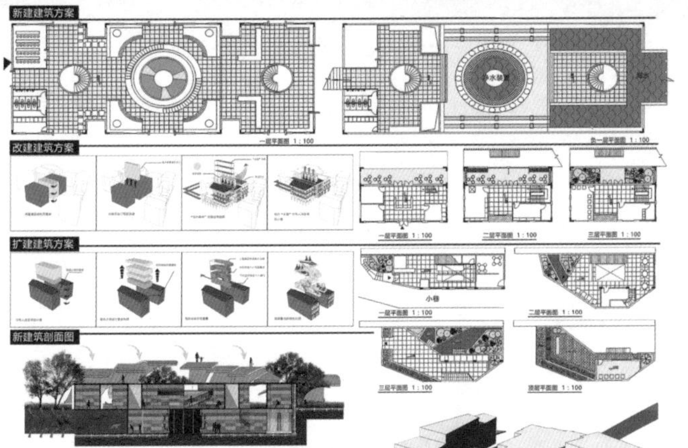

新建建筑方案
改建建筑方案
扩建建筑方案
新建筑剖面图

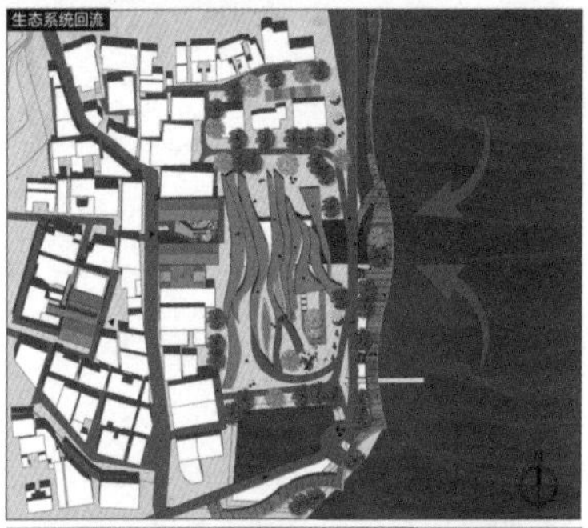

生态系统回流

鼓浪屿的城市建设已基本成型，空间肌理随地形变化呈现出不同的特点，且基本保留至今。建筑呈分散点式分布，基本上是沿等高线布局;山下地势平坦处则分片布局形成巷道空间;由山上至山下建筑又形成垂直于等高线的线性排列，因此形成有地势变化的巷道空间。同时无节制的发展破坏了岛上的生态廊道，形成大大小小的阻隔点，本方案旨在借鉴海绵城市，通过雨水收集系统以及“天路”及景观点的结合，恢复生态廊道，让人可以在开满鲜花的岛屿上漫步并看到海洋生物的回流路径，激发人们的生态保护意识，探索鼓浪屿生态复兴的改善，真正实现理想岛屿。

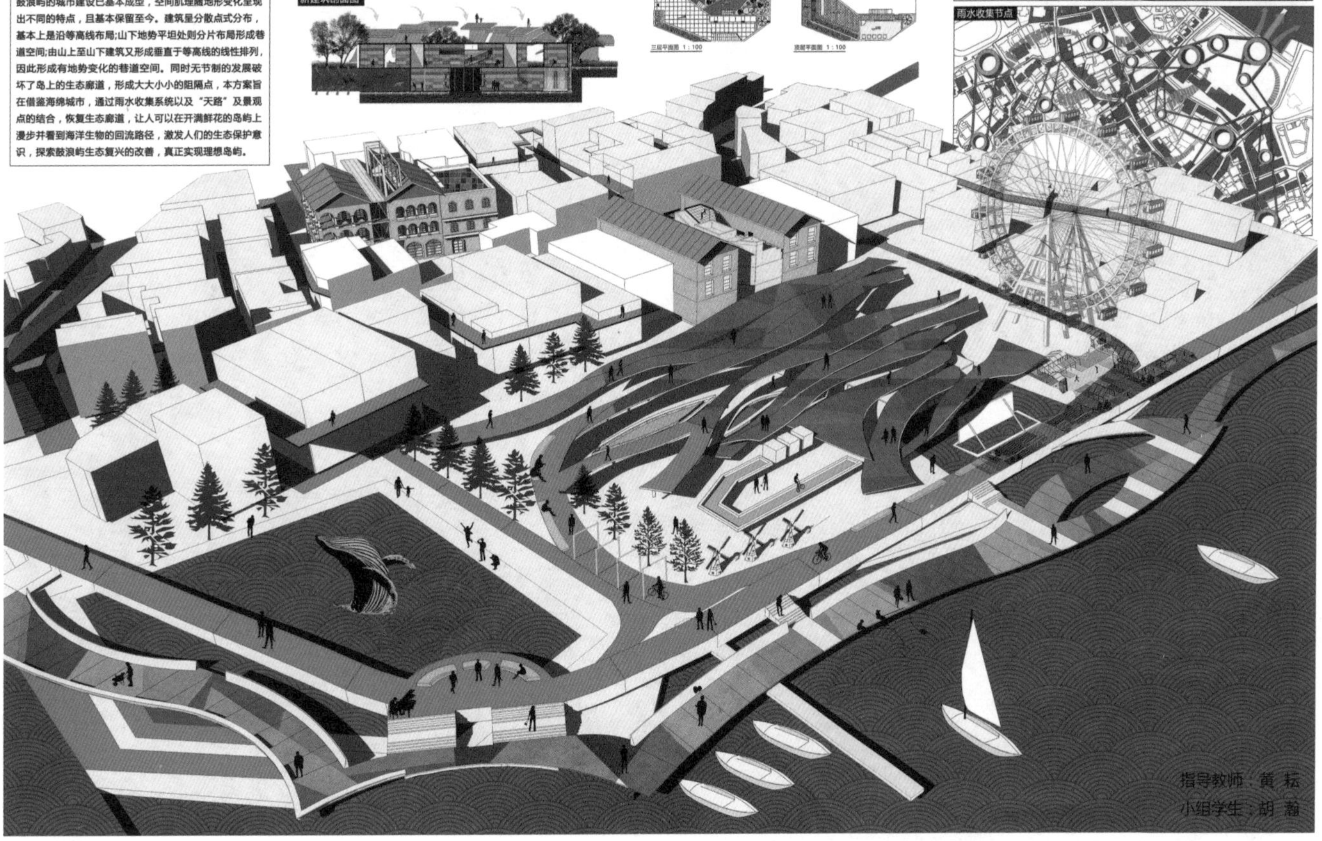

雨水收集节点

指导教师：黄 耘
小组学生：胡 翰